人格心理学

人与人有何不同

[美] 大卫·范德（David Funder） 著

许燕　邹丹　等译

THE PERSONALITY PUZZLE

SIXTH EDITION

世界图书出版公司

北京·广州·上海·西安

图书在版编目（CIP）数据

人格心理学：人与人有何不同 /（美）大卫·范德（David Funder）著；许燕等译 . —北京：世界图书出版有限公司北京分公司，2017.12 （2022.3重印）

书名原文：The Personality Puzzle 6th ed.

ISBN 978-7-5192-0516-4

Ⅰ . ①人… Ⅱ . ①大… ②许… Ⅲ . ①人格心理学—教材 Ⅳ . ① B848

中国版本图书馆 CIP 数据核字（2017）第 198292 号

THE PERSONALITY PUZZLE SIXTH EDITION
BY DAVID C. FUNDER
Copyright © 2013, 2010, 2007, 2004, 2001, 1997 by W. W. Norton & Company, Inc.
Simplified Chinese edition copyright
© 2017 BEIJING WORLD PUBLISHING CORPORATION

书　　　名	人格心理学：人与人有何不同
	RENGE XINLIXUE
著　　　者	[美]大卫·范德
译　　　者	许　燕　邹　丹　等
策划编辑	于　彬
责任编辑	王　洋　于　彬
装帧设计	蔡　彬
出版发行	世界图书出版有限公司北京分公司
地　　　址	北京市东城区朝内大街 137 号
邮　　　编	100010
电　　　话	010-64038355（发行）　64037380（客服）　64033507（总编室）
网　　　址	http://www.wpcbj.com.cn
邮　　　箱	wpcbjst@vip.163.com
销　　　售	新华书店
印　　　刷	三河市国英印务有限公司
开　　　本	787mm×1092mm　1/16
印　　　张	38
字　　　数	920 千字
版　　　次	2018 年 1 月第 1 版
印　　　次	2022 年 3 月第 3 次印刷
版权登记	01-2013-5215
国际书号	ISBN 978-7-5192-0516-4
定　　　价	98.00 元

献给我的父亲

译者序

带着质疑或争议的眼光看待科学探索中的问题，是一种科学的态度。这本书就是父子两代作者以这种独特的方式将人格心理学介绍给大家的。它以谜题的方式展开，用当前可靠的研究结果作答。在这样的科学探索中，这些与人格有关的谜题可以让人们产生迷思，也可以涤荡人们的认知。人格心理学中有许多争议，这些争议持续了一百多年。在这百余年的科学探索历程里，人格心理学让一些人迷惑，也让一些人喜爱，让一些人放弃，也让一些人坚守……

在学习人格心理学这门学科时，最好先了解以下三个问题：

第一，在众多心理学领域中，为什么人格心理学是最具争议的神秘领域？

人格心理学的争议源自理论学家们的思想交流。人格是解释人与人生难题的学科，也被称为人生哲学。在人类的发展历程中，我们要面临无尽的难题。每个人走过的人生历程又会不断产生新的问题，创造新的思想。人格心理学家用他们的一生来探讨人类面临的人生难题。人格的理论体系也正是人生哲学的探讨途径。解答人生难题，需要多维思考。不同的人可以从不同的角度、不同的人生阶段来思考问题。这些多维的解释结果交汇在一起，既会使问题的解释显得丰富而全面，也会使问题的探讨显得迷乱而无序。

人格就是这样一把双刃剑，让人又爱又恨。有人认识到这一点时选择了远离，有人则选择了接近。但是现在越来越多的心理学家在关注并深入其中。人格是心理学大师们思想的汇聚地，也是思想家的孕育地。弗洛伊德、荣格、阿德勒、霍妮、马斯洛、罗杰斯、华生、斯金纳、班杜拉、凯利、奥尔波特等这些我们耳熟能详、引领心理学发展方向的大师的思想都汇聚在人格心理学体系中。

研究人格心理学，必然要不断探索与解答人与人生的各种难题。正因如此，人格心理学领域充满了"什么""为什么""如何"等有趣的问题。发现这些谜题的过程与解开这些谜题的过程，都有着独特的魅力。正是这无数个谜题吸引着思想的探索者、生活的迷思者。人格心理学家就是在这样的学术迷宫中寻找人生的方向。他们不惧混乱、无序与冲突，他们不懈地做着"拨开云雾见青天"式的探索，启迪了人类的进步、社会的和谐、个体的发展。每个人格心理学家从各自的视角阐述着对人生的见解，如此不同，又如此震撼。仁者见仁，智者见智。我们后人在学习这些理论时，就如同站在众多巨人的肩膀上看世界、看人生、看自我。

第二，在众多心理学领域中，为什么人格心理学是最具应用性的研究领域？

在心理学领域中，人格心理学是被应用最广泛的学科。在业内，人格心理学属于基础学科，它为临床与心理咨询、工业与组织心理学、心理测量与评价、社会心理学、教育心理学、发展心理学、军事心理学等分支提供了知识与理论基础。在业外，人格心理学的思想被哲学、文学、艺术、教育、军事、管理与人力资源、体育运动、医学保健、商业与经济等行业广为应用。人格心理学以它的博大精深吸引着业外的学者、文学家、艺术家、管理者、军事家、医护人员、商人、运动员和教练员，以极强的渗透功能深入到各行各业。哪里有人，哪里就有人格心理学。

第三，在众多心理学领域中，为什么人格心理学是最具生活化的哲学领域？

人格心理学对于每个人来说都具有人生指导价值。在人格心理学体系中存在着这样一些基本问题：（1）人性是否有善恶之分？（2）为什么世上没有完全一样的人？人与人的心理差异表现在哪些方面？如何描述人的性格差异？（3）人格差异的导因是什么？遗传与环境、教育的作用各占多少？哪个起主导作用？（4）人格发展阶段是如何划分的？人生各阶段的主要特征是什么？（5）人们行为背后的动因是什么？（6）有些人的心理为何会出现偏差？如何诊断与预防？有哪些促进人们心理健康的方法？（7）如何测量与评价人的心理差异？如何凭借人格测验来解释人格特性？（8）人与环境是如何交互作用的？人如何成为社会适应良好的人？人类如何推动社会良好、有序地健康发展？……

人格心理学涉及个体在人生历程中的方方面面，人们面临的各种问题都会在人格心理学中体现出来。这是因为人格心理学的研究对象是活生生的人，是生活在现实世界中的人。当一个人面临人生问题时，他/她可以从人格心理学中寻求答案，人格知识也会帮助他/她反观人生、反思自身、应对困难、发展自我、服务人类以及贡献社会。这本书以相对前沿的心理学研究回答了这些问题，并且尤为难得的是，它客观地呈现了研究中的争议以及研究者们的困惑，似乎试图将心理学的人格研究现状"搬运"到我们面前，至于答案，有待我们每一个人去探索。

《人格心理学：人与人有何不同》是*The Personality Puzzle*在国内的第二版。它保持了前一版本的独特视角和叙事风格。它以第一人称来讲述有关人格的各种谜题与答案，让读者如亲临一所大学的课堂，听一位人格心理学教师将人格心理学大师们的思想精华娓娓道来。同时，在前一版本的基础之上，这一版加入了更多新的研究数据和结果，并根据新的研究对过去版本的一些描述做出了修正和增删。作者还在每一章的结尾增加了推荐阅读及辅助阅读、教学的媒体素材，使我们能够在学习、教学之余获得更多拓展的知识。作者在一些章节中增加了新的自测、表格和图片，使看起来如阳春白雪一般的人格心理学和我们的日常生活紧密结合。

我相信，这本《人格心理学》可以让你在思考人生问题时，有更加开阔的视野，做出更加智慧的回答。它可以帮助你学习和了解心理学，但更为重要的是，它还可以完善你的人格，提升你的人生质量！

　　最后，我要感谢参与这本书原版翻译工作的人格心理学专业的学生们：郑芳芳、李旭、毕国瑛、陈咏媛、田一、李佳慧、翟胜男、贾慧悦、于生凯、孙盈昊、董娇、鲁峥嵘、段现丽，特别是郑芳芳同学帮助我对全稿进行了整理与审校工作。感谢参与这本书修订版翻译工作的邹丹。

许燕

2017年11月22日于达园

中文版序

本书的中译本将与中国读者见面，我很高兴。中国文化堪称世界最古老的文化之一，是人类文明的源泉之一，千百年来影响着其他文化的发展。当代中国在塑造历史的进程中正发挥着前所未有的重要作用。正如本书第14章所详细阐述的，文化是个体人格的重要组成部分。当然，毋庸置疑，中国文化和北美文化大不相同，但是我认为人类人格的基本要素在所有文化中都是相同的。每个人都期待着自己和家人拥有更好的生活；每个人都有希望、恐惧和目标；每个人都要经历成功和挫败、喜悦和悲伤。然而，我们每个人都以自己独有的方式追求目标，感受生活。

理解"唯一性"是人格心理学的重头戏。哪些方面是所有人都相同的？哪些方面又是个体唯一的？我们如何将某个个体与其他个体做比较？解答这些问题其实就是《人格心理学》的实质。这本书为大家提供了一次了解自我和他人的心灵旅行，旅途中有对人格特质、生物性、潜意识心理和认知过程的分析，有对诸多论题的仔细思考，论题范围从研究方法到自由意志本质。我们还会学习行为遗传学、人格测验、精神分析、幸福感、情绪体验和人格障碍等内容。旅程很长，但是令人兴奋。我很高兴你选择与我同行。

大卫·范德

于加州大学河滨分校

序 言

人格课程的教学方式，即教材的编写方式，取决于它的目的。因此，任何一位教师或作者都需要在开始时就思考自己想要达成什么目标。答案可能有很多种，而且似乎都很合理，但每一种答案都意味着不同的教学和教材编写思路。

人格课程的目标

首先，教师希望确保每一个学生熟识经典人格理论，并学会重视理论的历史背景和内在联系。这种人格课程是博雅教育的重要组成部分，也非常符合"大部头"教科书的编写形式。市面上早已存在诸多厚重的大部头，其中任何一本都能很好地服务于这个目标。但到最后，学生们有时却根本不知道现代人格心理学是怎么一回事。

还有第二种截然不同的目标，即希望学生能掌握当前实验心理学家的动向和所有最新的发现。这时候，编写者往往忽略了经典理论，甚至假设所有陈旧的理论都是谬误，认为只有现代实证研究提供的材料才是值得教授的。（事实上，我就曾经听心理学教授表达过这种观点。）不少近期的书籍似乎就是按这种目的写作的。

然而，现代实证研究并非是终极真理的绝对无疑的来源。此外，过分专注于现代人格心理学家的研究，往往会局限于当前热门的研究主题。我未曾听说心理学提供的哪个答案是亘古不变的，而研究的问题却少有变更，只不过其中一些却被当前研究忽视了。

本书旨在同时服务以上两个目标。它既涵盖主要人格理论、追溯其历史渊源，也收纳了大量的当前研究，包括生物学、跨文化心理学以及认知加工相关的研究。不过，我编写本书的最终目的是希望告诉读者：人格心理学举足轻重。如若读者合上本书最后一页时开始发现人格心理学引人入胜，同时获得不少对现实生活的启发，那么，这本书的创作，甚至它所从属的整个人格课程，也就实现了初衷。

人格与生活

为了让新手意识到人格心理学的内涵，教师不仅需要教授心理学的基本取向及其历史渊源，以及当前研究，还要紧密联系日常生活。建立这种联系也是我在本书中最想突出体现的一点。因此，为了实现对每个取向新的、现代的再现，本书在一定程度上牺牲了传统的呈现方式。

"坦白地说，我有充分的理由希望，我的书所带来的反响将不仅仅局限在学术界。"

这种策略在关于弗洛伊德的章节中被运用得最为明显。我呈现的精神分析取向源于弗洛伊德，却在很多方面超出正统的框架，到最后，已不再局限于弗氏。所以，如果哪位读者想要详尽地研读弗氏某些具体言论，恐怕得另觅其他书籍。不过，如果想结合当前的时代背景看看由弗氏基本理念衍生出的理论如何展现，就会发现本书颇具启发。其他取向的介绍也是如此。

幽默作家戴夫·巴里（Dave Barry）曾写过一本美国历史，并高调宣称它比其他同类书籍更有趣，因为他删去了所有无聊的部分。当然我不能像他那样做，但也给予自己选择的自由，不会因为某个主题是传统的或者已经存在，或者在别的书里都有提及，就义务式地涵盖它。我还收纳了不少材料，它们对应的主题可能在其他书中不受重视，甚或被完全忽略。这些包括生物学（包含解剖、生理、基因和进化论）、跨文化研究、人格障碍和个体知觉。事实上，据我所知，只有两本人格教科书包含关于个体知觉的完整篇章。其中之一是高尔顿·奥尔波特（Gordon Allport）的经典著作（1937），另外一本就是本书。

组织

大体而言，本书遵照传统思路，依据理论或范式（我常称其为"取向"）编排。首先探讨研究方法，接着考虑特质、生物、精神分析、现象学以及人格的过程取向。学习和认知将被放在"过程"部分，因为后者直接发源于前者，且两者交集甚多。在这个部分，我在两章中呈现了认知取向：其中一章涵盖了与知觉、思维、动机和情绪相关的过程；另一章则专注于被称为"自我"的心理结构。本书包含对人格障碍的整体性归纳。

我的一些同事认为，像这样按范式或取向编排的方式已经过时，取而代之的应该是围绕如攻击、发展或成就等主题来组织书的内容。传统范式的各成分自然会散布在这些章节中。不过这种形式更像社会心理学——课程和书本都依据主题编排。

然而，一系列原因使我相信，对于人格教科书而言，按主题编排是错误的。一个实际的原因是，每个基本取向都是复杂的理论系统，将它们拆散在各主题中，不利于读者清晰理解。例如，精神分析、行为基因学和学习取向对于心理的发展给出了完全不同的阐述，如果一个"发展"篇章企图解释所有这些，那么它将难以撰写，更加难以阅读。因此，本书在给出每个阐述时都以其理论来源为背景。

另一个更本质的原因是，社会心理学按主题编排是因为它不得不这样做。社会心理学的领域中包含着无数针对特定现象的"微理论"，但是缺少影响范围广泛的综合性观点。相对来说，人格心理学则至少有六种不同的理论取向，每一种都能提供一条整合的途径来解释一系列数据和理论。

我希望这种组织编排方式让本书易于使用，它符合传统人格课程的教授大纲。此外，教师不难在书中发现他们愿意拓展、补充或重新编排的地方。不过要注意别做太多重新编排。与很多教科书不同，本书是按照从前至后的方式撰写的，也是设计成以这样的方式阅读的。后面的篇章会引用前面篇章的内容，实际上的最后一章（第18章），即关于人格障碍的一章，提到了几乎所有篇章的内容。

观点

读者将很快发现我表达了自己的观点，有时还相当强烈。我没有兴趣写一本稳扎稳打的"一般化"的书。不过我尝试将我所表达的观点限制在我拥有相关教学与实践的心理学问题上。在这类问题上，严肃对待我的想法是有意义的，即使你不同意它们。在其他问题上，我也试图更加慎重。例如，第14章中出现的关于堕胎的辩论（基于个人主义者vs.集体主义价值观的辩论），有个学生曾经告诉我，她读了这些辩论，但还是搞不明白我的立场。这很好。

教师如果不赞同我关于心理学问题的一些观点——当然没人会完全同意我的观点，可以就不赞同的原因整理出有说服力的阐述。这种作者和教师在知识上交换意见的关系，将引导学生走入一个迷人的领域。这种交换也会教给学生一个真理，即教科书中呈现的内容并非万无一失，而应当受到质疑。这将成为学生整个大学教育中最有价值的经验之一。

本版的变动

撰写一本必须每隔几年修订一次的教科书是一项特殊的任务，并且我逐渐领会到，它也给了作者一个不同寻常的机会。十几年前，我发表了一本专著，总结了我在人格判断准确性方面的工作（Funder，1999）。我为这本书感到自豪。但是年复一年，它变得越来越过时，并且从某种意义上讲，在我写完它的那天它就已经死了。相反，这本书是鲜活的。每过几年，我就有一个机会，不仅用最新的研究让它与时俱进，还可以重新组织、重新撰写，以及在总体上对整本书稍加改进。当我阅读变成铅字的作品时，会因为某个表述不当的观点或令人尴尬的语句而畏缩——当然，这是每个作者都要承受的——但我因为认识到下一次我还有机会修正它而感到安慰，经过差不多二十年，前后五个版本，我还是会发现迫切需要修订的语句。

当然，出新版的主要理由是本书所涵盖的科学内容在不断地改变，对于人格心理学而言，这一点千真万确。越来越多的学生和研究者被吸引到该领域中。其中有些人原先受训于心理学的其他领域，却发现研究人格有助于他们更好地探讨自己最感兴趣的问题。由此，新的研究在量与质上都在不断增长。每一次我都感到惊奇，有那么多新的内容需要加入——这一版增加了一百五十多条新的参考文献，不过谁会数这个呢？

例如，以前过分依赖自我报告方法的特质取向，突然涌现出一些新的研究，它们通过直接的行为观察、生理测量以及音乐喜好和个人卧室情况等有创造力的指标来测量人格。毕生的人格变化方面有新的数据可以获取，并且仅第7章（关于"特质"的主要篇章）就有三十多条新的参考文献。

生物学取向迅速从过去简单的还原论发展到重视生物系统之间的、身体内部生物系统和更广阔的外部社会之间的复杂交互作用的研究项目。例如，催产素对情绪体验和社会关系有重要影响，其影响程度在几年前还是未知的。而且，这一版首次包含了一幅在大脑各区域和大五人格特质之间的一些试验性关系的图景。

精神分析观点逐步深入其他人格领域，尤其是认知加工取向。虽然它们可能在重新被发现的过程中被赋予新的标签，然而，能够看到以往的次要概念（如"依恋"和"潜意识"）成为常规的研究课题，着实令人欣喜。人本主义心理学在本书出版第一版的时候几乎匿迹，即使当时我认为它的很多理念（及其背后的哲学思想）很有价值。然而，学界突然迸发了有关"积极心理学"及相关主题的兴趣，给人本主义心理学带来了新生。

跨文化心理学也在迅速地改变。不仅跨文化方面的研究变得更加活跃，理论的丰富性和方法的创新性都大大提高。近期更开始重视不同文化人群在不同外在表现之下所具有的共同心理过程。随着跨文化心理学领会到许多其他的、更加细微的文化差异，以及特定文化下成员的差异，该领域已经远远超越并开始质疑长期以来人们对个人主义和集体主义的区分。

认知加工方面的研究与人格心理学的其他方面一同加速发展，在知觉、思维、动机、情绪以及自我的本质方面不断有新的突破。例如，新的研究显示，"过于快乐"是可能的，并且其他近期理论开始专注于自我的目标——显然，它有四个目标（想了解都是哪些目标，可参见第17章）。最后，人格障碍的研究曾一度被分离到变态心理学中，被作为其中的一个主题，但随着越来越多的心理学家开始意识到这些障碍并非分离、孤立的现象，而是正常人格特质的拓展，它正逐步融入主流的人格心理学中。精神病学圣经《诊断和统计手册》第五版的修订，将比以往任何时候都更加坚定地确立该原则。第18章对此进行了概述。

回顾本书的历史，第五版发生了一个激动人心的改变，当时的编辑雪莉·斯内夫利（Sheri Snavely），以及诺顿（Norton）图书出版公司的团队，进行了一次重要的重新设计。在我最近的编辑阿伦·贾维斯卡（Aaron Javsicas）的指导下，第六版以该创新为基础进行扩展，结果——它就在你手中，你来告诉我。我们增加了几个新的"自测"练习，以及插图和资料图表。然而，我拒绝为了增加图片的诱惑（和建议）而加入更多的图片；本书的图片不如大多数其他书籍那么多，不过我希望你会发现每一张插图都有实际的教育目的，包括漫画。一个敏锐的学生发电子邮件告诉我，她丈夫问她，为什么她一边读之前的版本一边笑。于是她给他看这些漫画，并解释每一张漫画都是相关的。这个学生报告说，通过这种方式，她更好地学会了书中的一些关键概念！事实上，每张漫画都有其存在的理由。甚至第18章的企鹅也是如此。

在第六版中，我们也对辅助材料进行了扩展：

· 诺顿人格心理学在线视频资源，以六十个视频短片展现了书中讨论的概念。其中半数是科学中心节目（ScienCentral News）对人格心理学方面最新研究的介绍，这些研究都来自经过同行评议的刊物。另一半视频由罗宾·爱德斯坦（Robin Edelstein，密歇根大学）从其他在线资源库为本书搜集而来，他协助我将这些研究发现以一种简洁明了、容易接受、令人愉快的方式与学生的生活联系起来。

· **《人格心理学的片段：理论和研究方面的阅读（第五版）》**，是一个阅读材料的集合，与本书涵盖的主题相关，由我的同事丹·奥泽尔（Dan Ozer）和我本人主编。其中包括理论家如弗洛伊德、荣格、埃里克森和奥尔波特的著述，经典的研究文章，以及来自当前研究文献的最新实验研究范例。为了清晰明确，每篇文章都进行了编辑，并含有解释性脚注。其他教师和我发现这些阅读材料不仅有助于提供对《人格心理学》总结的理论和研究的第一手观点，还能成为刺激课堂讨论的基础。

· **教师手册**，我现在也已经写到第六版了，这一修订版与书中增加的新资料、研究和更新的数据相一致。教师手册如今包括五十多项课堂活动，以促进主动学习。活动撰写和课堂测试由泰拉·莱特林（Tera Letzring）和杰里米·弗雷莫（Jeremy Frimer）完成。

· **试题库**，作者是布伦特·多尼兰（Brent Donnellan）和迈克尔·弗斯（Michael Furr）。他们更新了可用问题的储备，并重新组织，从而使问题可以按照难度及教育目标的分类系统区分。对试题库的重新组织，让教师能够按照他们的意愿构建具有意义和鉴别性的小测验和考试。

· 《人格心理学》（第六版），附有全套课堂**教学幻灯片**，将书中的艺术作品、照片和漫画，以及教师用讲课笔记和事例整合到一起，目的是吸引学生和提升讲课水准。书中的艺术作品和照片可以在幻灯片或教师的图像文件夹中获取，以整合到教师自己的课堂幻灯材料中。

· 基于经过验证的学习策略，《人格心理学》的学生网站学习空间包含作业，这些作业有助于学生安排他们的学习，学会重要的课程内容，并将分布在各个章节和各个概念中的知识串联起来。每个学习空间还包含免费开放的学习工具，如由亚利桑那大学的沙隆·霍勒伦（Shannon Holleran）专门撰写的章节小测验、词汇学习卡片、章小结，以及《人格心理学》电子书的链接。

· 《人格心理学》（第六版）的电子书给学生提供了低价位教科书的选择，以及学生学习空间中的复习资料的链接。电子书也提供了很多有用的阅读工具，如文本高亮功能、搜索功能、电子附注等，以帮助学生更有效地学习。

我希望所有这些辅助材料能帮助教师成功地进行课堂讲授，以及帮助学生学到知识并享受学习的过程。

致谢

我向那些多年来为本系列的写作提供帮助的人致谢。首先，我的妻子帕蒂（Patti），她是我的整个写作过程中的情感支持、卓识见解和批判性建议的来源。一直以来，她的卓识和对心理学是否是真正科学的怀疑（她是一位分子生物学家）让我保持谦虚谨慎。我的女儿莫甘（Morgan）为第五版和第六版画了一些插图，并完成了我非常需要的参考文献列表的修改，结果发现其中有不少打字错误。

加州大学河滨分校的研究生蒂凡尼·赖特（Tiffany Wright），我的同事克里斯·朗斯顿（Chris Langston），以及诺顿图书出版公司的前编辑凯茜·维克（Cathy Wick）都曾阅读过本书的第一版，并提供了不少有益的建议，其中许多我都接受了。保尔·罗辛（Paul Rozin）的鼓励和建议相当重要，亨利·格雷特曼（Henry Gleitman）也很慷慨。翠西·拿高（Traci Nagle）仔细地编辑了本书的第一版，一些她努力创作的散文仍延续至今。玛丽·贝勃科特（Mary Babcock）、安妮·赫尔曼（Anne Hellman）、萨拉·曼恩（Sarah Mann）、苏珊·米德尔顿（Susan Middleton）、艾瑞卡·内恩（Erika Nein）分别为第二版、第三版、第四版、第五版、第六版做出了重要的贡献。唐·法斯汀（Don Fusting），诺顿出版公司的前编辑，正是他，最初用我见过最软磨硬泡的推销策略说服我开始了这个项目。如果没有他，这本书根本不会存在。

当雪莉·斯内夫利作为第五版编辑走马上任时，这本书像是获得了新生。我非常感谢她富有创造性的想法、明智的判断、合作精神，以及最重要的——她理解《人格心理学》所要努力成为的那种独特的书，并对此满怀热情。阿伦·贾维斯卡是第六版的编辑。我只告诉你关于他的一件事，就已经道尽所有。回到第二版刚出来的时候，他在诺顿公司的后勤部门工作（我从未弄清楚是什么岗位），他建议增加一些《纽约客》（New Yorker）上的漫画，认为可能会有用。当然，一开始我觉得这是个糟糕的主意——我抗拒改变，但是在翻阅本书时，你自己就能看到发生了什么。漫画是本书中很多读者喜欢的部分，包括我在内。

我还要感谢斯蒂芬妮·罗密欧（Stephanie Romeo）辛苦地绘制插图，凯瑟琳·瑞斯（Catherine Rice）跟踪一系列微小的细节，卡林达·泰勒（Callinda Taylor）编辑本书的辅助材料，卡拉·泰马齐（Carla Talmadge）牢牢地掌着舵，确保每件事情按时完成。最后，如果没有人去读，就没有了写一本书并出版它的理由。因此我要感谢肯·巴顿（Ken Barton），不只为他过去的建议和支持，还因为在他的帮助下，英国和欧洲的读者才能够看到本书，还有安吉拉·麦特（Andrea Matter），她为了相同的目的走遍了美国。

在本版和之前的各个版本中，我从下列人士那里获得了明智的、颇有见地的建议：

之前的版本

莎拉·盎格鲁（Sarah Anglo），得克萨斯州立大学，圣马科斯

妮可尔·巴伦鲍姆（Nicole Barenbaum），南方大学

苏珊·巴索（Susan Basow），拉斐特学院

维罗尼卡·比奈-马蒂尼兹（Veronica Benet-Martínez），加州大学河滨分校

黛安·贝瑞（Diane Berry），南卫理公会大学

米亚·比兰（Mia Biran），俄亥俄州迈阿密大学

丹·波罗托（Dan Boroto），佛罗里达州立大学

特汉・坎利（Turhan Canli），纽约州立大学石溪分校

布伦特・多尼兰（Brent Donnellan），密歇根州立大学

彼得・艾勃索尔（Peter Ebersole），加州州立大学富尔顿分校

科林・德扬（Colin Deyoung），明尼苏达州立大学

威廉・佳布兰亚（William Gabrenya），佛罗里达理工学院

杰里米・格雷（Jeremy Gray）耶鲁大学

辛迪・哈森（Cindy Hazan），康奈尔大学

托德・希瑟顿（Todd Heatherton），达特茅斯学院

罗伯特・赫斯林（Robert Hessling），威斯康星-密尔沃基大学

阿丽莎・杰农斯基（Alisha Janowsky），中佛罗里达大学

布莱特・金（Brett King），科罗拉多大学波尔得分校

兹拉坦・克里桑（Zlatan Krizan），爱荷华州立大学

布莱恩・马科斯（Brian Marx），天普大学

大卫・松本（David Matsumoto），旧金山州立大学

汤尼・麦克贝斯（Tani McBeth），波特兰传媒学院

里卡多・米克兰（Ricardo Michan），洛杉矶玛丽蒙特大学

约书亚・米勒（Joshua Miller），佐治亚州立大学

丹・摩尔登（Dan Molden），西北大学

道格拉斯・穆克（Douglas Mook），弗吉尼亚大学

约赞・莫西哥（Yozan Mosig），内布拉斯加州立大学科尼分校

丹尼斯・纽曼（Denise Newman），弗吉尼亚大学

朱莉・诺任（Julie Norem），卫尔斯利女子学院

大石茂弘（Shigehiro Oishi），弗吉尼亚大学

克里斯塔・品克特（Krista Pincus），宾州州立大学

阿伦・品科特（Aaron Pincus），宾州州立大学

杰尼斯・兰克（Janice Rank），波特兰社区学院

斯蒂夫・莱泽（Steve Reise），加州大学洛杉矶分校

史蒂文・理查兹（Steven Richards），得克萨斯理工大学

里克·罗宾斯（Rick Robbins），加州大学戴维斯分校

布伦特·罗伯茨（Brent Roberts），伊利诺伊大学，厄巴纳-香槟

约瑟夫·瑞兰克（Joseph Rychlak），芝加哥洛约拉大学

杰勒德·索希尔（Gerard Saucier），俄勒冈大学

菲利普·谢弗（Phillip Shaver），加州大学戴维斯分校

肯农·谢尔顿（Kennon Sheldon），密西西里州立大学

卡伦·祖林斯基（Karen Szumlinski），加州大学圣芭芭拉分校

蜜雪儿·托马约利（Michele Tomarelli），得州农工大学

珍妮·蔡（Jeanne Tsai），斯坦福大学

布莱恩·香兹（Brian Tschanz），犹他州立大学

斯明·瓦兹（Simine Vazire），圣路易斯华盛顿大学

祖尔·韦斯顿（Drew Westen），埃默里大学

大卫·威廉姆斯（David Williams），宾州州立大学

大卫·扎尔德（David Zald），范德比特大学

马文·祖克曼（Marvin Zuckerman），德拉维尔大学

第六版

金伯利·克劳（Kimberly Clow），安大略理工大学

丽莎·高卓灵（Lisa Cothran），田纳西查塔努加分校

亨里克·克隆奎斯特（Henrik Cronqvist），克莱蒙特麦肯纳学院

科林·德扬（Colin Deyoung），明尼苏达州立大学

布伦特·多尼兰（Brent Donnellan），密歇根州立大学

艾波·道格拉斯（Amber Douglas），曼荷莲女子学院

莫查·德留（Mocha Dryud），北弗吉尼亚社区学院

罗宾·爱德斯坦（Robin Edelstein），密歇根大学

杰里米·弗雷莫（Jeremy Frimer），英属哥伦比亚大学

沙隆·霍勒伦（Shannon Holleran），亚利桑那大学

堀家和也（Kazuya Horike），东洋大学

乔希·杰克逊（Josh Jackson），圣路易斯华盛顿大学

阿丽莎·杰农斯基（Alisha Janowsky），中佛罗里达大学

乔·凯布尔（Joe Kable），宾州大学

斯考特·金（Scott King），雪兰多大学

泰拉·莱特林（Tera Letzring），爱达荷州立大学

罗宾·里维斯（Robin Lewis），加利福尼亚州立工业大学

大石茂弘（Shigehiro Oishi），弗吉尼亚大学

伊拉·赛格（Ira Saiger），叶史瓦大学

艾莲娜·索尼尔（Alana Saulnier），安大略理工大学

高野洋太郎（Yohtaro Takano），东京大学

斯明·瓦兹（Simine Vazire），圣路易斯华盛顿大学

约翰·泽伦斯基（John Zelenski），卡尔顿大学

收到学生们的来信，我非常开心。一些信息常在深夜到来，显然本书读者和作者在作息时间上相近。这些信件中包含许多有价值的问题、建议和纠正，我将之加入到了每一个版本中。特别值得提到的是斯考特·金教授在雪兰多大学的人格理论班的成员，他们机敏地指出了前一版中的几处错误。我希望我已经改正了所有的错误。其他信息在一些关键点上挑战或反对我，如果这些写邮件的人仔细阅读最新版本，他们会看到他们所起的作用。但这还不是最好的。我难以用言语描述那种感觉：当一个作者工作至子夜一点，突然被新邮件提示打断，并看到信中写道："我真的很喜欢你的书，很想说声谢谢！"谢谢你！

最后，我想感谢第一位通读第一版草稿的人。他的意见几乎遍布每一页。它们常常是像这样的注释："这是什么意思？"或者"这里你在说什么？"这些指出了我不恰当的表达或者难以理解的术语。有时，他的评论是强烈的赞同或反对。在我写作第一版的那些年中，每次和他对话都会得到他关切的询问，"书进展得怎样了"，还有一些敦促我工作的建议。他一直关注我的进展，并期待看到这本书被印成铅字。1995年5月，正当第一版的撰写接近尾声时，我的父亲埃尔文·范德（Elvin Funder）离开了人世。从第二版到第六版，我只能努力去想象他会对我说些什么，即使这样也已经受益颇多。在此，我再次将本书献给他。

大卫·范德（David Funder）

加利福尼亚，河滨

简明目录

目录

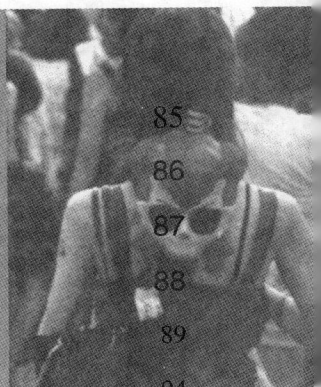

第三部分　心灵和身体：人格的生物学取向

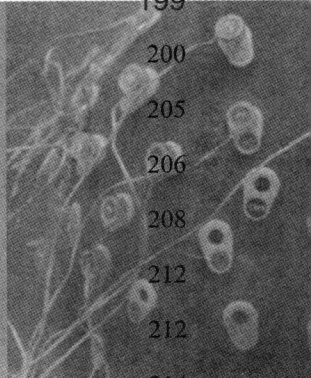

第四部分　隐秘的心理世界：精神分析取向

第五部分　经验和意识：人本主义和跨文化心理学

第六部分　人格的作用：学习、思考、感觉和认知

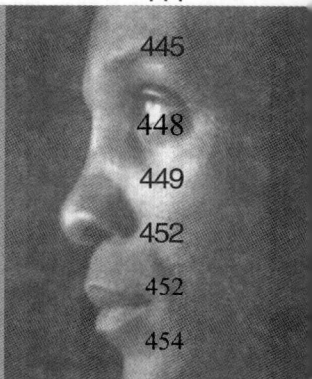

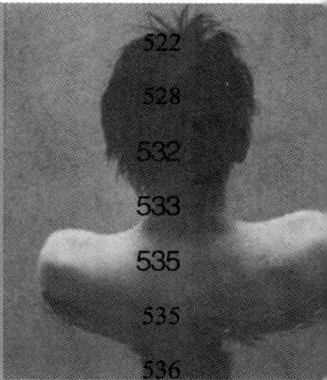

1

人的研究

所有的人都是谜团，直到我们从语言和行为上发现走近他们的关键，才能明了他们的言行。

——拉尔夫·瓦尔多·爱默生

可能早有人告诉你，心理学不是你想的那样。一些心理学教授在开学的第一天就兴致勃勃地告诉学生这个令人惊奇的信息。他们解释说，也许你期待心理学是描述人们外在行为下隐藏的想法和感受的；也许你认为它是关于性、梦、创造性、攻击和无意识的；或是你认为它涉及"人们是如何各不相同的"等有趣话题。其实不是，他们会说，心理学是为了让对特定现象的理论描述更令人信服而对因变量进行精确操作的科学，比如在一个方形广场中找到一个圆环需要花费多少毫秒。如果这样的心理学研究关注点会使人感到乏味的话，那就太糟糕了，虽然科学并不因为有趣才有价值。

幸运的是，大多数人格心理学家所关注的问题都是人们想知道的有趣问题（J. Block，1993；Funder，1998b）。因此，人格心理学家没有枯燥之感，他们的研究领域涵盖了能让心理学变得有趣的内容。[1]

特别是，人格心理学研究的是**心理三联体（psychological triad）**——知情意的统合，即人们是如何使思考、感受和行为有机结合的。知情意各自有许多现象值得研究，它们统合起来就更为有趣，尤其当它们互相矛盾的时候。你有没有经历过情感与思考之间的不一致，比如你可能感到初次相识的某人对你很有吸引力，但你却觉得这不是什么好事？你是否经历过想和做之间的冲突，比如本想去做作业，却去了操场？你是否发现你的行为和感受之间相互矛盾，比如正做的事情让你感到内疚（在这里填充你自己的例子），而你仍然继续做？如果你体验过上述知情意间的冲突（我知道答案是"是"），那么下一个问题是：为什么？这个答案当然不是显而易见的，需

---

[1] 因此，如果你看完这本书发现它令人生厌，那么这都是我的错。从题材来说，它不应该是这样的。

要我们进行深入的探索。

　　思维、情感和行为之间的不一致性是如此普遍，这足以让我们怀疑心理不是一个简单的处所，即便是理解自己（你最了解的这个人）也未必容易。人格心理学是重要的，并不是因为它解决了这些内部不一致的谜题和自我认识问题，而是因为它独立于科学界，甚至独立于心理学的各个分支，人格心理学家们认为这些谜题值得他们倾注所有的精力。

> 思维、情感和行为之间的不一致性是如此普遍，这足以让我们怀疑心理不是一个简单的处所。

　　大多数人一提到心理学家，首先想到的是治疗心理疾病并帮助人们解决其他个人问题的临床心理学工作者。[2]人格心理学与临床心理学不同，但是这两个领域确实相互重叠。古往今来，一些著名的人格心理学家都接受过临床训练，并且治疗过病人。在许多高校里，教授变态心理学或临床心理学课程的老师同时也教授人格心理学课程。当某种人格特征是极端的、不寻常的，并引发问题时，这两个子领域就聚焦为一个领域：人格障碍。更重要的是，临床心理学和人格心理学有共同的责任，就是试图诠释一个完整的人，而不是人的某一心理成分或某一个人的某一段时期。

　　从这个意义上说，人格心理学是心理学中最大、同时又是最小的子学科。在人格心理学领域被授予博士学位的人可能远远少于社会、认知、发展或生物心理学领域。但是，人格心理学与临床心理学是紧密联系着的，临床心理学是到目前为止心理学最大的子学科。人格心理学是心理学与其他子学科集合到一起的结果；你可以发现，它在很大程度上是从社会、认知、发展、临床和生物心理学中汲取养分，同时又将心理学各子学科的解释引向并使其适用于完整、真实的人。

人格心理学的目标

　　人格（**personality**）是指个体思维、情感和行为的特征模式，以及这些模式之下隐藏或未隐藏的心理机制。这个定义赋予了人格心理学独特的任务来解释完整的人。当然，人格心理学家也许并不总是能成功地完成这项工作，但是，这是他们应该做的：收集其他各心理学子学科提出的困惑以及学科本身的研究结果，集合在一起形成一个整合的观点，一个适合于解释日常环境中完整的、功能性的个体的观点。

---

② 这就是为什么当非临床心理学家被问及以何为生时，他们的回答会有一点含混其词。

任务：不可能完成

用整合的观点解释完整的人，这个任务存在一个问题——它是个难以完成的任务。事实上，正是这个有趣的任务构成了人格心理学的最大难题。如果你想一下子理解一个人的全部，就会发现自己完全不知所措，你并未获得全面理解，相反，你的头脑可能会变得一片空白。

唯一可选的方法就是限制你所关注的内容。不要试图马上去解释所有事情，你必须寻找更具体的模式：将不同种类的观测资料整合在一起的方式。这种方式要求你把自己的关注限制在特定类型的观测资料、特定类型的模式以及对这些模式的特定思维方式上。这种系统的、自主定向的限制即我所说的**基本取向**（basic approach，人们也普遍把它称为范式）。人格心理学是围绕着几个基本取向进行组织的。

表1.1　人格的基本取向及其重点

基本取向	重点
特质取向	个体差异概念化
	个体差异的测量
生物学取向	解剖
	生理
	基因
	进化
精神分析取向	无意识
	内在心理冲突
现象学取向	意识觉察和经验
	人本主义心理学
	跨文化心理学
学习和认知取向	行为主义
	社会学习理论
	认知人格心理学

一些人格心理学家致力于研究人们在心理上的差异，以及这些差异是如何被定义并测量的。

他们遵循的是**特质取向**（trait approach，指的是人格特质）。另一些心理学家试图从身体角度理解心理，他们研究生物机制，例如解剖学、生理学、遗传学，甚至进化论，以及它们与人格的关联。这些心理学家遵循的是**生物学取向**（biological approach）。还有一部分心理学家主要关注无意识心理以及内部心理冲突的本质和解决，他们遵循的是**精神分析取向**（psychoanalytic approach）。还有的心理学家关注人们对世界的意识经验和现象学，这遵循的是**现象学取向**（phenomenological approach）。在目前的研究中，对觉察和经验的强调分别引领了两个不同的现象学方向。第一个是被称为人本主义心理学的理论，研究意识觉察怎样产生出独特的人类特征——诸如有关存在的焦虑、创造性和自由意志，并试图解读快乐的意义和基础。另一种现象学方向强调心理学以及真实的现实经验跨文化的差异性，引发了近些年来跨文化心理学研究的蓬勃发展。

还有一些心理学家遵循**学习取向**（learning approach），关注奖励、惩罚以及其他生活经验所引发的个体行为的改变，他们将这个过程称为**学习**（learning）。③经典行为主义者关注外显的行为以及奖励和惩罚对行为的影响方式。研究社会学习（与行为主义相关的子学科）的科学家们对经典行为主义进行了修正。社会学习理论试图获得的结论是心理过程的方式决定行为习得及其表现，例如观察模仿和自我评价。在过去的几年里，社会学习理论已发展为一个有影响力且多产的人格研究领域，它关注认知加工，以及源于感知觉、记忆和思维研究的应用视角和方法。将行为主义、社会学习理论和认知人格心理学整合到一起，组成了人格的学习和认知加工取向。

竞争还是补充？

人格心理学的不同理论取向常被认为具有竞争关系，这种竞争关系有其存在的原因。每一个学派最初的提出者让自己闻名的典型方式就是告诉全世界他的流派最终解释了人的本质的所有方面，而这是其他所有学派都无法实现的。西格蒙德·弗洛伊德（Sigmund Frend）就是其中一位，他就经常号称他的精神分析流派是唯一正确的途径，甚至与那些曾追随他但是敢于挑战他思想的人绝交，如卡尔·荣格（Carl Jung）。斯金纳（Skinner）对人类本质的看法与之完全不同，但是他在谦虚上也没有什么进步。他宣称行为主义解释了有关心理学的一切现象，并乐此不疲地指责其他流派和他们的理论假设，诸如人可能拥有特质和思维，或者甚至是自由意志和尊严。

这种傲慢自大并不局限于像精神分析和行为主义这些与著名创立者紧密相连的流派。我们知道生物学倾向的心理学家宣称所有的人格内容都可以简化为基因、生理学和脑部解剖的问题。特质、认知或人本主义心理学家有时也曾坚持认为自己的流派是唯一能够说明全部问题的流派。事实上，每个流派的大多数拥护者也经常坚持不懈地声称他们支持的流派能够解释一切，而其他流派都是绝对错误的。

---

③　行为主义者应用的"学习"这个术语的意义是狭义的，不能与其日常应用的广义上的意义相混淆。

图1.1　弗洛伊德（左）和斯金纳（右）

关于人性，西格蒙德·弗洛伊德和斯金纳有截然不同的观点，但各自都声称其观点能够解释有关人格的一切重要方面。

这种方式看似有效，甚至对于使某一观点获得关注来说是非常必要的。但是他们的华丽辞藻掩盖了一个很重要的事实——并不是一定要把这些不同取向看作是相互排斥的或永远锁定于竞争状态，我认为那样做毫无益处。它们是相互补充的，而非竞争关系，因为它们都各自研究了人类心理的不同方面。

比如说一个雇主要决定雇用哪位员工，那么他就必须对应聘者进行比较——不可能雇佣所有人。这个问题可以用特质评估的方法解决。当一个传道士因为嫖娼被逮捕时，人们则要问他的动机是什么，尤其是潜意识水平的动机；精神分析似乎很适用于解释这类问题。父母常担心青春期孩子的行为并想更好地改变其行为，在这种情况下更需要行为主义理论的帮助。一个思考自由意志变迁的哲学家，或者一个考虑职业规划并思考生命意义的学生，他们也许都能从人本主义中获得一些领悟，等等。人格心理学的各个理论流派对于解决不同领域所关注的问题来说是很有帮助的。

同时，非常令人不安的是每个流派都倾向于忽视其他流派的关注焦点（并且经常否认，正如我前面提到的，即使那些关注点是重要的）。例如，精神分析关于梦的起源有很多的解释，却对我们理解行为的改变几乎没有任何贡献。行为主义原理可以训练你的狗表现出各种令人吃惊的行为技巧，却永远不能解释为什么它会在睡觉时发出吠声或哀号。

> 行为主义原理可以训练你的狗表现出各种令人吃惊的行为技巧，却永远不能解释为什么它会在睡觉时发出吠声或哀号。

流派纷纭对大一统理论

现在，你可能会想到下面这个问题：为什么没有人提出一个大一统理论（One Big Theory，你可以称它为OBT）来解释被特质、生物、精神分析、人本主义、行为以及认知取向的不同流派各自解释的一切东西呢？或许某一天某个人会这样做——如果你成为一个人格心理学家，这个人可能就是你！

同时，你可以考虑一个由来已久的工程学原理：一台能把某件事情做得很好的机器相对来说很难把其他的事情也做得同样好。一个烤面包机能烤出极好的面包，但如果你想用它来煮咖啡或听音乐，那就不适用了。相反，同样正确的是，如果一台机器能做很多事情，那么它可能哪一件也做不好。一个集烤面包机、煮咖啡器和收音机于一身的多功能机器设备——我确信某个地方会有这样一台机器存在——可能在烤面包、煮咖啡或播放音乐方面并没有那些只具有其中一项功能的机器效果好。④这个原理在心理学中似乎也是正确的，因为它描述了人格心理学家面对的一个不可避免的问题。一个能把某些现象解释得非常好的理论不一定能同样好地解释别的现象。而一个试图解释几乎所有现象的大一统理论或许不能对每一种现象都做出最好的解释。梦、学习曲线、自由意志以及工作表现的个体差异或许都可以充塞到一个理论中，但结果可能不那么令人满意。

我会在最后一章中探讨这些话题，但是如果现在你觉得很迷惑，那么我向你保证很多人跟你一样。人格心理学家们自己还没有对这个两难的选择得出一个结论。一些人确实想发展出一个还算比较好的大一统理论来解释一切；一些人认为他们自己目前喜欢的流派本身就是大一统理论（他们是错的）；还有一些人不想发展出一个全新理论，只是想把目前已有的全部理论组织成一个极好的构架（Mayer，1998，2005）；还有一些人，像我，坚持认为各个不同的基本取向研究了不同系列的问题，每个流派都最好地解释了它所选择研究的问题。

如果你同意或至少理解这个最后的观点，那么你就会懂得为什么这本书的大部分会单独考虑每个基本理论流派。⑤人格心理学需要从所有的这些方向来观察人，并且应用到所有的流派，这是因为不同的话题——如我刚才提到的梦、学习曲线、工作表现的个体差异等——从不同的视角可以得到最好的解释。目前，我认为在一次讲授中应用一个完整的流派是最为重要的。可能有一天，它们会全部综合起来。同时，像你看到的一样，每个流派对它关注的人格方面都有很多有趣的、重要而有用的说法。

作为劣势的优势和作为优势的劣势

库尔特·冯内古特（Kurt Vonnegut）在小说《今生情与恨》（*Mother Night*）的引言中别出

---

④ 再者，你手机上的摄像头到底有多好？
⑤ 较大的一个例外是在接近书的最后部分——第18章——考虑人格障碍的时候，我综合应用了各个理论。

心裁地告诉读者他们将要读的这本书的寓意，他写道："我认为它并非什么了不起的寓意，我只是偶然知道了它是什么。"（Vonnegut，1966）我猜想他是希望人们在无数个英语课堂上用无数个小时来理解他的"意旨"（我怀疑他成功了）。⑥

作为作者，我不是很像冯内古特（尽管我希望自己可以），但是我也认为我知道本书的寓意，或至少是它的一个主旋律：在生活和心理学中，优势和劣势相互联系得如此紧密以至于不可分离。显著的优点通常也是显著的缺点，反之亦成立。有时我喜欢称这个观察结论为**范德第一定律**（Funder's First law，这本书中还会有其他几个类似的定律）。⑦这个第一定律可以应用于研究领域、理论领域以及个体本身。

> 显著的优点通常也是显著的缺点，反之亦成立。

人格心理学为**范德第一定律**提供了一个极好的例子。像我前面已经指出的，人格心理学相对于其他心理学领域的最大优势是，它的一个主要任务是解释完整个体和实际生活关注的心理学。这个任务使人格心理学的研究内容变得更为丰富、有趣、重要，甚至比其他领域更好玩。但是，猜猜会怎样？这个任务也是人格心理学的最大问题。错误的一方面是它可能导致出现内容过于广泛或没有针对性的研究。甚至从最好的方面来说，它看起来也远没有达到它应该完成的目标。那么，对于一个人格心理学家来说，挑战就是扩大优势并减小劣势，尽管这两方面是相关的甚至可能是不可分离的。

对于人格心理学内部的各个流派来说也是如此。每一个流派都擅于研究某一个主题，却不擅于研究其他主题。实际上，如我们前面已经讨论到的，每个基本流派通常只是忽视它不擅长解释的主题。例如，行为主义对改变行为之所以如此有效，部分原因是它忽略了其他的一切；而现象学流派之所以能给自由意志一个如此本质的解释，也可能是因为它忽略了强化是如何塑造行为的。优点随着缺点而来，甚至有时是缺点的结果，反之亦然。

这种优势和劣势之间的联系甚至可能发生在个体的内部。据一项对美国几位总统的研究显示，正是他们的人格和道德"瑕疵"使他们获得并有效地利用了他们的权力（Berke，1998）。例如，个体在一定程度上的多变性一般被看作是一种性格上的缺点，然而多变或许能使一位总统灵活地应对变化的环境。固执通常也被认为是缺点，或许一定程度上的固执能使一位总统坚守某些重要的原则。另一方面，一些常被认为是优点的特质，比如诚实坦率、始终如一等，有时可能真的是成为一位更有效率的总统的障碍。

---

⑥ 据可查资料，冯内古特关于《今生情与恨》的寓意写道："我们是自己假装成的那种人，所以我们必须小心我们假装成了什么人。"思考这句话，它对于心理学教科书来说也是一个很有用的寓意。

⑦ 请不要记忆这些定律。我自己都没有记住它们。它们只是我从一些自己莫名喜欢的观察结论中提取出来的一些格言。

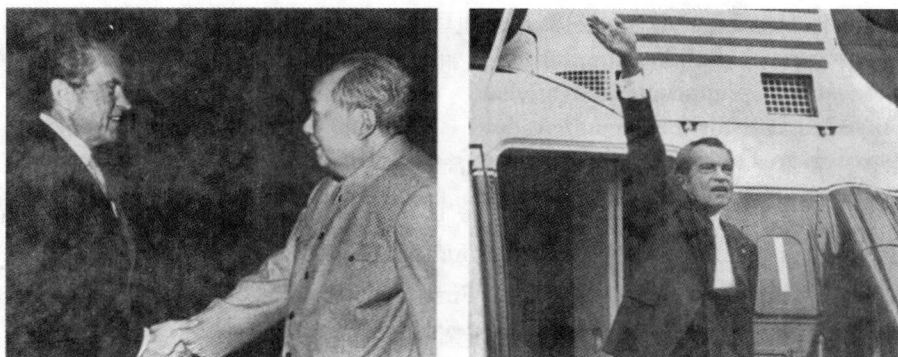

图1.2 最大的优势可以是最大的劣势

尼克松总统的狡猾性情让他因为与中国关系的突破性进展而震惊了世界，然而也导致了促使他下台的水门事件。

同样的原理也可以用到其他的生活领域中，比如篮球训练。印第安纳大学的教练波比·奈特（后来进入得克萨斯工学院）曾经被描述为具有庸俗的、讽刺的、喜欢胁迫的性格，但在同一张报纸的另一篇文章中又被称为"忠诚的、聪明的、仁慈的、有原则的完美主义者，比其他大学篮球教练教出了更多的学员"（Jones，2003）。奈特的这两方面有关联吗？从它们属于同一个人的意义上来说，这当然是有关联的，一个大学雇用波比·奈特的某一方面的同时也免费获得了他的其他方面。从更深层的意义上来说，它们的关联在于每个人的人格来自于一揽子交易。人格是固有的，它的每一部分都来源于并决定着其他的部分（J. Block，2002）。

"你介意我说一些对你的人格有帮助的话吗？"

你自己也许会，或者也许永远不会成为一位总统或十大篮球教练之一。但是花一点时间想想自己的强项，它有没有成为你的一个问题？现在想想自己的弱项，它对你的益处是什么？假如有一些强制的交易，你想丢掉你所有的弱点，保持所有的强项吗？假如你的强项和弱点是相互联系着的，这还有可能吗？

人格心理学会永远面临一个类似的两难选择。如果缩小它的范围，那么它的领域会更加便于管理，研究也会更简单。但是那样的话，人格研究就会失去很多使它有特色的、重要的、有趣的内容。类似地，人格的每一个基本流派都或多或少故意忽视了心理学的一些方面。这是一个沉重的代价，但是为了让每个流派在自己所选择的领域有所进步，到目前为止这样做似乎是很有必要的。

本书的计划

这本书的开篇部分是一段简短的引言，以及这篇你几乎已经快读完的人格心理学概览。接下来的两章关注人格心理学家如何做研究，这对理解以后的章节是很有用的。第2章描述了几种类型的数据或信息——心理学家用它们来更好地理解人格，并讨论了每一种类型数据的优缺点。这一章的目标就是使你永远铭记以下思想：没有完美的人格指标；只有线索，且常常是模糊的线索。[8]第3章描写了对这些数据进行分析的方式，并仔细考虑了几种用于人格数据分析的特定主题。

第二部分包括四章，探讨了人与人是怎样的各不相同，这是特质评估取向的主要关注点。第4章的一个基本问题是：人与人之间的差异是否显著影响到了行为和生活质量（提示：答案是"是的"）。第5章描写了心理学家测量这些差异的几种方式，主题是人格评估。第6章进一步扩展了这个主题，描写了关于人格判断的研究——在日常生活中我们怎样评估人格。第7章列举了一些特定的例子说明人格特质如何用于理解行为，并讨论了特质在人的一生中是如何发展的。

生物学研究的快速发展使心理学研究出现了一个令人兴奋的新方向。这些发现正开始应用于人格特质和人类本质的研究中，第8、9章就考察了一些这样的研究。第8章回顾了目前关于神经系统的构造和心理学如何影响行为和人格的知识。第9章考察了人格在某种程度上是遗传而来的可能性，着眼于生物学的两个分支：行为遗传学——研究父母可能是怎样将人格特质传递给他们后代的；以及进化生物学——试图从物种进化史中找到人类本性的起源。

接下来的三章将精神分析流派纳入考虑范围，这是与西格蒙德·弗洛伊德紧密联系在一起的。第10章是对精神分析的基本介绍，描述了脑和心理发展的结构。第11章描述了精神分析理论如何探讨防御机制、失误和幽默，并提供了对这个观点的评价。第12章通过把精神分析的故事纳入到当今时代而结束了对精神分析取向的探讨，考虑了新弗洛伊德主义者（弗洛伊德之后的分析家们）、客体关系理论，以及与精神分析观点相关的当代研究。

之后的两章探讨了思维、经验和存在。第13章描述了存在主义的现象学方面（强调个体经验）是如何发展成为一个人本主义心理学流派的。主题是个体的特定世界观或理解现实的方式是他/她人格的主要方面。第14章进一步发展了这个现象学观点，探讨了个体人格和世界观（或许是人格本身的整体概念）可能会随文化而改变。

接下来的三章介绍了行为主义以及后来强调用认知和知觉加工来解释人格做什么的人格流派。大约70年前，几位有影响力的心理学家决定关注人（和动物）真正做了什么，而不是关注在脑中隐藏着进行的东西。最初应用这种方法的心理学家是经典行为主义者，像约翰·华生（John Watson）和B. F. 斯金纳。20世纪的后几十年里，从行为主义中派生出三种不同的理论——关注

---

⑧　这实际上是范德第二定律，第2章才会正式介绍它。

社会互动和认知（心理）过程。有趣的是，这三种理论——约翰·多拉德（John Dollard）和尼尔·米勒（Neal Miller）的，朱利安·罗特（Julian Rotter）的以及阿尔伯特·班杜拉（Albert Bandura）的理论——全被称为"社会学习理论"。后来，沃特·米歇尔（Walter Mischel）为社会学习理论增加了一些认知和现象学的风味，这个新版本如今影响巨大。第15章中介绍了行为主义和各种社会学习理论。随着时间的推移，这些理论越来越受到快速发展的认知心理学领域的影响。现在的人格研究应用一些认知心理学的概念和方法，并加入了其他基本流派的知识，开始考虑知觉、记忆、动机、情感等话题。第16章对这些进行了概括总结。而第17章则讨论了思维和感受的结合体——"自我"。

作为总结，本书的最后一篇实质性章节应用我们已经学到的知识对个体差异的极端情况"人格障碍"进行了介绍。第18章讨论了主要的障碍和它们的一些含义。真正的最后一章——第19章对人格心理学进行了不同视角的全面评价，重述了这一章中提及的主题，并简短地总结了我希望你读完这本书后永远牢记的一些东西。

个体差异的分类与鉴别

人格心理学倾向于强调人与人是如何各不相同的。如果一个评论家对人格心理学持轻蔑的态度，那么他会贬低人格心理学是将人归类的学科。一些人对这样的强调感到很不舒服，可能是因为他们觉得这是不合理的或有损尊严的，抑或两者皆有。[9]

相反地，其他领域的心理学更可能把人看作是完全相同或几乎相同的。不仅是心理学的实验方向子学科倾向于忽略差异，比如认知和社会心理学，而且对他们的研究很重要的统计分析也差不多都将个体差异放入他们的"误差"项里（参见第3章）。

但是，这里又有一个潜在的劣势作为优势起作用的例子（请记住，据范德第一定律，这个过程在每一个方面都会起作用）。尽管人格心理学的强调常使得学者必须把人进行归类和贴标签，但它也让这个领域对于人与人之间确实拥有差异的事实变得异常敏感——比其他任何心理学领域都要敏感。我们并不都喜欢同样的东西，不会都被同一个人吸引（很幸运），并且不会都期望进入同一个行业或追求同样的生活目标（又是很幸运）。个体差异的这个事实是所有人格心理学的起点，并给了这个领域一个特殊的关于人性研究的任务，即鉴别每个人的唯一性。[10]人是不同的，于是必然地并且自然地，我们就想知道是如何不同和为什么不同。

---

⑨ 我不由得想到那个关于世界上有两类人的古老说法：一类认为世界上有两类人的人，另一类则不这么认为。
⑩ 对个体差异的关注在人格的特质和精神分析流派中是非常明显的，它们各自集中于个体差异的定量测量和个体心理的个案研究。但是在行为主义中就不那么明显，确实是这样——甚至是非常正确的，行为主义把人看成是他/她独特的学习经历的总和（见15章）。

思 考 题 ··

人格心理学的目标

• 人格心理学的独特任务就是研究思维、感受和行为的心理三联体，并试图解释人整体的心理功能。然而，这是一个不可能完成的任务，所以人格的不同流派必须限制自己强调不同的心理主题。

• 人格心理学可以分为五个基本取向：特质、生物学、精神分析、现象学、学习/认知过程。每一个取向都很好地研究了人类心理的某一方面，而忽视其他方面。每一个取向的优势和劣势很可能都是不可分离的。

本书的计划

• 本书分为六个部分，从关于研究方法的部分开始，接下来的五个部分考察人格的基本取向，并以关于人格障碍和全书总结的一章作为结束。

个体差异的分类与鉴别

• 人格心理学有时被看作是一个寻求将人归类的学科领域，但它真实的含义是鉴别每个人的独特方式。

总 结 ··

1. 当我们了解一个人的时候我们都知道了什么？

2. 心理学的目的是什么？心理科学应该寻求解答什么问题？

3. 你为什么选择这门课？你希望学到什么？你期望这门课有什么用？

4. 如果你能够选择这门课（或这本书）的内容，你有什么要求？为什么？

5. 心理学教科书和课程比它们本应该成为的样子更让人无聊吗？如果是，你为什么这么认为？关于这样的情况，你能做些什么吗？应该做些什么吗？（可能"无聊"在这里只是指对一个复杂的主题进行严谨的研究。你同意吗？）

6. 答案和问题，哪个更重要？

电子媒体 >>>>>

登陆学习空间*wwnorton.com/studyspace*，获得更多的复习提高资料。

第一部分

研究方法

我有一位同事要为她的普通心理学课程选取讲授范围，她决定列出所有主题，然后通过学生们的投票来了解大家想学习的内容。结果发现在心理学中一直以来最不受欢迎的主题就是研究方法。

这个发现可以解释为什么学生们总认为他们的心理学教授很奇怪。几乎无一例外，接受心理学研究培训的人和教授课程的人都为方法所困扰。一堂又一堂的课程中，时间都用来讲述统计、数据和研究设计，这使学生们很好奇"这些和心理学有什么关系"，这种好奇不无理由。他们甚至开始怀疑，这是在把本该容易的、有趣的心理学变得艰深又枯燥乏味，而他们正是这个可怕计划的受害者。

我认为导致这种情况的部分原因在于，研究方法总是被以一种狭隘的、过度强调技术的方式讲授，让人沮丧。那些规则、程序、公式不停地被抛给学生而又没有给出足够的解释，从而使学生深陷困扰之中，看不到整体的目标。所以，在接下来的两章中，我将强调两点：研究方法的基本原则是既不晦涩也不依仗过多技术；应该让那些乐于学习心理学的人觉得研究方法是趣味性和实用性并存的。

为了更清楚地表达我的意思，让我们想象一个熟人，他/她声称自己能够读懂别人的想法——他/她拥有"超感官知觉"（ESP）。你会好奇地想检验他/她是否真的能做到吗？可能不会（那么什么能激起你的兴趣呢？）。但是如果你好奇，那么下一个问题是，你从何检验？或许你能想出一些程序来检验他/她所说的，比如，你可以让他/她猜你正在想什么。甚至你可以多做几次来记录他/她回答的正误。就这么突然地，在选择问什么问题以及怎么问的时候，你已经无意间进入了研究设计的领域。事实上，你已经设计了一个实验。通过记录正误答案的个数，你已经在收集数据。通过解释获得的数据（比如，在20个回答中有6个答案正确，即达到超感官知觉的标准），你已经进入了统计的世界！然而你所做的一切其实就是，应用良好的常识来发现一些有趣的事情。

这就是研究方法应该做的：应用良好的感觉收集信息，从而更多地了解感兴趣的问题。发现关于行为、思想或其他新事物的唯一方法就是采取一系列程序——从观察你的目标开始，到最后的数据分析，总结并理解你之前的观察记录。

第2章详细阐述了与理解人格有关的各种观察方法。所有的观察都是数据，可以归为四种基础类别，称为S、I、L和B数据（重新排列，缩写为BLIS）。

第3章总结了数据质量的一些问题——信度、效度和概化性。第3章还介绍了研究设计——这是收集数据的计划，还有数据分析的难题，我相信这是最重要的：如何解释你的研究所获得结果的有效性大小及强度。最后，第3章考虑到了研究中的伦理问题，这是与心理学以及其他各门学科都相关的问题。

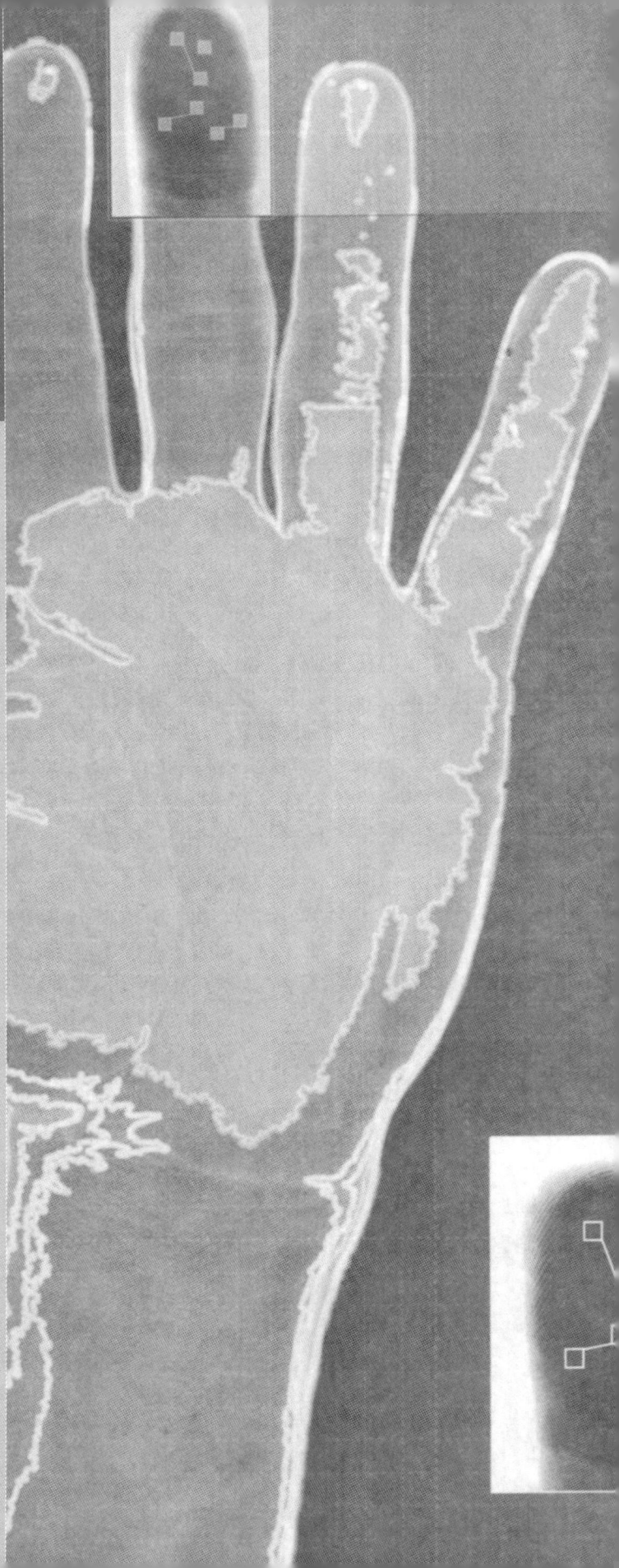

2

人格的线索：数据来源

许多年前，著名的心理学家亨利·莫瑞（Henry Murray）提出，要理解人格首先必须观察它。这个观点看似显而易见，但是就像很多看上去浅显的观点一样，当你仔细思考就会发现它引发了一个很有趣的问题。如果你想"观察"人格，那么要观察的究竟是什么呢？这正是本章将要讨论的主题。

我认为要观察一个人的人格，可以从以下四个方面着手。第一，或许也是最明显的，你可以直接问他/她本人对自己的看法，这正是人格心理学家常采用的方法；第二，可以看看认识他/她的人如何评价；第三，可以观察他/她在生活中的表现；第四，可以观察他/她的行为，并尽可能直接、客观地进行测量。

最后，你需要综合所有这些方法来认识人格，因为人格是非常复杂的。它通过个体所有知、行、意的特点来表现——正如第1章提到的心理三联体（psychological triad）。一个人可能对某些事情特别恐惧，或是对某类人很有好感，或是困扰于某些需要达成的个人特殊目标。知行意的模式也像这样复杂，而且会在行为和生活的不同方面显现出来。所以，当你试图了解或测量人格时，不能仅仅依赖于某一种信息，而需要多方面信息的综合。

这就把我们带到了**范德第二定律（Funder's Second Law）**：不存在可以完美地记录人格的手段；只存在线索，而且这些线索总是模糊的。

数据是线索

人格的可观察性是最佳的线索。这些线索总是模糊的，因为人格隐藏在每个个体的内心深处。因为你无法直接看到人格，所以对它的存在和特点需要推断，而且这些推断永远都是不确定的。

对人格的推断必须以能够观察到的指标为基础，可能包括一个人如何回答问题，他/她对咨询师所说的话，他/她在日常生活中的行为，或者他/她在实验室某情境下的反应。线索可能是任何事，但重要的是记住它们当中任何单独的线索总是模糊的。心理学家的任务就是把这些线索拼合到一起，就像拼图的小碎片一样，构成一个具有信服力、有用的个体人格肖像。

这样看来，试图理解个体人格的心理学家有点像解决神秘事件的侦探家：可能掌握了大量的线索，但是关键在于正确解释这些线索。例如，一位侦探在入室行窃的案发现场发现了窗台上留下的指纹和花园里的脚印，这些都是线索。侦探或许会粗心地忽略它们。但指纹也有可能是其他粗心的警察留下的，而脚印可能属于一位无辜的园丁。这些可能性的存在不足以成为忽略线索的理由，但是却提醒我们要谨慎灵活地对待它们所代表的意义。

这种情况和人格心理学家的处境有相似之处。心理学家可以观察个体的行为、测验得分、日常生活中的成就，或是对实验条件的反应。心理学家也可能像侦探员一样粗心，没有收集到尽可能多的线索，同样地，也应该对线索可能带来的误导保持一定的警惕。

"你是在抱怨，还是在用数据证明你的观点？"

但是这种警惕不应该过度。如果过度，有时候就可能形成这样的观点：应该忽视那些可能没有信息含量或可能产生误导的线索。在不同时期，我们都能看到各种心理学家对某些方法的批驳，认为有些方法不应被使用，如自陈问卷、人口统计学数据、同伴描述、投射测验、临床案例总结或者某种实验室评估程序。为什么呢？因为它们可能产生误导性的结果。

然而，没有哪个明智的侦探会这样想。不能因为某种数据来源可能带来误导就忽略它，这就如同不能因为脚印可能不属于盗贼而忽略它。一个更好的策略是充分利用资源收集所有的线索。这些线索中的任何一个都可能是误导性的；最糟糕的情况是，它们可能全部是误导。但是这不足以成为不收集它们的理由。如果想要不收集任何可能是误导的线索，那么唯一的选择就是不收集任何信息。但这绝对是不可行的。

范德第三定律（Funder's Third Law）的内容是：有三分之二的可能性是——有总比没有好。

四种线索

我们可以用四种线索来理解人格。每一种都能够提供至关重要的信息，但同时要注意，每一种线索也都有缺陷。优缺点可能是分不开的（如果你还记得范德第一定律）。在我们开始之前，值得再一次强调的是，所有这些线索都是重要且有用的，尽管没有任何一个是完美的。这种不完美是必然的，不能成为忽视任何一个信息来源的理由，相反，这正是你需要所有信息的原因。

线索背后的原则是，为了了解一个人是怎样的，你可以做四件不同的事：（1）简单地询问本人对自己人格的评价；（2）询问熟人对这个人的评价；（3）观察这个人在生活中的表现；或者（4）尽可能直接地观察这个人的实际行动。这四种线索可以称作S、I、L和B数据（见表2.1）。[①]

表2.1　人格数据主要来源的优点和缺点

	优点	缺点
S数据：自我报告	大量的信息	或许他们不能告诉你
	接近想法、感受和意图	或许他们不愿告诉你
	一些S数据从定义上就是真实的（例如，自尊）	太简单易行
	简单易行	
I数据：知情者的报告	大量的信息	有限的行为信息
	以真实世界为基础	缺少接近私密体验的途径
	常识	错误
	一些I数据从定义上就是真实的（例如，受欢迎程度）	偏见
	因果力量	
L数据：生活事件	客观性和可证性	多方面影响
	本身的重要性	可能缺少心理相关性
	心理相关性	
B数据：行为观察	广泛的情境（自然的和人为的）	不确定的解释
	外在的客观性	

[①]　如果你曾经读过其他心理学家的文章，或者是本书的早期版本，你可能会注意到这些标签是在改变的。杰克·布劳克（J. Block，1980）也提出四种数据类型，把它们叫作L、O、S、T数据。雷蒙德·卡特尔（Cattell，1950，1965）提出三种数据类型，分别叫作L、Q、T数据。特里·莫菲特（Moffitt，1991；Caspi，1998）提出五种数据类型，分别叫作S、T、O、R、I数据（或STORI）。在很多方面，布劳克的L、O、S、T数据与我的L、I、S、B数据相匹配；卡特尔的L、Q、T数据与我的L（I）、S、B数据相匹配；莫菲特的T、O数据与我的B数据相匹配，而她的R、S、I数据分别与我的L、S、I数据相匹配。但是，在各种数据分类系统中，数据的定义并不等同。有关B数据的详细类型，参见（Furr，2009）。

直接询问本人：S数据

如果你想知道一个人怎么样，为什么不直接问问呢？了解一个人的人格最简单的方法就是直奔其本人观点的源头，这正是人格心理学家们常做的。**S数据（S data）**指的是自我判断（self judgements）。由本人简单地告诉心理学家（通常以问卷的形式）他/她的支配性、友好或责任感的程度。可以采用九点量表，由本人从1（"我一点也不具有支配力"）到9（"我非常有支配力"）之间做选择。或者程序可以更简单：让本人阅读一句陈述，例如"在与他人的讨论中我总是处于支配地位"，然后判定对错。根据大部分研究显示，我们对自己的描述通常和他人的描述相吻合（Funder，1999；McCrae，1982；D. Watson，1989）。但使用S数据背后的假设是，世界上关于你人格的专家可能正是你自己。

S数据一点也不复杂，理解这点是很重要的。S数据直接且简单，因为心理学家并不需要解释参与者所说的话，也不会向参与者询问某件事情而实际上是要了解另一件事。用于收集S数据的问卷有较高的表面效度（face validity）——就是说它实际测量的对象和表面看起来要测的对象是一致的，会直接明了地询问与原计划测量结构有关的问题。

例如，现在你就可以编制一个具有表面效度的S数据人格问卷。一个关于"友好"的问卷如何？你的设计可能包括这样一些题目，例如"我真的很喜欢大部分人"和"我参加很多派对"（让参与者选择对错，肯定的回答表示他/她是友好的），"我认为人们都是讨厌的、卑鄙的"

（这里，否定的回答会增加友好的分数）。这样的问卷没有什么微妙或狡猾的地方；参与者越多地把自己描述为友好的（或不是不友好的），那么他/她就得到越高的友好分数。实际上，问卷真正所做的就是再三地以不同表述问同一个问题，"你是一个友好的人吗？"

另一种通过问题获得的S数据更开放，回答更自由。例如，一个当前的研究项目要求参与者列出他们的"个人奋斗"（请见第16章），定义是"你特别想完成或达到的目标"。大学生报告的奋斗包括"让母亲为我骄傲""言行诚恳"以及"享受生活"。所有这些回答都属于S数据，因为它们是参与者对自己目标的描述，所以很简单，这些回答可以用来评定人们的目标（Emmons & King，1988；Emmons & McAdams，1991）。

至今为止，人格基础评估中使用最频繁的就是S数据。不仅像《自我》（*Self*）和《世界主义者》（*Cosmopolitan*）这类杂志中的问卷（"测测

"下一个问题：我相信生活是一个不断追求平衡的过程，要求我们在道德和必需品之间频繁地权衡，处于高兴和悲伤的循环模式中，产生一系列苦甜参半的记忆，直至不可避免地步入死亡。同意与否？"

你的恋爱潜能！"）以S数据为基础，人格研究者使用的问卷也如此，虽然后者更关注测验结构和效度（更多内容请参见第5章）。自陈人格问卷已经施测于5岁的儿童，令人吃惊的是竟然也得到了准确的结果（Measele，John，Ablow，Cowan，& Cowan，2005；Markey，Tinsley，& Ericksen，2002）。

我们确实比其他任何人都更加了解自己吗？我们的直觉似乎会给出一个肯定的答案（Vazire & Mehl，2008）。然而真相并不那么简单。这是因为作为理解人格的一个信息来源，S数据有五个优点和三个缺点。

优点：大量的信息

虽然你的亲密朋友可能在你生活中的许多情境下都和你在一起，但你自己要出席所有的场合。在19世纪60年代，有一本叫作《全球概览》（*the Whole Earth Catalog*）的著名杂志抓住了这个时代的精神，它的页边空白处写满了名言警句。我最喜爱的一句是，"不管你去哪，你都在那里（wherever you go，there you are）"，这句谚语正描述了S数据的一个重要优点。你生活在很多不同的场合，即使最亲密的朋友至多也只是在某几个场合中看到你，而有关你在家里、学校、工作时，和对手在一起时，和朋友在一起时，和父母在一起时都是如何行动的，世界上唯一知道全部答案的人只有你自己。这意味着，你对自己人格的一般特点有着独特的视角，那么你所提供的S数据能够反映出关于人格特征的各种复杂方面，这是任何其他数据来源都无法达到的。

不管你去哪，你都在那里。

优点：接近想法、感受和意图

S数据的第二个信息优势可能在于，你内在的、对其他任何人来说都不可见的心理活动只有你自己看得到，尽管可能并非全部心理活动都是如此。你了解自己的幻想、希望、梦想和恐惧；你直接体验着自己的情感。而对于其他人来说，只有在你有意无意间透露这些心理时，他们才能够了解。因为这些心理活动对于理解人格是很私人化却又重要的信息，所以S数据可以提供的是一个独一无二、不可或缺的路径（Spain，Eaton，& Funder，2000）。你也拥有接触你自己的意图的途径。行为的心理意义常常存在于它想要达到的目的当中；其他人必须推测这个意图，而你所知道的则更加直接。

优点：明确的真相

一些类型的S数据是明确符合事实的——它们无疑是正确的，因为它们是自我观（self-view）的一些方面。例如，如果一个人报告高自尊或高自我悦纳，或是相反，报告自己感觉到无法完成任何事情，那么他/她一定是对的，因为人格的这些方面就是自我观。如果你认为你拥有高自尊，那么你就是，这与其他任何人的想法都无关。

优点：因果力量

因为S数据反映了你对自己的想法，它们会创造自己的真实。你要做什么取决于你认为自己能胜任什么，并且你对自己的看法影响你为自己设置的目标。这被称作**效能预期（efficacy expectations）**，在第15章会有更详尽的解释。另外还存在这样的事实，人们总是在努力引导他人对待自己的方式，得到与其自我概念相一致的反馈，从而强化自己原有的自我概念，这被称作**自我验证（self-verification）**（Swann & Ely，1984）。例如，如果你认为自己是一个友好的人，或是聪明的，或是道德的，你可能就会额外努力地使他人也这样看待你。S数据很重要的部分原因是你对自己的看法不仅反映你如何看待自己，也可能正是你各种行为表现的原因之一。

优点：简单易行

这是一个很大的优点。如果考察成本效益，S数据很难被打败。因为正如你将要看到的，其他几类数据要求心理学家招募参与者，在公开记录中搜寻信息，或者寻找直接观察的方法。这些程序都需要更多时间和费用。但是要获得S数据，研究者需要做的全部工作就是编写一份问卷来询问想要了解的内容：例如，"你多么友好？"或"你多么有责任感？"然后把问卷打印出来，分发给能接触到的每个人。或者逐渐地，研究者也可以让参与者在计算机上作答，或通过网络发放问卷（Gosling，Vazire，Srivastava，& John，2004）。这样研究者就可以以相对较低的花费迅速获得有关很多人的大量有趣且重要的信息。正如之前提到的，就连5岁的儿童也能提供效度令人惊讶的自我评价（尽管12岁的孩子做得更好）（见Markey，Markey，Tinsley，& Ericksen，2002；Quartier & Rossier，2008）。

与其他学科的研究相比，心理学研究的预算比较低：很多心理学工作者的研究经费都是从学校的经费中"挤"出来的，连同他们从自己的工资中所节省的部分。即使是国家基金项目，与其他学科（如生物学、化学、物理学）相比，心理学所获得的经费通常是很少的。②因此，S数据的低成本特点尤为诱人。有时候，由于某些现实方面的局限，S数据可能是心理学家能够获得的唯一一类数据。

缺点：或许他们不愿告诉你

只有在个体自愿的情况下，他/她对自己生活中所有情境下的行动、对自己私人经历的了解才能够转化成S数据。如果他/她不愿意，那么绝不可能强迫一个人提供关于自己人格的准确描述。

例如，已经提到的S数据的两个优点是，人们对于自身意图有独特的了解，以及人格的某些方面就是自我观，因此个人的自我评价是明确符合事实的。这两个优点有一个重要关坎，就是这

---

② 这种差异可能有这样的含义：（a）认为人比细胞、化学制品、粒子更容易理解，或者（b）认为对于人的理解不如对细胞、化学制品、粒子的理解更重要。如果有人真的这样认为——这两种假设的准确性都很让人怀疑。给你身边的国会议员写信，告诉他们这一点。

个人可能会选择不告诉研究者（或任何人）他/她行为背后的真实意图。他/她也许不愿吹嘘他/她认为自己很优秀的个人看法，或者相反的，不愿承认他/她对自己的能力有深刻的怀疑。更常见的是，心理学家获得的S数据很可能来自这样一个人：他/她对自己人格或行为的某些方面感到羞耻；他/她可能吹嘘或声称自己具备一些实际上根本不具备的美德；或许他/她对自己的某些人格特点仍有保留。我们没有办法阻止参与者因为某种原因对信息有所保留（事实上，我们可以理解这些原因），但是如果他/她真的如此，那么他/她所提供的S数据的精准性就会大打折扣。对此，心理学家们能做的很有限，甚至在很多情况下无法知道这一点。

缺点：或许他们不能告诉你

即使个体愿意告诉心理学家关于自己的所有，但他/她可能因为某些原因不能这样做。一个人对自己行为（或其他任何事）的感受是有限的、不完全的；而他/她碰巧记住的信息也不一定是最重要的或最具代表性的。特殊的事件或经验更可能在记忆中凸显出来。结果，一个吝啬鬼可能会记住他/她极少数的对某个人大方的时刻；而一个勇敢的人可能无法忘记某个他/她真的感到害怕的时刻。然而，准确的人格评估需要抓住个体的一般情况，而不是特殊情况。

一般意义上的真相可能伴随着令人吃惊的大量麻烦，这是因为一种普遍的自我判断失误，被称为鱼和水效应。该命名基于这样一个（假定的）事实：鱼不会注意到它们是湿的（Kolar，Funder，& Colvin，1996）。类似地，人们可能过于习惯自己特定的反应和行为方式，以至于他们对自己的行为习以为常。例如，一贯善良、慷慨的人可能不会注意到他/她的行为是非同寻常的——他/她长期这么做，从来没出现过别的行为方式。在这个小范围里，他/她的人格被他/她忽视了。大范围的负面或正面特征都可能产生这样的过程：你可能认识一贯操纵、控制、恐惧、粗鲁的人，或勇敢、友好、善良的人，他们一直如此行事，以至于不再意识到这样的行为是他们人格的一个独特的方面。

因为我们逐渐习惯了自己文化中的惯常行为，如此就产生了鱼和水效应的另一个变体。有一位来自丹麦的母亲来到了纽约，在一次吃饭的时候，她将婴儿车放在餐馆外面，这在哥本哈根是很寻常的做法（见第14章）。但在纽约，她被逮捕了！她可能从来没想过她会因此被捕，因为她相信她的婴儿会是安全的，这是丹麦文化异乎寻常或者说独有的地方。每时每刻都存在于我们身边的前提假设可能是最难被注意到的。

记忆中的信息也可能被主动地扭曲。弗洛伊德学派学者指出，个体可能会主动压抑某些特别重要的记忆，这种回忆或许太过痛苦，以至于自我出于保护的目的而阻止它们进入意识层面（见第11章）。基于这种压抑的程度，关于人格中某些重要方面的自我评价可能会是错误的。

另一个方面就是缺乏洞察力。有些人（或许是所有人）缺乏准确看到自己人格所有方面的能力。对人格的自我判断，就像那种更一般性的对人格的判断一样，可能是一种复杂又困难的任务，不可能达到百分之百的成功（Funder，1999；见第17章）。即使不是对所有人，也是对大多数人，他们人格中存在这样的一些重要方面，或许对于其他人是很明显的，但他们自己却恰恰是最后一个了解这些方面的人。

例如，研究已经确定了一类特定人群，他们被称为自恋者，其特征是对自己的能力和成就有夸大的认识（John & Robins，1994；Vazire & Funder，2006）。（我会在第7章和第18章中对自恋者做更详细的叙述。）结果，对于他/她所说的关于自己的任何事情，人们都必须有所保留地接受。你认识这样的人吗？

隐瞒、记忆的失败、主动压制和缺乏洞察力都可能使S数据所提供的人格演绎不如心理学家所期望的那么精准。

缺点：太简单易行

你可能已经从前面读到，与其他类型数据相比，S数据是人格心理学中使用最广泛的数据形式，它的一个独特优势就是成本低又容易获得。如果你记得范德第一定律（关于优缺点并存），你能够猜到接下来要谈的是什么：S数据是那么易得，这可能导致它们被滥用（Funder，2001）。根据一项分析，某个重要的人格刊物上70%的文章都仅仅基于自我报告，没有任何其他的依据（Vazire，2006）。

并不是说S数据有什么特殊的缺陷，就像其他所有数据一样，S数据也有自己的优缺点。另外，范德第三定律（关于有些东西毫无用处）适用于此，如果一个研究者因为资源受限，只能获取S数据，那么毫无疑问这就是他/她应当收集的。问题在于，那么多的研究者使用S数据到了排除其他数据的地步，这使有些研究者甚至忘记了其他类型数据的存在。但实际上还有另外三种与人格心理学有关的数据，每种都有各自的优缺点。

> S数据是那么易得，这可能导致它们被滥用。

询问知情者：I数据

了解个体人格的第二个方法就是搜集他人意见，询问对象是在生活中很了解当事人的人（Connelly & Ones，2010）。I代表"信息提供者"；**I数据（I data）**是由那些对个体人格的大体特征（如特质）很了解的信息提供者所做出的判断。有许多方法可以收集这类数据。我自己的大部分研究都聚焦于大学生群体，为了收集这些学生人格的信息，我会要求每个学生提供学校里最了解他/她的两个人的名字和电话号码。然后信息提供者就要完成"在一个九点评分量表上，你的朋友是多么的有支配力、好交际、有闯劲或羞涩？"这类问卷。像这些由判断所产生的数字就组成了I数据。

信息提供者可能是个体生活中的熟人（就像在我的研究中那样），或者可能是同事，或是个体的长期心理咨询师。信息提供者知识基础的关键在于他们了解当事人，而并非一定要具备大量的心理学知识——通常他们都不具备。更重要的是，他们并不需要具备，通常亲近的熟人关系加上一般的感受性就足以使人们对彼此的特征做出准确判断（Funder，1993；Connelly & Ones，2010）。只有当判断属于技术性质时（例如心理障碍的诊断），才需要判断者具有心理训练的背景。即使在那种情况下，当某个人有心理问题时，没有接受过专业训练的熟人通常也会知道

（Oltmanns & Turkheimer，2009）。

I数据定义的另一个重要元素是，它们是判断；信息提供者在和朋友同处时观察朋友，然后在这种观察的基础上形成大致意见（例如，这个人的支配力怎样）。这样看来，I数据具有以下特点：判断性、主观性和对人的理解的不可简约性（译者注：是指对人格的认识是在整体判断的基础上进行的，而非简单地了解各个单独的方面，然后得出对整体的认识）。③

日常生活中会频繁地使用I数据，或它们的等价物。常见的情形有招聘方或学校坚持申请人必须提供的"推荐信"，就是要向人力资源主管或录用委员会提供I数据——写信人对候选人的意见。④平常的闲谈也包含有I数据，因为几乎没有其他话题比谈论其他人更有趣。还有，当受邀参加一个约会，人们询问的第一个问题就是：你知道他/她的什么事吗？他/她是一个什么样的人？答案就是I数据，而且这些数据可能是有用的。

作为一个理解人格的信息来源，I数据有四个优点和三个缺点。

优点：大量信息

原则上，熟人所提供的人格描述是建立在各种情境的多种行为之上的。在我自己的研究中，重要的信息提供者是大学室友，他/她对自己要判断的目标人物有很多观察活动，工作、休闲、恋爱、取得好成绩后的反应、接到医学院校的拒绝信后的反应，所有这些都是他/她平时能够看到的。这种不同情境下的行为被熟人观察到是很普通的事情，但也是非常重要的。

I数据在信息上的优势超过了从任何一个熟人那里能够获取信息的程度。几乎每个人都有大量的熟人，这让取得对同一个人的多个评价具备了可行性。（对于S数据来说是不可能的，原因显而易见。）在我的研究中，我通常会尝试找至少两名熟人来评价每一个研究被试，然后我经常将他们的评分平均，得到一个单一的总分。（人越多越好，但是找两个人是我一般能做到的。）就像我们将在第3章中看到的，几个评价的均值比任何一个人的评价更可靠，这个事实使I数据有了一个强大的优点（Hofstee，1994；Connelly & Ones，2010）。

I数据的第二个优点是它们来自对真实世界行为的观察。心理学家们所用的很多其他信息并非如此，他们常常通过人为设计的测验获得信息，或在人为建构和控制的环境中观察行为，在此基础上得出结论。因为I数据来自信息提供者在日常交往中观察到的行为，所以与其他数据相比，它们更能接触到对结果有重要影响的那些人格方面。例如，如果你的熟人对你的评价是极其认真负责，那么你很可能会取得较高的学术成就，获得事业成功（Connelly & Ones，2010）。

优点：常识性

回想一下，I数据并不是对信息提供者所看到行为的简单计算或数学合并；它们是由信息提供者对行为含义做出的判断，总体上是由对个体人格的判断组成的。I数据的第三个优点在于它

③ 尽管如此，它们并不被局限于描述人类。I数据人格评定已经成功用于评估黑猩猩、大猩猩、猴子、土狼、狗、猫、驴、猪、鼠、虹鳟和章鱼（Gosling & John，1999）！
④ 在很多案例中，写信者被要求填写对候选者进行评分的表格，使用数字标度，对能力、品性和动机等特征进行评价。

自测2.1　S数据和I数据人格评分

自我描述（S数据）和其他人对某个人的描述（I数据）都是有价值的信息来源。然而其看法可能有很大差异。试着在下面的量表中对你自己进行评价，然后再对某个你非常熟悉的人进行评价。然后，如果你敢的话，找个人来评价你！

S数据

说明：评估下列各项描述与你的相符程度，并对其进行评分。评分范围在1～9分之间，1="完全不符合"，5="既符合又不符合"，9="非常符合"。

1. 挑剔、多疑、难以打动
2. 非常可靠和负责
3. 兴趣广泛
4. 健谈
5. 慷慨大方
6. 讨厌不确定和复杂的东西
7. 会保护身边的事物
8. 幽默
9. 具有冷静、闲适的态度
10. 喜欢沉思，长时间专注于某个想法

I数据

说明：想象某个你非常熟悉的人。根据下列描述与这个人相符的程度，对各项进行评分。评分范围在1～9分之间，1="完全不符合"，5="既符合又不符合"，9="非常符合"。

1. 挑剔、多疑、难以打动
2. 非常可靠和负责
3. 兴趣广泛
4. 健谈
5. 慷慨大方
6. 讨厌不确定和复杂的东西
7. 会保护身边的事物
8. 幽默
9. 具有冷静、闲适的态度
10. 喜欢沉思，长时间专注于某个想法

来源：选项来自加利福尼亚Q系列（J. Block，1961，2008），在1978年由贝姆（Bem）和范德（Funder）修订。完整的系列有100个选项。

们以人类判断为基础。最后的分析中，I数据是行为观察的提取物，要经过信息提供者自身具有的常识过滤。这样就允许I数据在一定程度上注意到了行为的情境和意图，这是其他信息来源无法达到的。换句话说，人类是聪明的。I数据利用了这个事实。

一位具有一般常识性知识的信息提供者在将观察行为转化为人格判断时，要考虑两种情境（Funder，1991）。第一，当下情境。例如，攻击行为的心理学含义可能因发生情境的不同而发生根本的改变。你是会对拥挤的电梯里意外撞到你的人生气，还是对停车场里蓄意撞击你车子的人不满？情境起了决定作用。再如，假如你看到一个熟人在哭，情境的不同将影响你对他/她的人格判断——哭泣是因为亲密朋友去世，还是因为很想玩极限飞盘，但天下雨了？

第二种情境是信息提供者对此人以往行为的了解。想象一下，你的一位熟人送给他/她最坏的对手一份很奢华的礼品，你对该行为含义的解释可能（也应该）因为以往对他/她了解的不同而产生很大差异。如果过去他/她一直都是很慷慨的，那么这份礼物可能是真诚的友好赠品；如果以前他/她很卑鄙，喜欢背地伤人，或许你就有理由怀疑他/她正在操纵某种阴谋（Funder，1991）。或者，你一位熟人在与朋友争吵后很伤心，那么你对这种反应的解释，甚至对争吵严重程度的估计都决定于你以往对他/她的看法——你认为他/她是一个很容易悲伤的人，还是一个只有在极端环境下才会被影响的人。

把这两种情境下的信息应用到人格判断中是一件很复杂的事情。心理学还没有发展出一种正式的规则、步骤或计算机程序能够以这种方式来解释行为观察，而且短期内是不可能做到的。这些思考是很复杂的，大量的情境变量与太多不同种行为的含义发生交互作用。然而令人吃惊的是，这种将各种不同信息整合成人格整体印象的复杂工作对于大多普通人来说似乎并不是那么困难。基于一般性常识的直觉使人们容易地、自然地、几乎自动化地做出这些判断。

优点：定义的真实

就像S数据一样，某些I数据几乎从定义上就是真实的。其原因是你人格的某些方面是由其他人的反应所决定的。例如，花点时间，尝试评价你有多大"魅力"。你能做到吗？怎么做？它不是通过审视自己的内心来进行的——魅力只在其他人的眼中存在。要评价你自己的魅力，除了回忆人们是否曾经对你这样说过，或者他们对你的反应是否像对待一个有魅力的人，其他的你什么也做不了。对于其他特点，如受欢迎程度、幽默感、吸引力、被讨厌程度以及由其他人的反应所决定的性格的其他方面，情况也是一样的。我们难以像其他人看我们那样看我们自己，这可能是在预测结果如学术成就和事业成就方面，I数据一般好于S数据的原因，这两者都依赖于其他人对某个人的评价（Connelly & Ones，2010）。

优点：因果力量

最后一个优点与前面三个有所不同。I数据代表人们对与之日常相处的个体的看法，一定程度上反映了被描述个体对社会环境的反应，因此，这些描述的重要性已经超出了描述本身的价值。I数据是一个人的名声，就像莎士比亚剧中一位人物曾经提到的，名声可能是一个人最重要的财富（Hogan，1998）。在《奥赛罗》（*Othello*）中，凯西奥感叹：

> "名声，名声，名声！啊，我的名声已经一败涂地了！我已经失去生命中不朽的部分，留下来的也就跟畜生没有分别了。我的名声，伊阿古，我的名声！"⑤

---

⑤ 伊阿古没有被感动。他回答中的一段话是这样的："名誉是个无聊的、骗人的东西，得到它的人未必有什么功德，失去它的人也未必有什么过失。"（《奥赛罗》，第2幕，第3场）

"当然，您的名声比您跑得快。"

名声为什么这么重要呢？他人对你人格的看法的确对你的机遇和期望都有重要影响。如果招聘方认为你是一个具有竞争力和责任感的人，那么你获得这份工作的机会将更大，即使那并不一定代表你实际具备的竞争力和责任感；类似地，相信你诚信的人比那些不相信的人更可能借给你钱，而你实际的诚信度则是另一回事；如果你给别人留下的印象是热情友好，而非冷淡，那么你会获得更多的友谊；如果你想约会的对象从他人那里获得对你的良好评价，那么你约会成功的概率将显著提升。相反，如果他人把你描述成讨厌鬼，那么结果可想而知。同样的，这些印象可能是错误的、不公平的，但确实对结果有重要影响。

此外，有证据表明（请见第6章）人们在某种程度上会变成其他人所期望的那样。如果他人期望你是好交际的、冷淡的或伶俐的，你可能就趋向于变成那样！这种现象有时称为**期望效应（expectancy effect）**（Rosenthal & Rubin，1978），或**行为验证（behavioral confirmation）**（Snyder & Swann，1978）。不管是哪个名字，它都是我们关心他人看法的又一个原因。

下面将介绍I数据作为人格信息来源的一些缺点。

缺点：有限的行为信息

I数据的这个缺点和第一个优点相反。尽管I数据的信息来源——熟人了解大量不同情境下的行为信息，但是他/她并不能时时刻刻都和目标人物在一起，仍有很多信息是最亲密的朋友也不知道的。这种了解的局限来自两方面。

第一个局限是，某种程度上，每个人的生活都是一系列小隔间，每个隔间包括不同的人。例如，你的大部分生活可能在工作地点或是学校，在这类环境里的人是你常常见到的人，但却仅限于该环境，你很难在其他环境里见到这些人。当你回家后，你见到的是另一组不同的人；在教堂或是俱乐部你将遇上另一组人；诸如此类。这里有个有趣的心理现象，某种程度上，不同环境下可能出现不同的你。很久之前，美国心理学先驱之一的威廉·詹姆斯（William James）就曾说过：

> 许多在父母和老师面前表现得严肃认真的年轻人，和朋友们在一起时则像海盗一样狂妄放肆。我们在孩子面前展示的是不同于俱乐部同伴面前的自己，与客户面前的和雇员面前的不同，与老板面前的和亲密朋友面前的也不同。（James，1890）

一个生动的例子道出了詹姆斯的担忧，这是一个关于现代大学生的案例。当一个学生离开家进入大学，他/她的社会环境会彻底改变。改变的本质不在于变换了城市，而在于新环境中的每个人都是陌生人。学生突然间就被很多对自己过去一无所知的同龄人包围着，他们还不知道他/她是班里的搞笑活宝、工作狂、运动员、预科生，还是艺术家。（类似的情况也可能出现在新兵中。）

这种经历可能让人迷失，也可能是一种自由的释放，尤其对那些一直和相熟的人们生活在小城镇的学生们，或是家教约束严格的学生们而言。他们突然间可以脱离他人的期望，有机会为自己塑造一种全新的人格。很多学生就这样开始尝试新身份，这可能是在他们的性格中潜伏已久的特点，而他们的新同伴并不知道自己所看到的这些都是新的。利用这种机会的学生从这个经历中学到的东西至少和从其他同学那里得知的一样多。

现在我们再来想想大学新生第一次回家的情况。回来过寒假的这个人和八月份离开的人可能已经完全不同了。他/她的父母和家乡的朋友们依照之前习惯的方式对待他/她，却发现眼前这个人和想象中的已经不同，他们感到困惑、生气；而他/她本人也可能为自己在老圈子里的新形象感到困惑甚至焦虑。尽管这个经历可能是损伤性的，但是这种人格实践和成长可能是好事情。如果父母、朋友和学生本人都足够耐心，他们最终会习惯这个"新"人，或许有时候，一旦实践期过去，"老"人（老形象）可能会再回来（但是他们不能表现出这种希望）。在这种情况下，要认识到的一点就是——不管是父母、家乡朋友还是大学朋友都不能描述出这个学生的所有故事。

另一个证明生活区域化复杂性的例子：假如在某个环境中相互熟悉的两个人，突然在各自拥有不同身份的另一个环境中相遇，将会怎样？例如，你是老板十分欣赏的有责任感的、可信赖的员工，在一个疯狂的周五夜间派对上，你正头顶灯罩跳舞时（有没有人真的这样做？），突然见到你的老板，你可能会感到窘迫。工作时看到你的老板不是问题，但在那样一个派对上你会怎么做？通常，对于一个拥有不同生活区域的人来说，更舒服的状态是在各个区域的人们都留在原地，而不越界到不属于自己的区域。

你是老板十分欣赏的有责任感的、可信赖的员工，在一个疯狂的周五夜间派对上，你正头顶灯罩跳舞时（有没有人真的这样做？），突然见到你的老板，你可能会感到窘迫。

有时候，当我和女儿在超市里盯着最新打折的汉堡包时，猛然发现我的学生正站在旁边，做着同样的事。尽管我很喜欢学生们，但这种偶遇让我们双方都感到不舒服。最好也不过是笨拙的问候，更多的情况下我们只是继续盯着前面，假装没有看到对方。

为什么呢？我们都为出现在超市里而害羞吗？不，是因为在大学里，我们双方都已经很好地设定了角色，知道如何做好自己的角色。我知道如何跟学生相处，而大部分学生也知道如何和教授互动。在超市里，这些角色就失灵了，所以我们在没有"剧本"的情况下被扔在一起，突然间都不知道应该怎么做。

这里的关键点在于，从某种程度上来说，人在不同环境下是不一样的。在课堂上的我和在超市里的我并不是绝对一样的——尽管肯定有些相似——学生们也并不总是像他们在报告厅里那样勤奋好学。提供I数据的任何一个熟人都可能只属于你某一个生活区域，最多也只是在几个不同的生活区域里与你共处。而你在不同生活区域中的表现在一定程度上是不同的，所以作为对一个人总体的描述，任何人提供的I数据的效度都有局限性。

缺点：缺少接近私密体验的途径

一个与之相关的局限在于，每个人的生活都有自己的私人空间，即使对最亲密的人也是隐秘的。每个人都有不完全与人分享的内在精神生活，有自己的幻想、恐惧、希望和梦想。这些为人格提供了重要信息，但只有在与人分享的情况下它们才能通过I数据反映出来。I数据提供外部人格视角，而那些内在想法、情感和感觉必须通过其他方式获得——大多情况下通过S数据获取（McCrae，1994；Spain，Eaton，& Funder，2000），但是有时候S数据也做不到。

缺点：误差

因为信息是由人提供的，所以他们提供的人格判断有时候会出现误差。我在前面提到，熟人所提供的I数据是建立在对各种情境的多种行为观察之上的。但仅仅是在原则上。就S数据而言，仅仅就是你不可能记住你做过的每一件事，同样，也没有哪个信息提供者能够记住他/她曾经看到的另一个人做的每一件事。实际发生的可能有所不同，因为没有人可以记住每一件事。人类有非凡的记忆容量，但它既非无限也不完美。所以，信息提供者的判断建立在他/她所记得的内容基础之上，这样就难免忽略某些相关信息。

最可能进入记忆的是那些极端的、不平常的或情绪唤起较高的行为（Tversky & Kahneman，1973）。这个事实对I数据的结果有重要影响。信息提供者可能有这种倾向，即忘记某些普通的事情，而清晰地记得熟人参与的一次打架（可能四年发生一次），或是他/她有一次喝醉酒（第一次也是唯一的一次），或是他/她意外把酱汁打翻弄脏了白地毯（也许是一贯优雅的人偶尔出现的一次莽撞行为）。而且，一些心理学家认为，人们有一种倾向，即将类似这样的单一事件引申为一种普遍的人格特征，而这种人格特征并不真的存在（Gilbert & Malone，1995）。最能够为人格提供信息的是人们每天惯常所做的行为。结果，信息提供者记住特殊事件的倾向可能会导致不那么准确地判断。

缺点：偏见

误差指的是随机发生的错误。人们错误地理解或忘记了被忽视的事件。偏见则更加系统化，例如以比某人的实际情况更加积极或消极的方式看待他们。换句话说，人格判断可能失误，也可能是不公平的。因为I数据是由熟人或其他信息提供者做出的人格判断，它们可能受到判断者对目标

人格判断可能失误，也可能是不公平的。

人物已有偏见的影响。在我自己的研究里，我试图寻找两个最了解目标人物的人作为信息提供者。

但在实际操作中还可能有潜在的问题。招募的信息提供者可能对我和参与者来说都是未知的，或许他/她不喜欢甚至厌恶目标人物，也或许他/她正暗恋目标人物！或许他/她正与目标人物竞争某奖品、某工作、男朋友或女朋友——所有这些都是很常见的情境。厌恶、暗恋或竞争都会影响一个人的准确判断。让人们选择他们自己的信息提供者，其最常见的问题可能是"推荐信效应"（Leising，Erbs，& Fritz，2010）。就像你不会请一个认为你是坏学生的教授为你写推荐信，目标人物可能会指定对他们有好感的信息提供者，导致I数据对目标人物的描述比中立方获得的反馈更加正面。因此，研究者应当在可能的情况下至少选用两名信息提供者。虽然这样做并不能完全解决潜在的偏见问题，但一定程度上会有帮助。

还有一些更常见的偏见也很关键。可能目标人物是一位少数民族成员，而信息提供者是位种族主义者；或者信息提供者是性别歧视者，对所有女性都有很强烈的刻板印象。作为一位大学生，如果你家乡很少有人上大学，你会发现人们对你的所有印象都建立在你大学生身份的基础上。如果你学习心理学，你可能经历着另一种偏见：你的亲戚朋友对你最基本的认识就是"心理学专业"，这是他们对你人格各方面判断的基础。那么这些判断有多少真实性呢？

生活事件：L数据

你是否曾经被捕？你中学毕业了吗？你已婚吗？你曾经几次住院？你有工作吗？你的年薪多少？甚至，你的邮政编码是多少？这些问题的答案构成了**L数据**，它是实证的、具体的、真实生活的事件，具有重要的心理学意义。L代表"生活（life）"。

L数据可以通过档案记录获得，如公安部门的记事簿、医疗记录、纳税申报单，也可以直接询问本人。使用档案记录的优点在于，它们几乎总是准确的，没有自我报告或他人判断的潜在偏见。但是获得档案记录的过程可能比较复杂，而且有时候会引发有关隐私的道德难题。直接询问本人的优点在于，这个方法更容易、较少涉及道德问题，因为如果他们不想让研究者知道，可以不提供相关信息。但可能会有一些错误记忆（如，你患麻疹时的确切年龄是多少？），也可能误报一些信息（如，你为什么被捕？你收入多少？）。

L数据可以被看作是人格的结果，或"痕迹"，而不是人格本身的直接反映。它们证明一个人的行为如何影响他/她的生活，包括重要的生活事件、健康和物质环境。一个责任感较低的人可能工作表现不佳，那么升迁的可能性就比较小（Barrick & Mount，1991）；他/她的L数据——年薪就会很低。一个吸烟多年的人，相比没有这种危险习惯的人来说，可能肺部健康状况更差。甚至你的邮政编码也可能是有用的信息。在加利福尼亚，很多汽车保险公司用邮政编码来预测投保人发生事故的可能性，依次设置保险赔偿金额。（并不清楚到底是易发事故的人聚集于某个邮政编码区域，还是居住在某邮政编码区域导致更高的事故可能性，但没关系，保险公司并不在意孰因孰果。）甚至，想想你卧室的样子。因为你住在那里，它当前的状态取决于你做了些什么，这可能取决于你是怎样的人。这在一定程度上是成立的，那么你的人格就可以通过另一种L数据获得——调查你的卧室！

近期有一个关于大学生的研究就试图证实这一点。研究中观察者被带入学生们的卧室，对其外观进行几个不同维度的打分。把这些分数与单独测得的人格变量相比较。发现卧室整洁的人更有责任感，房间里摆有各种书籍和杂志的人更具开放性，见图2.1（Gosling，Ko，Mannarelli，& Morris，2002）。责任感强的人常整理床铺，好奇的人读书更多。但一个人的外向程度不能通过对卧室的观察来判断——内外向性格者的卧室看起来差不多。

图2.1　个人空间所显露的个人信息

关于L数据（生活事件数据）可能反映出人格的某些部分，例证之一就是个人所创造的物理空间。这两间寝室中的一间属于在"责任感"特征上得分高的某人，另一间属于在该特征上得分低的某人。你能说出哪个是哪个吗？（当然，你能。这很明显。）

近来，人们对社交媒体的大量使用开始提供另一种L数据的来源。通过"脸书（facebook）"或"推特（twitter）"这样的媒体，很多人越来越多地过着一种"在线"的生活，有时他们会与从未真正见过面的人发展出重要的关系。从数据收集的角度来说，某个人的脸书主页内容或推特记录是他/她所做的事情的直接反映或痕迹，从而可以提供L数据。这种数据来源的潜力刚刚被开发和利用。近期一项研究发现，通过一个人的脸书档案可以准确地判断他/她的开放性、外向性、责任感、宜人性等特征，但不包括神经质（Back，Stopfer，Vazire，Gaddis，Schmukle，Egloff，& Gosling，2010）。另一个研究发现，当一个人的脸书页面呈现出大量的社交活动，并突出展示其主人有吸引力的照片时，观看者倾向于推测——这种推测多半是正确的——此人是个相当程度的自恋者（Buffardi & Campbell，2008）。今后几年里，更多探索如何通过人们使用脸书、推特或任何技术方式来揭示其人格的研究必将大行其道。

不论L数据是被如何收集的，作为关于人格的信息，它们有三个优点和一个大缺点。

优点：客观性和可证性

L数据的第一个并且显而易见的优点是其具体性和客观性。一个人被逮捕的次数、收入、婚姻状况、健康状况，以及其他很多具有重要心理意义的事件都相当具体，甚至以精确的、数字的形式表达出来。这种精确性在心理学中是少见的。

优点：本身的重要性

体现L数据重要性的一个更重要的原因是，当它们涉及那些比卧室状态或脸书页面布局更重要的事件时，它们恰恰构成了心理学家所需要知道的内容。对于那些作为假释官、社会工作者、学校咨询师、保险业者或医学研究者的应用心理学家，L数据证实了他们的专业性。每个应用心理学家的目标都是预测、甚至积极地影响真实的生活事件，如攻击行为、就业率、学业的成功、事故发生可能性或来访者的健康。而那些真实生活事件就是L数据。

优点：与心理相关

L数据重要的第三个原因是，在很多情况下它们都受心理变量影响，并为其提供独特的信息。某些心理特点可能使一些人比其他人更容易出现攻击行为。另一些心理特点，如责任感，可能是找工作或毕业的必备素质（Borman，Hanson，& Hedge，1997）。就像前面提到的，有责任感的人会保持房间整洁，自恋者会在脸书上放他们自己的大幅照片。有更多研究表明个体的人格对其健康有重要影响（Friedman et al.，1995；Horner，1998；Twisk，Snel，Kemper，& van Mechelen，1998）。

临床心理学家一直以来相信一个简单的L数据——40岁仍未婚，是精神疾病的一个可靠标志。也就是说，那些到40岁还没有结婚的人更可能表现出一种或多种形式的心理疾病。但要谨慎看待这个问题，很多40岁未婚的人根本没有心理问题。要认识到心理疾病在已婚和未婚的40岁人群中还是很少见的。只不过似乎在未婚人群中相对没有那么少。再者，除了心理疾病之外，一个人40岁未婚还有很多其他原因，例如工作环境中的同性较多，经济上无力支撑一个家庭，或有比找到伴侣更高的生活目标。

L数据的确还包含其他变量，它们也常被其他非心理学因素所影响。一个人的攻击行为很大程度上受他/她的身边人和经济情况的影响。在经济不景气的时候，很多人失业，那和他们的责任感或其他心理品质无关；一个人能否顺利毕业有时候可能取决于学费而非其表现；一个小心谨慎的司机可能生活在一个很多莽撞司机聚集的地区；房间的凌乱可能是客人所为，而非主人的人格体现；健康可能受行为和心理的影响，但也可能受制于卫生条件，如病毒感染等其他因素。

缺点：多方面影响

以上的各种情况让我们清楚地看到L数据最大的缺点：它们受很多因素影响，这使得我们难以将人格的某种特征和生活事件建立直接的对应关系。考虑某人被逮捕的次数：它是此人的攻击性、冲动性、贪婪性、精力水平、粗心大意的结果，还是这些特征和其他特征共同作用的结果？类似地，其他重要的生活事件，如收入和身体健康，尽管显然与人格有关，但并不能仅仅将其与一个或少数几个特征联系起来。

让事情变得更加复杂的是，在某些情况下，L数据根本与人格无关。L数据经常受到过多的其他因素影响，以至于其自身并不能揭示多少关于个体心理的信息。这些因素包括社会阶层、童年环境、受教育机会、经济状况，以及很多其他因素。甚至，就像偶尔会发生的那样，某人因为他/她没有犯过的罪行而被逮捕，那么一份逮捕记录也没什么意义。

这个缺点有很大的影响：如果你的工作是根据对一个人心理的了解来预测L数据，那么不管你的工作能力有多强，你成功的概率都是有限的。即使你非常了解这个人的心理特征，但对于他/她的攻击行为、雇用身份、是否毕业、健康、事故、婚姻或其他任何事，你的预测力都会受制于个体人格对这些事的影响程度。

对于这个事实，我们要在头脑里保持清醒的认识。从事预测L数据这项艰难工作的心理学家，常常因成就有限而被苛责，而且有时候他们有强烈的自责感。然而，即使在最佳案例中，心理学家也只能在该事件是由心理原因引发时，才能根据心理数据预测结果。L数据通常只在很小的程度上属于心理原因。所以，在预测攻击行为、雇用、学校表现、健康或婚姻方面获得任何程度成功的心理学家，一定有相当出色的表现。

自测2.2　关于人格，L数据能够揭示什么？

心理学研究中会收集很多类型的L数据，下面是几个例子。根据你自己的实际情况，在另一张纸上写下这些信息：

1. 你的年龄
2. 你的邮政编码
3. 你上个月的收入
4. 去年你因病误课或误工的天数
5. 你的平均绩点
6. 一般而言你在一个星期里行程（开车或其他方式）的公里数
7. 你今天早上整理床铺了吗？
8. 现在你的厨房里有多少食物？都是哪些种类的食物？
9. 你曾经被解雇过吗？
10. 你已婚或曾经结过婚吗？
11. 你持有一份有效护照吗？
12. 平均一天你会发送多少短信息、电子邮件、推特信息或其他电子信息？

写下答案后，通读一遍，（对你自己）回答下列问题：

1. 这些答案中有哪些特别能显示出你是什么类型的人？
2. 这些答案中有哪些非常详细地显示出你是什么类型的人？
3. 对于之前问题的答案，你确定无疑吗？
4. 如果某个不认识你的人看了这些答案，他们会得出什么样的关于你的结论？
5. 这些结论在哪些方面会是对的，在哪些方面会是错的？

观察行为：B数据

如果你想了解某个人，你自然会密切观察他/她的行为。这是有意义的，因为一个人人格最明显的表现就是他/她做了什么。所以，最后一个了解人格的方法就是尽可能直接地观察他/她。观察可以在真实生活中，也可以在实验室条件下进行（Furr，2009）。无论哪种情境，由直接观察记录得到的信息组成了**B数据**；可能你已经猜到了，B代表的就是"行为（behavior）"。

B数据就是观察参与者在某种情境下的行为，有时是在"测验"情境中。[⑥]这些情境可能是参与者真实生活中的一个场景（如学生的教室，雇员的工作场所）或者是心理学家在实验室里设置的一个人为情境。B数据也可能来自某种人格测验。所有这些的共同点就是，正如你即将看到的，B数据来自研究者的直接观察和对参与者行为的记录。

B数据可以在以下两种情境中收集：自然情境和人为设置的情境。

自然情境下的B数据

原则上，人们可以通过真实生活中对参与者行为的直接观察获得B数据。参与者身边的熟人能够提供一些B数据，这些数据的确是在这些观察的基础上得出的结论。如果你看到某个人非常友好，或不诚实到令人感到不安，或精力充沛到令人讶异，那么你将自然地对他/她的友善、诚实和精力水平形成一个结论。但是这些观察是不系统的，而且仅限于我们与他/她接触的那些场景；可能这个人平常都是不友好的、诚实的或慵懒的，而我们刚好看到他/她特殊的一天。所以作为研究者，最佳的办法是更多地观察。

对于收集B数据而言，最不现实的极端情况是雇用一个私家侦探，配备最新式的监视设备，完全忽略对隐私的尊重，日日夜夜秘密跟踪参与者。侦探的报告会精确到参与者在所有生活场景中的一言一行，包括所有细节。但这种极端行为是不可能实现的，也是不道德的。所以，心理学家必须采用折中的办法。

"你是一位很好的听众。"

收集B数据的一个折中形式就是日记和经历取样（experience-sampling）的方法。这两种方法我在自己的研究中都用到过。参与者填写日记，详细记录当天所做的事：和多少人讲过话、开过几次玩笑、用多少时间学习或睡觉，等等。这些数据在一定程度上是自我报告（S数据），但并不是自我判断；它们是以这种特殊方式描述出来的关于参与者行为的恰当标记。但是这只是一种折中的B数据，因为是参与者而非研究者完成的行为观察（Spain，1994）。

经历取样的方法试图更直接地获取人们的行为和感受（Tennen, Affleck, & Armeli,

---

⑥ 其他作者，以及本书的第一版，称这类数据为T（指"test"，即测验）数据。这个名称会有误导，因为大部分人格测验不是T数据，因此我不再使用这个名称。

2005）。这种方法的技术起源叫作"寻呼机"法（Csikszentmihalyi & Larson，1992；Spain，1994），因为参与者要佩戴由无线电操控的寻呼机，它会在一天中随机选定的时间鸣叫，然后参与者就要精确地写下此刻他们正在做什么。最近技术创新改进了这个程序，参与者携带一个掌上电脑，可以直接把报告输入数据库（Feldman-Barrett & Barrett，2001）。不管哪种方法，都有人质疑参与者可能编辑他们的报告，杜撰生活事件。在我所看到的报告中，我认为这是不可能的。至少我希望如此！我的一个同事曾经在他的大学做过一个寻呼机研究，当时他刚将双胞胎女儿送去另一个州上大学。在读过学生们的行为报告原样之后，他差点立刻把女儿召唤回家。

另一种混合型的B数据是由参与者本人或其熟人提供的行为报告。一个人可以记录自己一天中打过多少电话或一周内参加几次派对，他/她的一个熟人或伴侣也可以提供这样的信息。但这种数据和研究者直接观察参与者行为的B数据的理想状态还是有一定的差距。现在研究者必须依靠参与者或熟人的报告（B数据和S数据或I数据的混合），而且一定要留心它们的潜在偏见（Schwarz，1999）。

例如，当人们报告自己的行为时，会夸大亲社会行为的数量。一个研究要求参与者报告他们在一组讨论中自己"宜人性"行为的次数（Gosling，John，Craik，& Robins，1998）。把自我报告的结果和四位观察员对录像带的观察结果相比较，大部分人自我报告的宜人性行为次数多于观察员的观察结果。然而，在多数行为上，自我报告和录像反映的"事实"基本一致。这个结果令人兴奋，因为在真实生活情境下，特定行为的数量很难获得，研究者除了行为者本身提供的行为次数报告，别无选择。

电子激活录音器（electronically activated recorder，EAR）是一项获取日常行为信息的最新技术，由心理学家马蒂亚斯·梅尔（Matthias Mehl）及其同事发明（Mehl，Pennebaker，Crow，Dabbs，& Price，2001）。该装置是一个数字音频录音器，研究参与者可以将它放在口袋或钱包里，并编写程序，以事先设定的间隔对他/她周围的声音进行取样。例如，在一项研究中，每12.5分钟取样一次，每次持续30秒（Vazire & Mehl，2008）。参与者可以携带该装置几天；之后，研究助手将聆听录音，并依据"打电话""一对一谈话""笑""唱歌""看电视""上课"等这样的分类，记录这个人每个时间段在做什么。这个技术仍然存在局限性，一方面，记录只是音频的（没有画面）；另一方面，由于现实原因，在参与者的一天中，录音器只能间断取样。尽管如此，就之前提到的请个侦探日夜跟踪参与者而言，它可能是到目前为止心理学家所发明的最接近这一假定理想状态的技术。还有更多技术正在涌现。被称为动态评估（ambulatory assessment）——使用计算机协助评估参与者在日常活动中的行为、想法和感受的方法正在迅速发展（Fahrenberg，Myrtek，Pawlik，& Perrez，2007）。事实上，动态评估协会现在定期召开年会！⑦

B数据的另一个可能的来源就是在半自然的情境中观察参与者的行为。几年前，我在一个护校做研究，在很多心理学家看来，那是一个数据金矿。每个教室都设置了单面玻璃和监听器，这

---

⑦ 第一次会议于2009年在德国的格赖夫斯瓦尔德召开；第二次会议于2011年在密歇根的安娜堡召开。

样就可以全天观察在学校里的任何一个学生，而不干扰他们。可以收集直接行为观察的数据，如学生向老师求助的次数，和其他同学意见不一致的次数，玩粉笔的次数等。这些数据以一种直接而且可计量的方式反映学生在一个特定情境下的行为，这正是B数据的特点。

从现实生活中收集的B数据的好处在于它们都是真实的，描述了参与者在日常活动中真实的作为。自然情境下B数据的不足在于它们的收集成本较高——即使是之前介绍的折中方法也很难，且成本高，而且研究者想观察的某些情境可能很少在参与者的日常生活中出现。由于这两种原因，从实验室测验情境中获得的B数据比自然情境的B数据更常见。

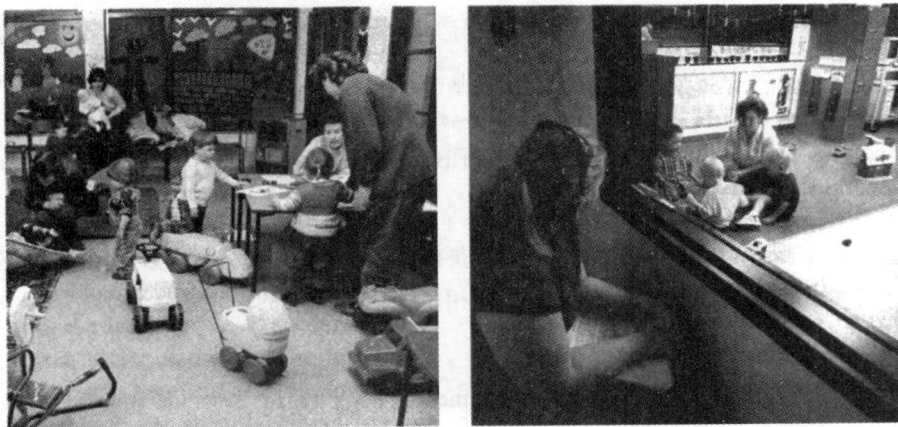

图2.2　自然情境下的B数据和实验室中的B数据

观察游戏中的儿童可以获得宝贵的数据，不论是在自然的学校情境还是在人为的实验室情境中都是如此。

实验室中的B数据

实验室的行为观察来自三种方式：

实验　第一种就是心理学实验。让参与者进入一个房间，设置某些条件，然后研究者就可以直接观察参与者的行为表现。[8]那些条件可能是常见的，也可能是比较特别的。或许就在参与者填写一张表格之后，突然有烟从门缝涌进来，而研究者正在外面拿着一个秒表，试图测量参与者多久会跑出来，或是会不会跑出来（有的人会一直坐在里面，直到烟雾已经完全挡住了单向玻璃的观察视线）。如果研究者想知道参与者在真实情境下对烟雾的反应倾向，那他/她必须花很长时间来等待这种情境的到来。而在实验中，研究者可以操控这种情境的发生。

在实验中也可以发现人们对场景细微方面的反应，揭示所测查行为的含义。在一项近期的研究中，研究者通过让参与者解字谜激活人们潜意识对老年的看法，字谜包含这些词汇：老练、智慧、宾果（bingo）[9]、健忘的、孤独的、退休、皱纹和（我喜欢这个）佛罗里达（Hull, Slone,

---

⑧　按照这种定义，几乎所有社会心理学和认知心理学的研究者收集的数据都是B数据，即使他们通常并非如此归类自己的数据。而且他们也通常没有想过他们收集数据的技术其实只局限于四种类型中的一种。

⑨　一种游戏——译者注。

Meteyer，& Matthews，2002）。让参与者思考着这些词走过大厅。记录的B数据就是行走的速度。结果显示，在"自我意识"特质上得分高的参与者走得更慢（和该特质得分高的阅读中性词的参与者相比）；而在该特质上得分低的人不受影响。理论解释是自我意识强的人会把这些和老年相关的词汇用到自己身上，于是脚步慢下来，就像他们到了老年的时候一样（关于这项研究在第17章有更详细的介绍）。当然，还有一系列复杂的推论，但这些结果表明，在某种环境下可以通过测量行走速度来获取一个人自我意识的强度。

实验情境还可以模拟现实中难以直接观察的真实生活情境。在我的研究中，我经常让参与者与一位异性会面并交谈。我认为这个情境并不另类，尽管参与者知道这是一个实验，知道正在被录像。我的目的是直接观察参与者的人际交往行为和风格。在另一个录像情境中，可能安排参与者相互竞争、合作或参与小组讨论。所有这些情境都是人为设置的，但允许对参与者人际交往行为的各方面进行直接的观察，这是其他方法难以达到的。我将参与者安排在这些情境中，因为我想知道他们会如何做。对他们行为的观察就成了B数据（Funder & Colvin，1991；Funder，Furr，& Colvin，2000；Furr & Funder，2004，2007）。

（某些）人格测验　某些人格测验也能够获得B数据。许多（可能是大部分）人格问卷都简单地询问参与者他们是怎样的，而研究者选择相信参与者所说的一切。这种人格测验提供的是S数据。提供B数据的人格测验是不同的。

例如，广泛应用的**明尼苏达人格测验（Minnesota Multiphasic Personality Inventory，MMPI）**就是B数据的一个例子（Dahlstrom & Welsh，1960）。该测验的原始版本（近期被修订）包括这种是非题："我是上帝的信使。"[⑩]这类题目的出现是该测验获取B数据的信号。为什么？因为研究并非真的要寻找上帝的信使。这个题目存在的意义在于对此做肯定回答的参与者倾向于非正常。这个题目出现在明尼苏达人格测验的精神分裂症分量表中，因为精神分裂症患者比其他人更可能做出肯定的回答。

另一种获取B数据的人格测验是**投射测验（projective test）**，例如**主题统觉测验（Thematic Apperception Test，TAT）**（Murray，1943）和著名的**罗夏克墨迹测验（Rorschach Test）**。在主题统觉测验中，研究者向参与者呈现一张图片，图上某人正在做某事。在罗夏克墨迹测验中，研究者向参与者呈现双侧对称的墨迹图。这两种测验都要求参与者描述他/她看到了什么。和其他心理学实验一样，研究者把参与者带入一种环境，给予某种在其他情境下不会遇到的刺激条件，然后仔细观察他/她的言行，详细记录反应后进行解释。（关于投射测验将在第5章有详细的介绍。）

在我的实验中，有学生发现S数据的人格测验和B数据的人格测验之间的界限很容易混淆。事实上，有些心理学家并不赞同我把某些人格测验划分为B数据。[⑪]不过我认为这个区分很重要。一种区分方法是：如果在一项人格测验中，研究者询问问题的原因是他/她想要知道（know）

---

⑩　这个题目在MMPI的修订版中被删除，因为它被认为是对参与者宗教信仰的质疑，而这种质疑是违法的。

⑪　另一方面，我并非孤立无援。其他心理学家使用不同的命名来进行同样的区分。麦克格拉斯（McGrath, 2008）使用"基于表现的人格测验"这个标签来指称包括MMPI、罗夏克测验和TAT在内的工具（也见Kubiszyn et al., 2000）。

答案是什么，那么该测验得到的是S数据；如果研究者询问问题的原因是他/她想看看你将如何（how）回答，那么该测验要获取的是B数据。

在一项S数据测验中，当研究者想知道关于你的某些事，他/她会简单地直接询问你。为了诊断社交性，研究者会问你的友好程度；为了测得你的目标，他/她会要求你罗列自己的目标。相反地，在一项B数据测验中，研究者给予你一个刺激——可能是一个问题或一张图片——来观察你如何反应。换句话说，你被置于某个情境中，在这个情境中你要回答一系列问题，其中一些问题相当奇怪——你的行为，也就是你如何回答这些问题，会被直接观察和精确测量，这正是B数据。而你的答案并不一定被采信，相反，它会被解释：你声称自己是上帝特殊的信使（在老版本的明尼苏达多项人格问卷中），这并不意味着你是这样一个信使，而表示你可能是一名精神分裂症患者。类似，你在罗夏克墨迹测验中的回答并不会作为对墨迹的字面上的描述，而是作为你潜在心理动力学的线索被采用。

生理测量 生理测量提供了另一种越来越重要的基于实验室情境的B数据来源，包括血压、皮肤电反应（随皮肤上的湿气变化，如汗液）和心率测量，甚至复杂的大脑功能测量，例如来自计算机轴向断层扫描（CAT）和正电子发射计算机断层扫描（PET）的图像（分别测量脑部血流量和脑部代谢活跃度）。所有这些都被归类为B数据，因为它们是参与者所做的事情——虽然是通过他/她的自主神经系统在实验室直接测得的。（原则上，这些也可以在真实生活中测得，但技术障碍是很明显的。）例如，在前面提到的激活潜意识研究中，研究者也向参与者呈现了激起愤怒想法的词汇，例如"ANGRY"（愤怒，字母均为大写），高自我意识的个体的血压和心率都发生改变，然而低自我意识的人并未改变（Hull et al.，2002）。我们将在第8章深入探讨这些数据，但目前重要的是B数据能够从对参与者生物行为的生理测量中直接获取，而且提供重要的人格方面的信息。

B数据有两个优点和一个不容忽视的缺点。

优点：情境范围

人格的一些方面会在人们的日常生活中规律地表现出来。例如，你的社交程度可能每天都体现在很多场合之中。但是其他一些方面可能是隐藏的，在某种程度上是潜伏的。你如何能知道，独处于一个房间，当不断有烟雾从门缝蔓延进来时自己会如何反应？除非真的遇到这样的状况！实验室获得的B数据的一个主要优点就是研究者不必坐等某个情境的发生；研究者可以把人们带进实验中，让想要的情境发生。相似地，研究者相信人们解释某种图片或墨迹的方式与日常隐藏的某些人格方面有关。在一个评估或研究情境中，研究者可以向参与者呈现这些刺激，然后观察他们的反应。但是收集到的B数据种类，受限于研究者的资源、想象力和道德（请见第3章）。

优点：外在的客观性

可能B数据最重要的优点以及对科学主义心理学家的最大的吸引力就是：在一定程度上，B数据是在直接观察的基础上得来的，研究者收集参与者自身的人格相关信息而不需要采纳他人的评论。这是一个优点，因为他人可能歪曲或夸大他们的报告，就像前面已经讨论过的那样。或许更重要的是，直接收集数据使研究者的设计技术提高，能够获得更精确的结果。

行为观察常常很直接，以至于我们会忘记它是一种观察。例如，当一位认知心理学家测量参与者对于视速仪上闪过的一个视觉刺激的反应时为多少毫秒时，这个测量就是一个简单的行为观察。一位生物心理学家能直接测量血压和代谢活跃度。类似地，一位社会心理学家可以测量参与者顺从他人看法和受到侮辱后做出攻击性反应的程度。正如我之前提到的，参与者描述墨迹或回答一道MMPI题目的方式可以被精确地记录下来。在我自己的实验室里，我能够从参与者交谈的录像中获取每个人谈论多长时间，每个人在互动中占据主导的程度，每个人看起来有多紧张，等等（Funder et al., 2000）。所有这些从认知、社会或人格心理学出发的测量都通过数据形式表达，如果给予适当的处理，能够得到高信度（更多信度内容请见第3章）。

直接观察、数据呈现和高信度的结合势不可挡，看起来像是通向真实行为的一个直接管道。当然，这种观点是天真的。B数据并不像它们显现出来的那样客观，因为在决定观察哪种行为、观察多长时间、如何评估它们的方面，存在很多主观的判断。甚至对行为的构成下定义都是一件棘手的事情。"与某人争吵"是一个单独的行为吗？"将左臂抬高5厘米"是一个单独的行为吗？"画完一幅画"呢？不论你如何回答这些问题，B数据都有一个很大的缺点需要特别注意。

缺点：解释的不确定性

不管是对一项明尼苏达问卷题目的反应，还是对一张罗夏克墨迹图的描述、给朋友的一个电话、实验室里某一刻的社会行为、血压的读数或是脑活动的测量，B数据就是这样：只有一点点。通常就是一个数字，而数字不能解释自身。更糟糕的是，B数据通常看起来是模糊的，甚至是误导的，所以我们不可能完全确定它们的含义。

例如，再一次考虑前面提到的那个别人送你一份大礼的情境。你能否立即做出结论：这个人是慷慨的或非常喜欢你的？或许可以，但你也可能好奇是否有其他可能性。例如，你是不是被人利用了？从这个行为得到的结论并非依赖于行为本身，它更多地取决于礼物赠予的情境，甚至更重要的是你对赠予者的了解。

或者，我们来考虑一下前面提到的那个奇怪的明尼苏达人格测验题目。我们如何了解一个人声称自己是"上帝信使"意味着什么？显然我们无法从题目内容上获知这一点，我们需要依靠更多信息进行判断。例如根据经验，精神分裂症患者比正常人更可能做出肯定回答。一旦我们知道这点，我们应该可以推断这可能是精神疾病的症状之一。但关键在于，如果没有更多信息的话，我们不能认定参与者就是精神分裂症患者。

> 我们如何了解一个人声称自己是"上帝信使"意味着什么？

同样的情况也出现在真实生活或是实验中的任何一种行为中。一个人可能赠送一件礼物、声称自己是上帝信使、说一张罗夏克墨迹图像一个凶狠的人或某个喜爱的亲戚；或者心跳突然加速、前额叶脑区活动突然活跃；或者可能简单地一个人坐下，为一份小酬劳等待很久。所有这些，还有更多的行为，都能够被准确地测量。但是它们到底在心理学上意味着什么完全是另一个问题。

有一个特别的例子来自于我几年前关于"延迟满足"行为的一项研究。目前已发展出大量实验室程序来测量孩子们的这种行为（Mischel & Ebbesen，1970）。一个程序就是向孩子呈现两种奖赏方式，问他/她更喜欢哪种，然后说："我现在要离开房间，但你可以在任何时候按铃叫我回来。如果你这样做了，那么你可以得到你不太喜欢的那种；如果你不按铃而是等我自己回来，那么你就能得到你更喜欢的那种。"对孩子延迟满足行为的测量是看他/她在按铃前会等待多久。这种测量方法是获取人为情境下B数据的一个典型例子。

我们很容易可以看出，这种行为测量获取了"延迟满足"行为。这是确定的，而且还为之设置了实验程序。如果孩子等待，他/她就能得到更好的；如果孩子不等待，他/她就得到较差的。所测量的是孩子能够等待多久。这还不够明显吗？

然而，只有在我们满足于它是一种不带心理学含义的、纯粹操作性测量的情况下，这种方法才是简单的。如果我们称这种测量为"等待时间"，那么毫无争议。但如果我们把这种分秒时间的测量定义为"延迟满足"，那么就有深层心理含义的风险了。现在我们断定的是，孩子在延迟的时间里体验着对更好的渴望而等不及的一种心理紧张，这种紧张通过孩子延迟满足的能力来进行调节，那么这种测量是有效的。但是，如果孩子根本不介意等待呢？或者，如果孩子不是真的那么喜欢那个"更好的"呢？那么称这种时间测量为"延迟满足"就成为一种误导了。

几年前我和班姆（Daryl Bem）合作的一项研究中，我们按照上述程序做了这样的实验，并从孩子父母那里收集了一些对他们人格的描述。然后分析数据，想知道在实验中等待最长时间的孩子在自己家中的行为表现（Bem & Funder，1978）。

结果出人意料：最长延迟时间的孩子最显著的特质不是他们在其他情境中的延迟满足能力——这个能力是相关的，但是相关度较低。更重要的是，最长延迟时间的孩子被描述为乐于助人、合作、服从，而不是有趣或聪明。我们的解释是，多少分多少秒的等待并非对孩子延迟满足能力的测量，而是对其与成人合作的倾向的测量。因为这些孩子如果等待就会获得更好的奖赏，所以他们认为我们希望他们这样等待。（毕竟，生活通常不就是这样吗？）所以那些平常倾向于服从和合作的孩子就会按照他们以为我们所希望的那样去做。

这项研究证明，虽然准确的行为测量很容易完成，但是它的含义可能远非看起来的那样。在操作层面上，显然分秒的测量就是等待时间的标志。而在心理学层面上，如果要将这些分秒解释为"延迟满足"的测量，问题就变得模糊了。

底线就是没有人能够知道，仅仅通过观察甚至设计获得的B数据，在心理学层面上意味着什么。（这种警示对其他类型的数据也是如此，但是对于B数据，人们常因为它的客观性而忘记这点。）为了找出B数据行为测量的含义，其他信息就是必要的。最重要的信息是，B数据如何与其他种类的数据，即S、I和L数据相关。

混合型数据

我们很容易举出S、I、L和B数据的简单又清晰的例子。同样，无须过多思考，我们也很容易举出混合使用的例子。[⑫]例如，对一天中自身行为的自我报告数据属于哪一种？正如前面提到的，它似乎是B数据和S数据的混合。另一种B数据和S数据的混合是所谓的"假想行为（behavioriod）"，这种测量中要求参与者报告在各种情境下他们认为自己会怎样做。例如，如果有人持枪抢劫你，你会怎么做？这种问题的答案可能是很有趣的，但是人们认为自己如何做和他们实际所做的并不总是一致。那么如果是一项关于"你患过几次流感"的自我报告呢？可能是L数据和S数据的混合。你父母对你小时候健康情况的报告呢？或许是L数据和I数据的混合。你可以自己举出很多这样的例子。

本章提供这样四类数据，并非要把数据精准地归于某一种或某一类型，而是在于介绍人格相关的数据有很多类型，任何一类数据都是优缺点并存的。S、I、L和B数据，以及它们所有可能的混合类型，每一种都提供了其他类型无法取代的信息，同时每一种都可能产生误导。

没有绝对可靠的人格指标

绝对可靠的人格指标是不存在的。只有线索，而线索总是模糊的。人格心理学的这四种线索和数据都是有价值且重要的。但这四种都有缺点，还不足以成为完全的人格信息来源。事实上，人格所有可能的数据来源都是不完整的、模糊的，甚至有潜在的误导倾向，但是其中任何一个都不可或缺。心理学中的人格调查要求利用这些数据的全部来源。只有这样，不同类型数据的优点和缺点才能互相弥补。

从而，解决办法存在于三角关系中。当所有不同类型数据指向同一结论时，研究者可以获得令人非常满意的结果：结论当然很有效力。例如，S数据通常是与I数据一致的：人们看待自己就像其他人看待他们一样（Funder，1980；Connelly & Ones，2010）。当通过可携式录音（EAR技术）进行评估时，这两种数据对于预测日常生活行为也同样有效，并且联合使用时效果是最好的（Vazire & Mehl，2008）。然而，差异也是有用的。当一个人自我报告的内容和他人报告不同时，换句话说，也就是当S数据与I数据冲突时，这种结果本身也含有大量信息。例如，自恋者的自我报告高于他人评价（Morf & Rhodewalt，2001；Vazire & Funder，2006）。再例如，当儿童和母亲有不同的观点时，这种矛盾程度与不良教养方式、母亲的压力水平和亲子冲突有关（Chi & Hinshaw，2002；Ferdinand，van der Ende，& Ve rhulst，2004；De Los Reyes & Kazdin，2005）。

---

⑫　当心这些中间数据。

在预测学术成就和工作表现方面，I数据通常比S数据更有效力（Connelly & Ones，2010）。收集不同类型的数据，当它们一致时是有用的，不一致时或许也能提供一些潜在的信息。

范德第四定律（Funder's Fourth Law）由此而来：只存在两种数据。第一种是糟糕的数据：数据是模糊的、有潜在的误导性、不完整且不精确的。第二种就是无数据。很不幸，在世界的任何地方都不存在第三种。

我并非在这里愤世嫉俗。这就是一个简单的事实，可能是让人不快的事实，那就是没有任何一种数据能够直接地、完全无误地指向真实。但是你不必为这个事实而气馁。恰恰正是所有数据的潜在缺点要求研究者总是尽可能地收集每一类型数据。就像我说的，解决方法存在于三角关系中。

如果数据是有潜在误导性的，有些人可能就根本不愿意去收集它们了。与糟糕的数据相比，他们更喜欢无数据。抱有这样的态度是很难成为一名心理学研究者的。（不妨考虑一下工科方面的职业。）我偏爱之前详述过的范德第三定律：有东西总比没东西好，或许不总是这样，但三次里总有两次是的。

总　结

数据是线索

• 为了研究人格，你首先必须观察它：所有科学都始于观察。科学家所进行的观察以数字形式表达出来，被称为数据。

四种线索

• 有四种类型的数据可用于人格研究，每一种都各有利弊。

• S（自我判断）数据由个人对自己人格的评估组成。S数据的优点是每个个体（原则上）拥有关于他/她自己的大量信息；每个个体拥有接近他/她自己的想法、感受、意图的独特途径；一些S数据从定义上就是真实的（例如自尊）；S数据自身具有因果力量；S数据简单易收集。缺点是有时候人们不会或不能够向研究者提供自己的信息，以及S数据可能太容易获取，以至于研究者有些太过依赖它们。

• I（知情者）数据由熟人对参与者人格特征的判断组成。优点是熟人所提供的信息具有大量的信息基础；这些信息来自真实的生活；信息提供者使用常识进行评价；一些I数据从定义上就是真实的（例如，受欢迎程度）；而且熟人的评价是很重要的，因为它们影响人们的名声、机遇和期望。I数据的缺点是没有任何信息提供者会了解参与者的每一件事；信息提供者的判断可能是有偏见的或错误的，例如受到遗忘的影响；而且判断可能存在系统性的误差。

• L（生活）数据由可观察的生活行为组成，例如拘留、生病或从大学毕业。L数据的优点在于生活行为本身的重要性、与心理潜在的相关性，缺点是它由很多不同因素所决定，以及有时与心理不相关。

• B（行为）数据由测试情境下对一个人行为的直接观察构成。情境包括个人的真实生活情境，在心理学实验室人为设置的实验情境，MMPI或罗夏克墨迹测验这样的人格测验，或是对心率、血压甚至大脑活动性等生理指标的测量。B数据的优点是它们能够记录很多不同类型的行为，包括那些正常生活中不会发生或难以测量的行为；它们是通过直接观察获得的，在一定程度上是很客观的。B数据的缺点是它们的客观是表面的，其心理层面的含义并不总是清晰明确的。

没有绝对可靠的人格指标

• 对于人格研究的每种数据来说，潜在的价值和潜在的误导性并存，而数据来源之间的差异和它们之间的一致一样，也都能提供一定的信息。所以，研究者应该尽可能收集和比较多种类型的数据。

思 考 题

1. 如果你想知道你旁边这个人的人格，你会怎么做？

2. 在你看来，别人身上是否存在不可能了解到的东西？对某些事情的了解是否可能违反道德？

3. 使用S数据或I数据来评估某人的"好交际程度"似乎很容易。你如何使用L数据或B数据来评估这个特征？

4. 除了BLIS四种模式之外，你能否想到其他类型的观察，也就是其他类型的数据，来表现一个人的人格？它最贴近于这四类中的哪一类？

5. 一位研究者给参与者呈现一套由10道不可能解答的数学题组成的卷子，测量参与者放弃任务之前所用的时间。当然这个测量获得的是B数据。研究者称这次的测量为"一个真实的坚持行为的测量"，这种标签是正确的还是错误的？

6. 有时候人们对自己的描述和他人的描述不同（S数据和I数据的差异），也有时候自我描述和实际行为不一致（S数据和B数据的差异）。这是为什么？当它们存在差异时，你倾向于相信哪个？

7. 某些数据是否对于某些问题而言是特殊的？例如，如果一个人说他/她是快乐的（S数据），但是他/她的熟人说他/她不快乐（I数据），是否可能I数据比S数据更有效？说"他/她不像他/她以为的那样快乐"，这样的话是否有意义？

8. 如果像"快乐"这样的特征是最适合（或只能）用S数据评估的，那么是否有其他最好（或只能）通过I数据、L数据或B数据评估的特征？

推荐读物 >>>>>

American Psychological Association (2010). *Publication manual of the American Psychological Association* (6th ed.). Washington，DC: American Psychological Association.

本书是心理学研究者的圣经。美国心理学会的杂志以及大多数其他的心理学杂志上发表的文章都必须遵守它所制订的标准。书中全部是关于恰当地施行、分析和报告心理学研究的信息和建议。有抱负的心理学家应当人手一册。

Block，J. (1993). Studying personality the long way. In D.C. Funder，R.D. Parke，C. Tomlinson-Keasey，& K. Widaman (Eds.)，*Studying lives through time: Personality and development* (pp. 9-41). Washington DC: American Psychological Association.

本书是最受尊敬的现代人格心理学家之一对他自己的研究方法的全面评述。杰克·布洛克（Jack Block）描述了他的数据收集和研究设计方法，包括纵向研究（即长时间追踪个体，观察他们的发展）。

电子媒体 >>>>>

登陆学习空间*wwnorton.com/studyspace*，获得更多的复习提高资料。

3

人格心理学作为科学：研究方法

如果说数据是科学知识的配料，那么研究方法则为其提供配方。这些配方有时非常复杂，可能需要花费很长时间去学习。研究方法的主题范畴广泛，包括特定程序、复杂的统计，甚至是科学哲学，所以很明显这里不能全部谈到。尽管如此，研究方法学的某些方面对于人格心理学还是非常重要的，在我们开始认真学习这个主题之前必须先考虑这些方面。这一章将谈到数据质量、研究设计（我们可以通过它进行数据的搜集和分析），如何知道自己是否获得了一个很好的、很有力的结果，最后还会谈到研究伦理问题。

心理学对方法的强调

有时，有人会这么说，心理学家知道的最主要的不是内容，而是方法。这种说法并不总意味着赞扬。当心理学家把能说的都说了、能做的都做了时，他们似乎对心理和行为问题还没有固定的答案。他们所拥有的是方法，用方法来产生指向这些问题的研究。确实，有时心理学家似乎对研究本身的兴趣高于研究应该探索到的答案的兴趣。

这样的特征描述并不是完全公正的，但是它们确实有一定的真实性。像其他的科学家一样，心理学家从不真的期望获得任何问题的最终答案。对于一个研究者来说，真正让他/她兴奋的是过程，而不是战利品，他/她的目标是使不断发展着的暂定答案（研究假设）一点点地不断被证实，而不是一劳永逸地解决任何事情。

具有讽刺意味的是，另一点真实性在于，相对于其他任何类型的科学家，心理学家对于研究方法论、应用统计的方式，甚至对于从经验数据得出理论推断的基本程序都是最敏感的，甚至是最有自我意识的。生物学家和化学家似乎不会如此担忧这些问题。他们极少有关于方法学的辩论，介绍性的生物或化学教科书通常不包括关于方法学的内省章节。而心理学教科书如果缺少了这样的章节似乎就是不完整的。你认为这是为什么呢？

有时，对方法和过程的强调被看作是一个缺点，甚至心理学家自己也这么认为。甚至可以说许多心理学家忍受着"物理羡妒"（physics envy）。但是，心理学对方法的自我意识是我喜欢的东西之一。我记得开始学习化学时，发现第一次作业里有一道题是背出元素周期表。我立即想知道这个表是从哪里来的，我为什么应该相信它？但是没有找到答案，因为这不是入门课程所介绍的内容。某些事实只是让你毫无疑问地记住和接受。证据要到后面才会出现。我认为这是可以理解的，但是这似乎并不好玩。

当我第一次上心理学课程时，我发现方法是不同的。尽管我有一点失望教授没有马上教给我怎样看透人心（尽管我确信他当时在了解我的心思），但是我却被他所采用的获取知识的方法吸引了。一切都是值得怀疑的，如果没有获得事实的实验描述以及关于实验证据是否有说服力的讨论，几乎就不会有"事实"呈现。一些学生不喜欢这种方法。他们抱怨，为什么不像化学课的教授一样只告诉我们事实？[①]但是我却很喜欢心理学的这种探索方法。因为它鼓励我自己去思考。学期之初，我判定心理学的一些事实似乎并没有牢固的基础。后来，我甚至开始自己想象一些方法来得到更多的事实。我沉迷于此。你也可能会这样。继续读下去。

科学教育和技术训练

一些人认为心理学不是真正的科学，因为它很少有牢固的事实，甚至它所集合的知识也总是被怀疑。其实，这种观点不准确，因为它只是看过去的东西。真正的科学是对新知识的探索，而不是为已知的、确定的事实编写目录。这个区别就是科学教育和技术训练之间的基本差别。技术训练是告知一个学科的已知知识，是为了知识的应用。相反地，科学教育不仅教授已知的知识，还（更为重要的是）教授如何去发现未知的东西。

从这个定义来看，医学教育是技术的而不是科学的——它关注教授已知的知识以及如何应用，所以医生是学着做从业者而不是科学家。在学医时要进行大量的纯粹记忆，并且医学教育的最后一步是医师实习期，在这段时期，那些将来的医生要显示他/她能够应用他/她的所学到的知识。相反地，在学科学家只进行很少的记忆，并且被教授要质疑已知的知识以及如何发现更多的知识。科学教育（包括心理学）的最后一步是提交论文，在论

生物学家生病的时候得找医生；医生所知道的大部分知识都是生物学家发现的。

---

① 如果能够获得一张行为周期表，我敢肯定他们会很高兴把它背下来。

文中，将来的科学家必须在他/她的知识领域内增加新的知识。

技术方法和科学方法的对比可以扩展到许多其他的领域，比如药剂师和药理学家，园丁和植物学家，或者计算机操作员与计算机科学家。每种情况的争端不是哪个"更好"。他们都是必要的，相互依存。生物学家生病的时候得找医生；医生所知道的大部分知识都是生物学家发现的，但是他们又非常不同。技术训练教人应用已知的知识；科学训练教人探索未知。在科学中，对未知的探索称为研究（research）。研究的基本方面就是数据搜集。

"是的，詹宁斯医生（Dr. Jennings）订了七点半的四人聚餐。我可以问一下吗：那是真正的医学学位还是只是博士学位呢？"

数据质量

爱丽丝·维特斯（Alice Waters）是世界最著名的厨师之一，是加利福尼亚州Chez Panisse餐厅的主人，因为对食物原料的热衷而出名。她坚持了解为她提供食物原料的每一个供应者，经常参观提供农产品的农场和提供肉类的牧场。她坚信，如果食物原料是好的，那么极好的烹饪是可能的；但如果原料很糟糕，你不妨放弃烹饪。如果我们想从她的例子中学到什么的话，那么在我们考虑研究设计（配方）之前可能应该好好考虑一下原料（数据）的质量。在第2章中我们谈到了人格研究的四种基本数据类型：S数据、I数据、L数据和B数据。对它们的每一种，甚至对于任何领域中任何类型的数据来说，下面两方面的性质都是极为重要的：（1）数据可信吗？（2）数据有效吗？这两个问题可以合成为第三个问题：（3）数据可以推论吗？

信度

在科学中，**信度（reliability）**具有技术上的含义，比它日常应用的意义范围要窄。日常的意义指的是某个人或某样事物是可靠的，你可以依赖它们，例如一个总是准时的、可靠的人，或者一辆从不抛锚的、可靠的车子。可靠的数据跟它有点像，但更特殊的是它们反映了你试图测量的东西，没有受任何其他因素的影响。例如，如果你发现，在不同的时间对同一个人进行几次人格测验，得到的分数不同，你可能会担心、而且完全有理由担心这个测验不太可靠。也许，在这个例子中，测验分数受到了本来不应该影响它的因素的影响，可能是从参与者一时的心境到房间温度的任何因素——你无法知道。这些无关影响的累计效果称为**测量误差（measurement error）**（也被称作误差变量），这样的误差越小，测量结果就越可靠。

哪些影响被认为是无关的，这取决于要测量什么。如果你正想测一个人的情绪，这是一种当前但可能是暂时的状态，那么他/她十分钟前中彩票一事就是高度相关的因素而不是无关因素。但是，如果你想测这个人的一般或者说特质水平上（稳定的）的情绪体验，那么这个突发事件就是无关的，测量结果就会被误导。所以，你可以选择等待更为平常的某天来施测你的问卷。

当试图测量一个稳定的人格品质时（即特质而不是状态），信度问题就变为：你能多次得到同样的结果吗？那些能够重复提供同样信息的方法或工具就是可信的，反之，就是不可信的。例如，一种人格测验，经过很长一段时间后重测，得到的结果仍是班里某个人是最友好的，而其他人不是那么友好的，那么这个测验就是一个可信的测验（尽管不一定有效——这是我们马上要谈到的另一件事）。然而，如果一个人格测验在一种情况下得到了"某个学生是最为友好的"这样的结果，却在另一种情况下确定另一个学生是最为友好的，那么它就是不可信的。这样一个不可信的测验不可能是一个有效测量稳定的友好特质的工具。它可能是对状态的或暂时的友好水平的测量，或者（更可能是这种情况）它可能根本不能很好地测量任何东西。

任何科学的测量都可以且应该评估信度，不管这个测量是人格测验、温度计的读数、血细胞的计数，或脑电波扫描仪的输出（Vul，Harris，Winkielman，& Pashler，2009）。这一点并不总是受到重视。举个例子，我的一个熟人是搞研究的心理学家，曾经做过输精管切除术。作为手术程序的一部分，手术前后都是要计算精子数的。他问了医师一个心理学家很自然地要问的问题："精子计数的可信度是多少？"他想知道的是，一个男人的精子数会不会因为一天时间的不同，或是最近吃了什么东西，或者是他的情绪不同而产生很大的变化？进一步说，由哪个技术员来计数会不会有关系，或是说不管计数者是谁都会测出同样的结果？那个医师显然是受过技术训练而不是科学训练，没能理解问题，甚至像受到了侮辱一样，答道："我们的实验室是非常可信的。"熟人想澄清一下，追问道："我的意思是，精子计数的测量误差是多少？"那个医师这次真的被冒犯了，怒道："我们不会产生误差。"

但是，每一种测量都包含了一定量的误差变异。没有一个工具是完美的。在心理学中，至少有四个因素会损害信度。第一个是低精确度。测量应该尽可能地精确和谨慎。这可能听起来是理所当然的，但是记录数据、准确地为数据计分、将其输入到数据库中，每一步都要加倍小心。每位有经验的研究者都有过这样噩梦般的经历：发现一个研究助手本应该对一位参与者解决问题所用的时间计时，可他/她却离开实验室喝水去了；或者将1—7量表上评分的答案按照7—1的评分量表输入电脑了。像这样的灾难经常会发生，要小心点。

第二，参与者[2]在研究中的状态可能会因一些与研究无关的原因而有所变化。有一些参与者

---

[2] 被试这个术语在心理学研究中已经被淘汰了。根据美国心理学会发行的手册，我们现在必须称他们为参与者，我要记着这么做。但是，这种用法上的改变不是统一的。美国联邦政府仍然在执行大量涉及"人类被试"的规章条例。

生病了，有一些很健康，有一些很开心，还有一些很沮丧；令人惊讶的是，许多大学生参与者都很缺乏睡眠。从研究角度看，问题是如果他们感受不同或有更充足的休息时，他们可能会表现不同，由此得到不同的研究结果。关于这点研究者们几乎无计可施；几乎在所有心理学研究中，参与者状态的变化都是误差变异或随机"噪音"的一个来源。

信度的第三个潜在隐患是实验者的状态。可能有人会希望实验者是休息好的并且很专心的状态，至少在进入实验室时应该是这样。但是，并不常是这样的。由实验者导致的变异几乎和由参与者导致的变异一样不可避免；实验者想同样地对待所有的参与者，但是作为人类，在一定程度上是做不到这一点的。而且，参与者可能会因为实验者的不同特征而有不同的反应，例如，实验者是男性还是女性，与参与者是否同一种族，甚至包括他/她的穿着，所有的这些情况均很难控制。斯金纳避开了这个问题，他在一个机械密闭控制的场地"斯金纳箱"中研究了他的被试——老鼠和鸽子。但是对于人类的研究来说，我们通常需要他们与另一些人互动，包括研究助手。

最后一个潜在隐患可能来自于做实验的环境。有经验的研究者们在这方面有各种各样的故事，只是从不把它们写到研究方法的教科书上而已。比如说，在做实验期间，火警（甚至有洒水车）响起、隔壁突然发出嘈杂的争论声、实验室的自动调温器突然发出狂暴声响等等。幸运的是，像这样的事情相对来说很少发生，但是一旦真的出现这样的情况，实验者所能做的也只是取消当天的实验，放弃所得的数据，期待第二天能有好运气了。但是环境的微小变化是很常见的，并且是不可避免的。在一个研究任务中，噪音水平、温度、天气以及其他上百万种因素时刻在变化，它们是导致数据不可靠的另一个潜在来源。

为了提高信度，我们至少可以做四件事情（见表3.1）。

表3.1　心理测量的信度	
降低信度的因素	低精度
	参与者的状态
	实验者的状态
	环境中的变量
提高信度的因素	小心对待研究程序
	将研究协议书标准化
	测量重要的东西
	集合

第一，显然是要小心谨慎。再三检查所有的测量，让人多次校对（多于一次！）数据输入表格，保证让为你的项目工作的所有人员都清楚地理解数据评分程序。

第二种提高信度的方法是对所有的参与者应用一个同样的可照稿宣读的程序。不管发生什么事情，都要遵照研究协议书上的步骤进行。我曾经做过这样的一个研究：一些参与者观看一个行为事件的长录像带；另一种情境下其他的参与者看一个比较短的录像带。研究假设之一就是在长时间事件中，参与者们会停止注意，他们对事件评定的准确性不会随着时间而提高，而是会开始变差。我们的一个研究助手正急着回家，当他终于看到那些观看长情节的参与者们看起来厌烦的时候，他就进去说："好了，你们不用再集中注意了。"然后关掉了录像，结束了实验。等我们发现了他的程序"革新"时，一些参与者有价值的数据已经被毁了，这是一个昂贵的代价。但是真正犯错误的人是我。在程序方面叮嘱一声"即使参与者看起来不再注意了也要把录像带放完"就行了，但是在我看来这是太明显的事情，以至于没有对此给任何一个助手准确的指导。这证明，对于实验程序的任何一个步骤，都不能够想当然地认为其足够明显而不给予说明。

第三个提高信度的方法就是在心理学研究中要测量重要的东西，而不是微不足道的东西。例如，如果测查某人对一个与自己有关的问题的态度，你可能能够获得可靠的测量结果，但是如果这个人不是真的关心某个问题（你对木材的关税有什么看法？），那么他/她的回答还不如印刷问卷的那张纸有价值。一个能吸引参与者的实验程序会比那些没有吸引力的程序得到更好的数据；对大的重要的变量（比如一个人的外向程度）的测量比对微不足道的变量（比如这个人是否在一个周六下午一点十分与某个人聊天）的测量更为可靠。

第四个也是最有用的提高信度的方法是**集合（aggregation）**，或是平均，这适用于任何领域的测量。我上高中的时候，一位教科学的老师（我现在认为他很聪明，但当时没什么印象）为班里学生就集合做了至今为止我见过的最好的说明。他发给我们每个人一根一米长的木棍，然后去外面测量我们学校到街道尽头的小学的距离，大约1000米左右。我们每个人都做了，放下木棍，然后拿起来，再挨着前一个位置的后端点再次放下去，并且数着我们放下木棍的次数，一直到那个小学。

每个班级得出的数值差异很大——我记得是从大约750米到超过1200米。第二天，老师把所有的不同结果都写在了黑板上。那个小学看起来好像在移动一般！这种观测结果换句话说，就是我们的个人测量都是不可靠的。很难一次又一次地保持精确地放下木棍，也很难不漏掉计数的放下木棍的次数。

但是，那时老师做了一件令人惊讶的事情。他把九点班的35个测量结果计算出平均数是957米，将十点班的35个数值平均得959米，十一点班的35个数据平均得956米。就像变魔术一样，误差几乎消失了，我们突然间就得到了与那所小学的非常稳定的估计距离。

究竟发生了什么呢？老师是利用了集合的功能。我们每次放木棍的失误以及漏掉的计数本质上都是随机的失误，经过一段很长的距离后，它们倾向于相互抵消。（由定义可知，随机影响之和为零——如果它们的和不为零，那么它们就不是随机的！）在我们中的一些人可能把木棍放得过于紧凑的同时，另一些同学肯定把它们放得太过宽松了。当把所有的测量进行平均时，这些误差就相互抵消。平均了35个数据后，结果就变得相当稳定了。

这是一个基本的也是有效的测量原理。心理测量学中的斯皮尔曼-布朗公式（Spearman-Brown formula），一项心理测量技术，将它起作用的过程量化了。你的测量结果越是充满误差，你就越需要进行多次的测量。"真实"就在平均数附近的某个地方。这是处理前面提到的一些问题的最好方法，比如对于不可避免的由于参与者状态、实验者以及环境等造成的数据波动。（在第5章中进一步讨论了斯皮尔曼-布朗公式在人格测量中的应用，同样的内容也可参考：Burnett，1974；Epstein，1980；Rosenthal，1973a）

如果你的目标是预测行为，集合原理就是特别重要的。人格心理学家们曾经陷入了一场激烈的争论（见第4章），就是因为人格测量很难准确预测单个行为。这个事实导致一些批评家下结论说人格本身就是不存在的！然而，根据集合原理，人格测量用于预测一个人的平均行为应该是更为容易的。也许一个友好的人在一些时间比另一些时间里更为友好——每个人都有糟糕的日子。但是，这个人在一段时间内的平均行为应该可靠地比一个不友好的人的平均行为更为友好（Epstein，1979）。

效度

我前面已经提到，效度与信度是不同的。它是一个更难以处理的概念。**效度（validity）**是指一个测量结果真实反映我们希望获得结果的程度。效度的定义因为以下两个原因而令人难以处理。

一个原因是，如果一个测量是有效的，那它必须是可信的。但是一个可信的测量并不一定是有效的。我应该再说一遍吗？一个可信的测量会每次都给出同样的答案。如果答案常常变化，它怎么会是正确答案呢？所以一个测量要是有效的，它必须先是可信的。但是即使一个测量结果每次都一样，也并不一定意味着它就是正确的。也许它很可靠地给出了一个错误答案（就像我那辆旧的丰田车上的钟表一样，每天只有两次正确的报时）。逻辑学家对必要条件和充分条件加以区分。一个例子是大学教育：它对于获得一份好工作是必要的，但是肯定不是充分的。从这个意义上讲，信度是效度的必要非充分条件。

> 如果一个测量是有效的，那它必须是可信的。但是一个可信的测量并不一定是有效的。我应该再说一遍吗？

导致效度概念更为困难和复杂的第二个因素是这个概念似乎援引了终极真理的概念。一方面，你有一个最终的正确事实。另一方面，你有一个测量结果。如果测量结果和终极事实相吻合，那么它就是有效的。因此，一个IQ测量如果真的测到了智力，那它就是有效的；一个乐群性测量如果真的测到了乐群性——使人们对别人表现得友好的一种特质（Borsboom，Mellenbergh，& van Heerden，2004），则它的乐群性分数就是有效的。但是问题在这里：怎么能知道智力或乐群性"真正"是什么？

几年以前，心理学家李·克伦巴赫（Lee Cronbach）和保尔·弥尔（Paul Meehl）提出像智力或乐群性这样的特征最好被作为**结构（construct）**[3]来看待（Cronbach & Meehl，1955）。结构不能被直接看到或触摸到，但是能够影响和帮助解释很多不同的可见事物。一个常见的例子就是

---

③　有时用假定结构表示，强调特征并不能确定存在与否，而只是假定的。

重力。任何人都不曾看到或触摸到重力，但是我们可以从它的很多影响知道它的存在，从导致苹果掉落在人们头上到让行星处于它们合适的轨道上。同样，任何人都不曾看到或触摸到智力，但是它会影响行为和表现的很多方面，包括测验分数和真实生活中的成就（Park，Lubinski，& Benbow，2007）。这种牵连的范围就是智力之所以重要的原因。过去的一位心理学家曾说："智力就是IQ测验测到的东西。"他是错的。如果IQ只影响测验分数而不影响生活中的表现，任何人都没有理由关注它。

在这个意义上，人格结构和重力及IQ是一样的。它们不能被直接看到，而是通过其影响为人所知。它们的重要性源于其广泛的影响范围——它们远不止是测验分数。它们是关于行为是如何形成一体并受一个特定的人格特征影响的一些观念。例如，不可见的结构"乐群"通过参加聚会、对陌生人微笑、打很多个电话等可见的行为而被看到。乐群的观念隐含着这些行为，还有更多的行为，应该倾向于相互关联——一个人做出其中一个行为，就可能也会做出其他的行为。这是因为所有这些行为都被认为有同一个原因："乐群"的人格特质（Borsboom et al.，2004）。

就像你现在可以看到的一样，应用一个结构就跟提出一个理论一样（Hogen & Nicholson，1988）。在这里，这个理论就是：乐群是一个特质，它影响很多不同的行为，这些行为反映了与其他人在一起时的倾向。

当然，这只是一个理论。你需要数据来验证它。对一个诸如智力或乐群的结构进行理论验证的过程称为**结构效度（construct validation）**（Cronbach & Meehl，1955）。这个研究策略实际上就是对你感兴趣的结构（比如智力或乐群）收集尽可能多的不同测量结果。挑一些测量结果放在一起，例如，一致地挑选出同样聪明或乐群的人，对这些测量结果开始相互验证作为结构测量，同时验证这个与每一个测量结果都相关的结构。

例如，你可以给参与者们一份乐群性测验，并且问他们的熟人他们偏好社交的程度，记录他们一周之内打的电话数和参加的宴会数。如果这四项测量相关较高，高乐群性的人也偏好社交，打电话和参加宴会的次数均很多，那么你也许可以相信它们作为对乐群结构的测量具有一定的效度。同时，你会更相信这个结构是有意义的，乐群性对于预测和解释行为来说是一个有用的概念。尽管你永远不能获得终极事实，但当你能开发出一系列互不相同的测量却能产生几乎同样的结果时，你可以合理地开始相信你在测量一些真实的东西。

概化

传统的心理测量学认为信度和效度是互不相同的。当假定为"相同"的两个测验进行比较时，它们实际得出结果的相同程度就表示了它们的可靠程度。例如，信度可以这样来测量：用完全相同的一个测验对同一群人一周前与一周后施测得出的分数的相同程度就是信度。

一个测验的一种形式和同一测验的另一种形式（可能包含同样的项目，只有轻微的措辞改变）施测得分的一致程度也可看作是信度的测量。但是如果两个测验是不同的，那么就用两个测验之间的关系来表示第一个测验的效度。例如，如果一个关于亲切程度的测验与个体在一周内打电话的次数相关，那么这个相关性就可以用来表示测验的效度。但是大部分真实案例都没这么清晰。当仔细思考这个问题时，"相同"和"不同"之间的差别是相当模糊的。

事实上，当我们仔细思考时，信度和效度之间的区分也是相当模糊的。因此，现代心理测量学家通常将这两个概念看作是一个单一的、更宽泛的概念——**概化（generalizability）**的一部分（Cronbach，Gleser，Nanda，& Rajaratnam，1972）。概化多被应用于测量或是实验结果，它主要提出以下问题：这个测量或结果可以推广到什么地方？即你从一个测验得出的结果与将要用的一个不同的测验得出的结果是等值的或是一体的吗？你的结果也能适用于你评估之外的其他类型的人群吗？能适用于其他时间的同一人群吗？或者在不同时间、不同地点能得到同样的结果吗？所有的这些问题都关系着概化的不同方面。

参与者的概化

一个重要方面就是参与者水平上的概化。比如，你可能对一个人做了一个个案研究，但是你想知道你的研究结果是与一般人群都有关，还是只与这一个人有关。很多心理学研究都是由大学教授做的，研究的参与者大多是学院的学生。（常常是教授周围的学生。从其他人那里搜集数据——比如随机挑选社区的人员——更为困难且费用不菲。）这个事实引发了一个基本的概化问题：如果研究者研究的都是学院的学生，那他们推出的结论对于一般人群在多大程度上是有效的呢？毕竟学院学生不能代表广大人群。他们相对稍微富裕一些，自由一些，不大可能属于少数民族。他们也比大多数人年轻。这些事实使得人们质疑从这些学生身上获得的研究结果能正确解释全国人群的程度，更不用说全世界人群了（D.O. Sears，1986；Henrich，Heine，& Norenzayan，2010）。

性别偏差　直接根据有限的人类样本得出结论的一个更为极端的例子发生在20世纪60年代以前，美国心理学研究者只从男性参与者那里搜集数据，这几乎是常规。一些经典的对人格的经验调查研究，比如亨利·莫瑞（Henry Murray）1938年的研究以及高尔顿·奥尔波特（Gordon Allport）1937年的研究都只考察了男性。我曾与一位在20世纪40年代和50年代间对人格研究做出巨大贡献的研究者交谈，他很坦白地承认他很不好意思只用了男性参与者。在1986年，他说："很难回忆起我们当时为什么那么做。尽我所能地回想，我们任何一个人都只是没有想到做一些不同的事情，即在我们的研究组中加入女性。"

> 20世纪60年代以前，美国心理学研究者只从男性参与者那里搜集数据，这几乎是常规。

20世纪60年代以来，这个问题颠倒过来了。几乎所有的研究者都从经验中发现了关于招募参与者的一个特别的现象，只是很少在研究方法的教科书中提到而已。那就是：女性比男性更可能签约做实验，并且一旦签约，她们更可能在约定的时间出现在实验地点。这种男女差别还不小。我习惯于从我在心理学系的办公桌前直接穿过走廊去看我自己的研究项目的预约单，上面预约的都是有报酬的志愿参与者。[④]因为我的研究需要完全等数量的男性和女性，所以预约单分了两

---

④　当然，现在我们通过互联网招募参与者。

栏。在任何一天的任何时间里，在"女"一栏里的名字数量总会是"男"一栏里名字的两倍以上，甚至有时会达到五倍之多。

这个巨大的差别引发了两个问题。一个是理论上的：为什么会有这种差别？一种假设可能是大学阶段的女性一般比这个年龄段的男性更尽责也更合作（我认为这是事实），或者这种差别也许有更深层的原因。第二个问题是它引发了对研究者所招募的参与者的担忧，样本不均衡的情况倒不用太担心，研究者们可以让他们保持均衡。在我的实验室里，我常常只是召集所有签约的男性和三分之一签约的女性。然而，问题是由于男性比女性更不愿做志愿者，那么参加研究的男性，从定义上来说，都是非寻常男性。他们是愿意参加心理学实验的一类男性，大多数男性不是这样的。但是研究者们从他们的自愿男性参与者推广到了一般男性。[5]

出现者与不出现者 一个相关的概化限制是心理研究的结果取决于在实验室中出现的人。任何一个做过研究的人都知道有相当一部分预约好时间的参与者最终都不会出现在实验室。最后的研究结果取决于真正出现的参与者的特征。如果这两种人群是不同的，那这个事实就代表有问题了。

关于这个问题没有太多的研究，你也可以想到，很难去研究不出现者，但是也有一些。一个研究显示，最可能在约定时间出现在心理实验室中的人是那些遵守"传统道德"的人（Tooke & Ickes，1988）。在另一个更近期的研究中，1,442名大学一年级生同意参加一项人格研究，但其中283人从未出现（Pagan，Eaton，Turkheimer，& Oltmanns，2006）。然而，研究者从他们的熟人那里获得了每个人的人格描述。结果发现，出现在研究中的一年级生更可能被描述为具有表演性（情绪表达）、强迫性、自我牺牲和贫穷的倾向。未出现的一年级生则更可能被描述为自恋者（自我崇拜）和低自信的。我还不清楚要怎样把这两个研究结合起来，不过它们确实提出了警示，即心理学研究中的数量较小的人群，不一定能代表没有参加研究的数量更大的人群。

世代效应 概化的另一种可能的失败源于这样一个事实：研究结果或许是受历史限制的。曾有人说，大部分心理学都是"历史"，意思是它研究的是某个特定时空的某个特定的人群（Gergen，1973）。今天充斥着心理学杂志的研究或许会成为关于21世纪早期北美大学生的有趣的历史资料，但是根据这个论断，它几乎没有说明一般人的特征是怎样的，或他们随着岁月的变迁可能出现怎样的变化。

一些证据显示，人格各方面都会受到个体所处的特定历史时期的影响。一项对在20世纪30年代大萧条时期长大的美国人的研究发现，他们从那样的经历中获得了某些对工作和财产安全的态度，而这些态度与那些成长在早于或晚于那个时期的人的观点是很不同的（Elder，1974）。更近期的研究提出，21世纪早期的年轻人——包括当时的大学生——极其自我中心、贪图享乐，以及自恋（Twenge，Konrath，Foster，Campbell，& Bushman，2008）。生活在一个特定时期的一群人与生活在早于或晚于这个时期的那些人在某些方面会有所不同，心理学家称这种倾向为**世代效**

---

[5] 有人曾很认真地给我建议，解决这个问题的方法就是把给男性参与者的报酬变成女性参与者报酬的三倍。你觉得这个主意好不好呢？

应（Cohort Effects）。

但是心理学家更多情况下只是担心世代效应的出现，而不是直接处理它们。原因是即便在可能的情况下，这样必要的研究也很难实现。发现哪个研究结果具有跨时间的正确性，哪个研究结果只适用于被研究的世代，唯一的方法就是研究其他时期的参与者。这几乎是不可能的。在一定程度上，研究者可以应用档案数据来向前追溯一段时间。对于将来，研究者必须开始新的研究，并且等待。这些方法都是很不实际的，代价都很大。

种族和文化多样性　一个日益受到关注的概化问题是：大量的现代心理学的经验研究是基于现代人群的一个很有限的小集团——特定的主要人群是白种、中产阶级大学生，这在前面已提到。这在美国已成为一个特殊的问题，因为民族一直以来都极为多样化，各种少数民族群体越来越坚持要融入社会的各个方面（包括心理学研究）。融入少数民族参与者的压力既有来自政治上的，也有来自科学上的。这些政治压力的结果从美国政府部门发布的授予申请方针中可见一斑：

> 授予申请……在研究群体中，人类被试必须包括少数民族以及男女两性……这项政策应用于包含人类被试和人类材料的所有研究，并应用于所有年龄的被试。如果在一个研究中不包含或不足够代表一种性别和/或少数民族群体……应当为此提供相应的清楚的、有说服力的原因……认真评估关于尽最大可能广泛代表少数民族群体的可行性。（公共健康服务，1991）

这套方针是由美国政府资助、用来研究美国少数民族在研究中的代表性的。从行文的语气来看，这种代表性是很难实现的。但是请注意，即使它赞成的每一个目标都达到了，服从法令的美国研究者们仍然局限于研究一个现代的、西方的、资本主义的、后工业社会的居民。

事实上，加拿大心理学家约瑟·亨里希（Joseph Henrich）及其同事已经提出，心理学研究中的很多结论太过依赖"WEIRD"参与者。WEIRD，意思是他们来自西方（Western）、受教育（Educated）、工业化（Industrial）、富有（Rich）、民主（Democratic）的国家（Henrich et al.，2010）。研究文献中最大的一部分是基于美国参与者的数据，其他主要贡献者包括加拿大、英国、德国、瑞典、澳大利亚和新西兰——按照亨里希的定义，他们全是WEIRD。这是个问题，因为亨里希展示了证据，表明在从视知觉到道德推理的一系列心理学变量上，这些国家的人与东方、未受教育、未工业化、贫穷和专制国家⑥的居民有重大差异。

心理学研究中的很多结论都基于"WEIRD"参与者。

举证责任

人们很容易由于以上的种种担忧而头脑发热。对概化的关注对于心理学研究来说是一个根本问题：个人研究结果是否适用于全世界所有人。但是，有两点值得牢记。

第一，直接从处在我们自身的时间和文化的成员身上很难得到事实，所以我们应该避免对其

---

⑥　我觉得我们可以称之为"EUPPA"国家，不过我怀疑这个标签会生效。

他文化中成员的简单而表面的概括，包括贸然得出他们与我们不同的结论。真正理解心理学在文化上的差异需要大量的进一步研究，这些研究应该更多地平等分布在所有的文化中，而不那么集中在WEIRD国家。这样的研究已经开始出现了，但是我们还需要深入了解跨文化差异，包括这些差异到底有多么普遍（参见第14章）。

第二，一方面我们担心结果和理论能不能推广，另一方面我们商讨着一个特定的结果或理论是如何以及为什么不适用于另一种文化的。并不是所有的举证责任都应该推给那些尝试做可推广的研究的人。一些责任应该由那些宣称结果不可推广的人承担，让他们指出何时、如何以及为什么不可以推广。如果仅仅观察到心理学数据的有限性，就得出结论说所有的研究和理论都是没有价值的，那么就像那句谚语说的：倒洗澡水时把婴儿也一同扔掉了。

研究设计

数据搜集必须遵循某种计划——研究设计。没有一种研究设计适合所有主题——依据研究主题的不同，其设计可能是合适的，或是不合适的，甚至是不能用的。心理学（和所有的科学）中的研究设计有三种基本的类型：个案法、实验法和相关法。

个案法

就像亨利·莫瑞提议的那样，学习某样东西的最简单、最明显、最广泛应用的方法就是去观察它。即便表面上看来是很平凡的事情，当仔细观察时，它也可能蕴含了重要的意义。有这样一个关于牛顿的故事，牛顿坐在一棵树下休息的时候，被落下的一个苹果砸中了脑袋，这使他开始思考万有引力定律。一个留心观察的科学家会发现各种值得考察的现象，这可以激发他的新思考和洞察力。**个案法**（case method）包括严密地研究一个特定的令人感兴趣的事或人以发现尽可能多的事实。

这种方法一直为人们所用。当一架飞机失事的时候，国家运输安全部（National Transportation Safety Board，简称NTSB）会派一个团队赶往失事地点开展严密彻底的调查。2000年1月，阿拉斯加航空公司的一架飞机失事坠落于加利福尼亚海岸，经过长时间的调查，NTSB得出了关于这次失事原因的结论：飞机尾部的组装起重螺丝这个重要的零件未被充分涂上润滑油（Alonso-Zaldivar，2002）。这个结论回答了这起事故为什么会发生的特定问题，同时，它也对其他方面有意义：类似的飞机应当给予维护。（例如，不要忘记给起重螺丝涂上润滑油！）在最好的情况下，个案法不仅得出了对特定事件的解释，同时也可以给出一般的启示，甚至可能是科学原理。

科学中运用个案法很常见。当火山喷发时，地理学家会带上所有能带的工具匆忙赶往事发地点。当先前被认为已经灭绝了很久的一种鱼被从海里捕捞出来时，鱼类学家们会排着队对它进行仔细观察。医学界有开"个案研讨会"的传统，会议上呈现一个病例并进行详细讨论。甚至在商学院校的班级里也会花大量的时间来分析成功或失败的公司个案。而以心理学的个案应用最为著名，尤其是人格心理学。西格蒙德·弗洛伊德在治疗病人过程中创建了他著名的人格理论，他的这些病人通常有恐惧症、做怪诞的梦、出现歇斯底里症状（见第10章）。其他理论学家如卡尔·荣格、阿尔弗雷德·阿德勒（Alfred Adler）、卡伦·霍妮（Karen Horney）的大多数精神分析理论，也都是基于他们处理个案的经历。非精神分析取向的心理学家也会应用个案，比如高尔顿·奥尔波特（Gordon Allport）赞成深入研究特定个体的重要性，甚至为某个人写了一整本书（Allport，1965）。⑦年代更近一些的心理学家丹·麦克亚当斯（Dan McAdams）认为倾听和理解"生平叙事"（个体构建的关于自己生活的特定故事）是非常重要的（McAdams et al.，2004）。

你可以对这样一个人做一个特别有趣而重要的个案研究：他/她与你共享住址、姓名和社会保障号，这个人就是你。每个人都是复杂而独特的，努力了解自身会成为持续一生的习惯。我并不是建议你真的有如此程度的自我关注，但是理解了你为什么那样做确实就可以帮助你理解其他人为什么那么做。弗洛伊德曾说他的理论的一个重要基础就是他的自我反省。我们不会都成为弗洛伊德那样的大理论家，但是时常观察自身，考虑我们为什么有那样的思考和行为，不仅可以帮助我们了解自己，也可以了解他人。

个案法有几个优点。第一，比起其他的方法，它对待主题更为公正。一本写得很好的个案研究就像一个短篇故事，甚至像一部小说；弗洛伊德广泛而充分地撰写了他的许多病人案例。一般说来，个案研究最好的一点在于它描写了全部的现象，而不只是孤立的变量。

第二个优点在于一个择优选取的个案可以是思想的来源。它可以阐明飞机为什么会坠毁（并且可能防止以后的灾难），揭示火山、身体、商业，当然也包括人类心理等的内部运作的基本事实。如果不是研究个案，这些想法或许是任何人都无法想到的。牛顿的苹果使他开始了全新角度的思考；没有人会想到给起重螺丝上润滑油是如此的重要；弗洛伊德只通过考察自身以及他的病人们就产生了数量惊人的理论观点。

个案法的第三个优点常被人忘记：有时这个方法是绝对必要的。一架飞机坠毁了，我们至少要知道为什么会这样。一个重症患者出现了，医生不能说"需要更多的研究"，相反，他/她必须尽可能详细地了解问题，然后做些有帮助的事情。同样的，心理学家有时也必须处理保持其整体完整性和复杂性的特定个体，他们必须基于对事件最快最好的理解而付出努力。

个案研究的最大缺点是很明显的，它没有受到控制。每一个个案都包含了大量的、可能数以千计的具体事实和变量。哪些是关键的，哪些是偶然的？一个敏锐的科学家或许能够感知到其中的重要模式，但是要相信从个案中获得的观点需要进一步的证实。一旦特定的个案提出了某种观点，就需要对之进行检验，这时就需要更为正式的科学方法：**实验法（experimental method）**和**相关法（correlational method）**。

---

⑦ 这个人物的身份当时应该是保密的。一些年之后，历史学家们确定她是奥尔波特大学时的室友的妈妈。

例如，假如你知道有这样一个人，他将要参加一场大考。这场考试对他很重要，他很用功地准备，同时也变得很焦虑。等到参加考试的时候他的表现很反常。尽管他知道论题，却表现糟糕，得到了一个很差的分数。你曾见过这样的情况吗？如果你见过（我知道我见过），那么这个个案可能使你想到一个一般假设：焦虑对考试成绩不利。听起来很合理，但是这一个经验就能证明它的正确性吗？确实不能，但是它是思想观点的来源。下一步就是找一个方法去研究以检验这个假设。你可以用下列两种方法中的任一种：实验研究或相关研究。

实验研究和相关研究

用实验法来考察焦虑与考试成绩之间的关系需要先获取一些研究参与者，然后将其随机分配到两个组中。随机分配是很重要的，因为之后你就可以假定两组在能力、人格以及其他因素上几乎是相等的。如果参与者在这些因素上是不等的，那么就不是随机分配的。例如，如果一组被试是由一个研究助手招募的，而另一组被试是由另一个助手招募的，那么实验现在就已经陷入了麻烦，因为两个助手可能（不论是偶然或是故意）倾向于招募不同类型的参与者。所以不能确保将参与者分到不同条件下的分配过程是完全受随机因素影响的。

现在到实验程序的阶段了。对你预期产生焦虑的那一组成员施加一些影响，比如告诉他们，"你的生活取决于你这次考试的成绩"（但是需要参考本章最后关于道德伦理和欺骗的讨论）。然后给两个组进行测试，比如一个30道题目的数学测验。如果焦虑降低成绩，那么你就可以期待"决定生活"组的参与者比没有听到这个可怕消息的控制组参与者在测验中的成绩要差。

为了检验所得结果是否符合你的预测，你可以把结果都写到一个表格中，就像表3.2所示的那样，然后再像图3.1那样在一张图上把结果展示出来。在这个例子中，高焦虑组的平均分看起来确实要低于低焦虑组（控制组）的平均分数。然后你可以做个统计检验，可能在这种情况下会用t检验，看平均数之间的差异是否大于只由随机变异导致的差异。

表3.2 假设实验——焦虑对考试成绩的影响——的部分数据	
高焦虑条件下的参与者正确答案数量	**低焦虑条件下的参与者正确答案数量**
Sidney=13	Ralph=28
Jane=17	Susan=22
Kim=20	Carlos=24
Bob=10	Thomas=20
Patricia=18	Brain=19
…	…
M=15	M=25

注：参与者是随机分配至高焦虑或低焦虑条件下的，而且平均正确答案数量是由各组内部计算而来的。分别包含各组内全部数据时，高焦虑组平均数是15，低焦虑组平均数是25。这些结果在图3.1中被描绘了出来。

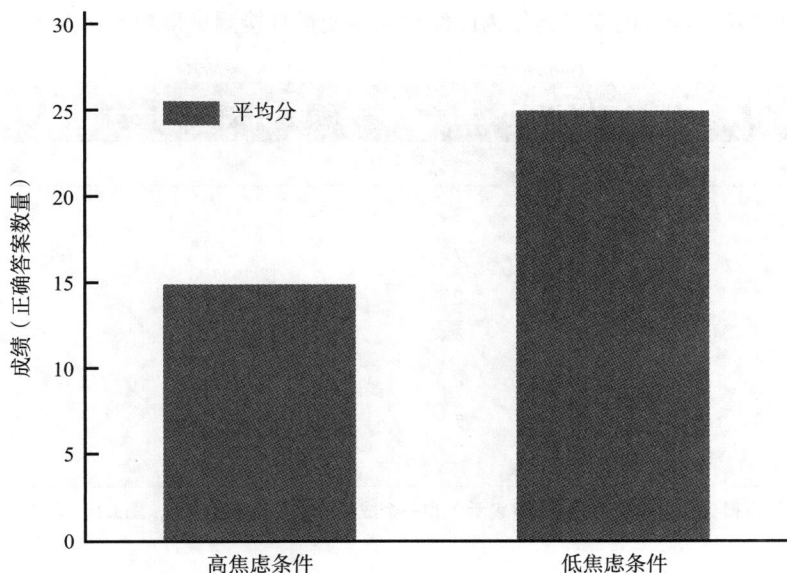

图3.1　假设实验的结果图

在一个30道题的数学测验中，高焦虑条件下的参与者获得的平均正确答案数为15，
而低焦虑条件下参与者平均正确答案数是25。

用相关法来考察同样的假设时，需要测量参与者在进入实验室时的自然焦虑程度。给每个参与者一份问卷让其评定等级，比如在1-7的等级量表上表示出当时他们感到有多焦虑，然后进行数学测试。现在的假设就是如果焦虑降低成绩，那么那些在焦虑测量上分数高的参与者会比那些焦虑分数低的参与者的数学测试分数低。结果通常用表3.3那样的表格和图3.2那样的图表来表示。这种图称为**散点图（scatter plot）**，上面的每一个点代表着一个参与者的一对分数：一是焦虑（表示在水平轴或称X轴上），一是成绩（表示在垂直轴或称Y轴上）。通过这些点画一条直线，如果这条线向下倾斜，那么这两种分数就是负相关，意即随着一种分数逐渐变大，另一种分数越来越小。在这个例子中，随着焦虑分数越来越大，成绩变得越来越差，这正如先前所预测到的。统计量**相关系数（correlation coefficient）**（本章稍后会谈到）反映了这种趋势的强弱程度。考虑到此研究的参与者数量，就可以检查这个相关系数的统计显著性是否足够大，从而推断出真实相关性为零是不可能的。

实验法和相关法的比较

实验法和相关法常被认为是完全不同的。我希望这个例子能明确说明事实并不是这样的。两种方法都试图评估两个变量之间的关系；在刚才讨论的例子中，即焦虑和考试成绩。进一步说，两种方法在技术上有更多的相似性，即它们应用的统计量是可以互换的——实验中的t统计量可以通过简单的代数学换算转换为一个相关系数（传统上用r表示），反之亦然（本章脚注⑧给出了精确公式）。两种设计真正存在的唯一不同之处是：在实验法中，假设的因变量（焦虑）是受操纵的，而在相关法中同样的变量是作为已经存在的变量直接测量得来的，没有受到操纵。

参与者	焦虑（X）	成绩（Y）
Dave	3	12
Christine	7	3
Mike	2	18
Alex	4	24
Noreen	2	22
Jana	5	15
…	…	…

表3.3　假设实验——焦虑和考试成绩之间关系的相关研究——的部分数据

注：从每个参与者那里得到一个焦虑分数（用X表示）和一个成绩分数（用Y表示），图3.2用类似的方式对结果进行了描绘。

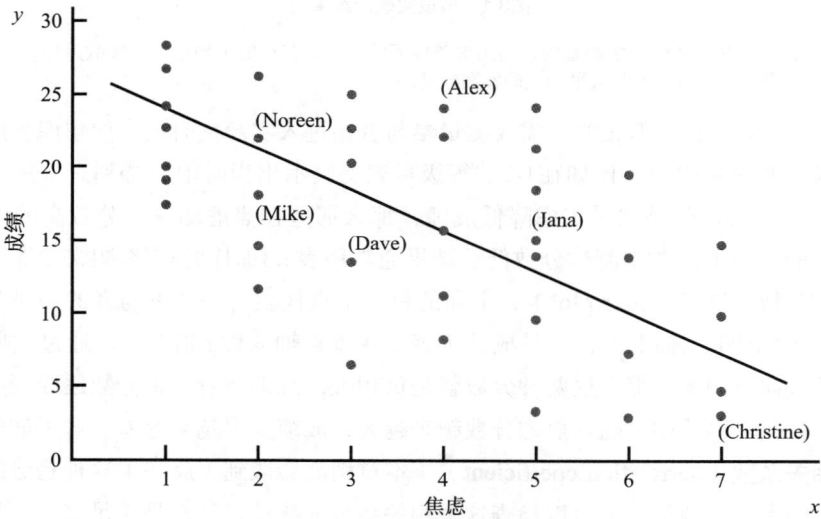

图3.2 假设的相关研究的结果图

焦虑水平越高的参与者在数学测试中倾向于得到越低的分数。图中参与者的数据既包括表3.2中已有数据，也包括了未呈现在表格中的数据。

实验法和相关法常被认为是完全不同的。事实并非如此。

这唯一的不同是很重要的。它使实验法拥有了一个很强大的优势：确定孰因孰果的能力。因为在实验中，焦虑水平是由实验者操纵的，而非仅仅对已存在的焦虑水平的测量，你知道它是什么原因导致的。所以唯一可能的因果关系是焦虑→成绩。在相关研究中，你是不能这么肯定的。两个变量可能都是另一个未测量因素的结果。比如说，也许参加你的相关研究的一些参与者那天生病了，这使他们感到焦虑并表现很差。那么就不是两个变量之间的因果关系：

$$焦虑 \rightarrow 差的成绩$$

事情的真相更可能是三个变量的状况：

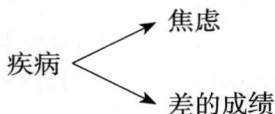

$$疾病 \nearrow 焦虑$$
$$\searrow 差的成绩$$

显然，相关研究的这种潜在的复杂情况就被称为第三变量问题。

一些相关研究中会出现一个稍有不同的问题，即两个相关变量中的一个导致了另一个。例如，如果某人发现朋友数量和个体的快乐程度存在相关关系，这个相关可能是拥有朋友让个体快乐，或者快乐的状态让个体更容易交到朋友。或者，在示意图中，事情的真相可以是两者中的任意一个：

$$朋友数量 \rightarrow 快乐程度$$

或

$$快乐程度 \rightarrow 朋友数量$$

相关本身并不能告诉我们因果关系的方向——事实上，它可能同时在两个方向上运作（正如在这个例子中）。

$$朋友数量 \longleftrightarrow 快乐程度$$

你可能听过这句话"相关关系不是因果关系"——很正确。相关研究能够提供大量信息，但也会产生这样的可能性，即两个有相关关系的变量都是未测量的第三变量的结果，两个有相关关系的变量中的其中一个导致了另一个，甚至两者互为因果。区分这些可能性是一个方法学上的难题，因此人们发展出像结构方程模型这样的复杂统计方法来作为辅助。

然而，实验法也并不是完全摆脱了复杂情况。实验法的一个问题就是你永远不能确定你确实操纵了什么，因此也就永远不能确定真正的因果关系在哪里。在前面的例子中，我们假定：告知参与者他们的生活取决于他们的测验分数，会导致他们产生焦虑。然后结果证实了假设：焦虑会降低成绩。但是你怎么知道这么说会让他们焦虑？也许他们会对这样一个明显的谎言感到愤怒或是厌恶。如果是这样的话，那么就可能是生气或者厌恶降低了他们的成绩。你只在最浅显的操作水平上知道你操纵了什么——你知道你对参与者说了什么。然而你所操纵的心理变量（真正影响行为的变量）只能由推断得来（这个难题与第2章谈及的B数据的解释问题相关联）。你可以把这个难题也看作是刚才谈到的第三变量问题。确实，第三变量问题既影响相关设计，也影响实验设计，但是影响方式是不同的。

实验法的第二个复杂问题就是它会产生现实生活中不太可能甚至完全不可能出现的变量水平。假设实验操纵像预期的那样起作用——在这个例子中似乎是一个很大的假定，你多久会出现一次"感到参加数学考试是一个生死攸关的问题"的情况？如果用这个实验结果去推断一般考试存在的焦虑水平，就会被极度误导。而且，可能现实生活中大多数人只是中等水平的焦虑。但是实验中却人为分成了两个组：一组假定为高焦虑组，另一组（同样也是假定）为无焦虑组。现实生活中，这两种人或许都是很少见的。因此，谈及这个实验对现实生活的重要性，它可能夸大了焦虑对成绩的影响；焦虑水平的差异一般是没有如此极端的。相反地，相关法可以评估参与者已有的焦虑水平。因此，这些水平不是人为的，它们更可能代表一般人群真正存在的焦虑。同时，要注意到相关研究包含七个焦虑水平（每个水平在焦虑量表上对应一个分数），而实验研究只包含了两个（每种条件对应一个分数）。因此，相关研究的结果或许更精确地反映出了焦虑对成绩的影响程度。

这个结论强调了实验研究和相关研究是一对重要的互补研究方式。实验能够确定一个变量能否影响另一个变量，但不能确定该影响在现实生活中的频率或大小。对此，就需要进行相关研究。

实验法第三个不同于相关研究的特殊劣势在于，实验常常要求欺骗。我一会儿会谈到欺骗问题，但在这里要知道心理学实验常常要求实验者对参与者撒谎。相关研究很少这么做。

实验法的第四个劣势是最为重要的。有时实验是不可能实现的，举例来说，如果你想知道儿童期被虐待对成年期自尊的影响，你所能做的只是试图评估那些儿童期有过被虐待经历的人是否倾向于具有低自尊，做一个相关研究。实验等量是不可能的。你不能集合一组儿童，然后随机虐待其中的一半，只是为了看看他们以后在生活中的自尊会怎么样。并且，在人格心理学中让人感兴趣的主题常常是人格特质或其他一些稳定的人格差异对行为的影响。你不能让一半参与者是外向的，而另一半是内向的；你必须接受那些参与者带进实验室的特质。

关于相关设计和实验设计的很多讨论，包括很多教科书中那些，都下结论说实验方法具有明显的优越性。这个结论是错误的。正如我们所见，实验设计和相关设计两者有各自的优势和劣势。基于两点原因，在理想情况下，一个完善的研究项目应该包括两者。第一，两种设计服务于不同的目的。实验可以显示一个变量是否能够影响另一个变量；相关研究则需要被用来评估影响的频率和大小，如我们所见。

第二，在某些情况下，如果只使用一种方法，重要的影响就是不可见的（Revelle & Oehlberg，2008）。在一个经典案例中，一个实验研究的参与者被给予咖啡因或置于时间压力下，以评估这些变量对考试成绩的影响。令人惊讶的是，两个变量都没有产生任何效果！当进一步的分析使用相关方法检验了个体差异时，谜底被揭开了。结果发现咖啡因和时间压力都通过人格起作用。内向者的成绩变得更糟糕，而外向者的成绩变得更好（Revelle，Amaral，& Turriff，1976）。[8]单独使用实验研究或相关研究中的任何一个，这一重要发现都不会显现出来——它们必须被一起使用。我认为，这个故事的寓意显而易见。

---

⑧　后来的研究显示，情况甚至会更加复杂，因为时间也有影响（Revelle，Humphreys，Simmon，& Gilliland，1980）。

代表性设计

　　一个研究的结果是否具有超越其特定情境和参与者的意义？换句话说，这个结果是否能够代表发生在实验室以外的事情？在二十世纪四五十年代，有一位研究知觉和判断的伟大心理学家——埃贡·布伦斯维克（Egon Brunswik，1956）。他花了几十年时间试图解决这个问题。前面已经谈到，研究者经常关心自己的研究参与者是否对某个人群有足够的代表性，以使研究结果能推论到这个群体。布伦斯维克指出，参与者并不是研究者们必须概括的唯一因素。同样迫切但是并不经常被提及的是对**刺激（stimuli）**和**反应（responses）**的概化的关注。

　　例如，一个研究者可能用一种特殊的方法来诱发参与者的一种"焦虑"状态，得到了期望的结果。但是，如果是用另一种不同的方法来诱发焦虑，结果又会怎么样呢？在这一章前面假定的例子中，研究者试图通过指导语"你的生活取决于你的测验成绩"来使参与者焦虑，如果改为研究者布置了一个人造地震袭击测验房间，或是在墙角放上一笼蛇，结果又会怎么样呢？这些另类的"焦虑"的影响会是一样的吗？这个研究不能断定。或者，也许一个特定行为（可能是测验成绩）的测定就是为了辨别实验操作是否影响了人们的表现情况。再一次地，实验得到了一个好的结果，但如果应用一个不同的方法或一个不同类型的测验成绩会怎么样呢？焦虑对罚球投篮的影响方式与它对一场数学测验的成绩的影响方式相同吗？除非这两种表现都被评估，否则研究是不能断定的。这是个重要的问题，因为没有证据表明不同的诱发焦虑的方式具有同样的影响，那么将这个结果解释为它显示了焦虑的影响就是很危险的——它们实际上只显示了放入一笼蛇，或其他任何被用来诱发焦虑的特定方法的影响。

　　布伦斯维克认为解决这个两难问题的方法应该是应用"代表性设计"——即研究在设计时就应该使抽样样本覆盖研究者希望将其研究结果推论到的所有领域。例如，一个研究者希望推论到所有可能加入评审团的人群，那么他/她最理想的应该是从一个从业于评审职务的人群样本中随机抽取参与者。同时这也意味着，如果一个研究者想将他/她的实验操作推论到所有产生焦虑的方法，就应当应用各种可能的方法。（比起样本的多样性来说，穷尽所有方法似乎不那么必要，但是应用的方法必须是有代表性的。）代表性研究还意味着为了把结果推广到所有类型的成绩表现，研究也需要从所有类型的成绩表现中抽取样本；它应当影响几种不同类型的成绩表现，才能反映出你认为的现实生活中焦虑影响的范围。因此，一个研究焦虑对成绩影响的研究应当包含几种诱导焦虑的不同方法外加几种不同的成绩测量。

　　可能你会感到奇怪：尽管有一小群自称为"布伦斯维克学派（Brunswikians）"的心理学家的努力，直到今天，人们也很少遵循布伦斯维克的建议（见Hammond & Stewart，2001）。研究者确实倾向于抽取一组参与者，他们通常不会只研究一个。（尽管他们并不会经常担心这个事实——他们的大学生并不能真实地代表现实世界中的人群，但至少他们用的参与者会多于一个。）在概化的其他领域，抽样几乎是不存在的。典型的实验研究是应用一种实验操纵，只测量一种行为。这使得研究本可以具有的可推广程度变小，不那么广泛地适用。

　　尽管布伦斯维克的代表性设计的概念很能打动我，我认为这起码是个合情合理的提议，但是它至今还没有极大地影响心理学研究的实践。一个主要的障碍在于应用代表性设计或与之类似的任何设计都将会使研究花费更多的金钱和时间。从长远看，解决方法也许是将研究视为由多个项目组成，而不是对某一个研究的结果给予过多信任。例如，我们可以期望，在由很多不同的科学家所施行的多个研究的过程中，焦虑及其影响将会以多种不同方式被操纵和测量。当结果开始形成一个连贯一致的模式时，我们就可以更加确信，研究的发现能够在很大程度上代表现实情况。[9]

结果有多有力？

作为人类，心理学家们喜欢夸耀自己的研究结果。他们常常把自己的结果描述为"很大的""重要的"，甚至是"戏剧性的"。通常的情况是他们称自己的结果为"显著的"。这些描述可以说是非常混乱的，因为没有在何种情况下可以应用头三个词的标准规则。"很大的""重要的"，甚至是"戏剧性的"只是一些形容词，可以随意使用。但是，关于在何种情况下才可以应用"显著的"这个词，却是有正式的且相当严格的规则的。

显著性检验

以研究用语来说，一个显著的结果并不一定是很大的或重要的，更不用提富有戏剧性了，但是这个结果在偶然情况下是不会发生的。确定这一点很重要，因为在任何实验研究中，两种条件之间的差异几乎不会[10]为0。在相关研究中，r为0的情况也同样罕见。因此，在我们下结论说这些数字必须慎重对待之前，两种条件的平均数的差异需要达到多大？或相关系数需要达到多大？

回答这个问题，最常用的方法是零假设显著性检验（null-hypothesis significance testing，NHST）。零假设检验试图回答这个问题，"如果没有任何事情发生，那么我得出这个结果的概率是多少？"其基本程序在每堂统计入门课上就教过了。实验条件（在实验研究中）之间的一个差异，或一个相关系数（在相关研究中）被计算出在5%水平上是显著的，即它在一定程度上是不同于0的——完全由于偶然性而导致这个结果的概率只有5%。差异或相关系数在1%水平上是显著的，就是说在完全由于偶然性而导致这个差异或相关系数不为0的概率只有1%，传统上认为这是一个更严格的结果。不同的统计公式被用来计算仅由于偶然性而导致实验或相关结果不为0的

---

⑨ 元分析技术越来越经常地被用于综合很多不同调查者所进行的大量研究的结果（Rosenthal & DiMatteo, 2001）。
⑩ 实际上，是从不。

可能性，其中一些公式相当复杂。[11]偶然导致该结果的可能性越小，则这个结果就越好。

例如，在图3.1和图3.2中，我们可以通过计算均数差异（实验研究中）或相关系数差异（相关研究中）的显著性水平（**p水平，probability level**）来估计它们的结果。每种情况下，p水平都会给出在实际差异为0的前提下，得出所发现的差异的概率。（条件之间的差异或相关系数为0的可能性称为零假设。）如果结果是显著的，通常的解释是——正如我们将要看到的，这在技术上是不正确的——该统计概率不是由偶然导致的；它的真值（有时称为**总体值**）可能不是零，因此零假设是错误的，结果足够重要，需要慎重对待。

"最后一季度的统计数据出来了。我们在15—26岁的群体中收获显著，却丢失了自己不朽的灵魂。"

这种传统的统计学数据分析方法称为**零假设显著性检验**，它深深地根植于心理学研究文献以及如今的研究实践中。但是，为了尽责我必须提醒你，那些有深刻见解的心理学家们多年来一直在批判这种方法（Rozeboom，1960），并且近些年这种批评的频度和强度都在增长（Loftus，1996；Haig，2005；Dienes，2011）。实际上，一些心理学家已经很严肃地指出，像"显著性检验"这样的方法应该被禁用（Hunter，1997；Schmidt，1996）！这可能有些极端，但是NHST法确实有一些严重的问题。这一章对此不会有进一步的探讨，但这里或许值得用几段话来讲述其中一些显而易见的问题（也可参见Harris，1997；Haig，2005；Dienes，2011）。

一些心理学家已经很严肃地指出，像"显著性检验"这样的方法应该被禁用！

NHST法的一个问题是，很难准确地描述其逻辑，一般的描述——包括教科书里找到的那些——常常是错误的。例如，显著性水平给出了零假设为真的概率，这种说法是错误的。相反的，显著性水平给出了在零假设为真的前提下，得到我们所发现的结果的概率。换句话说，显著性水平是在给定（零）假设的前提下，该数据为真的概率，而不是在给定数据的前提下，该假设为真的概率。后者才是我们真正想知道的东西。

可以用一个类比来协助理解。假定我们的数据是一个事实——某人是美国人，我们的"假设"是他/她是一名国会成员。给定假设，该数据为真的概率非常高——所有的国会成员都是美国人。然而，给定数据，该假设为真的概率则很低——绝大多数美国人都不是国会成员。[12]因此给定假设时数据为真的概率，以及给定数据时假设为真的概率，两者是完全不同的。

---

[11] 随机性检验是确定某个结果的偶然概率的另一种方法，它评估了当随机安排数据时，该结果出现的频率（Sherman & Funder，2009）。因为随机性检验不需要传统统计分析所要求的很多假设，并且现代计算机也提高了其可行性，它们很可能在未来得到更广泛的应用。

[12] 再举个例子，已知一条鲨鱼咬掉了某人的头，那么他/她死亡的概率是100%。然而，如果某人已死，他的头被鲨鱼咬掉的概率就要低得多了。很少有人死于那种方式（见Dienes，2011）。

　　不管你信不信，在撰写上述几段文字时，我确实尽我所能地写清楚了。如果你还是发现它们令人困惑，那么还有很多人跟你一样。一个研究发现，97%的学术心理学家，甚至80%的方法学教师，都在非常重要的方面误解了NHST（Krauss & Wassner，2002）。这个发现显示，作为使用最广泛地用来阐释研究发现的方法，其逻辑如此混乱不清，即使专家也常常弄错。这可不是什么好事。

　　NHST法的另一个问题是，当一个结果"显著"时，即完全偶然情况下可能不会发生，但这并不必然意味着结果是严格的或重要的。心理学研究中应用的大多数测量都有一些判定量表，得出的分数只是相对的高或低，而没有本质上的意义（Blanton & Jaccard，2006）。举例来说，一个人可能在一个总分为25分的友好量表上得了17分，但这就意味着他/她是友好的或是不友好的吗？只有进一步去研究，给出与不同的量表分数相联系的具体的行为描述，才能够回答这个问题。再比如说，一组人在能力、态度，甚至是种族歧视测量上的分数比另一组人高两分，并且这个差异可能还是统计显著的，但是如果不去进一步研究一个两分的差异在多大程度上影响行为，那么这个差异的含义就依然是不清晰的。未来研究的一个重要方向就是寻找方法以澄清那些武断的心理测量所获得的意义。

　　NHST法的一个更明显的难题在于，结果显著的标准仅仅是一个传统的经验方法。为什么一个$p<0.05$的结果是显著的，而一个$p<0.06$的结果就不显著呢？没有真正的答案，甚至似乎都没有人知道0.05水平的标准是从哪里来的（尽管我强烈怀疑这与我们每只手上有五个指头的事实有点关系）。另一个明显的难题是：很奇怪，获得显著结果的概率会随着研究参与者人数的变化而变化。同样强的一个效应，有30个参与者时是不显著的，但50个参与者时可能就会突然变得相当显著了。这点是很令人不安的，因为本质并没有改变，改变的只是科学家从实验中获得的结论。还有一个很普遍的问题，即便是经验丰富的研究者们也常常把不显著的结果误解为"没有结果"。例如，如果得到p水平是0.06，那么研究者们有时就会得出结论认为实验条件和控制条件下没有差异，或是两个相关变量间没有关系。但实际上，如果真的没有效应，那么发现这么大的差异的概率只有6%。

　　这些观测结果引出了传统显著性检验的最后一个难题：p水平只告诉了我们犯一种错误的可能性大小，传统上称之为**Ⅰ类错误（Type Ⅰ error）**。**Ⅰ类错误**是指做出决定认为一个变量对另一个变量有影响或与另一个变量有关系，但实际上这种影响或关系并不存在。p水平通常（错误地）被解释为给出了犯这类错误的概率（比如，p水平0.05通常指如果你认为自己得到了一个真实效应，那么你有5%的可能犯错）。但是还有另一类错误——称为**Ⅱ类错误（Type Ⅱ error）**——指做出决定认为一个变量对另一个变量没有影响或与之没有关系时，事实上这种影响或关系却存在。很不幸，除非做一些额外的假设，否则没有办法估计**Ⅱ类错误**的概率（Cohen，1994；Gigerenzer，Hoffrage，& Kleinbolting，1991；Dienes，2011）。

　　真是一团糟。归根结底，当你从心理统计学中选了一门课时，如果之前没有学习过，那么你需要学习显著性检验以及如何应用它。尽管NHST法有很多缺陷，人们也普遍承认这一点，但是它仍然被广泛地应用（Krauss & Wassner，2002）。然而这种技术可能并不像刚开始人们期望的那样有用，心理学的研究实践似乎也正在缓慢却必然地离它而去（Abelson，Cohen，& Rosenthal，1996；Wilkinson & the Task Force on Statistical Inference，1999）。

我们通常想从数据中知道两件事。第一，研究结果是稳定的，还是只是偶然发生的？NHST的设计就是为了协助回答这个问题，但是它并不能真正胜任这项工作。就结果稳定性而言，"重复"是一个更好的指标。换句话说，就是再做一次这个研究。统计是很好的，但是在不同的实验室中使用不同的参与者重复得到同样的结果，没有什么比这个的说服力更强了。我们想从数据中知道的第二件事是，研究结果重要吗？为此我们需要进行一种完全不同的统计工作。

效应值

有时那些善于分析数据的心理学家们并不仅仅止于显著性。他们会继续计算出一个数值，这个数值可以反映研究结果的大小——与可能性相对。这样一个数值被称为**效应值（effect size）**。效应值要比显著性水平有意义得多。事实上，《美国心理学会出版手册》（几乎所有发表的心理学研究都必须遵守它所制订的标准）最新版明确指出与统计显著性相关联的概率值不能反映"效应的大小或关系的强弱。为了让读者能完全理解一个研究发现的重要性，加入一些效应值或关系强度指数通常是有必要的"（*American Psychological Association*，2010）。

效应值的测量有很多种方法，包括标准的回归加权（beta系数）、比值比、相对危险度，以及统计上称为科恩d值（Cohen's d，均值除以标准差后的差异）的方法。应用最普遍的（也是我个人喜好的）是**相关系数（correlation coefficient）**。尽管是这个名称，但它的应用并不局限于相关研究。相关系数可以用来描述在一个相关研究或是一个实验研究中效应的强度（Funder & Ozer，1983）。

相关关系的计算

通常情况下，要计算一个相关系数，你需要从两个变量开始。例如，在表3.3中两个变量分别是焦虑和成绩。第一步是将两列变量上的所有分数分别放入两列表中，其中每一行是一个参与者的分数。传统上，这两列标为x和y，并将认为是原因的变量放入x栏中，而将认为是结果的变量放入y栏中。因此，在这个例子中，x是焦虑，y是成绩。然后应用一个普通的统计公式（可以在任何统计学教科书中找到）来计算这些数字，或者更常见的，将数字输入电脑甚至手持计算器即可。[13]

结果是一个相关系数（最普遍的一种被称为皮尔逊相关系数）。如果你计算无误的话，这个数值处于−1.0到1.0之间（图3.3）。如果两个变量是无关的，那么它们之间的相关会接近0。如果两个变量是正相关的，即随着一个变量的增加，另一个变量也倾向于增加，比如身高和体重，那

---

[13]　计算相关系数的程序也可以在网上查到，很好并且便于应用的计算器可以在如下网址获取：*calculators.stat.ucla.edu/correlation.phtml*，以及*faculty.vassar.edu/lowry/corr_stats.html*。

么相关系数会大于0，是一个正数。如果两个变量是负相关的——随着一个变量的增加，另一个变量倾向于减少，像焦虑和测验成绩——那么相关系数会小于0，是一个负数。[14]从本质上来说，如果两个变量是相关的（正的或负的），那么一个变量就可以由另一个变量来预测。例如，图3.2显示了如果我知道你有多焦虑，那么我就可以预测（一定程度上）你在一场数学考试中的表现会如何。

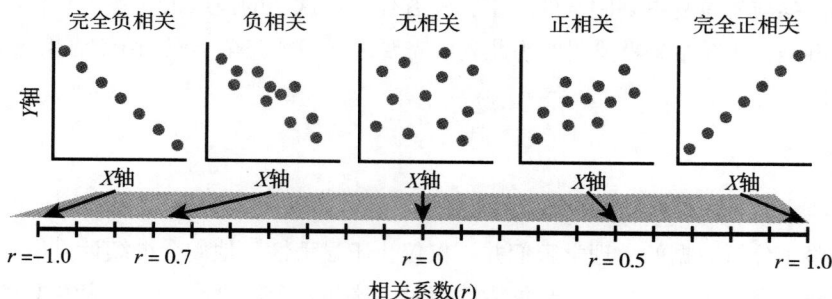

图3.3 相关系数

相关系数是−1.0到1.0之间的一个数字，它显示了两个变量之间的关系，这两个变量传统上被标记为x和y。

你也可以从一个实验研究中获得一个相关系数，但不是每个人都了解这一点。例如，对于测验成绩的实验，你可以将属于高焦虑组的人设为1，低焦虑组的人设为0。然后将这些1和0放入x栏中，将参与者相应的成绩水平放入y栏中。或者，也有公式可以将在实验研究中常见的统计量转换为相关系数。例如，t或F统计量（在方差分析中使用）就可以直接转换为r。[15]只要有可能，做这样一个转换是很好的，因为这样就可以用一个公用尺度来比较相关研究和实验研究的结果了。

相关关系的解释

解释一个相关系数，仅用统计显著性是不够的。在统计学意义上，获得的相关关系变得显著，只是指如果真实的相关为0，则该结果不太可能发生，这取决于你能够（或负担得起的）招募的参与者数量，同样取决于该效应的真实强度。相反地，你需要考虑相关关系的真实大小。一些教科书提供了一些经验方法。我偶然获得的一本书上写到，相关（正或负）在0.6到0.8之间就是"很强的"，在0.3到0.5之间是"较弱但是仍然很重要"，在0.3到0.2之间就是"相当弱的"。我不明白这些话应当如何理解，你明白吗？

---

[14] 同样，如果你在一个散点图——像图3.3上通过那些点画一条直线，直线如果是倾斜向上（从左到右）的，那么相关就是正的。如果直线是倾斜向下的（如图3.2），则相关就是负的。如果直线是平坦的（水平的），相关就是0。

[15] 反映两个实验组差异的最为普遍应用的统计量是t（t检验的结果）。应用最为普遍的皮尔逊相关系数的标准符号是r。应用下面的公式可以将实验的t值转换为相关的r值：

$$r = \sqrt{\frac{t^2}{t^2+(n^1+n^2-2)}}$$

其中n_1和n_2分别是所比较的两样本（或实验的组）的大小。

另一个被普遍教授的估计效应值的方法是将之平方，意思是指"相关解释了百分之多少的变异"。这听起来正是你需要知道的，并且计算也非常简单。例如，对0.30的相关进行平方就是0.09，意思是"只有"9%的变异可以由相关来解释，其余的91%则是"无法解释的"。类似的，0.40的相关意味着"只有"16%的变异可以解释，84%的变异是无法解释的。这看起来像是有很多都不能解释，因此这些相关常常被认为是很小的。

尽管这种平方法很普及（如果你上过一门统计学的课，那么你就可能受到过这种教育），但我认为这是估计效应值的一种糟糕的方法。这种故作深奥的方法的真实结果（也可能是唯一结果）就是使相关看起来很小。事实上，在人格的相关研究以及社会心理学的实验研究中，相关所表达的效应值极少能超过0.40（Funder & Ozer，1983；也参见Richard，Bond，& Stokes-Zoota，2003，其估计社会心理学中的平均效应值为0.21）。事实上，很多重要发现的效应值都在这个范围内，或者更小，其中一些被列在表3.4中。如果像这样的结果被认为是"解释"（不管它的意思是什么）了"16%的变异"（不管它的意思是什么），剩下的"84%无法解释"，那么留给我们的则是模糊而混乱的结论，任何研究都不可能完成这个结论。然而这个结论是不正确的，它在统计上是混乱的，在实质上也是误导人的（Ozer，1985）。最糟的是，它几乎是不可能被理解的。真正需要的是一种估计相关大小的方法，以帮助我们理解所得结果的强度，以及在一些情况下这些结果的有用性。

表3.4 一些重要的研究发现的效应值

发现	效应值（r）
人在心情不好的时候具有攻击性。	0.41
一个人的可信度越高，他/她的说服力就越强。	0.10
稀缺性提高了商品的价值。	0.12
人们将失败归咎于坏运气。	0.10
人们按照其他人对他们的期望行动。	0.33
被推荐工作的男性多于女性。	0.20
团体成员会彼此影响。	0.33
已婚者报告的生活满意度高于其他人。	0.14
人在心情好的时候倾向于帮助其他人。	0.26
人们喜欢自己的团体甚于其他团体。	0.35
男孩比女孩更具竞争力。	0.03
女性比男性更多地微笑。	0.23

来源：（Richard et al., 2003）。

双项效应值展示

除了将相关系数平方外，还需要一种方法以某种具体的方式来证明这些相关系数效应值的真实大小。罗森塔尔和鲁宾（Rosenthal & Rubin，1982）提出了一种很出色的技术——**双项效应值**

展示（Binomial Effect Size Display，简称BESD）做到了这一点。让我们用罗森塔尔和鲁宾喜欢的例子来说明如何应用这种方法。

假定你在研究200个患病的参与者。让其中100个参与者服用一种实验性药物，另100个参与者什么都不服用。研究结束时，100个参与者活着，100个死亡。问题是：药物造成了多大的差异？

有时这个问题的答案可以以相关系数的形式报告出来，即从活着和死亡的参与者的数量计算之。例如，你可能被告知：数据显示服用药物和疾病恢复之间的相关是0.40。如果报告到此为止（通常都是这样的），你将面临以下问题：这是什么意思？效应是大还是小？如果你遵循普遍的做法，将相关系数平方，产生"可解释的变异"，你可能得出这样的结论："84%的变异不能被解释"（这听起来糟透了），于是决定这种药物几乎是没有价值的。

BESD法提供了另一种方式来思考一个相关系数的大小。通过进一步的简单计算，你可以由一份"相关系数是0.40"的报告转换到以具体结果对相关系数的意义的具体展示。例如，如表3.5所示，一个0.40的相关意味着服用药物的参与者中的70%还活着，而没有服用药物的参与者中有30%还活着。如果相关是0.30，那么这些数字就各自变为65%和35%。就像罗森塔尔和鲁宾指出的那样，这些效应可能只解释了16%，甚至只是9%的变异，但不管是哪种情况，如果你患病了，你想服用这种药物吗？

表3.5　双项效应值展示

	生存人数	死亡人数	总计
服用药物	70	30	100
无药物	30	70	100
总计	100	100	200

当服用药物和结果之间的相关$r = 0.40$时，所假定的200人的药物试验中的参与者的存活人数与死亡人数。
来源：（Rosenthal & Rubin, 1982）。

计算方法是这样的，开始先假定一个相关为0，将表格中的4个单元分别赋值50（也即，如果没有效果，服用药物的参与者中50个存活，另50个会死亡——他们接受治疗与否是没有什么关系的）。然后取真实相关系数（例子中是0.40），移动小数点使其变成两位数（0.40变成40），除以2（本例中得到20），将其加到上左手边单元的50（得到70）。然后用减法调整其他三个单元。因为每一行每一列的和都必须是100，所以顺时针看，4个单元就成为70，30，70，30。

这种技术可以处理各种数据，活着和死亡可以替换为任何种类的分类结果——比如"学业表现好于平均水平"和"学业表现差于平均水平"。治疗变量可以改变为"新方法教学"和"老方法教学"。或者，变量可以是"学习动机分数高于平均水平"和"学习动机分数低于平均水平"，或是其他的任何人格变量（见表3.6）。甚至可以考虑预测美国职业棒球大联盟的球队的成功（见图3.4）。

表3.6　双项效应值展示用于解释学业数据			
学业表现			
学习动机	高于平均水平	低于平均水平	总计
高于平均水平	50	50	100
低于平均水平	50	50	100
总计	100	100	200

当两个变量的相关r = 0时，200名学生在学习动机上高于或低于平均水平的学业表现结果。

学业表现			
学习动机	高于平均水平	低于平均水平	总计
高于平均水平	65	35	100
低于平均水平	35	65	100
总计	100	100	200

当两个变量的相关r = 0.30时，200名学生在学习动机上高于或低于平均水平的学业表现结果。

BESD的一个基本信息就是相关的效应需要被解释得比通常意义上的更为仔细一些。如果目的是估计效应值，那么用通常被教导将相关系数平方的方法就是很浅薄且易令人误解的（平方的方法对于其他的、技术化的目的来说是有用的）。相反地，BESD清楚地显示了一个实验干预可能产生的效应大小，同时也显示了个人能够由一个个体的差异测量来预测一个结果的好坏程度。因此，当你在本书以后的部分或某篇心理学研究文献中读到两个变量之间的相关是0.30、0.40或任意什么数值时，你应该在脑中构建一个BESD，并估计相应的相关大小。

道德伦理

心理学研究的用途

跟其他任何人类活动一样，研究也会产生道德问题。有些问题是所有的研究共有的。其中一个值得关心的问题就是研究结果可能会被恶意地使用。就像制造出原子弹的物理学家们应当担忧他们的发明会被用来做什么一样，心理学家们也应当意识到他们的研究发现的后果。

例如，心理学的领域之一，行为主义的目标一直是发展出一项控制行为的技术（参考第15章）。这项技术目前还没有出现，但是它一旦出现，道德问题就会接踵而至——谁来决定产生什么样的行为，又应当控制谁的行为？行为主义的主要人物斯金纳广泛地论述了这些问题（Skinner，1948，1971）。研究如何应用的问题有时会出现在人格评估领域。例如，在二十

高水平不等于高薪水

在职业棒球大联盟中，付出不能保证成功。2002年，阿纳海姆天使队（Anaheim Angel）的薪水收入是洋基队（Yankees）的一半，在第一轮季后赛中，洋基队就被阿纳海姆天使队击败了。

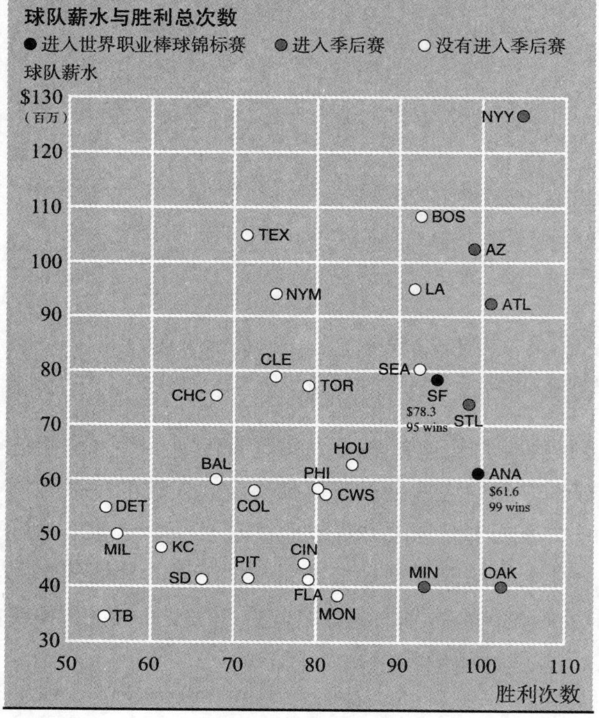

球队薪水与胜利总次数
● 进入世界职业棒球锦标赛　◐ 进入季后赛　○ 没有进入季后赛

图3.4　运动史上的统计学

对职业棒球大联盟球队2002赛季的总薪水和比赛胜利总次数关系的分析。这个图出现在《洛杉矶时代》的体育版中。请注意标题所表达的结论。它是正确的吗？薪水和比赛胜利之间的相关是0.44，根据双项效应值展示，这意味着获得高于平均水平薪水的一个团队有72%的机会赢得它所参加的一半以上的比赛，而一个获得低于平均水平薪水的团队只有28%的机会。

来源：职业棒球大联盟，美联社。

世纪三四十年代，一些雇主应用人格测验来筛选出倾向于有团队合作精神的求职者（Zickar，2001）。你认为这么做符合伦理吗？

当心理学家们去研究民族差异和性别差异时，另一个问题就出现了。先把这项工作可能具有的科学价值放到一边，它引发了一个基本的问题：这些研究发现会不会是害处大于益处。如果一些民族真的智力较低，或者男性真的在数学上强于（或差于）女性，我们真的愿意知道吗？赞成探索这类问题的观点是：科学应当研究一切，并且（在更为实用的水平上）知道一个群体的基本能力有助于根据其成员的特定需要来修订相应的教育计划。反对这类研究的说法是：这类研究发现必定为种族主义者和男性至上主义者误用，因此研究本身就会成为压迫工具；群体特征的知识对于制订符合个体需要的教育计划实际上并不是那么有用。

当涉及是否去研究一个既定的主题时，心理学家就像其他的科学家一样会站在"肯定"的立场上。毕竟，无知不会让任何人走得更远。尽管如此，仍然有大量有趣的、未被解决的问题摆在那里值得我们去研究。当一个心理学家将自己的时间投入到去证明一个民族在某些方面比另一个民族更聪明或一个性别在某些方面比另一个性别更优越时，人们很难不去希望这个心理学家已经发现了其他同样有趣的研究主题。

诚实

诚实是所有研究共有的另一个道德主题。在过去的几年里，物理学界、医学界以及心理学界出现了许多丑闻，研究者或是剽窃他人成果，都会制造麻烦，但是在研究中尤其让人担忧，尽可能无偏见的方式来寻求真理的探索活动。或是伪造自己的研究数据。谎言在生活的每个角落，因为科学是基于真实和信任的。科学研究是一种以当科学谎言出现的时候，它破坏的正是科学领域的根基。没有真实性的科学是完全没有意义的。

　　所有的科学家都必须相信彼此的工作过程。如果我向你报告了一些我发现的数据，你可以不同意我的解释，这在科学界常常会发生。解决对数据意义的不同理解的工作是必要的科学活动。

但是，如果你不能确信我真的发现了这些数据，那么就没有了进一步讨论的基础。即使是那些在基本问题上各持己见的科学家通常也都理所当然地相信彼此的诚实（可以把这个跟政治界的情况做个对比）。如果他们不能这么做，那么科学就会停止前进的脚步。

欺骗

　　科学对事实的基本信任使得在研究中应用欺骗有点令人不安。经常性地，心理学家会告诉参与其研究的参与者一些不真实的东西。[16]欺骗的目的通常是为了使研究"逼真"。例如，一个参与者可能被告知（虚假地）他/她正做的这个测验是一个有效的智力或人格测验，这样实验者就可以在他/她得到一个差的分数时评估其反应。或者，一个参与者可能被告知，另一个人被一位经过"专门训练的心理学家"评定为"友好"且"不善交际的"，以观察这位参与者如何处理这类不一致信息。最著名的一个欺骗实验是斯坦利·米尔格拉姆（Stanley Milgram，1975）做的，他让参与者们相信自己正在对一位无辜的、尖叫的受害者实施着致命的电击（"受害者"实际上是一位演员）。不过心理学研究中的大多数欺骗并不如此富有戏剧性。最常见的欺骗手段可能是"表面理由"，即在研究的主题上误导参与者。例如，他们可能被告知研究是为了检验智力天赋，而实际的目的则是观察参与者在被告知他们表现得很好或很糟糕时的反应。

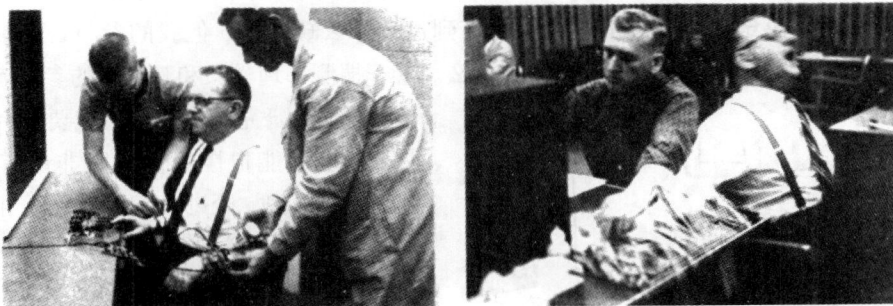

图3.5 这个实验是道德的吗？

在一个著名的系列实验中，心理学家斯坦利·米尔格拉姆将普通人置于某种情境，他们被命令对无辜的受害者给予电击，这种电击看起来十分危险甚至是致命的。这样一种对情感有显著影响的欺骗如今可能不会被伦理委员会所允许。

　　美国心理学会制订了一套详细的道德规范指导方针，心理学研究者都应当遵守。研究型大学

---

⑯　这不同于简单的隐瞒信息——比如在一个双盲的药物试验中，病人和医生都不知道病人被给予的是药物还是安慰剂。欺骗包括故意撒谎。

也都有各自的制度审查委员会（institutional review boards，简称IRBs）来审查对人类参与者所做的实验程序的伦理规范。反过来，IRBs所做的决定日益受到联邦制度的约束。美国心理学会以及大多数IRBs应用的指导方针中确实允许欺骗，尽管对其应用的限制要比以前严格得多。尽管刚才提到的那两种研究现在仍常常应用，但米尔格拉姆的实验在今天可能不会被允许进行。

对于为什么应当允许欺骗，可以从三方面论据来说明。其一，参与者对于被欺骗是"知情同意"的。其二，对参与者说的谎言通常是没有害处的。事实上，一些研究显示，比起参与不受欺骗的实验，参与者们认为在受到欺骗的实验中获得了更多的乐趣，收益更大（Smith & Richardson，1983）。第三个论据是如果不应用一点欺骗，某些主题是无法研究的。例如，如果你想知道人们是否会停下来去帮助一个不省人事的陌生人，唯一现实的方法就是将这样一个刺激物（实际上是实验者的一个同伴）放到参与者眼前，然后看会发生什么（Darley & Baston，1967；Darley & Latane，1968）。让人们知道昏迷的受害者实际上是研究者的同谋，实验就没法进行了。

这些论据令人信服吗？你自己决定。从我的角度来看，我不知道一个人如何对于被欺骗给出"知情同意"，这种情形似乎很矛盾（Baumrind，1985）。但更重要的是，我认为那个对参与者可能无害的辩解理由忽略了要点。确实，处于实验之中的经历可能是如此的轻微且稀少，而不会带给参与者太多的后果。在我看来，一个欺骗实验的真正受害者是心理学家。欺骗的问题在于说谎一旦开始，你永远不知道它什么时候停止。在一个欺骗实验中，一个人（心理学家）对另一个人（参与者）说了一个谎言。当实验者说："我骗了你，但实验现在结束了。"这时实验真的完了吗？（在至少我所知道的一个实验中，实验并没有完！参见Ross，Lepper，& Hubbard，1975。）而且，从一个更广泛的角度来看，心理学家展示于众的一面是会为了一个"正当"的目的去骗你的人。这会对心理学作为一门科学的可信性起到什么样的作用呢（Greenberg & Folger，1988）？

我是从我自己的研究中了解到这种害处的。尽管我很久以来都没有做任何的欺骗实验（而且自从我做了那个决定，我就真的从来没有感到过有什么缺憾），但我的参与者们常常不相信我！他们把实验时间用于猜测我到底在研究什么。善于揣测心理学家和其作为的参与者们很难相信我确实在研究我告诉他们我要研究的东西。我一点也不能责怪他们。除非所有心理学家停止应用欺骗，否则人们为什么要相信他们说的话（关于这个问题的相反观点参见Sharpe，Adair，& Roese，1992）？

对心理学研究中应用欺骗最为有力的论点是：如果没有欺骗，有些主题无法研究。例如，如果不用欺骗的方式，有关服从、旁观者介入以及攻击等的重要研究可能永远无法实施。当然，这些主题以及其他的一些主题还可以在现实世界中进行研究。不要展示给参与者一个不存在的甚至可能永远不会存在的（有许

"杰夫，记住当我说我将会与你坦诚相见的时候，这本身就是个巨大的谎言。"

多这样的研究）假想的人物刺激，而要让参与者观看和评判一个真实的人物。不要去构造人工情境来引导参与者思考自己成功了或失败了（假定他们是相信你的），而是去追随他们的真实生活——其中成功和失败始终在发生。服从、旁观者介入和攻击在日常生活中也都可以观察到。有时研究是遵循这些建议的，但请注意这样的研究是如何被限制于相关研究的。实验法的强大优势——如前所述的对因果关系方向的鉴定——丧失了。

很难评估这项交易。前面已经提到，我不再在我的研究中应用欺骗。但其他心理学家有其他的观点，欺骗研究仍然很普遍。我确实知道这一点：在心理学研究中应用欺骗不是那么简单的。还有足够大的空间让人表达合理的反对意见，而我个人的强烈担忧在这个领域内是相当少见的。大多数心理学家相信只要有适当的控制，在研究中应用欺骗就是非常安全且符合道德伦理的。他们进而认为欺骗对于心理学中某些重要内容的研究是必要的。如果这本书是你的人格课程的一部分，那么你的老师可能对允许欺骗有自己坚持的观点。何不问问他/她的观点是什么，以及为什么是这样的观点？然后得出你自己的结论。

探索工具

就像我的一位导师所指出的那样，数据是来自真实世界的信息，如果加以编码，就可能告诉你真正发生了什么。但是信息常常是混乱的、矛盾的、充满干扰的，任何一个花费一下午的时间凝思他/她的输出数据的人都会这样告诉你，但他们常常是充满挫败感的人。这就是为什么我们需要汇聚我们所有的聪明才智来增加数据的信度和效度的原因。大自然不会轻易地放弃自己的秘密。研究使我们能够发现以前人们从不知道的有关这个世界的一些事情：研究方法是探索的工具，但它通常是很困难的，明确点说，是很神秘的。

总 结

心理学对方法的强调

- 心理学重视方法，因为通过方法可以获得知识。它一般关心的问题是更好地理解人类本质，而非将特定的事实分类。

科学教育和技术训练

- 真正的科学在于寻求新知识，而不是将已知的事实进行分类。技术训练传达了关于某个主题的最新知识，从而使该知识能够被应用。相应地，科学教育所教授的不只是已知的知识，还包括如何发现那些未知的知识。

数据质量

• 科学的本质是结论应当基于数据。数据在质量上变化很大；在人格心理学中，数据质量的三个重要维度是信度、效度和概化程度。

• 信度是指测量的稳定性或可重复性。效度是指一个测量真正测到它试图测量的东西的程度。概化是一个更宽泛的概念，它涵盖了信度和效度，是指与给定测量相关联的其他种类的测量。

研究设计

• 个体用来搜集心理学数据的计划称为研究设计；三种主要的设计方法是个案法、实验法和相关法。

• 个案研究可以详细调查特定的现象或个体，可以成为新思想观点的一个重要来源，这种新观点的适用性更为广泛。为了对这些新观点进行检验，相关研究和实验研究是很必要的。这些方法都各有优劣，但实验法是唯一一种可以用来鉴定因果关系的方法。

• 代表性设计用不同类型的刺激和反应来代表那些在理论上重要的事物，通过涵盖这些刺激和反应来扩大研究结果的概化程度。

结果有多强？

• 结果的统计显著性代表如果"零假设"为真，得到该数据的概率。不过它经常被错误地解释为零假设为真的概率。人们逐渐认识到零假设显著性检验（NHST）存在很多问题，特别是统计显著性并不等于结果的强度或重要程度。

• 评估研究结果的最好方法是用效应值。效应值用数字显示了两个变量相关联的程度。效应值的很好的一个估量是相关系数，它可以用双项效应值展示法（BESD）估计。

道德伦理

• 与心理学有关的伦理问题包括研究结果应用的方式、科学界中的诚实、研究人类参与者时欺骗的应用。

探索工具

• 关于研究方法的知识是很重要的，因为大自然不会轻易放弃自己的秘密。做一切可能做的事情来提高数据的信效度是很重要的，因为我们希望可以用这些数据来理解这个世界的运作方式。

思 考 题 ···

1. 在你这一代和你父母这一代之间存在代际效应吗？你跟父母的思考方式是不同的吗？通过研究大学生得出的结论适用于他们的父母吗？你能否想到一些他们最可能不同的特定领域？

2. 在西方文化里，参与者多数为白人大学生的研究与少数民族成员或其他文化中的人群有关联吗？你期望在哪些领域中发现最大的不同？

3. 如果你已经上了一门统计课：一个显著性水平告诉你什么？它不能告诉你什么？如果我们要停用显著性水平评估研究结果，我们可以用什么来代替它？

4. 假如说你在一个"严谨性"测验中比另一个人得分高了4分，或者想象女性在这个测验上的平均得分比男性高4分。在各种情况下，这样的差异重要吗？我们还需要知道什么才能回答这个问题？

5. 欺骗在心理学研究中是正当的吗？这是否取决于所研究的问题？是否取决于特定种类的欺骗？是否取决于研究参与者提供的知情同意的类型？如果有人由于研究中应用了欺骗而受到伤害，那么受伤害的会是谁？

6. 一些心理学家在研究民族的智力差异。假如说一个民族的成员确实比另一个民族的成员IQ分数高。请先考虑一下问题4。然后考虑如下问题：心理学家应该做这样的研究吗？还是最好不要理会这类内容？一旦做了这样的研究，应该如何应用这些结果？

7. 将问题6中的"民族"替换为"性别"，重复问题。

推荐读物 >>>>>

Cronbach, L. J., & Meehl, P. E.（1955）. Construct validity in psychological tests. *Psychological Bulletin*, 52, 281-302.

一篇很难读的文章，但是经典地呈现了人格心理学家是如何思考他们的测量效度的。是迄今为止发表的最有影响力的方法学文章之一。

Goodman-Delahunty, J.（Ed）（2005）. *Psychology, Public Policy, and Law*, 11, 233-336.

美国心理学会的一本杂志的全部主题都致力于辩驳一篇总结民族认知能力差异研究的文章以及反驳这篇文章的作者。总的来看，这些文章提出了关于研究民族差异的意义和伦理等重要问题，并且谈到了个体选择或不选择这个主题、选择或不选择任何其他主题的原因。

Rosenthal, R., & Rosnow, R. L.（1991）. *Essentials of behavioral research: Methods and data analysis*（2nd ed.）. New York: McGraw-Hill.

初学研究者最好的初级读本之一。这本书包括了在其他方法学和统计学读物中都没有很好地解决的许多主题（比如效应值）。你需要从这本书中了解作者的忠告"用依地语（Yiddish）思考，用英语写作"的意义。

Rozeboom, W. W.（1960）. The fallacy of the null-hypothesis significance test. *Psychological Bulletin*, 57, 416-428.

这是心理学领域中第一本也是最为清楚、最有说服力的一本对传统假设检验方法进行批判的书。被忽视了很多年之后，罗泽布姆（Rozeboom）提出的这个主题终于引起了越来越多人的注意。但是标准的研究实践依然没有改变。

Wilkinson, L., & The Task Force on Statistical Inference（1999）. Statistical methods in psychology journals: Guidelines and explanations. *American Psychologist,* 54, 594-604.

为了回应心理学中关于应用显著性检验的日益突出的矛盾，美国心理学会除了提出禁止这种检验的建议之外，还成立了一个由优秀的方法学家组成的特别工作组来研究这个问题。这篇文章是他们的最终报告。它以一种微小而又强烈的方式力争将显著性检验赶出其在心理学数据分析中传统的中心位置。它包含了对于很多有关心理学家如何分析数据的话题的审慎评论。

电子媒体 >>>>>

登陆学习空间*wwnorton.com/studyspace*，获得更多的复习提高资料。

第二部分

个体差异：特质取向

人与人是不同的。很明显，没有哪两个人的长相是一样的，甚至双胞胎也如此；同样，也没有哪两个人采用相同的方式来行动、思考或感受。我们的日常用语包含了很多可以描述这些人格差异的词汇。在很多年前，人格心理学的先驱者高尔顿·奥尔波特（Gordon Allport）让助手亨利·奥德波特（Henry Odbert）精确地数出了在未删减的英语字典中有多少这样的词。数周之后，眼睛红肿、神色疲倦的奥德波特报告出答案：17,953（Allport & Odbert，1936）。包括我们熟悉的人格词汇，如傲慢的、害羞的、可信赖的、尽责的，也包括很多晦涩的词，如潜伏的（delitescent）、创伤的（vulnific）、土生土长的（earthbred）[①]。所有这些词都能够描述人格特质，实际上，正是这么多表示特质的词汇才使我们对他人的谈论和思考变得易于描述。

人格心理学的特质论建立在这种直觉之上，即把自然的、非正式的人格特质语言转换成正式的心理状态，用以测量特质和预测、解释人类行为。人格特质的评估和应用是接下来四章的主题。在更广泛的意义上，它们是这本书所有其余部分的主题，因为人格特征是测量和理解个体差异所必需的基本概念。正如你将看到的，所有人格心理学家都专注于人们的差异，不论这些差异是体现在他们的基因中，他们神经系统的机理中，他们的潜意识心理过程中，还是他们的思维类型中。使一个人不同于另一个人的是稳定的认知和行为模式，而上述所有这些都是解释这些模式的方法。因此，它们都需要一个途径去概念化和测量这些模式——这就是人格特质的来源。

不过首先让我们考虑一个基础问题：人格特质真的存在吗？当然，只有它们存在，特质论才有意义。关于这个问题的争论已经持续很多年，而正如你即将在第4章看到的，从争论中得到的结论对理解人格有重要启示。

第5章描述了心理学家如何编制和使用人格测验。第6章介绍外行人(非心理学家)在他们的日常生活中不用人格测验的条件下如何评估人格，并探讨这种情况下的日常评估是否准确。第7章介绍人格特质如何用于理解重要的人类行为，包括自我控制、药物滥用和种族歧视，同时也考虑以下问题：所有的

[①] 这三个词分别意味着（大概）秘密的、伤害的和粗俗的。

17953种人格特质都是必要的吗？这个清单可以缩减至真正必要的几种吗？这章包括了对人的人格发展的探讨：在人的成长过程中，人格特质是如何变化和稳定发展的。

第4章到第7章的总体目标是介绍人格心理学家测量和理解个体心理差异的方法。正如你将看到的，关于个体差异的知识不只是有趣，同样很有用。

4

人格特质和行为

心理学家发明了一些描述人们心理差异的词汇，例如，神经质、自我控制、自我监控等，还有更多晦涩的词，例如，冒险敢为（parmia）、功能障碍（premsia）和述情障碍（alexithymia）。[①]但是，更多的特质论者是从常识和字典中的词汇开始的（例如，Gough，1995）。他们在诸如社交性、可靠性、支配欲、紧张和高兴等熟悉的概念中寻找科学测量个体差异的方法（Funder，1991）。

结果发现，人格心理学和日常观察在某些方面并非那么不同。两者都在寻找相似的词汇刻画人的特点，甚至是可以相互比较的。例如，在人格判断准确性的研究中，第6章将会提到把人们日常对彼此的评估和在研究与标准工具基础上的人格评估放在一起进行比较（Funder，1995，1999）。

当我们开始考虑人格心理学中的特质论时，需要记住有两点很重要。第一是这种方法是在使用相关设计的实证研究的基础上发展而来的（参见第3章）。特质论学者投入大量精力致力于研究方法，例如人格测验，目的在于精确测量个体是如何的不同。正如我们即将看到的，有些方法很复杂而且在统计学上有些牵强。然而，不管方法是简单还是复杂，最终检验人格特质测量的标准就是它是否能够预测行为（Wiggins，1973）。如果一个人在"支配欲"上的得分很高，我们是否能够准确地预测他/她将在一个或更多生活情境中以支配的方式（相对其他人而言）行动呢？这个问题的答案在统计上将通过计算支配欲的得分和个体支配行为的几个彼此独立的指标之间的相关获得。

特质论第二个要注意的方面是它特别关注个体差异。它并非试图测量一个人在支配欲、社交性或紧张度上是怎样的绝对值；在任何特质测量上都没有绝对零点。特质论想要测量的是一个人相比其他人来说是更多还是更少地具有支配欲、社交性或紧张度。（技术上，特质测验是顺序量

---

① 在这些特质上得分高意味着，相应地（且大致地）是"无拘束的""敏感的"和"情绪理解有缺陷的"。

表而非比率量表。②)

　　特质论的优势之一是非常关注比较。理解并能够评估个体差异确实很重要，但是就像经常发生的那样（想想范德第一定律），这种方法也存在一个弱点：特质论自然会倾向于忽略那些所有人普遍共有的方面和每个人独有的方式。（本书后面提到的其他人格理论关注人性的这些方面。）

个体差异的测量

　　人格文献中我最喜欢的引文之一来自克莱德·克拉克弘（Clyde Kluckhohn）和亨利·莫瑞（Henry Murray）的一篇老文章。文中推崇男性至上却措辞优雅，引用如下：

　　　　每个人在某些特定的方面：（a）与所有人相类似；（b）与某些人相类似；（c）与任何人都不相似。（Kluckhohn & Murray，1961）

　　克拉克弘和莫瑞要表达的是什么意思呢？首先，就是指某种共有的心理特征和过程。所有人都有基础需要，例如对食物、水、性的需求。第二点就是有个体差异的一些特征，但是可以把具有相似特征的个体分为一组。例如，性情开朗的人可能在某种程度上有类似的方面，从而把他们与悲观的个体区分出来（尽管他们可能在其他方面也存在差异）。第三，在有些方面每个个体都是独一无二的，和其他任何人都没有可比性。每个人的基因组成、过去的经历以及世界观与过去、将来的任何一个人都不相同（Allport，1937）。

"我喜欢你与别人相同的那些小的方面。"

　　特质论来自于这个分析的第二层含义，同时（也是必要地）忽略其他两点。因为特质论以所有人"与某些人类似"这个观点为基础，这对于评估个体差异的大类别来说很有意义，也很有用，它假设在一定意义上人们就是他们的特质。关于特质到底是简单描述一个人如何

―――――――――

② 当测量值反映每个测量对象的等级排序时，我们说这是顺序量表。例如，三位分别排名第一、第二和第三的参赛者会分别得到1、2、3的分值。在这种量表上没有零点（你不可能排在第零位），而数字1和3并不代表第三名的赛跑者比第一名慢3倍。如果量表有零点，而测量值能够以其他值的一定比率来表示，那么测量所依靠的则是比率量表。例如，一名赛跑者可能每小时跑3公里，第二名每小时2公里，而第三名（相当慢）可能每小时1公里。这些测量值是有比率的，因为每小时行进0公里（站着不动）是可能的，并且可以说第一名赛跑者的速度是第三名的三倍。特质测量是顺序量表而非比率量表，因为不存在所谓的"零支配欲"，例如，如果一个人支配欲上的得分是50分，另一个人是25分，那么这表示第一个人比第二个人更具支配欲，但并不意味着第一个人的支配欲是第二个人的2倍，或是其他什么含义（见Blanton & Jaccard，2006）

行动，是对一个人了解的总和，是生物性结构，还是所有这些概念的整合，在这个问题上理论家们有不同的见解。但是对所有理论家来说，这些个体差异的维度都是构成人格的建筑模块。

这引发了一个根本性的问题。

人 是 不 一 致 的

你能够判断或测量一个人害羞、尽责或支配欲的程度，但总有少数的事实会表明不管你总结的事实如何，总是有例外情况。一个人可能在陌生人面前很害羞，但和家人在一起时亲切、开放又友好。一个人面对同性可能很有支配欲，但在异性面前很温顺，反之亦然。这种不一致处处可见。

偶尔的观察就足以证明人格特质不是控制个体行为的唯一因素，情境也很重要。有些情境会使个体更羞涩、更友好、更细心、更有支配欲或者情况相反。这是因为情境随在场的人物和所适用的潜在规则而改变（Price & Bouffard，1974；Wagerman & Funder，2007）。你在家和在工作场所的行为表现是不同的，因为在家里你和家人一起共度时光，而在工作场所你和同事在一起（或许，你们还是竞争对手）。你在派对上和教堂中的行为也不同，因为教堂里通常有一些尽管是潜在的，但很特殊的礼貌规则限定人的行为。派对也有潜在规则，但它们有更多回旋的余地（Snyder & Ickes，1985）。

如果情境如此重要，那么人格的作用如何？一个可能的答案是——不太大。可能一个人的行为是如此随情境改变而不一致，以至于根本不能用人格特质术语来刻画。如果这个答案是正确的，它暗示着不仅专业心理学工作者所做的人格测评是浪费时间，日常对他人的看法和描述也是根本错误的。考虑一下这种可能性：特质不存在，人们不停地根据情境改变，每个人基本上都是相同的。

> 考虑一下这种可能性：特质不存在，人们不停地根据情境改变，每个人基本上都是相同的。

你是否觉得难以接受这个观点？答案可能取决于你的年龄和当时的生命阶段。当我给大学生讲授人格心理学时，学生们都是18—22岁的年龄，我发现大多学生都点头，平静接受上述的情况。人格取决于当前情境，一致性较低的正好跟他们想的差不多——或者至少不是荒谬到难以置信。

我回顾第一次向夜校的学生描述这种可能性的情况。这个课程看起来和前面提到的一样，只是夜校的学生大多是成人，有自己的职业，而不是住宿舍的18—22岁的年轻人。这些大龄学生对于"个体差异并不重要，行为取决于情境"这种说法有着完全相反的反应——"你疯了吗？"

出现两种截然不同反应的原因可能是年龄较大的人比年轻人的一致性更好。研究显示人们之间差异的稳定性随年龄而增长：30岁的人比儿童青少年具有更大的跨时间稳定性，而50—70岁之间的人是最稳定的（McCrae，2002；Caspi，Roberts，& Shiner，2005；请见第7章，有更详细的讨论）。年龄大的人已经进入相对稳定的职业生涯，开始家庭生活，承担成年人的角色和责任，并建立了一致性的个体身份，这使他们很难想象（或记起）他们年轻时所有的善变，甚至古怪的人格。相反，仍然在经济上依靠父母的学生们还没有找到人生伴侣或开始家庭生活，或许甚至还没有设定职业生涯的目标，他们觉得各个年龄段的人都一样，行为取决于情境这种观点是很合理的；他们还可能好奇为什么有人会对此惊讶。毕竟，他们自己的人格还处于设计阶段（Roberts，Walton，& Vichtbauer，2006）。

我要说的是，人们在自己一致性人格的发展程度上不同于彼此（Baumeister & Tice，1988；Bem & Allen，1974；Snyder & Monson，1975）。这种差异可能和年龄以及心理调节有关：有多项研究表明人格一致性和心理健康相关（Asendorpf & van Aken，1991；Schuerger，Zarrella，& Hotz，1989）。一致性高的人不那么神经质，更有节制，更成熟，与其他人的关系也更加正面（Roberts，Caspi，& Moffitt，2001；Donnellan，Conger，& Burzette，2007；Sherman，Nave，& Funder，2010）。

人—情境之争

行为是如此不一致以至于人格特质根本不存在，这个观点是否违背了人的直觉？很多人格心理学家参与了这场争论，并且激辩了二十多年，有些人还会继续争论下去（Cervone，2005）。这些心理学家都曾经是或正是人—情境之争的主角，聚焦于这个问题：什么对决定行为更重要？人还是情境？

这场争论在很大程度上是由沃尔特·米歇尔（Walter Mischel）一本名为《人格评估》（*Personality and Assessment* [③]）的书引发的，该书于1968年出版。米歇尔认为人从一种情境到下一种情境的行为是如此不一致，以至于用概括的人格特质来刻画个体差异是不合适的。而其他心理学家，当然包括那些致力于人格测评技术和实践的学者，强烈反对这个观点。因此，就形成了人—情境之争。

本章接下来将回顾这场争论的基础和解决之道。通常我在本书中尽量避免呈现心理学界中的争论。我更愿意教给你们心理学本身而非心理学家所做的事情，尽量更少涉及关于他们的争论。但我希望能说服你这场特殊的争论是不同的。它并非专家之间那种小题大做的争论。关于一致性的争论关系到每个个体如何思考人，而它的解决对理解生活上的重要行为有着关键的作用。

---

③ 很讽刺地，尽管题目如此，但这本书通常被认为倡导人格是不存在的，且评估是不可能做到的。

争论中有三个核心问题。第一，个体的人格超越即时情境而对行为提供一致的指导，还是一个人的行为最终取决于他/她当时所处的情境？因为我们的直觉告诉我们人有稳定的人格（每个人每天都在使用人格特质词汇），这个问题也引发了第二个争议点：人们日常对人的直觉是无效的，还是说根本就是错误的？第三个问题涉及更深的层面：当基础的实证问题已经在多年前解决，为什么心理学家们还年复一年地、十年又十年地继续争论人格一致性问题？

当我说这场争论某种程度上是由米歇尔1968年的著作所引发时，我不想过多聚焦于米歇尔和他的主张，而忽略了这场有趣且重要的争论本身的核心问题。在20世纪70年代，人格心理学界掀起了一个小小的波澜，其核心就是探究米歇尔到底说了哪些，没说哪些。我自己也是其中一分子（Funder，1983）。

> 当基础的实证问题已经在多年前解决，为什么心理学家们还年复一年地、十年又十年地继续争论人格一致性问题？

但是并不推荐你探究这点，因为原版书包括很多修饰过的词语，也遗漏了不少语句，而且米歇尔在后来几年似乎曾改变自己的某些观点（例如，Mischel & Shoda，1995）。米歇尔曾多次声明他的观点并非其他人描述的那样极端。例如，他经常重申他从未表达过人格不存在这种含义。在一次米歇尔参加的心理学家大会上，主席到处寻找然后用拖长的带有讽刺语气的声音说道："今天似乎没有一个米歇尔信徒在场啊！"

然而，不管米歇尔或其他人现在怎样说，人—情境之争的问题是很重要的，他们的观点都是针对特质论的根本观点而来的。在下面的讨论中，我相信我对情境论者观点的表述是忠于其基本原则的。触及根本，情境论者的观点有这样三个部分：

1. 对人格研究文献的回顾表明，以任何一种人格测量为基础预测人的行为都是有限的，而这个上限太低了。

2. 因此，在决定行为上，情境比人格特质更重要〔这是**情境论（situationism）**的起源论点（Bowers，1973）〕。

3. 所以，不仅专业的人格测评实践是浪费时间，而且日常对人的直觉也是根本无效的。用来对人进行描述的特质词汇是不合理的，人们通常会倾向于把他人看得比实际的更具有跨情境的一致性。事实上，一些情境论心理学家声称相信人格重要性的人犯了"根本性的归因错误"（Ross & Nisbett，1991）。

让我们分别看看双方各自的观点。

预测性

情境论者的观点

人格特质有效性的最终标准就是它能否有效预测行为。如果知道某人在一种特质上的得分，就应该能够预测他/她以后会做什么。情境论者认为这种预测力非常有限。没有一种特质能足够

"罗伯特，你能回来一下吗？我这已经有一个情境了。"

准确地预测人的行为。

米歇尔的书总结了一些研究，它们关注自我人格描述和直接行为测量之间的关系、他人描述和直接行为测量的关系、一个行为测量和另一个行为测量的关系。或者如果用我们第2章的表述，米歇尔关注的是S数据和B数据的关系、I数据和B数据的关系以及B数据和其他B数据的关系。前两个比较针对人格特质判断预测行为的能力。例如，一个熟人对你社交性的判断是否能预测你在周五的派对上有多善交际？第三个比较针对跨情境的行为一致性。例如，如果你在周五的派对上很善交际，在周二的工作会议上你也如此吗？

米歇尔报告中回顾的大部分研究都不是来自真实的生活情境。几乎所有的行为测量（B数据）都在实验室情境下收集得到。有些研究通过询问参与者对老年人照片的意见测量"对权威的态度"；有些通过看孩子能为实验者所提供的糖果而等待的时间长短来测量"自我控制"（延迟满足实验）。只有很少的行为是在相对自然的情境下评估的，例如夏令营中的欺骗游戏。这种自然情境研究在以前和现在都很少，主要因为它们难度大且成本高（请见第2章对B数据的讨论部分）。不管哪种方法，关键问题在于一个人在一种情境下的行为能否由其他情境下的行为或他/她的人格特质得分来预测。

在研究文献中，预测性和一致性的统计指标是**相关系数（correlation coefficient）**。就像第3章中提到的，相关系数是取值从−1到1的数值，代表两个变量，例如人格得分和行为测量之间的连接或关系。如果相关为正，表示一个变量增加时，另一个随之增长；例如一个人的社交性得分越高，那么他/她越可能参加更多的派对。如果相关为负，意味着当一个变量增加时，另一个减少；例如一个人害羞得分越高，那么他/她参加派对越少。正负相关都表示一个变量能从另一个变量点进行预测。但是如果相关接近于零，就表示两个变量没有关系；例如社交性测验的得分与一个人参加派对次数多少无关。

米歇尔最初的观点是人格和行为之间的相关，或一种情境下行为和另一种情境下行为的相关，很少超过0.30。后来另一位知名的情境论者理查德·尼斯贝（Richard Nisbett，1980）把这个估计值修正为0.40。但这个相关仍然很低，也就是说人格特质对于塑造行为是不重要的。

在20世纪70年代早期，这种行为不可预测的主张以惊人的压倒力冲击了当时的人格心理学界。有些人格心理学家，甚至更多人格领域之外的心理学家都做出了不存在人格的结论。这个结论有两个基础假设。第一，情境论者是正确的，而且0.40就是人格变量或其他情境行为对一个行为的预测上限。第二，另一个潜在但必要的假设是这个上限值是低的。

回应

争论中的另一方——人格支持者花了几年的时间进行辩驳，可以归结为以下三点。

不公平的文献回顾　第一个辩驳就是打开争议之门的米歇尔对人格文献的回顾是有选择性的、不公平的。毕竟，相关的文献在过去60多年里包括了数千项研究。而米歇尔的回顾非常短（书中只有16页，相当于一篇学生期末论文的长度），并且集中于几项得到让人失望结果的研究，而不是那些（可能更大量的）令人印象深刻的研究结果。

然而，这是一个很难被证实或推翻的观点。一方面，很明显米歇尔的回顾很短，是有选择性的。还有，他没有走出自己的套路寻找文献中最好的研究；他选的第一篇实证研究（Burwen & Campbell，1957）几乎没有代表性。这篇研究有很多方法上和实证上的缺陷（例如，有很多参与者故意损坏问卷），但仍然发现一些支持"对权威人士的态度"这一特质的证据。米歇尔引用的很多其他研究也不是很好；即使是这样的研究，也有些研究发现了人格和行为一致性的证据（Block，1977）。

另一方面，有些研究可能因为运气好而发现了积极的结果。而且虽然很容易通过对少量文献的回顾就得到一个比米歇尔更积极的结果，但是如何证明这样的回顾更公平或选择性更低？这点并不清晰。要概括全部研究文献的成果是相当难的（请见Rosenthal，1980），而支持行为一致性的文献也不例外。

坦白地说，我不知道如何说，是文献支持了一致性，还是文献支持了不一致性，因而二者都有些例外。所以，为了推进争论的继续进行，让我暂且"判定"（像律师常说的那样）米歇尔-尼斯贝的观点：假设0.40的相关是人格特质预测行为和行为跨情境一致性的上限值。

我们可以做得更好　对情境论者批判的第二个辩论是同意0.40的上限值，就像我刚才做的那样，但是认为这个值不理想，或研究方法尚待改善。米歇尔总结的这个不佳结果并不表示人格是不重要的，只是说明心理学家还能够而且应该做更好的研究。

图4.1　实验室中和真实生活中的人格

很多心理学研究是在受控的实验室环境中进行的。人格的影响也许更可能出现在有情绪参与的情境中。

根据辩论所言，改进研究的一个方法是更多地走出实验室。如我前面提到的，几乎所有情境论者批判的行为测量都是在实验条件下获取的。有些情境对参与者来说可能是无意义的。而真实生活中的行为是怎样的呢？已有观点表明，在真实、生动且对个体重要的情境中，人格更可能与行为相关（Allport，1961）。例如，当一个人在实验室中对一位老者的照片做出反应时，他/她的人格可能会也可能不会被涉及（Burwen & Campbell，1957）。但是当一个人将要首次跳伞时，人格很可能起相对重要的作用（Epstein，1980；Fenz & Epstein，1967）。

被频繁提及的第二种改进方法是把一些人可能比其他人更一致这一点纳入考虑。例如，研究中询问参与者他们在"社交性"特质上的一致性，然后发现那些回答一致的人的行为预测比回答不一致的人的行为预测更准确（Bem & Allen，1974）。[④]一项关于自我监控特质的研究表明，高自我监控者会很快根据情境改变行为，而低自我监控者更可能在不同情境中表现出人格稳定性（Snyder，1987；见第7章）。一些近期研究表明，更喜欢一致的人实际上也更加一致（Guadagno & Cialdini，2010；见自测4.1）。最后，有些行为可能比其他行为更具稳定性。行为表达的基础，例如一个人的手势和说话声，可能是跨情境一致的；然而更多的目的导向行为，例如试图给别人留下印象，更可能依赖于情境（Funder & Colvin，1991；Allport & Vernon，1993）。

研究改进的第三种可能是聚焦于一般的行为倾向而非特定时刻的个别行为。也就是说，并不是要预测某人是否在下周二下午三点表现友好，而是预测他/她在整个明年平均的行为友好程度。你还记得在第3章中，用来说明集合概念的米尺吗？就像我的高中同学和我在测量到邻校的距离时，有时会把尺子放得太近，有时又放得太远，个体的行为也会在不同的情况下围绕着平均水平上下波动。有时你的攻击性比平常强一点，有时弱一点；有时你比平常更害羞，有时则不那么害羞，等等。这就是为什么与你在任何特定时刻或地点的行为相比，你的攻击或害羞行为的平均水平要容易预测得多；平均起来，随机变化就会相互抵消（Fishbein & Ajzen，1974；Epstein，1979）。

这个问题不只是统计问题。它关心的是整体意义和人格特质判断的目的。当你说一个人是友好的、尽责的或害羞的，你是想预测他/她在某一特定时间和情境中这样做，还是想表达这个人在不同的时间和情境中通常的做法（McCrae，2002）？我认为大多情况下，你要表达的是后者。当你希望理解一个人，或选择一名室友或雇员时，并非苛刻地看他/她在一个特定的地点和时间是怎样的，因为那总是会依赖于当时的情境。你更需要了解的是这个人在各种相关生活情境中一般是怎样的。你了解到一个人可能很少迟到，某一次只是因为车坏了；你了解到任何人都可能因运气不佳而一整天不高兴。但是当选择一名雇员或室友时，你真正需要知道的是：这个人通常的可靠性怎样？或者，这个人一般情况下是否友好？

上面这三个建议——测量真实生活中的行为、确定调节变量和预测行为倾向而非个别行为——都是改进人格研究的好主意。然而，还有更多潜在意义。采纳任何一个建议都是困难

---

④ 尽管这是一个很有影响的发现，提出了重要观点，但卓别林和戈德堡（Chaplin & Goldberg，1985）提出证据表明这个结果很难重复。之后，让克曼（Zuckerman et al.，1988）回顾大量研究文献发现这种对行为预测一致性的自我评估效应很小，但可能是真实的。

的，真实的生活行为并不容易测量（请见第2章），一致性的个体差异可能是微妙而难以测量的（Chaplin，1991），而按照定义，对行为倾向的预测要求研究者做大量的直接行为观察，并非一点点就足够。所以，反驳情境论者的批判低估了人们的行为一致性，尽管这些言论提供了很好的解释，但还没有足够的研究证明行为一致性高于情境论者目前所承认的0.40的相关。

自测4.1　一致性偏好量表

说明：使用九点量表对每个项目打分，1＝强烈不赞同，5＝既非不赞同也非赞同，9＝强烈赞同。

1. 我更喜欢待在我能预测其反应的人身边。
2. 我的行动与信念一致，这对我很重要。
3. 即使我的人格特征和行为在我看来是一致的，如果它们在其他人看来是不一致的，那么我仍然会感到困扰。
4. 那些了解我的人能够预测我的行为，这对我来说很重要。
5. 我想要被其他人描述为是一个稳定的、可预测的人。
6. 令人钦佩的人都是一致的和可预测的。
7. 一致性的外表是我展现给世界的形象的重要部分。
8. 我依赖的某个人是不可预测的，这会让我感到困扰。
9. 我不喜欢自己显得像个不一致的人。
10. 当我发现我的行为与信念相抵触时，我会感到不舒服。
11. 我对朋友的一个重要要求就是人格的一致性。
12. 我通常更喜欢以同样的方式行事。
13. 我不喜欢总是改变观点的人。
14. 我希望我的密友都是可预测的。
15. 其他人认为我是一个稳定的人，这一点对我很重要。
16. 我努力在其他人面前显得一致。
17. 持有两种不一致的信念让我感到不舒服。
18. 如果我的行为不一致，这并不会给我造成多少困扰。

把1—17项的分数加起来，然后加上第18项的反转分（1＝9，2＝8，等等）。将总分除以18，得到平均分。

在一个大学生的大样本中，平均分是5.43（标准差＝1.19）。对此的阐释是，如果你的分数高于6，那么你有很强的一致性偏好，倾向于在行为、人格和态度上保持一致。如果你的分数低于4，那么你不喜欢一致性，相对倾向于不一致地行动。

来源：（Guadagno & Cialdini，2010）。

除此之外，前面对情境论者批判的回应其实错过了一个更基础的点，将在下面讨论。

0.40的相关并不小　回想情境论者对人格特质的批判，你必须相信两件事：（1）0.40这一相关系数代表了个体能从人格预测行为、从不同情境看到行为同质性的真正上限；（2）这是一个很小的上限。至今的讨论一直聚焦于第一点。但如果能首先证明0.40并不小（第二点），那么这个限制就不会再令人不安了，而情境论者的批判将被瓦解。

所以，关键要评估情境论者所承认的相关大小真正代表多大的预测力。但要评估0.40是大是小，或要评估任何其他统计量，你都需要一个比较的标准。

有绝对和相对两种标准。如果要与绝对标准相比，需要计算在假设情境中一个特质测量预测行为正误的次数。如果要与相对标准比较，可以把得到的行为预测度与以其他方法预测行为得到的准确性相比较。下面两种我们都来做一下。

0.40相关值的绝对评估可以从罗森塔尔（Rosenthal）和鲁宾（Rubin）提出的双项效应值展示来获得，这个方法在第3章已经介绍过，在此不再复述，直接使用：根据BESD，0.40的相关意味着以人格特质得分为基础对行为的预测的准确率为70%（假设随机准确率为50%）。[⑤]70%还远不完美，但对很多目标来说已经足够。例如，一位老板要选择一名雇员完成一个巨额培训项目，那么以70%的准确预测力选择成功的雇员能够为他/她节省一大笔钱。

看一个例子。如果一个公司有200名雇员作为培训候选人，但财政上只允许培训100人。进一步假设，50%的公司员工能够成功完成项目。公司随机选择100名员工然后每个人花费1万美元培训费。但是，就像我说的，只有一半人成功。那么公司就是花费了100万美元而得到50名培训成功的员工，也就是每个人2万美元。

但想想，如果公司使用一个与培训成功有0.40相关的选拔测验。[⑥]通过选择得分较高的一半员工来参加培训，那么100名参训员工中公司将得到70名（而不是50名）成功员工，仍然是总花费100万，但现在成功培训每个员工的费用只有14300美元。换句话说，用一个0.40有效性的测验能够使公司在每个成功员工身上节省0.57万美元的培训费，一共40万美元，这足够买很多测验了。

相对标准如何呢？当评估人格特质的预测能力时，最合适的比较对象是什么呢？情境论者相信是情境而非人格决定行为。为了评估人格特质预测行为的能力，似乎最恰当的是与情境变量预测行为的能力进行比较。这正是下一节的主题。

情境论

情境论者的一个关键原则是人格不能决定行为——而情境可以。为了评估行为受人格变量影响的程度，常规做法是计算行为和人格的相关。但是如何评估行为受情境变量影响的程度？

过去这个问题几乎没有得到关注。一项评估情境的技术最近才发展起来（Sherman et al., 2010）。在缺少这样一种技术的情况下，评估情境影响力的传统做法也相当奇怪——竟然是通过减法来决定的。也就是说，如果人格变量与行为有0.40的相关，就是"能解释16%的变异"，那么其他84%都被错误地归于情境影响（Mischel, 1968）。

当然，这是不合理的做法，即使它曾被普遍使用。我提出过我们可以不误解 "变异百分数"

[⑤] 不要把这个数字和第3章介绍的 "可解释的变异百分比" 相混淆，这是以不同的方法计算得到的，而且有更精确的解释。

[⑥] 这不是一个不合理的数字。在大量工作表现方面的测验和测量中，一些种类的测验的预测有效性平均达到0.41（Ones, Viswesvaran, & Schmidt, 1993）。了解更多关于工作表现预测的知识，参见第7章。

等相关术语（见第3章）。但即使接受这个术语，你可以把缺失的变异归为没有测得的人格变量，也可以归为没有测得的情境变量（Ahadi & Diener，1989）。再者，用这样的减法所确定的变异并不能告诉你情境的哪些是重要的，就像特质测量不能告诉你人格的哪些方面是重要的一样。

情境论者很久以前就开始呐喊情境是如何的重要，但是似乎并不关心情境变量的测量，即准确地表明情境如何影响行为。毕竟，并不是每个人都以同样的方式对特定情境做出反应。当情境论者只是声称情境重要，但不说明具体什么重要或重要到怎样的程度，那么，就像一位特质心理学家指出的：

情境变得和飞毛腿导弹（伊拉克在海湾战争时使用的一种轨道不定的武器）一样"有能量"：它们可能有重大作用，或毫无作用，而且这种作用可以在地图上的任何地方发生。（Goldberg，1992）

而且情境论者没有必要如此低估自己——对于具体情境的哪些方面会影响行为含糊其辞。其实大量有成果的心理学研究允许情境效应的直接计算。几乎每一项社会心理学的实验研究都可以为此提供证据支持（Aronson，1972）。

> "情境……可能有重大作用，或毫无作用，而且这种作用可以在地图上的任何地方发生。"

在典型的社会心理学实验中，设计两个（或更多）独立的参与者组，随机且通常每次一个组进入两种（或更多）不同情境中的一个情境。社会心理学家测量参与者的行为。如果在一种情境或条件下参与者的平均行为与另一种条件下存在显著差异(在稳定的情况下，见第3章)，那么就认为实验是成功的。

例如，你可能对动机在态度改变上的作用感兴趣。在实验中，你可以要求参与者做一个他们不相信的陈述——例如，一个无聊的游戏真的很有趣。然后测试他们是否开始相信这些陈述——那个游戏一点都不无聊。让他们来做与态度相反的陈述，给予一部分参与者较强的动机（20美元），而给予其他参与者弱一些的动机（1美元）。如果两组参与者对这个游戏态度的改变程度不同，那么你可以得出结论，即两个条件下动机差异是态度差异的影响因素（尽管这个发生过程还需进一步探究）。两种情境的差异使参与者做出了不同的反应，所以这个实验证明了一个情境变量在行为上的效用（Festinger & Carlsmith，1959）。

社会心理学实验的文献为情境效应提供了一个具体实例的宝藏。对于目前的主题来说，需要知道的是和人格变量对行为的预测效应相比，情境效应有多大。或许令人吃惊，社会心理学家历来很少关注研究中情境效应的大小。他们关心的是统计的显著性，或结果在多大程度上不是随机的。就像在第3章讨论的，这是独立于效应值大小或"实际"显著的一个问题，因为如果样本量足够大，即使是一个很小的效应值也可能表现为高统计显著性。

相反地，人格心理学家总是很关注效应大小。在人格研究中，关键统计量，也就是相关系数，是效应值大小而非统计显著性的测量。0.40的"人格系数"是不能和社会心理学研究中发现的情境变量效应相比较的，因为两种研究并没有统一尺度。

　　幸运的是，这个困难可以轻松解决。在第3章提到，社会心理学家所用的实验统计量能转化为人格心理学家所用的相关值。多年前，我和同事就这样做过（Funder & Ozer，1983）。从社会心理学文献中选择三个情境塑造行为的主要例子，然后将结果转化为效应相关值。

　　我们选择的第一个经典研究是关于费斯廷格和卡尔史密斯（Festinger & Carlsmith，1959）在一项与我刚才描述的研究相似的研究中展现的"强迫服从"效应。这个研究发现，相比得到20美元的参与者，那些得到1美元的参与者的态度改变更大，它是认知失调的一个早期实验呈现。该效应是社会心理学文献的一个经典之作，可能是该领域最为重要和有趣的发现之一。然而，它的统计效应并没有被报告过。奥泽（Ozer）和我进行了简单的计算：在表达相反态度之后，动机在态度改变上的效应符合$r=-0.36$的相关（相关值为负是因为动机越强改变越少）。这是一个对奖励对态度改变的影响强度的直接统计测量。

　　第二个社会心理学中的重要研究是关于旁观者效应的。约翰·达利（John Darley）和他的同事设计了一个人为的、但生动逼真的事故情境，参与者碰巧遇到一个人痛苦无助地躺在路中间（Darley & Batson，1967；Darley & Latané，1968）。参与者是否会停下来给予帮助，取决于是否有其他人在场，以及参与者是否匆忙。在场的人越多，参与者驻足给予帮助的可能性越小；代表效应大小的相关为$r=-0.38$。参与者越匆忙，给予帮助的可能性越小；代表效应大小的相关为$r=-0.39$。

　　第三项研究是史坦利·米尔格拉姆（Stanley Milgram）的一项关于服从的著名实验。在实验中，米尔格拉姆要求参与者给无辜的"受害者"施加导致其明显疼痛且危险（但还好是假的）的电击（Milgram，1975）。如果参与者拒绝，助手会说："实验要求你继续。"

　　米尔格拉姆确定了两个与参与者是否会违背命令的相关变量。一个变量是受害者是否被隔离。如果受害者在隔壁房间不能或只能微微听到抗议声，那么比受害者在参与者面前时的情形更可能使参与者出现服从行为。反映效应大小的相关$r=0.42$。第二个重要变量是主试的接近。给出命令的主试在场比通过电话或录音通知会让参与者更可能服从。反映效应大小的相关$r=0.36$。[⑦]

　　回忆一下，被认为反映了人格变量与行为之间最大相关的人格系数是0.40。现在，把它和情境变量在行为上的效应相比较：0.36、0.38、0.39、0.42和0.36。

表4.1　行为作为情境的应变量		
情境变量	行为变量	效应大小r
动机	态度改变	−0.36
匆忙	帮助	−0.38
旁观者数量	帮助	−0.39
服从	受害者隔离	0.42
服从	权威的接近	0.36

来源：（Festinger & Carlsmith，1959；Darley & Batson，1967；Darley & Latané，1968；Milgram，1975）。

---

⑦　负相关（前面三个）被列在这里时没有加上负号，因为对效应大小的评估与它的方向无关。

从这些结果可能得到两种不同结论。有人总结我和奥泽的分析，认为不管人格变量还是情境变量对行为的效应都不大。然而，引用我的观点是好事，但误解我的观点就不好了。我们并非要挑剔情境效应或这些实验的缺点。我们重复分析这些特别的实验是因为据我们所知，没有人怀疑它们证实了情境变量的重要影响。这些实验都是社会心理学的著名实验——在任何相关主题的教科书上都能找到，为深入探究社会行为提供了重要的启示。

我们偏向于另一种结论，即这些情境变量是重要的行为决定因素，但是，许多人格变量也是很重要的。当在一个量表上进行比较时，个体的效应值与情境的效应值比许多人认为的更相似。事实上，一篇内容广泛的综述文献的结论是，在社会心理学实验中，情境对行为的影响大小通常为$r = 0.21$[8]，明显低于奥泽和我重新分析的三个经典研究的平均值（Richard et al.，2003）。这个差异并不令人吃惊。毕竟奥泽和我选择的都是社会心理学的经典研究。在心理学领域之外的相关也可以是富于启发性的。例如，考虑一个气象观测站的海拔高度和它的平均日气温的相关。众所周知，海拔越高，气温越低。这两个变量之间实际的相关是$r = -0.34$（Meyer et al.，2001）。在这种观点看来，把0.40这个相关系数称为"人格相关系数（personality coefficient）"，就有失偏颇了。

接下来我们开始考虑情境论者争论的第三部分。

人的知觉是错误的？

回顾一下情境论者的观点：人格变量对行为的预测要么不存在，即使存在也是有限的；情境更重要；人们每天对他人的知觉，很大程度上由人格特质的判断组成，这也是错误的。现在我们已经详细讨论了前两部分，接下来到第三部分。人格对行为的影响的确能够被准确知觉。尽管情境论者强烈反对，但我们的知觉确实并非那么偏离基础。

每天的经验和公平地阅读文献都能明确一个问题：当提及人格时，不能将一个尺码套用在所有人身上。人们彼此的行为的确不同，即使在相同情境下，有的个体可能比其他人更具社交性，更紧张、更健谈或更活跃。当情境改变时，那些差异仍然存在（Funder & Colvin，1991）。你可以周游世界，而你的人格是你必须一直随身携带的行李。

你可以周游世界，而你的人格是你必须一直随身携带的行李。

英语中的17,953个特质词汇并非无中生有。人格特质的观点是西方文化的重要部分（或许是所有文化；请见第14章）。想想因纽特人和雪：我很久以来一直认为，因纽特人的语言比居住在相对温暖地带的我们有更多描绘雪的词汇（Whorf，1956；H. H. Clark & E. V. Clark，

---

[8]　标准差是0.15，意思是大约三分之二的社会心理学实验的效应大小在0.06到0.36之间。

1977）。⑨雪对因纽特人很重要；他们用它建住所，靠它行进，等等。（滑雪者也有很多专门描述雪的类型的词汇。）区分不同类型的雪的需要使因纽特人发展出多种描述雪的词汇，以便和其他人就这个对他们来说重要的话题进行交流。

人格语言也是一样的。人们的心理各不相同，这一点很重要，也很有趣。描述这些差异的词汇使我们对差异更敏感，而且易于谈论它们。

表4.2　总结人—情境之争中的论点

情境论者的批评	人格论者的回应
1. "人格系数"为$r = 0.30 - 0.40$，包括：	1. "人格系数"可能大于$r = 0.30 - 0.40$
A. 一个行为到另一个行为的相关	A. 米歇尔的文献综述是选择性的
a. B数据到B数据	B. 重要行为的相关更高
B. 人格和行为之间的相关	C. 当把行为集合（平均）起来时，相关会更高
a. S数据到B数据	a. 普遍倾向比单独的行为更好预测
b. I数据到B数据	D. 当研究对象是一致的人或行为时，相关会更高
C. 人格和生活事件之间的相关	a. 某些人比其他人更具一致性
a. S数据到L数据	b. 某些行为比其他行为更具一致性
b. I数据到L数据	
2. 0.30到0.40的相关是很小的	2. $r = 0.30 - 0.40$的相关并不小
A. "解释"9%到16%的变异	A. BESD显示：
B. 剩下84%到91%的变异"无法解释"	a. $r = 0.30$意味着65%的预测准确度
	b. $r = 0.40$意味着70%的预测准确度
3. 因此，情境是更强大的行为决定因素	3. 情境的影响在$r = 0.30 - 0.40$的范围内，或者更小
	A. 社会心理学经典研究的效应大小在0.30到0.40之间
	B. 情境效应的平均大小是0.21
4. 因此，对人格的日常知觉是错误的（基本归因错误）	4. 对人格的信念并非从本质上就是错误的
	A. 人格特质对于预测和理解重要的生活事件是有用的

注意：S数据是人格的自我报告；I数据是人格的知情者报告；L数据是生活事件；B数据是直接观察到的行为；BESD是双项效应值展示。

特质词汇的数量还在不断增长；想想那些相关的新词jock（帅呆了）、geek（有奇才的人）、preppy（预备学校的学生，服装上表现出制服趋势，整洁素净中带着些许叛逆）和

---

⑨　这一长期著名的论断后来引发了一场争论，语言学家杰弗里·普鲁姆（Geoffrey Pullum, 1991）提出因纽特人并没有特别多关于雪的词汇。作为回应，芝加哥报纸专栏"真相"（The Straight Dope）的创建者塞西尔·亚当斯（Cecil Adams, 2001）提出，他在因纽特人的字典里发现"40个形容雪、冰和相关主题的词汇"，而因纽特人的语言是"人造的"，意味着构造的新词都是应需要产生的，因而不可能计算到底有多少与雪相关的词存在。另一位观察者在格陵兰人的词典里找到了49个有关雪和冰的词，包括qaniit（下雪）、qinuq（腐雪）、Sullarniq（门口吹散的雪）（Derby, 1994）。（译者注：腐雪rotten snow，是指雪层下面的白霜层，这是由于融雪或是降雨潮湿后，雪丧失了它那一丁点的强度所致，这类雪层经常会发生湿态雪崩或是大规模的板状雪崩，它会将地表以上的所有东西席卷一空。）

Val⑩（山谷女孩）。人格心理学家也没有把语言独自扔在一旁。他们引入了自我监控（self-monitoring）、内向性自我意识（private self-consciousness）、外向性自我意识（public self-consciousness），甚至副交感免疫性（parmia）和威胁反应性（threctia）这样的词来描述现有词汇不足以表达的人格的方面（Cattel，1965）。

人格和生活

在介绍完心理学家们长期争论的详情后，读者可能会疑问：谁在乎呢？除了研究它的人格心理学家之外，人格的存在与否还关系到谁了呢？可以确定的是，自从争论多多少少得到解决之后，人格心理学家开始关注人格过程、人格结构以及人格的跨时间稳定性等研究主题（请见第7章）。尽管令人震惊，但是如果你不关心人格过程、结构或稳定性会怎样呢？这样的话，人格还重要吗？

你知道我一定会说是的。人格的含义不止单纯的理论基础，它有更广义的重要性，而且它的重要并非是一些评论者称之为人类本性的"空想的"概念（Hofstee & Ten Berge，2004）。人格影响生活，这对人们来说是有意义的，或者如同近来两位心理学家所说，"我们认为，显而易见，无须证明的是，大部分人都关心自己的健康和幸福，关心自己的婚姻关系，关心事业的成功和满足感"（Ozer & Benet-Martínez，2006）。

他们是完全正确的，有谁需要证据来"证明"人们关心人生中这些最重要的事情呢？他们在文章中总结了大量的研究，表明人格对这些生活事件的影响。他们将调查的特质分成五大类（就是第7章讨论的"大五"），然后和以下内容相联系：个人成果（individual outcomes），例如幸福感和长寿；人际成果（interpersonal outcomes），例如婚姻成功和同伴接纳；以及"组织成果"（institutional outcome），包括领导能力和事业成功。他们的一些主要结论总结于表4.3。

正如你看到的，这五大特质对重要的生活方面有着很大影响。高外向性的人比低外向性的人更快乐。外向者心理更健康，更长寿，更受欢迎，被视为更好的领导者。随和的宜人者比不愉快的人心脏更健康，在事业上走得更远，而且被拘捕的可能性更小（我想后两个结果是相关联的）。尽责的人更善于获得事业上的成功，同时责任感也和宗教信仰及更强的家庭关系纽带有关系。他们在政治上趋于保守，这和倾向于政治自由的高开放性者相反。神经质导致整体结果消极，包括平时的不幸福感。

---

⑩　有些地区（加利福尼亚）可能已经不用这个词了，Val是"山谷女孩（Valley Girl）"的简称，指来自圣费尔南多谷（San Fernando Valley，洛杉矶北部）的年轻女孩，给人的印象是脑袋空空、追求物质和吸引男孩。最近我更多听到用一个词 "bro" 来形容某类男孩子，但我真不能理解是什么意思。

表4.3　和人格特质相关的生活事件			
	个体成果	人际成果	组织成果
外向性	高兴	同伴接纳	职业满意感
	感激	成功的约会和婚恋关系	融入团体
	长寿	有吸引力	领导能力
	心理健康	身份地位	
宜人性	宗教	同伴接纳	社会兴趣
	宽容	约会成功	工作成就
	幽默		避免犯罪行为
	心脏健康，长寿		
	心理健康		
尽责性	宗教信仰	家庭满意感	工作表现
	良好的健康习惯	约会满意感	职业成就
	长寿		政治保守性
	避免药物滥用		避免犯罪行为
神经质	不开心	糟糕的家庭关系	工作失败
	糟糕的应对		犯罪行为
开放性	宽容，灵感		艺术兴趣
	物质滥用		政治自由主义

来源：改编自奥泽等（Ozer & Benet-Martínez，2006）。

　　人格影响这么多重要结果的原因是它存在于个体一生当中。每时每刻，人们可能因为某种原因在做各种事情。但随着时间推移，例如一个尽责的人，他/她的行为方式指导自己的各种行为，这样累积起来的生活结果将与那些不尽责的人完全不同。奥泽（Ozer）和贝内·马丁内斯（Benet-Martínez）总结如下：

　　关于人格是否具有跨时空稳定性的争论……已经有一个……不良影响：掩盖了持不同意见的人首要关注人格的原因，而这些原因中首要的就是人格的重要性。（Ozer & Benet-Martínez，2006）

人和情境

　　所以，大量证据表明人们彼此之间的心理存在差异，人格特质存在差异，而且人们对彼此人格的印象是基于现实而非认知错误得出的。人格特质的确影响重要的生活结果。尽管意识到这些证据对反驳争论是很重要的，但是有时还是会听到"特质仍然是个幻想"的说法。意识到这点之后，同样重要的是考虑人格特质和情境的关系。情境变量和人们在特定环境下的行为有关，而人格特质能更好地描述一般情况下人们的行为（Fleeson，2001）。

关系、工作和生意

例如，想想你的社会关系。每个和你有关系的人都是不同的，如你的父母、兄弟姐妹、朋友、约会对象，而且一定程度上你也以不同的方式对待他们。你可能和三个不同的人约会或有六个好朋友，而没有用完全一样的方式对待任何两个人。有人可能说他们中的每一个都代表向你呈现的不同情境，你需要据此做出不同的反应。同时，在各种关系中，你各方面的行为更加普遍，也更可能保持一致性。研究显示，大量特质，例如外向性、社交性和害羞能预测你拥有多少朋友，以及大多数情况下与他们意见一致或发生冲突的程度（Asendorpf & Wipers，1998；Reis，Capobianco，& Tsai，2002）。你在交往行为中最根本的方面可能就是让自己感到快乐。三个人格变量——低水平的消极情绪、高水平的积极情绪和"约束"——可以预测人们能在多大程度上拥有成功的人际关系，不管是与什么人的关系（Robins，Caspi，& Moffitt，2002）。

在工作场所中可以发现另一个好例子。每份工作都有自己要求的特殊情境；有些要求细节的认真，有些要求机械技术，有些要求和客户建立良好的关系，等等。但是正如工业心理学家沃特·褒曼（Walter Borman）和刘易斯·潘那（Louis Penner）所说，出众的工作表现在所有工作中都需要。其中特征之一就是被他们称为"主人翁绩效"的行为方式，即雇员尝试以各种方法推进组织目标。这可能包括教新手如何完成工作、化解工作冲突，在出现问题或遇到机会时能够迅速灵活地做出反应，以乐观积极的态度使事物向更好的方向发展。这种行为模式由诸如责任感这种特质预测，不管工作环境是一家商店、工厂还是办公室，都会提高组织的绩效（Borman & Penner，2001）。

因此，了解人格对于经济学研究变得越来越重要。传统上，对他们称之为"人力资本形成"（知识和技能的发展）感兴趣的经济学家关注认知能力，如IQ。一些走在前面的经济学家（包括诺贝尔奖获得者詹姆斯·海克曼[James Heckman]）现在认识到动机、持久性和自我控制这样的人格特质至少同样重要，即便不是更重要（Borghans，Duckworth，Heckman，& ter Weel，2008；Borghans，Golsteyn，Heckman，& Humphries，2011；也见Roberts Kuncel，Shiner，Caspi，& Goldberg，2007）。一个最新研究提供了经济学领域中一个跨情境一致性的例子。研究比较了公司CEO们在经营公司时的"融资"（借大量的钱）大小，与他们在购买自己个人住宅时的"融资"大小。结果发现，在经营公司时冒险举债的人倾向于在个人生活中做出同样的事情（Cronqvist，Makhija，& Yonker，2011）。该发现的一个含义是，如果你不确定是否能够相信你的证券经纪人，[11]你可能需要首先查明他/她的住宅是否丧失了抵押品赎回权！

---

⑪　我希望你拥有足够的个人财产来担心这样的问题。

人们如何和身边人相处、每类工作的特殊要求以及人们发展其技能和处理其财务的方式都是其生活品质的重要决定因素。人格变量是重要的，因为它们组成伴随人们一生的心理，从一段关系、工作和情境到下一段关系、工作和情境。正如我之前说过的，人格是你要一直随身携带的行李。这就是为什么从长远来看——通常不是在短期内——人格会影响那么多重要的生活事件。

交互论

人—情境之争的一个糟糕的遗留问题就是，很多心理学家变得习惯于认为人和情境是对立的力量——当其中一个变得更重要时，另一个就必须变得不那么重要。更准确的看法是，人和情境处于持续的交互作用中，共同产生行为。这个观点称为**交互论（interactionism）**（Funder，2008）。

人和情境在三个主要方面进行交互（Buss，1979）。第一，人格变量的影响可以基于情境，或者反过来。再使用一次第3章的例子，一个典型的研究显示，咖啡因对于参与者完成一些复杂的认知任务的能力没有影响（Revelle et al.，1976）。然而将人格纳入考虑时，结果就变得非常不同。在摄入大量咖啡因后，内向者的成绩变得更差，而外向者的成绩实际上变好了。这是一个真正的人—情境交互：两个变量各自都不起作用；它们共同起作用。

此外，情境并不是随机的：特定类型的人会进入不同类型的情境，或发现他们自己处于不同类型的情境当中。这是人—情境交互的第二种类型。摩托党酒吧或许是一个每星期六晚上都会爆发打斗的地方，但是一开始只有特定类型的人会选择去这样的场所。

第三种交互源于人们通过他们在情境中的行为而改变情境的方式：一旦某个人挥出第一拳，摩托党酒吧里的情境就突然改变了。人们改变情境然后对这些改变做出反应的过程可以非常迅速。根据一项研究，当允许怀有敌意的人对彼此大吼大叫时，他们会使双方的攻击性迅速增加；当一方惩治另一方时，对方回以惩治，甚至变本加厉，事态由此升级，直到情境变得真的（字面意义上的）震耳欲聋。敌意较低的人则更能避开这种恶意的循环。正如研究者提醒的，"好斗的个体会为他们自己创造出充满敌意和攻击性的环境"（Anderson，Buckley，& Carnagey，2008）。

人、情境和价值观

回顾人—情境之争的历史，我被两件事打动。第一，米歇尔关于人格不存在的论断如此强有力地影响了心理学界，即使他在1968年书中最初的观点简短且没有很好的证据支持；第二，争论一直到今天——尽管不如以前深入。现在你看看心理学文献就会发现，人格很少能告知我们行为，而有很多情境的微小变化会使行为发生改变。这暗示着，尽管争议那么多，仍然可以明确的是，人们的行为大多还是取决于他们所处的情境。

人—情境之争很早就开始，但迟迟没有得到解决，这表明还存在着更深层次的问题。

人—情境之争很早就开始，但迟迟没有得到解决，这表明还存在着更深层次的问题（Funder，2006）。这只是一个猜想，所以你可以根据自己的意愿决定接受与否，但我认为许多心理学家还是渴望接受情境论的，因为它所揭示出的人类本性，对他们的哲学甚至政治观念都颇有吸引力。情境论者的世界观，至少表面上让人们认为他们在各种情境中可以自由地做他们想做的，而不需要受制于稳定的人格。情境论者还认为人人平等，不同人的结果不同是因为处于不同的情境，发挥了不同的功能。有人富裕有人贫困，有人受欢迎有人受排挤，有人成功有人失败。情境论者认为这都是因为环境，也就是说在恰当的环境下任何人都可能富裕、受欢迎并成功——真是令人愉快的想法。而持相反观点，坚持个体确实有差异的一方认为，即使在最好的环境下，具有某些特质的人也可能得到相对糟糕的结果——这可并非一个有吸引力的角度。一个情境论者的观点也可以——有点自相矛盾地——帮助人们免于责难。对于他们在二战期间犯下的暴行，纳粹官员典型的辩护词就是"我只是听从命令"。他们说得很对，且这个说法与以作恶者受到恶劣环境的影响为由为犯罪行为开脱如出一辙。如果情境真有这么大的力量，那么我们所做的任何事都不是我们的错了。

图4.2 莫瑞（左）和布朗（右）

人格心理学家亨利·莫瑞（Henry Murray）曾和社会心理学家罗杰·布朗（Roger Brown）争论
每个人是否基本上是一样的。几年后，布朗认为莫瑞是对的：人们不同于彼此。

认为人格更重要的观点是相当不同的。它认为探讨人格是理解人类本性的需要而非"找一把适合所有人的尺子"，而且它欣赏每个个体独特的方面。它也提供了这样的可能性：一个人可以发展稳定的个人风格，这使得他/她能够以超越情境的方式做一致的自己，而不用随情境摇摆，有时候甚至是强迫改变。因为他们用内在对行为的决定力量超越了看起来势不可挡的情境力量。相反，当我们欣赏那些随机应变的人时，一个人却可能因为太灵活而不能控制、两面性、不可信赖——一句话，不一致。⑫

――――――――――

⑫ 我在这里打个赌，你对这句话的反应可以通过你在自测4.1中的得分被预测出来。如果你的分数高，那么你是赞同的；如果你的分数低，那么你是不赞同的。

所以，当心理学家或非心理学家争论人—情境的重要性时，他们可能真的是在争论基本的价值观，甚至生活的意义！而这些信念如此根深蒂固，可能不管得到什么样的数据，争论依旧会持续下去。

或许人—情境之争的解决能为这个问题提供新的解释。我们已经看到，人们在使自己的行为适应于特殊情境时会继续保持他们的人格（Funder & Colvin，1991；Fleeson，2004；Roberts & Pomerants，2004）。所以，人灵活适应情境和一致性的个人风格这两个观点其实根本不冲突。如果这点能得到很好的理解和广泛的接受，那么就能达到更深刻的认识：承认社会情境对生活结果的影响并不会使其与个人责任感脱离关系。个体自由和真实对待自己其实是兼容的。我们不需要在这些核心价值观之间进行选择，因为它们本来就不对立。如果人—情境之争的解决能帮助我们理解这一点，那么人格心理学家就是为理解人性打开了一扇窗。

人们是不同的

哈佛大学著名的社会心理学家罗杰·布朗在他的职业生涯晚期写道：

作为一名心理学工作者，在这么多年里……我一直以为人格的个体差异被夸大了。我把人格心理学家比作文化人类学家。文化人类学家对异域发现很感兴趣，并且因这些发现而成名。我曾经对哈佛著名的人格心理学家亨利·莫瑞说："我认为人们都是一样的。"莫瑞当时的回应是："噢，你真的那么认为，你是那么认为的吗？你根本就不知道你在说什么！"我确实不知道。（Brown，1996）

这个简短的交谈浓缩了人—情境之争。历史上，甚至某种程度上到今天，社会心理学家倾向于把个体差异看作相对不重要的，而人格心理学家当然把差异放在首要且核心的位置。罗杰·布朗后来认为人格心理学家是正确的，但在此前的岁月中他一直持相反的观点。他最后同意大部分非心理学家始终依靠自己的知觉，以及人—情境之争的核心：人们彼此在心理上并不相同，而且这些差异很关键。这个结论揭示了心理学家长时期努力思考的成果，是描述差异的准确方式。开发出合适的测量技术，并找到可以用之预测的方法，同时理解人们的行为，这些工作都是很重要的。这些正是接下来三章的主题。

总　结　••

个体差异的测量

• 人格特质论首先假设个体以各自独特的方式思考、感受和行动。这些模式被称为人格特质。

人是不一致的

• 然而用特质作为人的分类标准产生了一个很重要的问题：人的行为是不一致的。有些心理学家认为，既然人在不同情境下是如此不一致，那么用人格特质刻画他们是不应该的。在这个问题上的争论称为人—情境之争。

人—情境之争

• 情境论者——特质论的反对者认为：（1）人格研究文献的回顾表明特质预测行为的能力是有限的；（2）在决定人们的行为上，情境比特质更重要；（3）不仅人格评估（特质测量）是浪费时间，很多人对彼此的知觉在根本上也是错误的。

• 对第一个反对观点的回应是：准确而又全面的文献回顾表明，从特质论角度对行为进行预测其实比通常认为的更好；改进的研究方法能提高这种预测力，而公认的预测上限（大约0.40的相关）产生的结果比通常认定的其实要好。

• 对第二种观点的反驳是，在统计上，很多影响行为的重要情境因素并不比特质影响的效用更大。

• 如果对前两种观点的回应是有效的，那么在第三种争论上，双方都基本无法提供足够的证据，未给自己的观点提供强有力的支撑。

• 大量人格特质术语的存在支持了特质是预测行为和理解人格的有效方式。

人格和生活

• 一项全面而广泛的研究回顾显示，人格特质影响生活的重要方面，包括健康、长寿、人际交往和事业成功。

人和情境

• 情境变量最适合在特殊情境下预测行为，而人格特质则更适用于预测人际交往、工作环境及其他生活情境中一致的行为模式。

• 解决人—情境之争要求认识到人和情境不是在竞争谁对行为拥有更多决定权。相反地，人和情境是彼此交互，共同产生行为的。

• "交互论"认识到：（1）人的影响可以基于情境，或者反过来；（2）不同人格的人会选择不同的情境，或发现他们自己处于不同的情境中；（3）情境受到情境中的人的影响。

● 人—情境之争已经激起并将持续，部分原因在于争论者内心所持的哲学信仰。强调情境的作用暗示着个体平等和个体适应性，而强调人的一方突出自我决定和个体责任的重要性。这种争论的解决或许暗示了这些价值观并非像人们设想的那样不相容。

人们是不同的

● 人们的心理差异是重要的。人格心理学的职责就是描述和测量这些差异，并用它们来预测和理解人们的行为。

思 考 题

1. 你认识的人中人格最稳定的是哪方面？最不稳定的是哪方面？

2. 你会用人格特质来描述自己和他人吗？如果不用，你用其他方法描述自己和他人吗？有哪些其他方法？

3. 你是否曾因为高估人格的一致性而误解其他人的人格？

4. 下次和父母交谈时，向他们解释一致性问题并问问他们是否认为人具有稳定的人格特质。并对没有上过这门课的大学同学这么做。他们的回答有差异吗？有怎样的差异？

5. 你现在处于什么情境中？它决定你的行为吗？你昨天上午10点处于怎样的情境中？它决定了你的行为吗？

6. 除了表4.3所罗列的，你认为还有什么重要的生活结果会受人格影响？

7. 二战后的纽伦堡审判期间，一些战争参与者说他们"只是听从命令"，以此为其暴行辩护。这跟"情境力量太强，他们的行为不是他们自己的个人特征所决定的，所以不应该责怪他们"这样的说法是一回事吗？你怎么看待这种辩护？

8. 社会学家指出，来自犯罪多发社区、经济水平低、家庭不稳定的人更可能做出犯罪行为。这些都是情境因素。这个事实是否意味着犯罪是源于情境而非个人的？如果是的，我们怎么能让个人为罪行负责？

9. 问题7和8中描述的例子彼此有何不同？

推荐读物 >>>>>

Kenrick, D. T., & Funder, D. C. (1988). Profiting from controversy: Lessons from the person-situation debate. *American psychologist*, 43, 23-34.

这是一本回顾"人（特质）—情境之争"的著作，适合一般心理学爱好者（不只适合人格心理学者）。肯里克和我（指原书作者）希望以此终结"人（特质）—情境之争"，它差不多起到了这种作用。

Mischel, W. (1968). *Personality and assessment*. New York: Wiley.

正是这本书引发了成百上千的争论——由此触发了"人（特质）—情境之争"。作者的文笔很好，尤其是重要部分写得非常简明扼要。

Ross, L., & Nisbett, R. E. (1991). *The person and the situation: perspective of social psychology*. Now York: McGraw-Hill.

这是关于坚持"情境"立场的清晰说明。

电子媒体 >>>>>

登陆学习空间 *wwnorton.com/studyspace*，获得更多的复习提高资料。

5

人格评估Ⅰ：人格测验及其结果

如果一个事物是存在的，它必然以某种量的形式存在，如果它确以某种量的形式存在，它就一定可以被测量。

——爱德华·李·桑代克[1]

你比你的邻座更外向一点吗？你更有责任心吗？如果你同意第4章的结论——人格特质是存在的，并且对我们的生活有重要的影响，那么桑代克这句话则提示我们下一个任务是去测量这些特质。谁是这个房间里最外向或最负责的人？为了回答这一类的问题，或者在更广的范围内，为了通过研究人格特质更好地理解心理现象，预测行为或为了其他任何目的，接下来关键的一步就是对人格进行测量。在下两章中将会探讨人格评估，即试图将测量人格特质的行业精确化。

人格评估的本质

人格评估是一个由临床心理学家、工业心理学家参与的，伴随着大量研究的专业性活动，并且，它还是一项有着持续外在需求的、蓬勃发展的产业。临床心理学家会测量个体的抑郁程度以安排对其的治疗，雇主们会更关注个体的尽责性以决定是否聘用他/她。个体的**人格**（**personality**）包括：他/她的行为、思维和具有跨时间、跨情境稳定性的情绪经验的特有模式

---

[1] 摘自Cunningham，1992。

（Allport，1937）。这些模式包括许多类型的变量：动机、意图、目标、策略和主观表征（人们知觉和建构他们世界观的方式，见第17章）。它们揭示了在多大程度上个体倾向于一个目标并反对另一个，认为世界是变化的而非固化的，是否经常很开心，是乐观的还是悲观的，是会被同性吸引还是会被异性吸引的。以上所有的这些及没有被列举到的变量都是个体心理构成的相对稳定的属性，要想对它们进行测量就肯定离不开人格评估。因此，人格评估是一个相当宽泛的领域，几乎涉及人格心理学、发展心理学和社会心理学中的每一个主题。

并且，人格评估不仅仅是心理学家的工作。这些人格评估是由你自己、你的朋友、你的家人来进行的全天候的评估。还有我，在我下班以后也会进行这样的评估。正如我们在第4章开始时所提到的那样，人格特质是我们看待自己和他人的基础，宗教和哲学文章中也显示，人们至少从公元前1000年前就已经会对人格进行判断了（Mayer，Lin，& Korogoksy，2011）。我们根据自己的这些评估去选择一些人成为自己的朋友，而避开另外一些人——这个人是可靠的、乐于助人的或者是诚实的么？其他人也是这样来判断我们的。我们的自我感觉甚至也会部分地基于对自身人格的信念：我是有能力的、和气的或是粗暴的么？这些我们对自己和他人的人格做出的判断往往比任何心理学家所做出的评估更具影响力。

无论这些人格评估是来自一个心理学家、一个熟人还是一项心理测验，最重要的一点是，这种评估在多大程度上是正确或是错误的。当我们评价专业的人格诊断或人格测验时，往往会考量它们的效度（validity）。而当我们评价业余的人格判断时，采用的术语是准确性（accuracy）。

评估的基础便是要考虑到效度或者说是准确性。两个最基本的标准便是：一致性和预测性（Funder，1987，1995，1999）。一致性标准考察的是：得到的人格评价和通过其他评价工具获得的结果是一致的吗（专业的或业余的）？预测性标准考察的是：人格评价的结果能够用于预测行为或生活事件吗？

本章和下两章的主题是人格评估——专家和普通人如何评估人格？这一章将继续探讨人格评估行业，心理学家如何设计和使用人格测验及测验的结果。第6章探讨的是普通人，即那些没有受过心理学训练却每天都在使用心理学的个体做出的人格评估。

测验行业

美国心理学会（APA）每年都有一个例会。上千名心理学家下榻于旧金山、波士顿，或者华盛顿等大城市的酒店里，一连几个星期，举行各种会议、研讨会和鸡尾酒会。最诱惑人的当属其中的展览厅，在那里有上千个高科技的、设计精巧的展览柜。这些展览柜是由多家公司花费很大的工夫设置的。其中一组是教科书的出版商，所有的广告都是为了说服那些和我一样的大学教授把它们指定为学生需要阅读（以及购买）的教材（就像你手中的这本书一样）。另一组是音像制品和各种用于治疗和科研的、有点奇怪的小玩意的制造商。然而，还有一组是心理测量的从业人员。他们的展览柜陈列着各种各样的免费样品：除了人格和能力测验外，还包括购物袋、笔记本甚至遮阳伞。这些赠品十分突出地展示了各个企业赞助商的商标：心理学有限公司（the Psychological Corporation）、咨询心理学家出版社（Consulting Psychologists Press）、人格及能力测量所（the Institute for Personality and Ability Testing），等等。这些噱头都是为了销售人格测验。

你并不需要参加APA的年会去拿免费的人格测验，在芝加哥的北密歇根大道、波士顿共同带、旧金山市的渔夫码头、洛杉矶的韦斯特伍德，我见过许多人分发着颜色鲜艳的小册子，上面印着"你是否对自己很好奇？册内是免费的人格测验"。翻开册子，里面是貌似传统人格测验的东西——有两百道问题需要判断是或否（例如，一个条目如下：即使争论解决了，你依旧会不高兴一阵子？）其实，这个测验就像是一个招募摊位。如果你拿上小册子并给自己做一个免费的评估——这是我所不推荐的——你将会被告知两点：第一，你确实存在问题；第二，给你做测验的人知道治疗的途径——你需要加入一个"教会"，它能提供治愈你的技术（甚至是奇特的电子仪器）。

那些在APA年会上分发免费样品的人格测验的从业人员和那些在北密歇根大道上分发免费人格测验的人有着许多共同点。两者都是在寻找新的顾客，都使用各种广告手段去推广产品（例如，免费样品）。他们分发的样品表面看起来十分相似。他们都利用了人们试图了解人格的普遍心态。封面上印着"你对自己好奇么？"的小册子，其实是激起了一个难以抗拒的问题。APA年会上分发的更正规的测验样品同样做出了吸引人的承诺：帮你探索自己或他人的有趣的、重要的、有用的人格特点。

但是在表面之下，他们并不是相同的。在APA年会上宣传的测验被证实在大多数情况下是有效的、可靠的。那些在海岸线等旅游胜地上推广的测验则是不可靠的且有着潜在危险的。但是仅仅看外观，你并不能区分这两类测验。为了分辨有效的测验和无效的测验，你需

"他看起来很有前途，不过我们还是看看他在笔试部分的表现吧。"

要知道人格测验和评估是如何建构的，如何使用的，以及它们在什么情况下是无效的。让我们进一步探讨。

人格测验

那些在APA年会上有上佳表现的人格测验公司都做成了不错的买卖。他们把产品卖给临床心理学家、大公司的人力资源部门，甚至军队。你应该至少做过一份人格测验，并且以后会做更多这样的测验。

使用最为广泛的一份人格测验是第2章中介绍的明尼苏达多项人格测验（MMPI[②]）。这个测验用于对存在心理疾病的个体进行临床评估，有时候也用于招聘筛选。另一个使用较多的测验是加利福尼亚心理测验（CPI），这个测验和MMPI在很多方面存在相似之处，但后者主要是用于对正常个体的评估。其他的人格测验还包括16种人格因素测验（16PF），用于学校中的职业指导的斯特朗职业兴趣量表（SVIB），用于人员选拔的霍根人格问卷（HPI），等等。

许多人格测验，包括上述列举的，都是多项人格量表，即用于测量广泛的人格特质。例如，NEO人格测验使用许多分量表测量了五种范围较广的人格特质（Costa & McCrae，1997）。[③]

其他的人格测验测量的是个体的某一种特质，例如：害羞（shyness）、自我意识（self-consciousness）、自我形象监控（self-monitoring）、共情（empathy）、归因复杂性（attributional complexity）、非言语感受性（nonverbal sensitivity）、A型人格（一种容易引发心脏病的敌对型的人格模式）、C型人格（一种容易引发癌症的被动型人格模式）等。尽管没人统计过精确的数量，但现存的人格测验就已经成百上千了，并且还将不断出现。

S数据人格测验与B数据人格测验

大多数人格测验提供的都是S数据，这一术语在第2章已经提到过了。这些问卷会问你是什么样的，然后给出一个总分用于描述你的特点。害羞测验由一组问题组成，询问你害羞的程度；归因复杂性问卷会问你觉得人们行为的原因有多复杂，等等。其他的人格测验提供的是B数据。MMPI就是一个很好的例子。它的一些条目——"我选择淋浴而不是沐浴"——并非是因为测试者对问题的字面含义有兴趣，而是因为这一条目是能提供人格某些方面的信息（在这个例子中，选择淋浴就是基于共情的某种反应）（Hogan，1969）。

近来出现了另一类B数据人格测验。内隐联结测验（*Implicit Association Test*，简称IAT）测量的是参与者分辨与自我有关的题目和与他人有关的题目的反应时之差，以及与某个人格特质有关的题目和无关的题目的反应时之差（Greenwald，McCrae，& Schwartz，1998）。有研究就使用这种方式测量了害羞（Asendorpf，Banse，& Mücke，2002）。每个参与者坐在电脑面前，对于

---

② 为了让测验看起来更神秘，按照传统，所有的人格测验者使用首字母的缩写作为测验的简称。
③ NEO最先是神经质、外向性和开放性的简称。后来的测验版本加上了宜人性、尽责性。尽管可以把测验的简称改为OCEAN，但NEO仍被一直沿用（John，1990）。

屏幕上出现的题目是针对自己的还是针对他人的（例如，"我""其他人"），是和害羞有关的还是和害羞无关的（例如，"内敛""率直"）尽快做出反应。最后，参与者同时完成这两类任务。这一测验是基于如下理论的：即个体如果是内隐的、并非有意识地知道自己是害羞的，那么把"我"和"害羞"联系起来的速度要快于把"我"和"非害羞"联系起来的速度。这个研究同时也收集了传统的S数据，即对于自身害羞程度的评价。最后，参与者被安排和一个富有吸引力的异性接触，并且这一过程会被录像。设计这一过程是为了引发个体的害羞。

有意思的是，结果显示个体能够有意识地控制的害羞的一些方面，如交谈的时间，可以被S数据（即个体自评的害羞得分）所预测（个体越害羞，说话越少）。然而，更接近无意识的害羞指标，如面部表情、身体姿势的紧张性则能被IAT更好地预测。这一结果表明，个体对于自身害羞的认识只有部分是有意识的，然而他们深层的、潜在的认识不但是可以被测量的，还可以用于预测行为（这一点在第12章和第17章会详细叙述）。

智力是人格特质吗？心理学家们对此有不同的观点。无论站在哪一方，都得承认智力测验或智商测验提供的都是B数据。试想，使用S数据去评估智力，测验将会包括如下一些问题："你是一个聪明人吗？"或是"你数学好吗？"事实上研究者们的确尝试过这样做，但是事实证明，用简单地询问个体是否聪明来测量智力是一种拙劣的方法（Furnham，2001）。因此，IQ测验问个体各种有难度的问题，这些问题有具体和正确的答案，例如推理问题和数学问题。个体回答问题正确的数目越多，他们IQ测验的得分就越高。这些正确或错误的答案组成的就是B数据。

一些评估专家提出将基于B数据的人格测验称为"基于表现的"工具（McGrath，2008）。这些包括IAT、MMPI和IQ测验这样的工具。它们也包括传统上被称为"投射"测验的工具。相反，基于S数据的测验传统上被称为"客观性"测验。让我们看看这两种测验，从投射测验开始。

投射测验

投射心理

投射测验（projective tests）建立在一个有关如何洞悉个体内心的理论之上，这一理论被称为"投射假设（projective hypothesis）"。该理论是：如果向个体描述或呈现了一个无意义、含义模糊的刺激，如一块墨迹，他/她的回答并不源于这个刺激本身，因为这个刺激本身看起来既不像什么东西，也没有什么意义。事实上，个体的反应来自其需要、感受、经历、思维过程，以及心理的其他隐藏方面（是一种"投射"）（也见Murray，1943）。这一反应甚至揭示出个体并不了解的自身的一些信息。

例如，著名的罗夏克墨迹测验（*Rorschach Inkblot Test*）正是建立在该理论之上的（Rorchach，1921；Exner，1993）。著名的瑞士心理学家赫尔曼·罗夏克（Hermann Rorchach）将几滴墨汁滴到了卡片上，将卡片对折，然后再将其展开。结果得到一组看起来很复杂的墨迹。④数年中，不计其数的精神病医师和临床心理学家向他们的来访者展示了这些墨迹并询问他们在其中看到了什么。

（a）   （b）

图5.1 两个投射测验

（a）罗夏克墨迹测验：这张图类似——但并不是——罗夏克的著名测验中的一张墨迹图。真正的墨迹图传统上是不出版的，这样人们才会在接受测验时第一次看到它们。

（b）主题统觉测验：任务是根据类似这样的系列图编故事。故事的主题被认为显示了个体自己未曾意识到的"内隐动机"。

当然，字面上唯一正确的答案就是"它是一块墨迹"。但是这一答案却被视为一种不合作的反应。相反，测试者希望来访者能报告看见了一片云、一个恶魔、他/她的父亲，或者任何东西。我曾听说一个临床心理学家描述一位来访者报告在墨迹中看见了"哭泣的圣伯纳"。做出该回答的女性正为一次划船事故伤心不已，她在事故中意外杀死了自己的丈夫。心理学家在其解释中指出：狗不会哭，但人会，并且圣伯纳传统上是一个救人的角色。这个解释表明，无论来访者看到了什么，由于它并没有真的呈现在卡片上，因此它必然揭示了个体内心的一些内容。它也表明，对墨迹的反应所揭示的想法并不一定是深层的、隐藏的或神秘的。尽管它的确很有意思，而且可能有助于这位治疗师知道他的来访者仍然为事故感到悲伤，这并不真的令人意外。

解释有时会更加微妙。考虑对看起来很像一只蝴蝶的罗夏克测验卡片I的两个回答。⑤一个来访者说："这是一只蝴蝶。它的翅膀被撕裂扯碎了，它活不长了。"对于同一张卡片，另一个来访者说："这是一只蝴蝶。我不知道这些空白的地方是什么，我不知道哪种蝴蝶的翅膀上有像这样的白点。它们不应该存在，我猜它的翅膀被撕裂了。"（McGrath，2008）

---

④ 据说，罗夏克做了许多这样的墨迹，但只保留了其中"最好的"一些。我对于他如何决定该保留哪些墨迹提出质疑。

⑤ 我希望我不会透露出一些令人尴尬的说法。

心理学家罗伯特·麦克格拉斯（Robert McGrath，2008）指出，第一个回答看起来揭示了一些病态的执着，由于它提到死亡且重复使用"撕裂"和"扯碎"。第二个回答显示了一种着迷或过度分析的倾向，来自一个假设：对墨迹的反应不仅反映了想法，还反映了人格的运作方式。

基于同样的逻辑，研究者开发了大量的投射测验。画人测验（*Draw-A-Person Test*）要求来访者绘制一个人（依据你的猜想），并根据所画的这个人进行解释（例如，一个男人或一个女人），这个人身上的某些部分被夸大了，某些被省略了，等等（Machover，1949）。大眼睛被认为是多疑或妄想症的象征，深色的阴影暗示着侵略性，大量的擦除痕迹揭示了个体存在着焦虑。经典的主题统觉测验（*Thematic Apperception Test*，简称TAT）要求来访者根据一组绘有人和模糊事件的图画讲故事（Morgan & Murray，1935；Murray，1943）。近来出现了一个包含五幅图画的简版测验，该测验包括如下五幅图：一个身着方格T恤的男孩，两个穿着实验工作服的女人，坐在秋千上的一男一女，两个在车间工作的男人以及一个在平衡木上锻炼的女人（Brustein & Maier，2005）。来访者所报告的故事的主题被用来评估个体的动机状态（ McClelland，1975，Smith，1992）。如果个体看到一个绘有两个人的图画时，认为两人在打架，这就意味着该个体有变得富于侵略性的心理需求；如果他/她认为这两个人在恋爱，这就反映出他/她对亲密关系的渴求；如果他/她认为是一个人在对另外一个人发号施令，这就反映出他/她对权力的需求。

• • • • • • • • • • • • • • •
来访者报告在墨迹中看见了"哭泣的圣伯纳"。

自测5.1　两个投射测验

说明： 看看图5.1（a）中的墨迹。在纸上写下它在你看来像什么，一到两句话即可。然后看看图5.1（b）中的图画。想象它描绘了什么，然后写下：

1.图中的人是谁？

2.他们在做什么？

3.他们之前在做什么？

4.接下来会发生什么？

完成之后，将图画给一个朋友看，不说出你的回答，让他/她做同样的事情。然后，比较你们的回答。它们有差异吗？你认为这些差异有什么意义吗？它们是否揭示了某些出人意料的东西？

请注意这些都不是真正的人格测验（墨迹并不属于罗夏克测验，图画也不属于TAT）。然而，这个练习会让你对这些测验的运作方式有大概的了解。

某种投射测验甚至可以被用于"远方的"来访者，他们不用来到心理学家附近（Winter，1991）。心理学家试图通过分析故事内容、文章、信件，甚至政治演说来评估需求和人格的其他方面。

所有这些测验背后的投射假设都非常有趣并且十分合理，对于现实反应的解释也十分有吸引力。大量临床心理学的实务工作者对其功效都十分称道。然而，令人吃惊的是，有关其效度的研究数据——即该测验在多大程度上测量到了它们旨在测量的内容——是十分缺乏的（Lilienfeld，Wood，& Garb，2000）。

再次使用第2章中的术语，所有的投射测验提供的都是B数据。它们是对于某个特殊的刺激，如墨迹、图画等具体的、直接可观测的反应。因此，所有B数据的缺陷在投射测验中都存在。一方面，它们的成本很高，做一套罗夏克墨迹测验本身需要45分钟，而对其结果进行评分还需要1.5—2小时（Ball，Archer，& Imhoff，1994）。我们可以将其与发放一堆问卷并用计算机评分所需的时间做一个对比。这是一个很重要的问题，因为对于罗夏克墨迹测验来说，较低的效度指标是不够的。如果罗夏克墨迹测验想继续被使用，它就必须提供一些额外的信息来证明其高额的成本是值得的（Lilienfeld et. al.，2000）。

投射测验一个更根本的问题在于，和其他类型的B数据相比，心理学家们无法断定罗夏克墨迹测验提供的数据究竟表示什么意思。当有人认为墨迹代表的是外生殖器时，当有人认为一幅模棱两可的图画描绘的是谋杀现场时，当有人画出了没有耳朵的人时，意味着什么呢？答案以及这一答案的效度依赖于解释者（Sundberg，1977）。除非有一套标准化的评分系统，否则两个不同的解释者即使面对同一个反应也会得出不同的结论。对于投射测验来说，只有主题统觉测验是参照一个良好的评分系统来评分的（McAdams，1984）。然而，正像前面所提到的那样，罗夏克墨迹测验的评分系统是针对罗夏克本人而设计的（Exner，1993；Klupfer & Davidson，1962），并非每个评分者都在使用它，甚至大多数评分者得到的有关这类系统的培训都不是很理想（Guarnaccia，Dill，Sabatino，& Southwick，2001）。很多现存的投射测验都是根据测验解释者自身的偏好来进行解释的。

大部分投射测验的寿命都延续到了21世纪，这多多少少有些神奇。即使是那些证明了投射测验有一定的效度的文献也提出，的确存在成本更低但是效度相同甚至更好的测验（Garb，Florio，& Grove，1998，1999；Lilienfeld et. al.，2000）。[6]正像测量专家安·安娜斯塔斯（Ann Anastasi）在20年前写的那样，"投射测验为我们呈现了研究和现实之间奇妙的差异。当它作为精神分析治疗师的一种治疗手段时，大部分的投射测验效果都不理想，然而它在临床上依然很流行"（Anastasi，1982）。她的评论至今仍是正确的（Camara，Nathan，& Puente，2000）。

投射测验的持续使用可能是因为一些临床心理学家在愚弄自己，认为它们是有效的。有作者曾提到这些临床工作者们可能缺乏"一种并非与生俱来的能力：无视那些鲜活的引人注目的主观经验的数据，而代之以由那些客观研究得到的枯燥的、非个人化的数据"（Lilienfeld，1999）。或许问题不是这些测验没有价值，而是它们被用在了不合适的目的上（Wood，Nezworski，& Garb，2003）。或许，正像其他研究者所说的那样，这些测验的效度好坏都在其次，只要不是出于心理测量的目的，相反它们在来访者和治疗师初次见面时提供了一种"破冰"功能。或者，存在这样一种可能性，即对于那些技艺娴熟的临床工作者来说，这些投射测验存在某种特殊的效度，它不能为其他技术所重复，也没有研究能够理解这种效度。

评价罗夏克测验和主题统觉测验

基于传统的标准，几乎只有两个投射测验建立了效度，这种说法可能是合理的，因此让我们

---

⑥　一些人感到自己受投射测验所害，他们强烈反对使用投射测验。墨迹和TAT图画这样的刺激过去被作为秘密保存，而现在在好几个网站上都可以得到，还有对最佳回答的建议。

进一步探讨其证据。

其中之一是罗夏克测验，根据一项调查，有52%的临床心理学家至少偶尔会使用它（Watkins，Campbell，Nieberding，& Hallmark，1995）。它在临床心理学最常使用的测验中排第四，[7]并且在临床研究生项目中仍被广泛教授。当使用两种特殊技术——艾克斯纳综合系统（Exner，1993）或克洛普弗技术（Klopfer & Davidson，1962）之一进行评分时，罗夏克测验能够得到最好的结果。根据一篇综述，从这些系统之一获得的分数和从与心理健康相关的多种标准获得的分数之间的相关系数平均为0.33（Garb et al.，1998）。[8]通过回忆第3章关于BESD的讨论，这意味着两分（对或错）的诊断决策使得使用罗夏克测验在66%的情况下是正确的（假定随机决定有50%的正确率）。最新研究也显示，罗夏克测验可能尤其有效——并且实际上比MMPI更好——在预测特定事件如自杀或送入精神病院时（Hiller，Rosenthal，Bornthal，Berry，& Brunell-Neuleib，1999）。[9]

另一个已经建立了一些效度的投射测验——或许比罗夏克测验更好——是主题统觉测验（TAT）（McClelland，1984）。在现在的研究中，这个测验常常以一种更新颖、更简短的形式进行，被称为图片故事练习（PSE）（McClelland，Koestner，& Weinberger，1989）。该测验的刺激来自8张图片或照片（版本各异）中的4张，图片显示一位船长对乘客说话或两位女性在实验室里工作这样的场景，来访者的得分信度可以很高（Schultheiss，2008）。目的是测量内隐动机，即关于成就、亲密度、权力以及其他参与者可能没有意识到的东西。研究显示，这些动机与复杂思考（认知复杂性）、个体最难忘的记忆以及其他心理事件有关（Woike，1995；Woike & Aronoff，1992）。

TAT（及其相关测验，如PSE）和更加传统的客观性测验（在下一节中会讨论到）测量的是人格的稍有不同的方面，这是可能的。对于同一特征——如"成就需要"——的投射性测验和问卷测验通常相关度不高，这是事实（Schultheiss，2008）。同一个人在一个内隐（投射）测验中得高分，而在一个外显（客观性）测验中得低分，或者反过来的情况并不少见。研究者提出，这是因为TAT所测量的动机反映了人们想要的，而问卷所测量的特征预测了这些动机如何表达。例如，TAT可能显示某人有很强的权力欲，而一个更加传统的测验可能会显示他/她将如何去获得权力（Winter，John，Stewart，Klohnen，& Duncan，1998）。或者，对成就需要的问卷测验可能预测了一个人有意识地选择了如何去努力，而TAT可能预测了他/她将会在工作中做出多大的努力（Brunstein & Maier，2005）。一个研究发现，PSE所测量的内隐成就需要能够预测数学考试中的好成绩，但不能预测某个人是否会主动承担领导者的角色。另一方面，对外显成就需要的问卷测验预测了对领导地位的寻求，但不能预测数学考试成绩（Biernat，1989）。

---

[7] 如果你感到好奇的话，前三名是：韦氏成人智力测验、MMPI、韦氏儿童智力测验（Camara et al.，2000）。

[8] 综述作者的要点是，MMPI的效度更高（在他们的分析中，$r = 0.55$），由于对施测者来说，MMPI要便宜得多，因此应该用MMPI代替。同时，可能是无意的，他们也就罗夏克测验的效度提供了令人信服的证据。

[9] MMPI在精神疾病诊断预测和自我报告得分方面更好，很多人加入了这场争辩（Garb，Wood，Nezworski，Grove，& Stejkal，2001；Rosenthal，Hiller，Bornstein，Berry，& Brunell-Neuleib，2001）。

最后这些发现解释起来可能有点困难，但它们符合对内隐成就需要的一个看法。通过对大量研究的总结，舒尔特埃斯（Schultheiss，2008）提出，如果能够完全自主地设定目标，并且所做的事情能够经常获得反馈，那么高成就需要的人就能在工作中取得成功。例如，经营一家小公司会让他们如鱼得水，因为他们能够完全控制公司的运作，可以检查每日现金流。然而，当高成就需要的人进入更大型的组织时，处于他们个人控制下的活动较少，而更多地要依靠其他人的努力，他们就会变得不那么成功，因为他们缺少管理或人际技能（McClelland & Boyatzis，1982）。他们也不会成为特别好的美国总统。大卫·温特（David Winter，2002）指出，在其就职演说中表露巨大成就需要的总统（例如，总统威尔逊、胡佛、尼克松和卡特）以一阵忙乱的行动开始，因为政治阻碍而变得沮丧，最后没有取得什么成就。

图5.2 分析总统的需要

基于对图中人物就职演说的分析，心理学家大卫·温特认为：（a）吉米·卡特总统是"成就"需要最高的；（b）乔治·布什是合群性最强的；（c）约翰·肯尼迪是"权力"需要最高的。（巴拉克·奥巴马当时尚未被选为总统。）

客观性测验

那些被心理学家们称作"客观性"的测验一眼就能被看出。如果一个测验是由一系列是非题或者对错题组成，或是一个量化的量表，尤其是如果它使用计算机答题卡的话，那么它就是一个**客观性测验（objective test）**。这一术语来自于这个观点：即和投射测验中使用的墨迹和图片相比，组成客观性测验的各个问题都更加客观、不那么受测验解释者的主观影响。

测验题目的效度和主观性

其实，我们不确定使用客观（objective）这一术语是否贴切（Bornstein，1999a）。著名的明尼苏达多项人格测验中的第一道是非题——"我喜欢机械杂志"（Wiggins，1973），看似比"你从这块墨迹中看到了什么？"要显得客观。但是，表面上的东西往往具有误导性。例如，喜欢，意味着兴趣、爱好、赞美还是容忍？喜欢这些杂志是否意味着经常去阅读它们？《流行机械》（Popular Mechanics）和《高保真》（High Fidelity）是否都是机械杂志？《电脑世界》（Computer World）也是么？机械杂志所指的是否只是流行杂志，还是说那些专业机械的贸易杂志和由机械工程的专家所撰写的研究类杂志也包括其中？通常来说，这道题并不是特别成问题；它是一道典型的测验题。它表明了"客观性"可以多么令人难以捉摸。

客观性测验中的题目或许并不像投射测验中的题目那么模棱两可，但依然不是绝对客观的。绝对客观的题目可能根本就无法编制，即使能编制，这些题目可能也无法达到测验的目的。试想一下，如果每个人都以同样的方式去阅读和理解一个题目，那么，是否每个人对这个题目的回答也是一样的呢？如果是，那么这个题目就无法用于评估个体差异了。某些时候，对客观性测验来说，测验题目存在模棱两可的情况并不是一个缺陷，为了提供有关人格评估的有效信息，对测验题目的理解就必须是主观的。

哈里森·高夫（Harrison Gough）——加利福尼亚人格测验（*California Pesonality Inventory*，简称CPI）的发明者——在他的问卷中加入了一个适用性量表，对于这个量表中包含的题目，人们的回答有95%的一致性。他加入这个量表以检验那些假装自己能读懂这些题目的文盲以及那些故意捣乱的参与者。这个测验的平均正确率是95%，但是文盲回答的正确率通常只有50%（因为测验题目都是是非题）。这样一来，通过这个量表，就能很容易鉴别出那些用丢硬币的形式（硬币中正面在上选"是"，反面在上选"非"）来完成加利福尼亚人格问卷的参与者（像我从前的一个学生那样）。

用这种方法编制一份适用性量表是明智并且有趣的，但是在此提到这个量表是因为另外一个原因。高夫报告说，当个体在回答这些题目的时候，例如，"当别人剥夺了我的权利时我会反击"（答案为"是"）——他们并不会对自己说"这么简单的问题，我敢打赌每个人都会像我这么回答"，而会说"我终于找到了一个我能读懂，且不是模棱两可的问题了。"人们喜欢回答适用性量表中的问题是因为它们不是模棱两可的（Johnson，2006）。[⑩]不幸的是，适用性量表在人格评估上没有多大效果，因为每个人在这个量表上的回答都没有多大差异。一定程度上的模棱两可对于人格测验而言是十分有用的（Gough，1968；Johnson，1981）。

为什么会有这么多题目？

当你面对一份客观性测验的时候，你注意到的第一个问题便是这个测验究竟包含多少个题目。可能很多。另外一些较短的测验包含12个左右的题目，但大多数的测验所包含的题目较多，一些著名的人格测验（MMPI和CPI）包含数百个问题。完成一份明尼苏达人格测验需要一个小时甚至更长的时间，而且这段时间会相当乏味。

为什么会有这么多题目呢？原因就在于集合原则（见第3章）。个体对于任意一道题的回答并不会提供多少信息，这一回答可能会根据每个人对这个题目的理解和一些外部因素的不同而变化。使用第3章中的术语，一个单一的回答是不可靠的。但是，如果是对一组类似的问题的回答，答案的平均数则是稳定或者说是可靠的，因为随机波动会相互抵消。

因此，可以通过增加人格测验的题目数量来提高其信度。如果你增加一些和现有的题目所测量的特质相同的题目——坦率地说，这也并不容易——此时可以通过计算**斯皮尔曼相关系数**

---

⑩　适用性量表中的另一个问题是："教育比大多数人想象的更重要"，自相矛盾的是，几乎每个人都会回答"是"。

（Spearman-Brown formula）[11]来获得信度增长的精确值，在第3章中有介绍。信度的提高可以是显著的。例如，如果一个10道题的测验的信度是0.60——对于客观性测验来说信度很低，增加10道题可以将信度提高到0.75，这就好多了。将题目数量再次翻倍，达到40道题，信度可以提高到0.86。

想一下第3章中的内容，可信的测验虽经多次施测但结果稳定。不过，你也会想到信度是效度的必要非充分条件。客观性测验的效度取决于它所测的内容，体现在测验建构中就是要编写和选择合适的题目。下一小节会谈到这些。

客观性测验的编制方法

客观性测验的基本编制方法有三种：推理法（the rational method）、因素分析法（the factor analytic method）、经验法（the empirical method）。有时候，还会将这三种方法综合起来使用。下面先来介绍单独使用这三种方法的情况。

推理法

称这种编制测验的方法为推理法并不意味着其他的方法就是非理性的。这仅表示这种编制方法是使用一些直接的、明显的、理性的相关题目去测量问卷编制者想测量的内容。有时候这种方法是建立在研究者感兴趣的、已经存在的、关于人格特质和心理结构的理论上的。因此，问卷编制者道格拉斯·杰克逊（Douglas Jackson，1971）就根据心理学家亨利·莫瑞多年前提出的假设编制了一些测验题目。有时候，这些题目的编制显得缺乏系统性，反映的是研究者所能想到的任何相关内容，这时得到的是S数据；或者是直接的、未经掩饰的自我报告，因此具有表面效度，如第2章中所讨论的。

推理法编制测验的一个先例是在第一次世界大战中使用的一个测验。美国军队发现，如我们所能设想的一样，那些存在心理问题的个体一旦从军，驻扎在拥挤的营房中，并配有武器，那么就可能产生一些问题。为了避免发生这些问题，美国军队发明了一种结构化访谈的方法，精神病学家们将会根据其中包含的一系列问题去考查那些士兵的候选人。随着入伍人数的增长，这种方法显得不切实际了。因为既没有足够的精神病学家，也没有足够

> 那些存在心理问题的个体一旦从军，驻扎在拥挤的营房中，并配有武器，那么就可能产生一些问题。

----

[11] 这里有一些统计学上的更具体的信息。测验的信度是通过以下公式（Cronbach's α）计算得到的：如果n是测验的题目数，p是各个题目之间的相关的平均值，则信度（α）= np/[1+p(n-1)]（Cronbach，1951）。前面提到的斯皮尔曼公式计算的是当你增加一些同质的题目时，测验信度的增量（W. Brown，1910；Spearman，1910）。如果k=n_1/n_2，k即题目增加的比率，那么增加了题目的测验的信度为：

$$\alpha（增加后）= \frac{k \times \alpha（增加前）}{1+（k-1）\alpha（增加前）}$$

在这两个公式中，α都是一个已有的测验得分和另一个相同长度、相同内容的测验得分之间的相关。

的时间给每个人做访谈。

为了克服这些局限，一个名叫伍德沃斯（Woodworth，1917）的心理学家提出，可以把这些问题列在一张纸上，然后这些被征募的士兵就可以用铅笔在纸板的问卷上作答了。伍德沃斯列表，也称伍德沃斯人格数据表（*Woodworth Personality Data Sheet*，或不可避免地被简称为WPDS）由116个问题组成，这些问题被认为和潜在的精神病问题有关。这些问题包括："你会尿床吗？""你会突然间头晕目眩吗？"以及"你会做关于工作的噩梦吗？"。对其中一定数量以上问题回答了"是"的个体将会被建议做进一步的人格测试，对所有的问题都回答了"否"的个体会被直接招入部队。

伍德沃斯关于把所有精神病症状列在一个问卷上的想法并非不合理，然而他采用的方法也带来了很多显而易见的问题。为了让WPDS能有效地预测神经症，为了使所有采用推理法编制、提供S型数据的问卷是有效的，问卷及施测过程必须得满足四个条件（Wiggins，1973）。

首先，每一个题目在测验编制者眼中和在被测验者眼中必须是同一个意思。例如，在WPDS中，"头晕目眩"意味着什么？如果你在很长一段时间都一直坐着，突然站起来，然后觉得有点头晕，这算是吗？

第二，完成问卷的参与者必须能够做一份清晰的自我评估。他（当时部队征募的所有士兵都是男人）必须对每一个题目所问的问题有足够的理解，同样也需要能在自己身上察觉相关情况。他一定不能是愚昧无知的，或存在心理障碍以致不能准确地报告这些心理症状。

第三，完成问卷的参与者必须是自愿报告的自我评估，且不会歪曲事实。他一定不能否认症状（以便能进入军队）或者夸大症状（以便不参军）。现代的人格测验在用于选拔雇员时也常常遇到这些问题（Rosse，Stecher，Miller，& Levin，1998；Griffith & Peterson，2006）。

第四也是最后，测验中的每一个题目都必须有效地测量到测验编制者想测量的东西，在上述例子中指的是神经症。头晕目眩真的能预测神经症吗？那些有关工作的梦也能预测神经症吗？

为了使一个由理性法所编制的测验能够准确地测量到某种人格特质，以上四个条件都必须满足。在WPDS中，很可能所有的条件都不满足。[12]事实上，绝大多数根据推理法编制的测验都有至少一个条件不满足。因此，有人可能会认为这样的测验就不应该再被使用了。

错！到目前为止，从根本上而言，那些和WPDS几乎没有区别的自陈式问卷依然是心理测量工具中最普遍的形式。在时尚杂志中的那些测验——有人想出的一些相关的问题——也是依据推理法建构的，但是它们几乎总是无法保证至少达到效度的四个标准中的两个标准。

由推理法所建构的人格测验也出现在心理学期刊中。这些杂志体现了新的测验工具的一种稳定的趋势，几乎其中所有的测验都是根据一系列相关的问题所编制的。这些问题包括对如下主题的测量：健康状况（你有多健康？）、自尊（你的自我感觉有多良好？）、目标（你在生活中有

---

[12] 然而，考虑到使用WPDS低廉的成本以及一个有心理障碍的患者进入军队后带来的问题，它依然是一个有效的方法，即使它只能测查出很少一部分问题严重的案例。

什么期望？）。

　　例如，有研究强调那些使用乐观策略和使用悲观策略激励自身完成学业任务（例如期末考试）的大学生之间的区别。乐观者，正如本研究中所描述的那样，激励自身努力学习以取得良好的成绩，而那些悲观者则是通过努力学习以避免取得不好的成绩。这两种策略看上去都很有效，只是乐观者的生活会更加愉快一些（Norem & Cantor，1986）。（这些策略在本书的第16章中会详细地谈到。）就这一章的目的而言，问题是如何辨认乐观者和悲观者。研究者使用了一个包括8道问题的问卷，其中包括"我怀着最坏的打算进入学术领域，即使我知道我可能会干得不错"这样的自我评估（见自测5.2）。

　　根据我前面的定义，这个测验是一个推理法建构的、S型数据的人格测验。事实上，该测验在辨认个体在学业中采用的策略之间的区别上十分有效。因此，这一测验的效度良好，但前面提到的保证测验效度的四条标准要时刻谨记。

自测5.2　乐观—悲观测验

说明： 使用11点量表作答，范围从"完全不符合我的情况"（计1分）到"完全符合我的情况"（计11分）。将第2、5、7和9题的得分相加，然后减去第1、4、6、8题的得分。所有大学生的平均分在7分左右。据本测验的作者说，乐观主义者的平均分约为25分，悲观者的平均分约为11分。

1. 我在学业上做最坏的打算，即使我知道我可能会干得不错。
2. 大体上，我对自己的学业表现有着比较积极的期待。
3. 过去我通常在学业上表现非常好。
4. 我常常会想，如果我在学业上表现非常糟糕会怎么样。
5. 我常常会想，如果我在学业上表现非常好会怎么样。
6. 我常常会想，如果我在学业上表现非常糟糕，那么我要怎么办。
7. 我常常想弄明白，如果我在学业上表现非常好，那会是一个什么样的情况。
8. 当我的学业表现非常好时，我常常感到安心。
9. 当我的学业表现非常好时，我真的感到快乐。

来源：（Norem & Cantor，1986）。

因素分析法

　　在编制心理测验时，因素分析法是一种常用的基于统计方法的心理学研究工具。它是一种试图在看似混乱的数据中找到规律和顺序的统计方法。因素分析法用于辨认一组相似的事物，例如一组题目。而那些使这些事物相似的特质就被称为因素（Cattell，1952）。

　　因素分析法可能看起来比较神秘，但是它和人们依靠直觉归类事物的方法没有太大区别。想想那些在迪士尼的乘骑，例如马特洪过山车，它们速度快并且吓人，颇受青少年青睐；另一些乘骑——如小小世界——则速度较慢，伴有悦耳的音乐，在儿童中较受欢迎。因为某些特质往往会在一起出现（例如缓慢的乘骑会配有悦耳的音乐），有些特质则很少出现在一起（例如很少有可怕的乘骑伴随着悦耳的音乐），这些被归类的特质就组成了因素。⑬那些快速的、可怕的、对青少年有吸引力的特质就构成了被称作"令人兴奋"的这个因素。类似的，那些慢速的、伴有悦耳音乐的、对儿童有吸引力的特质就构成了被称作"令人舒服"的这个因素。你可以现在去评估一下迪士尼的乘骑，或者根据上述两个因素猜测一下新乘骑的得分（见图5.3）。然后你可以使用这些测量工具进行预测。如果一个新的乘骑在"令人兴奋"这个因素上得分高，就可以推测出在这个乘骑前会有很多青少年排队。如果一个新的乘骑在"令人舒服"这个因素上得分高，就可以推测出在这个乘骑前会有很多儿童和疲惫的家长排队。

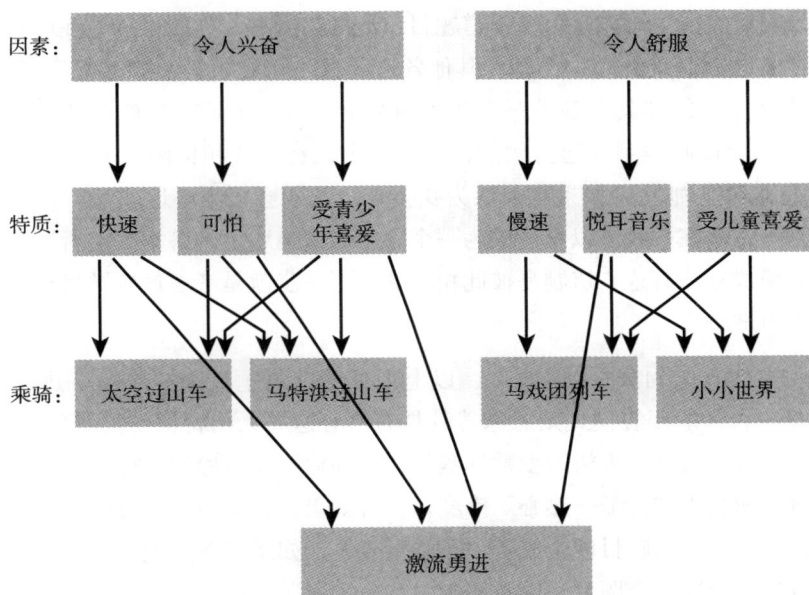

图5.3 对迪士尼乐园中的乘骑的因素分析

一些乘骑速度快并且吓人，颇受青少年青睐，完全符合"令人兴奋"的因素。另一些乘骑则速度慢，伴有悦耳的音乐，在儿童中较受欢迎，完全符合"令人舒服"的因素。还有少量乘骑混合了这两个因素的一些特质，因此任一因素都不相符。

因素分析是多用途的。一个近期研究用它来显示音乐偏好，可以基于五个音乐属性进行组织，研究者将因素标定为"柔和的""朴实的""富有深度的""激烈的"和"当代的"⑭（Renfrow，Goldberg，& Levitin，2011）。因此，例如，如果你喜欢法伦德（Farrend）的"A小调钢琴五重奏一号"（*Piano Quintet no.1 in A Minor*），你可能也喜欢奥斯卡·彼得森（Oscar Peterson）的"摇曳时光"（*The Way You Look Tonight*），因为两者在柔和因素上的分数都很高。但是你可能不会喜欢翠西·摩根（Tracy Lawrence）的"得克萨斯龙卷风"（*Texas Tornado*），因为它与该因素的相关为负（取而代之的，它有一部分第二个因素"朴实的"）。

使用因素分析去建构一个人格测验，研究者们首先会使用一系列与之前讨论过的主题相关的

---

⑬ 这就是为什么我尽量避免提起激流勇进。它让我不知所措。
⑭ 如果你想记住这些因素，注意它们的首字母拼写为MUSIC。

客观题。这些题目可能来自任何地方，然而测验编制者的想象是所有测验的常见来源之一。一旦测验编制者有一套关于他/她想测量的内容的理论，该理论就会提示一些测验可能包含的题目。另一个在编制新测验时常用的方法是从旧的测验中抽取新测验的题目（例如，MMPI中的很多题目就在别的测验上出现过）。其目的在于得到大量的题目，即使是数千的题量也不为多。

下一步是把这些题目在群体中施测，这些参与者是由各种便利的途径征募而来的，这就是为什么大多数参与者都是大学生的缘故。有时候，另一些测验的参与者会是精神病患者。最理想的情况是，参与者正好就能代表你希望测验所适用的那个人群。

在一大群参与者完成了可能是由上千道题目组成的初测后，你便可以坐在电脑面前进行因素分析了。分析的方法就是计算每一道题和其他各道题目之间的相关系数（见第3章）。许多题目（也可能是大多数）可能和其他各道题之间的相关都很低，于是需要被剔除，而那些确实和其他题目相关的题则会被归类到一起。例如，如果一个人在"我相信陌生人"这道题目上回答了"是"，你就会发现他/她在"如果有人认为我会来，我就会很小心地现身"这道题上的答案也极有可能是"是"，而在"我可以忍受成为一个隐士"这道题上的答案为"否"。这样一种可能性或共同发生的模式意味着这三道题是彼此相关的。下一步就是考虑这些题目有什么共同点以及该如何命名这个因素。

根据卡特尔（Cattel，1965）的观点，以上列举的三道题目和"冷酷—热心"这一维度有关，而"是—是—否"的回答模式则意味着其具有热心这一人格特征（见图5.4）。（卡特尔是根据上述的三道题目来给这一人格维度贴标签的，正如你刚才所做的一样。）由上述三道题所代表的这一维度就被命名为"冷酷—热心"维度，或者如果你希望用一个方向来命名的话，那就是"热心"。因此，以上三道题目便组成了"热心量表"。如果要在其他参与者身上测量这一人格维度，就可以直接使用这三道题目，以及初测中和这三道题的得分相关较高的其他题目，放弃余下的上千道题目。

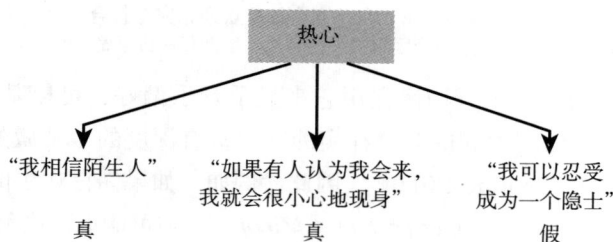

图5.4　测量同一因素的三道题

如果这三道题彼此相关——对第一题的回答为"真"的人倾向于对第二题回答"真"，而对第三题回答"假"，那么它们可能全部"加载在"一个常见的，或者说是被测量的心理因素上。

因素分析不仅仅用在编制测验上，还用于决定究竟有多少基本的人格特质（在字典中究竟有多少词）是真正至关重要的。不同的分析者最终得出了不同的结论。卡特尔（Cattel，1957）认为有16个，艾森克（Eysenck，1976）认为只有3个。近年来，杰出的心理学家如路易斯·古登伯格（Goldberg，1990）、罗伯特·麦克柯里和保罗·柯斯塔（McCrae & Costa，1987）则提出共有五个因素，这也是迄今为止得到最广泛认可的一种观点。这五个特质——有时被称为大五（the Big Five）——分别是：外向性（Extraversion）、神经质（Neuroticism）、尽责性（Conscientiousness）、宜人性（Agreeableness）和开放性（Openness）（见第7章）。

某些心理学家一度希望因素分析法可以提供一种准确的计算工具，用于客观选定人格最重要的维度及测量这些维度的题目。他们失望了。这些年的研究表明因素分析法在建构人格测验及确定人格的维度上至少存在三点局限（Block，1995）。

第一个局限是因素分析法所提供的信息的质量受研究者使用的题目的局限，或者，正如计算机科学中所说的那样，是"GIGO"（即无用信息输入，无用信息输出）。从理论上来说，因素分析法需要研究者在初始阶段所使用的题目可以在总体上代表所有可能的题目。但是，如何确保这点呢？尽管绝大多数的研究者都力求做到最好，但是他们在这一阶段仍有可能放入了过多代表某一维度的题目而遗漏了代表另一些维度的题目。一旦其中的一种情况发生了——因为没有办法保证两种情况都不会发生，结果就会出现关于人格各因素重要性的错误信息。

因素分析法的第二个局限是一旦计算机确认了某些题目在统计上是可以被聚类的，心理学家们就必须决定这些题目在概念上是如何联系在一起的。这一过程是十分主观的，因此因素分析法在计算上的严密性和确定性在某种程度上不过是一种幻觉罢了。例如，之前使用的题目可以被命名为"热心"，但是也可以被命名为"社会性"或"人际积极性"。对这些标签的选择取决于个人品位和喜好。然而，在这种选择上的不同观点是十分常见的。例如，被有些心理学家所命名的"宜人性"在另一些心理学家的观点中被称为"顺从性"（conformity）、"倾向性"（likeability）、"友善性"（friendliness）或者"友好顺从"（friendly compliance）。另一个因素也有很多名称，如"尽责性"（conscientiousness）、"可靠性"（dependability）、"超我力量"（super-ego strength）、"约束力"（constraint）、"自控性"（self-control）或者"成就欲望"（will to achieve）。所有的这些名称都是合理的，并且并没有一种严格的标准来决定究竟哪一个名称是最好的（Bergeman et al.，1993）。

因素分析法的第三个局限是有时候研究得出的因素并没有什么意义，甚至对于做分析的心理学家来说也是如此。多年前，心理学家高尔顿·奥尔波特曾抱怨过一次失败经历：

> 吉尔福德和齐默曼（Guilford & Zimmerman，1956）曾报告了一个未被确认的因素，将其命名为"C_2"，它是易冲动、心不在焉、情绪起伏、神经质、孤独感、易情感表露和内疚感多种不适的一种混合。当这种单元（在因素分析中）出现的时候——我承认这种情况出现的次数也不少——会让人疑惑它到底在说什么。对我而言，它们就像没能在食品和卫生检查中过关的香肠肉一样。（Allport，1958）

事情并非总是这样糟糕，但是由因素分析法得出的人格维度无法被准确命名的事情并不罕见（Block，1995）。重要的是要知道因素分析法是一种统计方法，而不是一种心理学的研究工具。它可以确认一些彼此相关的特质或者题目。然而，正如刚才的例子中所描述的那样，弄清这种归类的含义需要深度的心理学思考。

因素分析法依然有着十分重要的用途。其中一个用途会在第7章中详细地叙述，即用于将字典中描述人格的大量词汇浓缩到较少但确实有价值的一些人格特质上。因素分析另一个重要的应用是改进了人格测验，在这里，它主要是在编制测验时和其他方法一起使用的。明确一个新的人格测验究竟包括几个因素是十分有用的，因为有些测验最终测量的特质往往不止一个。因此，在编制测验时一个惯用的步骤就是对题目进行因素分析（Briggs & Cheek，1986）。

经验法

编制测验时的经验主义策略是试图让事实说话。在这个意义上，经验法有时候被称为"尘盆经验主义（dust bowl empiricism）"。在大萧条或者"尘盆"的20世纪30年代，这个词在中西部大学中（尤其是明尼苏达和爱荷华州）意指技术的起源。不管有意与否，这个词也同时提醒了我们这一方法是多么"枯燥"和缺乏理论基础。

和前面提到的因素分析法一样，经验法的第一步是搜集大量的题目。如前所述，完成这一步的方法是折中的或者偶然的。

然而，第二步则非常不同。为了实现这一步，你需要一些已经按你的研究需要分好组的参与者。为了达到这一目的，研究者可能会依照职业类型和诊断类型将参与者进行分组。例如，你想要测量是什么人格使有些人成为优秀和快乐的牧师，那么你需要至少两组参与者：快乐的、成功的牧师和对照组（理想的对照组应该是痛苦的、失败的牧师，但是研究者一般选的是一些根本不是牧师的参与者）。或者你想要检测不同类型的心理疾患，为了达到这一目的，你需要一组已经被诊断为患有诸如精神分裂、抑郁、躁狂等病症的病人以及一组正常人——如果你能找到的话——作为对照组。无论你想在研究中考察什么样的组，都必须在编制量表之前就确定各组组员的情况。

然后，你为第三步做好了准备：对你的参与者施测。

第四步是比较不同组的参与者间的答案。如果精神分裂症病人在一组问题上的回答与其他人不一样，那么这组问题可能构成一个精神分裂症量表。因此，那些与确诊的精神分裂症患者的回答一致的人也会在你的精神分裂症量表上得高分。由此，你也有理由怀疑他们就是精神分裂症患者了。（MMPI，用经验法编制的经典测验，就是如此编成的。）如果成功的牧师都以同一种特定的方式回答某些问题，那么这些题目就可以合并到一个牧师量表。其他在这个量表上得高分的参与者，由于他们回答问题的方式与成功的牧师一样，可能被建议成为一名牧师。（《职业兴趣量表》，简称SVIB，就是如此编制的。）

经验法的基本假设是不同类型的人在回答人格问卷的某些问题时有所不同。你回答问题的方式如果和原测验编制研究中某种职业或某类病人的回答一样，那么你就也可能属于这一群体。这一原则可以适用于个体层面。MMPI的编制者出版了一个图表册，或者称之为案例集，其中包含了多年来数以百计的个案（Hathaway & Meehl，1951）。对于每一个案例，该图表册在描述该个体分数模式的同时也描述了他/她的临床病史。临床心理学家在遇到一个新的病人时会要求他/她去做一下MMPI，然后在图表册中找出与这个病人得分模式最相似的个体。这将为临床医生提供新的思路和见解。

使用经验法编制的人格量表筛选题目时唯一的判断标准就是不同的人是否会以不同的方式作答。因此，量表具有交叉效度。如果测验在新的样本中能够预测行为、做出诊断和区分不同类型的人，那么可以认为量表是可用的。在编制量表的每一个阶段，问题的实际内容被有意地忽略了。事实上，按照经验法编制测验的研究者自诩他们在编制测验时从来不看测验题目的真正内容！

不去关注测验的内容或者说表面效度，有四方面的含义。第一是与其他类型的测验不同，用经验法编制的测验可包含一些看似完全相反甚至荒唐的题目。正如我在前面几页中提到的"我喜欢淋浴胜于沐浴"这一问题，回答"是"与同情心有关。同样，"我喜欢高个子女人"这一问题，冲动的男人倾向于回答"是"。为什么呢？经验法认为其原因在编制测验时并不重要。

再想想其他的例子。有精神病态人格的个体（他们不关心社会和道德规范，缺少良知）会在"我已经非常独立而且不受家规束缚"这一问题上回答"不是"。患偏执狂的个体在"当一些人比预期更加友好时，我更倾向于防卫他们"这一问题上回答"不是"。一个可能的解释是因为他们对这个问题本身就有怀疑，但是他们会在"我相信我在被算计"这一问题上回答"是"，即使问题的内容和含义看起来是违反直觉的。然而，完全信赖经验法编制问卷的研究者甚至根本不关心这些。

这里是一些其他的例子，全部来自威金斯（Wiggins，1973）的精彩讨论：抑郁的人在"我有时候逗惹动物"上回答"否"；住院的歇斯底里患者在"我喜欢侦探和神话故事"上回答"否"；皮炎病人在"我的日常生活充满了让我保持兴趣的事情"上回答"是"；高智商的人在"我有时候闲谈"上回答"是"；有偏见的个体会在"我不是很害怕蛇"上回答"否"，因为他们的偏见甚至延伸到了爬行动物上。同样，具有上述特征的个体会更倾向于在相应的问题上做出如上的回答，但他们不会在所有情况下都是如此。

第二，不关注题目内容意味着参与者在回答用经验法编制的测验时很难做出虚假的回答。在直观的S型数据的人格测试中，你可以按照你希望的方式描述自己，并得到你想要得到的分数。但是由经验法编制的测验中的问题有时候会与表面内容相反或者根本就是荒唐的，因此，参与者就很难知道以怎样的方式作答才能得到自己希望的分数。这常常被研究者们视为经验法的最大优点。

心理学家在对由经验法编制的问卷进行分数解释时，并不关注个体是否真实作答了。字面上的内容并不重要。研究者们只关注参与者属于哪个群体。因此，就像我在第2章中争辩过的，经验法编制的人格测验提供的是B数据，而不是S数据。

第三，不关注题目内容意味着相比于其他方式编制的测验，经验法编制的测验至多和编制时采纳的、作为标准用于交叉验证效度的测验一样好。如果在最初的或者效度样本中提取的不同种类参与者之间的差别有误，经验法编制的测验将可能是完全错误的。比如，最初MMPI比较了在明尼苏达大学精神病医院被确诊为精神病患者的反应。如果一开始的诊断有任何错误，那么MMPI做出的诊断只会继续这些错误。SVIB背后的理论是如果参与者按照一个成功牧师（或其他任何职业的成员）的方式回答问题，那么他/她同样也会成为一名成功的牧师（或其他任何职业成员）（Strong，1959）。但是，假如这一理论是错误的，那么那些与老牧师过于相似的新牧师或许并不能成功。或者在最初的样本中，某些牧师并不真正成功。这些问题都会妨碍SVIB成为一个能为职业选择提供有效建议的测验。

一个更加普遍的问题是组成测验的题目反应之间的实证相关是基于某一个特定地点、特定时间，并用特定的一组参与者获得的。如果不关注题目的内容，那么就无法确定这个测验会在另一个时间、另一个地点、另一群参与者身上有同样的效果。这类测试必须在不同的时间、不同的地点、不同的人群中（比如一些与原先样本有不同种族和性别比例的参与者中）不断地被重新检验效度。一个特别需要关注的地方是由经验法得出的题目间的关联可能随时间的变化而变化。MMPI是在好几十年以前编制的，直到最近才有修订版（现在被称为MMPI-2）（Butcher，1999）。在心理学家确信当前的版本已经无须再改进之前，这个修订版还需要在很长一段时间内被重复验证。

第四，也是最后一点是，不关注题目内容还意味着可能出现涉及公共关系和法律的严重问题；很难向外行人解释为什么要问这些问题。正如对由推理法编制的测验进行讨论时提到的那样，表面效度是指测验看起来的确测量了它原本打算测量的东西。与之相似的是**内容效度（content validity）**，即测量的内容在多大程度上和其打算测量的内容是一致的。例如，WPDS在预测精神疾病时的内容效度很好；MMPI则相反。很多心理学家认为这是MMPI的优势，然而同样的这也会带来问题。缺少内容效度不仅仅会被参与者怀疑，还会导致近年来越来越棘手的法律问题。

比如，最初的MMPI包含一些关于宗教偏好和健康状况的问题（包括排便习惯）。根据某些反歧视的法律条文，这些问题在实际情境中可能是不合法的。1993年塔吉特商店向应聘者支付了两百万美元的赔偿，原因是那些应聘者被问及（法院认为是不合法的）"我被同性强烈地吸引着""我从没有沉溺于不正常的性行为""我以前小便和憋尿没有困难""我认为只有一个真正的宗教"（Silverstein，1993）。[这些题目都来源于一个被称作"罗杰斯简明CPI-MMPI测试"（*Rodgers Condensed CPI-MMPI Test*），这一测试的题目是从MMPI和CPI中抽取的。]

正如塔吉特商店发现的那样，MMPI、CPI和其他类似的测验使用者都很难向法官或者国会调查委员会解释他们并不是要表现出关于他人宗教信仰或排便习惯的不合法兴趣，他们感兴趣的是这些题目答案的关联性。塔吉特商店使用这些问题并不是因为关注性或者洗浴习惯，而是因为由量表中的这些问题（另外还有很多——他们使用的测试有704道题）得出的分数在预测工作（在本案例中是指保安工作）表现时很有效。事实上，这类测验得出的报告一般只包括总分和对工作表现的预测，因此塔吉特商店的人事部门甚至并不知道参与者对某个特定题目的作答情况。然而，在很多例子中，测验使用者很容易抽取工作申请者对个别问题的作答情况，进而出于宗教、性取向和健康状况方面的原因歧视某人。由于这一原因，新测验（比如MMPI-2）的编制者在保证测验效度的同时，正在努力将这类问题剔除。

使用经验法编制测验的研究者和该类测验的使用者在过去50年中似乎绕了一个圈又回到原地。它开始于一个清楚的并且有时候很激进的哲学——条目的内容并不重要，重要的是外部效度，或者说测验的题目能预测什么。然而，当社会和法律氛围变化之后，使用经验法编制测验的研究者们不得不意识到题目的内容也很重要，尽管这在某种程度上违背他们的意愿。不管如何利用个体对测验的反应，完成人格测验的个体都是在揭示一些关于他/她自身的东西。

方法的综合

在现代测验的发展过程中，很大一部分研究者使用的仍然是推理法：从好的方面想，他们会问参与者一些看起来是相关的问题。因素分析法仍然有一些拥护者。今天完全用经验法编制的测验已经很少了。而最好的现代测验编制者同时使用以上所有方法。

一个典型的例子是道格拉斯·杰克逊（Douglas Jackson）编制《人格研究量表》（也被称为PRF）的方法。他先根据与想要测量的理论结构的表面相关来编制题目（推理法），在大样本中施测这些题目并做因素分析（因素分析法），然后再把因子得分与独立的标准联系起来（经验法）（见Jackson，1967，1971）。杰克逊的方法可能更接近于理想。选取人格测验题目的最好方法不是偶然的，而是有目的地先列出一个感兴趣的领域（理性法）。因素分析可以用来证实那些看起来彼此相似的题目是否在事实上引起了参与者相似的反应（Briggs & Check，1986）。最后，任何人格测验至多和作为相关或预测标准的参照物一样好（经验法）。合格的人格测验必须能够预测个体的行为，描述他人如何看待该个体以及该个体的生活过得如何。

人格测验的目的

根据一个大范围的调查，发达的心理测验的效度可以与那些被广泛使用的医学测试的效度相提并论（Meyer et al.，2001）。假如我们认为人格测验有一定的效度，那么接下来需要考虑一个问题：如何使用这些测试？这是一个被那些专注于技术和测验编制细节的心理学家们忽略的重要问题。这一问题的答案有实践和道德的含义（Hanson，1993）。

人格测验最明显的用途取决于专业的人格测试者（即那些在APA年会上摆展柜的人）以及他们的客户。客户是一些典型的组织，如学校、诊所、公司或者政府机构，他们都希望获知所接触人群的某些情况。有时候之所以需要这些信息，主要是为了让参与者能得到帮助而无论得分到底如何。例如，学校不断使用测验去考察学生的职业兴趣，以帮助他们选择专业。临床工作者对其来访者施测以了解其病症的严重程度，并对治疗的方法提出建议。

有时候，测验是为了施测者而非被测者的利益。一个雇主可能会测量其雇员的"正直"程度

• • • • • • • • • • • • • • • • • • • •
有时候，测验是为了施测者而非被测者的利益。

以确定该个体是否足够可信，值得雇用（留任），或者是找出一些和未来的工作表现相关的其他人格特质。例如，中央情报局在征募工作人员时惯常使用一些人格测试（Waller，1993）。

对于这些用途存在一些赞成或反对的合理观点。通过告诉个体他们最适合从事哪一类的工作，职业兴趣测验为那些不知道自己究竟适合从事什么职业的个体提供了一些潜在的有用信息（Schmidt，Lubinski，& Benbow，1998）。另一方面，这些测验的使用都是基于这样一种潜在的理论，即任何职业的新人都需要具有与在职人员类似的品质才可以。例如，如果你的测验结果显示你适合从事机械工作或成为一名飞行员，你就有可能考虑将来去从事这些行业。尽管看起来合理，它也有可能使这些行业不再发展并阻止一些特定的个体（例如女性群体或者是少数民族群体）进入这一领域，因为就传统而言他们是被排除在外的。例如，一位社会化程度达到一般水平的美国妇女，其看法和作答可能和那些典型的汽车技工或飞行员很不一样，但是这难道意味着妇女就永远不应该从事这些职业吗？

类似地，许多在雇用前考察"正直"的测验貌似提供了一些有价值的信息。尤其是，这些测验经常提供的不仅仅是一些有关正直的信息，而是更广泛意义上的尽责性。那些在正直量表上得高分的个体往往在尽责性这一人格特质上也能得高分，而这又反过来预测了在许多领域中该个体能在工作上学习并有良好的表现（Ones，Visweswaran，& Schmidt，1993；在第7章中有详细的介绍）。此外，正直以及其他相关人格测验的一个优点是，它们不会歧视女性、少数族裔或其他团体：所有的团体平均起来得分都一样（Sackett，Burris，& Callahan，1989）。

许多这一类的"正直"测验依然会涉及很多过去犯的细微错误（"你曾经从雇主那偷拿过一些办公日用品么？"），这就使那些诚实的个体面临一个两难的情境：即自己是该诚实地承认自己的过错从而在正直量表上得到一个较低的分数，还是应该在这个问题上撒谎，即否认自己的过错从而在正直量表上得到一个较高的分数。而这对于那些撒谎者而言则不存在任何两难的情况，他们可以否认任何事情，以便得到一个较高的正直得分。

反对人格测验的一般理由是针对其在一些大组织中的广泛应用，包括中央情报局、主要的汽车生产商、电话公司和军队。据一个批评家指出，几乎所有的测验都可以遭到两方面的批评。第一，测验是一种组织用于控制雇员的不公平的机制——通过使用这些测验，组织可以奖励那些具有其所希望的特质（如高"尽责性"）的个体，惩罚那些具有其所不希望的特质（如低"尽责性"）的个体。第二，或许像"尽责性"和"智力"这一类特质直到并且仅仅在经过测验后才会显得重要，因此，这些特质本身就是被测验所建构的（Hanson，1993）。这两种反对观点都是一种普遍意义上的看法，我相信许多人也很认同，即把自身交给一个测验评估，并用其呈现的分数来描述自己的人格是一种有损尊严甚至令人蒙羞的事情。

以上这些反对的观点都各有道理。人格测验——和其他那些测量智力、诚实，甚至是药物使用的测试一样——都是社会用于控制个体的一部分机制，即奖励那些具有社会称许性特质的个体（那些高智商、诚实、不滥用药物的人），惩罚那些具有社会贬损性特质的个体。同样很有意思的是，一个特质可能会因为在测验中测量了它而变得确实存在了。那些被命名为"冒险敢为"

（parmia）或"自我监控"（self-monitoring）（见第4章和第7章）的特质在测量它们的测验被发明以前就确实存在吗？或许的确如此，但你也可以看到这里存在着争论。最后，许多个体确实都曾有过这样一种羞耻的经历，即为了得到一份想要的工作，不得不参加一些测验，最后却发现测验的结果使得自己无法得到那份工作。发觉自己缺乏相应技能和经验的感觉的确很差，但是如果发现自己根本就不是那一类"适合"的人，这种感觉很伤人。

另一方面，有时候这些批评被夸大了。一个与此相关的小论点需要我们时刻记得，那就是正如我们在这一章开始谈到的那样，人格测验不仅仅是被测验的开发过程发明和建构的，在某种程度上也是被发现的。即人格测验测量的特质的关联和本质是无法被事先假定的，只有通过考察测验可以预测什么生活结果或其他人格品质。只有基于这种实证方法，某个特质才算是确实地被发现了。例如，人格心理学家们唯有在实际研究后才确认"正直"量表能更好地测量"尽责性"而不是"正直"，而这个结果也敦促他们修正测验所测量的概念。人格测验的解释主要依赖于收集到的数据，这一事实削弱了人格特质只是一种社会建构的观点。

一个更加基本的关键点是那些批评人格测验是有损尊严的、缺乏职业道德的观点其实是十分幼稚的。这些观点看起来是反对基于对一个人是否尽责、聪明、好交际的判断而做出重要的决策（例如，雇用）。然而，如果你同意一个雇主不应该随便雇用一个在大门口路过的人，而只是运用直觉去判定一个人是否合适被雇用（如果你是一个雇主，你不也会那样做么？），那你也必须承认在这一过程中申请者的一些特点，如"尽责性"、"智力"和"社会化"也会在被评估之列。真正的问题是如何评估。有些什么可选的方案呢？其中一种方法就是让雇主和那些候选的雇员谈话，并根据他/她的鞋子是否擦得亮，头发是否整齐这些线索去评估他/她的尽责性——雇主们通常都会这样做（见Highhouse，2008）。这种方法是一种进步吗？

你可能会争辩说你宁可被一个人而不是一套电脑程序去评估，尽管前者被证明是没有根据的，而后者却被证明是有效的（Ones, Viswervaran, & Schmidt, 1993）。这确实是一种很有道理的观点，你清楚自己的选择就好。我们不能选择永远不进行人格评估——即使明天所有的测验都被烧掉，仍然会有方法评估。唯一实际的选择是：你会选择怎么样的方式完成你的人格评估呢？

总　结

人格评估的本质

- 任何具有跨时间、跨空间的相对一致性的行为、思维、情绪经历的特征模式都是人格的一部分。这些模式包括人格特质和一些心理属性，如目标、情绪和策略。

- 人格评估是工业心理学家、临床心理学家和研究者们常常进行的一项活动。每个人都在对他们在日常生活中认识的人进行评估。

测验行业

• 人格测验是一个很大的行业，可以产生非常重要的结果。但是一些人格测验是无用的甚至是欺骗性的，因此了解如何编制和使用它们是很重要的。

• 无论是由心理学家还是由普通人进行人格评估，一个重要的问题是其结果在多大程度上是正确的。它们的结果是如期望那样和其他一些相关的人格特质的评估结果相关吗？它们能否用于预测行为或重要的生活结果？

人格测验

• 有一些人格测验使用S数据，另一些则使用B数据，但是更主要的区别存在于投射测验和客观性测验之间。

• 投射测验呈现给参与者一些模棱两可的刺激，并对参与者关于开放性问题的回答进行解释，旨在更深层次地了解个体的人格。

• 罗夏克测验具有一定的效度，但是它提供的信息并没有超过更快速、更简单的测验所能够收集的信息，以证明其额外的花费是必要的。主题统觉测验（TAT）测量了问卷测量遗漏的需要的方面（例如，成就需要）。

• 客观测验会询问参与者一些特定的问题，并根据参与者对一些事先确定的选项（真或假，是或否）的选择来进行人格评估。

• 客观性测验可以通过推理法、因素分析法、经验法来进行编制，而最好的方法是综合以上三种方法。

人格测验的目的

• 有些人对人格评估不满，是因为他们认为这是一种不公平的对隐私的侵犯。然而，因为个体会不可避免地评价其他人的人格，所以真正的问题在于人格评估究竟应该怎么进行——通过非正式的个体直觉还是标准化的工具。

思 考 题 ••

1. 如果你试图了解一个人的人格并且只能问他/她三个问题，这些问题会是什么？这些问题又能揭示哪些人格特质？

2. 你会如何选择自己的朋友、雇员和约会对象？人格特质会和你的选择有关系吗？你会如何评价这些特质？

3. 你曾做过人格测验吗？结果是否准确以及是否对你有帮助？它是否告诉你一些你之前不知道的东西？

4. 你能想到多少种MMPI结果的用途？这些用途中有违反伦理的吗？

5. 如果你此刻正在申请一份你迫切希望得到的工作，你是愿意由人格测验还是由雇主的主观判断来评估你的人格呢？

推荐读物 >>>>>

Wiggins, J. S. (1973). *Personality and prediction: Principles of personality assessment.* Reading, MA: Addison-Wesley.

这是一本人格心理学的经典教科书，其中方法学的知识也很有趣。这本书现在稍稍有些过时，但就像真正的经典一样，尽管时间流逝，它却依旧保持其趣味和价值。

电子媒体 >>>>>

登陆学习空间*wwnorton.com/studyspace*，获得更多的复习提高资料。

6

人格评估 II：日常生活中的人格判断

你不需要具备人格评估的许可证，人人都在评价人格。试图描述他人是最有趣、最重要也是最普遍的一件事。如果幸运的话，这些年来心理学家可能没有评估过你。但是，你始终无法避免来自朋友、敌人、爱人和自己的评价。

本章包括两部分。第一部分是关于为什么别人对你进行的人格评估以及你对自己的评估如此重要，以及如何重要。第二部分是关于效度——用比较业余的同义词来讲，就是这些评价的准确程度。日常生活中的人格评估在多大程度上以及在什么情况下是一致的？这些评价在多大程度上以及在什么情况下可以准确地预测行为？最后，人格评估的准确性怎样？我们怎样才能更准确地了解他人？

日常人格评估的结果

别人对你人格的评价反映了你社会生活的一个重要部分，因此，这些评价的重要性远远超出了描述的准确性（或不准确性）。正如我在第2章I数据的调查中谈及的，你在熟人中的声望对机遇和期望的影响极大。

机遇

声望以不同的方式影响机遇。如果一个人相信你有能力、有责任心，正在考虑雇用你，比起他/她不了解你是否具有这些品质的情况，你更可能获得这个工作机会，不管你本人到底如何有能力、有责任心。事情的确是这样的。相似的，如果一个人相信你很诚实，相对于认为你不诚实的人来说，他/她更可能借钱给你，而你是否真的诚实却不得而知。如果你给人温和友好的印象，比起冷漠冷淡，你将收获更多的友谊。这些表面现象可能虚假且不公平，但是，毫无疑问，它们的结果很重要。

　　想一想"害羞"。在美国，害羞的人似乎司空见惯；大约四分之一的人认为自己习惯性害羞（Zimbardo，1977）。害羞的人通常很孤独，非常希望有朋友和正常的社会交际，但是他们非常害怕融入社会的过程，以至于被孤立。在某些情况下，他们在需要帮助时不会请求帮助，即使可以轻而易举地解决他们问题的人就在附近（DePaulo，Dull，Greenberg，& Swaim，1989）。因为害羞的人大部分时间独自待在家中，拒绝了提高人际交往技能的机会。当他们真正冒险进入社会时，由于缺少人际交往的实践，很可能会手足无措。在一个研究中，害羞的人和不害羞的人都要求异性将一份简单的问卷返还给他们。尽管每个人都承诺会返还问卷，但被害羞者提出要求的人实际上这样做的可能性较小，显然是因为害羞者的言辞犹豫，迟疑不决（DePaulo et al.，1989）。这种消极回应只会强化首先引发这些问题的罪魁祸首——害羞（Cheek，1990）。

　　对于害羞者来说，有一个特殊的问题：其他人并不认为他们害羞，而是冷漠。考虑到害羞者的行为，你就能理解这种想法了。与你同住一个宿舍的一位害羞的室友看到你正穿过校园，你也看到了他/她。实际上，他/她很想和你交谈甚至想和你交朋友，但是他/她极度害怕被拒绝或不知道说什么（由于他/她缺乏社交技巧，这种担心是很现实的）。所以，他/她装作没看到你，立刻返回教室或躲到一个教学楼后，如果你对此有察觉，心里肯定不会有温暖舒适的感觉，你会感到被侮辱了，非常生气。从那以后，你可能会刻意避开他/她。

　　因此，害羞者通常并不冷漠，至少他们不是有意如此。但是人们会经常觉得害羞者很冷漠。这种感觉以消极的方式影响害羞者的生活，成为使害羞永存的恶性循环的一部分。这只是有关他人评价重要性的例子之一，他人评价是社交生活的重要部分，对人格和生活有着重要影响。

期望

　　他人评价还可以通过"自我实现预言"（self-fulfilling prophecies）影响你，更专业地讲，就是**期望效应（expectancy effects）**。[1]它们在智力领域和社会领域都有所影响。

智力期望

　　智力领域中有关期望效应的经典示范就是罗森塔尔和雅各布森（Rosenthel & Jacobson，1968）的系列研究。这两位研究者对一些小学生进行一系列测验，并告诉老师一些虚假消息：这些测验鉴别出其中一些学生为"有作为者"，在不久的将来，他们的智商会迅速增长。实际上，这些学生只是随机选取。但是，在学期末，这些学生的智商的确比其他学生高！尽管期待只是随

---

[1]　如第2章所述，有些心理学家称期望现象为**行为确认**。

机赋予某些学生的，但在老师的期待下，一年级的这些学生智商增加了15分，二年级的这些学生智商增加了10分。

对期望效应的产生过程有很多争议。人们至少提出了4个有关期望效应的理论模型（Bellamy，1975；Braun，1976；Darley & Fazio，1980；Rosenthal，1973b，1973c）。其中罗森塔尔（期望效应的最初发现者之一）提出的四因素理论的理论依据最为充分（M. J. Harris & Rosenthal，1985）。

根据罗森塔尔理论，教师的四种行为使高期待学生做得更好。第一种行为是态度，指教师以比较温和的情绪态度对待那些高期望的学生。第二种行为是反馈，指教师做出更多有个体差异的反馈，反馈根据高期望学生回答的正确与否而有所不同。第三种行为是输入，指教师试图教给高期望学生更多、更难的知识。第四种行为是输出，指教师会给高期望学生更多的机会展示他们所学的知识。大量研究证实教师以这四种不同的方式对待高期望学生，并且任何一种行为都能使这些学生表现得更好（M. J. Harris & Rosenthal，1985）。这是一项很重要的研究，不仅因为它有助于解释期望效应，还因为它证明了好教师应该具备的基本要素：如果教师们可以像对待高期望学生那样以四种方式对待所有的学生，教学效果将会更好。

社会期望

一种相关的期望效应在社会领域（而非智力领域）得到了证明。马克·施奈德及同事（M. Snyder，Tanke，& Berscheid，1997）做了以下的著名实验。两名陌生的异性大学生被带到心理学教学楼的两个不同地点。主试立刻给女性参与者拍照片，说："你马上要和某个人通电话，在接电话之前，我要把你的照片给他，以保证他知道要和谁通话。"男性参与者不需拍照。

实际上，女性参与者的照片一照完就被丢掉，而替换为事先确定的两张其他女大学生的照片，一位非常有吸引力，一位相貌平平，主试给参与者呈现其中的一张照片并告知："这就是你一会要通电话的人。"然后，电话被接通，两个学生交谈几分钟，并在通话过程全程录音。

随后，主试对谈话录音进行处理，去掉男性参与者的话。（记住，他是看假照片的参与者。）然后，给一些学生放映经过剪辑的只有女性声音的录音带，让他们评价这个女学生有多温和、幽默和泰然自若。

结果发现：相对于看到相貌一般女性照片的参与者来说，看到漂亮女性照片的男性参与者评价其看到的女性更温和、更幽默和更泰然自若。这个结果说明当男学生认为他的谈话对象是个漂亮女生时，他的行为会引起女孩儿以更温和友好的方式回应。施奈德把这种现象解释为自我实现预言的另一种形式：人们期待有吸引力的女性温和友好，并且以这种方式对待她们，而这些女性的确也会以友好的方式回应。②

在某些方面，这一结果比罗森塔尔有关智商的结果更令人烦忧。这项研究在某种程度上表明我们对他人的行为可能取决于他人对我们的期待，这种期待可能基于比较表面的线索，如外表。施奈德的结果在一定程度上意味着我们将真正成为他人感知到的甚至错误感知到的"我们"。

> 在一定程度上，我们将真正成为他人感知到甚至错误感知到的"我们"。

现实生活中的期望

有关期望效应的研究很有趣，当然也是重要的。前文提到的是两项经典研究。然而，我还要告诉大家一些这个研究领域的重大发展。心理学家李·扎西姆（Lee Jussim）在1991年提出了一个有关期望效应的重要问题，令人惊奇的是，人们以前很少考虑这个问题：期望效应从何而来？

通常的实验不会提到这个问题，原因在于研究中的期望是通过实验诱导的；罗森塔尔研究中的教师相信一些学生学习会进步，是因为罗森塔尔告诉他们的；施耐德的男性参与者期待一些女性温和、友好，是因为男性对漂亮女性有刻板印象，而这是施耐德通过一张具有误导性的照片诱发的。

扎西姆提出的以上两种情况与现实生活差异很大。教师期待学生学习好可能基于对学生真实成绩的期望，而非假的成绩，也可能基于对学生在以往课堂表现的观察，以及其他教师对这名学生的了解。男大学生期待女大学生既热心又迷人，这可能基于在他眼中这个女生和其他人相处时的举动，以及他的朋友告知的有关这个女生的状况。此外，有研究显示，在某种程度上，外表引人注意的女性在电话交谈中真的更善于交际、更可爱（Goldman & Lewis，1997）。因此，这些期望，尽管在实验室中是虚假的，但是在现实生活中却可能是真实的。当真的存在这些期望时，自我实现的预言就会被小小地夸大甚至会与参与者向来具备的行为趋向保持一致（Jussim & Eccles，1992）。

这些观察挑战了传统意义上对期望效应的解释。这意味着研究者不应仅把引入期望限制在实验室中，还要在现实生活中研究期望，以评定这种效应的作用大小，研究在现实情境下期望效应有多强大。至今已有研究一致显示，期望效应显著大于0，但是这些效应是否能够强到将一个低智商的孩子变成高智商，或者将一个冷漠的人变得热情友好，或是反之亦然？这很难确定，因为直到近期，大多数研究都更关心期望效应是否存在，很少关注期望效应的重要性（与影响行为的其他因素相比）。

最近，有两项研究显示，当一个以上的重要他人对个体保持长久期望时，期望效应会非常强烈。例如，几年来，父母对一个孩子饮酒行为的期望一直未改变，这些期望对孩子行为的效

---

② 应该简要提及两个比较复杂的状况。第一，结果背后可能存在着一个略微不同的过程。并不是男性直接诱发女性实现他们的期望，很可能是因为男性希望和有吸引力的女性约会，因而会更友好地对待这些女性；由于不想和相貌一般的女性约会，因而会更冷漠地对待这些女性。男性不同的对待方式引起女性以不同的方式回应。尽管结果相同，但是学术上讲，这一过程并非期望效应。第二，如果是女性参与者看到有魅力男性或无魅力男性的照片，男性参与者的行为是否存在这种效应？安德森和贝姆的一项研究（Anderson & Bem，1981）对此进行了验证。虽然结论并不清晰，但是的确在一定程度上说明，通过对他人的期待，男性和女性感知者可以影响异性对象的行为。

应似乎呈累积上升趋势（Madon，Guyll，Spoth，& Willard，2004；Madon，Willard，Guyll，Trudeau，& Spoth，2006）。不幸的是，这一点在消极期望方面体现得尤为真切。如果父母都过于重视孩子的饮酒倾向，这个孩子会产生强烈的"淡忘"这种期望的趋势。

　　了解期望效应有助于理解人们是如何互相影响彼此的表现和社会行为的。罗森塔尔的研究揭示了成为一个好老师必备的四个基本要素。施耐德的研究表明了，如果你希望别人以热情、友善的方式对待你，你可以对此做出最好的期待，并表现得热情、友善。而父母如果不希望孩子成为酗酒者，则不应该从一开始就抱最坏的打算。

人格评估的准确性

　　由于人们经常进行人格评估，而评估的结果必然带来相应的影响，因此，知道这些评估在何时，以及在多大程度上是准确的显得十分重要。然而，心理学家在很长一段时间（大约30年）内停止了对准确性的研究，这可能让你感到奇怪。尽管在大约1930年到1955年期间，有关人格评估准确性的研究非常多，但是，在那之后，这一领域就陷入了僵局，直到20世纪80年代中期才开始恢复（Funder & West，1993）。

　　准确性研究经历了长时间的停滞可能有许多原因（Funder & West，1993；Funder，1995）。最基本的原因是研究者们受困于一个基础性的问题：以什么标准判定人格评估的对错（Hastie & Rasinski，1988；Kruglanski，1989）？一些心理学家认为这个问题无法回答，因为任何回答只是给准确性加上一套个人的标准。谁来判定哪套标准是正确的呢？

　　这一观点得到了被称为**建构主义（constructivism）**的哲学思想的支持，建构主义在现代学术界广为流传（Stanovich，1991）。简单地说，建构主义主张现实作为一个具体的实体是不存在的，所有存在的一切只是人类的思想或对现实的建构。这一观点最终回答了这一古老的问题："如果森林里的一棵树倒了，但是没人听到树倒下的声音，那么这棵树是否发出了声响？"建构主义者回答：没有。一个更重要的含义是我们有理由去判定某一种对现实的解释是正确的，而另一种是错误的，因为所有的解释都只是"社会建构"（Kruglanski，1989）。

　　这种"既然不存在现实，就无法评价其评估的准确性"的观点在当今非常流行。毫无疑问，我反对这种观点（Funder，1995）。我找到了另一种更合理的哲学观点，**批判现实主义（critical realism）**。批判现实主义主张，因为缺乏完美的、一贯正确的标准以判定真理，所以不能强求人们认为所有有关现实的解释都是同样正确的（Rorer，1990）。确实，甚至那些坚持认为"准确性问题毫无意义"的心理学研究者们（建构主义者）自己仍然在选择相信或不相信哪个研究结论，尽管他们的选择有时是错的。作为研究者，他们认识到必须依据手中的信息或能够收集到的信息做出尽量合理的选择。此外，唯一可供选择的方法就是停止研究。

评价人格评估也是同样的。你必须收集能够帮助你决定评估是否有效的所有信息，然后据此做出最好的决定。尽管评估结果的准确性总会有点不确定，但是这项任务还是非常合理的、必要的（Cook & Campbell，1979；Cronbach & Meehl，1995）。

准确性标准

考虑这个问题，有一个比较简单的方法。由熟人或陌生人做的人格评估可以被看作是一种人格评定，甚至一个人格测验。如果你把它看作测验，前两章讨论的注意事宜立刻开始起作用，评价人格评估的准确性几乎等同于评价人格测验的效度。目前有一种发展良好、被广泛接受的方法用来评估测验效度。

这种方法叫作**会聚效度**（convergent validation）。可以通过"鸭子测试"来阐释：如果它看起来像鸭子，走路像鸭子，游泳像鸭子，还像鸭子一样嘎嘎叫，那么它很可能（但是仍然不能绝对肯定）是只鸭子。（它可能是一个像鸭子的精密迪士尼拟声玩具，但不是真正的鸭子。）聚合效度通过组合各种信息片断获得，例如外表、走路及游泳的姿势和叫声，根据这些信息"会聚"成结论：它一定是只鸭子。会聚的各种信息条目越多，结论越具有说服力（Block，1989）。

人格评估的两个重要聚合标准为**判断间的一致性**（inter-judge agreement）和**行为预测**（behavioral prediction）。如果我认为你尽职尽责，你的父母、朋友以及你自己都认为是这样，那么，你很可能——尽管并非确凿无疑——是尽责的。并且，我在随后的观察中发现，你在三个学期的课程中都是按时到达，显示了**预测效度**（predictive validity），因此，我更确认对你的评估是正确的（尽管永远达不到100%的确定性）。

"我们有证词说你走路像鸭子，像鸭子一样嘎嘎叫。告诉法庭，你是鸭子吗？"

总而言之，心理学研究可以通过如下两个问题来评价人格评估的准确性（Funder，1987，1995，1999）：（1）评估是否与他人的一致？（2）评估是否能够预测行为？根据回答"是"的程度，看出这些评估相应的准确性。

第一印象

一见到某个人，你很可能就会开始判断他的人格——这个人可能也正在对你做同样的事情，你们双方都无法避免这种情况的发生。判断人格的过程非常快，而且几乎是自动化的，不需要思考（Hassin & Trope，2000）。这个事实显然很重要；你肯定听过这句格言，人没有第二次机会留下第一印象。普遍的对第一印象的信赖也许是"外表更具竞争力"（从照片判断）的竞选者获得了2004年美国参议院选举中70%的胜利的原因（Todorov，Mandisodza，Goren，& Hall，2005）。这些第一印象有准确的吗？

面孔

根据一项调查，约75%的大学本科生认为人格在一定程度上是可以通过容貌来判断的（Hassin & Trope，2000）。一直以来，心理学家都倾向于反对该观点（Alley，1988）。比如评估你是否能够通过某人的鼻子大小看出任何人格特质的研究，几乎全部得到了否定的结果。然而，更近期的研究开始关注面部的结构特征或特征的整体分布，而不是单一的身体部位（Tanaka & Farah，1993）。当研究以这种方式进行时，第一印象的效度似乎有望提高。

一个早期研究发现，本科生以小组形式坐在一起15分钟，期间没有交谈，之后他们对彼此的评分的相关度在"外向性""尽责性"和"开放性"特质上超过了 $r = 0.30$（Passini & Norman，1966）。参考第3章中描述的双项效应值展示（BESD），这意味着在这种情况下就这三个特质对陌生人进行评判，正确可能性是错误可能性的两倍（见表6.1）。其他更近期的研究得到了类似的发现（Albright，Kenny，& Malloy，1988；D. Watson，1989）。对某人面孔的一瞥足以使个体做出令人惊讶的准确判断，如对方的支配或服从程度（Berry & Finch Wero，1993），属于异性恋或同性恋（Rule & Ambady，2008a），或者甚至对于公司总经理来说，他[3]的公司能赚多少钱（Rule & Ambady，2008b）。

表6.1　陌生人进行人格判断的准确性

他人判断	自我判断		
	高	低	总计
高	65	35	100
低	35	65	100
总计	100	100	200

来源：这是一个有200名参与者的假设研究的结果，其自我—他人相关为 $r = 0.30$。

为什么能够达到这种程度的准确性呢？显然，正是面部的结构特征让人们可以对一系列心理特征进行判断，并达到一定的效度。一个饶有趣味的研究试图找出其中一些特征（Penton-Voak，

---

③　该研究中所有公司总经理均为男性。

Pound，Little，& Perrett，2006）。研究者从一个很大的参与者样本中收集人格评分，然后基于5个不同特征挑选出得分最高的10%和得分最低的10%的男性和女性（每组15人）。使用计算机图像技术将每组的15张面孔进行平均，形成一张合成肖像，一个在各种特征上分别得到高分和低分的泛化的（而非实际的）人的肖像。图6.1和图6.2显示了宜人性、尽责性、外向性、情绪稳定性（神经质的反面）和开放性特征的结果。高分者在上面一行，低分者在下面一行。你能说出哪张图属于哪种特质吗？一般来说，参与者能够分辨宜人性、外向性和尽责性上得分高和得分低的男性，但不能分辨另外两种特质。对于女性，参与者则可以在宜人性和外向性上辨别高分者和低分者。

这些发现有何意义？第一，它们意味着我们显然仅仅通过观看面孔就可以辨别某个人在两种特质——外向性和宜人性上的得分高低。此外，我们可以辨别男性而非女性的情绪稳定性的得分高低。第二，这样的准确度是令人印象深刻甚至惊奇的：成功辨别的效应大小达到r=0.80左右。然而重要的是，记住，这些发现来自极端得分者面孔的平均值——一种非常人工化的情况。这些发现在实际生活中的意义可能是，通过观看某人的面孔，我们在一定程度上能够准确地察觉极端外向者和极端内向者之间的差异，或极端宜人者和极端难以相处者之间的差异。绝大多数人位于中间区域，对这部分人的辨别是更加困难的。

然而，来自一系列近期研究的信息是，人类面孔所包含的关于人格的信息远远多于心理学家几年前所认为的。研究显示，通过电话进行的工作面试在人格判断方面不如那些"面对面"进行的面试，这个事实可能是一个原因（Blackman，2002a，2002b）。

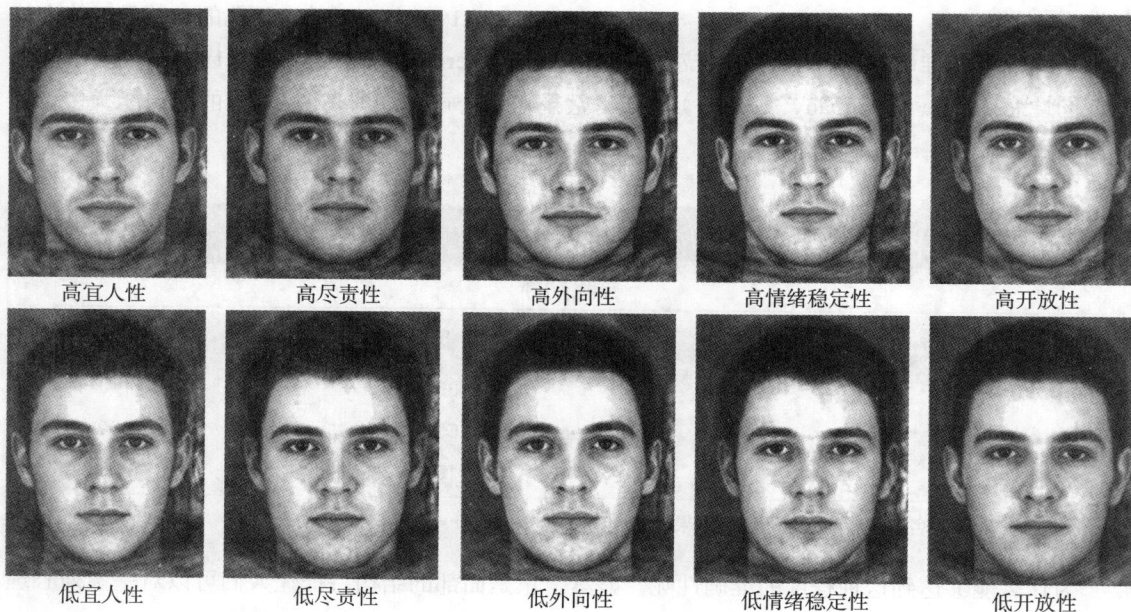

| 高宜人性 | 高尽责性 | 高外向性 | 高情绪稳定性 | 高开放性 |
| 低宜人性 | 低尽责性 | 低外向性 | 低情绪稳定性 | 低开放性 |

图6.1　面孔揭示的人格：男性

注：这些面孔是在五大人格特质上得分最高和最低的10%男性的合成肖像。

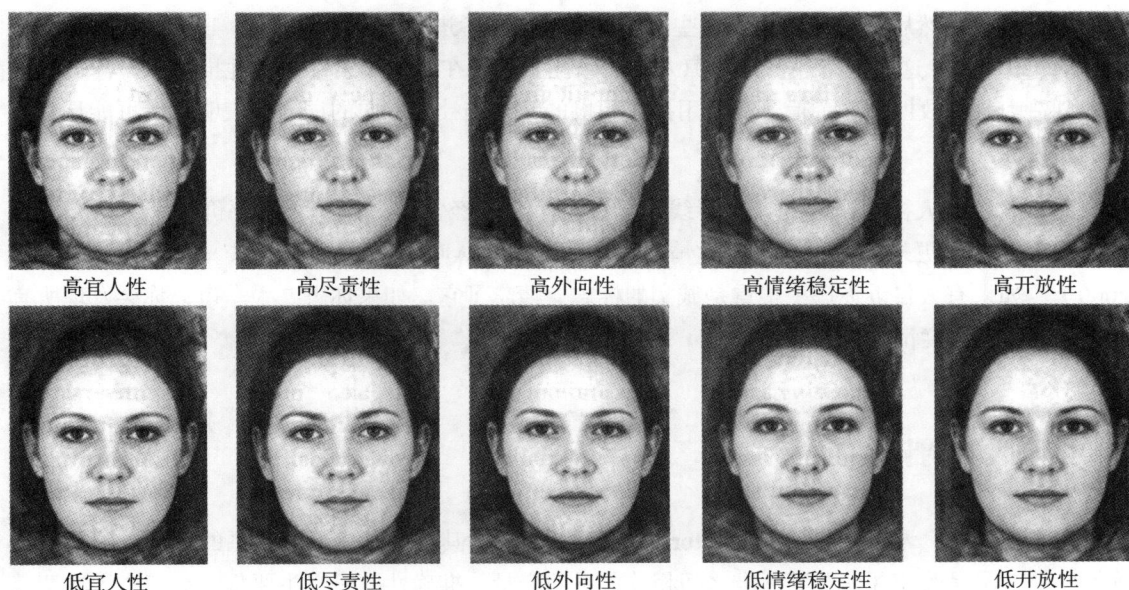

图6.2 面孔揭示的人格：女性

注：这些面孔是在五大人格特质上得分最高和最低的10%女性的合成肖像。

人格的其他可见信号

人格的可见信号不只是面孔。个体的穿着和发型时髦程度可以让业余观察者推断他/她的外向性，并且他们常常是正确的（Borkenau & Liebler，1993）。当某人说话声音非常大时，评判者倾向于推断他/她是外向者，这个判断通常也是正确的（Funder & Sneed，1993；Scherer，1978）。一般来说，如果被观察者的行为与他们被评判的特质紧密相关，那么评判者就会得出更准确的结论。

人格判断的一个新观点是，不是观察某个人，而是观察他/她的卧室。正如我们在第2章中看到的，卧室里有很多读物的人可能是开放的，而会仔细整理床铺的整洁的人则可能是尽责的（Gosling，2008b）。我不知道大多数人是否意识到这些信号，不过我们常常对别人的住处感到好奇，这一点是真的。

人们也常常假设可以通过所听的音乐来判断人格。他们也许是对的！当两个陌生人处在相互熟悉并可能成为朋友的过程中时，一个常见的谈话主题就是音乐：每个人所喜欢的艺术家和风格，以及为什么。这个对话可以揭示关于人格的信息（Rentfrow & Gosling，2006）。根据一项近期研究，喜欢沉思、复杂音乐（新世纪音乐）的人更有创造性、想象力和忍耐性，更崇尚自由；喜欢强烈、劲爆音乐（重金属音乐）的人可能好奇心更强，爱冒险，喜欢体育运动；喜欢弱拍和传统音乐（流行音乐）的人相对外向、愉快，乐于助人，但是对抽象的想法不感兴趣（Rentfrow & Gosling，2003；也见Zweigenhaft，2008）。

甚至一个人讲故事的方式都能够揭示其人格的某些成分。在一项研究中，研究者请参与者撰写简短的故事，然后让其他人阅读这些故事并尝试对作者进行评价（Küfner，Back，Nestler，& Egloff，2010）。这些人格评价具有惊人的准确性。读者在其他线索中正确地推断出，深奥的文章和创造力是开放性的一个信号，使用描述积极的情绪和社会取向的词语则表明作者可能具有较高的宜人性。

最后，考虑人格判断的经典人际线索：握手。人们经常通过这一线索评价他人，研究发现握手力度大的人更外向，更喜欢表达情绪。握手很轻的人可能更害羞和焦虑（Chaplin et al.，2000）。如果有人告诉你握手很重是诚实的标志，请忘了它。如果你去二手车市，你会发现所有销售员握手的力度都很大。

准确性的调节变量

在心理学中，**调节变量（moderator variable）**是影响其他两个变量间关系的变量。因此，准确性的调节量是改变评估及其标准之间相关关系的变量。准确性的研究主要集中在四个潜在调节量上：（1）评估者的特性；（2）评估对象（被评估的人）的特性；（3）被评估特质的特性；（4）评估依据信息的特性。

良好的评估者

准确性研究中最古老的问题是：谁是最好的评估者？临床心理学家一直以来都假定某些人更擅长判断人格，1955年前关于准确性的大量研究解决了这一问题（Taft，1955）。但是，仍旧很难找到令人满意的答案。早期研究似乎显示：能够在一种情境下或对一种特质做出良好判断的评估者无法在其他情境下或对其他特质做出良好判断。唯一一致的结果似乎是，极度聪明且有责任心的人实施的评估更好，但是这些个体对任何任务都很擅长，因此，不能明确地说这些特质是评估能力的基本组成部分。人们对这一模糊结论的失望可能是导致20世纪50年代中期第一波准确性研究浪潮衰退的原因之一（Funder & West，1993）。但是，这种悲观可能不太成熟，因为最初的研究使用的方法较少（Colvin & Bundick，2001；Cronbach，1995；Hammond，1996）。

最近，有研究重新关注了这个主题并开始提出一些重要的问题。例如，谁是更好的人格评估者，男性还是女性？答案是不一致的。一个研究收集来自陌生人的人格评估，这些人坐在同一张桌子旁边几分钟但没有机会说话。在这个情境中，女性在两个特质（外向性和积极情绪）的评估上表现得比男性更好，但不包括其他特质（Ambady，Hallahan，& Rosenthal，1995）。在进一步的研究中，包括了男性和女性在内的小组实际上有机会与其他人交流，研究发现女性在整体评估上一般是准确的，但只是因为她们对于"正常"或普通人是什么样的有更准确的看法（Chan，Rogers，Parisotto，& Biesanz，2011）。

另一项研究比较了大学生的同伴评估和这些学生的自我评估及三种实验条件下对这些学生行为的直接观察（Kolar，1996）。男生和女生在准确程度上没有差异，但是在与准确性相关的人格方面有差异：人格评估准确性最高的男性更加外向，适应性良好，比较不关心别人对自己的看法；人格评估准确性最高的女性评估者更愿意接受新经验，拥有广泛的兴趣，看重自身的独立性。这些结果显示，对于男生来说，准确的人格评估是外向和自信的人际交往风格的一部分；对于女生来说，则更多的是愿意接受他人、对他人感兴趣。

不论哪种风格，好的评估者都是那些投身于发展和维持人际关系的人，有时这种风格被称为"交际性"（Bakan，1966）。最近，一项研究发现在交际性测验上分数高的男性和女性（特别重视人际关系的）做的人格评估更准确（Vogt & Colvin，2003），另一项研究发现准确性与相关特质（如"社交技能""宜人性"和"适应性"）有关（Letzring，2008）。此外，在"归因复杂性"（与人格评估准确性有关的一项能力）上得分高的人，其行为通常被描述为开放的、积极的、富于表现力的和善于社交的（Fast，Reimer，& Funder，2008）。

好的人格评估者一般来说更加积极。有些人的评估很概括或"刻板"，他们倾向于用讨人喜欢的话来描述其他人，这样的结果也相对更准确，因为大多数人实际上表现出的就是那些一般的特点：诚实、友好、和善、乐于助人（Letzring & Funder，2006）。因此，那些心理适应佳的人，他们对生活的积极看法会引导他们对其他人做出更好的评估（Human & Biesanz，出版中-b）。那些准确地用积极语言描述他人的评估者也会被认识他们的人描述为热情、友爱且富有同情心的，而不会被认为是骄傲、焦虑、易冲动或多疑的（Letzring & Funder，2006）。

他们是不是好的评估者呢？答案既是否定的也是肯定的（Biesanz et al.，2011）。说它是否定的，是因为一般来说，将自己描述为好的评估者的人，在评估能力上并不强于那些自认评估能力较差的人。但是在另一层意义上，答案又是肯定的。当被问及在几个熟人中他们能够最准确地评估哪一个时，大多数人的选择几乎都是正确的。换句话说，我们可以辨别哪些人我们能够准确评估，哪些人我们无法准确评估。

有时，准确评估人格显得尤其重要。做出额外努力有用吗？迄今为止的研究结果仍是不一致的。在一个研究中，参与者被明确指示尽可能地了解彼此，但其判断的准确性只比那些只是聊天的参与者高一点点（Letzring，Wells，& Funder，2006）。另一个更近期的研究发现，鼓励评估者做出正确判断，这使得他们在独特或异乎寻常的特质上判断更准确，同时在那些几乎每个人都具有的普遍特质上判断的准确性降低，这导致整体的准确性几乎没有变化（Biesanz & Human，2010）。但是另一个研究使用了相反的方法，通过告诉一些参与者准确性不重要，因为评估任务只是"热身"。结果，这些评估者的准确性低于那些没有被以这种方式降低动机的评估者（McLarney-Vesotski，Bernieri，& Rempala，2011）。因此一定程度的努力对于准确评估似乎是必要的。

有关良好评估者的研究沉寂太久了。随着这些令人感兴趣的新研究的继续和拓展，我们可以期待对"是什么使有些人能更好地评估人格"这一问题有更好的理解。

良好的评估对象

另一个准确性的潜在调节量是良好评估者的反面——良好的评估对象。有些人似乎像打开的书一样易读，然而有些人似乎比较封闭和高深莫测。这意味着有些个体更易于被评估。那么正如人格心理学家的先驱高尔顿·奥尔波特在书中所问，"这些人是谁？"（Allport，1937；Colvin，1993b）。

人们对"可评估的人"的看法最容易达成一致，正如我们所见，大多数人都能识别他们（Biesanz et al.，2011）。自然的，可评估的人是那些可以被人格评估准确预测行为的人。按照这一定义，**可评估性（judgeability）**就是"所见即所得"。可评估的人的行为表现很一致，甚至所有认识他们的人在不同场景下对他们的描述在本质上都是相同的。此外，这种人的行为一致，意味着我们可以根据他们过去的行为预测他们将来要做什么。我们可以说这些人很稳定、行为一致，甚至可以说他们的心理适应能力很好（Colvin，1993b）。[④]可评估的人也表现得外向和宜人（Ambady，Hallahan，& Rosenthal，1995）。

理论家们一直以来都假设个体可以拥有的最为健康的心理风格是不要对你周围的人有所掩藏，展示出"透明自我"（Jourard，1971）。如果你所展现的心理表象在"内部我"和"外部我"之间产生了不一致，那么你可能会感到被周围的人孤立，从而产生悲伤、敌意和抑郁。以与真实人格相反的方式行动需要付出努力，还会产生心理上的疲惫（Gallagher，Fleeson，& Hoyle，2011）。甚至有证据显示，掩藏情绪对身体健康有害（Berry & Pennebaker，1993；Pennebaker，1992）。

> 以与真实人格相反的方式行动需要付出努力，还会产生心理上的疲惫。

最近，基于此理论的研究指出可评估性——"所见即所得"因素——是心理适应良好的一部分，因为它来源于行为的一致。结果，对于可评估的人，甚至刚认识他们的人也能够准确地评估其在其他情形下难以观察的特质，如"在紧张的形势下仍然保持冷静""工作做得彻底"和"具有原谅的天性"（Human & Biesanz，出版中）。这是一种植根于童年早期的模式，可评估性和心理适应的关系在男性中表现尤为明显（Colvin，1993a）。

良好特质

所有特质并不是等同的，有些特质比其他特质更容易被准确判断。例如，比较容易观察到的特质（如爱说话、好交际以及其他和外向相关的特质），比那些不是很明显的特质（如思考的、沉思的风格和习惯等）具有更高的判断间一致性（Funder & Dobroth，1987）。例如，对于你是否爱说话，你更可能与熟人的看法达成一致，且熟人们也更可能彼此达成一致，但对于你是否易于忧虑、沉思，你们就很难达成一致。在评估者对你不熟悉，且只观察了你几分钟的情况下，结果也是一样（Funder & Colvin，1988；也见Watson，1989），或者更不一致（Carney，Colvin，& Hall，2007）。总的来说，像外向性这样的特质可以通过明显的行为反映出来（例如，外向性可以由有活力和友好反映出来），它要比情绪稳定性（可以通过焦虑、担心以及其他心理状态反映出来）等无法从外部推断的特质更容易判断（Russell & Zickar，2005）。

---

④　怀疑这一结论是否合理很正常。一个严格又顽固的人可能较容易评估，但是适应能力不是很好。然而，研究至今未鉴别出这样假定的可评估而又适应不良的真实个体。

这一结论似乎很明显。我认为凯特·多博森（Kate Dobroth）和我的主要研究发现是对的：明显的特质更容易被观察到。我们需要联邦资金来认识到这些吗？（别担心，我们的补助很少。）但是这的确有一些很有趣的暗示。人们比较关心熟人做出的人格评估的依据。有些心理学家不愿意承认同伴做出的人格评估具有准确性，认为判断间一致性只是评估者之间或评估者与被评估者之间谈话的结果。因此，这些心理学家得出结论，同伴评估不是基于被评估者的人格，而是基于他们社交建构的声望（McClelland，1972；Kenny，1991）。

这种看法似乎合理，但我不认为是这样的。如果同伴做出的人格评估只是基于声望而不是观察，那对可观察到的特质的一致性意见就不可能比无法观察到的特质多。其他人可以根据你爱思考的特质炮制一个相关的名声，当然也可以根据你爱说话的特质再构造一个。但是，当所有特质都同样地受到外界的影响时，某些特质就难以被实际观察到。因此，这个结果——可观察的特质有更好的判断间一致性——意味着同伴评估不只基于社交声望，更多的是对行为的观察（J. M. Clark & Paivio，1989）。

另一项研究涉及这样一种特质，研究者称之为**社会群体内性关系（sociosexuality）**，即和最不熟悉的人发生性关系的意愿或对伴侣的承诺（Gangestad，Simpson，DiGeronimo，& Biek，1992）。可以推测出，对这一特质的准确感知可能对整个人类种系历史都是相当重要的。根据进化学理论，具有这种特质和能力的个体更可能进行繁殖，这种特质和能力也更可能被遗传给下一代（第9章对此有详细论述）。繁殖的一个重要部分在于找到愿意成为你配偶的人。因此，这项研究假设：出于进化的原因，相对于其他与繁殖关系不大的特质，人们更善于判断这一特质。

通过自我报告测量法，研究发现观察者们对这一特质上个体差异的觉察比对那些与繁殖相关较小的特质（如，"支配力""友好"）上个体差异的觉察更准确。研究还有一个有趣的结果：尽管结果没有考虑评估者和评估对象的性别，但是，女性判断男性的社会群体内性关系非常准确；男性判断其他男性的社会群体内性关系尤其准确！

这项研究的后一个结果反映出一个进化学上的小问题：对男性来说，知道另一名男性的配对可能性会使他产生什么繁殖优势呢？思考一会儿后，你就可能回答这个问题。问题是这个结果可能是进化理论未曾料到的。（也许你会很好奇，男性并不善于判断女性的社会群体内性关系，这可能是男性永远的遗憾。）

良好信息

最后一个影响评估准确性的调节量是人格评估所依据的信息数量和信息种类。

信息数量 不管在本章较早时候总结的关于第一印象的最新发现如何，信息数量越多越好似乎仍然是个事实，特别是在评估某些特质时。一个研究发现，尽管在5秒钟的观察之后就可以对像"外向性""尽责性"和"智力"这样的特质做出具有一定准确性的判断，但判断"神经质"（情绪稳定性）、"开放性"和"宜人性"这样的特质则需要花费更多时间（Carney et al.，2007）。另一项研究考察了更长时间的相识关系，熟人（认识参与者至少1年）和陌生人（只在录像中看到参与者约5分钟）同时对参与者进行评估。相对于陌生人来说，熟人做出的人格评估与参与者的自我评估具有更高的一致性（Funder & Colvin，1988）。

但是，这种相识时间的优势并不是在所有情况中都起作用。陌生人观看的录像内容为参与者与异性同伴交谈5分钟。录像是陌生人做出人格评估的唯一依据。相对而言，熟人没看录像，他们做出评估的依据在于一段时间以来在日常生活中对参与者的观察和交流。有趣的是，当用熟人和陌生人的评估来预测参与者在另一个单独的录像中与另一个异性同伴的行为时，两组评估的准确性大致相同。也就是说，当标准是在一个陌生人曾看到过类似情境（而熟人没看到）的情况下对行为进行预测的能力时，熟人相对于陌生人的优势会消失（Colvin & Funder，1991）。

举个我自己的例子来说明。在大多数学期里，我每周会给150多名大学生做两三次讲座。结果是很多人看到我在做讲座，却不知道我在其他场合中是什么样的人。另外，我的妻子已经了解我20多年了，但是从来都没听过我做讲座（这在大学教师和配偶之间很平常）。如果有人要求我的一个学生和妻子预测我在下周讲座中的表现，谁预测的准确性会更高？根据柯尔文和范德（Colvin & Funder，1991）的研究，这两个预测的准确性应该大致相等。另一方面，根据范德和柯尔文在1988年的研究，如果让这两个人预测我在其他情境中的行为，我的妻子会有明显优势。

在我们1991年的文章中，兰迪·柯尔文（Randy Colvin）和我把这种现象叫作熟悉效应的边界，因为我们似乎已经发现，在某些情境中，陌生人和熟人做出的人格评估具有相等的预测效度。但是这个发现反过来看更有意义。尽管熟人（如配偶）从未见过某一特殊情境中的你，他/她还是可以通过在其他情境中对你的观察预测你在特殊情境中的行为，这和那些真正在这种情境中见过你的人预测得同样准确。例如，通过在日常生活中的随意观察，熟人能够抽取出有关参与者人格的信息，进而可以预测参与者在录像中的行为，这些信息和陌生人在高度相似的情境中直接的行为观察一样有效。

近期的另一项研究在信息数量对准确性的影响方面有了进一步的创新。结果显示，如果给评估者提供更多信息，评估者评价和评估对象自评的一致性将有所提高，但不影响评估者之间的一致性（Blackman & Funder，1998）。评估者观看一系列有关两人交谈的录像片段，有些评估者只看一个5分钟的录像片段，有些人看两个（总时长10分钟），以此类推，最多看总时长为30分钟的六个录像片段。然后试图对其中一个观看对象进行人格描述。

结果如图6.3所示。评估者一致性从始至终都很好，并不因观看录像时间的不同而出现显著变化。然而，准确性（这里指评估者描述和评估对象自我描述的一致性）确实随着观看录像时间的增加而显著提高。

是什么导致了这种一致性和准确性之间的差异？原因似乎是评估者通常基于肤浅的刻板印象和其他潜在的错误线索做出判断，所以评估者们对他们的评估对象的第一印象都彼此一致。由于评估者都有这些刻板印象，所以尽管他们做出的判断在很大程度上是错误的，但是很一致。然而，观察评估对象一段时间后，评估者开始丢弃刻板印象，观察真实的评估对象。结果是评估对象之间的一致性提高不明显，而准确性却有改善（另一个相关的发现参见Biesanz，West，& Millevoi，2007）。

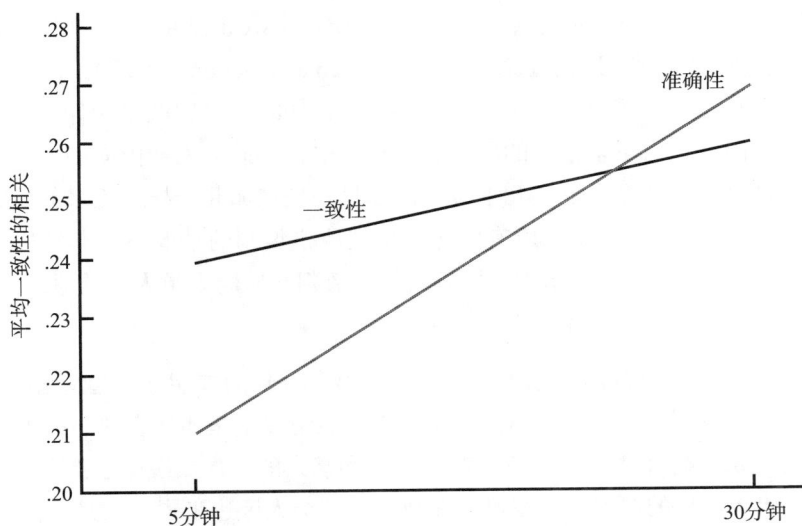

图6.3 5—30分钟熟悉时间的准确性和一致性

1998年，布莱克曼（Blackman）和范德（Funder）考察了一致性（判断间一致性）和
准确性（自评—他评一致性）是如何随着评估者观看评估对象行为录像时间变化的。
结果显示：观看时间越长，准确性提高越显著，一致性无显著变化。
来源：（Blackman & Funder，1998）。

有一个假设的例子或许可以说明这些发现。假设一个修车厂有两位厂主，休（Sue）和萨利（Sally）。他们需要一名新的机械师，于是面试了一位叫卢瑟（Luther）的应征者。卢瑟的头发梳得整齐，皮鞋擦得锃亮，所以两位厂主认为他很尽责并予以录用。不幸的是，几周之后，休和萨利发现他经常迟到、早退，还有顾客开始投诉，说他们在车后座发现啤酒罐。休和萨利碰面后一致认为卢瑟不可靠，与他们最初的第一印象不符，他必须离开修车厂。

用术语来讲，这个故事中的一致性一直没有改变，而准确性却发生了变化。休和萨利最初就达成一致，到了最后也是意见一

"菲格森先生，你取走我们洗完的车时看到卢瑟的鞋了吗？"

致。然而，两个人达成一致的内容却有非常大的变化。最初，他们就错误假设达成一致；最后，受益于更多的信息，他们就卢瑟真实的为人有了一致的看法。我相信，就是这样一个过程解释了为什么图6.3中代表准确性的直线会上升，而表示一致性的直线几乎是平缓的。

信息质量 信息数量不是有关信息的唯一重要变量。我们都有这种经历，有时候能够在很短时间内了解一个人的很多信息，有时候可能认识某个人很久，但是对他/她的了解却很少。这

似乎取决于情境以及此情境产生的信息。例如，在弱情境（weak situation）下，不同的人表现不同，在这种情境下观察某人所得的信息比在强情境（strong situation）下得到的更多，因为强情境中社会规则对人的行为有很多限制（Snyder & Ickes，1985）。这就是为什么舞会中的行为比乘公交车时的行为能够提供更多信息的原因。在舞会中，外向的人和内向的人表现差异很大，不难对二者做出区分；在公交车上，几乎每个人都只是坐在那儿。根据近来的研究，这也可能

舞会中的行为比乘公交车时的行为能够提供更多的信息。

是在所有问题都预先严格编制的情况下，非结构化的工作面试比结构化面试更能有效判断应聘人员人格的原因（Blackman，2002b）。

　　一种普遍的直觉——极有可能是正确的——告诉我们在压力或能够唤起情绪的情境中，可以了解到他/她的一些"额外的"信息：观察某个人在紧急情况中是如何表现的；或者观察他/她收到医学院的接受信或拒绝信时作何反应；甚至他/她和某人的一次浪漫邂逅都会展现一些你没有觉察到的东西。出于同样的原因，你很可能在教室里某个人旁边坐了几个月，但是对他/她几乎一无所知。判断一个人人格的最好情境是可以使其产生出你想要评估的特质的情境。要评价个体对工作的态度，最好去观察他/她工作时的表现。要对一个人的社交性进行评价，在舞会上观察可以得到更多的信息（Freeberg，1969；Landy & Guion，1970）。

　　一项开创性的研究使用访谈录音评估了信息质量对评估的影响。评估者听了一些他们不认识的参与者的访谈内容，在访谈中参与者被问到他们的想法和感受，或是一些日常活动。然后评估者试图使用一系列特质描述参与者的人格特点。研究者发现：听了访谈内容为想法和感受的（相对于所听内容为关于行为的）评估者能"产生更'准确的'社会印象，或至少与参与者的自我评价和参与者密友对其的评价更一致"（Andersen，1984）。另有一项较新的研究发现，在非结构化情境中相遇的人，可以谈论任何想谈的内容。相对于留有较少闲谈空间的正式场合，在这种非结构化情境中的人格评估更准确（Letzring，Wells & Funder，2006）。

　　人格评估的准确性依赖于评估所依据信息的数量和质量。一般来说，信息越多越好，但信息与试图评估的特质的相关也同样重要。

现实准确性模型

　　为了赋予这些准确性的调节变量以意义和顺序，有必要先退一步提出这个问题：人格评估的准确性可能有高？至少有时候，人们可以准确评价出他们认识的人的人格的一个或几个方面。他们是如何做到的？现实准确性模型（Realistic Accuracy Model，简称RAM）对此做出了解释（Funder，1995）。

　　为了准确评估个体人格的某一特质，必须要做到四件事（如图6.4）：首先，评估对象必须表现出相关的行为，即行为可以为相关特质提供信息；第二，这一评估者可以得到个体的这些行为信息；第三，评估者必须能够觉察这一信息；第四，也是最后一点，评估者必须正确使用这些信息。

目标 → 相关性 → 可用性 → 察觉性 → 利用性 → 评估者

图6.4 现实准确性模型

为了准确评估个体人格的某一特质，需要做到四件事。第一，个体必须表现出与特质相关的行为。第二，评估者可以得到个体的这些行为信息。第三，评估者必须觉察这些信息。第四，评估者必须正确使用这些信息。

例如，假设要评价某人的勇敢程度。除非有能够展现这种特质的情境，否则无法探测到这名勇士的特质。如果评估对象冲进一所着火的房子，救出里面的一家人，那么这时他/她就表现出了相关的行为。其次，这种行为以评估者能够观察的方式在可观察到的地点发生。有人可能现在正在做出英勇之举，就在隔壁，但是，如果你看不到，你就永远无法知道，永远没有机会准确评估这个人勇敢的特质。但是我们说你（评估者）刚好看到评估对象从熊熊燃烧着的房子里救出最后一个人，这样，评估就通过了"可用"这一关。这还不够。或许你分心了，或者感知能力受损（你忘了戴眼镜），或者出于其他原因使你没注意到这次惊险营救。但是，如果你注意到了，那么评估就通过了"觉察"这一关。最后，你必须准确地记住，并正确地解释你觉察到的那些可用的与评估特质相关的信息。如果你推断出这次营救意味着评估对象的高勇敢特质，那么，你已经完成了"利用"这一阶段，最终获得了准确的评估。

这个准确人格评估的模型有如下几个寓意：第一个也是最明显的寓意是很难准确地评估人格。在获得准确的评估之前必须要通过这四道关口：相关、可用、觉察和利用。如果这个过程中的任何一个步骤失败了，被评估的对象从未表现出相关特质，或者评估者没有看到或没注意到，或者评估者做出了错误解释，"准确的人格评估"便功亏一篑。

第二个寓意是本章前一部分讨论过的准确性的调节变量（良好的评估者、良好的评估对象、良好特质和良好信息）是这四个阶段中一个或多个阶段的必然产物。例如，良好的评估者善于觉察和利用行为信息（McLarney-Vesotski et al.，2011）。良好的评估对象在各种不同的情境下（可用）其行为与人格特征一致（相关）。良好特质呈现在不同情境下（可用）并容易被观察（觉察）。相似的，与某人相熟（良好信息）可以拓宽评估者观察行为的范围（可用），评估者注意的行为出现的机会也会增大（觉察）。

这个模型的第三个寓意是最重要的。根据现实准确性模型，人格评估的准确性可以通过四种不同的方式实现。传统上，对准确性的改进集中在试图使评估者的考虑更完善、更有逻辑性，避免推论性的错误。做出这些努力是很值得的，但是都集中在了一个阶段——利用，而不是准确人格评估的四个阶段。其他阶段同样需要寻求改进的方法（Funder，2003）。

例如，想一想做一个性格暴躁的人有什么不好。他们会发现当自己在人们周围时，人们会更谨慎、更拘谨：只要他一出现，人们就避免谈论某些话题，避免做某些事情。结果，他/她在相关阶段对那些熟人的评价会被干扰——其他本该观察到的相关行为被抑制了，这样，他/她就不能准确地评估那些熟人。例如，面对一个极易对坏消息发脾气的老板，员工们会把错误藏起来，这阻碍了相关信息的可用性。结果，这位老板可能对员工的真实表现和能力甚至公司的运行情况都一无所知。

做出评估的情境也影响其精确性。在紧张或分心的环境下与人见面很容易影响对其他相关的、可用信息的觉察，再次导致准确性的降低。因此，与工作面试时或第一次约会时的人交流形成的评估通常不是最准确的。

一名好的人格评估者不仅需要缜密的思考，还要创立一个人们可以自然表现真实自我的人际环境，这样人们才会告诉你真正发生着什么。很难避免含有紧张和其他分心因素（导致你错过眼前信息）的环境。但是需要记住，在这种情境下，你的评估并不是完全可靠的，记着要平静下来，像关注自己的想法、感受和目标那样关注别人。

准确性很重要

人格评估无处不在。你可能成功逃开了由心理学家或测验做出的评估，但是你仍然会发现每一天、每个小时，同事、朋友和你自己都在评判你的人格。并且这些评估和那些心理学家和测验实施的评估一样重要，甚至可能还更重要。这也是为什么它们是否准确很重要的原因。我们需要了解他人，这样才能和他们交流，做出从"借给谁10美元"这样的小事到"嫁给谁"这样的终身大事的决定。改进准确性需要更好的思维，也同样依赖于我们的做法——如何使他人表现出他们自己。

总　结

日常人格评估的结果

• 人们一直都在对人格进行彼此的互相评估和自我评估，这些评估的结果很重要。

• 他人对个体的评估能够影响这个人的机遇，还能够创造自我实现预言或期望效应。因此，很有必要检验评估的准确性。

人格评估的准确性

• 近期研究通过一致性和预测效度两方面评价了人格评估的准确性。即那些与其他来源（如，其他人）的评估一致或者能够预测评估对象行为的评估，相对于那些彼此不一致或者不能预测行为的评估来说，准确性更高。

• 第一印象可以惊人的准确。人们可以从一个人的面孔、声调、着装方式甚至是他/她的卧室的状况发现一些有关人格特质的有效信息。无论如何，对于一些人格特质而言，随着了解的深入，这样的判断会更加准确。

- 研究检验了可能影响评估准确性的四个变量：（1）良好的评估者，或者判断更准确的评估者；（2）良好的评估对象，或者更容易判断的个体；（3）良好特质，或者更容易准确评估的特质；（4）良好信息，或者关于评估对象的更多或更好的能够使评估更加准确的信息。

- 根据现实准确性模型（RAM），有研究提出准确评估人格的过程，把准确性描述为反映行为线索与人格特质的相关性、行为线索的可用性、可觉察性和可利用性的一项职能。

- 现实准确性模型意味着人格评估很难，但是有助于对准确性的四个调节量进行解释，提出了能够更准确地评价他人的一些方法。

准确性很重要

- 普通人在日常生活中进行的人格评估比心理学家进行的评估更加频繁也更加重要，因此它们是否准确是十分要紧的。

思 考 题 ●●●

1. 你多久会对他人的人格特点进行一次评估？如果你做过评估，那你的评估通常是正确的还是错误的？你是如何区分的？

2. 对于本章总结的关于第一印象的资料，你有什么看法？你有没有发现自己可以通过容貌、音色或其他容易观察的线索对他人做出判断？过于依赖第一印象有什么样的潜在问题？

3. 假设你对别人做出了错误的人格评估，错误的原因是什么？

4. 你进入过不认识的人的公寓或卧室吗？看到他们的生活空间是否会让你对于住在那里的人做出推断？你的推断是对的吗？如果有人现在观察你的卧室，他们会对你做出怎样的推断？他们是对的吗？

5. 当别人对你进行人格评估时，通常结果是正确还是错误的？你的哪些人格特点容易被别人错误地评估？

6. 什么时候更易于评价他人？取决于遇到他/她的时间和方式吗？

7. "准确"的人格评估的实际意义是什么？如果你认为一个人不诚实，但是这个人认为自己很诚实，这种矛盾能够解决吗？如何解决？

8. 你上过社会心理学的课程吗？如果上过，那么社会心理学流派对于个体感知的探讨与本书中提到的有什么异同？

推 荐 读 物 >>>>>

Funder, D. C. (1999). *Personality judgment: A realistic approach to person perception.* San Diego: Academic Press.

本章对人格判断以及"人（特质）—情境之争"进行了更详细（可能也更有技术性）的介绍。

电 子 媒 体 >>>>>

登陆学习空间*wwnorton.com/studyspace*，获得更多的复习提高资料。

7

用人格特质理解行为

特质（第4章）存在于我们的日常生活中，并且可以被心理学家（第5章）及任何人（第6章）所评定。但这仅仅是一个开始，是时候提出一些挑战性的问题了，这些问题涉及很多研究领域：谁在关注特质？测量特质的关键是什么？特质只是为了人格分类，还是有更重要的目的？事实上，我认为测量特质有两个更重要的目的：（1）预测行为；（2）理解行为。虽然这两个目的并不完全一致，但是特质取向就是基于这两大假设的。检验一个有关个体人格的心理学观点是否准确的最好方法就是，用这个观点（尝试去）预测个体的行为。了解哪些特质可以预测行为可以帮助我们理解个体为什么这么做。这些假设是正确的吗？

从那些探讨特质和行为关系的研究入手，是我们寻求发现的唯一方法。这些研究是否有效？更重要的是，研究的结论是否有用或者有趣？[①]你读完这章后就能回答这些问题了。

尝试验证特质和行为之间联系的研究采用了以下四种基本方法：**单一特质取向**（single-trait approach）、**多特质取向**（many-trait approach）、**核心特质取向**（essential-trait approach）以及**类型学取向**（typological-trait approach）。

单一特质取向探讨"某种人做出什么行为"（某种人指的是具有某种重要人格特质的人），以此检验人格和行为之间的关系。有些特质看起来如此重要，以至于心理学家花费了大量的精力来评定它们可能产生的影响。比如权威主义、尽责性以及自控性。

相反，多特质取向探讨"什么人做出某种重要的行为"，以此考察人格和行为之间的关系。多特质取向的研究者抨击通过列出特质清单来概括人格特征的做法。他们尝试寻找哪些特质与某种具体的行为相关，并尝试解释这种相关。例如，对于自我控制行为感兴趣的研究者可能会选择一组儿童，测量每个儿童等待奖赏的时间（即延迟满足的时间），以及每个儿童的近百种特质，

---

① 即使研究看起来并不十分有用，起码应该是有趣的。

然后考察延迟满足时间最长和最短的儿童所具有的突出特质有哪些。研究者期望以此揭示某些儿童怎样以及为什么会接受更长的延迟满足时间，即自我控制的潜在的心理机制。

核心特质取向着眼于"哪种特质是最重要的"。词典中包含了上千种特质，并非所有的特质都应该被研究和测量，而过多的特质常常使得我们无从选择。我们期待有一种特质可以解决所有问题，但是哪个是最重要的呢？近几年得以快速发展的核心特质取向试图列出最重要特质的清单。最突出的研究是"大五"特质理论，它包括了外向性、神经质、尽责性、宜人性和开放性五种特质。这些真的概括了一个人最重要的特质吗？本章我们将会探讨这一问题。

但是，寻求每个人在心理学家发展出的众多特质条目上所在的位置，是否真的有意义？即使是心理学家们，有时也感到迷茫。类型学取向的产生源自疑问和希望。疑问是，从量化的角度比较两个人在某一特质维度上的差异是否真的有效。也许他们有着本质的区别，因为他们不是同一类人，所以比较他们单个特质的得分就像比较苹果和橘子一样毫无意义。希望是，研究者可以将彼此间足够相似的个体与其他有显著差异的个体区分开，这将有助于将人分类。这种取向没有直接关注特质，而是将关注点放在可以描述整个人的特质模式，并且尝试将不同的模式分为不同的类型。你是哪种类型？读完这章你可能会找到答案。

单一特质取向

一些在人格领域最有影响力的研究，关注某些具体单一特质的本质、起源和结果。首先让我们关注以下三种特质，每种特质都在最近几十年里经过了上百项研究的检验。心理学家基于不同的理由将它们视为重要的。第一个特质，尽责性（以及一堆相关的属性，有时被称为"正直性"），对于很多目标都有出人意料的预测效果，包括预测谁会是优秀的雇员。第二个特质，自控性，针对关于个体内在现实与展现给他人的外在形象之间的关系的基本论题。第三个特质，自恋性，描述了一些迷人的、有吸引力甚至魅力超凡的人，同时也自视甚高，对他人毫不关心，可能会对其他人和他们自己造成问题。一些心理学家提出，现在自恋尤其盛行。看看你是否同意这个观点。

尽责性

雇主在选择新雇员时最看重什么？在一项要求超过3000名雇主对86种雇员可能的品质进行重要性等级评定的研究中，排名最靠前的8种品质中的7种涉及尽责性、诚实性、可靠性以及类似的品质（第8种是综合的心理能力；密歇根州教育部，1989）。因此，当雇主在决定是否要雇用你时，一个有眼光的雇主会希望测量这些特质。就像口头审查部门一再提醒你的那样，雇主将会检查你的发型、个人卫生，以及你是否准时（一定不要迟到或者穿破烂的牛仔裤）。

有时，雇主不满足于这种粗浅的观察，而是试图通过正式的人格测验来评定尽责性。学者一般把这类测验都叫作"正直测验"（integrity tests），但是这种测验往往会测一大堆品质，包括尽责性、对长期工作的承诺、恒心、道德伦理发展、敌对性、职业道德、可靠性、精力水平和暴力倾向（O'Bannon，Goldinger，& Appleby，1989）。更广泛的特质如宜人性和情绪稳定性部分地描述了这些测验所测量的品质。不过与正直测验联系最紧密的特质是尽责性（Ones，Viswesvaran，& Schmidt，1993，1995）。

那么这些测验对工作表现的预测是否有效呢？在某种程度上，答案取决于你所认为的工作表现是什么。在工业心理学的很多研究中，评估工作表现的标准是上级的评价，尤其是在此人受雇一年以后的评价。这个标准可能看起来是客观的，但是，从上级的立场来看，它可能恰恰是他/她想知道的：如果我雇用了这个人，一年以后我会感到高兴还是遗憾？万斯（Ones）和同事对总共涉及576,460个参与者的700余项研究进行了回顾，以考察43个不同的预测工作表现的评估的有效性。其效度相当于0.41的相关性。回想第3章中关于双项效应值展示（BESD）的讨论以及第4章中的事例：如果在不使用测验时，一个雇主对应聘者工作绩效预测的正确率可以达到50%（这样，如果应聘者中有一半是合格的，相当于招聘者在通过掷硬币来决定录用谁），那么使用测验可以使其预测的正确率超过70%。就像我们在第4章中看到的那样，考虑到培训（有时还包括解雇）雇员的费用，正确率的提高就有很大的财政意义。

一个更具体的评估工作表现的标准是旷工。如果某人没有出现在工作场所，他/她的工作表现显然不好。同一批研究者在后来的元分析中检验了总计涉及13,972名参与者的28项研究，发现"正直"测验得分和旷工的总体相关为0.33[②]（Ones，Viswesvaran，& Schmidt，2003）。再次使用BESD，这意味着在测验中得分高的人有三分之二（或者说是67%）的可能性属于更可靠的那一半雇员。

这些测验对雇员偷窃行为的预测力不高，平均的效力只有0.13（按照之前的定义，准确性约为57%）。这个数字有可能被低估了，因为偷窃行为是很难被发觉的，所以在这些研究中使用的标准是有缺陷的。尽管如此，万斯和同事还是总结说，正直测验作为尽责性的一般性测验，其检验力优于专门针对诚实性的测验，并且能够有效预测工作绩效。事实上，在另一篇文献综述中（包括了117项不同的研究），"在所有职业领域的工作绩效标准上，尽责性都表现出了正相关"（Mount & Barrick，1998）。这一发现在两性中均适用，甚至在控制了年龄和受教育年限之后仍适用（Costa，1996）。

这一发现不仅为雇主提供了潜在的有用工具，而且还有其他的意义。一个惊人的意义是，对尽责性的测量可以帮助雇主减轻测验偏见的影响。众所周知，美籍黑人作为一个群体，在公司筛选雇员使用的某些能力倾向测试上，其得分整体上低于美籍白人。（尽管有心理学家认为这确实是基因上的差异，但是更多人相信这是由教育和社会环境中的歧视而后天造成的；见

---

② 当然，实际上相关是−0.33，在正直性上得分高的人更少旷工。

"为了准备这个面试，我昨天彻夜未眠，喝了一晚上的酒。"

Sternberg，1995。）这种测验的结果会影响雇用前景和财政状况，导致不合法且愚蠢的歧视行为。然而，正直和尽责性测验，以及绝大部分其他人格测验，通常不会表现出种族或民族差异（Sackett et al.，1989）。因此，如果更多的雇主被说服在招聘中使用人格测验而不是能力测验，或者起码把人格测验作为能力测验的补充，那么在雇用中存在的种族不平衡问题就会迅速被解决（Ones et al.，1993）。这个情况在大学录取中同样存在。尽责的学生在大学中表现得很好。跟学术能力评估测验（SAT）或高中平均绩点（GPA）相比，尽责性可以更好地预测学生在学术上取得的成功（Wagerman & Funder，2007）。

多年以来，雇主、组织心理学家和教育心理学家都致力于寻找并测量难以捉摸的"动机变量"，这一变量可以将表现好的职员和学生从表现不好的人群里面区分出来。他们可能已经找到了。尽责性不仅能够很好地预测工作和学业表现，而且可能是人们优秀的原因之一（F. L. Schmidt & Hunter，1992）。比如，高尽责性的雇员会寻求机会了解自己所处公司的情况，并且主动充电学习超越自己当前工作范围的知识和技能。结果谁会晋升呢？很明显。相似地，高尽责性的人在面试中会做得更好，这不仅仅是因为在面试时他们表现得很好，更因为他们在面试之前花费了大量的时间来寻找信息和准备（Caldwell & Burger，1998）。高尽责性的人会提前做好——他们一般不会拖延（Watson，2001）。参加过某种项目的学生对此也会有体会——团队合作结束时，最有尽责性的人总是做了更多的工作。尽责性还有另一个（可悲但有效的）消极面：失业尤其会让高尽责性的人感到痛苦——相比不太尽责的人，他们的生活满意度会降低120个百分点（Boyce，Wood，& Brown，2010）。

· · · · · · · · · · · · · · · · · · · ·
失业尤其会让高尽责性的人感到痛苦。

尽责性涉及面很广，决不仅仅是工作绩效。比如，经济理论学家长久以来一直被这样一个谜题所困扰：处于低风险中的人常常是最爱买保险的人，虽然从经济学意义上考虑，处于高风险中的人更应该买保险。毕竟，谁能比不计后果的驾驶者更需要买交通保险呢？而尽责性可能解释这些现象：高尽责性的人不仅避免风险，同时还寻求自我保护，"不怕一万，就怕万一"的心态使他们既是最小心驾驶的人，同时也是买最高保险的人（Caplan，2003）。

不仅如此，尽责的人更长寿——不仅仅因为他们开车更小心，尽管这确实是一个原因（Fridman et al.，1993）。最近对194项研究的一份综合分析表明，高尽责性的人更倾向于避免各种风险性行为，他们只进行对自己健康有利的活动（Bogg & Roberts，2004）。尽责的人很少吸烟、过度饮食或者酗酒。他们回避暴力、危险性行为和药物滥用，更喜欢身体锻炼。但是他们不一定非常受欢迎（van der Linden，Scholte，Cillessen，te Nijenhuis，& Segers，2010），并且当尽责的人组成一个团队共同工作时，他们的成果可能不会很有创意（Robert & Cheung，2010）。

尽责性与受教育年限相关，但是与智商（IQ）无关（Barrick & Mount，1991）。这一发现暗示我们，可以将受教育年限作为尽责性的显著的预测变量。选取受教育时间长的雇员对于雇主来说可能是明智的，这不是因为他/她学到了什么，而是因为接受教育时间越长的人越倾向于有高的尽责性（Caplan，2003）。我们还可以推论，如果你是一个大学生或者研究生，你可能会活得更长久。

自控性

作为自控性这一概念的提出者以及相关测验的开发者，马克·施耐德（Mark Snyder）一直对内在自我和外在自我之间的关系和差异很感兴趣。比如一个人可能在朋友聚会上喝啤酒，因为环境要求他喝酒；但是同一个人却可能在学术研讨会上表现得认真、严厉和睿智，因为学术氛围需要这样的人。但是，在这个人的内心中，自己可能还是这两种人之外的某种人。施耐德指出不同人之间的这种差别很大。有些人的内在自我和外在自我差别很大，可以依据环境需要表现出不同的自己，这些人被施耐德称为高自控者。另一些人的内在自我和外在自我没多大区别，从一种环境到另一种环境中自身的表现也没什么变化，施耐德称这些人为低自控者（Snyder，1974，1987）。

看一下自测7.1，其中列出了在研究中被广泛使用的一项人格测验的18道题目。在继续下面的阅读之前，请你抽出一点时间回答这些问题，然后根据表格底部给出的答案计算自己的分数。

你回答的这份问卷就是现在的自控性标准测量。[③]大学生样本的平均分在10到12分之间。11分及以上被认为是高自控性；10分及以下则代表低自控性。

按照施耐德的说法，高自控者会小心地观察周围环境，寻找线索以调节自己的行为，做出合适情境的反应。相反，低自控者很少关注环境，因为他们总是通过内在自我指导自己的行为。所以，就像我们在第6章中讨论的一样，低自控者应该接受更多的管理，而高自控者应该受到更少的管理（Colvin，1993b）。

施耐德尽量避免对高自控性或者低自控性赋予好坏的评判。二者各有千秋。高自控者被描述为适应性强的、灵活的、受欢迎的、灵敏的，可以适应任何环境；但是也可以被描述成没有特点的、两面派的、不真诚的和狡猾的。低自控者被看作是自我主导的、正直的、可靠的和诚实的；但是也可以被描述成感觉迟钝的、死板的和顽固的。

自控性量表的一个好处是你常常会得到你所希望的分数。如果有关高自控者的描述比低自控者的描述听起来更适合你，那么你是一个高自控者的概率很大。如果你更喜欢有关低自控者的描

---

③ 原始量表（Snyder，1974）有25道题目，但是后来它被精简到了18道题，从而能够更加精确地抓住核心概念（Gangestad & Snyder，1985）。

述，很可能你就是低自控者。

自测7.1 人格反应问卷

说明： 以下题目是关于你在一些情境中的反应。每种情境都不相同，所以请认真阅读每一种情境后再作答。如果自己符合或者基本符合某种陈述，在题目前的"T"上画圈，不符合则在"F"上画圈。

T F 1. 我发现模仿别人的行为很难。

T F 2. 在聚会或者社交活动中，我不会刻意去说些别人喜欢的话或做些别人喜欢的事。

T F 3. 我只会赞成自己确信的观点。

T F 4. 我可以就我几乎一无所知的主题进行即兴演讲。

T F 5. 我认为我会做出某种表演来吸引眼球或者娱乐大众。

T F 6. 我可能会是一个好演员。

T F 7. 我很少在选择电影、书籍和音乐时寻求朋友的意见。

T F 8. 有时我表现出来的情绪其实比我内心真正感受到的要强烈。

T F 9. 当我和他人一起看喜剧的时候，我会比自己看时笑得更多。

T F 10. 在人群中我很少是焦点人物。

T F 11. 我不会为了取悦某人或者获得某人的好感而改变我的观点（或做事情的方式）。

T F 12. 我曾经考虑过做一名演员。

T F 13. 在类似猜字谜和即兴表演这样的游戏中，我从来都表现得不好。

T F 14. 我很难改变自己的行为以适应不同的环境、不同的人。

T F 15. 在聚会中，我让其他人的玩笑和故事继续下去。

T F 16. 在公共场合我感到很尴尬，不能正常发挥。

T F 17. 我可以直视别人的眼睛，板着脸说谎话（如果为了得到对的结果）。

T F 18. 即使内心很讨厌某个人，我也会伪装出友好的样子。

注： 对每个符合答案的问题记1分。

答案： 1-F，2-F，3-F，4-T，5-T，6-T，7-F，8-T，9-F，10-T，11-F，12-T，13-F，14-F，15-F，16-F，17-T，18-T。
11分及以上意味着这个人可能是高自控者；10分及以下意味着这个人可能是低自控者。

来源：（Gangestad & Snyder，1985）。

研究表明，高自控者和低自控者之间有很大的不同。一些研究考察了那些对自我了解比较深刻的人，收集了有关这两种人的描述。在我们自己使用Q分类法进行的一些研究（Funder & Harris，1986）中，相较于低自控者，高自控者更倾向于被描述为：

- 擅长想象游戏、假装和幽默等社交技能（比如擅长猜字谜）

- 话多的

- 装腔作势的，做作的（夸大自己的情绪）

- 幽默的

- 口才好的

- 善用表情和手势进行表达的

- 使用社交姿态和举止

相反，低自控者更倾向于被描述为：

- 不信任的

- 完美主义者

- 暴躁的，易激惹的

- 忧虑的

- 内省的

- 独立的

- 有被生活欺骗的感觉，自认为是生活的牺牲品

很明显，这个列表所描述的高自控者比低自控者更易接触也更受欢迎。但是依照概念，这种差异的产生是由于对于高自控者来说，得到他人的肯定和受欢迎更重要。所以虽然对于低自控者的描述看起来有些消极，但是低自控者自己很可能并不在意——对他们来说类似于独立性之类的才是更重要的。

另一种类型的研究借鉴了经验主义者的研究（回想第5章），即比较不同标准的群体成员的自控性分数。按照自控性的理论，这些群体的分数是不同的。举例来说，马克·施耐德（Mark Snyder，1974）曾经将自控性量表在专业的舞台演员中施测。因为演员的专业要求他们根据剧本扮演角色，所以施耐德认为他们的自控性得分会比较高，事实正是如此。施耐德还在心理疾病患者中施测，这些患者的主要症状就是行为表现非常不合时宜。施耐德认为他们的自控性得分会比较低，事实也确是如此。（注意：这并不意味着低自控者就是有心理问题的。）

施耐德还进行了很多有趣的实验。他要求参与者对着录音机读下面一段话："我要出去了，今天一天都不回来。要是有人找我，就跟他们说我不在。"每个参与者需要读6遍，每遍反映不同的情绪，依次是高兴、悲伤、生气、害怕、厌恶和懊悔。尝试运用音调、音质、语速来表达不同的情绪。（如果你不是在图书馆看书，那么现在你自己也尝试一下吧。）如果参与者是高自控者，很容易就可以判断出他反映的是什么情绪（M. Snyder，1974）。

研究证明了自控性分数和其他许多行为之间的关系。比如，与低自控者相比，高自控者在面试中表现得更好（Osborn，Field，& Veres，1998），在社交网络中处于核心位置（Mehra，Kildduff，& Brass，2001），交更多新朋友（Sasova，Mehra，Borgatti，& Schippers，2010），采用更多的策略影响他们的同事（Caldwell & Burger，1997），极度热爱约会（Rowatt，Conningham，& Druen，1998），甚至手淫更频繁（Trivedi & Sabini，1998）。他们对广告的反应也不同。比如能量饮料，相比描述性强的（及温和的）名字如"能量提升饮料"，高自控者更喜欢形象导向的名字如"快车道"，低自控者则恰好相反（Schmidt & DeBono，2011）。

研究还表明自控性与情绪体验有关。在一项研究中，男性参与者戴着耳机收听有关心跳的录音，并告知他们说那是他们自己的心跳（事实上不是他们的）。然后给他们呈现一系列女性的照

片。高自控者会认为自己的心跳最快时看到的女性照片对他们最有吸引力，而低自控者很少受伪造的心跳声音反馈的影响。在另一项研究中，高自控者认为伴随有笑声的笑话更可笑，而低自控者很少有此现象（Craziano & Bryant，1998）。这些发现表明，高自控者会依据环境中的线索来引导自己的感觉，而低自控者更倾向于依据自身的内在。

自恋性

在古希腊神话中，有个名叫纳西斯（Narcissus）的少年爱上了自己的美貌，凝望着自己在水中的倒影而消瘦、憔悴。在现代，自恋性（narcissism）指过度的自爱，可以被划分为一种人格障碍（见第18章）。除了这种极端情况，自恋的个体差异也是很重要的，这也是近年来很多学者研究甚至争论的主题（Trzesniewski & Donnellan，2010；Twenge & Campbell，2010）。

自恋特质得分高的人通常十分迷人，能给人留下好的第一印象（Paulhus，1998；Robins & Beer，2001），并且多半长得好看（Holtzman & Strube，2010）。不过他们也被描述为爱操纵人、专横傲慢、有特权感和表现欲强（Raskin & Terry，1988；Holtzman & Strube，2010）。成为团队领袖的自恋者会高傲地展现其权威，给人留下深刻的印象，甚至当团队成员停止相互交流、团队表现很差时也是如此（Neviccka，Ten Velden，De Hoogh，& Van Viannen，2011）。因此，自恋者的魅力会随着时间流逝而逐渐消失，这并不奇怪——他们就是那样一种人，你认识的时间越长，就越不喜欢（Paulhus，1998；Robins & Beer，2001）。

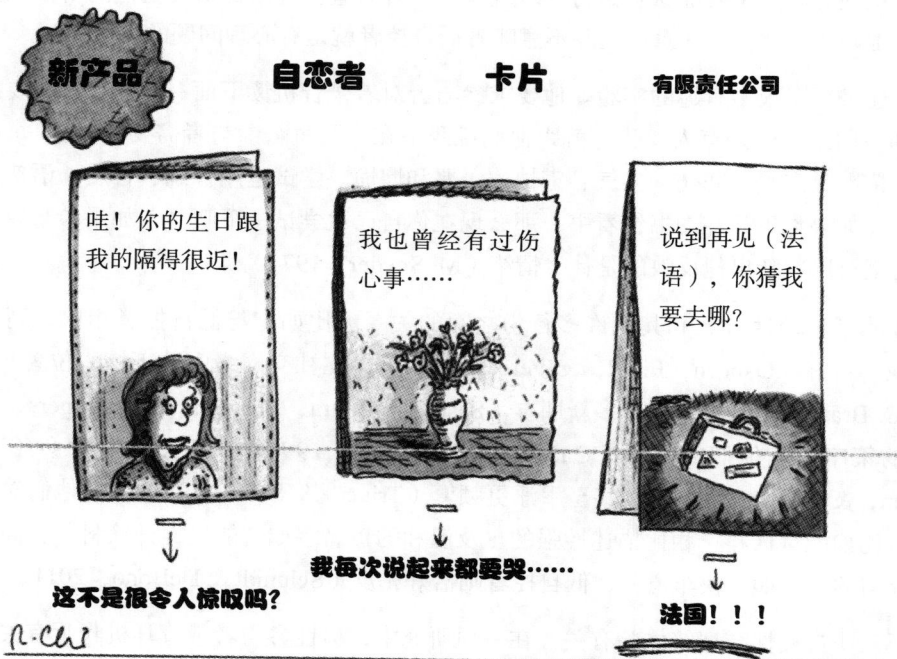

　　研究在自恋者身上发现了一长串的消极行为和特质。他们自视甚高，当这种自我认知受到威胁时，他们会变得好斗（Bushman & Baumeister，1998；Rhodewalt & Morf，1998）。被其他人拒绝时，他们会在毫不相干的无辜者身上发泄挫败感（Ang & Yusof，2005；Twenge & Campbell，2003）。自恋者不能很好地应付失败（Zeigler-Hill，Myers，& Clark，2010），他们会喋喋不休地争辩和赌咒发誓（Holtzman，Vazire，& Mehl，2010）。他们是粗鲁的掌权者（Scheer，2002）。

　　为什么自恋者会做出这样的行为？根据一个被广泛接受的理论，自恋者遵循不明智的生活策略，谋求用吹嘘这样的方式去保卫一个不现实的、夸大的自我概念，最终是失败的（Morf & Rhodewalt，2001）。自恋行为也源于控制冲动和延迟满足的普遍失败（Vazire & Funder，2006），自恋者渴望权力、声望、成功和荣誉的感觉。他们不是走一条缓慢而困难的道路——例如努力工作或勇敢无畏——去获得这些，而是通过在任何他们感到需要的时候表达优越感来走捷径，并且不管这样做是否合理。结果，冲动常常伴随着这样的情况，短期收获但长期损失。他们在这一刻感觉比较好，但是最终他们疏远了其他人，减损了他们如此渴望的成功和赞扬。

　　自恋的情况正在增加吗？看起来是这样。正如第3章中提到的，一些心理学家争辩说，在过去几十年里，美国人的自恋性在慢慢增加（Twenge，2006；Twenge & Campbell，2010）。其他心理学家则回应说，这个趋势或许是真的，但它太小了，因此并不重要（Trzesniewski & Donnellan，2010）。你怎么认为？你可以看看周围的人，看看自己。你也可以询问你的父母，但是要注意：每一代人都倾向于认为下一代在某些方面要更加糟糕，恐怕我们这一代也不例外。

　　你的自恋性得分是多少？读完上述文字后，你还敢进行测试吗？如果你敢，就看看自测7.2。不过首先要考虑到并非所有的自恋都是有问题的。一方面，就像前面说过的，自恋者大多是有魅力的、好看的，能给人留下好的（第一）印象。另一方面，自恋性就像人格心理学的很多概念一样，是多面的（Ackerman et al.，2011）。自恋的一部分源于被称为"特权感/剥夺性"的特质，其本质上是一种令人反感的、自大的成分。但是自恋者也会在另一项次要特质（领导驾驭/权威感）上得到高分，该特质与自信、魅力以及受欢迎和权威这样的正面社交效果有关。自恋性得分高的青少年和年轻成人（不包括较年长的成人）报告的生活满意度较高（Hill & Roberts，2012）。与自恋有关的冲动也并非全是坏事。它可以引发冒险的意愿，这种冒险与交友和影响他人的尝试有关（Jones & Paulhus，2011）。还记得范德第一定律（见第1章）吗？优点是缺点，反之亦成立。自恋性提供了另一个例子。正常范围内的自恋有利有弊，不过一些人（好在人数很少）的自恋性达到极端，以致被认为是一种人格障碍。[4]

---

④　第18章会进一步介绍自恋性人格障碍。

自测7.2　NPI

说明：请在下列成对态度中选择与你最相符的。在每个题号右边的空格处用字母（A或B）写下你的答案。请不要跳过任何一道题。

1. ＿＿＿　A. 我有影响他人的天赋。
　　　　　B. 我不擅长影响他人。
2. ＿＿＿　A. 谦虚不适合我。
　　　　　B. 我在本质上是个谦虚的人。
3. ＿＿＿　A. 被激将时我几乎什么事情都会做。
　　　　　B. 我是个相当谨慎的人。
4. ＿＿＿　A. 当人们恭维我时，我有时会感到尴尬。
　　　　　B. 我知道我很棒，因为每个人都在不断地告诉我这个。
5. ＿＿＿　A. 统治世界的想法把我吓坏了。
　　　　　B. 如果让我来统治世界，它会变得更好。
6. ＿＿＿　A. 我总是可以通过说服来逃脱任何事。
　　　　　B. 我试图接受我的行为的任何后果。
7. ＿＿＿　A. 我喜欢混在人群中不显眼。
　　　　　B. 我喜欢成为大家注意的焦点。
8. ＿＿＿　A. 我将会成功。
　　　　　B. 我对成功并不特别关心。
9. ＿＿＿　A. 我并不比大多数人更好或更差。
　　　　　B. 我认为自己是特别的。
10. ＿＿＿　A. 我不知道自己是否能做个好的领导者。
　　　　　 B. 我认为自己是个好的领导者。
11. ＿＿＿　A. 我是自信的。
　　　　　 B. 我希望我能更自信。
12. ＿＿＿　A. 我希望自己在其他人面前具有权威感。
　　　　　 B. 我不介意服从命令。
13. ＿＿＿　A. 我发现操纵他人很容易。
　　　　　 B. 当我发现自己在操纵他人时，我很不愉快。
14. ＿＿＿　A. 我坚持得到我应得的尊重。
　　　　　 B. 我通常都能得到我应得的尊重。
15. ＿＿＿　A. 我不是特别喜欢炫耀我的身体。
　　　　　 B. 我喜欢炫耀我的身体。
16. ＿＿＿　A. 我可以像阅读一本书那样看懂人们。
　　　　　 B. 人们有时难以理解。
17. ＿＿＿　A. 如果我觉得自己能胜任，我愿意承担做决定的责任。
　　　　　 B. 我喜欢承担做决定的责任。
18. ＿＿＿　A. 我只希望过得比较幸福。
　　　　　 B. 我希望在世人的心目中有所成就。
19. ＿＿＿　A. 我的身体没什么特别的。
　　　　　 B. 我喜欢看自己的身体。
20. ＿＿＿　A. 我不想炫耀。
　　　　　 B. 一有机会我就会炫耀。
21. ＿＿＿　A. 我总是知道自己在做什么。
　　　　　 B. 有时候我不确定自己在做什么。
22. ＿＿＿　A. 有时候我依赖他人成事。
　　　　　 B. 我几乎不依赖他人成事。

自测7.2　NPI（续）

23. ____ A. 我有时候能讲出好故事。
      B. 每个人都喜欢听我的故事。
24. ____ A. 我希望能从其他人那里得到很多。
      B. 我喜欢为其他人做事情。
25. ____ A. 除非得到我应得的全部，否则我不会满足。
      B. 我安于现状。
26. ____ A. 别人的恭维让我感到尴尬。
      B. 我喜欢被恭维。
27. ____ A. 我有很强的权力欲。
      B. 我对权力本身并不感兴趣。
28. ____ A. 我不关心时尚。
      B. 我喜欢引领时尚。
29. ____ A. 我喜欢对镜自照。
      B. 我并不特别喜欢对镜自照。
30. ____ A. 我喜欢成为大家注意的焦点。
      B. 成为注意的焦点让我感到不适。
31. ____ A. 我能够过自己想要的任何生活。
      B. 人不能总是过他们想要的生活。
32. ____ A. 成为权威对我来说意义不大。
      B. 人们似乎总是认可我的权威。
33. ____ A. 我更愿意成为领导者。
      B. 是否成为领导者对我来说没有什么不同。
34. ____ A. 我将成为一个伟人。
      B. 我希望我会取得成功。
35. ____ A. 人们有时候相信我告诉他们的话。
      B. 我能够让任何人相信我想让他们相信的任何东西。
36. ____ A. 我是个天生的领袖。
      B. 领导才干是需要长时间培养的品质。
37. ____ A. 我希望某一天会有人撰写我的传记。
      B. 我不喜欢人们刺探我的生活，不论出于何种理由。
38. ____ A. 在公共场合没有人注意到我，这让我感到沮丧。
      B. 我不介意在公共场合融入人群之中。
39. ____ A. 我比其他人更能干。
      B. 我可以从其他人身上学到很多。
40. ____ A. 我跟其他人都差不多。
      B. 我是个杰出的人。

注意：每个符合答案的回答得1分。

1，2，3：A；4，5：B；6：A；7：B；8：A；9，10：B；11，12，13，14：A；15：B；16：A；17，18，19，20：B；21：A；22，23：B；24，25：A；26：B；27：A；28：B；29，30，31：A；32：B；33，34：A；35：B；36，37，38，39：A；40：B。

本测验的目的是测量"自恋性"特质（见书）。平均分是15.3，标准差是6.8，意味着22分以上是相当高的分数，而29分则是极端高分。8.5分是一个很低的分数，而2分以下则是极端低分。有来源说，"成功人士"的平均分是17.8分（Pinsky & Young，2009）。

来源：改编自（Raskin & Hall，1981；Raskin & Terry，1988）。

多特质取向

就像前面所展示的，对单一特质的深入研究确实很有价值。但是，一些心理学家（包括我）更喜欢同时考察很多特质，因此发展出来很多特质清单（包括奥尔波特和奥德波特的包含17,953种特质的清单，对于实际操作来说这个清单有些长了；Allport & Odbert's，1936）。一个近期的努力成果将504个特质形容词分为61组（Wood，Nye，& Saucier，2010）。目前，我最喜欢的还是包含100种特质的被叫作**加利福尼亚Q分类（California Q-set）**（Bem & Funder，1978；J. Block，1961，1978）的特质清单。

加利福尼亚Q分类

Q分类中的题目并不是代表特质的词语，而是100个短语，分别印在100张卡片上。每个短语描述了对于区分个体人格可能非常重要的一个方面。短语比通常只用单词表示的特质要复杂得多。比如，题目1，"严厉的、怀疑的、很难被感动的"；题目2，"真诚的、独立的、有责任感的"；题目3，"有广泛的兴趣"；剩下的97题也差不多都是类似的形式（详见表7.1）。

表7.1　加利福尼亚Q分类题目样例

1. 严厉的、怀疑的、很难被感动的
2. 真诚的、独立的、有责任感的
3. 有广泛的兴趣
11. 会保护身边亲近的人
13. 脸皮薄，对批评和侮辱很敏感
18. 幽默
24. "客观"的自夸，理性的
26. 多产的、实干的
28. 试图获取他人的喜爱和接受
29. 指望建议和保证
43. 用表情和手势表达
51. 诚实地评价与智力和认知有关的事情
54. 重视与人共处，群居的
58. 享受感官经验——包括触觉、味觉、嗅觉和抚摸
71. 对于自己有很高的期望
75. 有明确的、内在一致的人格
84. 愉快的
98. 口头表达能力强
100. 不经常转变角色，跟所有人交往的方式都一样

来源：改编自（J. Block 1961，1978）。

这个题目清单的使用方式和来源都是非同寻常的。评估者按照从最不像自己的描述（类别1）到最像自己的描述（类别9）的顺序，将题目分为9类，以此来表达自己对人格的判断。归进类别5或者接近类别5的描述是跟自己的特征谈不上像不像的，或者自己不清楚的。分类的过程是强迫的，也就是说不同类别里可以放进题目的数目是有限定的。一般的Q分类分布（Q-sort）⑤是峰状或者"正态曲线"，意味着放入中间类别的题目是最多的，而放入两端类别的题目是最少的（见图7.1和图7.2）。

图7.1 加利福尼亚Q分类

为了描述一个人，评定者需要将Q分类的题目放入从最不像（类别1）到最像的（类别9）顺序排列的强制分类的9种类别里。图中的Q分类评定者正在进行的是最早的使用纸质卡片的分类方法。

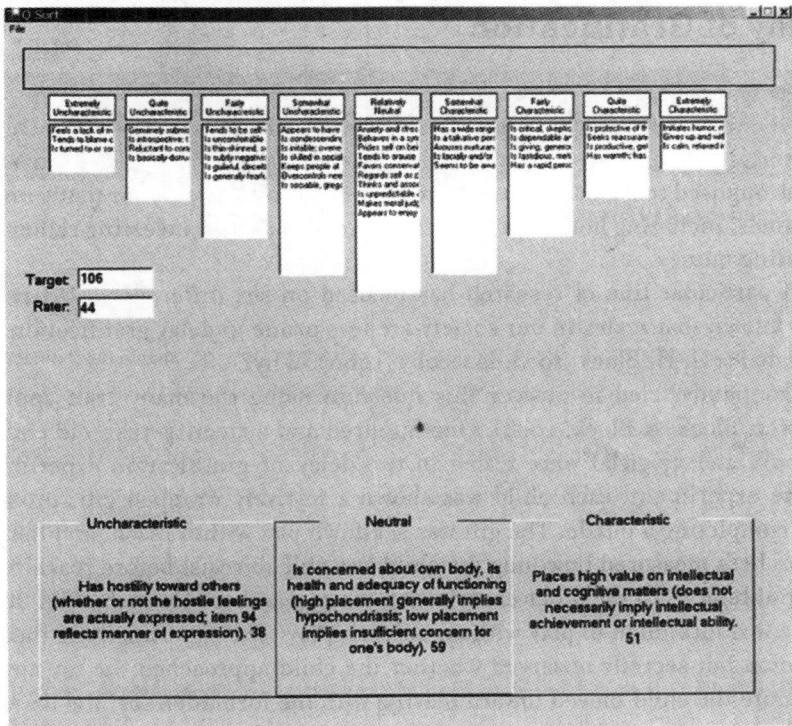

图7.2 计算机Q分类

Q分类评定可以不使用卡片，而在计算机屏幕上进行。此处的屏幕上显示了一个部分完成的Q分类。评定者首先将100个条目分为3个初步的类别"不典型的""中性的"和"典型的"。第二步，评定者将每个条目从（屏幕下方的）3个类别中拖拽到屏幕上方的9个类别之一中。

---

⑤ 词条注释：Q分类（Q-set）是一套题目（比如加利福尼亚Q分类的100道题目），评定者将这套题目归入不同的类别以描述某人。Q分类分布（Q-sort）是已经完成的题目归入不同类别后的排列情况。而Q分类过程（Q-sorting）就是一个人将一套题目归入不同类别的过程。

　　评定者可以是被评定者的熟人、研究者或者治疗师，由他们的分类获得的数据构成数据I。有时候被评定者自己也会根据对自己的理解分类，这样获得的数据构成了数据S。Q分类过程（Q-sorting）最大的好处就是它可以强迫一个人在自身的基础上比较各个题目，而不是个体之间的比较。不仅如此，因为它严格控制处于两端的类别可以放入卡片的数目，所以可以区分出对于描述某个具体的人来说最为重要的且尽可能少的题目。没有人可以被描述的完全好或者完全坏，因为在最两端的分类1或者9中根本放不下这么多好或者坏的题目卡片，所以必须更准确和精细地区分。

　　加利福尼亚Q分类的题目并非由因素分析或者其他常规的经验性的方式获得。一个由研究者和临床工作者组成的小组发展了一个全面的条目表，足以描述他们平时接触的每个人（J. Block，1961，1978）。然后调查者整理出了最初的条目表，并且尝试在平时使用这些条目来描述他们的顾客或者研究的参与者。无用的或者意义模糊的条目被删除或者修改。如果发现某个条目对于描述某个个体很重要，但是列表中没有，就加入列表中。经过大量的修订和改进，最终形成了这个100题组成的版本。后来，其他的研究者又对这个版本进行了进一步的修订，使一些比较专业化的短语也可以被非心理学人员理解和使用。略有改动的题目在表7.1中有所摘录（Bem & Funder，1978）。

延迟满足

　　延迟满足是经常被研究者运用多特质、Q分类方法进行研究的一种行为。延迟满足是心理学研究的经典课题，因为为了长远的目标而克制自身的即时快乐似乎有违人类的本性，但是对于很多重要的目标确实是极其必要的，比如保住一份工作，维持良好学业，投资而不是盲目花钱等。

　　有一系列特定的研究关注性别差异。长久以来人们都知道，与女性相比，男性较少有延迟满足的倾向（Block，1973；Maccoby，1966）。为什么呢？

　　一项研究尝试使用多特质的方法回答这个问题（Funder，Block，& Block，1983）。116名4岁的孩子（59名男孩和57名女孩）参与了两项延迟满足的实验。在一项实验中，先给每个孩子展示一件包装精美的礼物，并且承诺只要完成一个难题就可以把礼物送给他/她。礼物放在孩子伸手可及的地方，然后研究者测量孩子在伸手抓走礼物之前可以忍耐多长时间。另一项实验中，研究者告知每一个孩子不能触碰一件很好玩的玩具。然后研究者离开屋子，但是实际上却在偷偷观察孩子们是否尝试接近玩具。孩子们为了玩玩具而试图接近玩具，越接近玩具，他/她的延迟满足得分越低。将两个实验中得到的延迟满足分数的平均分，与他们3岁时（即延迟满足实验进行一年前）、4岁时（大约就是延迟满足实验进行的时候）以及一些年之后比如7岁、11岁时的Q分类人格描述进行相关比较。[6]结果见表7.2和表7.3。

---

[6] 评定者使用经过修改的名为加利福尼亚儿童Q分类的工具，更适合用来描述儿童。

　　这两个表格看起来一目了然，但我还是要详细解释一下。认真分析表中的这些相关系数是很多心理学家最为忠实的一步。最重要的不是表中具体的相关系数的数值或者某个具体的题目，而是寻找一般的趋势。哪些题目的得分在不同时间点始终保持稳定？这些题目意味着什么？以这种方式再来看表7.2和7.3，就可以发现两个很清晰的模式。

表7.2　儿童Q分类与延迟满足的相关：女孩

Q分类题目	人格评定时的年龄			
	3	4	7	11
表现出高智商	0.27	0.51	0.27	0.24
有能力的、灵巧的	0.37	0.28	0.39	0.19
有计划的、有头脑的	0.38	0.28	0.32	0.16
注意力集中的	0.19	0.41	0.43	0.07
有真诚的、亲密的人际关系	0.18	0.32	0.35	0.24
爱思考的、三思而行的	0.22	0.30	0.22	0.29
足智多谋的	0.37	0.23	0.18	0.18
反应合理	0.13	0.37	0.28	0.14
人际关系维系时间短	−0.24	−0.30	−0.31	−0.41
情绪易变的	−0.39	−0.24	−0.43	−0.07
被其他儿童欺负	−0.19	−0.17	−0.35	−0.39
试图利用他人	−0.04	−0.23	−0.33	−0.44
压力下会崩溃	−0.25	−0.25	−0.30	−0.14
从他人那里寻求安全感	−0.02	−0.39	−0.12	−0.29
容易生气	−0.32	−0.25	−0.11	−0.01
闷闷不乐的、爱发牢骚的	−0.30	−0.26	−0.02	−0.09

来源： 改编自改编自范德等（Funder，Block，& Block，1983）。

表7.3　儿童Q分类与延迟满足的相关：男孩

Q分类题目	人格评定时的年龄			
	3	4	7	11
害羞和含蓄的	0.40	0.36	0.42	0.51
很少表达自己的想法和感情	0.41	0.32	0.35	0.51
听话的，顺从的	0.24	0.25	0.53	0.34
喜欢非言语的交流	0.26	0.08	0.47	0.53

表7.3 儿童Q分类与延迟满足的相关：男孩（续）

Q分类题目	人格评定时的年龄			
	3	4	7	11
爱思考的，三思而行的	0.32	0.34	0.36	0.30
内向的，自制的	0.38	0.23	0.25	0.46
逃避压力	0.31	0.41	0.18	0.42
很难做决定的，优柔寡断的	0.14	0.35	0.32	0.45
行为谨慎	0.37	0.21	0.18	0.39
反应合理	0.20	0.22	0.36	0.19
胆怯的，忧虑的	0.32	0.02	0.21	0.35
有计划的，有头脑的	0.30	0.26	0.03	0.22
生机勃勃的，有精力的，活跃的	−0.39	−0.32	−0.44	−0.40
似乎成为关注的焦点	−0.37	−0.23	−0.39	−0.46
身体活跃	−0.34	−0.15	−0.51	−0.29
独断专行的	−0.25	−0.21	−0.36	−0.45
生活节奏很快	−0.41	−0.28	−0.22	−0.38
忍受限制	−0.28	−0.16	−0.43	−0.31
富于情绪的表达	−0.34	−0.20	−0.36	−0.29
健谈的	−0.23	−0.10	−0.35	−0.47
好奇的，有探索性的	−0.21	−0.22	−0.21	−0.39
情绪易变的	−0.38	−0.07	−0.39	−0.12
不能延迟满足的	−0.31	−0.30	−0.17	−0.16
多动的，烦躁的	−0.27	−0.20	−0.34	−0.16

来源： 改编自范德等（Funder，Block，& Block，1983）。

两个表格共同揭示了一个结论——在孩子4岁时测量的与行为有关的人格特征，在其3岁时就可以观察到，甚至在其11岁时的心理测验中还可以再次观察到。心理学家发现的这些证据惊人地表明：即使儿童期的人格正处于飞速发展和变化中，但是很多方面依旧具有连续性。

表格中的信息还揭示了另一个有趣之处——延迟满足与人格的相关性具有性别相似性与差异性。在某些人格特征上，女孩与男孩表现出相似的模式，那些有计划性、反思性、判断力以及情绪稳定的孩子（在这些表格中使用"易变"这一术语）更可能在实验性测验中延迟得更久。但是，延迟最久的女生常常是聪明的、有能力的、专心的和足智多谋的，而延迟最久的男生却常常是害羞的、安静的、顺从的和忧虑的，在这些特征上，男女生就表现出了差异。上面提及的特征可以被两个上位概念所概括：自我控制（有时被叫作自我控制、冲动控制或者压抑）和自我弹性

（与健康心理调适相似）。无论男孩还是女孩，延迟时间最久的孩子都是自我控制水平很高的，这和预想是一样的。但是在女孩中，自我弹性与延迟也有相关。而在男生中，延迟最久的男生的自我弹性水平却差异很大。这种差异可能是因为在我们的社会中，女孩被教育要学会自我控制和延迟满足，而男孩没有接受这种教育。结果是，女孩更能吸取社会经验，比如自我调节和自我复原，因此也更好地习得了延迟的经验，所以在延迟行为上表现得更好。因为男孩缺少这样的经验，所以他们的自我调节和复原力与他们的延迟满足倾向几乎没有相关，甚至（尤其在11岁的时候）形成负相关（Funder et al.，1983）。

药物滥用

谁在滥用药物？一项研究考察了使用违禁药品的14岁青少年。这些青少年在大约十年之前他们还是小孩子的时候进行了Q分类测验。他们当时被描述为相对多动的、烦躁的、情绪不稳定的、不服从的、紧张的、专横的、不成熟的、有攻击性的、易被激惹的以及对压力易感的。这些相关表明，如果不考虑同伴压力作用和其他外部影响，在多年前就被一些严重问题困扰的青少年更喜欢使用药物。这也进一步提示我们，拒绝药物滥用的努力应该改变方向，不应该只是搞一些"说不"的运动和一些短期的干预，而首先应该辨别并补救这些长期存在的、造成人们易受药物滥用影响的问题（J. Block，Block，& Keyes，1988；Shedler & Block，1990；Walton & Roberts，2004）。

抑郁

抑郁是青少年中普遍存在的另一个有着深刻内在根源的问题（J. Block，Gjerde，& Block，1991）。在一项长期研究中，一些在18岁时患有严重抑郁的年轻女性在其7岁时进行的Q分类测验结果表明，她们都是害羞的、拘谨的、过于社会化的、自我惩罚的以及过于自控的。而患有严重抑郁的男性在其7岁时（个别的人是3岁时）都是社会化不良的、有攻击性的和无法自控的。这个结果表明，过于自控（从来不敢逾越社会传统的限制）的女性更容易陷入抑郁。而对于年轻男性来说，风险因素却是无法自控。除非他们可以控制自己的情绪和行为，否则他们可能会不断陷入麻烦，并且找不到合适的生存空间。这些事实反映了社会对于男性和女性的不同期望如何影响了他们的心理发展和心理健康，而这些期望又是怎样使某些人格特质在两种性别中有着完全相反的意义。

政治倾向

个体的政治信仰也许是在你看来最不可能与童年人格相关的因素。然而，你错了。心理学家杰克和珍妮·布洛克对幼儿园的一些孩子进行了人格测量（J. Block & Block，2006a，2006b）。20年后，他们成年了，再进行政治信仰的测量。测量包括对堕胎、福利、国家健康保险、嫌疑犯的权利等问题的态度。每个人的分数都处于从"自由"到"保守"的某个位置上，这一分数与某些人格特质有着显著的相关。日后成长为保守派的孩子在20年前有如下特点：内疚、在不可预知的环境中表现出焦虑以及不能很好地应对压力。相反，日后成长为自由派的孩子具有以下特点：足智多谋的、独立的、信任的和自信的。

这些发现意味着什么呢？一个暗示可能来自一组心理学家（Adorno，Frenkel-Brunswik，Levinson，Sanford，1950）的著作。他们写了一本名为《权威主义人格》（*Authoritarian Personality*）的书，这是一本心理学研究的经典之作，该研究的最大亮点是加利福尼亚F量表（F指"法西斯主义"）。该量表的目的是测量基本的反民主心理倾向，这些研究者认为它是反犹太主义、种族歧视、政治上的伪保守主义的普遍基础。他们认为伪保守主义是真正的（非病理性的）政治保守主义的一种病理性的变异。

他们的观点经得起时间的考验。在引入这个概念五十多年后，对权威主义及其相关概念的研究仍在稳步推进，有四千多篇论文。大部分这类研究使用了加拿大心理学家鲍勃·埃特米耶（Altemeyer，1981，1998）所开发的更新的测量工具"右翼权威主义"（RWA）代替经典的F量表。经典时期以来的研究显示，权威主义者在实验中缺乏合作性和灵活性，并且相对来说更可能服从权威人士的命令去伤害另一个人（Elms & Milgram，1966）。他们体验到的积极情绪少于非权威主义者（Van Hiel & Kossowska，2006），倾向于反对给予变性者同等权益（Tee & Hegarty，2006），此外，如果他们是美国人，则他们倾向于赞赏2003年美国在伊拉克采取的军事干预（Growson，DeBacker，& Thoma，2005）。权威主义者看电视也更多（Shanahan，1995）！

其他近期研究探索了一个观点，权威主义者在内心深处感到恐惧，他们的态度源于减少这种恐惧的意图。当权威主义者感到他们的生活标准下降、犯罪情况变得更加恶劣、环境质量下降时，那么他们支持限制福利的政策的可能性是原来的6倍[⑦]，支持禁止堕胎的法律的可能性是原来的8倍（Rickert，1998）。当社会处于动荡中，基本的价值观受到威胁时，权威主义者变得尤其可能支持让他们感到安全的"强硬的"总统候选人，而不论候选人的党派为何（McCann，1990，1997）。事实上，共产主义者甚至也可以是权威主义者。罗马尼亚的共产主义制度崩溃10年后，在那里进行的一项研究发现，权威主义得分高的人仍然相信共产主义理念（例如国家对工厂的拥有），但是也支持立场极端对立的法西斯政治党派和候选人（Krauss，2002）。一个普遍的思路是，这些人的人格导致他们渴望强硬的领导者，甚至支持独裁。他们看起来十分怀念他们的共产主义独裁者，并且不介意用强硬的法西斯独裁者来代替看似软弱的民主政治家。

恐惧和这种伪保守主义（非实质的）的关联可能有助于解释布洛克等人所发现的童年人格与成人政治信仰的相关。他们写道：

> ……无论男女，胆小的保守派会对确定的、组织好的环境感到舒适和安全；他们拒绝面对使他们感到威胁的事物，并且抗拒放弃固有的行为模式。他们会被其认为的具有提高社会安全

---

⑦　与未受威胁的权威主义者或非权威主义者相比。

能力或其他特别能力的领导者所吸引，并支持这样的领导者。（J. Block & Block，2006a）

相反，自由派会更多地被一种特质激发，这种特质被布洛克称为"无法自控"（指对奖赏的即时渴望）。这大概也是他们寻求并享受快乐生活，驾驶高档汽车喝高档酒的原因。[8]结果是：

> 基于各种理由和一己之心，他们会自信地选择支持那个旨在为大家谋求更美好生活的政治理念。讽刺的是，拥有自由心灵的低自控者倡导彻底的变化和进步，而这些政治自由主义者却将其执行得散漫而无效。集体专一的目标常常才是政治中最需要的。（J. Block & Block，2006a）

这是一个有趣的分析，不过我们需要警惕几点。第一，布洛克研究的参与者成长于20世纪60年代到70年代的旧金山湾区，在这个时间这个地点，政治上的保守主义并不多见，甚至是被规避的，表达保守的观点有社交上的风险。因此，在这个环境中，保守主义的人格相关物，可能反映了支持或反对主流政治观的倾向。如果是这样，那么21世纪早期在保守地区如爱达荷州或犹他州进行同样类型的研究，也许会得到相反的结果，但是人们并没有进行那样的研究。事实上，类似布洛克等人所进行的纵向研究——在一段较长的时间内对同一批人进行追踪并重复测量——仍然是非常少见的。

第二，尽管对政治信仰的人格相关物的研究十分有趣，但是它的结论多半需要读者谨慎对待。多数心理学家都是政治自由主义者，因而有一种固有的倾向去接受保守主义者在某种程度上有缺陷的结论。[9]由保守主义心理学家——如果你能找到一个的话——进行的研究会得出同样的结论吗？

心理学家乔纳森·海特（Jonathan Haidt；他自称不是保守主义者）争辩说，与其关注意识形态分歧的一方的性格缺陷，不如去了解他们如何青睐不同但一样可辩护的价值观更能取得成果（Haidt，2008）。他说自由主义者和保守主义者双方都倾向于珍视被他称为伤害/关爱（善良、温柔、养育）和公平/互惠（公正、权利和公平交易）的价值观。然而，保守主义者也倾向于强烈地青睐自由主义者不太看重的另三个价值观：团体内忠诚（照顾本团体成员和保持忠诚）、权威/尊敬（遵从合法领导者的命令）以及纯洁（以正派的、道德的方式生活）。例如，价值观的这些差异有助于解释，为什么美国的保守主义者看到有人燃烧美国国旗会生气，而自由主义者不明白为什么有人认为那很重要。

相对于对政治心理学的一般假设，海特的论调提供了一种有用的对比——前者有时令人不适地将保守主义作为一种病理状态来对待（Jost，Glaser，Kruglanski，& Sulloway，2003）——但是还不清楚它在解释这些发现方面能走多远。例如童年预测指标和成人保守主义的成人人格相关物，其中还有需要解释的数据。今后几年有希望成为政治和人格相交的、激动人心的时期，既因为来自心理学研究的更多的数据和理论，也因为快速变化的事件正在改变我们思考政治的背景。

---

⑧ 这是我的观察，并非布洛克的。
⑨ 就我个人而言，我常常发现那些与我意见不一致的人有毛病。你是这样吗？

核心特质取向

Q分类中的100种人格特质实在太多了，对已有的人格心理学和临床心理学的文献进行彻底的分析发现，上千种不同的特质曾经被测量过。回想一下奥尔波特和奥德波特对词典中包含的特质数目做出的估计：17953个！很长时间以来，心理学家们一直怀疑这个数量实在是太大了。就像我在本章的第一部分中提及的，一些心理学家很乐意使用拥有100个特质的列表进行研究，但是这些年来，有很多工作致力于找出真正重要的特质，从而拆除众多特质之间的壁垒。

化多为少：理论及因素分析的取向

半个多世纪以前，亨利·莫瑞[第5章中介绍的主观统觉测验（TAT）的创始人]提出的20种特质（他称之为需要）是理解人格的核心特质（Murray，1938）。这些特质包括对攻击、自主、表现、秩序、游戏、性等的需要。莫瑞理论的建立就是基于对这个特质列表的思考。

后来，心理学家杰克·布洛克（Jack Block）在其理论中提出了两个基本的人格特征：自我弹性（或一般性调整）和自我控制（或冲动控制）（J. Block & Block，1980；J. Block，2002；Letzring，Block，& Funder，2005）。这些概念在前面有关延迟满足和政治倾向的讨论中有所提及。这些概念是基于精神分析的（或者说弗洛伊德的）观点（见第10至12章）建立的，即认为人们不断体验着来自性驱力的需求和冲动，比如对油炸圈饼的渴望。但是，无论冲动是什么，都必须以某种形式疏导或者释放出来。过于自制的人（这些人在自我控制维度上的得分很高）倾向于压抑这些冲动，而低自制的人却倾向于立刻用行动满足这些冲动。所以到底是过于自制好还是低自制好呢？这要看情况。如果可以很安全地获得好东西，你当然不能错过。但是如果环境不明，需要冒风险的话，最好还是自我控制一下比较好。在布洛克的另一个人格维度——自我弹性上得分较高的人，可以依据环境调节自己控制水平的高低。比如，一个自我弹性较好的学生可能会在一个星期内都很努力地学习（因此暂时是过度控制的），但是在周末却会很放松地休息（变成短暂却适当的低度控制）。像杰克·布洛克曾经说过的，"低度控制将你带入困境，但是自我弹性又将你救出"。

> "低度控制将你带入困境，但是自我弹性又将你救出。"

另一位先驱——汉斯·艾森克（Hans Eysenck），从生物学角度探讨人格的哪些方面是最重要的。早在20世纪40年代，生物学观点还没有开始影响人格心理学的时候，他就提出最重要的人格特质应该是可以遗传的——即可以通过父母传给子女，并且可以在有血缘关系的亲人之中传递（见第9章），而且与身体和脑功能的某些特定部位有关。艾森克理论体系的某些观点将会在第8章中详细介绍，这里我们仅仅需要注意到，他将一个人人格最核心的方面削减为3种特质：外向性、神经质（或情绪稳定性）和精神质（混合了攻击性、创造性和冲动性）（Eysenck，1947；Eysenck & Long，1986）。外向性的人喜欢与人交往，有活力，喜欢大声讲话，喜欢各种刺激。

内向性的人与外向性的人相反，喜欢独处或者只跟少数几个亲密朋友在一起，喜欢安静的、单纯的环境。在神经质维度上得高分的人，用一个词形容他们就是：焦虑，他们很容易被惹恼或者被环境搞得心烦，而这些惹人心烦的事物对于情绪稳定的人来说根本没什么。精神质维度是个比较复杂的因素，艾森克也承认这一维度似乎还有待确定（Eysenck，1986）。在这一特质上得分较高的人总是背离传统的、有创造性的、不善交际的和缺乏同情心的。"疯狂的艺术家"的形象——狂放的创造力、自我放纵、无视他人感受——似乎正是描述这种人的。但是，这样贴标签并不合适，因为在精神质上得高分的人并不意味着一定就是精神病患者。

近些年，心理学家奥克·特立根（Auke Tellegen）提出了一种三因素理论。特立根的多维人格问卷（*Multidimensional Personality Questionnaire*，简称MPQ）（Tellegen，1982；简版见Donnellan，Conger，& Burzette，2005）就是依据三个"超级因素"编写的。他提出的三个"超级因素"是积极情绪性、消极情绪性和自我克制。这三个因素在本质上很像艾森克提出的三因素。[10]尽管如此，特立根的定义仍有很大的进步。积极情绪性（positive emotionality）同外向性相比描述更为精细，因为它描述了情绪性体验的方面，而这个方面似乎是该特质的核心。相似的，消极情绪性（negative emotionality）也比神经质更加明确，同时避免了在该维度得分高就意味着是神经病患者这样的暗示。最后，即使艾森克本人也承认把精神质作为第三种因素的名字是有问题的，而自我克制（constraint）相比之下能较好地描述这一特质，并且避免了误解。

艾森克和特立根在提取核心特质时，很大程度上依赖于因素分析的方法（在第5章有详细讨论）。他们在这一方法上的贡献也是有目共睹的。但是，早期最著名的倡导使用因素分析来寻找核心特质的心理学家是雷蒙德·卡特尔（Raymond Cattell）。卡特尔发现人格中最重要的因素应该可以从来源不同的数据中发现，他发展出了一种数据类型——包括自我报告、同伴报告和行为观察，是第2章中呈现的S、I、L和B数据之间差异的部分原因。他在还没有电脑的时代开创了因素分析统计技术。就像在第5章中所说的，因素分析在被测量的所有变量之间形成相关，结果就是相关矩阵。这些矩阵很快就会变得很大，传说中，卡特尔不得不借用伊利诺伊大学的篮球场，以便有足够的空间来摆下他的计算过程。[11]从大量的他认为重要的特质开始，卡特尔最终总结出了最核心的16种特质。他们包括乐群性、聪慧性、稳定性、敏感性、支配性，等等（Cattell & Eber，1961）。但是，近些年一些心理学家认为卡特尔的工作"是对因素的过分抽取"（Wiggins & Trapnell，1997），即认为对于核心特质来说，16种有些太多了。此外，虽然心理学家们钦慕卡特尔的很多统计学贡献，但他在概念上和方法上的偏爱却是很难被广泛采用的（Wiggins & Trapnell，1997）。而且，就像一位心理学家所说的，"很难回避这样的结论：卡特尔的变量和因素列表主要呈现了他自己认为重要的特质"（John，1990）。

---

⑩ 因为，艾森克的内外向性、神经质和精神质分别对应特立根的积极情绪性、消极情绪性和自我克制，虽然并不完全一样。

⑪ 正如你可能会想到的，这样烦琐的方法很可能会带来一些严重的计算错误，这些错误直到若干年之后才可能被发现（Digman & Takemoto-Chock，1981）。

大五人格及扩展

大五的发现

目前，利用因素分析方法来削减特质词汇是最被广泛接受的，也是最有历史根源的。这种研究方法起源于一种简单却深刻的观点：如果一件事物是重要的，人们就会为它发明一个词语。比如，在人类历史上，人们观察到水可以从天而降，并且很有必要谈论它，所以就发明了"雨"这个词汇（不同语言中都有该词汇）。不仅如此，因为这件事情太重要，所以人们发明了不同的词表明雨从天而降时的不同形式，包括冻雨、毛毛雨、冰雹和雪。根据**词汇学假设（lexical hypothesis）**，人类生活中重要的方面会被赋予描述的词汇，不仅如此，如果某件事物真的重要而且普遍存在，在所有语言中它都会被赋予更多的词汇来描述（Goldberg，1981）。

这种假设为寻找"哪种人格特质是最重要的"这一论题提供了独一无二的途径。哪些特质拥有最多的相关词汇？哪些特质在不同的语言中是最普遍的？理论上回答这些问题是很简单的，但是心理学家却为此努力了六十多年（John & Srivastava，1999）。高尔顿·奥尔波特（在亨利·奥德波特的帮助下）对18,000个描述人格的英文词汇进行分类后，通过观察发现，找出最本质的特质如同大海捞针，需要耗费毕生的时间。奥尔波特开始了这项浩大的工程，他从中区分出了他认为可以很好地描述人格的4,500个词汇，当然4,500个还是太多了。我们前面提过的雷蒙德·卡特尔又从中选出了35个他认为尤其重要的词汇，并对这些特质进行了分析。唐纳德·菲斯克（Donald Fiske）从卡特尔的词汇表中选出了22个用于分析，他对比了在这些特质上自我评定和同伴评定、心理治疗师的评定之间的关系。他发现5个因素总是最先出现在列表上，这就是我们现在说的大五。后来，两位心理学家组成的研究小组检验了包括大学生和空军职员在内的8个样本的数据，他们也发现了同样的5个基本因素（Tupes & Christal，1961）。虽然在这些早期的研究中，这些因素的发现都是基于问卷的，但是在随后的多年研究中，在更大范围的样本中，在使用不同的特质清单时，大五一直不断被重复发现（Saucier & Goldberg，1996）。[12]

近些年，基于大五的研究成为人格研究领域的焦点。原因之一是当对人格测验（不仅仅是词典中的词汇）进行因素分析时，常常会发现符合大五的分类（McCrae & Costa，1987）。其他一些基本特质，比如前面谈到的艾森克的三因素、特立根的三因素以及卡特尔的六因素，都可以被大五中的某个或者几个因素所描述（John & Srivastava，1999）。结果是，大五可被看作是其他一些理论的整合，而非对立面（Saucier & Goldberg，2003）。

大五的含义

尽管一些研究者认为大五指的是罗马数字的 Ⅰ～Ⅴ（John，1990），但是更常见的命名是神经质、外向性、宜人性、尽责性和开放性（或智力）。不同研究者的命名会略有不同。大五研究

---

[12] 你可以在线免费使用大五人格问卷（John，Donahue，& Kentle，1991），它是应用最为广泛的测量工具之一。网址是*www.outofservice.com/bigfive/*。

背后潜在的一个最初观点是：这些因素之间是正交的。这就意味着某人在某个或者某些因素上的得分高低并不能决定他在其他因素上得分的高低。这就使大五的覆盖面变得更广，从而可以概括多数人格测验测量的特质。比如，就像我们之前在本章中所看到的，万斯及其同事将"正直性"的测验理解为对大五中尽责性因素的测验，从而将大量不同的相关测验进行整合，理清了该研究领域以往混乱的秩序。在第4章中我们还看见，在编辑人格词汇列表时，大五是非常有用的，它可以给大量不同的特质贴上少量常用标签，从而便于分类（见表4.3）。事实上，一篇最近的综述下结论说，大五的特质可以被用来预测事业成功和健康等结果，其效果至少与传统预测指标如社会经济地位和认知能力持平或更佳（Roberts et al.，2007）。

但是，大五并不像看起来那么简单，因为这些看似简单常用的命名背后隐藏着相当的复杂性。一方面，它们并不像最初希望的那样是正交的（Digman，1997）。宜人性、尽责性和神经质（反过来，常被称为"情绪稳定性"）共同组成稳定性（stability）因素，而外向性和开放性组成一个被称为可塑性（plasticity）的因素。心理学家科林·德扬（Colin DeYoung）提出这些因素可能具有生物基础（DeYoung，2006，2010）。它们看起来也十分类似杰克·布洛克多年前所假设的两个基本特质（在前文中讨论过）：可塑性类似自我弹性，而稳定性类似自我控制。

与上述方向相反，在将特质具体化时，一些研究者将大五中的每种特质分为六个"方面"（Costa，McGrae，1995），另一些研究者则将其分为两个"方面"（DeYoung，Quilty，& Peterson，2007），见表7.4。[13]正如研究者杰拉德·索斯（Gerard Saucier）和里维斯·哥德堡（Lewis Goldberg）所写的，"一个概括性的因素（比如大五）并不仅仅是在某些方面有共同之处的事物的总和"。所以虽然命名很有用，但是却常常因为过于简单化而使人误解（因此一些心理学家建议使用罗马数字代替命名）。考虑到这些情况，下面我们将对大五的每个命名进行简单的介绍——除了前文已经做过介绍的尽责性。

表7.4 大五特质的各个方面		
大五特质	**方面（facets）** （Costa & McCrae，1995）	**方面（aspects）** （DeYoung et al.，2007）
外向性	温暖 合群 自信 活跃 寻求刺激 积极情绪	热情 自信
神经质	焦虑 敌意 抑郁	易变 孤僻

---

⑬ 请不要问我这两种"方面"的区别。

大五特质	方面（facets） （Costa & McCrae，1995）	方面（aspects） （DeYoung et al.，2007）
表7.4　大五特质的各个方面（续）		
宜人性	自我意识	
	害羞	
	易受压力影响	
	信任	慈悲
	直率	礼貌
	无私	
	服从	
	谦逊	
	富于幻想	
	避免药物滥用	
尽责性	胜任	勤奋
	有条理	有条理
	尽职	
	成就驱动	
	自律	
	审慎	
对经验的开放性	幻想	智力
	美感	开放性
	感受	
	行动	
	想法	
	价值观	

外向性（Extraversion）　　外向性一般指好交际的、友好的，但是在大五中它的含义不仅仅是这些，还包括积极的、坦率的、支配的、有力的、冒险的以及精力充沛的等方面（John & Srivastava，1999）。外向性对行为有强烈影响，事实上一个外向者以其他任何方式行动均需付出努力——如果被迫像内向者那样行动，外向者会变得疲惫。一旦得到允许，他们的行为甚至会变得更加外向（Gallagher et al.，2011）！这一特质几乎在每种综合性的人格问卷中均有涉及，比如卡特尔的16PF、特立根的MPQ、杰克森的人格研究调查表（PRF）、高夫的加州人格问卷和MMPI（Watson & Clack，1997）。但是，心理学家们从不同的角度看待外向性。一些心理学家认为外向者是冲动的、冒险的和不可靠的（Eysenck & Eysenck，1975）；另一些心理学家认为外向者是愉快的、高兴的和乐观的（Costa & McCrae，1985）；相反，还有一些心理学家把外向者描述为有野心的、努力工作的和成就导向的（Hogan，1983；Tellegen，1985；Watson & Clark，1997）。外向者倾向于做出更多的道德评判，使人们对其行为的影响负起责任，即使这种影响并非有意（Cokely & Feltz，2009）。无论男性还是女性的外向者均可以达到更高的社会地位（Anderson，John，Keltner，& Kring，2001）。外向者比内向者更受欢迎（Jensen-Campbell et al.，

2002)，具有更多的身体吸引力（他们会做更多的锻炼）；这也是为什么他们会参加更多的宴会，喝更多的酒（Paunonen，2003）。但是，外向者最好还是要小心一些，因为研究还表明，当有人试图将某人从他们稳定的伴侣身边抢走的时候，外向者更容易接受这种诱惑（Schmitt & Buss，2001），这种"偷情"（研究者这样称呼它）常常发生在宴会酒醉之后。

外向性的根源可能是外向者对奖赏的敏感（Denissen & Penke，2008），或简单地说就是更多地体验积极情绪的倾向（Watson & Clark，1997）。表明外向者生活态度的一个迹象是，他们在日常言谈中会更多地使用积极的词语如"可爱的"，而非消极的词语如"讨厌的"（Augustine，Mehl，& Larsen，2011）。外向者倾向于爱交际且快乐。这是因为外向者爱交际，他们的社交活动让他们快乐，还是因为外向性与积极情绪有直接的甚至是生物层面上的关联？一个近期研究认为是后者：甚至当社交活动数量（统计上）不变时，外向性仍然与快乐形成相关（Lucas，Le，& Dyrenforth，2008）。

外向性与一些重要的生活事件相关。根据丹尼尔·奥泽尔（Daniel Ozer）和贝罗尼卡·比奈-马第尼斯（Verónica Benet-Martínez）的研究总结，外向者比内向者更可能快乐、长寿和健康——并对这样的福分心怀感激（见表4.3）。他们更有吸引力，在约会和亲密关系中更容易取得成功。他们更满意自己的工作，更热爱自己的团体，更容易成为领导者。外向者报告他们在与其他人融洽相处，向其他人敞开心扉，尝试新事物或表达感受方面都没有什么问题，仔细想想，这一点可能并不令人意外（Boudreaux et al.，2011）。

然而，范德第一定律在这里再次产生作用：即便外向性也有它不好的一面。该特质得分高的人多半好争论，亟须控制自己，不能有效地管理时间（Boudreaux et al.，2011）。他们也更容易超重（Sutin，Ferruci，Zonderman，& Terracciano，2011）。没有人是完美的，外向者也不例外。

神经质（Neuroticism） 大五中另一个拥有广泛含义的特质是神经质。在这一特质上得分高的人在处理生活中遇到的问题时总是采用无效的方式，面对压力事件时消极反应强烈（Bolger & Zuckrman，1995；Ferguson，2001）。他们对社交威胁尤其敏感，例如其他人不接受或不支持他们的迹象（Denissen & Penke，2008）。

而且，评定幸福感、生活满意度和身体健康情况方面的大量问卷都与神经质（也叫消极情绪性）相关很高，特别是负相关显著。神经质的水平越高，人们越倾向于报告不幸福、焦虑甚至身体症状（McCrae & Costa，1991；Watson & Clark，1984）。这些结果表明，尽管这些测量工具的目的和题目不同，但其中一些可能在某种程度上测量了一种共同的潜在倾向：一些人（高神经质）几乎对任何事情都满腹牢骚，但另一些人（低神经质）抱怨很少。

因为神经质与心理问题的很多指标（比如不幸福、焦虑等）的测量有关，所以似乎可以为精神病理学描述出整体的趋势。长期看来，高神经质者很有可能患上严重的心理疾病。短期看来，高神经质者比较容易受到影响和诱惑。比如，虽然处于亲密关系中的高神经质者不太可能有"第三者"引诱他们，但是如果有的话，相较于其他人，他们更愿意接受（Schmitt & Buss，2001）。高神经质者也常常报告感到紧张，把事情看得太严重，没法应对批评，甚至感到被生活所压迫（Boudreaux et al., 2011）。

自然，神经质与生活中很多不受欢迎的事情相关（Ozer & Benet-Martinez, 2006）。在这一特质上得分高的人更容易不快乐，很难应对生活中的压力，与家人的关系也常常出现问题，对工作不满意，甚至出现犯罪行为。关于最后一点需要加以说明——究竟要如何看待这种相关呢？正如本章总结中所说的：多数神经质者不是罪犯！但是，在神经质测量中得高分的人同得低分的人相比，更有可能产生犯罪行为。这种相关的可能性通过特质与生活事件的某种关系表现出来。

宜人性（Agreeableness）　大五的这个维度囊括了一系列的特质：服从、友好的顺从、可爱、热情甚至爱（Graziano & Eisenberg, 1997）。霍根（Hogan, 1983）认为这一特质与合作的倾向有关，而在绝大部分进化史中，合作是人类所处的小社会群体中最基本的行为。因此，宜人性——或者你想用来称呼它的任何名词，反映了相处融洽、共同合作对人们的重要性。宜人性包括几个方面，有时具有不同的含义。同情心强的人多半是政治上的自由主义者和平等主义者，而在宜人性的另一方面——礼貌上得分高的人则更可能是保守和传统的（Hirsh, DeYoung, Xu & Peterson, 2010）。

人们非常关注他人是否具有这种特质，并且尝试在他们的社交圈子里就"谁是最易相处的人"达成共识（Graziano & Eisenberg, 1997）。在宜人性方面得分高的人更多地谈论美好的而非卑劣的事物（Augustine et al., 2011），更少抽烟（原因尚未确定），女性往往比男性的宜人性得分高（Paunonen, 2003）。但宜人性并不是不分场合的，当具有高宜人性的已婚者受到诱惑时，他们更可能会让对方给彼此足够的空间（Schmitt & Buss, 2001）。换句话说，宜人者并不会对任何事情都表示赞同。

· · · · · · · · · · · · · · · · · · · ·
宜人者并不会对任何事情都表示赞同。

宜人性可以使孩子们较少遭受攻击。一项研究对有"内化问题"的孩子进行了调查，这些孩子们在他们的同伴口中是这样的："在操场上，他/她只是站在一边""他/她害怕做事情""他/她常常看起来不快乐和悲伤"或者"当其他孩子玩的时候，他/她只是看着并不加入"（Jensen-Campbell et al., 2002）。一般来说，这种孩子常常成为被欺负的对象，但是如果他们同时也是宜人的，情况就不一样了。对于身体弱小或者缺少社交技巧的孩子来说，如果他们具有高宜人性，就可以设法避免被欺负。很明显，一个不会与人冲突的友好外表可以保护你不受到伤害，但它不会带给你社会地位！所以，外向性也是必需的（Andersone et al., 2001）。这些研究发现是否适用于大学生和成年人现在还不清楚。你认为它们会适用吗？

宜人性可以预测大量的生活事件（Ozer & Benet-Martinez, 2006）。在这一特质上得分高的人，更可能参与宗教活动，幽默感较强，心态比较平衡，有更健康的心脏。宜人者能够更迅速地从导致失能的事故或疾病中恢复（Boyce & Wood, 2011）。他们享受更多的同伴的接纳感和约会的满足感，有广泛的社会兴趣，不喜欢从事犯罪行为。当然，他们最重要也最明显的优点是很好相处。

对经验的开放性/智力（Openness to Experience/Intellect）　对经验的开放性，有时也叫作智力，是大五中最受争议的因素，这从我觉得需要用两个标签来命名这一因素就可以看出来。具有高开放性的人被认为是有创造性的、想象力丰富的、心胸开阔的并且聪明的。他们与多数人相比，更容易成为政治自由主义者、吸毒或者演奏某种乐器的人（Ozer & Benet-Martinez，2006；Paunonen，2003）。但是，正如大五人格的著名研究者罗伯特·马卡里（Robert McCrae）和保罗·克斯特（Paul Costa）所写的那样，"开放性（Openness）⑭的概念似乎令人罕见得难以捉摸"（1997）。产生这种争议的部分原因是，一些研究者认为这一特质可以反映出一个人运用智力解决问题的取向，甚至反映了他/她的基本智力水平；另一些人认为这一特质反映了一个人被教化后重视文化作品（比如文学作品、美术和音乐）的程度；还有一些人把它看作是人格潜在的创造力和理解力的基本维度。引发争议的另一个原因是在不同的样本和不同的文化中，结果很难得到稳定的重复（John & Srivastava，1999）。

虽然有争议，但这个维度非常有趣。马卡里和克斯特（McCrae & Costa，1997）指出，人们在经验开放性的维度上是否得高分，与他们的受教育程度无关，甚至与具体的智力也无关。拥有开放的心并不意味着都是好事，有时还会成为反面教材。在开放性上得分较高的大学生很倾向于相信某些不确定性现象，比如UFO、占星术、鬼的存在，等等（Epstein & Meier，1989）。另一方面，高开放性的人还被描述为想象力丰富的、有创造力的、好奇的、有艺术细胞的、善于创造的和机智的，很少被描述为愚蠢的、浅薄的或者低智商的（见表7.4）。所以，马卡里和克斯特（McCrae & Costa，1997）的说法可能是对的：聪明的人不一定对经验具有高开放性，但是在开放性上得高分的人常常被看作是聪明的。具有高开放性的人倾向于拥有艺术兴趣和成为政治自由主义者（Ozer & Benet-Martinez，2006），并且承认有时想象力过于活跃，以及"在为自己博好处上太过精明"（Boudreaux et al.，2011）。最后，他们报告了更多的物质滥用现象，且倾向于声称受到神灵的启示。对于后两点发现之间可能的联系，我不会给予评论。

"我们去其他有趣的地方吧，但我们不用真的去。"

大五的普遍性

一位著名的研究者认为当人们将要会见陌生人时，常想要了解对方五个普遍性的基本问题，大五可能与这五个问题是一致的：

（1）××是主动的、支配的还是被动的、服从的？（我能欺负××吗？还是××可能欺负我？）[外向性]

（2）××是好相处的（热情和友好的）还是不好相处的（冷酷和疏远的）？[宜人性]

⑭ 大五支持者的中坚分子常常将特质名称的首字母大写，不过我不这么做。

（3）是否可以依赖××？（××是有责任心的、细心的还是不可靠的、粗心大意的？）[尽责性]

（4）××是疯狂的（不可预料的）还是心智健全的（稳定可靠的）？[神经质]

（5）××是聪明的还是愚蠢的（自己想要教××的话难不难）？[开放性，有时叫作智力]
这些问题具有普遍性吗？（Goldberg，1981）

情况可能如此。研究者进行了很多研究，考察在非欧美文化以及非英语国家中，大五结构是否仍可以被发现。就像我们前面提到过的，如果在不同的语言中均可以发现大五结构，这将成为"大五结构是人格的基本属性"的有力证据。到目前为止，结果都很令人鼓舞。人格问卷被翻译成不同的语言，在不同的地区施测。在菲律宾（Guthrie & Bennett，1971）、日本（Bond，Nakazato，& Shiraishi，1975）、香港（Bond，1979）的施测中，结果发现了五个因素中的四个因素。在翻译为德语（Ostendorf & Angleitner，1994）、希伯来语（Montag & Levin，1994）、汉语（McCrae，Costa，& Yik，1996）、韩语（Piedmont & Chae，1997）和土耳其语（Somer & Goldberg，1999）的施测中，均发现了大五的五个因素。

一项更加庞大的研究已经不仅仅限于问卷翻译了，而是对汉语进行分析，寻找用来描述中国文化中人格的常用词条（Yang & Bond，1990）。在对台湾居民人格描述的分析中发现了五个因素，分别命名为：社会导向性（social orientation）、才干（competence）、表现性（expressiveness）、自控性（self-control）和乐观性（optimism）。这些从汉语分析得到的五因素似乎与英语分析中得到的五因素有一定程度上的重合（比如，汉语中的表现性比较类似于英语中的外向性），但并非全部一一对应。研究者总结说，人格的核心属性在很大程度上是相似的，但是会有跨文化的差异（见第14章对于跨文化问题的讨论）。这一结论看起来有些含糊，但这是在当前环境中唯一合理的说法。[15]

大五在另一种意义上来说不是普遍的，即在不同地区这些特质的平均得分是不同的（Florida，2008）。美国的一项最新全国调查发现，高宜人性的人更可能出现在美国的东部而非西部，而对经验的开放性则在纽约、洛杉矶、旧金山和迈阿密周边为最高（见图7.3）。你觉得这是为什么？从全世界来看，不同的地理位置也存在性别差异。然而一般来说，女性在神经质、外向性、宜人性和尽责性上的得分高于男性。国家越是富有和发达，这些差异就越大（Schmitt，Realo，Voracek，& Allik，2008）。

大五的扩展

尽管大五的有用性已经得到证明，但依旧存在很多争议（J. Block，1995，2010）。一个重要的质疑是人格因素应该不止五个。即使是大五的倡导者也承认这个词汇表没有包含类似性欲、节俭、幽默感和狡猾等人格特征（Saucier & Goldberg，1998）。心理学家桑波宝·保诺宁（Sampo Paunonen）和道格拉斯·杰克森（Douglas Jackson）对大五中没有涉及的人格特质部

---

[15] 这是范德第三定律的另一种表现形式，在这里我将之理解为运用你所拥有的、做你所能做的。

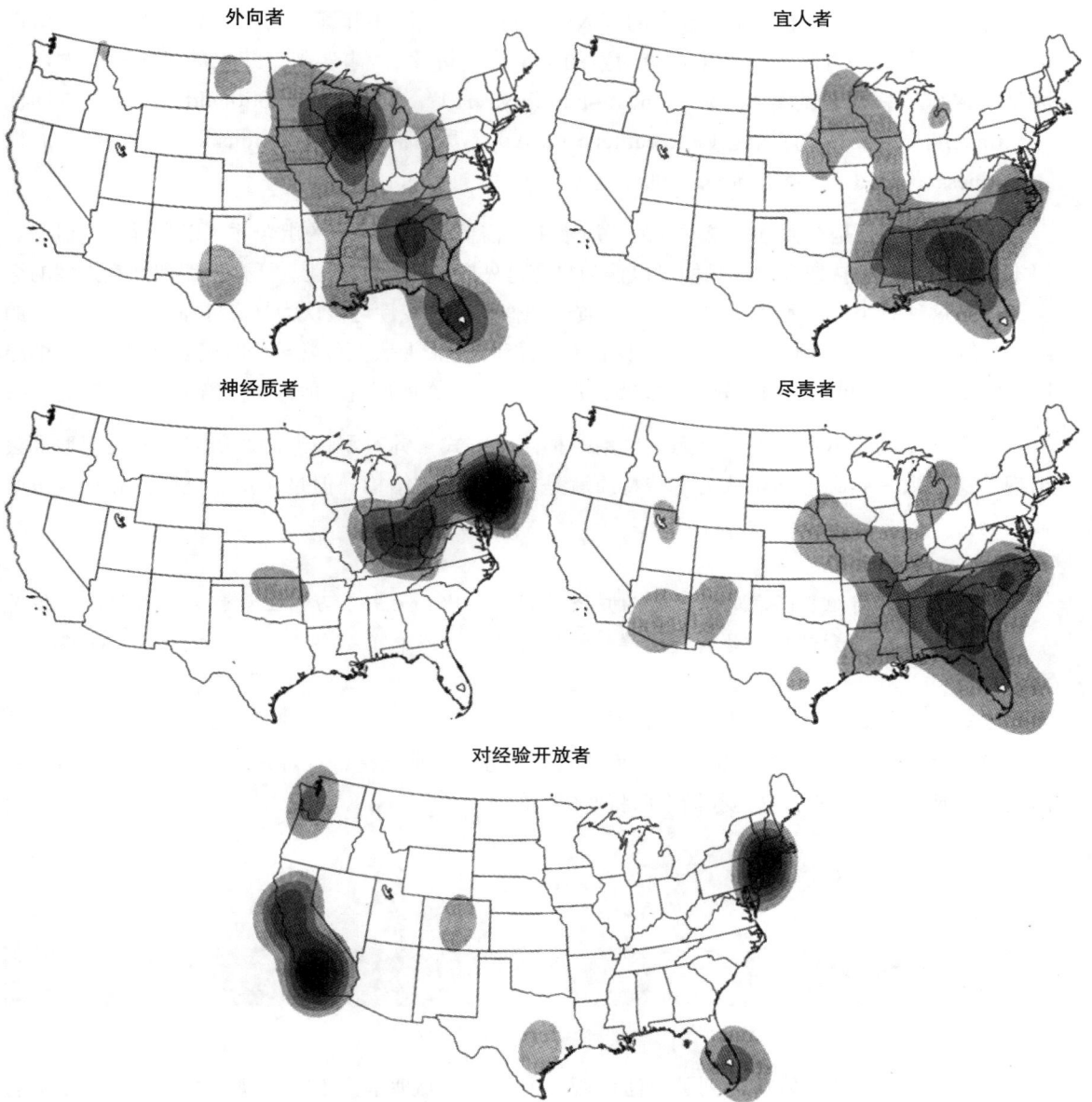

外向者　　　　　　　　　　　宜人者

神经质者　　　　　　　　　　尽责者

对经验开放者

图7.3 人格特质在美国的地理分布

较深的颜色表示平均而言该地区的人们更可能得到较高的分数。
来源：（Florida，2008）。

分进行了因素分析，得出十个因素，包括诱惑（seductiveness）、操控（manipulativeness）、正直（integrity）和虔诚（religiosity）等（Paunonen & Jackson，2000）。跨语言研究表明有必要增加第六个因素：诚实–谦逊（honesty-humility），进一步的分析表明，保诺宁和杰克森所研究的大五中"遗漏"的特质可以被归于这个因素之中（Ashton & Lee，2005；Lee，Ogunforwora，& Ashton，2005）。比如，诚实–谦逊因素得分越高，虔诚水平也就越高，而操控性越低。但是另一方面，诚实–谦逊维度与大五中的宜人性维度相关（诚实和谦逊的人更具宜人性），所以可以预见，有关是否应该加入第六个因素的争论将会持续。[⑯]事实上，建议的名称不是大六，而是HEXACO，代表诚实–谦逊（honesty-humility，H）、情绪性（emotionality，E）、外向性（extraversion，X）、宜人性（agreeableness，A）、尽责性（conscientiousness，C）和开放性（openness，O）（Lee & Ashton，2004）。

进一步的问题是在大五（或六）的特质水平，需要多少种特质的组合才足以理解一个概念。以本章前面谈到的自恋为例，我们可以认为自恋是外向性、低尽责性、低开放性和低宜人性的综合，但是这种总结似乎不能反映概念的本质。类似的，自控性可被认为是高外向性和高宜人性的综合，但是这种综合似乎也是不足的。我们已经看到，这就是大五经常被分解成多个"方面"的原因，然而大五这些更细小的部分是否能够合并起来产生存在的所有其他特质，仍然是不确定的。

尽管存在这些不足之处，但无论采用哪种测量方式，针对哪种人群的研究，大五模型都会出现。这导致一些心理学家认为这些特质就是人格的基本结构。但是，正如克斯特和马卡里所提醒的：

> 由具体特质组合而成的含义更为广泛的因素（比如大五）习惯上被称为人格结构，但是事实上，这些因素针对的是整个人群的特质的结构，而非单一个体的。（Costa & McCrae，1998）

换句话说，大五是对特质的分类，而非对人的分类。那么是否有对人的分类？是否可以辨别出人们明显的人格结构？这是我们下面将要探讨的。

人格类型学取向

多年来，三种特质取向得到了广泛使用，但是一些心理学家不时表现出对整个方法体系的怀疑。首先，就像前面提及的，从群体中获取的人格特质结构与某一个体身上的人格结构是不同的，把从群体中获得的人格特质结构叫作"人格结构"似乎有点奇怪（Cervone，2005）。其次，很有可能的是，人与人之间最重要的差异是质的不同，而非量的多少。特质取向的假设是所有人都能用通用的维度加以描述。你可能在外向性上的得分很高，而我的得分很低，这种比较都是在同一个"外向性"的尺度上度量的。但是，如果人与人之间的一些差异不是来自程度大小而是来自种类不同，还能比较吗？如果你的外向与我的羞怯有着本质的差异，那么通过比较你我在

---

⑯　这不是很好笑吗？

外向性维度上的得分高低来区分我们的差异的
过程，就像是比较苹果和橘子在"苹果性"上
的得分高低一样毫无意义，而且很明显橘子的
得分会很低。

当然，表示怀疑是一回事，而指出人们究
竟可以被分为哪些基本类型就是另一回事了。
为了区分所有的个体，必须"在类别的结合点
切开"（像传闻中柏拉图曾经说过的）。因为
知道该在哪里下刀，所以行家可以把火鸡的鸡
胸肉和鸡腿肉分离得干净利索、形状优美。同

"作为一个橘子，你有多少与苹果共事的经验呢？"

样，科学工作者如果要尝试区分人格类别，也需要将区分不同种类的人的分界线精确地描绘出
来。难点在于证明不同种类的人的差别不仅是程度上的差异，而是存在本质上的区别。多年来，
有关分界的研究并没有取得显著的进展，因此人们从文献中回顾总结人格类型，比如：

> 传说穆罕默德·阿里曾经这样分类：将人分为四类，分别是石榴（外硬–内硬）、胡桃
> （外硬–内软）、梅干（外软–内硬）和葡萄（外软–内软）。从分类学的角度看，这种分
> 类不错，事实上我们并没有任何实证根据认为这种分类不如我们所尝试进行的分类严谨。
> （Mendelsohn，Weiss，& Feimer，1982）

不仅如此，当心理学家艾芙夏洛姆·凯斯培（Avshalom Caspi，1998）报告了一些惊人的进
展之后，研究者对人格类型学概念的兴趣近些年来渐渐兴起（Kagan，1994；Robins，John，&
Caspi，1998）。在针对全世界不同参与者的七个研究中，三种类型反复出现。一种是适应良好
的人，他们适应性强、处事灵活、足智多谋，处理人际关系也很成功。另两种都是适应不良的类
型：过度控制的适应不良者过于紧张自己能够获得的好处，拒绝无用的享受，处理人际关系有困
难；控制不足的适应不良者的问题则正好相反。他们过于冲动，
容易参与犯罪和不安全的性行为等活动，倾向于在自己和他人身
上发泄报复。这是一种有趣的分类法，因为它认为有一种适应良
好的方式，却有两种存在心理问题的方式。

有一种适应良好的方式，却有两种存
在心理问题的方式。

这些分类得到了研究者的广泛关注，并且在北美和欧洲的施测中得到了验证（Asendorpf & van
Aken，1999；Asendorpf，Borkenau，Ostendorf，& van Aken，2001）。但是，当前的工作在某种程
度上仍然局限于这些人格类型的推论。当想到人格类型的时候，我们心中常常有两个问题。一个是
由类型学取向区分出的不同类型的人格之间，是否真的存在质的区别而非量的差异？也就是说，
他们之间的差异是使用传统的特质测量取向无法获得的吗？答案如果真的像苹果—橘子问题那
样的话，人格类型理论的发展将得到极大的鼓舞。可惜，事实上答案却是否定的。最新证据表
明，知道一个人的人格类型并不比使用那些定义类型学的特质更有助于预测他的行为（Costa，
Herbst，McCrae，Samuels，& Ozer，2002；McCrae，Terracciano，Costa，& Ozer，2006）。

这一发现对类型学取向是一个重大的打击，但是第二个问题依旧存在：类型学的角度究竟是否有用？答案应该是肯定的（Asendorpf，2002；Costa et al.，2002）。一种人格类型代表了一个人在大量人格特质上所处位置的整合。前面对于适应良好、过度控制和控制不足三种类型的描述提供了丰满的人物形象，使我们更容易了解每种类型中的特质是怎样被共同发现和怎样相互作用的。同样，尝试将人们分为"军人型"、"反叛学生型"、"烦人的郊区中产阶级妇女型"等类型可以使我们迅速把握个案的一系列特质，但如果在每种特质维度上评定进而再整合虽然不是不可能的，却要麻烦很多。特别是广告商和政客，常常将他们的商业活动或政治活动设计得适合于某种特殊人群。因此，特质可以"将许多特质整合成为一个简单标签"（Costa et al.，2002），并且使我们更易理解心理动力的变化，这是很有用的。即使特质类型可能无法给传统的心理测量和预测提供帮助，但是在教育和理论建构方面仍有其自身的价值。

人格的毕生发展

人格从何而来？要去往何方？这些有关**人格发展（personality development）**的问题涉及人格的起源，以及人格从童年到老年的稳定或可变程度。简单来说，第一个问题的答案是：人格特质的发展源自基因素质和早期经验的结合，我们将在第8章中详细介绍。第二个问题的答案是随着身体和心理的成熟，人格是不断发展的，不同的经验与挑战成为不同人生阶段的特征。

第二个问题很有趣，因为它涉及一个人在一生中心理保持不变的程度。从儿童期到青少年期，从青少年期到青年期，从成年期到老年期，人格会改变吗？对于这个问题，文献中有两个清晰却相反的回答：不会和会。

人与人之间的个体差异终其一生都是存在的，从这个角度来说，人格不会改变。一个在儿童期就比其他儿童更外向的人，在他们的成长中，更可能比一般的青少年、一般的成年人，甚至养老院中的其他同伴更外向。类似的，如果一个孩子相较于他/她的同伴来说，更多或者更少地具有神经质、宜人性、责任心或开放性等特质，这种差异也常常伴其一生（Costa & McCrae，1994）。被教师描述为"适应性强"的小学生在中年时具有愉快的、在智力上充满好奇的行为态度，而被评估为"冲动"的孩子在多年后则被视为夸夸其谈者（Nave，Sherman，& Funder，2010）。正如我们在本章前面提到的，在童年期人格评估的基础上对今后生活的结果进行预测是可能的。例如，被评估为比绝大多数同伴"更羞怯"的4—6岁儿童在19年后找到稳定恋爱对象和找到第一份工作都比较慢（Asendorpf，Denissen，& van Aken，2008）。甚至人格障碍在人的一生中也倾向于保持稳定，接受心理治疗并不能带来很大的改变（Ferguson，2010）。

心理学家把这种一致性叫作**等级次序稳定性（rank-order stability）**。根据大量的文献总结，反映人格等级次序稳定性的相关系数（见第3章）在童年期是0.31，在大学期间是0.54，而在

50—70岁的人群中是0.74（Roberts & DelVecchio，2000）。虽然三幅图都表现出了明显的稳定性，但是显然年纪越大人格越稳定。这个结论被称为累积的连续性原理（cumulative continuity principle），即人格特质不但在一生中都保持一致，而且这种一致性还会随时间流逝而增加（Roberts Wood，& Caspi，2008）。它不是源于心理成熟（psychological maturity）的年龄—稳定性的问题。人格相对成熟（就青少年而言）的青少年在之后10年中的变化小于同样年龄、相对不成熟的其他人（Donnellan et al.，2007）。

认为人格会变的答案来自于另一种人格稳定性的分析。如果每一岁时都计算出人格特质的平均水平，由此考察随着年龄增长，人们是否会有变化。这是与人格差异的稳定性完全不同的问题。举例来说，想象三个儿童的宜人性得分分别为20、40和60（无论采用哪种测验），当他们成长为青年后再重新施测，发现他们的分数分别为40、60和80。他们的等级次序稳定性非常好——两列分数的相关系数为1.0。但是，对于每个个体来说，他们的宜人性得分增加了20分。所以，在同一时间内，他们表现出了高的等级次序稳定性，他们特质的平均水平明显提高。

最近的一项分析基于网络调查，调查的回答者超过100万人——可能是心理学研究有史以来最大的样本。分析发现不同年龄的人的确展现出不同的大五人格特质水平（Soto，John，Gosling，& Potter，2011；见图7.4）。在10—20岁之间，宜人性、开放性和尽责性的得分在童年期到青春期的过渡期间似乎都有所下降，接近20岁的时候再恢复。在童年期，外向性从一个高水平（很少孩子是这样的外向者！）下降，然后平稳下来。神经质似乎更复杂一点，在青春期，年轻女性的得分显著增长，而男性则有所下降——或许是因为青春期对于女性而言更加艰难。20岁以后，男性和女性的尽责性、宜人性和开放性分数都有增长，而外向性相对稳定。女性的高神经质水平开始缓慢而平稳地下降，幸运的是，男性的神经质水平保持稳定（并且普遍较低）。然而要注意到，该研究截止到60岁。来自德国研究的一些近期发现显示，尽责性、外向性和宜人性在老年时（超过65岁）会下降（Lucas & Donnellan，2011）。或许在生命的这个时期，人们不再那么看重事业、社交活动、雄心壮志或讨人喜欢，而对休息放松更感兴趣——这是一种可能性，心理学家赫伯特·马什（Herbert Marsh）称之为"甜蜜生活效应"（La Dolce Vita effect；引自Lucas & Donnellan，2011；也见Specht，Egloff，& Schmukle，2011）。

刚才引用的研究为横向设计，即在同一时间对不同年龄的人们进行调查。纵向研究是在不同的年龄对同一批人反复施测。一份对纵向研究的重要综述得到的结论稍有不同。综述认为，平均而言，随着时间流逝，人们的社交支配、宜人性、尽责性和情绪稳定性（更少神经质）都倾向于增加（Roberts et al.，2006）。总而言之，他们变得更加成熟了（Roberts et al.，2008）。

关于这些结论，可以有两种解释。首先，这些图描绘的是特质的平均变化趋势，也就是说这些变化并不是对每个个体都适用的——有些人会在年老之后变得更有社交支配性，而且不招人喜欢。但这种模式比较少见。第二，这些发现与发展心理学的传统观点相差甚远。传统观点认为，人格发展主要发生在儿童期和青少年早期，之后就趋于稳定。开创性的心理学家威廉姆·詹姆斯（William James，1890）将30岁后的人格称为"像石膏一样的集合"，这一说法经常被引用。根据可用数据显示，他错了。从某种意义上来讲，人格特质至少在几十年内持续变化着。

总体尽责性

总体开放性

总体神经质水平

总体外向性

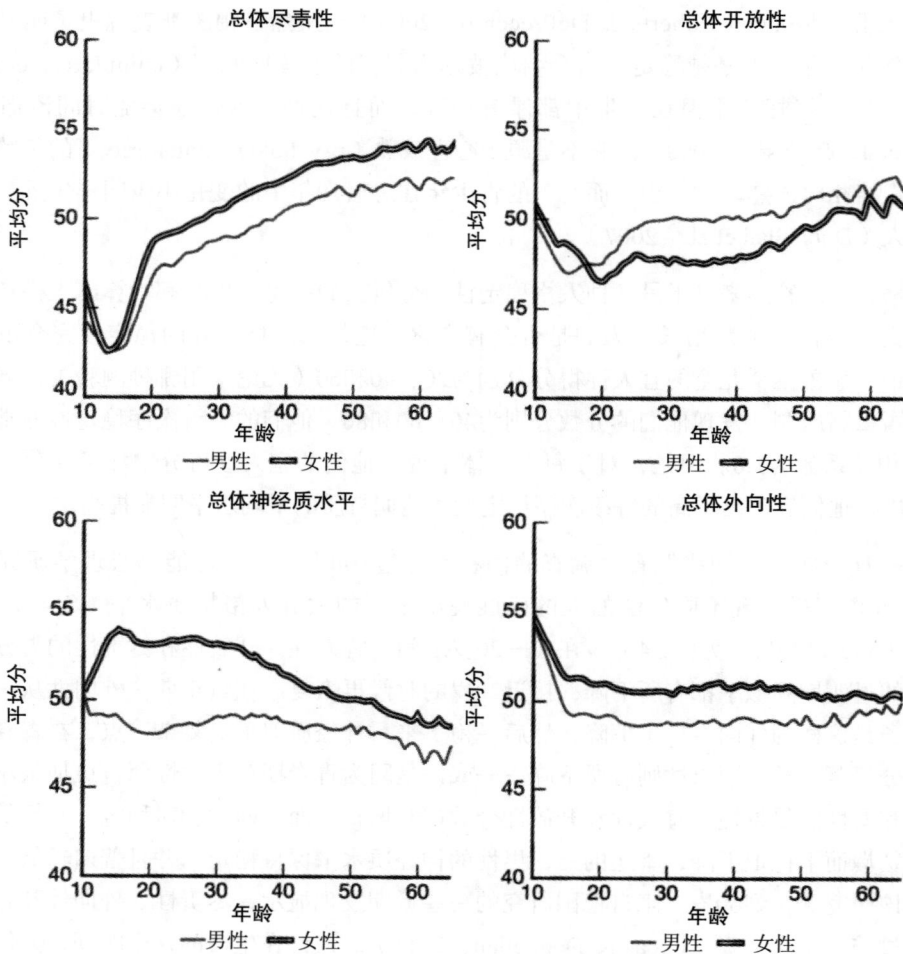

图7.4　10—60岁男性和女性的大五人格特质平均分

在平均水平上，人格在一生中持续变化，不过每种特质确切的变化模式是不同的。

注意：特质水平以T分数的形式显示，平均数为50，标准差为10。

来源：（Soto, John, Gosling, & Potter, 2011）。

人格变化的原因之一可能是个体在生命不同阶段所扮演的社会角色不同，尤其是对于尽责性而言。在北美和欧洲文化中，20—30岁是典型的个体离开父母，开始职业生涯，寻找伴侣组建家庭的时期。这些变化提出了有巨大影响力的要求。例如，新的工作要求一个人学会守时、承担责任，并且友善地对待顾客、同事和老板。建立稳定的恋爱关系要求个体学会控制情绪的起伏。事业发展和为人父母需要提高影响他人行为的倾向（社会支配）。作为父母或老板时，生活会对你提出不同的要求。结果，尽责性的倾向由于符合这些角色的需要，会缓慢而稳定地增长。

文化和社会环境的变化也是世代效应（在第3章中提到）的原因。世代效应指不同时代的人们在平均水平上具有不同的人格。在本章前面我们看到，心理学家正在争论在过去几十年里美国人的自恋程度是否增加了，还有研究表明1979年以来美国大学生的共情能力降低了（Konrath, O'Brien, & Hsing, 2011）。其他研究提出，（在荷兰）外向性、宜人性和尽责性在1982—2007

年期间稍有增长，而神经质水平则下降了（Smits，Dolan，Vorst，Wicherts，& Timmerman，2011）。这些变化的原因尚不清楚，想必与文化和社会环境的变化有关。

最后的评论：重要的是记住，图7.4中展示的发现适用于平均水平的变化，而不是等级次序稳定性。回想累积的连续性原理，即同一批人在年轻时和年老时所测量的人格特质的相关是随年龄增长而增加的。这意味着，例如，最尽责的青少年也很可能成为最尽责的成人，最尽责的中年人，甚至最尽责的老人。因此，任何特定年龄的人，如果他比同年龄的其他人更尽责，那么他很可能在其他年龄时也同样更尽责。同时，大多数人随着年龄增长都会变得更加尽责。

从评估到理解

人格测评的应用已经超越了其预测行为和绩效的作用。当我们认识到哪种人格特质与某种具体的行为相联系，以及这些特质如何改变着我们的生命轨迹时，我们可以对"人们在做什么，他们为什么那么做"了解更多。我们已经看到人格测评是如何将以下问题阐述明白的：儿童如何延迟满足？为什么一些人心存偏见、滥用药物或者抑郁？不同人生阶段的任务如何影响我们成为一种怎样的人？这种理解和认识上的不断深化是科学最重要的目标。

总　结

• 特质的作用不仅仅是预测行为，还可以增加我们对行为原因的认识。本章回顾了特质研究的四种基本取向。

单一特质取向

• 单一特质取向针对某一具体的特质以及它对行为产生的后果。单一特质取向被用来研究权威主义、尽责性和自控性等。

多特质取向

• 多特质取向着眼于某一具体行为与某些不同特质之间的可能关系。加利福尼亚Q分类就是采用这一取向的一种测验，它同时测查了一百种不同的特质。Q分类技术被用来探讨延迟满足、药物滥用、抑郁以及政治意识形态的基本成分。

核心特质取向

• 核心特质取向试图从上千种特质中区分出少数几种特质，这几种特质是理解所有他人真正重要的特质。最为广泛接受的核心特质清单是大五，区分出了五种更为广泛的特质：神经质、外向性、宜人性、尽责性和开放性，它们可以构成人们对人格的理解。

类型学取向

• 类型学取向认为人与人之间的差异是因为性质上的不同，而非程度上的不同，并尝试基于这种认识开辟研究道路。最近的研究区分出了三种不同的人格类型：适应良好者，适应不良的过度自控者，适应不良的无法自控者。但是，虽然这些类型可以帮助我们了解不同特质怎样共同产生作用，却不能达到特质测量所能达到的预测效度。

毕生的人格发展

• 人格发展涉及人格的起源及其毕生的变化。

• 人格的个体差异在人的一生中非常稳定，并且年纪越大越趋于稳定。

• 同时，大多数人的某些人格特质的平均水平表现出实质性的变化，并且在数十年里伴随着尽责性的明显增加和神经质水平的降低。

从评估到理解

• 人格评估本身不是结束，而是通往心理理解的工具。

思 考 题

1. 在本章的例子中，你最赞成哪种取向的观点，单一特质取向、多特质取向还是核心特质取向？

2. 如果可以选择，你希望自己是高自控者还是低自控者？从自测7.1来看，你属于哪一种？

3. 你认为人们比过去更加自恋了吗？向你的父母（或你的教授）询问这个问题。

4. 你认识滥用药物的人吗？在你的经验中，哪种人格特质常常与药物滥用相联系呢？这些特质是药物滥用的原因还是结果，或者互为因果？

5. 你认识抑郁的男同学吗？女同学呢？如果认识，你觉得他们的抑郁一样吗？为什么？

6. 有人指出政治倾向的人格基础研究描绘了一幅对于保守派来说不公平的图景。你同意这种说法吗？这些数据还有其他的解释吗？

7. 用大五评定自己或者一个好朋友的人格。你可以在每个维度上使用5点量表或者"高""低"来评定。这样的评定包含了有用的信息吗？其中人格的哪些方面没有涉及呢？

8. 如果你生活在另一个国家，或者你现在所在国家的另一个地区，你会发现不同地区的人们具有不同的人格吗？如果是，表现在哪些方面？为什么你会这样认为？

9. 你认为富有创造力（艺术才能）却又不太聪明是可能的吗？

10. 你曾经观察过他人的人格变化吗？你认为是什么造成了这种变化？

11. 你自己的人格变化过吗？现在正在改变吗？为什么？

推荐读物 >>>>>

Allport, G. W.（1937）. *Personality: A psychological interpretation*. New York: Holt，Rinehart, & Winston.

这本书是最经典的，可能也是介绍特质心理学家如何看待特质的最好的著作。

Snyder, M,（1987）. *Public appearances, private realities: The psychology of self-monitoring*. New York: Freeman.

测验的创始人对基于自控性量表所进行的一系列研究的总结。这本书不仅涉及了测验相关问题，还讲了很多社会心理学的基本论题，比如自我表现。

Twenge, J.M.（2006）. *Generation me: Why today's young Americans are more confident, assertive, entitled-and more miserable than ever before*. New York: Free Press.

关于自恋在美国正处于上升状态的论据总结，并讨论了这一趋势可能引发的后果，有趣且具有高度的可读性。然而要注意的是，本书的结论在心理学界是有争议的。

电子媒体 >>>>>

登陆学习空间*wwnorton.com/studyspace*，获得更多的复习提高资料。

第三部分

心灵和身体：人格的生物学取向

让我们面对这个现实：人类是动物。从生物学的角度来看，人类是哺乳动物纲的成员；人类身体的解剖学结构，特别是脑和神经系统，与其他的物种具有很大的相似性。一项解剖学研究发现，人脑的一部分与爬行动物类似，一部分与大多数哺乳动物类似，一部分是人类特有的"三脑一体论"（triune brain hypothesis；见MacLean，1990）。这种描述可能有过度简化的倾向（Buck，1999；Frilund，1994），但是，大量物种的脑和神经系统的确显示出令人震惊的相似性。

相似性不仅仅体现在解剖学方面，在化学物质上也有所体现。我家有条狗，已经很老了，也服用过甲状腺制剂，当时我也在服用这种药物，我们当时的年龄相对于各自的寿命来说正好相同，这说明我们是类似的，唯一的差别在于我服用的药物比它的要贵十倍（这是由医疗机构决定的）。兽医开的药物对人也会有作用，这个有点令人不安的事实提醒我：我们与其他动物在生理上并没有太多的不同之处。人类和其他的哺乳动物体内含有许多相同或者类似的化学物质，这些物质可以维持我们身体的存在，影响我们的心理。大家都熟知的抗抑郁药百优解对黑长尾猴也适用（Raleigh，1987；Raleigh McGuire，Brammer，Pollack，& Yuwiler，1991）。我们家的猫也服用过一种很流行的抗焦虑药物，用来克服对新来的两只狗的恐惧（虽然它们从来也没有成为朋友过）。

第三个跨物种相似性是人类的大多数特征都是可以遗传的。一家人度假的时候就会发现，头发和肤色、体型等这些特征都存在着家族相似性。甚至某些能力和行为方式都可以在代际间传递。动物饲养者很早就知道如何根据动物父母在行为和外表上的差异来强化或减少后代身上的某些特征。纯种贵宾犬的后代一定会有卷曲的毛，不仅如此，它们的性格还可能比纯种罗纳维尔犬的后代更温和。在接下来的章节里，我们总结的证据表明，从某种程度上来说，人的人格特质也是继承而来的。

最后，也可能是最重要的一点，所有生物（植物、动物和人类）都是进化的产物。进化论不仅仅是一个理论，而是组织生物学的一个基本原则——将分类系统化，解释各个物种的起源。在过去上亿年中，物种已经进化了上百万代才形成今天的物种多样性，而且仍然在进化（例如，细菌迅速进化出对真菌的免疫性）。进化论对心理学的意义在于，任何物种的属性（包括人类的行为模式）可能是因为它们在过去的进化岁月中具有生存和繁衍的优势。

进化论有时候可能会由于其原则与宗教信仰不一致而遭到谴责。如同威廉·詹宁斯·布莱恩（William Jennings Bryan）在1922年所说的，"进化论的假设……把上帝的气息从人身上赶走，代之以残忍的血液"（Bryan，1922）。但是，根本的争论已经超越了这些教条。布莱恩声称，如果有人愿意签署宣誓书，承认他/她是猿猴的后代，就给他/她100美元。显然，没有人愿意拿他的钱，这说明人们的内心中还是不愿意承认自己是其他物种的后代。当我发现自己放在柜子中的药被我姑姑放在狗粮的旁边时，我承认当时确实很懊恼。除了想到自己是一只进化的猿猴（或一只直立行走的狗）的时候感到没有尊严，进化这个话题又把我们带回到这部分开始提到的问题：人类仅仅就是动物吗？

这种质疑产生了哲学上一个古老的问题，这个问题对于心理学也特别重要：心身问题。人类心理现象——包括行为、情绪、行为、思维以及经验（包括从欣赏美到道德推断），在多大程度上是物理和生物过程的产物？这个问题对于心理学显得尤其重要，因为十年前我们对人格的生物学基础还知之甚少，保险的做法就是不讨论这个问题，但是现在这已经不可能了。迅速发展的尖端技术正在揭示脑和心理过程之间的关联，同时变得显而易见的是，人格特质在很大程度上具有可遗传性，人性中的某些方面确实可以在进化中找到根源。

人格研究和生物学研究之间的交叉点——解剖学、生理学、基因学和进化论——是我们在接下来两章中要讨论的话题。第9章的结尾部分我们会详细讨论心理学在多大程度上可以被生物学所解释，同时，我希望你在读这一章的时候思考一下心身问题。

人类心理现象，包括行为、情绪、思维以及经验，在多大程度上可以还原为身体和脑的内部过程？很少有人会百分之百地同意这个观点（这属于典型的还原论者的观点），也很少有人一点也不同意（这属于典型的人本主义者观点）。如同我们将会看到的，这两种回答都是错的。

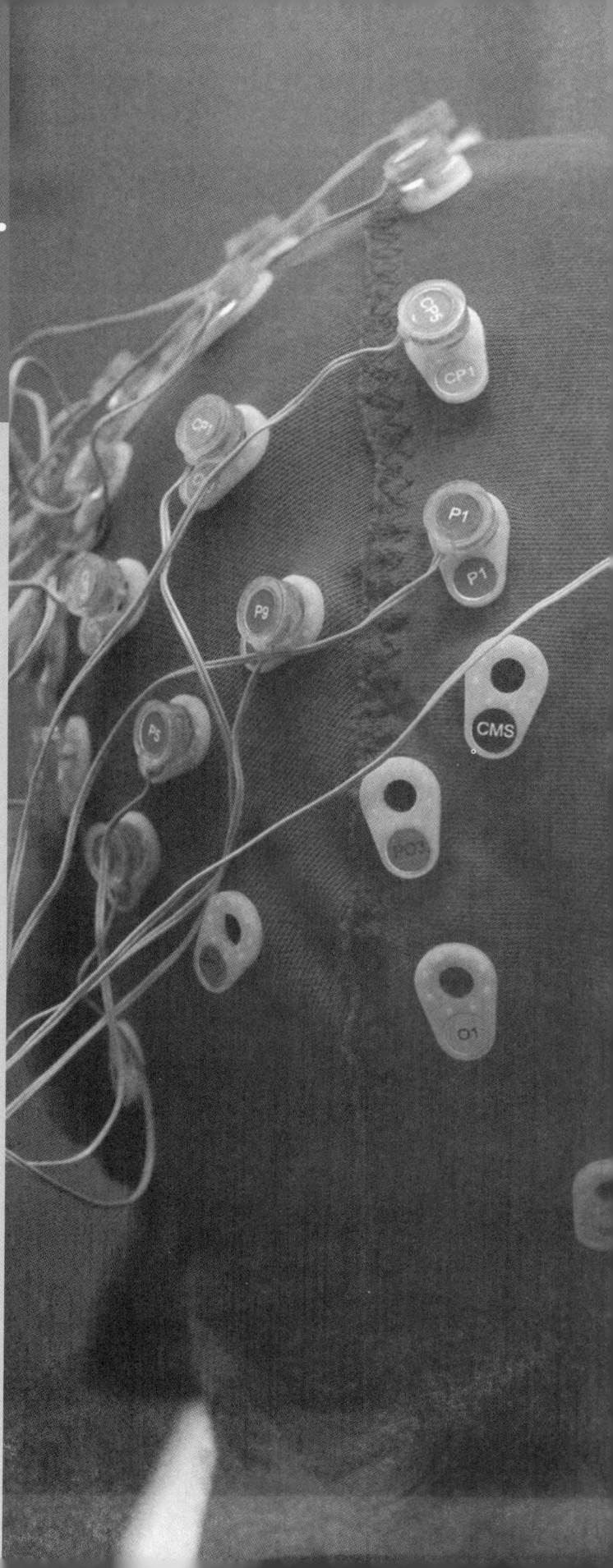

8

人格的生理学和解剖学基础

很久以前，人们就已经认识到脑对人类心理和行为的重要性。早在公元前4世纪，古希腊医生希波克拉底（Hippocrates）就提到"快乐、喜悦、笑声和泪水，以及悲伤、痛苦、秘密和恐惧，仅仅产生于我们的大脑。有了大脑，我们才能想、看、听，才能区分美丑、善恶，以及欢乐和痛苦"（Hippocrates，1923）。最近，人格神经学家德扬观察到，所有"人格差异都是'生物性的'……就是说它们必须由大脑产生，不论它们是源于基因还是环境"（DeYoung，2010）。尽管如此，认识到脑的重要性和识别脑的工作机制仍然是两件不同的事情。

为了评估一个人在解决问题的过程中所遇到的困难，我们在头脑中想象以下场景：我们回到古希腊，拿给希波克拉底一个MP3播放器，里面装满了精选的21世纪音乐。当希波克拉底开始通过耳机听到里面的音乐时，我们可以想象他有多么吃惊和困惑。然后，出于好奇，他可能会试着去搞清楚这个奇妙的玩意儿是怎么发出声音的。

他接下来会怎么办？他可能会拆开MP3，但是他几乎不可能认识里面的任何元件；一旦他拆开，就更不可能把MP3重新装上。但是如果他太想弄清楚MP3的内部构造，唯一的办法就是观察它，听声音，摆弄各个控制按钮。只有当电池电用光了，他可能才敢打开MP3（古希腊没有电池充电器）。不幸的是，他能看到的只是不能再继续工作的播放器。

希波克拉底之所以遇到这个问题，部分原因在于他能使用的工具是有限的。但是，如果我们用先进的运输机把我们使用的伏特表和X光机送给希波克拉底，虽然要弄明白X光图和伏特表仍然会遇到很多理论问题，但是至少这样他有解决问题的可能。

人们在试图理解心理的生理基础时所面对的问题与希波克拉底的遭遇一样。现在眼前站着一个大脑可以正常工作的、活着的、会思考的人，这个人可以做很多令人吃惊的事情，比MP3能做的事情要多得多，至少现在是这样。但是你如何才能知道这个大脑是如何运作的呢？你可以对这个人说话，对他/她做一些事情，然后看他/她的答复和他/她做出的事情。这有点像希波克拉底的"按钮试验"（通过不停地按各个钮来看MP3的反应）和听播放器播放音乐。这是个有用的开始，但是几乎没有办法告诉你里面到底是什么样的。而且，有时候，从外面观察是唯一可做的事。你不能轻易就打开一个人的大脑，尤其是在一个人活着的时候。即使你真的打开了，你看到的也只是黏糊糊的、血淋淋的组织，这就离大脑的功能更远了。再者说，问题可能受到使用工具的限制。几个世纪以来，对脑功能感兴趣的人们只能研究脑损伤的病人和去世的人，所采用的工具也仅仅是手术刀和放大镜（研究对象和研究工具都是很局限的）。但是在过去的十年中，伴随着脑电机（EEG machine）、正电子发射断层扫描仪（PET scanner）、功能性核磁共振成像机（fMRI）和其他可以记录完整的、有生命的大脑的活动工具的发明和改进，一场巨大的革命产生了。

> 你不能轻易就打开一个人的大脑，尤其是在一个人活着的时候。即使你真的打开了，你看到的也只是黏糊糊的、血淋淋的组织，这就离大脑的功能更远了。

这些现代技术使人们可以从两种角度对脑进行仔细的考察：脑的解剖学和生物化学角度。解剖学角度的研究者研究不同脑区的功能，试图确定大脑各种加工过程的时间发展和生理学定位。生物化学角度的研究者关注一些基本化学物质、**神经递质**（neurotransmitter）和**激素**（hormone）对大脑工作过程的影响。这两种研究是相关的：神经递质和激素对不同的大脑脑区的影响多种多样，不同的脑区也会分泌各种各样的神经递质和激素，而且对它们的反应也不同。脑的解剖学和生物化学方面在许多方面上与行为和人格相关。这些关系就是本章要讨论的话题。

我们主要会考虑两个问题。第一，大脑的结构能告诉我们人格的哪些方面？对于脑的各个部分来说，从脑干到前额叶（就在额头的内侧）至少与人格的某个方面有关。这方面的文献数量巨大，纷繁复杂，研究结果可能会有不同。有时候结果甚至是冲突的，但是正如我们所见，有一些结论已经日渐清晰。

第二，人格在多大程度上是一种"化学事件"？脑内充满了血液和各种各样的化学物质（包括各种各样的神经递质和激素），每一种都与行为和人格有着复杂的关联。本章将会讨论其中的一些重要联系，同时会讨论药物（使用药品的情况越来越多）对脑中化学物质的作用，这种作用会影响人们的感受、所作所为，甚至对自己的认识。

我们最后要讨论的话题是，对脑的生物学方面的关注使我们不断开拓新的知识领域，以此改善一些状况，治疗心理问题，如缓解焦虑、降低抑郁和提高生活质量等。不用太久，外科手术就会被用来改变脑的生理结构来治疗心理疾病。最近，人们经常用药物改变脑中的化学物质，目标也是治疗心理疾病。通过手术来治疗心理疾病的历史并不是十全十美，就像我们将在下面讨论的，药物也有副作用。但是，至少这一点是明确的：当我们对情绪、行为和人格的生物学基础有更多理解时，利用这些知识来改善人类生活的可能性也越来越大。

脑与人格

　　人格的生物学基础是脑和脑的"触角"。神经遍布全身各处，甚至脚趾头上也有。神经元具有凸起部分，接受刺激的被称为树突，传递信息的是轴突。传入神经的树突非常长，从中枢神经系统延伸到全身的各个部位；信息从这些树突传递到大脑，报告身体的情况和感受。同时，具有极长轴突的传出神经将神经冲动和指示从中枢神经系统发送到肌肉、腺体和其他器官。在传入神经和传出神经之间是中间神经元，其轴突很短或者根本没有。中间神经元组织和控制神经元之间的信息传递，联系着彼此之间的神经；最大的中间神经元集群就位于体积很大、有褶皱的，被称作"脑"的器官中（见图8.1）。

　　脑分为几个部分。在脑的中间是丘脑（thalamus），这是一类较小的组织，负责监管、唤醒和服务其他功能。**下丘脑（hypothalamus）**在脑的下部靠中央的位置，正好在拱形的口腔结构之上，因为与脑部的很多结构相连而显得特别重要。下丘脑处有可以延伸到大脑的神经，也会分泌可以影响全身的多种激素。下丘脑的后上方是**杏仁核（amygdala）**，（本章后面我们会发现）它对情绪有重要作用。杏仁核旁边是**海马（hippocampus）**，与记忆加工密切相关。包裹在这些内部器官外面的是脑的外层，被称为**皮层（cortex）**或**大脑皮层（cerebral cortex）**，它有六层，在解剖和功能上都有所不同。最外面的一层，**新皮层（neocortex）**，是人类大脑最独特的部分。另一个独特的部分是大面积的**额叶皮层（frontal cortex）**，它是位于前面的部分（你可能已经猜到了）。与脑的其他部分一样，额叶皮层也分为左右两个脑叶。两个脑叶在人类特殊的认知和情绪体验方面具有重要作用：认知方面包括提前计划和预料结果的能力，情绪体验方面包括人类特有的共情和道德推理能力。

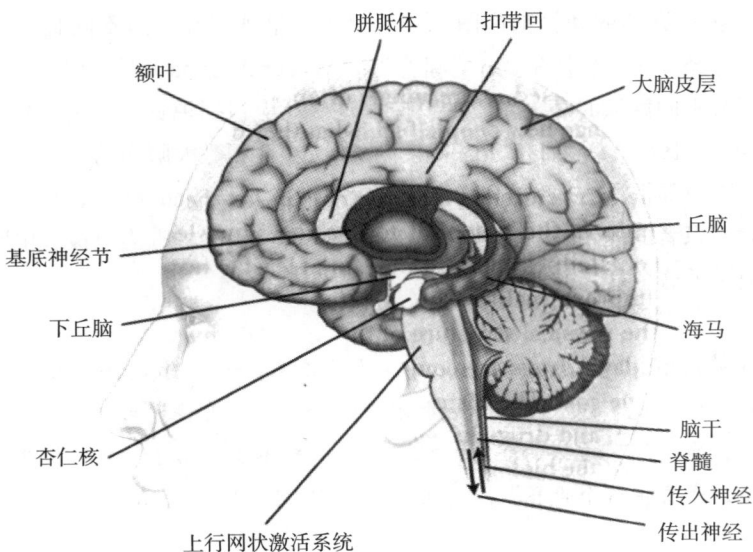

图8.1　人格和脑

脑和神经系统中与人格有关的重要器官。

脑的研究方法

关于脑的认识主要来自三个方面：脑损伤、脑刺激和最新的脑成像技术。

脑损伤

关于脑的认识最早来自对脑外伤病人的研究。如果对此类人群的观察足够仔细，我们或许能够通过分析由不同脑损伤引起的具体问题得出结构。下文将会提到一百多年前一位被钢筋穿透头颅的人，他的名字叫作斐尼亚斯·盖奇（Phineas Gage），直到现在，心理学家仍在讨论这个研究得出的结果。

有时候研究者会故意破坏脑区，也就是说，他们实施脑外科手术。脑的某个区域被人为地从其他的脑部结构上切除，或者完全摘除。所有这些研究都在像老鼠、狗和猴子（很少）这样的动物身上进行。这一点很有价值，正如我们上文提到的，哺乳动物的脑结构和功能之间有很大的相似性。似乎在心理上也表现出这样的相似性；评价动物的个性似乎也是可能的，如黑猩猩、鬣狗、家犬和其他动物，甚至乌龟（Gosling，1998；Gosling & Vazire，2002；J. E. King & Figuredo，1997；Sahagun，2005）。就连鱿鱼也存在性格差异，有些鱿鱼大胆，有些则羞怯（Sinn, Gosling, & Moltschaniwskyi, 2008）。因此尽管我们并不假设动物和人类在所有方面都一样，但是关于动物脑的知识对于理解人脑肯定有重大意义。此外，也有少量的研究关注脑外科手术对人类大脑的影响，下文将会提到一些这样的研究。

脑刺激

研究大脑的一种特殊的刺激方法（很难实现而且也很少见）就是直接用电极刺激脑的不同部分，然后看看会发生什么变化。由于众所周知的原因，大多数这样的研究也是在动物身上进行的。研究者发表了很多详细的动物脑区图（如老鼠），呈现了在刺激不同脑区时动物的反应情况。20世纪中叶，神经外科医生怀尔德·彭菲尔德（Wilder Penfield）对意识清醒的病人进行脑外科手术，发现了刺激不同区域时病人做出的反应。这些反应包括视觉、听觉、梦和记忆闪现等方面（Penfield & Parot，1963）。最近，外科医生意外地发现刺激大脑中的一块特殊区域（左侧黑质的中央区域，在脑中部很深的地方）可以产生抑郁的症状（Bejjani et al.，1999）。为了控制一位65岁帕金森病女性患者的病情，研究者在其脑中植入了一块电极，当电极放电对植入区域进行刺激时，研究者记录了这个女人的如下反应：

> 虽然依旧保持清醒，病人却向右倾斜着，开始哭泣，说"我的头很难受，我不想活了，什么也不想看到，什么也不想听到，什么也不想体验……"当她被问到为什么哭泣时，是不是因为疼痛，"不，我受够了这样的生活，很糟糕……我不想再活了，我讨厌生活……什么都没有用，没有价值，我害怕这个世界"。（Bejjani et al.，1999）

刺激消失后不到90秒，抑郁的症状就消失了，5分钟之内，病人又开心起来，笑声不断，开始和研究者开玩笑，甚至"顽皮地扯了扯他的领带"。

虽然我们对这样的研究知之甚少，就像这个例子中一样只有一个病人，但是当我们把多个这样的研究放在一起的时候，我们就会发现这些知识对认识脑功能是至关重要的。这些例子提到的黑质所在区域与多巴胺、去甲肾上腺素和5-羟色胺相关联——其他的研究揭示这些递质对抑郁的发生发挥着重要作用（下面将会讨论），所以甚至单个病人的个案研究也会给我们提供认识脑的秘密的重要信息。

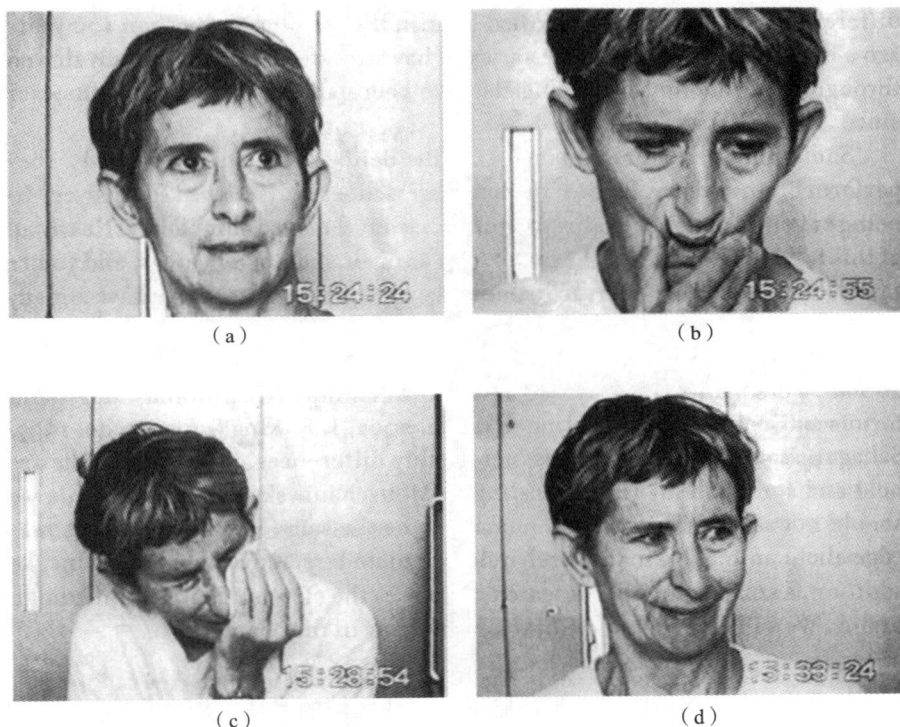

图8.2 脑刺激产生的抑郁和恢复

照片中女性的脑部植入了控制帕金森病的电极，刺激这个区域引发了病人的抑郁反应。图（a）是她通常的表情。图（b）是刺激开始后17秒时她的脸孔。图（c）是刺激开始后4分16秒时她在哭泣。图（d）是刺激去除后1分20秒后她的表情，已经完全恢复并微笑。

一种更新的方法被称为经颅磁刺激（transcranial magnetic stimulation，TMS），使用快速变化的磁场来暂时地"停止"（关闭）大脑活动。用这种方式，研究者可以产生"虚拟损伤"，隔绝部分大脑而并不真正切除任何东西，从而观察这个部分对于某个心理任务是否重要（Fitzgerald，Fountain，& Daskalakis，2006）。例如，如果用TMS隔绝了对于讲话很重要的脑区，个体会暂时性地失语（Highfield，2008）。通过一项与之有关的技术，**经颅电刺激（transcranial direct current stimulation，tDCS）**，研究者展示出右前额叶（不是左边）对于决定是否为不公平的比赛而惩罚某人有重要作用（Knoch et al.，2008；Knoch，Schneider，Schunk，Hohman，& Fehr，2009）。尽管才刚刚开始，但这些技术的应用在人格研究中似乎大有可为；

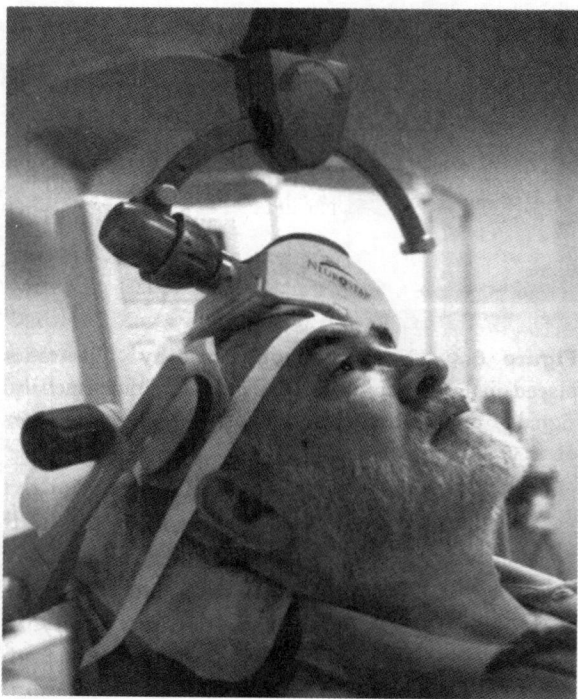

图8.3　经颅磁刺激

这项技术可以暂时性地"关闭"大脑的特定区域，以便更好地研究其功能。

它们对治疗脑失调如偏头痛、卒中后遗症、幻觉和抑郁也有作用。

脑活动和脑成像

第三种研究脑的方法是直接观察脑的功能——在心理活动的同时观察脑的情况。最早的技术是**脑电技术（electroencephalography，EEG）**，通过置于头皮上的电极采集脑活动的信号来实现；更新的与之相关的技术是**磁电技术（magnetoencephalography，MEG）**，通过精细的传感器采集脑活动的磁信号指标（与电信号相反）。这两项技术的时间分辨率都很好（当脑活动时可以实时采集），但是空间分辨率并不是很好（无法十分精确地定位活动脑区的准确位置）。我曾经听说过一个类比，在脑活动时看脑电图有点像站在体育场外，听着欢呼声"看"橄榄球比赛。我们可以很容易就知道重要事件在什么时候发生，却无法知道到底发生了什么：是触地得分、抢断还是其他？

这种能够仔细看到正在工作的大脑内部发生了什么的能力在20世纪末开始迅速发生变化，这归功于技术的巨大进步。最重要的发展来自于计算机的使用，在几十年前，每个研究者都能有一台计算机，这简直是一个梦。计算机之所以重要，是由于以下的原因。第一，计算机可以合成来自多个角度的图像（例如，X光图），形成脑部一小块区域的表征（X射线断层扫描图），这样就可以仔细考察脑部的微小区域的情况。这种计算机断层（CT）扫描如今在医学和脑科学中被普遍应用。第二，脑部图像的形成需要复杂的数据分析（将许多图像进行互相比较）。

多种数据源都可以采用CT扫描术，包括**正电子发射断层扫描术（positron emission tomography，PET）**，这项技术产生于20世纪80年代末。PET扫描可以通过追踪注入血流中无害的放射性示踪剂的位置来得到脑活动成像图。脑部的活动越活跃，就越需要血液，所以研究者可以通过追踪血流量的变化来了解在完成某种任务时脑部最活跃的区域。[1]另外一项观察脑部工作状态的技术是**功能性核磁共振成像术（functional magnetic resonance imagery，fMRI）**，这项技术可以通过监测血液中氧元素产生的磁脉冲得到特定时刻脑部最活跃区域的成像图。新方法

---

① 绝大多数研究者认为fMRI记录的血氧含量可以代表神经元彼此激活的程度（兴奋性），但是也有关于血氧含量可以代表神经元彼此抑制的程度（抑制性）的说法。由于神经元彼此之间的相互作用很重要，但是目前fMRI提供的成像图是否可以完全代表脑部活动的完整性这一点仍然不够明确（Canli，2004）。

层出不穷，包括弥散张量成像（diffusion tensor imaging，DTI），核磁共振波谱分析（magnetic resonance spectroscopy，MRS）[②]。

每一项成像技术都有自己的长处和短处，并不存在最好的方法。每一种技术都是在发展过程中变得更加精密，使用过程中也面临许多技术上的难题。但遇到的最大问题可能就是活体脑中的各个部分都在某种程度上进行新陈代谢，所以研究者需要做的可能就不仅仅是测量脑部的活动。例如，fMRI的测量指标**血氧水平依赖性（blood oxygen level dependent，BOLD）**并不是一个绝对量，而是不同实验情境之中脑部活动水平的

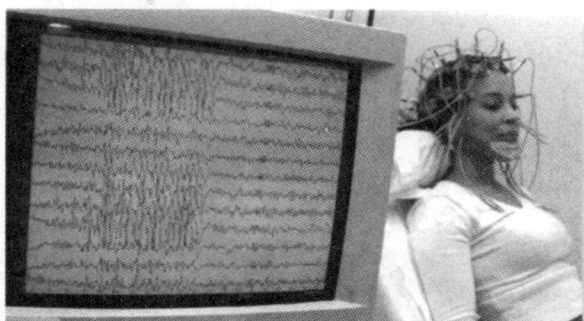

图8.4　脑电技术

电极被置于头皮上，接收来自大脑的瞬间电信号，在屏幕或打印件上显示为弯曲的线条。

差异量（Zald & Curtis，2006）。一项叫作灌注显像（perfusion imaging）的新技术应用动脉自旋标记（arterial spin labeling），它们基于同样的实验逻辑，但灌注显像能够产生比BOLD信号更精确的血流测量结果（Liu & Brown，2007）。为了证明某个脑区与情绪体验有关联，研究者需要给参与者观看一个可以诱发情绪的刺激（如参与者的孩子）和另一个尽可能不诱发情绪的刺激（可能是一张陌生人的图片）。然后通过比较这两种情境之中激活的脑区差异可以得到成像图。激活的差异部分可能与情绪有特异性的关联，但也可能并非如此。

有一些理由可以解释为什么脑区在回应情绪刺激时会有不同程度的"点亮"状态（light up，研究中经常这样表述），而情绪刺激或许并不是与情绪具本对应的（Barrett & Wager，2006）。其中的一个理由是大多数研究的数据都是进行单向的推理：某块脑区对应着某种情绪刺激。但是，这不一定意味着在这块脑区激活的任何时刻，个体都会体验这种情绪。第二个困难之处在于大多数的研究一次仅关注脑中的某一小块区域，因此这无法说明其他哪些区域是激活的，也无法回答我们感兴趣的区域是否在其他区域同时激活（或者不激活）的情况下才能激活，这种现象被称作**神经背景（neuron text）**（McIntosh，1998）。也就是说，某部分脑区活动时的功能可能同时依赖于其他脑区的

图8.5　fMRI 扫描

一位正在进入MRI扫描仪的实验参与者。

[②]　尽管缩写看上去类似，但这项技术与其他任何技术都没有亲缘关系。

活动（Candi，2004）。在本章中，我还会继续讨论这个问题。

另一个挑战在于，当反映脑部活动的技术变得更灵敏和有效的时候，这项技术也更难使用。fMRI扫描需要研究参与者躺在一个狭窄的、充满嗡嗡声的圆柱形容器内，其中的干扰可能会让参与者分心，不注意研究者呈现的刺激。此扫描仪产生的磁场很强，在一次可怕的事故中，磁场致使一个巨大的氧气罐在房间内以大约9米/秒的速度乱窜，一个男孩当场死亡（Chen，2001）。所以仪器所在的房间必须严加防护，建筑物本身必须经过特殊的建造，例如采用高强度的地板（仪器也几乎都被安装在地下）。尽管经过特殊地建造和严密地防护，还是可能会出现问题。例如，很可能因为在不恰当的时刻开灯而导致MEG扫描仪被损毁。对这些成像设备上收集到的数据也要仔细分析，尽可能排除无关因素的影响。这可不像拍张照片那么简单。

事实上，不论其外观如何，从fMRI到其他扫描所发布的影像根本就不是照片；它们是以颜色来编码的数据综合，它们的结构是一整套复杂分析的结果，其中充满了统计上的难题（McCabe & Castel，2008）。一篇最新的评论文章指出，一些常用的数据分析技术是有疑问的，这会导致研究结果在最好的情况下是夸大的，最差的情况下则是误导性的（Vul，Harris，Winkielman，& Pashler，2009）。就像事情还不够糟糕似的，人们对于如BOLD这样的信号是否真的反映了脑活动的特定区域产生了争议（Sirotin & Das，2009；Handwerker & Bandettini，2011）。因此，即使研究进展飞速，它的一些基本假设仍然处于不断地变化中。

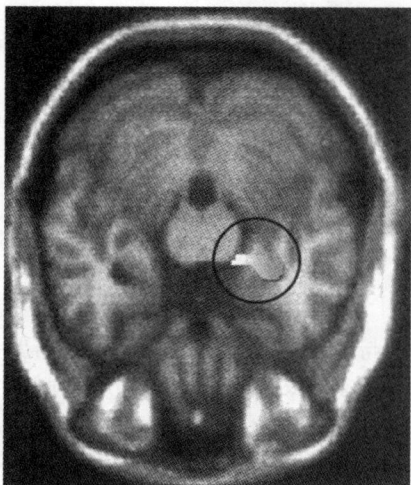

图8.6　fMRI数据

这幅图是从观看快乐面孔的实验参与者的fMRI扫描中收集的数据的总括图像。参与者的脑活动差异被平均，并以一个正常大脑影像上的不同颜色来表示。亮点（被圈起来的点）在杏仁核附近，表明外向者比内向者的反应更强烈。这个结果显示，杏仁核在外向者对快乐刺激的反应中发挥重要作用。

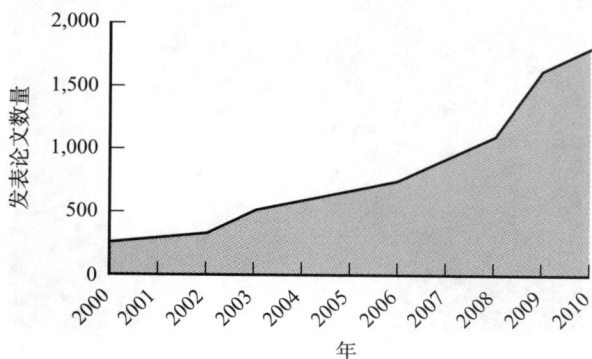

图8.7　fMRI研究的趋势

运用fMRI技术的心理学研究论文的数量在过去10年中迅速增长。
来源：PsychINFO数据库。

在这一点上，我必须强调神经影像研究是一个振奋人心的、充满活力的领域，其产生新知识的速度让人几乎无法跟上。2000年，根据心理科学光盘（PsychInfo）在线参考，有203篇应用fMRI的研究论文发表在心理学刊物上；到2005年，这个数字已经翻了三倍多，而到2010年它几乎又翻了三倍（见图8.7）。神经影像不能避免任何真正崭新且复杂的技术在成长中的痛苦，并且充满了争议（Miller，2008），不过研究者正在迅速地解决这些困难，并且就像我们在本章将要看到的，这项技术给人格带来了全新而独特的理解。

上行网状激活系统

在很长一段时间里，很多心理学家都赞同外向者和内向者在本质上是不同的。因此很自然的，有一些最早的尝试将人格和生物学关联起来，以解释这个差异。作为先行者的英国心理学家汉斯·艾森克（Hans Eynseck，1967，1987）关注一种被称作**上行网状激活系统（ascending reticular activating system，ARAS）**的结构。艾森克的理论基于一个简单的假设，上行网状激活系统能够打开和关闭信息和刺激进入大脑的通道，并且上行网状激活系统的运作方式存在个体差异：有些人的系统会一直让大量的信息和刺激进入，其他人的系统则倾向于减少进入的信息和刺激。

在艾森克的理论中，这是人格内外向差异的基础，但是其机制一开始看上去有些违反直觉：上行网状激活系统打开造成长期过度唤醒状态的个体是内向者，而上行网状激活系统封闭导致长期唤醒不足的个体是外向者。这是因为当激活系统对大量的感官信息开放时，最终你所接收到的刺激将超过你所需要的——或许也超过你能够忍受的。因此，你将主动回避刺激情境、嘈杂的声音和社会情境等。另一方面，如果上行网状激活系统屏蔽了大脑本来要接收的很多感觉刺激，你就会渴望得到更多刺激。

支持艾森克的外向理论最著名的研究是柠檬汁测验。在此研究中，研究者分别向内向者和外向者（根据艾森克人格问卷评定）的舌头上滴少量的柠檬汁，然后测量每个个体分泌的唾液数量（注意，使用第2章中引入的术语，研究中比较S组和B组的数据，即S数据和B数据）。你猜内向者还是外向者分泌得更多？艾森克预测内向者分泌得更多，因为他们的激活系统更开放，会体验到更多的酸味，导致产生更多的唾液。结果正如他所预期的（S. B. G. Eysenck & Eysenck，1967；Wilson，1978）。

还有一些更新的证据支持艾森克的理论。两项fMRI研究发现，在行为取向的敏感度上得分更高的个体（外向者具有的特征），在完成随后的复杂记忆任务时，脑部三个区域中的活跃程度更低（J. R. Gray & Braver，2002；J. R. Grey et al.，2005）。在另一项研究中，参与者观看"裸体、色情、极限运动、暴力、肢体残缺、昆虫和蛇"的图片（Joseph，Liu，Jiang，Lynam，& Kelly，2009）。[3]对于高感知的搜索者来说，与唤醒和奖赏有关的脑区对这些刺激有强烈反应，而那些低感知的搜索者，其与情绪自我控制有关的脑区反应更大。

整体而言，证据表明艾森克的理论大约有一半是对的。情况如艾森克所猜测的，但看上去又不完全一样：内向者的唤醒总是比外向者更高（Stelmack，1990），上行网状激活系统并不像我们之前认为的那样是一个系统，它在传递信息到大脑的过程中并不是像阀门一样遵循着全或无的方式（Zuckerman，1991）。实际上，一方面，当一部分脑区接受刺激、唤醒、保持激活状态时，其他脑区可能保持不激活状态。脑的不同区域之间的激活程度并不相同。另一方面，大量证据（包括上面总结的证据）似乎表明，与外向者相比，内向者面对刺激时的反应更强烈，同时更

---

③ 这些图片是从某个叫作国际情感图片系统（International Affective Picture System）的东西中提取的，这个东西显然没有出版过。这太糟糕了，它看起来具有一本畅销书所需的所有材料。

回避刺激。这是一个普遍的观点，甚至可以追溯到伊凡·巴甫洛夫的早期著作。

换言之，当处于比较平稳和安静的环境中时，外向者和内向者的唤醒程度是一样的。但是，当嘈杂的、明亮的、令人兴奋的刺激出现时，内向者确实比外向者的反应更强烈（Zuckerman，1998）。这种反应让内向者回避人群、噪音和兴奋，表现出与外向者相反的行为模式。而这种刺激水平却正是感觉寻求取向的外向者努力寻求的（Geen，1984），根据一位作家的说法，这种需要甚至让人走上犯罪的道路。"破坏者是失意的、有创造力的艺术家"，他们感觉无聊，总是需要被刺激，"他们没有足够让自己利用的智力和其他方面的能力"（Apter，1992；Mealey，1995）。实际上，艾森克在他后来的著作中提到，具有过度寻求外在刺激的神经系统的个体是危险的。根据"犯罪的总体唤醒理论"，这样的人可能会主动寻求高风险的活动，如犯罪、吸毒、赌博和性滥交（Eysenck & Gudjonsson，1989）。根据一位心理学家的观点，为了避免这种危险情况的发生，应该鼓励他们从事具有刺激性、却没有伤害性的职业，如替身演员、探险家、跳伞运动员和脱口秀主持人（Mealey，1995）！我个人对这个建议表示怀疑。脱口秀节目主持人真的没有伤害性么？

脱口秀节目主持人真的没有伤害性么？

杏仁核

杏仁核（amygdala）是一个很小的器官，位于脑的底部，下丘脑的背侧。人类和许多其他动物都有下丘脑，在知觉和具有情绪意义的事件之间建立联系（Adolphs，2001）。当恒河猴的杏仁核通过外科手术被摘除时，它们表现出更少的攻击性和恐惧情绪，甚至会尝试吃不可食用的东西（如粪便和尿液），它们也更容易出现反常的性行为。对人类和其他动物的研究表明，杏仁核对负性情绪（如生气和愤怒）有重要影响。当向害羞的人呈现陌生人的图片时，他们的杏仁核区域出现了更高强度的激活，而不害羞的人则没有出现这种效应（Birbaumer et al.，1998），有焦虑障碍如惊恐发作和创伤后应激障碍（PTSD）的人，其杏仁核倾向于一直处于活跃状态，甚至在休息的时候（Dreverts，1999）。这种影响持续一生。相比在婴儿期被描述为"奔放"的人，那些在婴儿期被描述为"羞怯"的成人在观看陌生人图片时，其杏仁核反应更强烈（Schwartz，Wright，Shin，Kagan，& Rauch，2003）。

杏仁核的功能也与正性情绪如社交吸引和性反应（Klein & Kihlstrom，1998；Barrett，2006）、愉快的刺激如快乐场景的照片（Hamann，Ely，Hoffman，& Kilts，2002）、描述正性情绪的词语（Hamann & Mao，2002）以及令人愉快的味道有关（Small et al.，2003）。在多方面证据的基础上，心理学家丽莎·菲尔德曼·巴雷特（Lisa Feldman Barrett）总结到，当人们在判断即将面对的人和事物对自身是威胁还是奖赏时，杏仁核发挥了重要的作用（Barrett & Wager，2006）。大脑对情境进行评估后，杏仁核可能会做出反应：心跳加速、血压升高，并释放皮质醇和肾上腺素等激素（Bremner，2005）。

这个假设可以帮助解释许多人格特质与杏仁核及两个相关结构——胰岛和前扣带回（二者

均位于大脑中心深处）的关联。这些特质包括慢性焦虑、恐惧、社交性和性等（Zuckerman，1991；DeYoung，2010），所有这些都与他人是否被视为具有吸引力或威胁性有关。也有其他的特质和刺激与杏仁核有关。一项使用PET扫描技术的研究发现，与乐观者相比，悲观者在看蛇的图片时杏仁核有更强的反应（Fisher，Tillfors，Furmark，& Fredrikson，2001）！另一方面，与内向者相比，外向者在看快乐面孔的时候杏仁核有更强的反应（Candi，Silvers，Whitfield，Gotlib，& Gabrieli，2002）。更为普遍的是，高神经质者的杏仁核对被设计用来激发"情绪冲突"的刺激有更强的反应，如被叠加在一张悲伤面孔上的单词"派对"（Haas，Omura，Constable，& Canli，2007）。

杏仁核和相关结构的重要性在1966年7月31日发生在堪萨斯大学的一次事故中得到了戏剧性的阐释。一个叫作查尔斯·惠特曼（Charles Whitman）的研究生了写下了一封信，部分内容如下：

> 我过去曾经有很多古怪和非理性的想法。这些想法一次次在我的脑海中再现，我需要付出巨大的努力才能使注意力集中到有用的事情上……我死之后，希望你们可以对我的尸体进行解剖，看看是不是有什么明显的生理缺陷。经过仔细思考之后，我决定杀死我的妻子，就在今晚我接她下班回家之后……我深爱着她，她是一个很好很好的妻子，任何男人都会希望有这样一个妻子。我从理智上找不到任何要这样做的原因……（Johnson，1972；引自Buck，1999）

那天晚上，惠特曼确实杀了他的妻子，然后杀了他的母亲。第二天他拿了一把火力很强的来复枪，爬上了校园里的一座高塔，开始无目标地射击，在警察开枪打中他之前，14人死亡，32人受伤。如他所愿，人们对他的尸体进行了解剖，结果竟然发现了"明显的生理缺陷"，惠特曼的怀疑确实被证实了。他的大脑右半球有一个恶性肿瘤，位于靠近杏仁核的基底神经节中（见图8.1）。

这个发现表明：杏仁核及其附近的这些脑的低级部分可能会产生某些动机，如杀害妻子、母亲和无辜的陌生人（Buck，1999）。这些动机，如上文提到的，在产生过程中可能不会伴随对动机的理解和与杀戮有关的情绪体验（例如愤怒）。对于理解力和情绪活动来说，脑中的其他结构也是有必要参与的。惠特曼并不知道他为什么会有动机去做那些事。他的脑的其他部分并不理解杏仁核产生的奇怪冲动到底意味着什么，从这个意义上来说，它就像一个事不关己的旁观者。

正如额叶皮层与人类特有的认知功能（如思考和计划）有关，杏仁核和临近脑核的相关脑区被许多学者认为是与动机和情绪有关的。查尔斯·惠特曼的案例为这个观点提供了十分重要和独特的证据。为了更好地理解、在意识层面上体验或者说"感受"到这些情绪，其他的脑结构（如大脑皮层）是必不可少的。许多动物（包括爬行类）都有杏仁核，这一点说明从进化的意义上讲，情绪过程的这一生理基础是古老的，它在不同物种中的功能是相似的。但是人类发展过程中出现的新皮质表明其他的动物似乎不能像人类一样理解和体验自己的情绪。

额叶和新皮层

新皮层（neocortex）是脑的外层部分，是人类所特有的。如果把额叶展开、平铺，可能会有报纸那么大。但是由于在颅骨内部，皮层与颅骨的形状相匹配，所以就显得弯曲和褶皱。心理学家很早就接受了额叶（就是脑的左前和右前部分）对高级认知功能（如言语、计划和理解）有着重要的作用。

额叶和情绪

尽管两个额叶看起来相似，但它们的功能在某种程度上是不同的。脑电研究发现，个体想接近令人愉悦的事物时，左额叶更活跃，而右额叶的活动则与个体希望远离令人不快或害怕的事物相关（Hewig, Hagemann, Seifert, Naumann, & Bartussek, 2004；Shackman, McMenamin, Maxwell, Greischar, & Davidson, 2009）。而且，左额叶的活动与人们抑制不愉快刺激的反应有关，所以，左额叶可能具有两种功能：提升愉悦体验，减少不愉悦体验（D. C. Jackson et al., 2003）。这可能就是为什么左脑的活跃与情绪稳定性有关，而右脑的活跃与大五人格特质中的神经质有关（见第7章）。然而，神经质并不完全依赖于大脑右半球（DeYoung，2010）。易怒是该特质的一部分，但似乎更多地与左脑的活动有关——或许是因为攻击的冲动包括了接近而非回避个体愤怒目标的动机（Harmon-Jones，2004）。

额叶、社交理解和自我控制

关于额叶对社交理解、自我控制和判断的重要影响，其他方面的证据来自对脑损伤病人的观察和fMRI研究。

脑损伤研究　1848年出现了一个著名的个案。一个叫作斐尼亚斯·盖奇的铁路施工检查员在错误的时间站在了错误的位置。现场发生爆炸，爆炸使一根约107厘米长的钢筋飞了起来，从他的左脸面颊处穿入，穿过脑的额叶，从头顶穿出。令人难以置信的是，他竟然活了下来，15年之后去世。根据先前发表的报告，受伤后盖奇几乎没有什么异常反应。他能说，也能动，记忆也完好无损。但是有报告称他在情绪上没有之前活跃（Harlow，1849；Bigelow，1850）。

这些早期报告具有相当持续的影响力（这并不是很好）。一个世纪之前，这些报告让医生觉得把人脑中的某些部分摘除也无大碍，还可以"治愈"过度的情绪表达（Freeman & Watt，1950）。但是，这种观点是错误的（Klein & Kihlstrom，1998）。在盖奇的外科医生（他是一个敏锐的观察者）最后给出的报告中，记录到虽然盖奇的大多数心理机能是正常的，但是他的人格有很明显的变化，而且并不是好的方面（Harlow，1868，1869）。根据这位医生的说法，盖奇的行为变得"不连贯，有时候一直不停地说脏话（他之前并不是这样），对自己的行为很少掩饰，而且不顾及周围人的感受，对别人的建议缺乏耐心，有时候显得很固执，情绪阴晴不定。"总之，盖奇"智力和表现都像个孩子，然而，情绪上却像一个强势的男人"（Harlow；引自Valenstein，1986）。

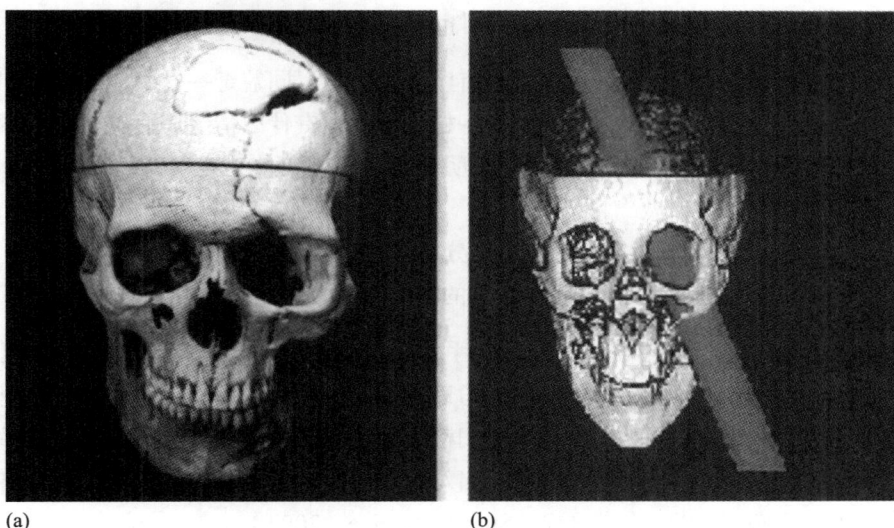

图8.8 斐尼亚斯·盖奇

（a）这张照片显示了斐尼亚斯·盖奇颅骨的巨大损伤。（b）计算机图像再现了造成伤害的钢筋经过的路径。

实际上，对盖奇来说，灾难性的影响才刚开始。他的情感世界开始变得平淡无奇，没有什么事可以让他快乐或者难过。在后半生中，他的生活开始瓦解。在事故发生之前，他是拉特兰—伯灵顿铁路公司最值得骄傲的员工。事故之后，他无法正常履行自己的职责。后来他也换过工作，但是没有一份工作能够长久。他总是犯错误，一个错误接着一个错误，最后，他的职业生涯和个人生活全都毁了。

在令人大长见识的诸多脑损伤事故中，盖奇的案例是最著名的。许多人经历过头部的枪伤和其他类型的外伤后，医生会将脑中大量的组织切除，人依旧可以活下来。根据留下来的记录（与盖奇类似），当这些事故涉及的部位是额叶时，受伤者的很多机能往往依旧保持正常，但是与受伤前相比，往往显得不够兴奋和情绪表达不足（Bricker，1936）。总体上说，人们遭受额叶损伤后（包括脑叶白质切除术这样的外科手术）都会表现出缺少理解他人的情绪、控制自己的冲动、调节自己感受的能力。

神经学家安东尼奥·达马西欧（Antonio Damasio）和其同事报告了两个遭受前额叶损伤的个案。他们都是在很小的时候受到前额叶损伤，童年的生活环境都很正常，但是成年后却都毫无意外地患上精神病（S. W. Anderso，Bechara，Damasio，Tranel，& Damasio，1999）。可能是因为他们都无法表达自己的负性情绪（如内疚和恐惧等），而这种表达是必需的。其中一个人对自己的孩子不理不睬，另外一个则经常在没有明确动机的情况下说谎，他们都没有对自己的行为表现出应有的内疚和悲痛。

达马西欧的另一个个案名叫艾略特，他是一个很成功的生意人，也是妻子眼中的好丈夫、孩子眼中的好父亲。当他开始觉得头痛，无法集中注意力的时候（Damasio，1994），家庭医生怀疑其脑部有肿瘤。而且不幸被言中，艾略特的脑部确实有一个大肿块，就在鼻腔上方靠右、脑中部腹内皮层靠下的位置。手术摘除了肿块，同时也摘除了很大一部分大脑皮层。

手术之后，艾略特看上去有很大改观，没有明显的缺陷。同盖奇一样，他的听觉和言语都没有问题，记忆也没有什么损伤。不过，同盖奇一样，他也没有什么情绪表达，他似乎不能体验到强烈的正性和负性情绪。很多时候，他的判断明显有误。他可能会在餐馆里坐上一个小时，看看这个菜，看看那个菜，无法做出自己的选择。工作中，他可能为客户寻找好多资料，读给客户听，可能读着读着就忽然停下来，花一整天时间分析一个数据，而不完成他的主要任务。他似乎不能在重要的任务和琐碎的活动之间合理安排自己的时间和精力。最后他失业了，家庭也破碎了。

有一场事故导致的脑损伤问题与艾略特的手术类似。两个公司高层主管的右脑额叶受到损伤，随后言语、记忆和完成其他认知任务的能力都得到了恢复。他们甚至都清楚自己犯了什么错误，也都表现出想要做出改变的意图，但是他们都无法再继续做高层主管了，他们似乎对工作中的问题缺少足够的了解——虽然他们也会表现出好像对问题有所了解，但他们无法做出合理的决策，甚至做自己感兴趣的事情时也是这样（Stuss & Levine，2002）。

根据达马西欧的分析，盖奇和艾略特的情绪和决策方面的问题（和两位高管遇到的问题一样）都来自一种神经损伤——右脑额叶损伤导致在决策过程中利用情绪反应做出判断的能力受损。根据达马西欧的**躯体标记假说（somatic marker hypothesis）**，情绪可以帮助人们在决策时实现利益最大化和损失最小化，关注什么是最重要的。将身体与大脑联系起来的是感受。由于缺少在情绪和思维之间建立关联的能力，盖奇和艾略特不仅失去了一部分重要的生活体验，也丧失了构成决策能力的一个关键部分。

运用fMRI的研究　fMRI研究表明，前额叶在情绪调节和社会交往过程中起到重要的作用。例如几乎在所有高级认知任务的完成过程中，前额叶都会激活（Cabeza & Nyberg，2000），更容易产生负性情绪的人在这个区域表现出相当高的激活程度（Zald，Mattson，& Pardo，2002），将自己描述为行为拘谨的人也是如此（Shackman et al.，2009）。另一方面，更容易与他人合作的人在与他人进行互动时，前额叶也会表现出高激活水平（K. Mc Cabe，Houser，Ryan，Smith，& Trourard，2001）。与此同时，对奖赏做出敏感反应的区域也表现出高激活。这种反应上的一致性表明，人们首先预期到有奖赏，所以才会选择合作（Decety，Jackson，Sommerville，Chaminade，& Meltzoff，2004；Rilling al.，2002）。总而言之，前额叶在与人的交往过程中会表现出高激活——这种过程需要对他人的负性和正性情绪做出敏感反应，这或许可以解释为什么这部分脑区的损坏导致了社会交往方面的严重问题。

一个TMS研究　有一个研究使用了经颅磁刺激（TMS），它是本章前面提过的一项较新的技术。在磁刺激暂时"关闭"内侧（中央）额叶皮层脑活动的同时，人们就一系列想要的和不想要的特质给他们自己和一名好友进行评分（Kwan et al.，2007）。结果，与控制条件（仪器发出运行噪声，但并没有产生真实的刺激）下的评分相比，他们在描述自己时进行美化——"自我提升"——的倾向减轻了。我们天生的倾向就是描述自己会比描述别人更加正面。这些有趣的发现显示，大脑前部中央区域的活动对于这种倾向来说是必需的。

认知和情绪　几项富有煽动性的研究和迅速积累起来的fMRI证据表明，认知和情绪互相影响，有着错综复杂的关系。案例也显示，认知和情绪分离会导致严重的问题。

例如替身综合征（Capgras syndrome，又称卡普格拉综合征，以第一个发现这种病的医生的名字命名），早期的一个案例是一位53岁的女人，她认为丈夫、女儿和其他的重要他人都已经从自己身边消失，自己看到的是替身，他们只是在模仿自己身边亲人的举止和行为（Capgras & Reboul-Lachaux，1923；引自Doran，1980）。最近也有一个个案，一名20岁男子的头部受到重击，随后他开始相信自己的父母和兄弟姐妹都被间谍所杀，容貌相似并且关心照顾自己的人都是冒名顶替者（Weston & Whitlock，1971；引自Doran，1990）。在另外一个个案中，一个受过严重脑外伤的患者从医院回家后，他认为全家人和事故之前的情况完全不同，尽管他承认这些人看起来很像他真正的妻子和四个孩子。

> 一名20岁男子的头部受到重击，随后他开始相信自己的父母和兄弟姐妹都被间谍所杀，容貌相似并且关心照顾自己的人都是冒名顶替者。

替身综合征患者的共同之处是右脑额叶部分受损，大量的证据表明，这个区域与情绪性应答有重要的关联（Sautter，Briscoe，& Farkas，1991；Stuss & Levine，2002）。显然，这些患者都可以认出自己身边的亲人，但是当他们需要根据认知做出情绪反应时，就无能为力了。想象一下，你可以认出父母、兄弟姐妹、男朋友和女朋友，对他们却没有一点情绪反应。你会怎么想呢？这些患者所说的亲人们不是他们本人，那么对他们来说，最说得通的解释（通过未受伤的左脑额叶幻想出来的结果）就是这些亲人被极相似的人替代了。

从广义上说，认知上的理解对于完整的情绪体验来说是必要的，情绪体验对于真正的理解来说很关键。识别出某个对你有重要情绪意义的人不仅仅是一种判断，它也是一种感受，没有这种感受，就不可能做出判断。认知和情绪之间的关联可能有助于解释：为什么取得卓越成就的人不仅在理性上极其投入他们的工作，在情绪上也同样如此？我认识一个出色的律师。在对某个法律要点做出漫长、详尽、枯燥乏味[④]的解释后，他道歉说："对不起，我就是那种觉得这个非常有趣的呆子。"最出色的物理学家在谈到黑洞、多维空间和弦论的时候会显得很兴奋。最棒的足球教练对每个运动员在每场比赛上应该怎样表现也如数家珍。他们的情绪会激发思考，指导他们采取策略性的问题解决方式。

"在做决策时，我同时依靠我的大脑和感觉。所以我们去吃饭吧。"

---

④　对我而言。

这并不是说人们"用感性思考",但是显而易见,情绪体验是思维的重要组成部分,两者缺一不可。

前扣带回

扣带回是皮层中的一个脑部结构,位于**胼胝体(corpus callosum)**的顶部(连接大脑左右半球),从脑的前部一直延伸到后部。其中,结构的后部叫作**后扣带回(posterior cingulate[⑤])**,负责处理空间、时间方面的信息,对危险情境做出迅速反应。结构的前部叫作**前扣带回(anterior cingulate,AC)**,对正常情绪体验有很重要的作用,部分原因在于抑制回路从这里延伸到杏仁核(Bremmer,2005)。位于前额叶的扣带回与诸如杏仁核的脑区对控制情绪反应和行为冲动有重要作用(Oshsner & Gross,2005)。查尔斯·惠特曼,这位前面提到的堪萨斯大学的研究生,他的问题似乎就是由于脑部肿瘤压迫了这个回路,从而导致他无法理解自己的情感体验,最终无法控制。

最近的研究表明,扣带回与两种人格特质有关,但是结果并不容易理解。一项fMRI研究表明,相对于内向者,外向者在面对积极和中性词时,前扣带回有更强的激活,其激活水平与神经质维度无关(Candi,Amin,Haas,Omura,& Constable,2004)。另一项研究却发现高神经质个体在完成"怪人"任务时(在这个任务中,参与者需要不停地对不同于自己期望的刺激做出反应,如字母等),前扣带回有更强的激活(Eisenberger,Liberman,& Satpute,2005)。综上所述,这些研究表明前扣带回并不直接与情绪反应有关,但是在衡量外界的真实状态和自己的预期之间是否匹配起到重要作用。这种不匹配有时候会引发负性情绪(例如当你无法得到你所预期的),前扣带回过度激活的后果之一就是神经质。

精神外科学带来的启示

1935年,世界神经学大会,耶鲁心理学家傅尔顿(Fulton)给参会代表讲了一个故事,故事是关于实验室中的黑猩猩。有两只黑猩猩,叫作贝奇(Becky)和露西(Lucy),它们很难相处,因为它们很容易受挫。每当它们受挫时,就会变得充满敌意。作为对脑学习功能研究的一部分,研究人员摘除了黑猩猩额叶的一部分,这部分对学习功能的作用并不重要,但是却有新发现。黑猩猩贝奇和露西开始变得放松和成熟,显得平静而不再那么富于攻击性,而且更加容易合作。根据惯例,傅尔顿发言后,一个叫作安东尼奥·埃加斯·莫尼兹(Antonio Egas Moniz)的葡萄牙神经外科医生站起来提问,询问是不是可以采用这种方法来控制精神病患者的病情。对这样的问题,傅尔顿当时很震惊,以至于没有做出任何回答。

---

⑤ 解剖学中常用的一组词,指代大脑内部的方位。例如posterior=朝向后方,anterior=朝向前方,medial=朝向中央。方位也可以进行组合,例如,ventromedial=较低但更朝向中央。

不过，这并没有妨碍莫尼兹。两年后的1937年，他完成了人类第一例前额叶脑白质切断手术。手术中，他破坏了两侧额叶后部白质上的一小块区域。这样做是基于这样的观点：具有病理性兴奋和情绪唤起的患者的前额叶往往是高度激活的。手术区域与盖奇头部钢筋穿过的区域相同——可能会让患者的情绪反应减少，更理性和冷静，如同黑猩猩贝奇和露西。

注意到"莫尼兹的手术对象是那些具有严重情绪问题的人"这一点很重要，他的手术给大多数患者带来了好处。虽然手术同时也给他们的情绪和决策能力带来了损害，但是与给患者带来的改善（减轻了过度兴奋带来的痛苦）相比，就显得不那么重要了（Damasio，1994）。无论如何，这种手术开始慢慢流行，尤其是在美国。1949年，这种手术得到了科学界最高的认可——安东尼奥·埃加斯·莫尼兹获得了当年的诺贝尔奖。

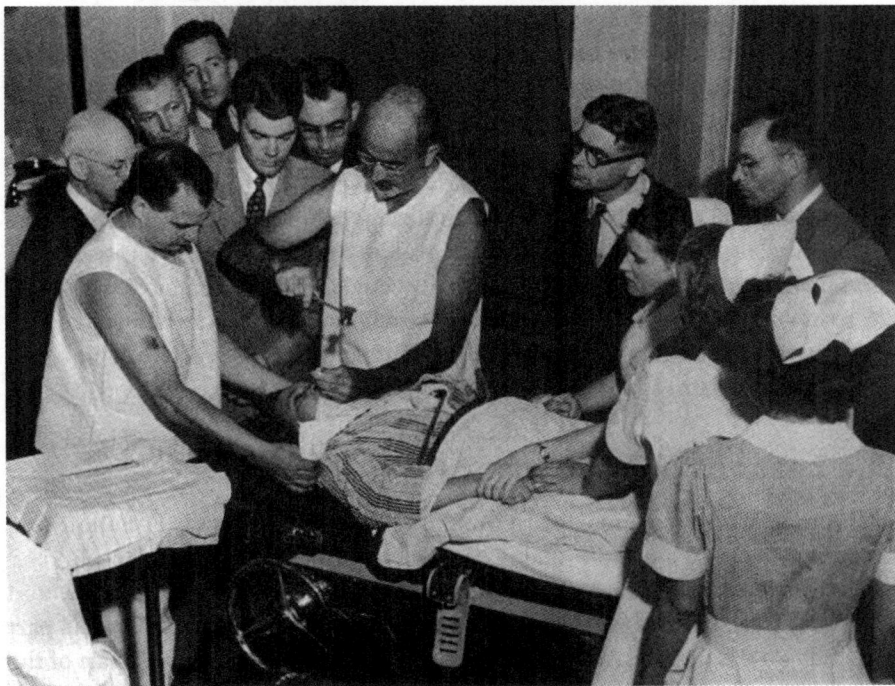

图8.9 额叶切除术展示

沃尔特·弗里曼（Walter Freeman）医生展示了如何将类似冰锥的工具插入眼睑下方，以破坏前额叶中的神经联结。这张照片摄于1949年，此时这项技术正变得越来越流行。这样的手术现在很稀少了。

但是这种普及也有不好的一面。当这种手术开始普及，手术程序也开始变得越来越简单粗放。常用的技术也开始发生变化——从莫尼兹相对保守的切除，只是损毁其中小块区域的组织，到后来著名的前额叶切除术，要将整个前额叶部分切除掉。结果也更加明显。一些经历过切除手术的病人最后变得木讷——比盖奇和艾略特的情况更糟糕，他们就好像只剩一个空壳了。罗斯玛丽·肯尼迪，她是肯尼迪家族中约翰、罗伯特和爱德华的姐姐，患有智力迟滞。1941年，医生给她实施了手术，试图控制她的"情绪动荡"（Tompson，1995）。她后来在威斯康星一所修女学校中度过了将近60年的余生，在2005年去世，终年86岁。

甚至美国额叶切除术的最坚定支持者也这样提及：

> 让经历过额叶手术的病人对重要的事情给予建议，这一点几乎是不可能的。他们对情境的反应取决于当时的情绪状态，显得直接和急躁（Freeman & Watts，1950）。

请注意这种观察结果与盖奇和艾略特的案例是一致的。多方面的证据表明额叶的主要功能是认知控制，作用是对未来做出预期和计划。这些结果也表明额叶的一种特殊功能是对未来事件的负性结果做出预期，并对这种可能性做出反应，换句话说，就是担忧。其中，情绪发挥了特别重要的作用。除非你对将来的可能性有合适的反应——一方面预期未来是美好的，另一方面却有所担心，否则你就无法做出恰当的计划，难以决定下一步要做什么。

在过去的四十多年里，人们大约进行了数以万计的额叶切除手术和其他类型的精神外科手术，但是现在已经很少进行这种手术了。手术的副作用逐渐被公开［不仅仅公布在医学期刊上，也有《飞越疯人院》（*One Flew Over the Cuckoo'Nest*）⑥这样的小说关注了这个问题］，由于太过明显，因此再也无法被忽略。现在很少用这种手术可能还有一个很重要的原因——人们逐渐采用化学疗法（药物）来控制精神疾病患者的病情，在无法治愈的情况下，控制也是一个很好的选择。像罗斯玛丽·肯尼迪这样的患者（由于情绪的极度不稳定给家庭带来巨大困扰），如果今天医生再进行治疗的话，会采用药物让她镇静下来，而不是切除额叶。也就是说，会采用化学药品而不是手术刀解决她的问题。这不是一种立竿见影的方式，但是大家也可以接受，不是吗？

脑的系统性

由于技术手段的限制，绝大多数对脑功能和人格的研究每次只关注一块脑区。但是，解剖学家在很久以前就已经知道脑中的结构都是互相连接的，脑中的每一个部分都与其他部分连接。这可能意味着，对于脑来说，其中的系统或者说回路比具体的脑区更重要。研究者刚刚开始关注这种可能性，初步的结果已经很有说服力。例如，有fMRI研究开始关注持久性，即在缺少即时奖励和面对困难的情况下坚持完成任务的能力，这是一种与大五人格模型（见第7章）中的尽责性维度类似的特质。这项特质与脑中一个很复杂的回路有关，包括前额叶的两个区域和纹状体的背部（Gusnard et al.，2003）。另一项研究试图找出与C系统（C-System，负责对自我和他人的精细化加工）和X系统（X-System，负责对社交观念的自动化加工）有关的脑结构。早期的fMRI研究已经发现C系统包括前额叶侧面、海马、颞叶中部和顶叶后部；X系统包括前额叶腹中部、杏仁核

---

⑥ 《飞跃疯人院》，作者肯·克西（Ken Kesey），后拍摄为电影，由杰克·尼科尔森（Jack Nicholson）主演。影片讲述了主人公在一个特别严酷的精神病院里的生活，以及前脑叶白质切除后的可怕后果。

和颞叶侧面（Liberman，Jarcho，& Satpute，2004）。

　　脑是一个系统而不仅仅是不同区域的总和，这种观点有助于解释为什么精神外科手术的结果是如此的反常（令人失望）和数以百计的fMRI研究结果为什么难以整合。在同一时刻，在不清楚其他区域的活动的情况下，仅关注单独某个脑区的活动是没有太大意义的。我之前提到过，研究者称之为神经背景效应（Mc Intosh，1998；Candi，2004）。背景的重要性需要牢记，否则，脑科学的研究可能会陷入简单化的泥潭——仅仅试图在特质、行为和具体的某个脑区之间描绘对应图。[7]理解脑并不容易。脑的各部分协同工作，同时与身体的其他部分，以及外界发生大量的作用。通过研究，我们了解这些系统如何配合，不过仍然处于初期阶段。换句话说，人格的脑科学才刚刚起步。

生物化学与人格

　　在一次科学会议上，我听到杰出的心理学家罗伯特·查容克（Robert Zajonc）喊道："脑不是一台数字计算机，而是一个多汁的分泌腺！"确实，脑就是像他所说的那样，在很大程度上是这样工作的：分泌化学物质、对化学物质做出反应。

"脑不是一台数字计算机，而是一个多汁的分泌腺！"

　　人格研究中的化学视角由来已久。古希腊医生盖伦（Galen，生活在公元130年到200年之间，大多数时间生活在罗马）在希波克拉底早期思想的基础上，认为人格取决于体内四种体液的平衡。这四种体液是血液、黑胆汁、黄胆汁和黏液。盖伦推测，如果一个人的血液多于其他三种体液，那么这个人就倾向于是乐观的、面色红润和精力充沛的；而黑胆汁占优势的人则容易沮丧和忧郁；黄胆汁占优势的人则容易愤怒、生气和怨恨；黏液质占优势的人则显得冷酷、缺少感情。

　　这四个术语在今天的英语中仍然被使用，其心理学意义与盖伦所认为的大体一致。需要注意的是，这种分类方式（分为四种）被健康心理学家重新认识，认为其在描述人格和疾病的关系上是有用的（Friedman，1991，1992）。易怒的人，或者说更易表达敌意的人，患心脏病的风险更高。但是研究者们发现这种风险的根本不在于一个人的黄胆汁多少，而是生活中的紧张和高要求带来的压力（以及激素的反应）。

---

⑦　生理心理学家威廉·尤塔（William Uttal）有过更大胆的描述，说神经科学可能是"一种新颅相学"。颅相学是指很早之前的一种理论，试图根据头部的凸起来确定人格。

心理的化学基础

行为的生理基础是神经系统。神经系统由数十亿细胞组成，这些细胞被称为**神经元（neuron）**[8]。神经元之间通过复杂的神经纤维连接。脑就是大量的神经元聚集在一起，其他的神经元形成脑干和脊髓，它们把脑、全身各处的感受器和肌肉细胞联系在一起。神经元活动的关键在于传递信息。一个神经元的活动可能会影响到许多其他神经元的活动，然后把感觉信息从身体的远端传递到脑，与脑中的记忆、感受和计划等方面建立联系；接下来，脑会向肌肉细胞发出行动指令，身体开始运动。

神经元之间的信息传递依赖于神经递质。如图8.10所示，生物电脉冲引发神经元末端释放神经递质，这些神经递质通过**突触（synapse）**到达下一个神经元，在这里引发一个造成兴奋或抑制作用的化学反应。在兴奋作用的情况下，第二个神经元放电会引发另一端释放神经递质，依次传递到整个神经网络。在抑制作用的情况下，第二个神经元放电被抑制。尽管这个过程常常被描述得好像神经元就是两两相连的，但实际上一个神经元的活动可能受到几百或几千其他神经元输入的兴奋或抑制信号的影响。如你所见，神经网络的复杂程度惊人。

激素的作用方式有些不同。从定义上来说，激素是对身体产生影响的生物物质，并且其作用部位与被产生的部位不同（Cutler，1976）。激素由中央位置——如肾上腺（位于肾部）和下丘脑等——被释放后，通过血液传递到全身各处。当激素到达对它很敏感的神经元后，就会激活或抑制神经元的活动。神经递质和激素的区别可能会让人困惑，因为它们都会影响神经冲动的传递，而且有些化学物质既属于神经递质又属于激素。例如**去甲肾上腺素（norepinephrine）**，在脑内作为神经递质起作用，但是在面对压力情境时，肾上腺也会分泌这种物质作为激素。在不同的相关行为中，肾上腺素（epinephrine）同样作为神经递质和激素两者发挥作用。本章后面会对这两种物质进行更详细的探讨。

人们已经发现多种神经递质和激素，而且越来越多——目前为止，大约已经发现了60种可以在脑部和身体中传递信息的化学物质（Gazzaniga & Heatherton，2003）。神经递质和激素与多种亚神经系统有关，对行为有很大影响。例如，去甲肾上腺素、**多巴胺（dopamine）**和5-羟色胺（**serotonin**），几乎只能在**中枢神经系统（central nervous system）**中发挥作用（脑和脊髓）。相比之下，脑中只有极少量的肾上腺素发挥神经递质的作用，绝大多数的肾上腺素分布在**边缘神经系统（peripheral nervous system）**中——遍布全身各处的神经网络（见图8.11）。5-羟色胺在大脑中起重要作用——除其他贡献之外，它还有助于防止抑郁——不过人们在内脏中发现的5-羟色胺甚至更多，其显然对控制消化起作用。另一种复杂性是有些神经递质会激发邻近的神经元，有些则会抑制附近神经元的活动。例如，人体内天然的镇痛系统，就依赖于脑中分泌的天然鸦片制剂——**内啡肽（endorphins）**，这种特殊的神经递质会抑制疼痛的神经冲动传递。因此内啡肽就

---

[8] 实际上，神经元只占大脑所有细胞的10%—15%。其他的是神经胶质细胞，帮助滋养和支撑神经元，显然，它在神经传递中扮演了人们还不完全了解的另一个角色。

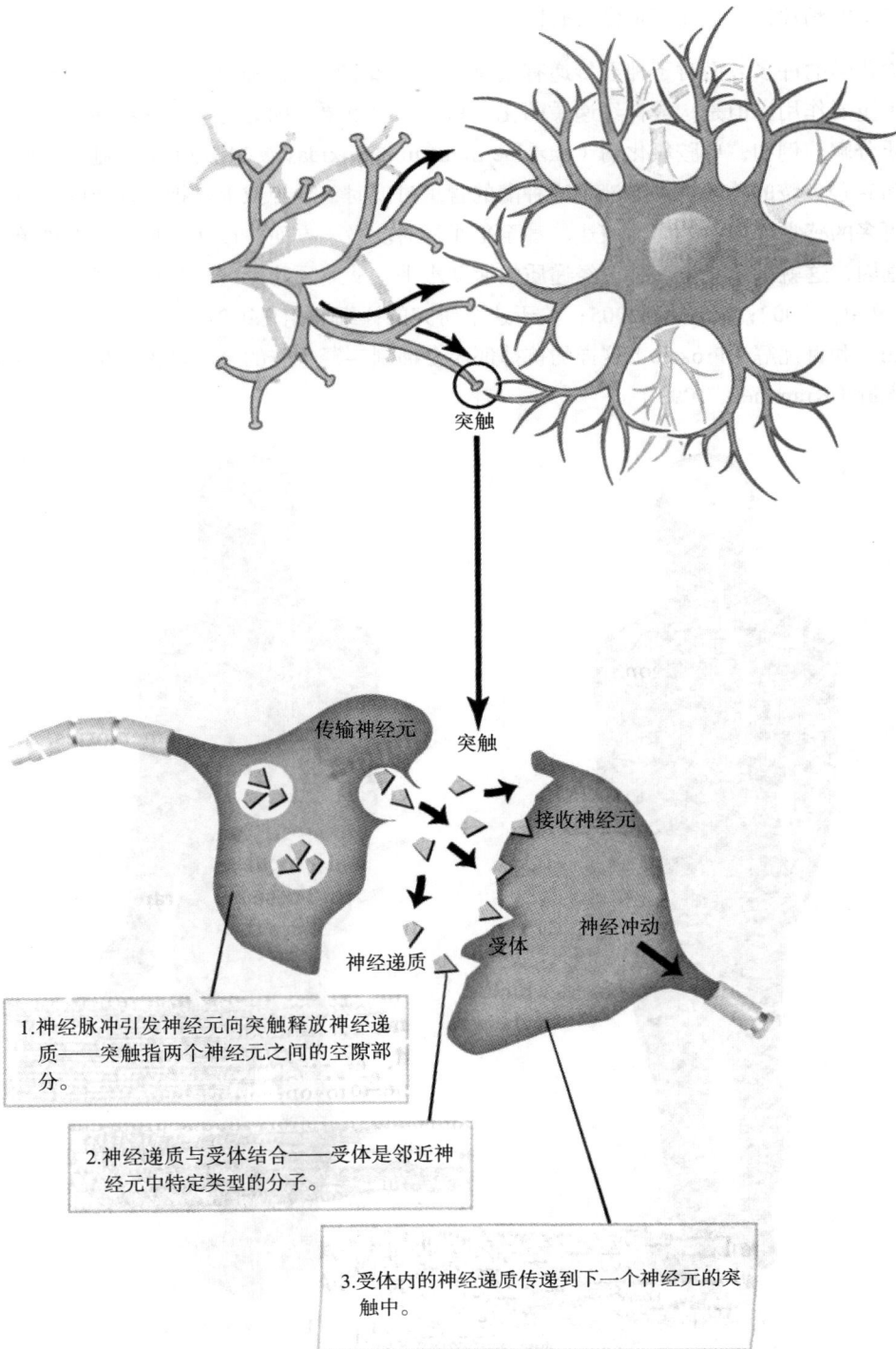

图8.10 神经元之间的信息传递

神经系统传递神经冲动是通过在神经元突触之间传递冲动的电化学过程实现的。

是身体产生的鸦片！并且它们是合法的！

生物化学的许多方面对于神经传递有重要作用。如上所说，神经递质在传递神经冲动的过程中发挥了重要作用。但是构成神经递质的化学物质也很重要，因为有些化学物质会将到达突触的神经递质分解。例如，单胺氧化酶（enzyme monoamine oxidase，MAO）会控制多巴胺、去甲肾上腺素和5-羟色胺的分解。当血液中这种酶的含量过低时，会导致上述神经递质的含量增高，这会导致更多的感觉寻求、外向性表达，甚至犯罪行为。另一方面，存在一种可以促进单胺氧化酶活动的基因，这就可以减少三种神经递质的活动水平，从而预防受虐待儿童发展出少年犯罪行为（Caspi et al.，2002；Moffit，2005；关于这个研究的详细讨论见第9章）。再比如说，像帕罗西汀（Paxil）和百优解（Prozaic）这样的抗抑郁药会抑制5-羟色胺的分解过程，从而提高体内的5-羟色胺含量（Krammer，1993）。

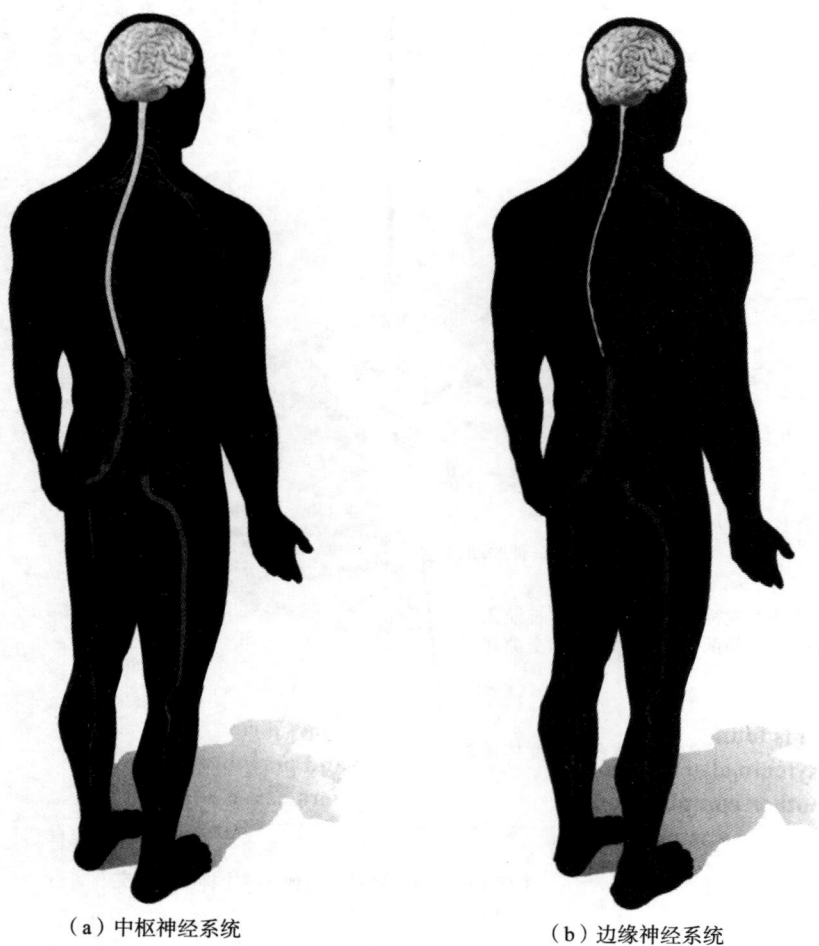

（a）中枢神经系统　　　　　　　　　　（b）边缘神经系统

图8.11　两个神经系统

（a）中枢神经系统包括脑和脊髓。（b）边缘神经系统包括延伸到全身的神经。不同的神经递质和激素影响着这两个系统。

神经递质

神经系统受到各种各样神经递质的可获得性和数量的影响。可获得性又受到个体从事的活动的影响，在短时间内可能发生很大的波动。人们体内某种特定神经递质的平均水平也存在个体差异，并且这种差异与特定的人格特质有关，正如我们接下来将看到的。

多巴胺

多巴胺被描述为将动机转化为行动的神经递质。它在脑控制身体运动的内部机制中起到重要的作用，而且在趋近有吸引力的目标和对奖赏做出反应的机制中也扮演了重要角色（多巴胺也是去甲肾上腺素合成过程中的重要化学物质）。研究发现，这种神经递质与社交性和整体活跃程度有关，一种负责对多巴胺做出反应的基因似乎也与寻求新异刺激这项特质有关（Ebstein et al.，1996）。确切的作用机制似乎依赖于多巴胺在大脑中的位置。在一项对帕金森氏症患者的研究中，大脑左半球缺少多巴胺的病人在新异刺激搜索中的得分低于健康的个体。那些大脑右半球缺少多巴胺的病人则在避免伤害的任务中得到更高的分数（Tomer & Aharon-Peretz，2004）。

根据某理论，一种遗传性的脑内多巴胺分泌障碍可能会导致奖赏匮乏综合征（reward deficiency syndrome），这种疾病会造成多方面的问题，如酗酒、药物滥用、吸烟、强迫性进食、注意力缺陷障碍和嗜赌（Blum，Cull，Braverman，& Comings，1996）。多巴胺严重匮乏是导致帕金森症的一个重要原因。

在一个著名的案例中——经过签订艺术许可协议，电影《唤醒》（*Awakenings*）在1990年将之再现［内容大致基于神经学家奥利弗·萨克斯（Oliver Sacks，1983）的同名著作］——20世纪60年代，一群在一次世界大战中患帕金森症（由流行性脑炎引起）的病人服用了当时的新药左旋多巴（L-dopa）。这种药可以使大脑中的多巴胺水平上升，甚至对有些多年患有紧张性精神症的病人也有疗效。结果充满了戏剧性，他们的活动能力有了很大的改善，不仅如此，他们也可重新感受到自己的正性情绪、动机、社交性和对周围环境的兴趣和觉察。

令人难过的是，后来，大多数患者的病情再度恶化。他们开始超越正常的活动水平，开始出现轻度躁狂的表现，而且很难平静下来，举止夸张。随后，如同躁郁症患者一样，他们开始陷入重度抑郁状态（Sacks，1983；Zuckerman，1991）。这些结果表明，多巴胺影响系统（受到多巴胺影响的系统）可能与躁郁症（现在通常称为双相障碍）有关。更重要的是，多巴胺可能与外向性、冲动性和其他人格特质有关。

多巴胺可能通过与被称为伏隔核（nucleus accumbens）的脑结构的互动来影响这些特质。伏隔核位于基底神经节中，是大脑皮层和脑干之间的重要接合点。神经心理学家杰弗里·格雷（Jeffrey Gray）认为，多巴胺伏隔核共同组成了"启动"系统（"Go"system）的一部分（J.A. Gray，1981）。这个系统更正式的名称是行为激活系统（behavioral activation system，BAS），可以产生和增强寻求奖赏的动机。[9]最近的相关理论直接关注产生多巴胺和对其做出反应的神经细胞的生长发育程度的个体差异（Depue & Collins，1999）。个体差异可能来源于基因，也可能与个体的经验有关：那些在早年有更多被奖赏经历的人可能会产生更多的这类细胞，导致神经系统中受多巴胺影响的部分发展良好且活跃。结果，这些人可能会主动寻求奖赏，并能够自得其乐；他们也变得自信、强势和开朗——简言之，他们更外向。

多巴胺可能具有更加广泛的意义。正如第7章提到的，一个近期理论提出，人格的两个基本维度——稳定性和可塑性——将大五特质分成两个组。大量的证据表明多巴胺影响系统是可塑性的基础，被定义为"探索和接触各种可能性的普遍倾向"，将外向性与对经验的开放性结合起来（DeYoung，2010）。与可塑性有关的行为在很大程度上与传统上被视为BAS一部分的行为重合，其关键的共同因素是多巴胺及其对寻求奖赏的动机（DeYoung，2010）甚至冲动性的影响（Buckholtz et al.，2010）。就像我们在第7章看到的，外向性与积极的情绪体验及寻求社交奖赏的行为（如健谈、合群、乐观等）密切相关。对经验的开放性包括特定类型的心理活泼性、好奇心、智力上的冒险，在某种程度上还包括纯粹的心智能力。多巴胺在所有这些中都起到了非常重要的作用。

5-羟色胺

5-羟色胺是另一种重要的神经递质，在抑制行为冲动的过程中发挥重要作用（例如防止人们去做很有吸引力，但却很危险的事情）。这个能力很有用。举例来说，潜伏等待猎物的掠食者在猎物与自己的距离足够近之前，必须抑制扑过去的冲动。如果见过猫科动物等待扑食禽类的场景，你可能就会清楚"合格"的猫科动物的神经系统中一定有很多的5-羟色胺。抑制行为冲动的能力可以帮助人类避免过于迅速地发怒，对生活中的一点点欺侮过度敏感，以及过多地担忧。如果个体的5-羟色胺不足，会导致严重的问题。危险的罪犯、纵火犯和采用暴力手段自杀的人的5-羟色胺水平都比较低（Virkkunen et al.，1994）。根据其中一位作者的观点，体内5-羟色胺不足的个体会患5-羟色胺缺乏综合征（Metzner，1994）。症状包括非理性愤怒、对拒绝的过度敏感、长期的悲观情绪、过度忧虑和害怕冒险。

5-羟色胺的作用和5-羟色胺缺乏综合征作为临床诊断的有效性都是引起争议的话题。2000年，医药公司礼来（Eli Lilly）的百优解（一种选择性5-羟色胺再吸收抑制剂，SSRI）[10]销售额达到27亿美元，整个相关药物（包括氟西汀，即无品牌的百优解）市场可能超过每年200亿美元（Druss，Marcus，Olfson，& Pincus，2004）。截至1999年，美国有220万人服用过百优解，大约占美国人口的十分之一（Shenk，1999），现在这个数字肯定还要高得多。百优解的生理疗效很明显，就是提高神经系统的5-羟色胺水平；但是人们对其产生的心理作用一直有很大争议。

---

⑨ 在格雷的理论中，BAS由"停止"系统（"stop" system）即行为抑制系统（behavioral inhibition system；BIS）加以补充。BIS位于隔-海马系统中，对风险进行评估并做出反应（Corr，Pickering，& Gray，1997）。在一些报告中，过度激活的BIS是造成神经质的原因之一（DeYoung，2010）。

⑩ 载体分子可以带走突触处90%的5-羟色胺；SSRI分子可以抑制这种迁移，从而在突触处留下更多可用的5-羟色胺。

在畅销书《倾听百优解》（*Listening to Prozac*）中，精神科医生皮特·克拉玛（Peter Kramer，1993）写到，百优解改变了很多人的人格。它可以让人们停止毫无必要的担心和对压力的过度敏感反应，并提供乐观的新人生观。有些人说服用百优解让他们更像"自己"——他们并非感觉自己变成了与服药之前不同的人，而是觉得自己变得更好了。他们完成了更多的工作，甚至在异性眼中的吸引力都有所提升。一项有趣的研究发现，自己和近亲都没有任何可诊断的人格障碍的人，在服用帕罗西汀（paroxetine，即无品牌的百可舒）—— 一种与百优解十分相近的药物后，表现出明显的性格变化。他们变得更加外向，并且在神经质测试中得分较低（Tang et al.，2009）。另一项研究发现，服用该药物仅一周时间的人报告敌意减少，感到更加快乐。一个参与者评论说："我过去常常想开心和难过这样的事情，但是现在我不需要想了，我总是很开心。"另一方面，这个研究中也有人报告说服用之后出现副作用，更容易犯困，性高潮延迟（Knuston et al.，1998）！但是显然，他们并不在乎这些副作用。

另外一项研究提供了这样的证据：百优解这样的5-羟色胺选择性回收抑制剂（SSRI），"并不是'快乐药片'，可以让抑郁的人成为正常人，让正常人变得更幸福"（Farah，2005）。实际上，这些药物在保持正性情绪不受影响的同时可以减轻抑郁情绪。与之类似，

"你爸爸当然爱你，他服了百优解——他爱每一个人。"

心理学家斯蒂文·雷兹（Steven Reise，2006）认为SSRI被归于抗神经质（anti-neurotic）药物更合适，而不是抗抑郁药物，这样可能会符合心理治疗的根本目标。

并不是把坏的变成了好的，而仅仅是让坏的看上去不那么具有毁灭性（因为个体在面对问题时有更多的心理资源可以利用）。例如，在心理治疗中，低自尊的个体并不总是会转化成高自尊的个体，但是他确实不再有那么多与自我有关的顾虑。想象一下一个由于过度担心秃顶而坐在咨询室当中的人，我们不期待他会"更爱秃顶"，但是我们会希望他不要再把这看成是什么大事（Reise，2006）。

雷兹的评价与近期的理论建构一致，对于包含了大五中的三个特质的广义特质稳定性，5-羟色胺在其中被赋予了关键角色（DeYoung，2010）。5-羟色胺抑制感受和冲动的作用有助于人们组织他们的行为并完成工作（尽责性），与其他人——甚至是讨厌的人友好相处（宜人性），或许最重要的是，避免心境突变和对生活事件产生过度的情绪反应（情绪稳定性，或低神经质）。如果5-羟色胺有一条广告语⑪，那可能就是"行驶正常"。

⑪ 并不是礼来公司需要我帮忙。

激素

上文已经提及，有些神经递质（如去甲肾上腺素）也可以被认为是激素，因为它会对远处的神经细胞产生作用。其他作为激素的化学物质的作用更加清楚，在某个位置产生，在全身各处发挥作用，同时刺激脑和身体各处的许多神经元。不同的激素对不同的神经系统发挥着不同的作用。下丘脑、**性腺**（gonads，包括睾丸和卵巢）、**肾上腺皮质**（adrenal cortex，肾上腺的一部分，位于肾的上方）可以释放对行为很重要的激素。

肾上腺素和去甲肾上腺素

有两种神经递质特别重要——**肾上腺素**（epinephrine，adrenaline）和**去甲肾上腺素**（norepinephrine，noradrenaline）。肾上腺素和其作用的神经元遍布全身各处，而去甲肾上腺素及其作用的神经元主要分布在脑内，尤其是脑干部分。这两种激素在压力情境下会迅速发生变化。当体内释放这两种激素时，身体表现出心跳加速、消化停止和肌肉收缩——这就是著名的"肾上腺素红潮（adrenaline rush）"，同时，脑会变得完全警觉，将精力集中在眼前的事情上。[12]这种反应被称作**战或逃反应**（fight-or-flight response）（Cannon，1932；Selye，1956）。这种反应是说，当捕食者或者敌人出现，如果你有机会战胜它，那么你就要奋起战斗；如果没有任何希望，你最好赶快逃跑。无论是哪一种，身体都需要提前做出准备。但是这种反应如果太早被激发的话，可能会产生问题。高焦虑和神经质的个体的去甲肾上腺素系统可能是过度激活的（Bremner，2005）。

多年以来，许多文献都提到了战或逃反应。然而，心理学家谢利·泰勒（Shelly Taylor）和她的同事发现，几乎所有这方面的研究都是在雄性动物和男性身上进行的（S. E. Taylor et al.，2000）。为什么会这样？根据泰勒和她同事的观点，对危险做出回应对男性和女性来说重要性并不相同。他们指出，在史前时代的进化过程中，男性在面对危险的时候只有一种选择，就是迎上去战斗或者逃跑；女性可能在怀孕、给婴儿哺乳或照看小孩，因此，对于女性来说，战斗或者逃跑都可能让自己和孩子面临无法预期的危险。这样看来，女性做出不同的反应就更可以理解了，女性安抚大家的情绪，把大家集中起来一起御敌，泰勒把这种反应称之为照顾和友善反应。她们指出，在面临压力时，另外一种激素——**催产素**（oxytocin）——也会发生作用。对于女性来说，这会增加养育和友善的行为，具有放松和降低恐惧的效果，这正好与战或逃反应截然相反。催产素的一个具体作用可能是减少焦虑和加强亲子依恋（McCarthy，1995）。这或许可以解释为什么哺乳动物的母亲，尤其是人类母亲，甚至在面临巨大危险时，很少抛弃她们的孩子（本章后面将对催产素做进一步讨论。）

这种论证令人耳目一新。从方法学的角度来说，研究者把其研究对象局限在单一性别上可能要付出代价。研究者之前的做法是为了避开女性的月经周期对神经生物学研究造成的影响，但是这种简化也许会遗漏可能存在的性别差异。从实际的意义上说（从史前到当今时代），泰勒的观

---

[12] 马克·吐温曾经把这种反应称为"集中注意力的最有效方式"，这是关于去甲肾上腺素作用的一种经典阐释。

点可以说明，男性和女性在面对攻击和威胁的时候，有着根本不同的反应方式。男性会根据对手的情况评价自己的优势，然后估计逃跑的概率。女性更可能寻找亲戚朋友，然后"组织大家拿起武器围成一圈，同仇敌忾"。如果你不能总是选择战斗还是逃跑，至少这种方式可以保证以规模取胜。

认识到这种说法的适用范围很重要。它主要指的是在面对威胁时最初的自动化反应。这并不是说，接下来的行为是完全受到限制的。男性也会选择结盟，女性也会在战斗和逃跑之间进行选择。但是泰勒和其同事的观点指出，在面对危险的时候，男人和女人做出的本能反应具有根本性的不同（Taylor et al., 2000）。泰勒可能忽视了更重要的方面——男性和女性在去甲肾上腺素系统过度激活后引发的神经质水平可能具有差异。过度敏感的男性可能会倾向于表现出过度的恐惧或者过度的攻击水平（或者两者同时出现）；过度敏感的女性可能会强调人际间的依赖（可能是不健康的依赖）却不做出个体应该为自己做的事情，这可能是要付出代价的。

睾酮

最有名的激素可能就是性激素：**睾酮（testosterone）**——主要是男性的；**雌激素（estrogen）**——主要是女性的。尽管这两种激素在所有人的体内都存在。长久以来的研究发现，男性的攻击性比女性更强（Kagan, 1978；Maccoby & Jacklin, 1974）。男性体内理所当然含有更多的睾酮，准确地说，正常人类女性的每1/10升血液中，大约含有40毫微克的睾酮；正常男性每1/10升血液中的睾酮含量在300—1000毫微克之间，几乎是女性的10倍。

这个事实让一些心理学家产生这样的假设：睾酮可以引起攻击性。许多研究都是基于这个假设进行的。其中的一些研究发现，与睾酮水平较低的个体相比，睾酮水平较高的男性表现出更多的攻击性和其他行为控制方面的问题。在一项研究中，研究者询问了美国男性退伍军人过去的行为史，发现睾酮水平较高的个体在与父母、老师和同伴交往时有更多的困扰。他们也报告了更多的攻击行为史，过去更多服用易上瘾的麻醉品，酗酒，有很多的性伴侣，表现出一种"过度行为的倾向"（Dabbs & Morris, 1990）。一项研究直接观察男性之间为获得有魅力的年轻女性的注意力而彼此竞争的行为，其中睾酮水平较高的男性更具支配性，且更容易跟女性"来电"[13]（Slatcher, Mehta, & Josephs, 2011）。另一方面，可能有点讽刺的，父亲的角色会暂时性地降低睾酮水平，估计是因为男性需要放松以便照顾他们的孩子（Kuzawa, Gettler, Muller, McDade, & Feranil, 2009）。

这样的研究尽管具有煽动性，但各个研究的结论并不总是一致（Zuckerman, 1991）。结果很复杂。例如，尽管很多物种的雄性都比雌性更具攻击性，但这并不总是事实：长臂猿、狼、兔子、仓鼠，甚至实验大鼠，其雄性的攻击性并不比雌性更强（Floody, 1983）。并且每个山中徒步者都知道（或理应知道），在野外，最危险的地方位于母熊和

在野外，最危险的地方位于母熊和她的幼崽之间。在这种情况下，母熊可不会"友好相待"。

---

[13]　这就是研究使用的实际术语。

她的幼崽之间。在这种情况下，母熊可不会"友好相待"。

另外一个问题也很重要，虽然一些极端犯罪者（例如，强奸犯可能也会同时表现出许多伤害别人身体的行为）体内的睾酮水平更高（Rada, Laws, & Keller, 1976），但是反过来却不一定正确，睾酮水平高的个体并不一定表现出高攻击性。进而言之，只有在贫穷、教育程度较低的男性身上才会发现睾酮水平和攻击性之间的这种关联（Dabbs & Morris, 1990）。之所以如此，研究者这样解释：受教育程度高的个体在社会化过程中学会使用非物理性的攻击方式——如采用冠冕堂皇的讽刺，或者恶意收购你的公司。

尽管睾酮早已"恶名远扬"（你听说过女人抱怨自己患有"睾酮中毒"么？），但这种激素也并不是一无是处。睾酮水平更高的男性会表现出更高的"外向稳定性"特质——比如社交性、自我接受和支配欲。他们似乎有用不完的能量，在当前应该关注的事情上花费心思，当事情没有按计划完成的时候会显得很沮丧（Dabbs, Strong, & Milun, 1997）。他们很少露出笑容，这样看上去更有支配性（Dabbs, 1997）；他们也报告有更多的性经验和性伴侣，表明他们确实更容易跟女性"来电"。但是，需要重申的是，高睾酮水平是性活动的结果，而不是原因（Zuckerman, 1991）。睾酮与人格特质之间也存在着有趣的相互作用。一项研究发现，与其他具有相似特质的男性相比，睾酮水平高的男性对工作也更加认真和负责，他们是更好的紧急医疗服务提供者；他们也更加外向和活跃，是更好的消防队员。研究者认为，睾酮水平应该是一种促进力量，可以"让个体在其个性倾向的方面有更好的表现"（Fannin & Dabbs, 2002）。

我们也不要忘记女性体内也含有睾酮。对于女性来说，睾酮是由肾上腺皮质分泌的，对行为也具有重要作用。一项研究表明，与受到挑衅后进行暴力犯罪和非暴力犯罪的女性罪犯者相比，没有受到挑衅的女性暴力犯罪者的睾酮水平更高（Dabbs, Ruback, Frady, Hopper, & Sgoritas, 1988）。在女同性恋伴侣中，与充当女性角色的一方相比，充当男性角色的一方睾酮水平更高，也比异性恋女性的睾酮水平要高（Singh, Vidaurri, Zambarano, & Dabbs, 1999）。另有研究发现，肾上腺皮质功能受损的女性（她们体内的睾酮水平更低），更容易表现出性冷淡。进而言之，睾酮注射可以提高女性的性需求（Zuckerman, 1991）。这些结果表明，无论男性和女性，睾酮都是可以激起性唤起的化学物质。

与在男性身上发现的结果类似，睾酮水平高的女性，其自我报告的社交性和冲动性也更高，同时缺少抑制和顺从性。相对于其他女性，她们也更容易从事蓝领的工作，而非白领工作。在律师行业中，辩护律师的睾酮水平比在幕后从事法律文书工作的律师的睾酮水平更高（Dabbs, Alford, Fielden, 1998）。

对睾酮作用的进一步研究证据来自于健美运动员和运动员，他们使用合成类固醇提高肌肉力量（Pope & Katz, 1994）。合成类固醇就是人工合成的睾酮，这类药物虽然会迅速增强肌肉力量，但是也有令人困扰的副作用。类固醇使用者经常会表现出反常行为、无法控制的攻击性和性冲动。例如，服用类固醇的男性在没有刺激的情况下就会有勃起反应，但是他们总体性驱力不足，有阳痿的倾向。本·约翰逊（Ben Johnson）——加拿大籍奥运会短跑比赛的金牌得主，在血液检查中被发现服用过类固醇，他曾经多次和记者发生冲突（当然，这也可能不是由于药物诱发的）。

我们能从中得到什么结论？认为睾酮以任何直接的方式引起攻击或者性反应都是一种过度简化的说法。实际上，认为睾酮在控制和抑制攻击与性冲动的过程中发挥重要作用才更可取，包括维持正常的觉察状态和整体的反应水平，以及两性正常的性反应和性功能。记住戴博斯和莫里斯（Dabbs & Morris，1990）的说法，在他们的研究中，高睾酮的个体倾向于表现出"过度的行为"。总体来说，当睾酮的水平变得很高时（包括在某些人体内自然升高和服用类固醇这样的人为方式），攻击性和性反应并不总是增强的，尤其是当他们陷入一团糟的时候。这种增强反应总是发生在特定的时间，而在大多数时间里是不会发生的。认为睾酮可以让人变得更有攻击性或更性感，这种看法太简单了。

进一步说，睾酮不仅仅是行为的原因，也是一种结果。在获得机会驾驶一辆价值15万美元的全新保时捷汽车后，男性的睾酮水平升高了；而当不得不驾驶一辆已经开了16年、行驶了大约300,000公里的丰田旅行车时，其睾酮水平则下降了（Saad & Vongas，2009）。甚至仅仅是个体观看到的事件也能够影响睾酮水平。一个很好的案例是一项对观看世界杯足球赛加时赛的球迷进行的研究（Bernhardt，Dabbs，Fielden，& Lutter，1998）。研究过程中，分别在赛前和赛后测量球迷唾液中的睾酮，发现获胜队伍的球迷的睾酮水平更高，失败队伍的球迷则更低。可能是出于同样的原因，在美国总统大选之后，与支持失败候选者的州公民相比，支持胜利候选者的州公民会在网络上观看更多的色情作品（Markey & Markey，2010）。

胜利和睾酮分泌之间的联系或许可以解释为什么NBA比赛后，获胜队伍所在的城市往往会发生更多骚乱，而失利队伍的球迷通常都是灰溜溜地回家了（Gettelman，2002）。更重要的是，这个研究有助于加深我们对睾酮调节功能的认识。你赢得了战斗（Schultheiss et al.，2005），你的睾酮水平上升，宣扬自己的胜利；但是如果你失败了，你的睾酮水平下降，你会离开战场，以免受到更重的伤害或者被杀死。睾酮不是行为背后的一个简单或间接的原因；它是反馈系统的重要组成部分，这个系统影响人们对成败的反应。

皮质醇

在先前对肾上腺素和去甲肾上腺素的讨论中，我提到了这两种神经递质在战或逃反应中的作用。这个反应系统也会释放糖类皮质激素，即**皮质醇（cortisol）**。当面对身体上或心理上的压力情境时，肾上腺皮质就会分泌它进入到血液中，皮质醇的功能是让身体做好行动准备，它在新陈代谢过程中也发挥了重要作用。它可以使心跳加速，血压升高，同时会刺激肌肉细胞，加速脂肪代谢。

当个体面临极端压力情境、焦虑和抑郁时，血液中皮质醇水平就会升高。但是这种升高看上去是压力和抑郁的结果，而不是其发生的原因；注射皮质醇不会使个体产生这样的感受（Born，Hitzler，Pietrowsky，Pairsehinger，& Fehm，1988）。体内皮质醇水平高的幼儿在随后的生活中更容易胆怯和发展出社交恐惧——对陌生人的非理性恐惧（Kagan，Reznick，& Snidman，1988）。但是也有这种可能，恐惧刺激了皮质醇的分泌，而不是相反的情况。高自恋者（见第

7章）不喜欢被录下发言和在面无表情的观众面前表演心算：相对非自恋者，这种紧张的经历让高自恋者的皮质醇水平上升了（Edelstein, Yim, & Quas, 2010）。这种反应会随时间的推移而变得更加危险。最新的证据表明，太多的恐惧和焦虑情绪导致皮质醇分泌过多，可能会增加患心脏病的风险，长期如此可能产生脑萎缩（Knutson, Momenan, Rawlings, Fong, & Hommer, 2001）！

低皮质醇水平也有风险。长期的低皮质醇水平与创伤后应激障碍（PTSD）——身体虐待、性虐待或战争中的悲惨遭遇导致的心理问题——有关（Meewisse, Reitsma, De Vries, Gersons, & Olff, 2007）！低皮质醇水平可能导致本章多次提到的"感觉寻求"低反应综合征，个体会变得冲动和不愿意遵守社会规则（Zuckerman, 1991, 1998）。这种情况之所以会发生，可能是因为在面对危险时，这些人体内的皮质醇分泌不足，从而无法采用正常的方式来处理高风险性的活动（如赛车和商场偷窃）发出的危险信号。

催产素

过去几年中，对另一种激素——催产素的研究有了极大的增长。催产素有时被称为"爱的激素"，似乎对母子间纽带、浪漫依恋和性反应有重要作用。催产素由下丘脑分泌，通过血流散布到全身和大脑。催产素对于女性有特殊意义，因为生成它的化学物质以及对它做出反应的神经感受器与女性激素（雌激素）有密切关系。

催产素最有趣的行为相关物也是在女性身上被观察到的。它与生殖阶段紧密相关：在性活动和性高潮（Carmichael, Warburton, Dixen, & Davidson, 1994）、生产（Takagi, Tanizawa, Otsuki, Haruta, & Yamaji, 1985）和哺乳（Matthiesen, Ransio-Arvidson, Nissen, & Uvnas-Moberg, 2001）期间，人体内的催产素水平上升。怀孕期间催产素水平上升的女性似乎在生育后与孩子的关系更紧密（Levine, Zagoory-Sharon, Feldman, & Weller, 2007）。她们更可能眷念孩子，凝视孩子，爱抚孩子，并经常检视以确保孩子安好无恙。

催产素的一个强大作用似乎是减轻个体的恐惧。在一项fMRI研究中，研究者让参与者观看一些令人害怕的图片，如果事先给予他们一剂催产素，则杏仁核与恐惧有关部分的反应变小（Kirsch et al., 2005）。催产素也会导致人们将陌生人的脸孔评判为更值得信任和更有吸引力的（Theodoridou, Rowe, Penton-Voak, & Rogers, 2009）。

关于催产素的研究的数量迅速增加，当然，负面的或有争议的结果所占比例也一如往常（Campbell, 2010），以至于心理学家难以从中发掘出任何意义。不过最近的一些理论提供了某些颇为有趣的看法。英国心理学家安妮·坎贝尔（Anne Campbell）提出，催产素的一个主要功能就是帮助女性接受在极其重要的活动（如性、生产和哺乳）中不可避免要产生的"对身体或心理完整性的挑战"（2010）。就像她所说的，这可以被"视为对个体作为独立有机体的通常的身体边界的侵犯"。在一个更普遍的层面，澳大利亚心理学家安德鲁·肯普和亚当·瓜斯特拉（Andrew Kemp & Adam Guastella, 2011）提出，催产素促进所有类型的接近行为，包括正面的（例如性接触）和负面的（例如攻击某人）。事实上，当攻击目标是亲密伴侣时，女性的攻击性跟男性一样强，甚至超过男性（Archer，2000）。并且正如我之前提到的，自然界中没有比受到威胁的幼崽的母亲更凶猛的生物了。

"美容精神药理学"

克雷默（Kramer，1993）在其关于百优解的书中提出，药物改变人格的能力可能意味着，到最后，人格主要是个药物问题。他也提出，这个事实会导致"美容精神药理学"，即外科整容手术在精神病学上的等价物。就像拥有完美鼻子的人们有时还会去找医生做个更好的鼻子（他们所认为的）一样，拥有完全恰当人格的人们也可能开始服用百优解或其他药物，例如提高睾酮水平的药物，以获得"更好的"人格。

这种可能性引发了几个问题。首先，一些权威声称"美容精神药理学"这种说法有误导性，因为百优解和其他药物对于人格已经足够好的人不起作用（Metzner，1994）。他们声称除非个体罹患5-羟色胺缺乏症，否则百优解是不产生作用的。如同之前提到的，对这种"疾病"的诊断完全不明确，因此很难对这个说法进行评估。然而，有研究表明，相关的药物对没有任何严重心理问题的人产生了显著的影响，按照这些研究，上述说法就显得十分可疑了。

第二个问题是，尽管化学物质对人格有明确的影响，但人格特别依赖于化学物质这样的观点肯定是夸大了。一方面，百优解、睾酮及其他化学物质对具体的个人的影响难以预测，并且会随时间发生变化。此外，这些影响也会因为患者生活中的其他因素而改变，包括心理治疗的实施。有的时候药物完全不起作用，还有些时候它们让事情变得更糟糕了（Shenk，1999）。美容精神药理学可能产生的副作用如嗜睡、精神错乱和性功能障碍。克雷默和其他精神病医师的处方策略——根据他们的自述——似乎是给受困扰的病人开一种药物，看看效果，据此调整药物的剂量，同时提供心理治疗。然而并不是每个人都这么谨慎。绝大多数百优解的处方都不是由精神病医师开出的，而是由初级保健医生开出，有时仅仅是基于一个电话（Shenk，1999）。

影响神经递质和激素的药物对某些个体有显著的益处。然而，难以避免的结论是：百优解和类似的产品已经成为一种普遍的、合法的药物文化的一部分，处在该文化中的人们会胡乱服用各种作用不明确的药物。他们希望药物让他们感觉更好，然而这种大规模的精神药理干预的最终结果目前仍然是未知的。例如，我们可以问，是不是现代社会的结构导致这么多人寻求药物来抵抗抑郁和焦虑？如果是这样，那么我们也许应该考虑改变社会结构，而不是给每个人服药。值得深思的还有，我们如何看待前人对精神外科手术（如额叶切除术）的热

"嘿，如果有一种药能让你更好地看电视，你会吃吗？"

情？未来的历史学家是否会同样地看待我们今天对精神药物的热情？

最后一个问题是，化学作用对人格的基础有何意义。正如心理学家玛莎·法拉赫（Matha Farah）写下的："服用和没有服用百优解的我们是同一个人吗？这是个好问题，但是这个问题也是：喝酒之前和喝酒之后的我们是同一个人吗？或者甚至是，在假期中和假期前的我们是同一个人吗？"（Farah，2005）。这个观念表达了哲学中长期存在的心身问题的一个重要形式：如果我们是由我们的心智形成的，并且我们的心智是大脑的产物，那么我们的大脑中化学物质的变化会改变我们的存在吗？我们常常可以看到，当研究发展迅速时，通常会产生更多的问题而不是答案；就大脑研究而言，有一些新问题涉及困难的哲学领域。

整合：大五因素与大脑

这一章读到这里的时候，如果你感到不堪重负，我不能责备你。这些发现涉及人格和大脑解剖学、神经递质及激素之间的关系，十分复杂，而且处在快速的变化之中。对于人格、行为和生物学是如何联系在一起的，不同的研究者有不同的理论，这些研究发现十分复杂，有时还是相互矛盾的。因此当我们结束这次概览时，也许我能告诉你的最重要的事情是，至少开始出现了一些秩序。这一章已经几次提到人格神经学家科林·德扬（Colin DeYoung），他最近迈出了重要的一步。德扬提出，人格生物学方面的大量研究——如果不是全部的话——都可以围绕第7章谈到的大五人格特质被组织起来。

表8.1简要地总结了他的整合论，图8.12则展示了与大五有关的一些具体脑区。正如本章和第7章之前提到的，德扬提出，稳定性和可塑性这两个"元特质"将大五因素分为两组。稳定性特

表8.1　　大五因素可能的生物基础				
元特质	**稳定性**			**可塑性**
大五特质	神经质（反面）	宜人性	尽责性	外向性　　　　开放性
神经递质	5-羟色胺	5-羟色胺	5-羟色胺	多巴胺　　　　多巴胺
激素	皮质醇			内啡肽
	去甲肾上腺素			
大脑构造	右额叶（退缩）	左背外侧前额叶皮层	额中回	内侧眶额叶皮质　　左前额叶皮层
	左额叶（愤怒）	颞上沟		伏隔核　　　　后内侧前额叶皮层
	杏仁核	后扣带回皮层		
	脑岛			纹状体
	前扣带回			

来源：基于德扬的研究总结（DeYoung，2010）。

质包括情绪稳定性（与神经质相反）、宜人性和尽责性，并且与神经递质5-羟色胺有关；可塑性特质包括外向性和开放性，与多巴胺有关。然后，5个基本特质各自具有独特的与激素和大脑构造相关联的模式。本章没有对表中的全部大脑构造都进行讨论——我无法面面俱到——但是这张表显示了大脑和大五因素的研究是如何累积的，并提供了下一步研究的方向。人格和生物学之间复杂的关系图似乎一年比一年更加清晰。

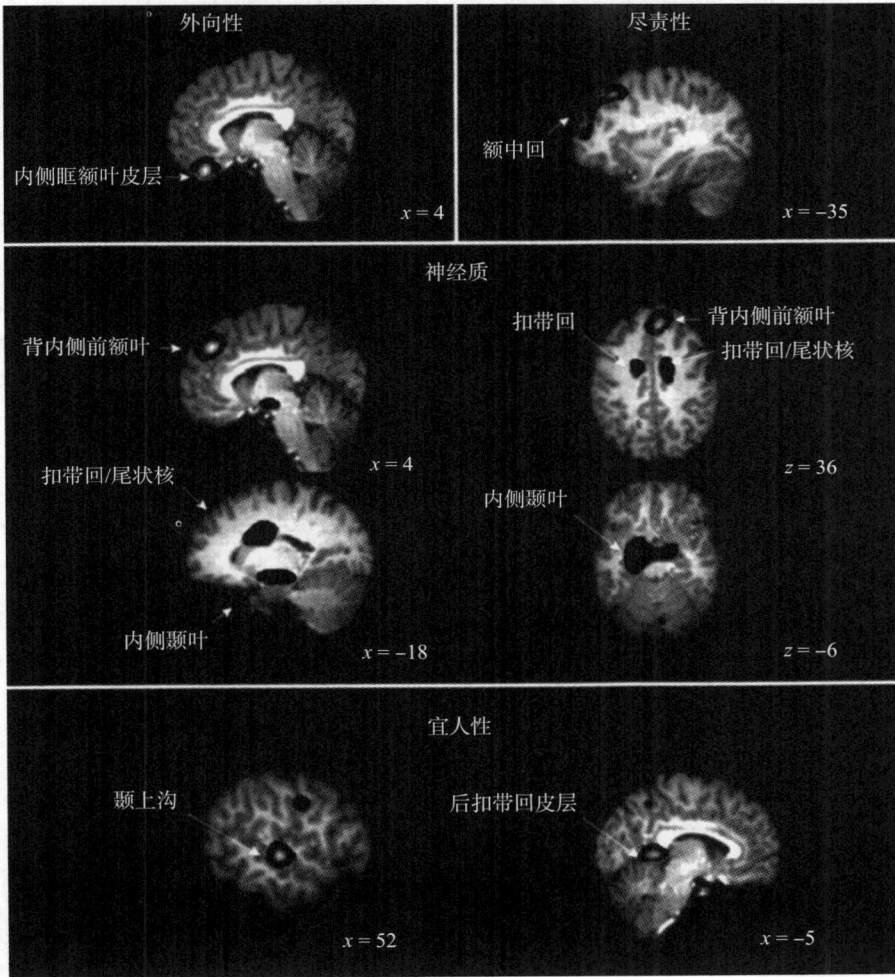

图8.12　与大五中的四个因素有关的脑区

如图所示，大五人格特质中的四个似乎与特定脑区的大小有关。

生物学：因果关系

当我们深入考察脑活动、神经化学物质和行为三者之间的关系时，我们很容易做出诱人的结论——我们终于发现了真正的原因。彩色的大脑图像似乎显示了有生命的大脑的活动，这一点也具有明显的诱惑性（McCabe & Castel，2008）。由于所有的行为都必然与神经系统的某个部分有关联，有些人就此推论，如果我们了解了脑，行为也就不再神秘。但是，问题并不是如此简单。心理和行为之间的作用是双向的。

本章已经有数次提到了这样的观点——生物过程作为行为或经验的结果和作为其原因的次数一样多（Roberts & Jackson，2008）。例如，压力情境会使一个人的皮质醇水平提高，然后个体感到焦虑和抑郁，结果（不是原因）可能是脑萎缩！比赛获胜可能使个体的睾酮水平上升；同时，行为和社会环境可能会影响其他激素和神经递质的水平，也会影响脑的功能和发育情况。可以测量到由于药物导致的脑部活动变化，但是心理治疗也可以达到这一点（Isom & Heller，1999）。所以在无法了解这些问题（抑郁、焦虑、心理治疗、压力情境，甚至为什么有些人在比赛中获胜、其他人却输掉）之前，我们无法全面理解神经系统的功能。大脑的活动方式有助于解释社会行为，而对社会行为的进一步了解也是更好地了解大脑所必需的。

还记得希波克拉底的MP3么？让我们想象一下，他最终搞懂了播放器的工作原理，他意识到"电池中的电带动磁盘旋转，传感器收集信息，然后经过晶体管放大，最后就从扬声器放出声音"。如果他把所有这一切都搞清楚了，即使与现代人试图搞清楚脑的工作机制相比，这也是令人吃惊的成就。然后，聪明的希波克拉底可能会问，"亚瑟是谁？这首歌要表达什么？为什么音乐要用这种方式记录呢？为什么人们会听音乐？"重要的问题远远没有结束，才刚刚开始。

总 结

• 对人格的生物学基础的研究引发了被称之为心身问题的哲学争论——这场争论的关注点在于，我们究竟在多大程度上可以将人性理解为脑和身体的生理过程——在这一点上人与动物无异。

脑和人格

• 脑解剖学和神经生理学都与人格有关。人们通过各种途径得到与脑有关的知识。这些途径包括：对脑外伤和脑外科手术的研究、相对陈旧的技术如脑电（EEG）和较新的技术如磁电（MEG）、直接的脑刺激［包括名为经颅磁刺激（TMS）的新技术和与名为经颅电刺激（tDCS）的相关技术］、成像工具如正电子发射断层扫描（PET）和功能性核磁共振成像（fMRI）。

• 计算机化的数据分析可以综合从PET和fMRI扫描仪得到的数据，并用图像表现出来，人们可以了解到完成各种心理任务和做出情绪反应时最活跃的脑区。研究者使用这些技术比较不同人格特质在各种情境下的脑活动差异。研究所要求的数据分析非常复杂，有时是相互矛盾的。

• 艾森克（Hans Eysenck）假定，上行网状激活系统（ARAS）——脑干的一部分——是外向性和内向性的生理基础。根据其理论，对于上行网状激活系统阻碍信息传递的个体，可能会主动寻求令人兴奋的个体、环境与活动——有时候可能具有危险性。

• 杏仁核在产生情绪反应的过程中发挥重要作用。通过评估外界环境对自己可能带来的奖赏和威胁，杏仁核会做出反馈——心跳加速、血压升高等反应。与杏仁核有关的特质包括慢性焦虑、恐惧、社交性和性反应。

• 额叶是人类特有的认知能力（如语言和预期未来事件）的基础，也与人类对自我和他人的理解、情绪调节有关。fMRI研究发现，更容易体验负性情绪和表现合作性的个体在这部分脑区有强激活出现。斐尼亚斯·盖奇、艾略特和卡普格拉综合征的受害者等案例表明，基本的情绪反应和认知功能必须协调和匹配，这样个体才能赋予情绪体验以意义，做出具有适应性的决策。

• 对额叶进行的精神外科手术——如额叶切除手术，在过去对某些严重的病人确实有所帮助。但是却损害了病人的推理和执行能力，特别是在他们的情绪生活和与人交往的过程中。

• 最近的fMRI研究表明，人格与脑部多个区域的协同作用有关，而不是某个特定的区域。

生物化学与人格

• 行为的化学物质基础是神经递质与激素，这两种物质在神经系统内各细胞之间传递信息过程中发挥重要作用。

• 在面对危险情境时，肾上腺素和去甲肾上腺素这两种神经递质在战或逃反应过程中具有重要作用。最近有心理学家提出，照顾和友善更好地描述了女性面对威胁情境时的本能反应。

• 多巴胺在对奖赏做出反应的过程中具有重要作用，并且可能是外向性的基础。杰弗里·格雷认为，多巴胺是行为激活系统（BAS）的一个重要基础。

• 5-羟色胺有助于调节情绪。一些被广泛应用的抗抑郁药物就是通过提高脑内5-羟色胺的水平来实现治疗效果的。当通过百优解这样的5-羟色胺选择性再吸收抑制剂（SSRIs）提高其水平时，个体的对负性事件的过度激活反应会减轻。

• 男性激素睾酮对性活动、攻击行为和支配性有重要影响，特别是对那些在社会化过程中缺乏对攻击行为进行抑制的个体。睾酮水平既是某些行为的原因，也是其结果。例如，在打败对手获得胜利的时候，睾酮水平会升高。

• 皮质醇在战或逃反应（对女性来说是照顾和友善反应）过程中发挥重要作用。过度分泌可能会导致慢性焦虑，甚至可能会导致脑损伤；但是分泌不足可能会导致很危险的冲动行为。

• 催产素，有时被称为"爱的激素"，与性反应、母子间纽带及焦虑的降低有关。

- 就像拥有功能完美的鼻子的人们还可能寻求外科手术,以获得"更好的"鼻子一样,药物也可能被用于"改善"正常的人格。然而,通过美容精神药理学作用于相关脑区来改善人格,最好的结果可能只是不够精确,不好的结果则可能产生严重的副作用。

整合:大五因素和大脑

- "可塑性"的广泛特征包括大五特质中的外向性和开放性,似乎与多巴胺和相关的大脑结构有关。"稳定性"的广泛特征包括神经质(情绪稳定性)、宜人性和尽责性,似乎与5-羟色胺和相关的大脑结构有关。

生物学:因果关系

- 记住这一点很重要,生物过程会影响行为,但是行为和社会环境反过来也会影响生物过程。认识其中任何一方面会加深我们对另一方面的理解。

思 考 题 •••

1. 人类仅仅是动物么?如果不是这样,在哪些方面有所不同呢?

2. 你怎么看艾森克对外向性和内向性的解释?想想你周围的人。谁为了躲避过高的激活水平而选择在家里看书,不去参加喧闹的聚会?经常参加聚会的人都是低激活水平的吗?

3. 如果堪萨斯的查尔斯·惠特曼在"狂乱一日"中没有死去,你认为控告他谋杀罪对他来说是公平的吗?

4. 精神外科学在很大程度上已经让位于药物疗法,这是一件好事吗?药物和手术对个体的情绪、行为和人格方面造成的改变有不同吗?

5. 根据你的经验,在压力情境下,男性和女性的反应确实不同吗?

6. 如果能够通过服用一种药物来改变自己人格中的某个方面,你会吃吗?吃药之后,你还是原来的那个你吗?

7. 想象你正在和别人进行一场针锋相对的谈判,你的对手通过服药变得更自信和野心勃勃,结果他们胜利。你认为对手这样做公平吗?下次有机会的话,你也会服药吗?

推荐读物 >>>>>

Damasio, A.R.(1994). *Descartes' error: Emotion, reason, and the human brain.* New York: Putnam

本书的可读性很强,它生动地总结了一位神经学家对脑与行为关系的观点。它包含一些令人信服的个案研究(包括伊利亚特,本书第8章曾提到过)以及作者提出的"躯体标记假说",他认为情绪是理性不可或缺的组成部分。

DeYoung, C.G.（2010）. Personality neuroscience and the biology of traits. *Social and personality Psychology Compass*, 4, 1165-1180.

这是对于人格的生物学基础的近期研究的最新总结，清晰、简洁，并格外强调了大五。

电子媒体 >>>>>

登陆学习空间*wwnorton.com/studyspace*，获得更多的复习提高资料。

9

人格的遗传：行为遗传学和进化论

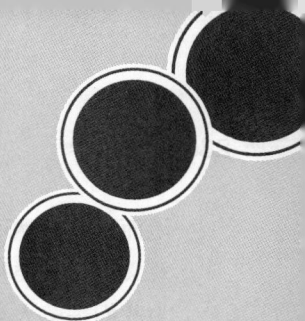

纽 约洛克菲勒家族的下一代成员生来富有。为什么？原因当然是继承。这个孩子的父母已经很富有，因此降生到这个富裕家庭的孩子尽享金钱带来的一切优势（可能同时包含劣势）。不过，为何他/她的父母富有呢？为什么洛克菲勒家族的成员都很富有呢？原因要追溯到100多年前一位成功至极、冷酷到底的商人，约翰·D. 洛克菲勒（John D. Rockefeller）。通过秘密买空、恫吓及市场操控，他在1870至1882年间使俄亥俄标准石油公司成为标准石油托拉斯，垄断美国石油业多年。历经无数次与对手和法律系统的斗争，1911年他退休时，财富超乎想象，他家族的名字也就此成为财富的代名词。

现在我们考虑一个看似不相关的问题。你的人格从哪里来？为什么你如此友善、富有竞争性，或者顽固？可能你自己选择如此，但是答案也很可能和遗传相关。你的父母是否也特别友善、富有竞争性，或者顽固？如果答案是肯定的，一般来说也应如此，那么又有一个新的问题。这些特质起初到底是从哪里来的？答案可能来自很久以前我们祖先所从事的事业。

人格的遗传性指的是特有的行为模式如何编码在基因上，并一代代地由父母传给子女。以生物学为基础考察人格的遗传性有两种不同的取向。第一种取向是行为遗传学，尝试解释个人行为的差异，即人格特质是如何通过父母传给子女，并为生物学相近的亲戚所共有。第二种取向是进化心理学，试图解释人类所共有的行为模式如何产生，并在漫长的物种进化过程中提供生存价值。这两种理论相互联系，根据进化论取向的假设，那些有助于生存的人格品质跨越数代后会变得更加普遍，我们从远古和近代的祖先继承而来的人格品质就是这一过程的结果。换言之，行为遗传学关心人格如何像银行账户或庞大的产业一样被继承；进化心理学则探询所有这些最初的人格到底是从哪里来的？

本章会从这两个视角考虑人格的遗传。首先，我们将调查一些关于行为遗传学的研究，包括近期一些揭示人格遗传分子基础的研究。这些研究考察了人格特质如何在生物学意义上的亲属中共享。本章也会考察遗传与环境的交互作用，即两个具有相同基因的人可能由于不同的成长环境而具有截然不同的品质。其次，我们会总结一些近期理论，它们探讨人类的本性和人格在何种意义上是人类种族千万年来进化的结果。我们也会考虑关于进化论取向的争议，以及进化论能够为我们理解人类本性提供何种启示。章节结束时，我们将会考察章节起始的问题：人仅仅是动物吗？换句话说，行为生物学的解释足以解释人类心理吗？[①]

行为遗传学

人们总会长得有些像亲生父母，家族聚会时试着找出所有这些姑姑们、伯伯们、表亲们共有的家族特点是件有趣的事情。虽然这种相似性是显而易见的，但是要确定这种现象的真正基础，却是出乎意料地困难。不管这种相似是来自眼睛的形状、头发的卷曲、特有的面部表情，还是所有这些的复杂组合，血亲的相似性源于他们共享的基因。

身体外表是一回事，现在我们考虑另一个问题：你从父母那里继承了人格吗？你和你的兄弟姐妹在心理上相似，是因为你们在生物学上具有联系吗？这些问题激励着行为遗传学的研究。这个领域的研究探讨生物学的物质，即基因如何影响广泛的行为模式。根据定义，我们把那些与一个以上的情境相关的行为模式称为人格特质（Plomin，Chipuer，& Loehlin，1990）。因此，"行为"遗传学应该更准确地被称为"特质"遗传学，不过在本章我会沿用传统的名称。

争议

行为遗传学领域一开始就饱受争议，这一定程度上是因为它和一系列高度有争议的理念有历史渊源。其一是优生学，即人类可以通过选择性繁殖获得进步。这些理念导致了一系列运动，从禁止"劣等"移民进入某些国家，到尝试建造储满诺贝尔奖得主精子的精子银行库。另一个是克隆，即技术上有可能产生一个完整的心理和生理上的人类复制品。这两种理念都有不光彩的历史，例如，阿道夫·希特勒（Adolf Hitler）鼓励优生学，也往往会激起人们对未来梦魇般的想象。一个不那么引人注目但同样令人担忧的情况是，对行为的基因基础的研究可能导致公众认为智力、贫穷、犯罪、精神疾病和肥胖这样的结果是镌刻在个体的基因当中的，而不是经验或社会环境可以改变的（Dar-Nimrod & Heine，2011）。

现代行为遗传学家通常干脆与这些理念划清界限。他们认为自己是为知识而追求知识的基础科学家，且常援引一个标准的（也是正确的）论点：无知不会让任何人走得更远（请参考第3章关于研究伦理的讨论）。不过令人宽慰的是，实践发现，无论优生学还是克隆，最终都并非切实

---

① 我给你的提示是：答案是否定的。

可行。由于人格是个体基因和环境间复杂的交互作用的产物，如我们所见，谢天谢地，精确地繁殖人类或者复制某个个体的成功概率是非常小的。即使你能够创造出一个你自己的精确克隆体，这个人也会在很多方面与你不同。[②]并且，现代行为遗传学家不认为受到基因影响的特征是不可改变的，尽管对于这些研究的一些大众化的描述可能导致人们这么想。行为遗传学的真正贡献在于它拓展了我们对人格根源的理解，即同时将基因和环境考虑在内。

计算遗传力

行为遗传学的常见研究方法之一是比较遗传学上相关与无关，或不同程度相关的个体在人格上的相似。它关注的基本问题是：**表现型**（phenotype）的变异，即个体可观察的特质在多大程度上可以归因于基因；**基因型**（genotype）的变异，即内在的基因结构。回答此类问题的经典技术是双生子研究。你可能知道，人类的双生子有两类：同卵双生子［也称为**单合子**（monozygotic），或MZ］，以及异卵双生子［也称为**双合子**（dizygotic），或DZ］。单合子（"单卵"）双生子是由单个受精卵分裂形成的，因此在基因上一致。双合子（"双卵"）由两个与不同精子结合的卵子形成，因此他们虽然同时出生，但在遗传上的联系却并不比非同时出生的兄弟姐妹之间的联系更强。

人类个体在基因上高度相似。个体间超过99%的基因是一样的（实际上，这其中98%的基因也同样在大猩猩中被发现！参看Balter，2002）。行为遗传学关注的是小于1%的、具有差异性的人类染色体。同卵双生子的所有这些基因都一样；异卵双生子则平均共享其中的50%。这种陈述，例如，一个母亲与孩子共享她50%的遗传物质，其实是说她分享了50%在个体间有差异的遗传物质。这种视角可能更偏向技术层面，不过它说明了一个事实：正如与其有密切联系的特质心理学一样（参看第4至7章），行为遗传学集中关注人与人之间存在差异的人格层面。专属于人类且所有成员都拥有的特质遗传属于进化生物学的研究范畴，它将在本章的后半部分出现（Tooby & Cosmides，1990）。

行为遗传学的研究花了不少力气寻找两类双生子（MZ和DZ），以及少数出生时就被分开、并被分别抚养的双生子。找到此类双生子时，研究者通常会使用自我陈述式量表测量他们的人格，这些量表在第5、6章中有所讨论。艾森克人格量表（EPQ）、加州心理量表（CPI）和对大五特质（见第7章）的测量（NEO-PI）尤其受欢迎。尽管不那么频繁，但研究者也会直接在实验室环境下测量他们行为的相似程度（Borkenau，Riemann，Angleitner，& Spinath，2001）。下一个步骤是计算每对双生子之间的相关系数。[③]行为遗传学的基本假设是，如果一种特质或行为受基因的影响，那么同卵双生子（MZ）应该比异卵双生子（DZ）在特质和行为上有更多的相似。此外，在受基因影响的遗传特质上，近亲（例如，亲兄弟姐妹）之间会比远亲（例如，堂/表兄

---

②　尽管如此，正如我的一个同事所说，要是哪天真的碰见自己的克隆体，实在是"令人毛骨悚然"的事。
③　出于技术上的考虑，这里使用的是称为组内相关系数的统计量。

弟姐妹）更相似。

我们用**遗传力系数**（heritability coefficient）的统计量来反映这种基因的影响（参看表9.1假想的例子）。对于双生子，一个简单的公式是：

$$遗传力系数=（r_{MZ}-r_{DZ}）×2$$

（即同卵双生子的相关与异卵双生子的相关之间的差异的2倍）

通览众多特质，当控制年龄和性别变量时，同卵双生子的平均相关大约是0.60，异卵双生子则是0.40（Borkenau et al.，2001）。这两个数字之差是0.20，乘以2，你就会得到遗传力系数0.40。这表明，依据双生子研究，许多特质的平均遗传力是0.40，即40%的表现型（行为）变异可以由基因的变异解释（也见Plomin et al.，1990）。[④]

双生子研究简单而精确，计算也很简便，因为同卵双生子共享的差异基因正好是异卵双生子的两倍，但这些研究并非是计算遗传力的唯一方法。其他不同类型的亲戚在共享基因的程度方面也有差异。例如，孩子与亲生父母平均共享50%的差异基因，收养儿童（按常理推测）与收养父母之间的人格相关基因的联系不会大于与其他任何随机挑选的人之间的联系。同胞兄弟姐妹平均共享50%的差异基因，非同胞兄弟姐妹（同父异母或同母异父）共享25%，而堂/表兄弟姐妹则共享12.5%。

注意，我用了非常谨慎的说法，这些数字都是平均数。例如，统计上同胞兄弟姐妹共享50%的可变基因，这是所有兄弟姐妹在理论上的平均，而不是对任何具体的兄弟俩或姐妹俩相似性的描述。尽管很难发生，但两个同胞兄弟姐妹完全没有共享的基因也是有可能的（Johnson，Penke，& Spinath，2011）。这一点强调了一个事实，行为基因分析和它们产生的统计数据只适用于群体，而非个人。

计算这些不同类型亲戚之间人格的相似程度，为估计遗传力提供了另一个途径。有趣的是，对于大多数特质而言，由非双生子研究得到的遗传力数值大约是20%，或者说大约是双生子研究获得的遗传力数值的一半（Plomin et al.，1990）。为何有此差异？可能的解释是基因的效应是交互的、相乘的，而非叠加的。即双生子研究运算的前提假设是因为异卵双生子共享的基因只有同卵双生子的一半，所以前者在遗传信息表达上的相似也只有后者的一半。但如果基因并非相互独立，而是具有交互作用，那么异卵双生子遗传信息表达出来的相似性就会小于50%。如果他们共享50%的基因，那么他们就仅共享这些基因间25%的二重交互作用，而三重交互作用则更少，以此类推。结果是，从遗传信息的表达上看，同卵双生子之间的相似是异卵双生子之间的四倍，而非二倍。如果这种想法是正确的，相对于40%而言，对于很多特质来说，20%的遗传力可能是一个更好的估计。

还有一个好理由能说明基因之间存在交互作用。2003年，人类基因组计划得出结论，人类拥

---

④　将自我报告和同伴报告结合起来以产生更可靠的测量，对大五的遗传力估计能够上升到0.65—0.79的范围（Riemann，Angleitner，& Strelau, 1997）。

有大约25,000个遗传因子。而果蝇有13,000—14,000个遗传因子，蛔虫仅由959个细胞组成，但遗传因子超过19,000个。人类与这些物种有极大的差别，且不谈人类之间巨大的差异不可能由基因效应的简单叠加来解释（Gould，2001）。基因之间及其与环境的交互作用相当复杂，常常是以难以预测的方式进行的。

表9.1 遗传力的计算				
	同卵双生子		异卵双生子	
	第一对双生子得分	第二对双生子得分	第一对双生子得分	第二对双生子得分
配对#1	54	53	52	49
配对#2	41	40	41	53
配对#3	49	51	49	52
…	…	…	…	…
	$r = 0.60$		$r = 0.40$	

注意：遗传力系数 = $(r_{MZ} - r_{DZ}) \times 2$

运算过程：0.60－0.40 = 0.20；0.20 × 2 = 0.40

结论：遗传力=40%

遗传力可以告诉我们什么?

诚然，遗传力的计算偏向于技术层面，而我们更想问一个基本的问题：不管你怎么计算，遗传力的数值到底可以告诉你什么呢？有三个启示。

基因的影响不容忽视

首先，遗传力告诉我们基因确实起着作用。多年来，心理学家假设所有的人格都是由环境决定的——即受早期经验和父母抚育的影响。当遗传力的估算大于零的时候，它挑战了这种观点——而它几乎总是大于零。的确，研究者认真地提出"行为遗传学的第一法则"：一切（在一定程度上）都是遗传的（Turkheimer，1998；Turkheimer & Gottesman，1991）。并非所有的人格特质都来源于经验，其中的一些来源于基因。这个重要的认识对于心理学来说很新鲜。它虽然尚未被每一个人接受，但它深远的意义仍在不断地渗透。

深化对病因学的认识

有时遗传力可以告诉我们，特定的行为或者精神障碍是在正常范围内还是病理学上独立的病症。行为遗传学文献中一个有趣的研究表明，严重的精神迟滞（智商低于50；平均值是100）明显不是由遗传导致的——这是罕见的现象，违背了刚刚提到的"第一法则"。严重智障儿童的兄弟姐妹的平均智商是完全正常的103。然而，中度智障（智商在50—69之间）很可能有遗传成分，中度智障儿童的兄弟姐妹的平均智商是85。中度智障在家族中遗传的可能性较大，而不可思议的是，严重智障却并非如此。该发现说明，严重智障的原因很可能源于环境而非遗传。例如，母亲在怀孕时感染，或者孩子出生时受过某类创伤或头部伤害——这些都是导致严重智障的潜在非遗传因素（Plomin et al.，1990）。

其他心理问题则似乎是正常情况的极端化。近期一个研究考察了人格障碍基因和正常人格基因之间的关系（Markon，Krueger，Bouchard，& Gottesman，2002）。适应良好的人群也可能不同程度地经历了负性情绪，但当这些情绪过分极端时就会导致抑郁。喜欢有趣的活动和想法的正常倾向若走向极端，就会和精神错乱扯上联系。冲动方面的正常变异，以及不受束缚的正常倾向，在走向极端后就和犯罪行为及家庭暴力有了共通的遗传基础（参看第18章）。像这样的情况，正常特质和相关的精神病理学特质都是可遗传的。

深化对环境效应的理解

遗传力研究的第三个贡献是提供窗口让我们了解早期环境如何影响人格发展。

在很长一段时间里，不少研究者认为，行为遗传学迄今为止的主要发现是：在同一个家庭中一同成长，并不会使孩子们之间有相似性。在一个家庭中长大的被收养的兄弟姐妹之间的人格特质的相关仅有0.05，这说明他们的人格变异中仅有5%（通常以第7章讨论的大五特质测量）是由他们共同的家庭环境造成的。他们早期环境中非共享的部分似乎更重要。这包括他们的出生顺序（例如，第一个出生的和后来出生的受到不同的对待），家庭外的朋友，以及一些自己在家庭环境外的兴趣和活动（Loehlin，Willerman，& Horn，1985，1989；Rowe，1994）。

当然，这些只是推测。行为遗传学并没有提到哪些早期环境对于儿童来说是重要的（Turkheimer & Waldron，2000）。但它的确指出，不管环境中的哪些要素是关键的，这些要素不为家庭成员所共享。但事情并非如此简单。

家庭有影响吗？

如果像很多行为基因学家所认为的，共享的家庭环境真的对人格发展的影响很小或者没有影响，继续推导得出的结论则会显得令人难以置信。例如，它意味着家庭环境的诸多方面——如邻居、家庭氛围、收入、营养、父母教养方式，甚至单亲家庭还是双亲家庭——对于决定孩子长大后会成为怎样一个人来说，都是不重要的。心理学家朱迪恩·理查·哈里斯（Judith Rich Harris）将这些推论推到逻辑上的极端。她在自己的学术文章和畅销书中声称，父母以及家庭环境的其他方面根本不重要（Harris，1995，1998）。她在一篇引人注目的文章中写道："父母对孩子的人格发展有任何重要的长期影响吗？本研究搜集了一系列证据，并断定答案是否定的。"（Harris，1995）。这好像是一个很激进的言论，它确实如此。不过它只是行为遗传学结论的一个小小推论。行为遗传学的观点是，共享的家庭环境对于后期人格没有明显的影响，例如一个家庭中的所有兄弟姐妹都由共同的父母抚养。

你可以想象当这种言论冲击学术文献和公众媒体时所造成的混乱。它一举否定了过去50多年指导发展研究的所有基本假设。更令人不安的是，哈里斯的言论似乎意味着人们最好别白费心思去尽力做一个好父母，甚至意味着我们根本没有理由将孩子从家庭暴力的环境中解救出来。

然而，针对这个结论我们可以提出一系列问题。首先，几十年来发展心理学的研究证实了儿童抚育、家庭环境甚至社会地位对人格的影响（Baumrind，1993；Bergeman et al.，1993；Funder，Parke，Tomlinson-Keasey，& Widaman 1993；Hetherington，1983）。另一方面，也必须承认父母教养方式如何影响孩子的研究结果存在混淆的情况。从方法论上讲，混淆来自于没有排除父母和孩子基因上的联系。因此，被心理学家归因为父母教养的效应很可能是由父母与孩子共享的基因造成的。然而，人们仍然很难相信一些因素对孩子将来的发展没有影响，例如，孩子的父母嗜酒，或者居住环境恶劣，或者父母总是鼓励孩子上进。

此外，实验表明，当父母试着成为更好的爸爸妈妈时，他们的孩子会有更好的行为表现，并能更有效地控制情绪（Eisenberg，Spinrad，& Cumberland，1998；Kazdin，1994）。这可能是因为好的父母能调整自己的行为以适应每个孩子的需要，而非千篇一律地对待每个孩子。这方面的父母教养技巧在分析中不会体现为由共享因素产生的，因为它对每个孩子都不同，但它表明家庭环境发挥着不容忽视的作用。

一个相对技术层面的问题使情况变得更为复杂，即收养儿童的父母通常经过审查、筛选，甚至由社会服务机构安排，这些家庭之间的抚养环境比随机的普通家庭更相似。此外，典型遗传力研究中的家庭来自相同的文化背景。受到被研究家庭相似程度的影响，家庭环境对人格的影响可能被过低估计了（Mandler，1997）。从技术层面上讲，家庭环境这个变量的范围受到限制，降低了证实它对其他变量效应的概率。事实上，近期的一个有关遗传力的重新分析考虑了家庭间的相似性并进行矫正，其结果显示：高达50%的个体差异，例如智商，可以由共享的家庭环境解释（Stoolmiller，1999）。

对哈里斯假设最重要的回应是，过往研究所提供的证据并没有她得出的结论那么有力度，并且无法排除其他因素的影响。一系列研究结果表明，在使用标准的行为遗传学方法研究时，包括未成年犯罪、恋爱风格及攻击等方面都受到共享家庭环境的影响（Rowe，Rodgers，& Meseck-Bushey，1992；N. G. Waller & Shaver，1994）。一个最新的重要元分析总结了大量研究结果，结论是，共享家庭环境对儿童期到青少年期之间的多种形式的精神病理学发展——包括行为障碍、反叛、焦虑和抑郁等——有非常重要的影响（Burt，2009）。唯一的例外是注意缺陷多动障碍（ADHD），它似乎不怎么受共享家庭环境的影响，而是更直接地受到基因的控制。

某种程度上，不同的结果可能依赖于所使用的研究方法（Borkenau，Riemann，Angleitner，& Spinath，2002）。例如，当双生子和其他兄弟姐妹评价自己的人格时，他们会更注意相互之间不同的特质，而非那些对于外人来说明显的、但他们彼此之间却相似的特质。这就是为什么仅当使用直接观察法（B数据，在第2章中讨论过）而非问卷法（S数据）时，共享家庭环境对攻击发展的重要作用才被揭示出来（Miles & Carey，1997）。共享家庭环境的效应不仅仅局限在攻击上。近期一个大型的研究通过直接观测15种不同的行为获得了双生子人格特质的评估，其中包括向陌生人介绍自己、搭建一个纸塔以及唱一首歌。结果是，"除了外向性是唯一一个似乎不受共享环境影响的特质"（Borkenau et al.，2001），研究中的其他所有方面都受其影响。

正如波克瑙（Borkenau）等人所指出的，他们的研究有两个重要意义。第一，虽然大力鼓吹，但"家庭环境对人格发展不重要"这种结论下得未免过早，且其依据只是有限的数据。多年来，行为遗传学研究大多基于自我报告式的人格问卷，而这些S数据显示出一同长大的兄弟姐妹之间只有很小的相似性。但当人格评估的数据由直接观察获得时，共享家庭环境则会表现出对行为相似性的不容忽视的影响。第二个结论将我们带回第2章中提到的一个要点：人格研究可以采用各种数据，它们都应该被使用。仅仅基于一种数据类型得出的结论是有风险的，在多种数据类型取得一致的基础上得出的结论可能走得更远。

引发争论、促进思考的科学假设和不负责任的夸大，它们之间的界线微妙模糊。一些行为遗传学家恰好踩在这条线上发表热烈的言论，认为共享家庭环境对人格的发展只有很小的影响或者根本没有影响。朱迪恩·哈里斯则越过这条线，声称父母根本无足轻重。然而，绝大多数科学证据表明父母很重要（Eisenberg et al.，1998；Collins，Maccoby，Steinberg，Hetherington，& Bornstein，2000）。

> 引发争论、促进思考的科学假设和不负责任的夸大，它们之间的界线微妙模糊。

不过，这依然值得讨论。行为遗传学提出这种促进思考的论题应该受到肯定，而我们还需要大量研究来进一步探讨遗传因素到底如何与环境因素发生交互作用，以及在人格发展中家庭环境所扮演的角色。而对于一些行为遗传学家夸张言论的批评不能否认一个基本的事实：人格部分由基因决定，而且其决定程度是数十年前的心理学家们所不能预料的。

天性和教养

自从科学家意识到遗传可能对行为有影响，他们就一直在寻找简练的计算方法来解决天性与教养之间的争论，他们希望算出某个特质的百分之多少是由天性（或遗传）影响的，又有百分之多少是由教养（抚育或环境）影响的。对于其中一些问题，答案似乎就是遗传力系数，因为它得出一个0%至100%间的数字，表示一个特质变异的百分比是由基因的变异造成的。

但是试想，你拥有的手臂的数量是由基因还是由童年环境决定的？我们来算一下这个特质的遗传力。回到表9.1，为第一对双生子的第一个成员填入他/她拥有的手臂数量，你可以假定其为2。之后，对该对双生子的另一位成员做同样的事。然后再对表中两部分所有其他个体做同样的事（你可以假定这些数字都是2），接着计算相关。但事实上不能求得任何结果，因为根据计算相关系数的公式（在表9.1中未显示），在除数是0的情况下，数学上毫无意义。因此，这些相关的差异是0，乘以2后还是0，即拥有两只手的遗传力系数是0。这是否说明你有多少只手臂完全取决于环境呢？好吧……

哪里出问题了呢？问题是手臂数量这一特质实际上在个体间不存在差异，几乎每个人都有两只手。遗传力是遗传影响的变异，如果不存在变异，遗传力就会趋近于0。一般说来，某一特质的个体差异越小，遗传力也就越小。这说明，如果某种特质有高的遗传力，可能的情况有两种：该特质的个体差异很大，或表达该特质的基因在绝对意义上很重要。[5]相似的，如果某种特质的遗传力低，该特质的个体差异可能较小，或它受基因影响的程度较小。

如果你的思路一直跟着我们的讨论，就会发现手臂数量遗传力的计算并没有错。如果你四周看看，偶尔会发现只有一只手臂的人。是由什么造成的呢？它们几乎都是由事故——环境事件造成的。因此，一只手臂和两只手臂的人的差异，是由环境而非基因造成的。这就是为什么手臂数量的遗传力会接近于0。

基因如何影响人格

这里有一个令人吃惊的事实：从统计的显著性上说，喜欢看电视是遗传的（Plomin，Corley，De Fries，& Fulker，1990）。这是否说明DNA中的某个活性基因导致你爱看电视呢？可能并非如此。更确切地说，一定有某些倾向包含遗传的成分，或许是感觉寻求，或许是嗜睡，甚至可能是对蓝光的渴求。这种成分与早期经验有某种形式的交互作用，进而使某些人有观看大量电视节目的倾向。然而，至今并未有研究探讨这些交互作用，也未曾提供线索告诉我们遗传倾向是如何影响看电视行为的。

离婚同样是可遗传的：如果你有一个或多个近亲离异，相对于没有任何亲戚离异而言，你更可能离婚，即使你从未接触过这些亲戚（McGue & Lykken，1992）。这一发现对理解离婚的原因有什么启示呢？意义可能并不大（参看Turkheimer，1998）。它的确意味着一个或多个受遗传影响的特质和离婚有关。但到底牵涉哪个特质，又或者它们是怎样影响离婚的，行为遗传学的分析并没有给出答案。冲动性可能是遗传的，冲动的人有婚外情，进而导致了离异。又或者同性恋是可遗传的，或者嗜酒，或者抑郁，任何一种因素或这些因素加起来都可以让一个人离婚。因此，如埃里克·特黑曼（Eric Turkheimer）所说，每件事都是可遗传的，每一种可能影响离婚的人格特质很可能都是可遗传的，结果离婚也变成了可间接遗传的。但是这个结论并没有解释基因是如何影响离异的，当然它也不意味着存在一种"离异基因"。

分子遗传学

在过去几年里，随着行为遗传学越来越多地应用分子生物学方法，该领域发生了引人注目的

---

⑤　一个更加技术化的要点是，测量信度（见第3章）更高的特质倾向于因此而具有更高的遗传性。

变化。新的研究深入到实际的DNA中，以解开特定基因如何影响生活的谜团为目标（虽然他们还不能解释看电视行为或离异）。这些研究大多使用**关联法（association method）**，试图考察某种特质的差异是否和特定基因的个体差异有关。

一项研究首开先河地探索了男同性恋的遗传基础（Hamer & Copeland，1994；Hamer，1997）。首先，研究者找来一组内部存在不同程度相关的同性恋。之后，采用微生物技术鉴别X染色体上的一个基因，该基因为大多数（并非所有）同性恋者共有，但在同家族的异性恋成员身上却未发现。他们断言这种基因的相似性是同性恋的基础之一。

此外，更复杂的一些研究检验了感觉寻求特质（也称为"寻求新异性"）及其与基因DRD4的联系，该基因影响多巴胺受体的发展。在第8章中，我们提到多巴胺是大脑奖赏系统的一部分，一些心理学家认为，多巴胺的不足或不能对其进行反应可能导致人们渴求额外的刺激而做出危险的行为。大脑的多巴胺系统（被多巴胺影响的部分大脑）也在控制行为、监管行为，甚至身体的运动方面发挥了广泛的作用。由多巴胺不足引发帕金森症的患者，他/她的颤抖会加重，最终可能完全失去对肌肉的控制。一项早期研究发现，DRD4基因的不同形式和不同的感觉寻求有关，鉴于其对多巴胺系统的影响，因此结论是，该基因可能是感觉寻求的基础之一（Benjamin et al.，1996；也请参看Blum et al.，1996）。另一个独立的研究证实，DRD4基因的变化与被试寻求新颖测验的得分相关（Ebstein et al.，1996）。DRD4基因也跟罹患注意缺陷多动障碍（ADHD）的风险有关，考虑到多巴胺、脑对认知和行为的控制，以及与冲动性有关的人格特质，这是讲得通的（Munafó，Yalcin，Willis-Owen，& Flint，2008）。

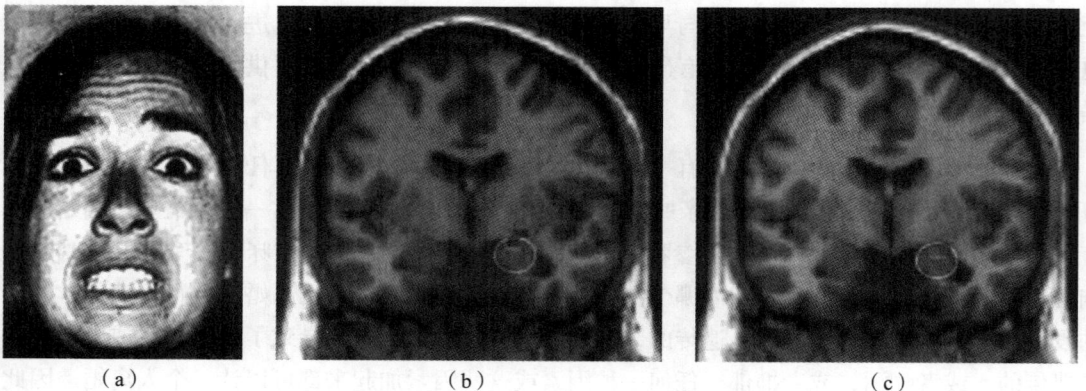

（a）　　　　　　　　　（b）　　　　　　　　　（c）

图9.1　基因和杏仁核反应

在一个实验中，人们观看（a）恐惧的面孔（及其他恐惧刺激），那些拥有（b）短等位基因的人比拥有（c）长等位基因的人的杏仁核反应更加强烈。

很多研究者也致力于理解遗传学与5-羟色胺（第8章中介绍的另一种神经递质）的关系。我们知道，5-羟色胺的短缺会导致一系列情绪障碍，包括从抑郁到焦虑和社交恐惧，提高脑内5-羟色胺水平的药物（例如SSRIs）至少在某些时候能有效治愈这些障碍。5-HTT基因与5-羟色胺转运蛋白质有关，它具有两个变量，或者说**等位基因（alleles）**。它们基于其染色体结构分别被称为"短的"或"长的"。若干研究发现，拥有短等位基因的个体在神经质测量中得分较高（Canli

& Lesch，2007）。神经质是一种与焦虑和对压力过度反应有关的广泛的人格特质（见第7章）。更有趣的是，通过fMRI、PET和其他成像技术（参看第8章）可以看到，拥有这种基因成分的人群在面对恐惧和厌恶的刺激时，例如恐惧的面孔、事故的受害者、残缺的身体和受污染的景观相片，他们的杏仁核有较强的反应（Hariri，2002；Heinz et al.，2005；Munafó，Brown，& Hariri，2008）。社交恐惧症患者在公开演讲时也会产生同样的反应（Furmark et al.，2004）。该基因似乎也会调节杏仁核与前额叶协同运作的程度，这为理解抑郁症的脑结构提供了重要线索（Heinz et al.，2005）。

一个有趣的并且有点令人不安的发现是，5-HTT短等位基因的普遍程度在各个文化的人群中是不同的。尤其是，超过75%的日本人拥有该基因，其出现频率是白种人的两倍（Kumakiri et al.，1999）。这个发现有何意义？一些作者推测，它可能是亚洲文化重视合作、避免冲突，不同于被认为是西方文化特征的个人奋斗的原因之一（Chiao & Ambady，2007）。因为情绪的敏感性与该等位基因有关，亚洲人可能倾向于比西方人更加反感人际冲突，因此会做出额外的努力去平息它。不过我们需要谨慎行事。用基因解释行为差异的尝试有一个漫长、艰难，甚至有时还很悲惨的历史。虽然如此，科学有一种自我引导的倾向——这有时候是好事，有时候则不是。

记住这一点也很重要，将行为与基因关联起来的发现虽然很复杂，却并非全部答案。这些研究的作者们经常承认的一个局限是，研究结果并不适用于每一个人。例如，不是所有的同性恋都有同样模式的DNA，并且至少四分之一的日本人没有5-HTT的短等位基因。此外，5-HTT对人格和行为的影响较小，且并不总是可重复的（Plomin & Crabbe，2000）。类似的，5-HTT基因与情绪和行为的关系，虽然被一些研究所发现，但不适用于所有人。此外，就像已经说过的，人格的遗传性超越了单个基因的影响。例如"感觉寻求"或"焦虑易感性"这类复杂的特质可能涉及至少10种，多则500种不同基因（Ridley，1999）。只有很低的概率发现某个单一的基因，它对同性恋、感觉寻求，或其他方面的人格有简单的、直接的、易于理解的效应。遗传学与人格的真实关联肯定要复杂得多。

然而，不论该领域知识的复杂性如何，过去几年内，其增长速度令人惊异。截至2000年，几乎所有对遗传学和人格的相互影响的知识都来自遗传学亲属的研究，例如双生子研究。从那时开始，对分子遗传学的认真探索，已经揭示出令人兴奋的一系列关于感觉寻求、焦虑、抑郁、同性恋、甚至犯罪行为的生物基础的线索。一个叫作COMT（即catechol-O-methyltransferase，儿茶酚胺氧位甲基转移酶）的基因最近被发现与前额叶皮层的高多巴胺水平、外向性和推理能力有关（Walker，Mueller，Hennig，& Stemmler，2012）。这个发现尤其令人激动，因为它表明基因、神经递质、人格特质和智力四者之间存在关联。进一步的创新让研究者超越了对单个基因的关注，转而通过扫描整个人类基因库来寻找基因影响人格的线索（Gillespie et al.，2008）。接下来的几年，我们会看到更多的飞速进展，以及人们对遗传与环境交互作用的更好的理解，后者我们将在下一部分探讨。

基因—环境的交互作用

行为遗传学的研究，包括人格的分子遗传学，是从研究特定基因或基因模式与特定行为和人格的联系开始的。但事情远非如此简单。分析到最后，基因不会导致任何人做任何事，就像你不能住在房子的蓝图里。基因只提供了设计，并作用于生物结构，影响生理层面在环境中的发展，进而间接影响行为表现。因此，在我们找出哪些神经系统的特定方面受基因的影响后，下一个挑战是弄明白这些方面如何与环境共同作用影响行为。⑥

仅当人们生活在一定的环境时，基因才能影响行为的发展，这是基本原则。不管有怎样的基因和大脑结构，没有环境就没有行为；反之亦然，不管环境怎么样，没有个体（为基因所构建）被作用，就没有行为。该观点虽然多次被提及，但还需要不断重

> 基因不会导致任何人做任何事，就像你不能住在房子的蓝图里。

申：基因与环境进行交互作用以决定人格。没有另一方，基因或环境本身什么也做不了。

环境甚至可以作用于遗传本身。例如，在每个孩子都获得充足营养的环境中，身高的差异会为基因所控制，身高的遗传力会很高。高的父母有高的小孩，矮的父母有矮的小孩。但当环境中食物短缺，部分孩子不能获得良好营养时，身高的差异就会受环境的控制。营养充足的儿童会长得较高而营养较差的儿童则较矮，父母的身高不再那么重要，身高的遗传力此时会较小。

再考虑一个颇有心理学特色的特质，如智商。根据以上逻辑，当环境中不同儿童的智力刺激和教育机会差异很大时，智商就会受环境的控制。与教育条件不足的儿童相比，在激励和教育中成长的儿童会更聪明，智商更高。此时智商的遗传力较低。但如果我们发展至这样一个社会，所有的儿童都能接受充足的刺激和教育，那么智商的差异就都要归因于他们的基因了。随着教育条件的改善，我们可以预见智商的遗传力会不断升高。而事实也正在往这个方向发展。近期一个研究表明，贫困家庭儿童的智商差异大多来自于他们共享的环境要素，富足家庭孩子的智商差异则主要由基因造成（Turkheimer, Haley, Waldron, D'Onofrio, & Gottesman, 2003；见表9.2）。

基因和环境还以其他多种方式进行交互作用（Scarr & McCartney, 1983；Roberts & Jackson, 2008）。例如，一个男孩因为基因而长得比同辈矮小，在学校中可能会被欺负，这种行为进而对他的人格产生长期的影响。这可以说部分是由他的基因造成的，但这些影响的产生离不开基因表达与社会环境的交互作用。没有这两者，就不存在任何影响。

基因与环境交互作用的另一种方式是人们对环境的选择。例如，遗传有感觉寻求倾向的个体，可能会尝试危险的药物。该行为会损害他的健康或使其陷入药物滥用的圈子中，对他的经历和人格发展有长期影响。或者说他因为和罪犯相处而发展成了犯罪人格。这种结果只是间接地由遗传的感觉寻求特质造成的；由于遗传特质而选择的环境与特质本身的交互作用才是真正的原因。

---

⑥ 基因仅通过携带者的身体或表现型与环境产生交互作用。因此，更准确地说，基因—环境交互效应应该被称为表现型—环境交互效应（Turkheimer & Waldron, 2000）。

关于外向性特质有一个更正面的例子。寻找外向性相关基因的尝试长期以来都是失败的（McCrae，Scally，Terracciano，Abecasis，& Costa，2010）。然而，强壮且富于身体吸引力的人可能是外向的，也许是因为这些特质让他们与其他人的交流更可能获得成功和奖赏（Lukaszewski & Roney，2011）。这一发现不仅显示了基因和环境是如何交互作用的，还表明了如果个体想找到人格对应的基因，那么他最好去研究吸引力、力量和其他社会属性的基础。

表3.5 双项效应值展示

地位	DZ相关	MZ相关	遗传力
高	0.63	0.68	（0.68–0.63）×2=0.10
低	0.51	0.87	（0.87–0.51）×2=0.72

来源：（Turkheimer，Haley，Waldron，D'Onofrio，& Gottesman，2003）。

基因与环境交互的最重要方式体现在相同的环境能够以不同形式作用于个体。压力环境可以导致具有精神疾病遗传倾向的个体患上精神疾病，不具有该倾向的个体则安然无恙。更宽泛地说，同样的环境可能被知觉为有压力的、开心的或者无趣的，这取决于个体的遗传倾向。这些经历的差异会导致截然不同的行为，随着时间的推移，进而发展出不同的人格特质。

人格的分子遗传学研究才刚刚开始考察基因—环境的复杂交互作用。其中两位先驱者是心理学家阿吾沙龙·卡斯普（Avshalom Caspi）和特里·莫非特（Terrie Moffitt），他们与同事在新西兰追踪研究一组儿童几十年。该突破性研究测量21—26岁的被试在面对诸如失业、财政赤字、住房问题、健康问题和人际问题等困难时知觉到的压力程度，以及他们到这个阶段结束为止是否经历抑郁（Caspi et al.，2003）。基于本章先前的研究结果，卡斯普、莫非特和同事们发现，拥有5-羟色胺相关基因5-HTTLPR的短等位基因的个体，更容易在压力下经历抑郁，而其他个体则不会如此。但是，重要的是，如果没有经历压力，拥有短型或长型等位基因的个体都不会患上抑郁症。这正是基因—环境交互作用的完美例子：基因型很重要，但仅对经历了某类环境的人群而言。

另一个设计相似的研究，考察了为何一些受虐儿童成为少年犯或成年罪犯，另一些则没有（Caspi et al.，2002）。在此，研究锁定的基因是X染色体的一部分，能作用于名为MAOA［单胺氧化酶A（Monamine oxidase A）］的酶，该酶影响一系列神经递质的运作，包括去甲肾上腺素、5-羟色胺以及多巴胺（参看第8章）。一项较早的研究显示，当老鼠体内的该基因被"淘汰"（中和）时，老鼠变得好斗，而当该基因被"恢复"时，它们也恢复正常（Case et al.，1995）。人类的该基因可能也有控制攻击性的作用。在卡斯普的研究中，如果孩子的基因使得这种酶的表现水平很高，就可以在一定程度上抵御受虐造成的心理创伤。相反，等位基因导致MAOA处于低水平的受虐个体，85%的人表现出"某种形式的反社会行为"（Caspi et al.，2002）。弗吉尼亚州的一项研究重复了这一结果，它表明15%背景不良、MAOA基因水平高的男孩发展出反社会行为，而此类基因活动水平低的男孩则有35%的概率发展出反社会行为。换言之，低MAOA基因水平将反社会行为出现的风险提高了二倍以上，但仅当儿童经历过虐待时，这种作用才可能表现出来。家庭环境和谐、受到良好教养的孩子不论基因如何，都不太会有此类风险。

这些研究获得了很多关注，对于行为遗传学领域而言激动人心，然而近期的工作表明，真实的情况比它一开始呈现的要复杂得多。世事岂非总是如此？有些研究并没有得出关于5-HTTLPR基因和压力生活情境的交互作用的令人激动的结果，一项元分析对文献进行了总结，说它发现"没有证据"表明基因"单独地或通过与压力生活情境交互作用而与男性、女性或两性罹患抑郁症的风险增加有关"（Risch et al.，2009）。

这个令人沮丧的结果以及这些令人激动的发现的重复失败，导致一些研究者提出"对基因—环境交互性的研究不太可能促进我们的理解"（Zammit，Owen，& Lewis，2010）。然而，这个结论似乎过于悲观了。一方面，他们放弃了一个还在产生知识增长的研究领域。另一方面，对表现型—环境交互的认真探索仍然是一项崭新的事业——从卡斯普及其同事有突破性发现到现在还不到10年。随着基因研究方法的改进，或者说更重要的是，当我们有了更好的研究环境⑦的方法，该项研究也许仍然能够取得可靠的进展。毕竟，怀疑同样的环境可以在不同基因的人身上产生不同的影响是合情合理的。

即使在生物学水平上，基因对行为的影响可能不仅仅基于基因本身。**表观遗传学（epigenetics）**方面的最新工作已经开始记录经验——尤其是生命早期的经验——是如何决定发展过程中某个基因的表达，甚至是决定这个基因是否被表达的（Weaver，2007）。迄今为止，大部分证据来自大鼠研究，大鼠们的一个与压力反应相关的基因的表达是不同的，而压力反应则是它们幼时从母鼠那里得到多少舔舐及其他梳毛行为的因变量（Weaver et al.，2004）。但是，我们似乎没有理由认为表观遗传学的基本机制在人类身上会有很大差异。基因作用与环境的关系是复杂的，而交互作用这个术语并没有抓住其核心。基因可以改变环境，并且就像我们刚刚提及的，环境也可以改变基因。出于这个理由，一位科学家写下了这样的话，"当涉及天性—教养之争的时候，我们可能应该'就此打住'"（Weaver，2007）。

行为遗传学常被描绘为对人类本性的悲观看法，因为它似乎暗示我们生来一切都已被决定了（Dar-Nimrod & Heime，2011）。上面的讨论则指出为何这种观点是错误的。当搞清楚基因影响人格的整个过程，特别是遗传倾向和环境的交互作用后，就可以改变一些会对人产生负面影响的不良环境。例如，在引述的研究中，两种不同的基因给人们带来抑郁或出现反社会行为的风险，然而，不论基因如何，当抚育良好、家庭和睦温馨时，风险就会消散。另举一个例子，第8章我提到一位心理学家指出，有先天感觉寻求倾向的个体，为了避免犯罪，可以通过参与伤害性较小的活动获得兴奋、满足需要（诸如做赛车手或主持谈话节目）。老实说，我不确定这是否是一个很严肃的建议，但它有一点值得重视。如果我们理解某个个体的先天倾向，就可以找到合适的环境，使其人格和能力得到最好的发挥而非导致恶果。

---

⑦ 在行为遗传学中，这是一个令人惊讶的、被忽视的话题。

行为遗传学的未来

过去几年间，行为遗传学带来的至关重要的信息是，基因在人格的决定过程中起着重要作用。对于几年前的传统观念而言，这是一个大转折。然而，行为遗传学的未来不在于进一步验证这一事实（Turkheimer，1998）。正如行为遗传学家温迪·约翰逊（Wendy Johnson）及其同事坚决主张的，"对心理特征的实质性遗传影响的存在的普遍性是重要的……但遗传力估计的大小则不是"（Johnson et al.，2011）。

事实上，对于遗传行为学家来说，容易的部分已经完成了。下面的步骤要求探索与人格相关的基因，使用类似全基因组关联（genome-wide association；GWA）研究这样的技术。在全基因组关联研究中，数千人的基因或基因模式的数据，以及这些人的人格数据被输入计算机。然后计算机会搜索寻找与特定心理特质相关的基因或基因模式。不用说，这是一项高难度且昂贵的技术，因为它要求数量巨大的参与者来提供数据，并进行大量的分析，得出的很多结果或者说几乎全部结果都要看机缘。其诀窍在于弄清楚在不同的参与者样本中能够找到何种可靠的关联，不过说起来容易做起来难（McGrae et al.，2010）。

我们正在取得进展，但是很缓慢。一项最近的大型研究发现，基因模式与大五人格中除外向性之外的其他几个因素均有关联，然而只有与宜人性有关的基因模式在三个独立的样本中是一致的（Terracciano et al.，2010）。类似的发现让一些研究者感到气馁，他们提出将特质与基因联系起来的尝试从一开始就注定是失败的（Joseph & Rater，2012）。听起来耳熟吗？这个悲观的论断再次出现，当然，它是草率的。长期来看，最可能的结果是，主要的人格特质各自与很多不同的基因有关，每个基因都有一个小的作用力，这个作用力依赖于环境及其他基因的影响。换句话说，最终的情形将会是复杂的。不过科学有时候就是这样。

进化人格心理学

进化论是现代生物学的基础。现代进化论的发展始于查尔斯·达尔文（Charles Darwin）的《物种起源》（*Origin of Species*），该书习惯于比较不同种类的动植物，进而解释解剖和行为各个方面功能的意义，并弄明白动植物如何在环境中生存。近年来，人们开始不断尝试将这种理论和思维方式运用到人类行为乃至社会结构上。一部里程碑式的著作，E.O.威尔逊（E.O.Wilson）的《生物社会学：新的整合》（*Sociobiology: The New Synthesis*），将进化论运用至心理学和社会学。早前的书籍，如康拉德·罗伦兹（Konrad Lorenz）的《攻击论》（*On Aggression*），则通过将人类行为与动物及其进化做类比，进而解释人类行为。

进化与行为

一般说来，人格的进化论取向设想人们的行为模式之所以发展起来，是因为它们在人类进化史上有助于个体生存和繁衍。根据进化论，一种行为越有助于个体生存和繁衍，该行为就越有可能传播到子代。因此，人格的进化论取向就是要找出普遍的行为模式，并探讨为何这种模式在几千年来对于人类而言是具有适应性的（有助于生存和繁衍）（Tooby & Cosmides，1990）。例如，差不多几千年来，人们都试图去了解彼此的人格（Mayer et al.，2011）。原因看起来很清楚，了解自己和他人是一个有用的生存技巧。

"每当快到母亲节的时候，我就会后悔吃了自己的小孩。"

攻击性和利他主义

通过进化论的视角，研究者考察了广泛的人类行为。例如，罗伦兹（Lorenz，1966）讨论了既可能是必不可少、同时又常常具有有害性的攻击本能在人类历史中的角色。攻击倾向可以帮助一个人保护领地、财产和伴侣，也会导致其在社会群体中表现出更高的支配性，获得更高的地位。不过同样的倾向也会导致战斗、谋杀，以及工业规模的谋杀——战争。

生物学家理查德·道金斯（Dawkins，1976）则探讨了正好相反的一种行为的进化根源——利他主义，以及这种帮助和保护他人、特别是近亲的倾向是如何确保个体基因成功地传播到下一代的，这称为整体适应度（inclusive fitness）。善待亲戚终有回报，因为根据他的分析，如果与你共有一定基因的人存活下去，即使你没有后代，你的一些基因也会通过你亲戚的小孩延续下去。

自尊

进化论甚至适用于解释自尊的重要性。根据心理学家马克·利里（Mark Leary）的"自尊的社会计量理论"，自尊感通过进化来监控我们为他人所接受的程度。人类是颇具社会性的种族，没有比被团体排斥更糟糕、更可怕的了。在人类进化之地的非洲草原上，被部落驱逐意味着死亡。因此，在"模拟真实"电视节目的"生还者"中，"请部落发言"这句可怕的话往往令参赛者本能地感到一种深深的恐惧。[8] 当我们发现自己不受重视和不被接纳的征兆，自尊就会下降，这促使我们有所行动以改善他人对自己的看法，同时也改善自我感觉。未发展出这种动机的人不

---

[8] 考虑到你可能没看过这个节目，所以我在这里解释一下，在部落投票决定某个参赛者即将出局时，主持人会用仪式性的语调说出这句话，之后象征性地熄灭出局者的火把。

曾繁衍下来（Leary，1999）。换个角度说，我们每个人都是那些深深地在乎他人对自己看法的人的后裔。并且，我们也和他们一样。

图9.2 "请部落发言"

这句话可能触及了被个体所属的社会群体所排斥的深层的、基于进化的恐惧。

抑郁

抑郁甚至也是进化出来的适应性工具。近期的一个研究表明，人们因为不同的原因而经受不同的抑郁（M. C. Keller & Nesse，2006）。社会丧失后的抑郁特征是痛苦、哭泣以及寻求社会支持，例如与男友或女友分手或丧亲；失败后的抑郁特征则是乏力、悲观以及自责，例如考试不及格或失业。心理学家马太·凯勒（Matthew Keller）和伦道夫·尼斯（Randolph Nesse）认为，在种族进化史中这些反应有助于生存。疼痛表示某部分不正常，必须要调整。正如伤腿的痛感可以让你不再尝试用它行走，社会生活中出现的问题使人感到难受也一样重要，因为这表明繁衍甚至生存陷入危机。该过程和李尔瑞的社会计量理论相似。但是凯勒和尼斯更进一步指出，哭泣有助于寻求社会支持，乏力和悲观可以防止个体将精力和资源浪费在没有回报的事情上。一个颇有意思的推论是：

> ……正如阻断发烧会延长感染，用反抑郁药物阻断正常的抑郁症状很可能使生活境遇变得更糟，即使当事人感觉好一些。同样的，抑郁症状表现缺乏的个体更可能失去重要的人际依恋，更可能顽固追求不能实现的目标，更不善于从失败中学习，更不懂得在不佳的境遇中寻求朋友的帮助（Keller & Nesse，2006）。

你曾经告诉过任何人"好好哭一场"吗？这可能是个好建议。有时我们需要感受到痛苦。

求偶行为

受进化心理学家特别关注的一种行为模式是两性在性行为上的差异。具体表现在两方面：**择偶（mate selection）**——个体在异性身上寻求什么，和**求偶策略（mating strategies）**——个体如何处理和异性的关系。

吸引力

当寻求异性建立关系时，一般的异性恋者对对方的哪方面更感兴趣：身体吸引还是经济保障？在大量不同的文化中，包括21世纪初期的北美，男性比女性更看重身体吸引（Buss，1989）。在这些文化中，女性相对而言更可能看重潜在配偶的经济保障。实际上，证据表明，男性和女性分别将吸引力和资源看作潜在配偶的必要素质，而非锦上添花（Li，Bailey，Kenrick，& Linsenmeier，2002）。换句话说，如果一个人没有吸引力或者很贫穷，对方是不会同意的。

此外，异性恋男性更喜欢（一般也确实会找到）比自己年轻几岁的配偶（年龄平均差别大约是三年，这个数字随着男性年龄增加而增加），而女性喜欢比自己年长的配偶。我们通过婚姻统计，甚至只是看看征婚启事就可以发现这种差异。当提到年龄时，男性通常希望女性的年龄比自己小，而女性则正好相反。在个人简介中也可以看到这个现象：男性更倾向于表达自己的经济实力而非身体吸引，而女性则倾向于表达自己的身体魅力而非经济能力（Kenrick & Keefe，1992）。据推测，每个性别的人都知道另一种性别的人在寻找什么，所以会尽量使自己的吸引力最大化。

进化论对这些差异的解释是，男性和女性本质上都在寻找同一样东西：最大可能地获得健康的、能够生存并繁衍的后代。但不同性别对此目标的贡献和追求不尽相同，因此，对于不同性别的个体而言，理想的配偶是不同的。女性需要怀孕并抚养小孩，因此她们的年龄和身体健康至关重要。根据进化论的解释，吸引力作为直白的线索告诉男性该女性确实年轻、健康，有能力生育孩子（Buss & Barnes，1986；Symons，1979）。

相反，男性对繁衍的生物贡献相对较小。各种年龄、身体状况以及相貌的男性都可以产生有活力的精子。对于女性而言，关键的是男性有能力提供利于孩子成长的资源，直至他们性成熟。因此，女性寻求能使其孩子生活环境最优化的配偶，她们寻求拥有资源（可能还包括态度）能够支持家庭的对象，男性则寻求能为孩子提供最佳身体健康条件的配偶。

我们可能已经发觉，这种解释掩盖了一些复杂的情况。比如，女性的脂肪含量低于一定百分比就可能停经，并且不能怀孕，然而，很多被男性认为身体极具吸引力的女性瘦得几乎达到神经性厌食症的水平。[9] 而在较早的时代，理想的女性是较丰满的（营养较好的）。此外，我们认为一个人是否有吸引力取决于我们是否喜欢他/她，反过来也说得通。近期的一项研究发

---

[9] 然而，女性普遍对男性认为最具吸引力的纤瘦程度估计过高。相反，男性则过高地估计了女性认为最有吸引力的肌肉发达程度（Frederick & Haselton，2007）。也许正因如此，男性杂志中的男性图片比女性杂志中的男性图片肌肉更发达（Frederick，Fessler，& Haselton，2005）。相反，我们可以预期女性杂志中的女性图片比男性杂志中的女性图片更加纤瘦，不过我还没有看到这样的研究。

现，当人们被告知某人是诚实的，他们就会更喜欢他/她，并给予他/她身体吸引力更高的评价（Paunonen，2006）。有时，"身体吸引"不仅仅是身体上的。

无独有偶，男性的身体吸引对于很多女性而言，比标准进化论说的更重要。在其他物种中，雄性展示的浓密鬃毛或健硕的羽翼是身体健康的信号，并能吸引雌性。我们还不确定为何在人类中，情况竟如此不同。然而我们必须承认，与男性相比，身体吸引对于女性来说并没有那么重要。除了一些偶然的例外和复杂情况（Conley et al.，2011），男性和女性在彼此身上所喜爱的东西具有普遍倾向，这一点是难以否认的。

择偶策略

在最初的吸引阶段之后，男性和女性在建立和维持关系时所遵循的策略也是不同的。依据进化论的说法，男性寻求更多的性伙伴，对将成为自己配偶的女性既不会特别忠诚，也不会很挑剔。这种对生活的处理方式似乎在男性当中尤其普遍，以有时被称为"黑色三元组"的自恋、心理病态和马基雅维利主义为特征（Jonason，Li，Webster，& Schmitt，2009）。[⑩]更普遍的是，男性似乎倾向于一厢情愿地认为女性在性方面对他们有兴趣，即使事实并非如此（Haselton，2002）。相对地，女性在选择配偶时则更加精挑细选，一旦建立关系，则更在乎一夫一妻的婚姻以及稳定的关系。

这种差异也可以用繁殖成功率解释。通过让尽可能多的女性怀上尽可能多的后代，男性将成功地拥有更多的下一代，进而让自己的基因代代相传，这也是进化论认为唯一值得重视的结果。从繁衍的角度讲，男人与一个女人和一群孩子待在一起是浪费时间；如果他离开，孩子也很可能会生存下去，他则可以将宝贵的时间用于寻找新人，继续繁衍。而女性如果能说服男性留下并支持她和家庭，自己的后代就更容易存活。在此情况下，她的孩子会茁壮成长，最终传播她的基因。

然而，男性和女性并非在所有方面都不同（Hyde，2005）。例如，一旦建立稳定的关系，双方都会想要维持它。人们对伴侣的依恋与父母和孩子之间的依恋有很多相同之处，这两种依恋可能有同样的进化机制[⑪]（Fraley & Shaver，2000；Hazan & Diamond，2000）。这可能也是为什么与那些没有处于稳定关系中的人相比，处于稳定关系中的男女都会发现陌生异性的吸引力较小的原因（Simpson，Gangestad，& Lerma，1990）。如果你需要一个伴侣，那么发现未来的伴侣的吸引力是具有适应性的；如果你已经处在一段关系当中，那么其他人的吸引力和你对这种吸引力的反应就可能最后会危及你已经拥有的。

社会群体内性关系

就像第6章所描述的，"社会群体内性关系"（见自测9.1）指在没有认真交往的情况下发生性关系的意愿（Simpson & Gangestad，1991；Penke & Asendorpf，2008）。正如你预期的，男性一般在该特质上的得分高于女性，但是它还有其他含义。例如，"放纵"特质得分高的男性和女

---

⑩　口语里对这种男性的称呼是"jerks"。
⑪　你注意到有多少情歌当中有"宝贝"这个词吗？

性，都对潜在伴侣的身体吸引力和社会知名度尤其感兴趣。那些更加"拘束"的人得分较低，他们对伴侣的人格品质及其成为好父母的潜力更感兴趣（Simpson & Gangestad，1992）。

"闪电约会"的研究展示了该特质的另一个含义，其中，男性和女性都进行一系列短暂的交谈，然后在约会结束时，挑选出他们想要进一步了解的人（Back，Penke，Schmukle，& Asendorpf，2011）。他们也试图猜测谁选择了他们。结果显示，社会群体内性关系得分更高的男性的猜测更加准确——他们知道他们的"配偶价值"，从这个意义上说，他们对于选择他们的女性是多还是少有一个现实的看法。

自测9.1　社会群体内性关系量表

请诚实地回答下列问题：

1. 过去12个月里，你和多少个不同的对象发生过性关系？

0　　1　　2到3　　4到7　　8个或以上

2. 你和多少个不同的对象仅发生过一次性关系？

0　　1　　2到3　　4到7　　8个或以上

3. 你和多少个不同的对象发生性关系但并不想与之建立长期的承诺关系？

0　　1　　2到3　　4到7　　8个或以上

4. 无爱的性是可以的。

完全不同意　　　　　　　　　　完全同意

5. 我能想象自己非常舒适并且享受与不同对象的"随意"的性交。

完全不同意　　　　　　　　　　完全同意

6. 在我确定我们会拥有一段长期、认真的关系之前，我不想跟人发生性关系。

完全不同意　　　　　　　　　　完全同意

7. 你多久会幻想与某个没有跟你处在承诺的浪漫关系中的人发生性关系？

从不　　很少　　大约每月一次　　大约每周一次　　几乎每天

8. 与某个没有跟你处在承诺的浪漫关系中的人相处时，你多久会体验到性唤醒？

从不　　很少　　大约每月一次　　大约每周一次　　几乎每天

9. 在日常生活中，你多久会自发地幻想与刚刚见到的人发生性关系？

从不　　很少　　大约每月一次　　大约每周一次　　几乎每天

得分： 每个回答的得分从1到5，得分最低的回答（左边）是1，得分最高的回答（右边）是5。将总分除以9。

标准：

对于男性：平均数=3.08，高分=3.77或以上，低分=2.32或以下。

对于女性：平均数=2.65，高分=3.42或以上，低分=1.88或以下。

（与包含511名男性和1203名女性的说德语的大学生在线样本相比较：高分为平均数以上一个标准差或更高；低分为平均数以下一个标准差或更低。关于子量表得分的其他标准和说明，参见http://www.larspenke.eu/soi-r/）

注意： 该量表由拉斯·彭克（Lars Penke）和延斯·阿森多夫（Jens Asendorpf）设计，是辛普森和康格斯特（Simpson & Gangestad，1991）的最初版本的改良。

来源：（Penke & Asendorpf，2008）。

对此的解释是，想要与众多女性发生性关系的男性，如果他们能够成功的话，他们会对谁会

对他们感兴趣有一个准确的看法。从图9.3你也可以看到，社会群体内性关系得分高的男性实际上比该特质得分低的男性更常被选择。相反，对女性来说，这个特质与她们对她们自己的配偶价值的评估准确性无关，与她们被挑选的频率也无关。取而代之的是，宜人性可以预测女性的准确度——这是一个更难解释的发现。

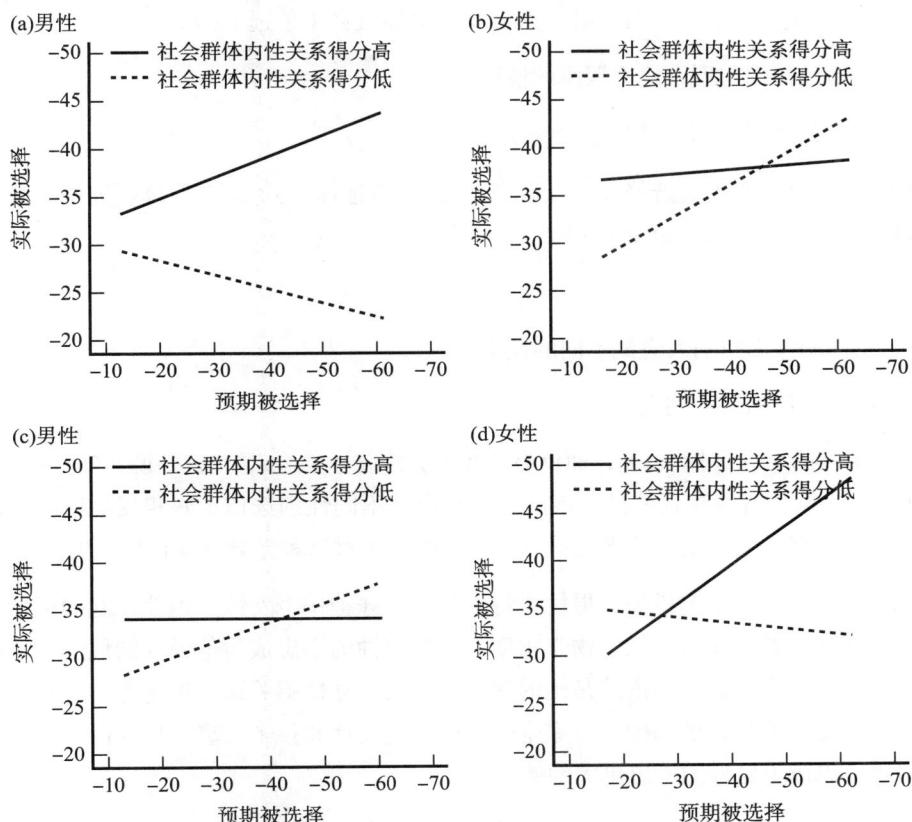

图9.3 社会群体内性关系、宜人性和配偶价值感知的准确度

这些图显示了在一项对闪电约会的研究中，参与者的约会对象说他们希望进一步了解参与者的次数的平均比例，与参与者认为对方感兴趣的次数的平均比例。社会群体内性关系特质得分更高的男性准确度更高；对于女性，准确度则与宜人性有关。

来源：（Back, Penke, Schmukle, & Asendorpf, 2011）。

社会群体内性关系得分高的男性也更可能进行"炫耀性消费"——购买和展示奢侈品，例如设计师表和豪车，以吸引女性发展一段艳遇（Sundie et al., 2011）。在某种程度上这是有效的。与开本田汽车的男性相比，女性将开保时捷拳击手的男性评估为更理想的约会对象——但并不是更好的婚姻对象。⑫你几乎能够听到这个女性正在想什么："他似乎挺有趣，但是谁会想嫁给一个这样子烧钱的家伙呢？"其他结果显示，女性完全了解这些社会群体内性关系得分高的男性在打什么主意。她们知道炫耀财富的人更可能对短暂的调情而不是长期的关系感兴趣。

---

⑫ 回忆第8章中报告的发现，开保时捷可以提高男性的睾丸素水平。显然，保时捷公司有些想法。

嫉妒

另一个相关的差异则是男女感受性嫉妒的方式。一项研究要求参与者对下面的片段做出反应（Buss，Larsen，Westen，& Semmelroth，1992）：

请思考一段过去曾有过的、当前拥有的或将来会发生的你很看重的婚恋关系。试想你很在乎的对方对其他人产生了兴趣，此时，哪一点会使你更加沮丧（单选）：

（a）想象你的伴侣与别人建立深厚的情感依恋；

（b）想象你的伴侣与别人享受激情的性行为。

在该研究中，60%的男性选择（b），而82%的女性选择（a）。在后续研究中，研究者对最后的问题做了轻微改动（Buss et al.，1992）：

哪一点会让你更加沮丧：

（a）想象你的伴侣与别人尝试不同的性交体位；

（b）想象你的伴侣爱上别人。

这一次，45%的男性选择（a），而仅有12%的女性选择了（a）。就是说，55%的男性和88%的女性选择了（b）。值得注意的是，该问题没有出现不同性别选择正好相反的情况；每个性别的大部分成员认为伴侣爱上别人比发生性行为更可怕。不过这种差异在女性中更明显。

为何如此？依据进化论的说法，男性，特别是决定守护一个女性并赡养家庭的男性，最大的忧虑是他不是孩子的亲生父亲。从生物学角度说，这使性的不忠成为他最大的危险和他配偶最大的罪行。而对女性而言，最大的危险是她的配偶与别人建立情感关系，进而停止对她和她孩子的赡养；或者同样糟糕的是，她的配偶将家庭资源与其他女性和孩子共享。从女性的生物学角度出发，这使情感不忠成为比性的不忠更大的威胁。

与这种一般趋势相矛盾的情况或例外，甚至也可以由进化论逻辑来解释。例如，为何一些女性会被明显不可靠的男性吸引？想想西部乡村音乐所描绘的情形。一些女性喜欢外貌极具吸引力（或者拥有自己的摩托车）的男性，即使他们无意建立认真的关系，而只是四处拈花惹草。我不确定这种情况有多普遍，但从进化论的观点看，这永远不该出现，对吗？

错。"漂亮儿子假说"拯救了整个理论（Gangestad，1989）。该假说认为，一些女性会采取非常规的繁衍策略（Gangestad & Simpson，1990）。她们选择不可靠但富有吸引力的男性，而非选择可靠（但可能平淡的）男性来最大化后代的成活率。该假说认为，如果她们生下一个男孩，即使父亲离开，这个孩子也会像他父亲一样。长大后，这个"漂亮儿子"将和他父亲一样无情与不负责地——但是有效地——在大地上散布众多后代（他们当然也是该女性的孙子孙女）。

虽然这个假设还没有得到证实，但确实有一些证据支持它。女性报告，如果主要伴侣以外的人明显比她们的正式伴侣更有吸引力，并且她们自己临近排卵期的话，她们会想与这个男人发生性关系（Pillsworth & Haselton，2006）。此外，女性的短期性关系对象多半比她们的长期伴侣更加强壮（尽管不过分强壮是很重要的）（Frederick & Haselton，2007）。不过男性的吸引力不只是肌肉的问题，育龄女性也会觉得有创造力的男性特别吸引人（Haselton & Miller，2006）。女性在其月经周期的中间会穿得更有挑逗性，可能是为了吸引这些富有魅力、肌肉发达、有创造力的男性（Durante，Li，& Haselton，2008）。

个体差异

迄今为止，进化心理学更多地关注人类的一般天性而非个体差异。确实，它几乎暗示个体差异是不重要的，因为不适应的行为变异应该早已从基因中被筛选出来（Tooby & Cosmides，1990）。不过，进化的机制也要求维持个体差异。唯有通过选择性繁衍将早先数代最成功个体的基因延续下来，种族才得以改变。因此要求像进化心理学这样包罗万象的理论解释个体差异，不仅是合理的，而且这一解释也是保证该理论切实可行的关键。

进化论可能会这样解释个体差异的存在：多样性是必需的（Nettle，2006）。人格在许多方面存在差异，适应于一种情境的特质可能在另一种情境中是致命的。例如，大五人格中的神经质会造成安全情境下多余的焦虑，但在危险情境下同样的焦虑却可能挽救生命。相似的，宜人性可以让你受欢迎，但也使你易于被人欺骗。最终的结果是，经过数百代人的繁衍，接近各个特质维度的个体总是不断地诞生。

此外，进化心理学还有三种方式解释个体差异（Buss & Greiling，1999）：

第一，支持者认为行为模式是进化而来的、对特殊情境经历的反应。只有在特定条件下，这些进化出来的倾向才会显现，如白种人的皮肤具有在阳光照射下颜色变深的生物学倾向。再如，孩子在成长的最初五年里如果没有父亲陪伴，其进化倾向会使其认为家庭生活从来不是稳定的，进而导致较早的性成熟及性伴侣的频繁更换（Belsky，Steinberg，& Draper，1991）。

第二，一般人们会发展出多种行为策略，个体则会根据自身特点采用最合理的一种策略。本章前面曾经引用了一个发现，即具有身体吸引力的人们更可能是外向者，原因可能是社交活动对外表好看的人们更有价值（Lukaszewski & Roney，2011）。类似的，我们具有与生俱来的攻击性和宜人性。攻击性行为风格仅对那些强壮的大块头适用，否则，宜人性的行为风格则是更加明智的选择。这或许可以解释为何强壮高大的男孩往往更容易成为少年犯（Glueck & Glueck，1956）。

第三，一些受生物学因素影响的行为可能是依赖频次的（frequency dependent），意思是它们会根据总体人群中该行为的普遍程度而调整。例如，心理病理学的一种观点认为，欺骗、狡诈及剥削的行为风格由生物学因素决定，只能存在于一小部分人中（Mealy，1995）。如果多于一定数目的个体尝试这样的生活，那就再没有人会相信他人，从进化上来说，这种心理病理性的行为模式也就不可能继续存在了。

这都是有意思的解释。不过，请注意它们都归结到一个论点上：进化而来的人类天性是可变通的。我认为这是一个合理的结论，但是它同时触动了一种观点：进化是特定行为倾向的根源，例如自尊、抑郁、配偶选择以及嫉妒。这既是进化取向的整个观点，也是进化取向富于争议性的原因之一。心理学家已经指出进化取向用于解释人格的几点问题，我们将在接下来讨论。

对进化心理学的五项压力测试

与达尔文奠基性的进化论相似，人类行为的进化论取向从一开始就遭到很多反对。特别是它对性行为和性别差异的解释就好像有意要激怒别人似的，而它也确实做到了。人格的进化取向至少遭到五种反对意见。每一种反对意见都提供了一项"压力测试"来评估行为的进化论取向能在多大程度上经受住挑战。让我们看看它是怎么做的。

方法论

第一个挑战涉及科学方法论。推论过去发生的什么事情导致今日我们看到的行为模式，进化学家们这样倒着思考很有意思。但是这些推论如何付诸实证呢？例如，我们如何做实验来验证男性是否真的寻求多个性伴侣来最大化传播他们的基因？又或者如何验证这样的说法：男性具有强奸的本能，因为它促进了繁衍（Thornhill & Palmer，2000）；因为缺乏基因上的联系，继父母倾向于虐待孩子（Daly & Wilson，1988）。这些想法和解释固然可以激发思考，但它们也不可避免地存在问题。

例如，假定存在诸如强奸或儿童虐待这样的本能本身就不合常理，因为大多数男性不是强奸犯，大多数继父母不虐待儿童。灵长类动物学家法兰斯·德瓦尔（Frans de Waal，2002）称之为"极少被实行的选择"（dilemma of the rarely exercised option）。此外，假定基因影响的每一种特质或行为模式都具有适应性的优势并不明智。由于人类的基因组，人们直立行走，同时由于我们从四肢着地的生物进化而来，这种形态的改变让我们容易背疼。当然，直立行走的优势足以抵消这些劣势，但这并不意味着背疼是进化出来的机制。同样的，行为模式诸如抑郁、不忠、儿童虐待及强奸，即使受遗传的影响，它们的出现并非由于其适应性。相反，它们可能是其他更重要的适应机制不幸的副产品。正如德瓦尔指出，"自然界充满着有瑕疵的设计"（Frans de waal，2002）。

进化学家通常承认这样的批评在一定程度上是合情合理的，他们也有很好的回应：对于科学中的任何理论（不仅限于进化心理学），其他的解释总是存在的。同时，庞大复杂的理论通常不会仅仅取决于一项重要的研究。相反，这些理论的方方面面开始被验证。同样，复杂的行为进化论就整体而言难以被证实或证伪，永远难以完全排除替代性的解释，但是实证研究可以考察这些理论提出的具体假设。例如，性别差异的进化论引出一个假设，男性应该比其性伴侣的年龄更大。这种现象存在于所有文化中，因为该进化论的假设认为这种差异是生物的产物而非文化的产物（Kenrick & Keefe，1992）。在研究者迄今考察过的文明中（包括印度、美国及其他诸多国家），该假设都获得了支持。虽然该发现并没有证实进化论描述的繁衍动机导致了年龄的差异，抑或否定了所有可能的替代解释，平心而论这仍旧是令人鼓舞的实证支持。

生殖本能

第二个挑战是，在当今这个许多人都限制自己后代数量的年代，进化心理学假定每个人都想有尽可能多的子嗣有些违背常理。进化心理学家对此也做出了有力的回应。人们并不需要有意识地做出进化论认为正确的、人们实质上试图实现的行为（Wakefield，1989）；需要的只是过去遵从特定行为模式的个体比不遵从的个体在当代拥有更多的子嗣（Dawkins，1976）。

因此，尽管你可能想要或不想要孩子，不可否认，除非某个人（你的祖先）有孩子，你才会存在。（在任何人的家族中，不孕不育或禁欲都不会是普遍现象。）你同样具有和他们一样的繁衍倾向（例如性冲动）。因此，不论你是否希望繁衍，你的性冲动源于你的繁衍本能。并且，不管你愿不愿意，性冲动确实提高了你繁衍后代的概率（节育措施有时会失灵）。按照进化论的说法，人们之所以具有特定行为的倾向，是因为同样的行为给上一代人的繁衍造成的影响——而非人们当前的繁衍意图。

> 在任何人的家族中，不孕不育或禁欲都不会是普遍现象。

保守主义

行为的进化论取向遭到的第三个批评是，它包含一定的保守偏见（Alper，Beckwith，& Miller，1978；Kircher，1985）。它假定人类当前的行为倾向是在物种过去的环境中进化而来的，并具有生物学根源。进化论取向似乎在暗示当前的行为模式不但不可避免，也极有可能不可改变。这种保守主义的推论令一些人感到困扰，他们认为男性滥交、虐待儿童以及强奸是应受指责的（当然是的）；另外，例如攻击这样的人类倾向是必须改变且可以被改变的。

进化论学家认为，像这种政治性的反对从科学立场上看是不相干的（参看第3章关于研究伦理的讨论）。他们同时指出，这种批评反映出进化论反对者执着于"自然主义者谬误"，认为凡是自然的都是好的。但进化论学家并不接受这种推论（Pinker，1997）。如经常发表与进化论相关文章的哲学家丹尼尔·丹尼特（Daniel Dennett）指出，"进化论心理学家完全不关注人类心灵具体特性在道德上的正义或罪责"（引自Flint，1995）。如果说进化心理学也有政治成见，那么它较为隐秘。进化论的基本假设——几千年的历史筛选出的是有助于个体生存行为的人格——本身就来自于文明。正如一个批评家所言，"在专治制度下，持不同政见者被认为有精神问题；在种族隔离制度下，种族间的接触被认为是不正常的；在自由市场制度下，利己主义被认为是根深蒂固的"（Menand，2002）。

人类的变通性

第四个更有力的挑战是，进化论的解释似乎将大量复杂的行为描绘为遗传写入大脑的程序。然而，心理学一般的教导是人类是极具变通性的生物，比其他物种拥有更少的本能行为模式。确实，第8章提到的新皮层具有超越固定行为模式及其他简单反应的计划和思考功能。然而，进化论似乎假定，诸如性别差异等特质是固有的行为模式，且不为意识或理性所改变。

这里所涉及的问题不是进化论正确与否。很久以前，该问题在科学界就已经得到了满意的答案。真正的问题是，在行为方面，人们在进化过程中获得的是计划和对环境做出反应的一般能力，还是特定的行为模式（被称为模块）（Öhman & Mineka，2001）。当进化论心理学家试图解释诸如配偶偏好、嫉妒的性别差异甚至儿童虐待和强奸等行为时，似乎更偏向于模块取向（C. R. Harris，2000）。不过当涉及个人差异的问题时，它承认脑皮层的进化赋予人类大脑对不断变化的环境做出灵活反应甚至克服本能冲动的能力。这两种解释之间很难甚至不可能不发生冲突，未来几年的争议很可能集中于此。人类通过进化传承的到底是什么？是一系列几乎是由特定情境自动诱发的特定反应？还是计划、预见、选择甚至超越行为冲动的能力？

生物决定主义或社会结构

人格进化取向的最后一个批评和人类的变通性紧密相连。很多行为现象可能不是进化的产物，而是人类对情境特别是对社会结构的灵活反应。例如，早前讨论的性别差异可能不是由生物学固化的，而是由当前的社会结构导致的。

心理学家艾丽丝·依葛利（Alice Eagly）和温迪·伍德（Wendy Wood）从另一个角度解释了进化论分析的男女择偶标准的差异。他们假定由于男性有较大的体型和较强的力量，以及女性在怀孕和哺育中的角色，社会在发展过程中会给予男女不同的任务和社会角色（Eagly & Wood，1999；W. Wood & Eagly，2002）。男性倾向成为战士、统治者，以及那些控制经济资源的人；女性则更可能被家庭所限制，她们的权力和财富取决于她们所依属的男性。依葛利和伍德认为，这种差异足以解释为何女性更在乎男性的财富而非相貌，而女性的财富对男性来说比较不重要。这种差异并非源于某种天生的模块，而是对生物因素合理、灵活的回应（也见Eagly，Eastwick，& Johannesen-Schmidt，2009）。

图9.4 我们拥有力量

女性政治领袖控制了几个国家，并且未来的女性领袖似乎会更多而不是更少。随着两性的权力差异缩小，男性和女性的求偶策略都会发生改变。

该论点具有理论和实践的重要性。理论层面上，它深入问题的核心，质疑人类天性到底多少是由进化决定、生物遗传的。它在实践层面上之所以有意义，是因为世界正在不断地发生变化。在工业社会中，身体力量不再那么重要，照顾孩子有其他可选的模式，传统的男女分工不再是必然的。但这种差异仍旧会持续，因为社会的变化很缓慢。接下来到底会发生什么呢？

根据进化论的观点，男女在配偶选择以及其他行为上的差异都是由生物进化的过程决定的。这种观点暗示要改变这些差异几乎是不可能的，改变最多也就只能以进化的速度进行，这至少需要数千年。相对的，根据基于社会的观点，随着性别分工的必然性逐渐消失，社会将发生变化，性别差异也会改变（以及可能会减小）。这一过程可能依然缓慢（需要数百年），但已经比生物进化过程快得多。

这种转变或许已经在进行当中。据依葛利和伍德的分析，在女性和男性享有相对平等权利的当今文化中，偏好富有伴侣的性别差异比两性权力分配迥异的文明要小得多（W. Wood & Eagly，2002）。这意味着如果社会逐渐赋予女性更平等的权利，本章早前讨论过的一些性别差异会就开始消退。但是，这一点并没有得到证实。一个自然的实验似乎正在进行中。在21世纪早期的美国，不同于过去几十年，完成大学教育的女性超过了男性。结果，一些女性发现"接受"收入低于自己的丈夫是必要的，要不就别结婚了（Taylor et al.，2010；见图9.5）。这一差异逆转了传统性别角色，并且从进化观点来看，也是反生物学的。面临社会环境的挑战时，男性和女性将会有多大的变通性呢？时间会告诉我们。

收入少于妻子的丈夫的比例

在已婚女性中，配偶哪一方受教育更多？

1970　　　　　　　　　2007　　　　　　　　1970　　　　　　　　　2007

4%　　　　　　　　　22%

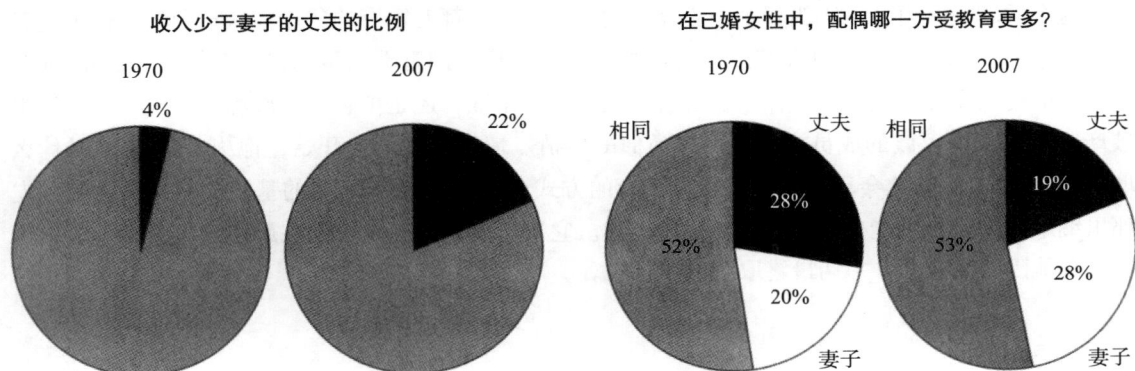

图9.5　夫妻之间的教育和收入差异的变化

已婚女性比她们的丈夫受教育更多，收入更高，这样的情况越来越平常。这一事实对于未来的婚姻和传统社会角色有何意义？

来源：（Taylor et al.，2010）。

进化论的贡献

在未来相当长的一段时间内，研究者们将会继续讨论进化论适用于人类行为的各种具体问题。但一个毋庸置疑的事实是：从进化论的思维方式被引入心理学的那一天起，这个领域就不再与以前一样了（Pinker，1997）。并不是说思维或行为的任何一个方面都是由进化而来的，但是，研究者们无疑需要考虑这种可能性。当人们尝试对某个大脑结构、思维模式或行为进行解释时，是否已经不必探讨这种解释从进化论的角度看合理与否？大脑结构、思维过程、行为，它们在过去是如何促进生存和繁衍的？对这些问题的解答是否有助于解释为何今日的人们——过去生存者和繁衍者的后代——拥有这些特点或功能？

遗传是开端，不是终点

在第8章的最后，我将回到希波克拉底关于播放器的比喻。在他弄清楚播放器如何工作后，他可能还没有开始探讨为何人们喜欢音乐，音乐产业的经济状况以及该产业如何运作，抑或为何有些艺术家出名而有些则默默无闻。如果他想要完全弄明白播放器里发出的声音，关于这些问题的解答是非常重要的。

在结束人格遗传的讨论之前，让我们回到洛克菲勒家族和他们继承巨额遗产的例子。从短期看，这个问题很好解释，因为每个洛克菲勒的新家庭成员都有富有的父母。从长期看，这个富有的家族谱系可以追溯到一位极其成功的祖先。不过再让我们看看新生的洛克菲勒婴儿，他/她会用继承的财富做什么呢？用于休闲、慈善、投资政治生涯，还是把它们全部滥用在药物上，最终破产？洛克菲勒家族的成员之前就做过类似的事情。遗产只是一个开始，他/她会用它来做什么取决于他/她生活的社会环境、父母抚养教育的方式，当然，还有他/她的基因。你从父母和祖先那里继承的人格很可能也以相同的方式影响你。它决定着你的起点，但往后你会怎样走则取决于很多其他因素。或许，一切最终取决于你自己。

生物学会取代心理学吗？

本章和前一章综述了四个尝试解释人格的生物学领域：解剖学、生理学、遗传学以及进化论，每个领域对人格都有大量的分析。确实，每个领域都意味着人格是基于生物因素的。几乎在本章提到的所有研究之前，这种推论已为高尔顿·奥尔波特对人格的经典定义所预见。奥尔波特（Allport）写道："人格是个体内在心理物理系统（psychophysical systems）的动力组织，它决定一个人对环境的独特的适应方式"（我需要强调一下，最初由奥尔波特于1937年提供；也见Allport，1961）。

心理学的生物学取向在这几年里出现了迅猛发展。一些观察家认为，心理学作为一个独立的领域注定会消失。因为人格是心理物理系统，一旦完全搞清楚大脑的结构和生理机制，心理学家就没有什么好调查的了！这种观点被称为生物学还原主义（biological reductionism），它将心灵的各个方面最终归结为生物学。[13]

显然，我对此议题颇感兴趣，但仍然要声明，我不认为生物学最终会取代心理学。这一点当然不会在短时间内实现。如我们所见，至今仍有太多的鸿沟阻碍我们用神经系统的知识取代人格

---

[13] 达特茅斯学院心理系在几年前更名为心理和脑科学系——这是对未来的一个预示？

等其他取向的知识。

但是，永远不能吗？即使在遥远的未来，我也不认为生物学可以取代心理学。原因很简单，心理学的生物学取向讲得更多的是生物学而非心理学。这样的生物学固然有趣，但它没有诠释人们在日常社会情境中的行为，或者人们行为间的一致性（我们在本书第二部分讨论过的主题）。心理学的纯生物学取向永远不会解释心理冲突是一种怎样的感觉，抑或偶然的行为如何使冲突显现，抑或面对自身的存在焦虑是什么意思（第四、五部分探讨的主题）。纯生物学没有解释个体所处的环境如何决定行为，抑或个体如何面对环境、制订计划以争取成功（第六部分讨论的主题）。它甚至不能对你当前的思考解释些什么。

例如，进化过程赋予男性对配偶不忠的生物倾向（如进化论所言）。但当男性不忠的时候，脑子里到底在想什么？他在知觉、思考、感受什么？他到底想要什么？进化论心理学不仅没有成功地回答这个问题，它甚至都没有提到过。相似地，一方面是大脑、神经递质和基因，另一方面是行为，心理过程则居于它们之间，生物学取向描述了前者如何影响后者，却没有解释中间的心理过程。

本书的主题之一是人格的不同取向，不是同一问题的不同答案，而是指向不同的问题。因此，我们不需担心一种取向会垄断，即使是生物学取向。人格的生物学取向正在变得愈来愈重要，进化论可以积累大量的心理学知识，但它们永远不能通过表明行为是多么"真正"地为生物机制所决定来取代其他取向（de Waal，2002；Turkheimer，1998）。生物学取向的真正意义在于解释了生物因素如何与社会过程交互作用来影响人们的行为。

总　结

• 行为遗传学关注人格在多大程度上是从父母那里继承的，并为生物学亲戚所共享。

• 进化心理学关注人格（以及其他行为的先天倾向）是如何从祖先那里继承的，以及这些先天倾向是如何由于它们对生存和繁衍的影响而被一代代塑造的。

行为遗传学

• 有关行为遗传学的争议颇多，因为历史上它牵涉优生学（选择性育种）和克隆的概念，它信奉人的命运在出生时已注定，但对该议题的现代观点并不包括这些看法。

• 最常用的遗传力系数的计算方式是，同卵双生子某特质的相关减去异卵双生子之间的相关，再乘以2：遗传力系数=$(r_{MZ} - r_{DZ}) \times 2$。

• 来自同卵/异卵双生子研究的遗传统计估计，对于很多人格特质而言，大约40%表现型的变异是可以由基因变异解释的。

• 基因是交互作用的，而不是简单地表现为其效应相加之和。

• 遗传力研究证实了基因对人格的重要性，并有助于发现某种心理障碍是独立的病症还是正常人格的极端化。最重要的是，此类研究帮助我们进一步理解环境对行为和人格的影响。

• 研究发现没有血缘关系的收养儿童虽然一同成长，却并没有发展出相似的人格。这令人质疑家庭环境是否会影响人格发展。不过新的发现表明，共同的家庭环境会影响很多重要的特质，特别是当研究测量采用行为观察法而非自我报告法的时候。

• 尽管遗传力研究提供了有用的信息，但遗传统计并不是"天性与教养的比率"，因为完全由基因控制的特质常常遗传力很低或完全没有遗传力。

• 新的研究开始逐步揭示基因通过生物学结构来影响人格的复杂方式。例如，基因DRD4与多巴胺系统有关，后者对外向性有一定影响；5-HTT基因与神经递质5-羟色胺有关，也与冲动性物质和相关行为有关。拥有该基因的短等位基因的人们，他们的杏仁核对不愉快的刺激有较强的反应，这些人罹患焦虑障碍的风险更高。

• 当研究开始尝试揭示基因、大脑运作以及人格之间的联系时，情况变得更加复杂。这是因为，不仅基因之间存在交互作用，它们对发展的影响也离不开环境的作用。例如，拥有5-HTT基因（影响5-羟色胺）的短等位基因的个体，有产生抑郁和反社会行为的风险，但前提是承受严重的压力或者在童年期受到虐待。

• 既然已经确定基因与人格和生活事件有关，并且几乎"任何东西都是遗传的"，那么行为遗传学的未来就不在于对遗传力的计算，而在于理解人格特质和生活事件的交互作用，这些交互作用是基因之间和基因与环境之间的。

• 关于基因—人格相关关系或基因—环境交互作用的所有发现并不总能被重复，这导致一些批评者认为整个项目都是具有误导性的。不过做出这样的结论还为时过早：分子行为遗传学领域仍然处在非常早期的阶段，还有很多需要研究。

进化人格心理学

• 进化心理学尝试通过分析"行为模式如何提升我们祖辈的生存和繁衍率"来解释行为。

• 进化心理学从攻击和自私对生存的必要性及其潜在不利性出发，来看待这些行为。

• 根据马克·利里的理论，自尊可以是一个"社会性计量器"，用以评估个体被群体接纳的程度。自尊的下降可能是一个逐步发展的被排斥的危险信号。

• 抑郁可能已经进化为防止徒劳无功的能源浪费以及寻求支持的一种手段。

• 进化心理学对求偶行为的性别差异给予了特别关注，包括男性和女性认为彼此最有吸引力之处的差异，以及他们追求和保住伴侣的策略的差异。例如，与社会群体内性关系得分低的男性相比，该特质得分高的男性对其自身"配偶价值"的评估准确度更高，也更可能用"炫耀性消费"来吸引女性。社会群体内性关系特质指在没有建立有意义的关系的前提下发生性行为的意愿。然而，女性似乎完全了解这个策略。此外，男性似乎对于性的不忠比对情感上的不忠有更强的嫉妒心，女性则显示出相反的模式。然而，这只是一个相对的差异：两种类型的不忠对于两性来说都是非常不愉快的。

- 个体差异在进化心理学中非常重要，因为：如果一个种族要存活，它就必须包含多样性。在某个环境中具有适应性的特质在另一个环境中可能是致命的；行为模式已经进化，作为环境经验的一个函数出现；进化可以给人们提供几种可能的策略，而他们会使用在他们的环境中最有意义的那种；一些受到生物学影响的行为可能"依赖于频率"，意思是人们会根据一般情况下某种行为在群体中的常见程度来进行调整。

- 有关进化心理学的争议提供了5个针对该理论的"压力测试"：进化理论的方法学；人们自觉地意识到进化策略促进生存和繁衍的程度；一些人的看法，即进化解释是否意味着社会变化不可能发生或必须非常缓慢；人们是否进化出特别的行为"模块"或灵活应对环境要求的更广泛的能力的问题；以及社会结构是否更好地解释了归属于进化生物学的行为模式的问题。

- 进化心理学最重要的贡献之一可能是，心理学家现在有必要考虑，在进化史上，他们揭示出来的行为模式是如何适用于这个种族的。

遗传是开端，不是终点

- 从父母那里继承的人格生物因素会决定你心理发展的起点，但不会决定你人生的最终结果。

生物学会取代心理学吗？

- 一些观察家推测，知识的增加总有一天会允许所有的心理过程被生物学所解释，这种观点被称为生物还原主义。

- 然而，生物学永远取代不了心理学，因为生物学自身没有，也不能处理很多核心的心理问题。这些问题包括人们在其日常社会环境中的行动方式、行为一致性的基础、心理冲突的体验、人们对所处环境的阐释，以及为获得成功而谋划策略的方式等。

思 考 题

1. 人类的天性是什么？要想理解人类天性，你必须探讨哪些方面的问题？

2. 你觉得你的人格更多是受到教养方式还是基因的影响？

3. 当科学家了解到，特定的大脑结构或化学物质与人格特质相关时，这个知识的价值体现在哪里？它帮助我们更好地理解这个特质了吗？它具有实际的意义吗？

4. 如果你有兄弟姐妹，你和他们长大的家庭环境一样吗？还是存在差异？如果有差异，那么这些差异是否能够解释你和他们之间的不同？

5. 抑郁有什么益处吗？不懂得抑郁的人最终总会碰上麻烦吗？一个人可以从抑郁中受益吗？

6. 如果你可以选择，你希望自己的社会群体内性关系水平高还是低？

7. 宜人性水平高的女性对她们的"配偶价值"、她们对异性的吸引力的评估更加准确。报告该发现的研究没有给出非常清楚的解释。你能想出一个解释吗？

8. 你是否同意进化心理学家对性别差异的结论？你是否认为这些差异正如进化论描述的一样？它们是否更适合用文化来解释？

9. 如果你是一名女性，与一名受教育程度和收入均低于你的男性结婚会让你感觉自在吗？如果你是一名男性，与一名受教育程度和收入均高于你的女性结婚会让你感觉自在吗？为什么？人们对这类问题的态度是否正在发生改变？

10. 你认为心理学最终会被生物学取代吗？

11. 人只是动物中的一个种类吗？人和其他动物有何异同？

推荐读物 >>>>>

Kenrick, D. T. （2011）. *Sex, muder, and the meaning of life: A psychologist investigates how evolution, cognition and complexity are revolutionizing our view of human nature*. New York: Basic Books.

这本书是对进化心理学的概括，书中还有作者自己的既诙谐又深刻的离奇生活故事。一本真正有趣的书。

Krueger, R. F., & Johnson, W. （2008）. Behavioral genetics and personality: A new look at the integration of nature and nurture. In O. P. John, R. W. Robins, & L. A. Pervin（Eds.）, *Handbook of personality: Theory and research*（3rd ed.）, pp. 287-310. New York: Guilford Press.

这是对行为遗传学知识现状的全面综述，它相对简短但切合目前情况。内容包括对基因—环境交互作用的最新想法。

Pinker, S. （1997）. *How the mind works*. New York: Norton.

从进化论视角出发，以深入、引人入胜的文字考察认知和社会心理学。在书中，品克为我们提出了许多关于进化史如何塑造我们思考方式的很多新颖的、惊人的见解。

Wilson, E.O. （1975）. *Sociobiology: The new synthesis*. Cambridge, MA: Harvard University Press.

本书重新引起研究者采用进化论解释人类行为的兴趣。

电子媒体 >>>>>

登陆学习空间*wwnorton.com/studyspace*，获得更多的复习提高资料。

第四部分

隐秘的心理世界：精神分析取向

埃利奥特·斯皮策（Eliot Spitzer）是一位好斗、高效的罪恶斗士。作为地区检察官、首席检察官，然后是纽约州州长，他打击证券欺诈、网络诈骗、掠夺性借贷和环境污染。他特别关注卖淫，称之为"现代奴隶制度"（Bernstein，2008）。他赞成女权主义团体的观点，即只惩罚女性却忽视她们的顾客是有误导性的，并且他还通过了一项法律以加强对老鸨的惩罚。

2008年2月13日，斯皮策州长在华盛顿特区五月花饭店的871房间与"克里斯汀"①见面，后者为一家名为皇帝俱乐部VIP的组织工作。她带着这样的想法到了那儿，即他"会为每样东西付钱——火车票、来回饭店的出租车费、酒水饮料和房间服务、旅行时间和饭店"（Westfeldt，2008）。后来，他付给她4300美元现金，其中包括1000美元作为未来服务的定金。对于州长来说不幸的是，他隐瞒现金来源的意图让他的银行产生了怀疑，引发了调查，并且所有这些都在2008年3月10日的《纽约时报》（*New York Times*）上被披露出来了。一周以后，他辞职了。斯皮策州长的事业完了。②

怎么会发生这样的事呢？一位专职的、官方的犯罪和卖淫对抗者怎么会摇身一变，成了他所积极反对的生意的顾客？然而这并不是唯一的例子。在2003年，威廉·班尼特（William Bennett），保守派权威，自诩的道德宗师，《道德之书》（*The Book of Virtues*）③的作者，被迫承认长期的赌博恶习让他损失了数百万美元。2006年，一位公开反对同志婚姻，并规劝同性恋者摒弃他们"罪恶的、毁灭性的生活方式"的南方浸礼会牧师，因为在俄克拉荷马州一个以"男妓招手拦车"闻名的地区向一位便衣警察做出召妓行为而被捕（Green，2006）。似乎每隔几周就会有类似的新闻报道：某个自以为是的政治家或向社会呼吁的牧师，他（通常是男性，但是也有例外）把谴责某种不道德行为作为事业，实际上却经常实施这样的不道德行为。这种奇怪的、自相矛盾的案例渴求心理学家对它们做出解释。

---

① 显然不是她的真名。
② 他作为政治家的事业完了。他现在拥有自己的有线电视节目。
③ 也包括《儿童的道德书》，描述对小的烦恼进行道德探求的益处。

因此，对于类似这些案例，大多数心理学家能说的东西少得令人意外，这一点可能会让你感到惊讶。五十多年前，心理学家亨利·莫瑞（Henry Murray）抱怨心理学：

> 过于关注那些可重复的、一致的和清晰可操作的内容（人格的表层），以及意识层面的、规则的和合理的内容……而止步于需要心理学的地方，正是从这里开始，有很多事情变得难以理解。（Murray，1938）

在今天看来，他的抱怨在心理学的大多领域里都是切实的。但是有一种方法长期以来一直侧重于解释那些怪异复杂的思想和行为，这就是基于弗洛伊德著作的精神分析。

然而精神分析却不等同于"弗洛伊德派的"心理学。在弗洛伊德的职业生涯中，他就自己的一些重要观点做出过数次更改；此外，近一个世纪以来，许多心理学家不断地调整、解释和扩展他的观点。这些观点关注的都是心理世界中隐秘的，有时候看似矛盾的、不合理的或者荒谬的部分。

接下来的三章全面审视了经典的、修正的和现代的精神分析。第10章从总体上介绍了弗洛伊德和精神分析的思想以及精神分析关于心理结构和发展的观点。第11章讲述了潜意识的一些运作方式，包括防御机制、失误行为（口误）以及幽默。最后，第12章通过全面审视一些杰出的新弗洛伊德流派理论家，包括阿德勒、荣格和霍妮，以及一些最新的相关经验研究和现代精神分析的理论化，将精神分析引入现代。这一新的理论化关注人际关系，包括客体关系和依恋理论。弗洛伊德并未死去，我们将发现他以令人惊奇的多种方式活着。

精神分析的基础

人类心理中隐蔽的潜意识部分究竟是怎样运作的呢？由弗洛伊德创立、经后来的新弗洛伊德主义者加以发展和完善的精神分析可以解释这个问题。精神分析理论相当复杂，并且有许多版本。接下来我会以相对简单的方式来进行讲解。请注意我说的只是相对简单，因为要谈精神分析就不得不涉及一些复杂的问题。

这一章主要涉及弗洛伊德的生平简介和精神分析的主要概念，通过解释儿童如何在心理上发展为成年人，描述了精神分析的模型，即心灵是如何建构和思考的。本章的最后部分还介绍了弗洛伊德思想对心理治疗和当代社会的启示。

弗洛伊德其人

在本书中，我试图避免踏入用对心理学家的描写来代替心理学的陷阱，因为我认为心理学不只是"心理学家做的事"。但我们必须把弗洛伊德作为一个例外。没有哪一种心理学理论像精神分析一样既有如此大的影响力，同时又与某个个体有如此紧密的联系。弗洛伊德是过去二百年里最有趣和最重要的人物之一。因此，让我们花点时间来思考弗洛伊德，以及他是如何形成其观点的。

西格蒙德·弗洛伊德（Sigmund Freud，1856—1939）是一位医生，19世纪90年代到20世纪30年代，他在奥地利维也纳执业。20世纪30年代，希特勒上台后，弗洛伊德因为自己是犹太人，不得不逃离自己的祖国，在伦敦度过了人生的最后几年。临死前，他思想悲观，认为这次世界大战和灾难性的第一次世界大战离得如此之近，证明了人类拥有攻击和破坏的欲望，这种欲望最终会毁灭人类自身。

弗洛伊德留下的不太高深但影响深远的文化遗产之一，就是心理治疗师的典型形象：他留着胡须，戴一副小眼镜；他喜欢三件套西装，表链挂在胸前的表袋外面；他说英语的时候带着维也纳口音；他的办公室里有一张长椅，还有一些令人印象深刻的非洲艺术品，一些病人说它们令人分神。

图10.1　工作中的弗洛伊德

（a）

（b）

图10.2　弗洛伊德位于维也纳伯格斯（Berggasse）19号的居所外部

他的办公室以及与家人一起生活的房间位于二楼。（a）照片摄于1938年，德国军队占领奥地利后不久，弗洛伊德逃往伦敦之前。如果仔细观察，你可以看到门口上方已经被粘贴了纳粹十字标记。（b）照片是作者2010年去参观时拍摄的。弗洛伊德故居现在是一家博物馆。

弗洛伊德最开始从事神经学研究。他去了法国一段时间，跟随让·马丁·夏克特（Jean-Martin Charcot）学习当时刚刚兴起的催眠术。后来，他逐渐转做精神病医师，其中一部分原因是为了谋生和结婚——就像现在一样，行医比做理论研究的收入要高得多。在早期的临床实践中，弗洛伊德有一个简单却很重要的发现：当他的病人们诉说他们的心理问题时，有时候仅仅诉说本身已经足以帮助甚至治愈他们。起先，弗洛伊德运用催眠来让他的病人谈论一些困难的主题。后来，为了同一个目的，他转而使用自由联想（free association），要求病人说出浮现在脑海中的任何东西。弗洛伊德的病人之一将这种治疗结果命名为"谈话治疗"。谈话治疗是弗洛伊德对心理治疗最大的贡献。它现在已经非常普遍。几乎每个心理治疗流派——包括很多其追随者声称与弗洛伊德毫无共同之处的流派——的一个基本假设就是"谈论它是有用的。"

弗洛伊德认为他知道为什么谈话会有帮助。一个原因是通过大声说出想法和恐惧来让它们变得明确，也就是坦白承认它们，有意识的理性思维就可以对它们进行处理。一旦你将疯狂的念头纳入理性思维的范畴，它们就不会再让你发狂。另一个原因是，在病人尝试弄明白正在发生的事情的艰难过程中，心理治疗师可以提供情感上的支持。每个心理治疗师都会在手边准备一盒纸巾。在一封写给卡尔·荣格（Carl Jung）的信中，弗洛伊德写道，"精神分析实质上是用爱来治愈"（引用自Bettelheim，1982，题词）。很多非弗洛伊德流派的心理治疗也采纳了这两个观点。

弗洛伊德吸引了大量信徒，他鼓励他们推广精神分析的观念。其中很多人都具有自己的强烈信念，引发了一些著名的激烈争论。卡尔·荣格和阿尔弗雷德·阿德勒（Alfred Adler）是弗洛伊德最有名的追随者，他们甚至与自己的导师决裂了（见第12章）。

图10.3　弗洛伊德著名的咨询长椅

弗洛伊德的观点来自他所治疗的病人，更重要的是来自他对自己的心智运作的观察。这是精神分析取向与人本主义取向的共同点，后者我们将在本书后面部分探讨（见第13章）。精神分析学者和人本主义者在心理学上的努力都从了解他们自己开始。传统精神分析训练的一个重要部分就是对自己进行精神分析。其他心理学家不会用这种方式来看自己；事实上，他们似乎避免这样做。例如，特质心理学家和行为学家一般都会安全地将他们的工作关注点放在其自身人格之外，正如生物心理学家不会把他们自己剖开一样。

弗洛伊德的观点受到他所生活的时间和地点的影响，也受到他的病人的影响。他的病人大多数是富裕的女性，并且其中报告幼年时遭到父亲性虐待的人数多得惊人。弗洛伊德一开始相信了她们，并视这种早期虐待为长期心理创伤的主要来源。他后来改变了想法，判断这些记忆其实是幻想，由于心理原因而变得像是事实。[①]

---

① 批评家（Jeffrey Masson，1984）提出，后一个结论是一个根本性的错误，因为它导致精神分析师从内心而不是从外部世界来寻求心理问题的起源。

既然我们已经认识了弗洛伊德，那么就让我们转向他所建立的理论的基础吧！

精神分析的关键概念

精神分析很特别的一个方面就是它的复杂性是建立在一些相对少的关键概念之上的。下面四个概念可以构成精神分析的基础：心理决定论、内部结构、心理冲突和心理能量。

心理决定论

精神分析首要的、最根本的观点是**心理决定论（Psychic determinism）**（Brenner，1974）。决定论是一个基本的自然原则，意思是说任何发生的事件都有其原因——理论上是这样，但实践上并不总是这样——而且这个原因是确定的。作为精神分析的基础，心理决定论假设个体头脑中所发生的任何事情、个体所想和所做的每件事情都有特定的原因，根本不存在奇迹、自由意志甚至偶然事件。如果存在，整个方法将止步不前。精神分析学者们坚信心理学可以解释以下这些自相矛盾的事情：市检察官的嫖娼行为，道德行为倡导者的强迫性赌博，还有反对同性恋的牧师在酒店外面追求男性。他们所需要的是勤奋、洞察力，当然还有适当的精神分析框架。

非决定论者可能会这样认为，"他决定召妓（或赌博）只不过是出于他的自由意志，不管他是怎么说的"或者"他只是前后不一"。这些观点可能是正确的，但是它们并没有解释任何事情，而且精神分析学者决不会提出上述说法。如果稍好一些，按照精神分析的观点，以上的情况将被解释为"这个检察官所做的只是一个政客最典型的行为，他做这些受人欢迎的事情只是为了当选，而他真正想要的却是另外的，或者《道德之书》的作者也是另一个伪君子"。这些解释可能是对的，然而它们并不能回答为什么该检察官会采取嫖娼行为，而不是其他犯罪行为（例如入室抢劫），尽管这些行为都是法律所不允许的；也不能解释为什么反对赌博的道德说教者会输掉数百万美元。这里肯定存在一个原因。精神分析学者认为，原因在于人格的结构和功能，而解释的诀窍就是要找到它。

精神分析认为，那些行为和心理看上去矛盾的冲突是可以被解决的，不存在偶然性。你言行的不一致是有原因的。你为什么会忘记某个名字，打翻盘子，或者说出一个你并没有打算要说的词语等，也都是有原因的。精神分析的目的就是深度挖掘这些原因，它们通常是藏在心里的隐蔽部分。因此，心理决定论的假设会直接得出这样的结论：许多重要的心理过程都是**潜意识（unconscious）**[2]的。当代研究越来越支持这个结论：只有一部分（可能只有一小部分）心理过

---

[2] 弗洛伊德认为心理决定论将直接且必然地导致潜意识心理过程理论，也就是一个假设是为了引出另一个假设。因此，与弗洛伊德相同，我并没有将潜意识心理过程看作精神分析的第五个单独的基础。

程是可以被意识到的（Kihlstrom，1990；Bornstein，1999b；Sshaver & Mikulincer，2005）。

内部结构

精神分析的第二个关键假设是：心理有内在的结构，它由很多具有独立功能的部分组成，有时各部分之间也会发生冲突。从第8章我们可以看出，这和我们所知的脑功能是一致的，但是很重要的一点是，我们必须搞清楚心理和脑的区别：脑是生理器官，而心理是脑（以及身体的其他部分）活动所产生的心理结果。精神分析理论将心理分为三个部分，这是大家都比较熟悉的。这三个部分常用拉丁文表示为**本我（id）**、**自我（ego）**和**超我（superego）**。这些术语分别代表了心理的非理性和情绪化的部分、理性的部分和道德化的部分。[3]

这三种心理结构的相互独立将会产生一些很有趣的问题。那位纽约州州长的本我不断要求娼妓，而他的超我却反对这种行为。《道德之书》的作者批判了大量的恶习，然而奇怪的是（或者不足为奇）没有将赌博包括进来。这个作者的超我表面上抑制了许多行为，而他的本我却坚持至少有一个例外。俄克拉荷马教堂的牧师召男妓，同时公开谴责同性恋。在所有这些事件中，自我——心理的理性部分并没有很好地调节这两股相互冲突的力量。

生物心理学和认知心理学的当前研究并没有发现心理可以被精确地分为三部分。然而，这两类研究却支持心理是由不同的、相互独立的结构所组成的，这些不同的结构可以同时处理不同的思想和动机（Gazzaniga，Ivry，& Mangun，1998；Rumelhart，McClelland，& The PDP Research Group，1986；Shaver & Mikulincer，2005）。因此，尽管心理的这三个部分可能不像弗洛伊德所预想的那样存在，但认为心理不只是一个声音，而是由多个声音组成，并且这些声音可能表达不同的东西，这是非常合理的。

心理冲突和妥协

精神分析的第三个假设是直接由第二个假设推论得来的。由于心理被分为不同且相互独立的部分，所以它本身会发生冲突，正像我们的检察官、《道德之书》的作者和教堂的牧师一样。但是**心理冲突（psychic conflict）**并不总是戏剧性的。例如，现在你的本我想吃冰淇淋，但你的超我认为你不能吃冰淇淋，因为你并没有把一周的时间都用在学习上。这时，就需要你的自我出来达成一个折中方案：在你看完这章之后才能吃冰淇淋。

妥协（compromise formation）是现代精神分析的一个重要思想。精神分析学家认为，自我的主要工作是，在相互竞争的动机、道德和现实之间，或是个体在同一时间内想要做的不同事情之

---

③ 心理学家布鲁诺·贝特海姆（Bruno Bettelheim，1982）强烈认为这种分类其实是对弗洛伊德原来德文的一种误译，然而现在去纠正这个错误已经太晚了。贝特海姆认为应该将id、ego和superego翻译成 the It、the I、the Over-I。

间寻求一个平衡（我们将在第12章再对自我心理学进行阐述）。这种妥协的结果就是个体有意识地思考并实际做出的事情（Westem，1998）。如果检察官和教堂牧师的自我足够有效，他们便会在他们的性冲动和道德之间寻求平衡，就不会有麻烦了。《道德之书》的作者的自我也没有处理好，所以他陷入了这样一种窘境——极力反对所有恶习，却有一个例外。由于没有达成比较合理的内部平衡，这些个体内在的两股强劲的力量相互竞争，开始是一种占上风，后来另一种占上风，最后导致惨重的后果。

心理能量

精神分析最后一个关键性的假设是人的心理过程需要能量驱动才能不断地进行下去。这种能量被称作**心理能量**（psychic energy），或者**力比多**（libido），它在特定时刻是稳定且有限的。因此，心理的某部分占用了能量，另一部分便得不到能量；能量被用来做这件事情（例如忘掉脑中那些不愉快的记忆），便不能用来做另一件事情（例如拥有新的创造性的想法）。这种能量守恒定律在心理学中的应用和在物理世界中的应用是一致的。

这个原则看起来似乎是合理的，并且弗洛伊德将之建立在他所处时代的牛顿物理学的基础之上。然而，基于该原则的一些推论却经不住时间的检验。例如，原来的一个假设是如果一个心理冲动没有被实现，那么它的能量便会随时间不断地积累，就像锅炉中水蒸气的压力一样。如果某个人使你生气了，除非你表达了自己的愤怒，否则相关的心理能量会不断地积累直到某件事情突然爆发。这是一个很有意思的说法，并且和我们在现实生活当中的经历是一致的。例如，一个温顺的人经常被那些恃强凌弱的人欺负，后来会突然地谋杀他人。但是，研究表明这种说法是错误的。表达愤怒只会使个体的愤怒增加而不是减少，这和弗洛伊德早期的观点相冲突（Bushman，2002）。

我们要深入理解心理能量这个比喻还有一个原因。我的第一份教学工作是在一个工程科学学院教书。[④]一天，当我在讲弗洛伊德的时候，我班上的未来的工程师们都在有礼貌地打盹。当提到心理能量的时候，他们突然精神起来，其中一个学生抓起他的笔记本大声地问道："心理能量，它的测量单位是什么？"不幸的是，我回答弗洛伊德所说的心理能量并不是可以用任何单位测得的，它只是在某方面很形象的一个比喻，而在其他方面并不符合。听到这样的回答后，那个学生叹了口气，很没精神地坐回到了椅子上。毫无疑问，他们肯定在心理上更加坚信要成为一个工程师，而不是一个心理学家。

现在的精神分析理论已经远离了弗洛伊德关于心理能量的最初观点。依据现在的观点来看，当前的假设是：处理心理的过程需要的是心理能力（capacity），而不是能量（Westen，1998）。这种新的观点对原有观点的保留之处在于能力被用于一种用途之后便不能用作另一种

---

④ 我把这个令人振奋的经历推荐给了所有心理学同行。

用途。精神分析的一个目标就是为了应对日常生活的各种挑战，释放更多的心理能量（或者能力），将神经官能症的冲突逐个消除。

争论

和人格心理学的其他方法相比，精神分析从开始到现在激起了众多争论，甚至有些人认为精神分析是十分危险的。人们对精神分析的反对也随着时间推移发生了变化。维多利亚时代，人们看到的是弗洛伊德过于强调性和性驱力，控诉他的理论是"肮脏的"。对于21世纪开明的人类来说，我们看到弗洛伊德的理论难以理解而且得不到证明，抱怨的是他的理论"不科学"，批评的基点发生了变化。但在不同的时代，都有一些人不喜欢精神分析，还有很多人也不喜欢弗洛伊德。我们可以看到这样一个很有趣的现象：对精神分析的批评经常和弗洛伊德的品德、生活作风以及个人生活联系在一起（Crews，1996；Western，1998）。

弗洛伊德本人预见了这些批评，有时还会沉醉其中。他的这些反应并非完全是自谦。他指出，哥白尼因为指出地球不是宇宙的中心而不得人心，达尔文因其理论"人类只不过是另一种动物"而受到人们的讥讽。弗洛伊德自己认为人们的本质大部分是隐蔽的，人们行动的驱动力是低级的、非理性的；他还认为他的这些观点肯定不会受到人们的欢迎。他说得没错，精神分析确实受到了人们的排斥和指责。

下面我通过两个警世故事将以上内容下降到个人层面。这两个故事都体现了精神分析的洞察带来的不适感和直接的危险。

第一个是当我决定选择心理学这个专业的时候。我照常把这个消息告诉我的家人。那天因为感恩节放假，我从学校回到家中，等待预料之中的问题："你已经选好专业了吗？""心理学。"我回答道。正如很多做了这个决定的人发现的那样，我的家人并没有特别兴奋。在一阵令人难堪的沉默之后，我的姐姐第一个开口说话了。"好的，"她说道，"但是你得答应我，如果你要用心理学分析我的话，我以后再也不和你说话了！"

她的话非常符合情理。学习人格心理学，特别是精神分析，将会不可避免地分析你周围的人的行为和思想。那真是很有趣的事情。但是你必须接受我姐姐的建议——把它看作你的私人乐趣。人们通常是不乐意被分析的。如果你告诉你的朋友你分析他/她做某件事情的真正意图是怎样的，那将导致很不好的结果，即使你的分析是正确的。弗洛伊德认为，尤其当你分析正确的时候，结果更不好。

我的第二个故事是关于精神分析学者的。当我讲到弗洛伊德的时候，我试图将自己作为一个倡导者，我做得很好，大多数人信服我的精神分析理论。然而，谁也说不准这种销售式的教学对我的学生究竟能有多大的影响。但是有一个人从来都是坚信不疑的，那就是我自己。因此，每到我讲授课程的那几个星期，我会变成疯狂的弗洛伊德主义者。我会忍不住分析每一个我所能看到的小事件、错误和意外事故。

几年前的某天，我就做过类似的事。在一次闲谈的过程中，和我一起吃晚饭的女士提到了她那天忘记做的一件事情。刚好那段时间在教授有关弗洛伊德的课程，并深深地沉浸其中，我立即为她做了一个复杂（同时我认为也是聪明的）的分析：潜意识的焦虑和内部冲突导致了她对那件事情的记忆缺失。她并不接受我的见解，并且情绪激动地指出我的分析很荒谬，让我自己好好享受我的弗洛伊德主义。以姿势作强调，她用装有冰水的玻璃杯撞击我的膝盖。我拾起冰块，但是满脑子还是弗洛伊德理论，我所能做的就是感谢她生动的象征性的警告。⑤

这两个故事的寓意都是一样的，那就是不要自以为很聪明的去分析他人。如果你是错误的，对方会很生气；如果你的分析是对的，那么他/她会更加生气。例如他们会大声说："我们也是受过专业培训的，请不要在家里做这种试验。"

精神分析、生与死

弗洛伊德认为，众多的、有时相互冲突的事情背后存在着两个根本的驱力，一个驱力指向生，另一个指向死。两个驱力经常同时存在且相互竞争。最后获胜的是死的驱力。

生的驱力有时候被称作**力比多（libido）**，也被称为"性驱力（sexual drive）"（这也正好是我们平常所说的力比多）。⑥在弗洛伊德以及后来的精神分析著作中，力比多都受到了较多的关注。但是我认为这也是一种误解。部分原因可能是人们更容易被与性有关的东西所吸引。而总体看来，性只是生活。它对于繁衍固然很重要（生物干预除外，如试管婴儿），而且它给人们带来的乐趣也是人类生活很重要的一部分。从这个层面来讲，力比多就是性驱力；弗洛伊德的意思是，力比多是和创造、保护、生活乐趣以及创造力、生育力、成长联系在一起的。弗洛伊德相信，这种基本的驱力在每个人身上都存在。⑦

弗洛伊德在他的后半生又提出了第二个重要的驱力，是指向死亡的，他称其为**死亡本能（thanatos）**。虽然弗洛伊德并不是特别愿意声明"死亡本能"的存在，但是他坚信自然是个二

---

⑤ 总之，我们后来结婚了。

⑥ 弗洛伊德的理论在几个不同的且相互之间有重叠的方面使用力比多这个术语。力比多是性驱力。对弗洛伊德来说，这和生的驱力是一样的。然而正如我们将看到的，其他精神分析学者认为性驱力是生的驱力的一部分而不是全部。不管是哪种观点，这一驱力产生的能量都是驱动整个心理系统的心理能量（弗洛伊德对心理能量的命名）的来源。

⑦ 在这里，和其他地方一样，鉴于后来精神分析的发展和当代最新的一些结论，我要重新解释一下弗洛伊德理论。我认为这种翻译符合弗洛伊德关于力比多的观点。但是，不得不补充一点，弗洛伊德是从性的文学意义上来谈力比多的。之后，精神分析学者（例如荣格）认为，弗洛伊德过于强调性，而忽略了力比多的更为广泛的意义——生命力。

元体，每个事物都有它的对立面。弗洛伊德还观察到，人们从事着大量不合理的毁灭性活动（战争便是个很好的例子），最后无一生还。于是他提出死亡本能来解释这种现象。

这种驱力有时候也会被人们误解。因为弗洛伊德提出了死亡本能，或许让人觉得他和他的理论一样病态。我推测弗洛伊德在头脑中存在着类似于平均信息量的观点——平均信息量是宇宙朝随意性和混乱状态发展的基本推动力。规则的系统将要走向混乱，这是不可避免的；局部的、暂时的有序扩张将导致广泛的、长期的混乱扩张。[8]弗洛伊德正是以类似的方式看待人类的心理和生活。我们一生都在不顾一切地想尽办法使我们的思想和世界变得井然有序，且富有创造力和生命力。而按照平均信息量原则，我们的这种努力最终必将以失败告终，同时我们也会开始新的探索旅程。因此，弗洛伊德关于生命的观点并不是病态的，它总比将生命描述为"悲剧"要好得多。

力比多和死亡本能的对立来源于另一个在精神分析里不断重复出现的基本观点——**对立统一性原则**（doctrine of opposites）。这个原则是指每个事物都包含且离不开它的对立面，如生离不开死，高兴离不开悲伤，等等。一方不能脱离另一方而单独存在。

这个原则还暗含了这样一层意思：两个互为极端的事物的相似度要高于其中任何一端和中间事物的相似度。例如，抵制色情活动的倡导者和制造色情作品的人，根据对立统一原则，他们之间比那些不怎么关注色情活动的"中间派"有更多的相似性。他们不仅都是极端者，同时都对色情材料有很大的兴趣，因为他们都认为那些东西是很重要的，并且花大量的时间阅读。相反，对于那些中间派来说，他们可能比较厌恶色情，但是还不至于为色情活动大动肝火，誓必灭之，或者整日沉浸其中。再思考一下反卖淫斗士和嫖客，他们之间的差异不可能更大了，对吗？还记得埃利奥特·斯皮策的悲惨例子吗？或者再想想当某个人不再爱另一个人了，会发生什么。他/她的新态度是变为中间状态，或变为"一点点喜欢"，还是走向另一个极端？哪种更多见？

生命驱力和死亡本能也是符合对立统一原则的。然而，死亡本能是弗洛伊德后期才提出来的，而且也从未将它归入他的理论体系之中，大多数现代分析家们也并不真正地相信它。[9]当我在这本书中提到心理能量时，我指的是生命力或者力比多。

心理发展："跟着钱"

在电影《惊天大阴谋》（*All the president's Men*）中（Pakula，1976），记者鲍勃·伍德沃德

---

⑧　这就是为什么物理学认为宇宙终将走向灭亡。
⑨　我个人认为这个观点是很有用的。

（Bob Woodward）问告密者"深喉"如何揭开牵扯到尼克松总统的水门丑闻。[10]深喉说道，"跟着钱。"他的意思是说伍德沃德应该找出总统再选委员会（尼克松的筹款组织）那个控制现金的人，然后了解他们是怎样花掉这些钱的。之后，伍德沃德说这个提示让他和记者卡尔·伯恩斯坦（Carl Bernstein）终于查明了此案。

和金钱一样，心理能量是必需且有限的。因此，根据能量走向，我们能得知心理发生了怎样的变化。

当我们试图弄明白人类心理是怎样运作和发展时，弗洛伊德给了我们相似的指导。他的建议是"跟着能量"。和金钱一样，心理能量是必需且有限的。因此，根据能量走向，我们能得知心理发生了怎样的变化。

这个原则主要体现在弗洛伊德提出的从婴儿心理到成人心理发展的观点上。心理发展是个体早期心理能量（即力比多）释放及重新定位的过程。新生儿出生时就带有心理能量，然而这些能量缺乏精确的定位。随着新生儿长成幼儿再到成人，在这个过程中，能量开始定位。先是聚焦在这个出口，之后又是另一个出口。随着关注点的转移，儿童寻求满足感的类型和方式也在发生着变化。但是无论它聚焦在哪里，它还是力比多，即我们一直在说的心理能量。

心理能量的定位决定了心理发展的阶段。或许你已经听过这种分类：口唇期、肛门期、性器期以及生殖期。每一个阶段包括了三个方面：（1）身体关注点（physical focus），即心理能量定位以及满足感获取的地方；（2）心理主题（psychological theme），和身体关注点与外界对儿童在发展过程中的要求相关；（3）成人性格类型（adult character type），与某个特定阶段心理能量固着或者延缓有关，也就是没有全部顺利地进入到下一个阶段。如果个体没有解决好该特定阶段出现的心理事件，那么便会在心里留下与该阶段相关的心理创伤事件，并且这些创伤性事件将伴随个体一生。

表10.1　弗洛伊德的性心理发展阶段理论

阶段	年龄（大约）	身体关注点	相关心理结构	心理主题	成人性格类型
口唇期	出生到一岁半	口、嘴唇和舌头	本我	依赖、消极	依赖或过度独立
肛门期	一岁半到三岁半	肛门和排泄器官	自我	服从和自控	服从并对秩序着迷，或反权威和混乱
性器期	三岁半到七岁	性器官	超我	性别认同和性取向	性征化过度或性征化不足
（潜伏期）	七岁到青春期	不适用	不适用	学习和认知发展	不适用
生殖期	青春期到成年	成熟关系中的性行为	本我、自我和超我很好地平衡	创造和增加生命	成熟的成人（很少达到）

---

[10]　十年之后，即2005年，深喉被曝光是美国联邦调查局（FBI）的马克·费尔特（Mark Felt）。

口唇期

新生儿是无助的，他们手脚不灵活，也不能看得很清晰，或者伸手够到他们想要的东西，不能爬行或翻身。总之，他们完全缺乏对身体运动的控制和身体平衡的把握。

但是，有一件事情新生儿可以做得和成人一样好：吮吸。这并不是一件小事情。吮吸这个动作是相当复杂的：婴儿必须学会怎样用嘴部肌肉完成吮吸动作以及怎样将食物送到胃部，同时又不妨碍呼吸。足月出生的婴儿，其必要的神经网络和肌肉一出生便可以工作。（对于发育不好的新生儿来说，他们所面临的问题之一是这种复杂的机制无法运作。）

那么，现在你可以问一下自己，"新生儿是怎样找乐子的呢？"不是来自于胳膊或腿部动作，因为它们还不能真正的活动。对于新生儿来说，最主要的乐趣来源以及使他们和外界发生有意义联系的部位是嘴。因此，嘴是心理能量最早定位的地方。心理发展的**口唇期（oral stage）**是从出生到大概一岁半左右的时期。

让我们思考一下之前描述过的这个发展阶段的三个方面。正如刚才讨论的，口唇期的身体关注点在口、嘴唇和舌头。弗洛伊德也说过，对于新生儿来说，这些地方就是性器官。这又是一个容易被人误解的地方。弗洛伊德的意思是说，在这个阶段，嘴部是婴儿的生命力和主要的愉悦感集中的地方。吃东西是快乐的主要来源，同时，吮吸物体以及用嘴探索外物也可以获得乐趣。

在婴儿能够控制手和手臂之时，看见了某个吸引他/她的小东西，他/她的第一反应是怎样的呢？婴儿会把这个物体放进他/她的嘴里——通常这也是让父母懊恼的一件事情。许多父母抱怨孩子总是试图吃很多东西，例如球、铅笔甚至死蟑螂。但是，那并不是婴儿的真实意图。婴儿的手部发展得还不够完善，还不能很好地探索事物。当你发现了一件你认为很有趣的东西，你会抚摸它，翻转它，感受它的质地和重量，但是这些对于婴儿来说却是不可能的。因为这需要很精细的动作技能；而他们通过将物体放在嘴里获得更多信息和乐趣，因为嘴的发展情况要比手好。

口唇期的心理主题是依赖。婴儿的生存完全依赖他人。他们对自己什么也不能做有种消极感（然而对于要求别人做什么，他/她却从不会有消极感）。在这个阶段，婴儿最主要的事情就是躺着，等待别人给他/她提供一切他/她想要的或者他/她不想要的。无论哪种情况，婴儿都毫无办法，除了能制造一些噪音就是观察。在口唇期，婴儿是完全本我的，也就是说婴儿随时需要被满足：被喂食，被抱，需要干净的尿布，需要温暖和舒适以及娱乐等。寻求物质以求得满足是本我的特性。事实上，要想自己去做那些事情以满足需要，必须具备一些心理结构和生理上的能力，这在以后的发展阶段才能实现。

在口唇期，如果婴儿的需要得到适当的满足，那么某关注点和心理能量便会在适当的时候进入到下一个阶段。在这个过程中，会出现两种不良发展情况。一种情况是婴儿的需要没有得到充分的满足。如果婴儿的照料者对婴儿不予关注，不称职或者不负责，就会出现当婴儿饿的时候没有被喂食、冷的时候没有得到保暖的东西、不舒服的时候没有得到安慰等情况。当这种情况发生时，婴儿便会形成基本的不信任感，不能对依赖关系进行恰当的处理。在依赖他人的过程中，不信任和被遗弃感使他/她感到不安，即使他/她不知道究竟是为了什么。

第二种情况是婴儿的需要总是及时地或自动地得到满足。对他/她来说，他/她想要什么就会得到什么，不会有例外。于是，在以后的生活中，外部环境的要求以及不好的待遇，对于他/她来说就是不小的打击。他/她总是希望回到口唇期，在那个时期，他/她需要什么就可以立即得到满足。当以后的生活涉及依赖、顺从和主动时，都有可能引起他/她的焦虑。同样，他/她也意识不到这究竟是为什么。

这里我们要再次提及对立统一原则。它将出现很多很多次。弗洛伊德认为，儿童时期任何极端的经历都会导致相应的病态性结果，中间状态才是最理想的。他把事情搞明白了。一项研究报告，成长为自恋者（见第7章）的儿童多半是被过度冷漠或过度赞美他们的父母抚养大的（Otway & Vignoles，2006）。弗洛伊德建议照料者在口唇期应该适当地满足儿童的需要，不要任何需要都立即满足，也不要过于忽略儿童的需要，使儿童开始怀疑他们的基本需要能否得到满足。

让我比较吃惊的是，弗洛伊德如此坚持适度原则却没有得到人们的赞誉。他不喜欢极端行为、过度的儿童养育风格、极端的人格类型以及极端的态度，部分原因是他认为两个极端都会导致相应的病态化结果。弗洛伊德的观点是个黄金原则，他对这个原则的坚持也是他的理论最值得称赞的方面之一。[11]

由于口唇期的极端经历导致的成人人格类型被称为口唇性格。如果你了解弗洛伊德是怎样看待事物的，你将不会对口唇性格分为两个极端的类型感到奇怪。这两种性格的人对任何与依赖和顺从有关的问题感到烦躁、不舒适和恼火。第一种是那些极端独立者，他们拒绝任何外人的帮忙，为了达成目标不惜一切代价。对于他们来说，在协助下取得的成就毫无意义。而另一种是那些极端消极被动者，他们似乎永远在等待自己的人生之船到来。他们不会做任何事情来改善自己的处境，而是疑惑——有时是愤怒——于为什么得不到自己想要的。对于他们来说，想要某样东西的愿望就足以使它出现了。这是一种婴儿式的做法：当他们感到饥饿或有其他需要时，他们就哭，然后其他人就会照料他们。似乎口唇性格的人在长大成人后仍然期待世事以同样的方式运作。

弗洛伊德认为两种口唇特征在根本上是相等的。一个很有趣的表现就是口唇性格倾向会从一个状态跳到另一个状态。当它发生改变的时候，不是回到中间状态，而是到另一个相反的极端状态，因为这个状态在心理上和它原来的状态是相近的。例如，一个极其独立的人，当事情发生不好的变化时，可能会突然变得相当顺从和依赖他人；一个很顺从的人某天也会突然去做他/她平时不会去做的事情，不是回到中间状态，而是到另一个极端，鄙视别人的帮助，在某种程度上独立的有点过头。

我有一个亲戚，三十多岁时曾被人描述是"世界上最老的十六岁"。这对于很多十六岁的人来说实际上是一种侮辱。他是一个聪明可爱的人，但是却完全不能将目标和行动联系起来。几年前，他在一次家庭聚会上宣布他已经有了一个职业目标。我们很期待知道他的目标是什么。他

---

[11]　大多数临床心理学家的结论是这种观点的现代版本：人格障碍在人格特质变化的正常范围内处于一种极端的位置（Clark，Lively，& Morey 1997；参见第18章）。

说，他已经仔细地考虑过了，把所有的数字都算过了，决定要一个年薪十万美金（税后）的工作。这份薪水足够令他无忧生活了。"那这份工作是什么呢？"我们问。他对这个问题表现得很诧异，他说他还没有想到那儿。

这是口唇性格的一种很典型的态度。依我看，他相信，或者在某些潜意识的层面上相信，为了得到某样东西，他所做的就是把他想要的解释清楚就可以了。其他的计划和工作都是其他人需要做的。总之，口唇性格的人把大量的时间浪费在思考他们想要的是什么，而不是怎样做才能得到那些东西上。

"我为你发出咯咯声感到自豪。"

一些学生表现出类似的态度。在期末，他们要求得到一个好分数，因为他们需要。他们常常会滔滔不绝地诉说他们为什么有这种需要。他们似乎觉得，那已经足够了。他们从未这样想过只有上课和做作业才能取得好成绩，而不是在课程结束的时候简单地提出要求就可以得到。

口唇性格的另一个极端，即长期且病态的独立，这种人似乎很少。然而，我也曾看到我刚才描述的那位亲戚，在准备野餐或修理汽车时拒绝任何微小的帮助。可能你认识的一些人，他们总是说"让我自己来"，最终却失败了。

我要再一次声明中间原则。在口唇期发展良好的人，他们会不断地接受别人的帮助，但是不会完全依赖这种帮助，同时他们还明白人人都应该为自己的事情负责任。

肛门期

口唇期值得炫耀的事是不用做任何事情，因为你不能照顾自己，没有人期待你这样做。你可以做任何你想做和能做的，表达任何你想要的，不论什么时候，只要你想。但是，好事难以为继，你很快就要步入下一阶段了。

许多用母乳喂养孩子的母亲都有过这样的经历，她们的宝宝在吮吸的过程中会突然用他们新长出来的小牙齿猛地咬一下。你可以想象这时候母亲是怎样的反应，"哎哟！"或者比这更强烈的反应，然后立即把孩子拉开。如果当时那个母亲叫的声音足够大，你也可以看到小婴儿是怎样的反应：愤怒、生气、沮丧甚至恐惧。母亲的反应对于婴儿来说就是一种很强烈的打击：妈妈是什么意思呢？不是我想咬就咬的吗？此外，婴儿会迅速发现只有他/她可以很好地控制自己咬的行为，那么他/她想要的东西才能得到。这种经历预示着新阶段的到来。

当婴儿再长大一点的时候，外界对他/她的要求也逐渐增加。这时候儿童被期望自己做一些事情，例如控制情绪。当儿童开始了解语言的时候，他/她又被期望要遵守规则。他/她要学会

"不"这个词——一个对于他们来说既新奇又令人担忧的概念。同时，儿童还必须学会控制他/她的大肠，学习排便，这也是弗洛伊德所关注的。排便训练开始了。

所有的一切表明，儿童形成了一个新的心理结构：自我。自我的主要功能就是在儿童的需求和实际可能的行为之间起到调节作用。通过自我，儿童才可以明白只有他/她停止咬的行为，母乳喂养才会继续。也只有通过类似于这样的痛苦课程的学习，自我才可以逐渐形成合理控制其他心理结构的各种能力。

肛门期（anal stage）的生理聚焦点在肛门和相关的一些排便器官。学会什么是"必须要排便的感觉"以及适当地进行排便是这个阶段最重要的任务。弗洛伊德和其他学者指出，许多日常生活中的语言和这个排便的过程以及排便的产物也是有关的。这不仅包括大家都比较熟悉的一些侮辱和咒骂性的语言，还包括将别人描述为"保守的"（这是他/她表现出来的肛门性格），以及我们一般会用的建议"把它们全部发泄出来吧！"（这句话是暗示他人减少自我控制，"自然"的表现。）

但是，在这里我要对弗洛伊德稍作批评（根据我们将在第12章讨论的埃里克森的理论）。我认为弗洛伊德经典的理论过于强调通便和假想的身体快感，这其实是一种误导。肛门期的排便训练确实是生活中很重要的一部分，似乎也是一些象征性语言的来源。但是对于一岁半的儿童来说，那只是对他们的服从和自我控制等众多要求中的一个要求。随着儿童开始学会控制肠道，父母也厌倦了尿布，急切地希望孩子掌握排便这种新技能。[12]这种期望的增加在其他情境下也会有体现：从"自己去喝水！"到"别摸它！"，所有这些第一次发生的事情也是儿童生活重要的转折点，这些转折点和心理主题是相关的。

肛门期的主要心理主题是自我控制，它的必然结果是服从。从儿童成长到一岁半左右开始，他们可以到处活动，并且可以独立做一些事情。同时他们也开始有控制欲望的能力，包括排便及其他的一些欲望，如哭闹、去拿大人不让拿的东西或者欺负小妹妹等。权威人物——通常是父母——也开始认为孩子应该掌握自我控制的能力。

在这个阶段，他们需要学习很多东西，然而过程并不都是顺利的，最典型的是儿童开始想知道这些权威者究竟有多大的权力。当自己决定做一些事情时，他们反对的程度会有多大呢？为了弄清楚这个问题，儿童开始试探父母，期望能够找到他/她可以逃脱处罚的界限：如果我在被告知不可以揪小猫尾巴的情况下揪了小猫的尾巴，将会发生什么呢？如果父母说"不许再吃饼干！"，那么我偷偷地吃一块又会怎样呢？

从父母的话语中，我们可以得知这个验证的阶段对于他们来说是"可怕的两岁"。孩子真的像个魔鬼似的。但是，孩子的这种行为是相当合理的。如果孩子自己不去经历，那么他们怎么会知道世界是怎样的？他们的行为有时是气人的，但却是合理的和必需的。

在肛门期也会发生两件不好的事情。依照精神分析的观点，这两种错误是对立的两极，中间

---

⑫ 除了脏乱外，一次性尿布又很贵。

才是理想状态。不合理的期望会带来创伤性的结果。如果成人不断地提出要求，那么儿童便难以形成满足期望的能力。例如儿童从来不哭，总是服从，控制排便的时间超过生理限制——结果会给孩子留下心理创伤，并且这种创伤性的结果是长时间存在的。而另一个极端——从来不要求儿童控制欲望，忽略排便训练——也会带来相应的问题。

在每个阶段，儿童的发展任务都是找出世界上的事情是怎样发生的以及怎样才能很好地处理。在肛门期，儿童必须领会到怎样控制自己以及控制的尺度；怎样被权威控制，以及控制的尺度。这是一件很痛苦的事情，甚至对于成人来说也是如此。如果外界环境过于苛刻或者宽容，那么儿童便不能很好地掌握这些技能。

一项从儿童到成人的追踪研究也验证了弗洛伊德的观点。这些儿童的父母可以被分为专制型（过于严格和要求服从）、放任型（缺乏控制或控制力弱）和权威型（在严格控制和完全放任之间）。结果和弗洛伊德曾经预测的一样：权威型父母（属中间类型）的孩子在以后的生活当中发展最好（Baumrind，1971，1991）。[13]

肛门期这种心理上的不幸会导致成人形成不同的肛门性格。肛门性格主要围绕着控制问题展开。和口唇性格一样，肛门性格主要有两种类型。一种是强迫性的、强制性的、苛刻的、整洁的、严格的以及对权威屈从的。这种类型的人试图控制他们生活中的方方面面，并乐于服从权威人物。他们不能容忍杂乱无章和含糊不清。很早以前，我的一位变态心理学老师说他可以用一个题目辨别出肛门性格：走进某人房间，你会看见一排铅笔或者其他东西很整齐地排成一排。你随意地走过去，把其中一支铅笔摆成90度。开始计时，如果在两分钟之内，这个人把铅笔放回原处，那么他/她便是一个肛门性格的人。这个测试简单易行，但是你知道它的理念所在。

另一种肛门性格则恰好相反。他们几乎没有自我控制能力，不能按时完成任务，或者毫无组织性，有强烈的对抗权威的冲动。弗洛伊德认为这两种类型的肛门性格其实是相通的，其中一种极端的肛门性格类型会跳到另外一种，而不是回到中间状态。

有个20世纪70年代的冷笑话表达了同样的内容：

问：为什么那个短发的会过马路？

答：因为有人让他那样做。

问：为什么那个长发的会过马路？

"你为什么要过马路呢？"

<hr>

[13] 这个结论可能仅仅适用于弗洛伊德所熟悉的西方文化背景。当今有研究表明，在亚洲文化背景下，有关专制型和权威型父母的研究有一些不同的结论和启示。

答：因为有人不让他那样做。⑭

弗洛伊德的观点与之类似。如果你固执、过分有条理或者顺从，那么你会出现问题。如果你毫无秩序、不肯服从，那么你也会有问题。实际上，这二者会出现同样的问题。自我控制和理解权威是解决问题的途径。为了达到目标，你要决定如何以及在多大程度上组织你的生活，处理好与权威的关系。

性器期

下面这个阶段是从性别认同开始的：男孩和女孩是不一样的。按照精神分析理论，性别认同大概从三岁半到四岁开始出现，到七岁时，在儿童的心理发展中上升到主导地位。

按照弗洛伊德的观点，对于男孩和女孩来说，他们在**性器期**（**phallic stage**）特定的发现就是男孩有阴茎而女孩没有，这也正是这个阶段的名称的由来。⑮性器期的基本任务就是认识到两性的不同以及这种不同的意义。依照弗洛伊德的观点，男孩已经发现女孩没有阴茎，于是便开始思考发生了什么，如果他也没有了阴茎会怎样。而女孩只想知道发生了什么。

那些正统精神分析的忠诚信徒们为这种现象引入了一个相当复杂的故事。这个故事以关于俄狄浦斯的希腊神话为基础，这个男人在不知情的情况下杀了自己的父亲，娶了自己的母亲。根据精神分析版本的俄狄浦斯危机，男孩在身心两方面都爱上了自己的母亲，因此可以理解他们会害怕父亲的嫉妒。这种害怕具体表现为男孩害怕父亲出于报复而阉割他们。对女孩来说，这个危机没有那么严重，但是她们仍然为已经发生的阉割感到悲伤。为了解决这种焦虑和伤心，儿童开始认同父母当中同性别的一方，同化他/她身上的许多价值观和信念，这在一定程度上减少了儿童的竞争感和嫉妒心，否则会进入很危险的状态。

俄狄浦斯危机的完整故事是丰富和迷人的，我刚才的总结（你可能已经注意到它只有四句话的长度）没有公平地对待它。然而，在这里，我不会再详细地叙述这个故事，一方面是因为这个故事已经广为流传，最好的英文译本是1982年贝特海姆（Bettelheim）翻译的。而不再深入到这个关于性器期的传统故事中的一个更重要的原因就是经验研究发现，这个故事并不能很好地说明问题（Sears，1947）。因此，我将以更简单、更现代的方式来讨论发展的这个阶段。⑯

对性别的认识是心理发展中一个很重要的里程碑。在这种认识下，儿童很自然地意识到父母当中一个是男性，另一个是女性。这个时候的儿童想知道，是什么使父母相互吸引，同时他们会

---

⑭ 这个故事的背景是基于20世纪60年代的一个刻板印象：当时男人留短发会被看作是保守的和服从权威的；留长发被认为是激进的、不顺从的。谢天谢地，今天发型已经不再带有任何政治含义。
⑮ 然而，这可能并不像弗洛伊德说的那样特定和普遍。有一次，我问不满四岁的女儿："男孩和女孩之间有什么区别？"她立即回答道，"男孩下面没有岔口。"
⑯ 这里我又要稍微改变弗洛伊德的文字表达，并且以一个更现代的版本来代替原来的版本。从现代知识的角度看，这个版本更为合理，同时还和弗洛伊德所要表达的意思相一致。

幻想和他们的异性父母保持一种怎样的关系才是好的。我并不认为这是很牵强的。另外，虽然这可能是隐蔽的，但儿童会为有这样的想法而感到内疚。这种想法在孩子看来是很古怪的，他们怀疑这些想法会让他们的同性父母感到震惊。

这个阶段的心理主题是性别认同和性——理解作为一个男孩或一个女孩意味着什么。对于大多数孩子来说，最好的、最明显的榜样便是他们的父母。女孩模仿她的母亲，男孩模仿他的父亲。这意味着要同化父母的许多态度、价值观以及对待异性的方式，这个过程就是弗洛伊德所说的**认同（identification）**。[17]

与这个阶段相关的主题还有爱、性、恐惧以及嫉妒。这个阶段所导致的成人期的结果还包括道德的发展，弗洛伊德认为这是认同的副产品。你的同性父母为你提供了最初的道德观，而你的异性父母左右你在性方面的发展——你认为什么样的人有吸引力，你怎样处理性方面的竞争以及性在你生活当中的重要性等。性器期这个阶段最重要的一个结果便是认为自己有男性气质或者女性气质，以及意识到这些特质体现在哪些方面。

出现额外的认同也是极有可能的。儿童可能也会认同他/她所敬佩的老师、亲戚、宗教领袖或者摇滚歌星。在大多数情况下，人们会认同他们喜爱和敬佩的人，然而在某些情境下，他们也会认同那些自己不愿意接近或者恐惧的人物。在第二次世界大战期间，纳粹集中营中的犯人报告他们有时候会认同他们的看守，用一些碎片做成纳粹的臂章和制服，彼此之间以"嗨，希特勒！"相互敬礼。精神分析学家布鲁诺·贝特海姆（Bruno Bettelheim——他自己也曾是达豪和布痕瓦尔德集中营的犯人——认为，这种看起来怪异的行为其实是一种对看守持久的（现实的）恐惧的适应：变得和看守相像，这会使他们的恐惧减少（Bettelheim，1943）。我猜想，试图变得和他们所恐惧的人的行为相像是相当正常的，这可能是超我发展的一个基础。人们有时候会认同虐待过他们的人——他们所厌恶的老师、他们所害怕的教练、年长的欺负他们的学生或者演练警长（或者整个军种）。在人们变得接近这些人的过程中，这些令人恐惧的特征会变得不那么可怕。

无论这些认同来自哪里——最通常的认同来源还是父母——一个人逐渐积累的认同最终构成了在本我和自我之后的第三个重要心理结构：超我。超我是心理结构中对其他部分进行道德评价的部分。这些评价基于多种不同的道德学习过程，包括直接获得的或者从个体所认同的他人那里间接习得的。如果发展顺利，超我会形成良心和合理的道德基础。然而事实上，超我的发展有可能走得太远或不够远。

自我

超我

本我

---

[17] 许多学生的生活都和这个阶段的人格发展是相关的。我曾经被问过很多次，"在这个阶段，如果一个孩子是由单亲父母带大的，将会怎样呢？"这个问题并不是假设的。我希望我已经回答清楚了。我认为这些孩子会四处寻求男性和女性比较突出的榜样，可能是他/她的亲戚、朋友、老师或者大众媒体中的人（不寒而栗）。

由超我过分发展或者发展不足导致的成人性格称作阴茎崇拜性格。如果一个人有一套严格刻板的道德准则，不能容忍任何瑕疵和例外，那么他/她就属于阴茎崇拜类型。另外，如果一个人毫无道德准则，生活作风混乱，那么他/她属于另一种阴茎崇拜类型。还有一种人是完全无性者。

男同性恋者可能就来源于此。虽然依我之见，到目前为止，精神分析并没有对此提供一个令人信服的解释。它的解释是一个男孩深深地爱上了他的母亲，为了不至于对母亲不忠，他转向同性寻求性满足，其他女性都成了他的竞争对手。我必须马上补充一点，关于性取向的现代理论是完全不同于此的（Bem，1996）。

极端"放纵"的性行为模式，是性器期性格的一种表现；过于严格的清教徒式的性行为模式也是如此。和以往一样，弗洛伊德质疑极端状态，认为中间状态才是最健康的。

生殖期

在性器期之后，儿童在发展上有一个暂缓的时期——潜伏期（latency stage）。这一时期，儿童的精力集中在孩童时期的学习任务上，例如学习阅读、认识植物和鸟类、学习算术以及小学教授的其他重要课程。它是一种心理上的暂缓，可以让儿童学习更多在成人生活中可能用到的知识。这个时期结束后便进入青春期。

生殖期（genital stage）和其他阶段有着根本的不同，弗洛伊德认为它不是个体必须经历的阶段，而是必须达到的阶段。长大成人不是不可避免的，它是需要去达成的。经过身体上的青春期后，如果发展顺利，个体会对性以及成年后的其他方面形成一个成熟的观点。至于这个时期什么时候发生，弗洛伊德并没有明确地说明。对于一些人来说，这个时期从来不会发生。

生殖期的身体关注点在生殖器，我们需要搞明白这个"标签"和性器期有着怎样的不同。生殖器并不只是一个生理器官，它承载着繁殖和繁衍生命的意义。在这个阶段，生殖器也不再只是获取生理快感的器官，同时它也是新的生命来源以及新的心理主题的基础。

生殖期的焦点是创造和繁衍生命。这个阶段的个体所拥有的成熟度使他们有能力把新生命带到这个世界上，并抚育他们长大成人。新的生命不仅仅包括孩子，还包括其他创造性的事物，例如智力、艺术以及自然科学的创造。这个阶段的发展任务是为生命和社会增加创造性的事物，以及承担相应的责任。也就是说，生殖期的心理主题是成熟。正如我前面所说过的，并不是每个人都可以达到这个阶段。生殖期需要心理调适和平衡——一个大家都很熟悉的词。

在20世纪初期，弗洛伊德第一次到美国，这也是他唯一一次美国之行。这次美国之行使他非常沮丧，因为他发现自己被一些报纸记者尾随（这些记者认为他的理论中有色情的部分），尤其是在他们已经扭曲了弗洛伊德的理论之后。从此以后，弗洛伊德开始讨厌美国以及和美国有关的任何事物。然而，这次旅行并不完全是糟糕的。一次，一个记者问他："弗洛伊德先生，你对心理健康的定义是什么？"他说，**心理健康（mental health）**的本质是"爱与工作"的能力。

在这个定义当中，最重要的一个词是"与"。弗洛伊德认为爱、拥有伴侣、照料和养育家庭是很重要的。同时他还认为投入工作、为社会做有意义和建设性的事情也是很重要的。如果一个人只关心某一方面，那么他是不完整的。真正成熟的人有能力达到生殖期，并能很好地平衡这两方面——爱与工作。

弗洛伊德说，心理健康的本质是"爱与工作"的能力。

许多女性面临着众所周知的困难，即平衡家庭和事业。在我们的社会中，这两个方面是相互冲突的，要想同时拥有这两方面是一件相当有挑战性的工作。我认为弗洛伊德已经认可了女性在这方面的努力。毕竟，这两方面的平衡正是生活的全部。[18]

相反，想想传统的男性。"工作狂"这个词被创造出来就是为了描述21世纪的很多男性，有些人现在还是如此。这些男性不会体验到工作和家庭的冲突，因为他们几乎完全放弃和忽略了家庭。那么他们这种状况就是好的吗？弗洛伊德认为并不是这样。将这两方面中的一个方面完全抛弃掉并不是心理健康，那是发育不良。女性们试图达成两方面的平衡，因此，她们比放弃这种努力的男性在心理上要发展得好。

时代正在改变。一方面，随着社会不断进步，更多的女性开始符合工作狂的形象，为追求事业而忽视家庭，这曾经是男性的特点。另一方面，一部分男性将家庭放在了他们的事业前面，甚至变成工作狂妻子的"家庭主夫"，这部分男性的数量虽少但呈稳定增长的趋势（回忆第9章关于变化中的性别角色的讨论）。两性都在努力调和弗洛伊德所说的爱与工作之间不可避免的冲突。似乎没有人能够获得完美的平衡，但那就是完美的本质。我们追求它，但是永远达不到。

各阶段之间的转换

正如我们所看到的，这些阶段之间的发展是基于心理结构之上的。在口唇期的开始阶段，新生婴儿完全是本我——需要和欲望的集合体。当婴儿发展到肛门期，沮丧和延迟满足的经历使心理的一部分开始分化，从本我中分离出去，并从本我中汲取能量形成自我。自我在某种程度上有控制和引导本我欲望的职责。在性器期，儿童开始认同重要他人，主要是他/她的父母。这些认同形式的总和构成了第三个心理结构——超我。超我代表了一个人的良心和道德感，它从道德层面判断一个人的行为和欲望，有时候会试图阻止它们。

弗洛伊德曾用过这样一个类比：心理在各阶段的发展就像一个军队攻占敌方的领地。它会定期遇到一些敌人和困难，这时候便会发生战斗。为了在战后保护领地，当部队前行时，一些士兵被留下来。如果战斗比较容易，且本方的反抗力量比较强，那么部队的大部分士兵要留下来——只有小部队前进。如果部队在战斗中遭遇比较严重的问题，那么便会撤回到上次战斗的据点。

---

[18] 事实上，弗洛伊德可能并没有认可。在他的个人生活里，他似乎是一个典型的维多利亚时代的男性至上主义者。但是我认为弗洛伊德的思想含有每个人都应该寻求爱与工作的平衡的意思。

在这个类比中，个体力比多的存储相当于军队。它在每个发展阶段会遭遇"战斗"。如果在口唇期、肛门期或者性器期中的战斗并没有取得完全的胜利，力比多便会停留在那个阶段。这就是**固着（fixation）**。成人将会继续与那个阶段的问题作战，而且在压力情况下会退回到那个阶段。这种退回被称作**退行（regression）**。在压力情况下，口唇性格表现为被动、依赖甚至吮吸拇指；压力情况下的肛门性格是比平常更加有序（或者混乱）；压力情况下的性器期性格是性乱交的（或者完全无性的）。在这个类比中，胜利意味着顺利通过所有的阶段直到生殖期，并且保留了个体大部分的能量。到最后阶段，力比多越多，说明这个成人的心理调节能力越好。

思维与意识

在这些性心理发展阶段的底层，心理也在两种类型的思维之间发生微妙的、深刻的但却不完全的转变。这两种思维是**初级过程思维（primary process thinking）**和**次级过程思维（secondary process thinking）**。次级过程思维正是我们平常意义中的"思维"。自我的意识部分就是以这种方式进行的：它是合理的、实际的和谨慎的，而且还可以延迟满足和改变满足的对象。它的次级性主要体现在以下两个方面。第一，它是随着自我的发展而发展起来的，新生儿没有能力进行次级过程思维。第二，弗洛伊德认为次级过程思维的作用不及初级过程思维，他认为在人的一生中，不只是在婴孩时期，初级过程思维都更有趣、更重要，也更有影响力。

初级过程思维是潜意识的运作方式，由婴儿和成人的本我来操作。它是思维的一种很特殊的形式。初级过程思维很重要的一点就是它不会包含"不"这个词（甚至这样一个概念）。它没有否定性、限制性、时间感或者任何实际性、必要性，它也不会考虑生活中的危险。它有一个目标：任何愿望即刻被满足。

初级过程思维通过一种奇怪的方式将各种不同的感觉紧密地联系在一起。例如，你对家庭的感觉会影响到你对自家房子的感觉。初级过程思维通过**置换（displacement）**，用一种想法或者图像代表另一种：你对父亲的愤怒可能会被对所有权威人物的愤怒所取代，或者你对某一个权威人物的愤怒也会转向你的父亲。（我们会在第11章中更加具体地思考置换。）**凝结（condensation）**能够将各种观点整合为一个：一所房子或者一位女性的形象便可以代表一整套复杂的记忆、想法和情感。同时，通过**象征（symbolization）**，一个事物可以代表另一个事物。

弗洛伊德在某个时期认为人的潜意识中存在着普遍性的象征性符号。对于全世界的人来说，某特定的象征性符号对于每一个人表达的意义都是相同的。他认为可以用这些象征性的符号解释梦。其中一些内容可以在一本关于梦的解析的平装书中看到。它所包含的一些转换如下：

房子 = 人类身体

缓慢前进的房子＝男性身体

有台阶和阳台的房子＝女性身体

国王和王后＝父母

小动物＝孩子

儿童＝生殖器

和儿童玩耍＝　　（这个空白处可由你自己填写）

去旅行＝死亡

衣服＝裸体

爬楼梯＝发生性行为

洗澡＝出生

以上条目都是非常吸引人的。弗洛伊德后来放弃了普遍性象征的说法。他认为同样一个事物对于不同的人来说代表着不同的意义。因此，这种潜意识的一般性字典没什么用处。然而，到后来这种普遍性的象征性符号又被卡尔·荣格所采用（见第12章）。

初级过程思维是一个非常有意思的概念，但是有人会问，如果它是潜意识的一个特性，那么它究竟能否被"看"到呢？弗洛伊德认为初级过程思维在特定的情况下可以进入意识领域。他相信婴孩的意识其实就是遵循初级过程思维的。然而，到他们能说话的时候，次级过程思维便开始形成，初级过程思维就很难进入意识领域了（事实上也是不可能的）。另外，他还认为初级过程思维在精神错乱和做梦的时候可以被意识到。这和我们在做梦（精神错乱）时的经历是一致的：没有时间感，一个人可以变成另一个人，一个形象可以代表其他的事物等等。弗洛伊德认为精神病患者有时也会有意识地经历初级过程思维。如果你听过患有精神分裂症的病人说话，你就会相信弗洛伊德所说的。

然而，初级过程思维很少直接地进入意识领域当中。弗洛伊德认为初级过程思维更多的是采用一种普通和间接的方式影响意识和外显的行为。初级过程思维的结果经常会被泄露出去，如口误、意外事件、记忆缺失等（见第11章）。

弗洛伊德提出了意识的三个层次，有时候被称为地形模型（见图10.4）。[19]位于顶端的一小部分，弗洛伊德认为那是最不重要的**意识（conscious mind）**层，是指当你略微将注意转向内部的时候，你所能观察到的那部分心理活动。第二部分是**前意识（preconscious）**，指的是那些你当前没有考虑到的，但是很容易进入到意识领域的部分。例如，现在天气怎么样？你早上吃的是什么？你的车停在了哪里？这些事情直到我问你的时候才进入到意识当中来。但是，将它们带到意识领域并不是一件很困难的事情。

---

[19] 地形指的是海拔；地形图是显示一片广阔区域中的山峰和山谷的海拔的图。

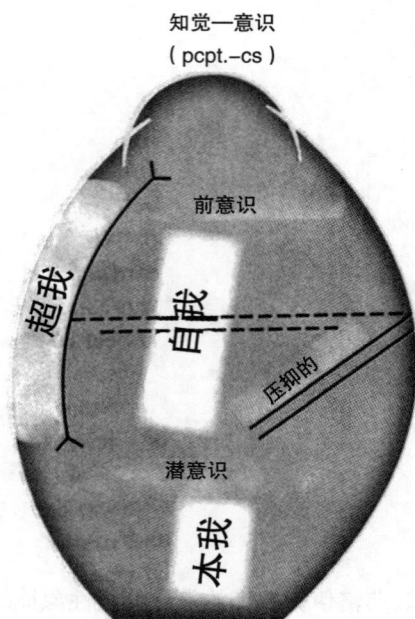

知觉—意识
（pcpt.–cs）

前意识

超我

自我

压抑的

潜意识

本我

图10.4　弗洛伊德展示意识和本我、自我及超我之间的关系的示意图

"pcpt.-cs"（代表知觉—意识）指有意识的心智。弗洛伊德这样评价他的示意图："现在很难说这个图在多大程度上是正确的。但它在一个方面毫无疑问是不正确的，那就是潜意识本我所占据的空间应该比自我或者前意识大得多。我必须要求你在你的思想中对这一点进行修正。"

　　第三部分是最大的，也是弗洛伊德认为最重要的部分——**潜意识（unconscious）**。它包括全部的本我和超我以及大部分的自我。潜意识被埋藏得比较深，使其现形的唯一途径是深挖。弗洛伊德在早期使用的一种深挖的方法便是催眠。另外还有一些线索，例如口误、意外事件以及错误记忆等，它们的缘由是在意识之外的心理过程。后来，弗洛伊德采用了一种新的技术：自由联想。这种方法鼓励人们说出头脑中浮现的和某个问题相关的任何东西。弗洛伊德认为在自由联想过程中的意识漫游并不是随机的——他认为任何东西都不是随机的。因此，人们从一种想法跳到另一种想法的方式提供了关于他/她的潜意识的重要线索。

　　我认识一位遵循这种方法的精神分析师，他要求病人讲出所有浮现在脑海中的东西。因为他认为人的思想、情感和动机是相互联系的，并处于一个复杂的网络之中，通常情况下我们不会有意识地通向这个网络，但它们是可以被揭示出来的。精神分析的一个目标就是描绘出这个网络从而揭示症状背后隐藏的东西，更好地理解病人的心理过程（Westen，1994）。

作为心理疗法和理解途径的精神分析

　　弗洛伊德认为那些大多数令人焦虑和不开心的问题源于潜意识冲突。解决这些冲突的方法，就是通过梦的分析、过失和失误的分析以及自由联想等方法把它们带到表层中来。一旦潜意识冲突进入到意识层面，便会被自我的合理性部分处理掉，于是这些冲突便不会再产生问题。从治疗的长远意义来看，弗洛伊德认为对隐藏的心理部分的洞察可以使病人完全地、合理地实现自我控制。换句话说，尽管弗洛伊德强调不合理的心理过程，但他相信逻辑的力量。

当然，这个过程比刚才所说的要复杂得多。潜意识冲突需要合乎逻辑和情理的处理，很耗时而且很痛苦，甚至也是危险的。正如精神分析学家罗伯特·鲍宾森（Robert Bornstein）所说：

> "那些受过性虐待或生理上遭受过虐待的病人缺乏可用的心理资源，因此，他们不能通过对这些经历的外显记忆来很好地处理自己的问题。对于这些病人，治疗工作主要是构建起他们的防御和应对机制。只有当这些资源足够充分时，对潜意识的洞察才能在治疗中和治疗外得到有效的利用。"（Bornstein，1999b）

随着人们把他们的冲突带到表层，短期内他们会感到很焦虑、不安，不知道神经症去除后会怎样。正因为如此，许多人避免处理他们的潜意识焦虑。弗洛伊德把这种逃避解决心理问题的现象称为"逃离健康"。这是很常见的，比如你会听到一些人说"我不想谈论这个了"。

弗洛伊德认为，为了安慰病人，指导和支持病人度过艰难的治疗过程，治疗师和病人之间必须有情感上的联结，这种联结被称作治疗同盟（therapeutic alliance）。这种同盟通过**移情（transference）**获得能量。移情是指个体把自己同重要他人建立起来的思维、感觉和行为方式带到后来与另外一个人的关系中。例如一个人可能将早期与父亲建立关系的方式应用到与老师的关系中（见第12章对客体关系和依恋理论的论述）。在心理治疗中，移情尤其重要，因为病人和治疗师建立起来的情感联系是基于病人过去和重要他人建立起来的关系的基础之上的。治疗师也会对病人产生反应，包括积极的和消极的反应。治疗师对病人产生的情感反应被称为**反移情（countertransference）**。

移情和反移情的发展在治疗中是很重要的，但也是很危险的。弗洛伊德认为病人和治疗师之间发生相互的性吸引是正常的，他可能是第一位提出这种观点的心理学家。另外，他还坚持认为治疗师有责任抵抗这种吸引。弗洛伊德认为病人情感上的投入对于治疗是必需的，可能治疗师也是。尽管如此，治疗师必须不惜一切代价避免对这些情感做出反应。这个警告也适用于消极的反应。与难以相处的病人——如那些有自恋性人格障碍（见第18章）的病人——一起工作的治疗师描述了憎恨、后悔、害怕和被操纵的感觉（Betan，Heim，Conklin，& Westen，2005），他们感到他们"在蛋壳上行走"，甚至害怕去查看电话留言！显然，为了让自己能够帮助像这样的病人，治疗师必须努力控制他们自己的情绪。

精神分析经常因为极低甚至为零的可证实的治愈率，以及持续多年甚至没有尽头的长程治疗而受到批评。不过最近的研究对其大肆吹捧，这甚至让一些观察家感到吃惊。对包括1,053个病人的23项研究的全面总结得出结论，长期的精神分析治疗比短期疗法更有效，尤其是对于那些被称为"复杂心理障碍"的症状。事实上，接受长期精神分析治疗的病人的进展要好于96%的接受其他疗法的病人（Leichsenring & Rabung，2008）。

这个令人印象深刻的发现并不意味着精神分析总是能见效，或者它对每个人都是合适的。正如一位精神病学家最近写下的：

> 感谢几十年的临床研究，分析师们能够评估哪种病人更适合药物治疗或其他形式的治疗，哪种病人更可能从精神分析中受益。在一个适合精神分析的群体中，病人常常会得到其他疗法无法达到的收获。（Miller，2009）

尽管人们对这一最新的尝试决心满满，但对于精神分析疗法的效力的争论仍然持续。弗洛伊德在后期这样看待这个问题：

> 在41年的医学实践之后，我的经验告诉我，确切来说我并不是一个医师……（我真正的兴趣是）人类历史事件，还有人类的演变、文化的发展与历史遗留下来的产物（其中宗教是最具有代表性的）之间的相互影响……这些都源自精神分析，却又超越了精神分析（引自Bettelheim，1982；括号里的内容是我添加的）。

最后，弗洛伊德并不是将精神分析看作医学或者治疗的技术（许多当代的心理治疗师所公认的），这令人感到很意外（Bader，1994）。相反，他把精神分析看作理解人类本质和文化的一个工具。

总　结

- 和其他研究人格的方法不同，精神分析取向关注行为背后神秘和隐藏的原因。

弗洛伊德其人

- 弗洛伊德是一位执业的心理治疗师，他从自己接诊的案例、内省以及自身拥有的广泛的文献知识出发，发展出了自己的理论。感激他的病人之一将这一技术命名为"谈话治疗"。

精神分析的关键概念

- 精神分析理论有一些重要概念，包括心理决定论、心理的三部分内部结构、心理能量以及心理冲突。

争议

- 自精神分析诞生之日起，争论就未曾停歇过，虽然争论的本质已随着时间而改变。弗洛伊德是20世纪的天才人物之一。

精神分析，生与死

• 弗洛伊德的精神分析理论认为人有两种根本的动机：一个是生的动机（力比多），另外一个是指向死亡和毁灭的动力（死本能）。

心理发展："跟着钱"

• 力比多产生心理能量，心理的发展过程也就是能量在四个阶段中专注于身体的不同部位的过程。

• 每一个发展阶段都有身体关注点、心理主题以及如果该阶段发展不好而产生的相应的成人性格类型。口唇期的主要问题是依赖；肛门期是顺从和自我控制；性器期是性别认同和性；生殖期的主要问题是成熟，也就是平衡"爱与工作"。

• 不同的心理结构是随着发展阶段的前进而逐渐形成的。新生儿是"完全的本我"。在肛门期经历了沮丧和延迟满足之后，自我逐渐形成。超我形成于性器期，是对重要他人认同（特别是父母）的结果。

• 个体在某种程度上停留在某个发展阶段，称为固着；退行是指退回到先前的发展阶段上。

思维与意识

• 弗洛伊德认为，在婴儿时期和成人心理的潜意识部分所呈现的初级过程思维是无意识的，其主要特征有联合、置换、象征和即刻满足的不合理驱力。

• 随着儿童向成人发展，次级过程思维开始形成，它是常见的、合理的和可意识到的。

• 意识有三个层次：意识、前意识和潜意识。弗洛伊德认为意识是三部分当中最小的部分。

作为心理疗法和理解途径的精神分析

• 精神分析疗法是基于病人和治疗师之间的治疗性联结，并通过一些技术（例如，梦的分析和自由联想）来进行的。其目的是把个体问题的来源，即潜意识的那部分思想带到表层，之后有意识的、合理的心理部分便会处理它。

• 尽管精神分析已经因为漫长的治疗过程和所谓的低治愈率变得臭名昭著，最新的研究却提供了对于其效力的令人吃惊的支持。弗洛伊德自己可能并不太在意，他曾经写到，他对精神分析的兴趣更多的是将其作为理解人类天性的工具，而不是医疗技术。

思 考 题 ••

1. 你是否留意到人们在交谈中用到弗洛伊德的思想？除了以上所讲的，你还能举出其他的例子吗？

2. 最近的新闻或者你的生活中有没有可以从精神分析的角度进行解释的实例?

3. 在你所学的课程中, 你听到过弗洛伊德的思想吗? 是哪些课程?

4. 其他的心理学课程中, 当老师提到弗洛伊德时, 他们表现出的态度是喜爱的还是敌对的? 依据是什么? 其他课程的老师, 比如英语老师又是如何呢?

5. 弗洛伊德过世近一个世纪, 人们还在热烈地讨论着他的理论, 人们是如何评论这位理论家的?

6. 你认为排便训练对于儿童来说重要吗? 儿童对此的处理方式会对以后的心理发展产生重要影响吗?

7. 一项科学研究发现, 大多数年轻人和他们的父母属于相同的政治派别。弗洛伊德怎样解释这种现象? 你认为这种解释是正确的吗? 还有其他的解释吗?

8. 在你周围的人当中, 你能想到一些口唇期、肛门期、性器期或者生殖期性格的人吗? 他们是怎样的呢(不用说出他们的姓名)? 你认为他们是如何变成这样的?

9. 你是否认为梦揭示了做梦者的一些心理? 你是否通过分析梦来更好地认识自己?

10. 如果你有心理问题, 会求助于一个精神分析师吗? 为什么?

推荐读物 >>>>>

Bettelheim, B. (1988). *A good enough parent.* New York: Vintage.

本书由一位在二十世纪下半叶极富声望的心理分析学家撰写, 从精神分析的角度探讨了儿童养育的问题。它绝对不是盲目的说教, 而是充满智慧的、能引起家长兴趣的一本书。

Gay, P. (1988). *Freud: A life of our time.* New York: Norton.

一本精彩的、全面的、文笔精湛的弗洛伊德传记。书中不但讲述了他的一生, 还探讨了精神分析的发展历程。作者对弗洛伊德及其精神分析显然持赞同的态度, 但是引入了现代视角。

Gay, P. (1989). *The Freud Reader.* New York: Norton.

收录了弗洛伊德的原著, 包括一些首次被翻译的、罕见的选段。

电子媒体 >>>>>

登陆学习空间*wwnorton.com/studyspace*, 获得更多的复习提高资料。

11

潜意识的运作方式：防御和失误

你真的想要知道周围发生了什么事吗？你真的想要弄清楚毫无掩饰的真实的你是怎样的吗？或许不是。有一些事实、思维或者感觉，如果你意识到了它们，结果会使你感到不舒服，出现不可抑制的焦虑，甚至达到让你不能正常生活的地步。另外，弗洛伊德还认为，你还会有一些欲望，如果表达出来，则会遭遇一些麻烦。自我的一个很重要的职责就是将这些令人烦扰的东西牢牢地锁在心理的潜意识层面。自我为了避免焦虑而隐藏特定思维和欲望冲动时所采用的技术被称为**防御机制**（defense mechanisms）。

防御机制并不总是有效的，思维、语词甚至行为偶然会泄露。你可能会想到一些你不理解的事情，说一些没打算要说的话，或者做一些和你的决策背道而驰的事情。这些"弗洛伊德式的失误"也被称为动作倒错（parapraxis），会使你感到尴尬，甚至会给你带来伤害。然而，它们同时也为探究潜意识的活动提供了宝贵的线索。

弗洛伊德认为，自我有时候会允许一些被禁止的思维和感觉有目的地表达出来。这种"排出"可以使那些平常被禁止的东西得到满足。实现这种功能的机制是诙谐或者幽默。平时不合时宜的冲动和感觉在滑稽的动作或者笑话中会得到认可和接受。

本章主要涉及如下主题：焦虑、防御机制、失误和幽默。本章的最后主要谈的是弗洛伊德对心理学的贡献。

焦虑

焦虑是不愉快的。它的强度范围从隐约的不安感——这世界有点不对劲，到感到令人绝望和虚弱的恐惧——焦虑发作。来自外部世界的压力和内心的冲突都可以产生焦虑，弗洛伊德最感兴趣的是后一种焦虑。

来自心理冲突的焦虑

生活中有些东西是我们想要的，也是易于得到的和符合道德规范的。如果这三个条件都满足，那将是很美好的。然而，生活并不是那么简单。在现实生活中，总有一些东西是我们想要却从来不能得到的，或者我们明明知道是错误的但还是去尝试，这些在我们日常生活中都很常见。就拿现在来说，例如，假定你将要阅读这本书。如果你是一个学生，那么读书是很理所当然的事情，大学生就应该做作业。你的父母为你的教育花了这么多时间和金钱，你为什么不好好学习呢？或者说甚至讨厌学习呢？（这是你的超我在说话。）此外，学习是件慎重的事情。不及格是不好的，得"A"是令人快乐的。你读书越勤奋，就越可能得到后一种结果。（这是自我在说话。）但是，但是……现在礼堂正在举行聚会。你听，音乐在响，人们在笑。而且这一章似乎永远都看不完。（这是本我在说话。）所有这些说法都是正确的，那么你将怎样选择呢？

答案是不确定的。现实的这三个方面——什么是正确的，什么是可能的，什么是我想要的——之间的矛盾是生活的一个事实。如果你留下来读书，你的一部分会向往着那个聚会；如果你丢开课本参加聚会，你的一部分又会希望你回来继续学习。

在上一章中，我们看到，根据精神分析理论，心理被分为三个部分，每个部分都有自己特定的功能。本我产生需要，并按需要行事；超我提供道德判断；而自我在两者之间寻找合理的事情去做，尽管本我和超我在其耳边争执。因为欲望、道德和可能性之间经常发生冲突，所以，本我、自我和超我之间也会发生冲突，这便是**心理冲突**（**psychic conflict**）。心理冲突的结果便是焦虑。

假设你看到了一个小男孩和他的妈妈站在一起，手里拿着一个看起来很好吃的糖果。你的本我会立即想要得到那个糖果，并且有一种冲动想要抓住它，可能你并没有意识到这种感觉。如果这个想法发生了，你的自我和超我便迅速地开始行动。自我会马上意识到，由于他的妈妈在场，所以从这个小男孩手里抢过糖果的话将会带来很多麻烦，例如被骂甚至被抓起来。超我会感到很惊愕，本我居然想做这种卑鄙的事情。两个都是反对，但是为了不同的原因：自我关注实际的结果，而超我关注的是道德对错。

在这个例子当中，超我和自我通过它们的力量制止了本我的冲动反应，不仅是在行为层面以下，而且还在意识层面以下。你甚至不知道你有那种冲动。但是，请思考一下，如果不合理的冲动和对它的制止力都比较强大的时候，又会发生什么。

试想，一个已婚的人对家庭很有责任感，但对一位具有吸引力的、同时又能够轻易得到的异性产生了很强的性冲动，那么这种冲动便会产生问题。因为尽管这种冲动是真实的，自我也会估计这种冲动对他/她的家庭以及生活中的其他方面所产生的严重损害。紧接着超我也开始权衡：

这种冲动违背了这个人所持的价值标准。于是在这些强大的反对下，这种冲动被压抑下去，甚至在意识之外。虽然这种冲动在某种程度上还是会存在，同时这个人也会意识到一种朦胧的不舒服感、焦虑或者内疚。之后，这个人便开始忘记曾经认识这个具有吸引力的个体，或者会对其产生一种莫名其妙的厌恶。（记着那个人会产生新的焦虑，而转换成友谊只会增强这种被禁止的冲动。）这个人可能从来不知道焦虑从何而来，为什么会这么快地忘记一个以前相识的人，或者是什么原因导致他/她对一个从来没有故意伤害过他/她的人产生厌恶。

弗洛伊德认为冲突是很常见的事情。他认为一些人有时候会对同性产生性冲动。这种同性恋的冲动被自我基于实际的考虑和超我基于道德的考虑而压抑在行为和意识层面之下（弗洛伊德时代的许多人，可能现在还有一些人仍然认为同性恋是不道德的）。弗洛伊德相信，对于许多个体来说，这种持续被压抑的冲动是焦虑持久的来源，虽然他们从未意识到这一点。

当代的心理分析学者被称为**自我心理学者（ego psychologists）**，他们认为自我最主要的功能就是达成平衡（Brenner，1982；Westen，1998）。当心理的不同部分想要的是不同的东西，自我便开始寻求一些方法，使它们可以得到一定满足。例如，一个人的超我反对色情，而他/她的本我却喜欢这些东西。他/她的自我便会妥协，促使他/她成为一个激进的反色情者。通过不断地高声谴责色情的罪恶来满足他/她的超我，而同时收集和浏览大量的色情作品，所有勉强的行为都是为了压抑自己真实的需要。然而正如我们在第10章了解的那样，这种妥协是脆弱的。

当代精神分析学家德鲁·韦斯滕（Drew Westen，1998）讲述了一个男性个案。这个男性正面临着冲突：是否要继续他的不幸婚姻。很多年来，他一直维系着婚姻。因为如果离开妻子，他会感到内疚。终于结束婚姻后，他开始和两个很有吸引力又对他感兴趣的女性约会，然而却一直独自住在一所破旧的公寓里。韦斯滕认为，这个人的本我想要自由，而超我却有内疚感，于是他的自我达成了这样的妥协：使他离开了自己的妻子，然而却以折磨自己的方式来赎罪，尤其是和其他女人在一起的时候。当然，这种妥协是潜意识的——他对这些毫无察觉。另外，这种妥协却在一定程度上减轻了他的冲突，但同时也会给他带来不满足和不确定的焦虑。

这种不确定缘由的焦虑是典型的弗洛伊德式的症状。当一个来访者抱怨"我感觉很不好，但我不知道为什么"时，精神分析师会让来访者躺好，静静地听他/她诉说。正如我们在第10章中所讲的，精神分析最主要的目的就是揭示并最终释放隐藏的焦虑来源。

现实焦虑

弗洛伊德对心理焦虑的关注达到了这样一个程度，以至于他可能对现实生活中的事实产生的焦虑不够重视。其中首当其冲的就是一个令人不快的事实，每个人都注定要在某个时间点死去。根据汤姆·派兹克林斯基、杰夫·格林伯格、谢尔顿·所罗门（Pyszczynski，Greenberg，& Solomon，1997）所提出来的恐惧管理理论，我们的许多思维过程和动机都是为了处理（和避免）那些令人恐惧的事件（Greenberg，Koole，& Pyszczynski，2004）。生活中的其他事件也会产生焦虑：亲密关系（他/她真的喜欢我吗？），学校的表现（我能通过课程考核吗？）以及工作意愿（我能工作吗？或者我能保住我的岗位吗？）都可以引起我们的一些实际的焦虑。按照一些学者的观点，焦虑的一个特定来源便是自尊遭到的威胁（Cramer，1998）。有时候我们会接受一些看起来更为客观的信息，表明我们不是自己所认为的那样聪明、好看、有价值、有道德或者可爱。

这种焦虑是令人不愉快的。这会产生一个很有趣的问题，即经历这些是有好处的吗？或者我们应该想办法避免这些不好的感觉吗？心理学家们在这些问题上仍然存有争议。其中一种观点认为：即便是扭曲事实，也要避免焦虑。现实地看自己生活处境和机遇的人会比较沮丧；乐观的人会比其他人更高兴，心理也更健康，尽管他们的乐观可能是不切实际的（Taylor & Brown，1998）。而另一种观点认为刚才那种说法是完全错误的。正如第9章提到的，焦虑经常是问题出现的标志。如果我们避免感受焦虑，可能会错过处理一些潜在问题的机会。例如，一些学生通过不去想起考试的方式来处理临近考试所带来的焦虑。从短时期来看，他们比那些担心学习的学生表现得更快乐，然而，到期末考试开始时或者成绩公布时，他们就变得不那么快乐。早期出现的焦虑会使后期的焦虑减少很多（Norem & Chang，2002）。

• • • • • • • • • • • • • • • • • • • •
有时候，我们需要直接地面对现实；而有时候一定的歪曲似乎又是必要的。

最好的办法是将焦虑控制在一定的范围之内。太多的焦虑会使个体不能正常生活和工作；太少的焦虑会使个体不能理性地处理问题。有时候，我们需要直接地面对现实；有时候，一定的歪曲似乎又是必要的（Paulhus，1998）。理想的状态是，防御机制可以帮助我们达到这些平衡。

防御机制

自我有一些工具可以使焦虑水平控制在可以容忍的范围之内，不论焦虑是来自于内部心理冲突还是外部世界的压力。西格蒙德·弗洛伊德提出了防御机制，但从未系统地整理过它们。这项任务留给了他的女儿安娜，她整理出了一整套的心理防御机制（A. Freud，1936）。

这些工具并不能被有意识地使用，而是由自我的潜意识部分发展而来的。当自我发现潜在的焦虑源时，立即开始生成防御机制。自我的防御策略是多种多样的，而且带有独创性。下面我们将介绍八种防御机制：否认、压抑、反向形成、投射、合理化、内部讲演、置换和升华。

否认

否认（denial）是最简单的防御机制：个体拒绝承认焦虑的来源，或者一开始就不接受它。这种策略是很常见的，从短时期来看是有效的。然而，若长期使用的话，将导致与现实的严重脱离（Suls & Fletcher，1985）。

从前我办公室对面的走廊上张贴着普通心理学课程的成绩单。[1]因此我偶然地观察到了一些学生发现考试失败时的表现。这些学生使用否认这一防御机制：在成绩单前大跳，同时大喊（对着他们自己，而不是其他人）"不！"

对于这些学生中的大多数人来说，否认是一种暂时性的策略。他们通过否认自己所看到的，可以给心理一个喘气的机会，使自己重新审视这个问题。随着时间的推移，他们可能会承认，是的，他们考试确实失败了。他们甚至会以一种较平静的心态再次来到成绩榜前进行确认。在那之后，可能会出现两种情况：一种情况是他们会很现实地面对这个问题，如下一次考试前努力学习；另一种情况是他们会采用一种或者更多的防御机制处理由考试失败带来的焦虑。长远来看，人们会倾向于将他们的成功归因于自己，将他们的失败怪罪于外界环境或者其他人（Zuckerman，1979）。一些研究表明，当一些学生在测验上的表现较差，他们倾向于认为是测验有问题，但是如果他们考得很好，他们认为测验还不错（Schlenker，Weigold，& Hallam，1990）。这些歪曲的解释可以用来保护自尊，但是同时也失去了从错误中学习的机会。[2]

否认也包括否认那些来自内部的焦虑。假定你不经意地说了一些很尴尬甚至令人惊骇的话，你接下来的反应可能是"我不是那个意思"；或者假设你为自己做过的一些事情感到羞愧，你会试图去否认。即使对你自己，也是如此。

持续的否认可能是严重的心理病态的信号（正如我们将要在第18章中看到的）。例如，它是酒精中毒的一个典型表现。（你以前是否尝试过告诫酗酒者他/她有酗酒问题？）但是，如果使用得当的话，否认的最主要的功能就是避免个体被最初的震惊（那些已经发生的或者已经做过的事情）所压倒。之后随着心理能量的聚集，个体会采取一些更长久的方式。伊丽莎白·库伯勒-罗斯（Elizabeth Kubler-Ross，1969）指出，当个体被诊断出患

"回到否认的状态，我现在感觉好多了。"

---

[1] 当然，它们现在被发布在网上了。
[2] 对于一些知觉防御的实验研究而言，不能看到可能导致焦虑的事物。见第16章。

有致命的疾病时，第一反应就是否认这一事实。到后来，个体才会采用其他方式来应对这个极端的事情。

压抑

压抑（repression）这个防御机制要比否认更复杂、更深入，持续时间更长。否认一般指将意识推出去，或者否认接受事实上存在的事情，例如使人产生焦虑的事件或者情感。而压抑刚好相反，它是指将过去从当前意识中消除，较少地否认现实。当个性压抑一些事情的时候，并不是真的否认它的存在，只是使自己不去想它。在一些情况下，这些需要意识的努力。一些研究表明，现在试图不去想某些事情，以后会影响记忆中有关信息的提取（Levy & Anderson，2002；Anderson & Levy，2002）。另一方面，有意识地不让自己去想某个东西会造成一种讽刺性的效果，导致你想它想得更多了！一个著名的研究让参与者做一件非常简单的事情：尝试不要去想一头白熊（Wegner，Schneider，Carter，& White，1987）。很快，他们的意识中就充满了白熊的形象，几乎没有别的了。因此，有意压抑是一把双刃剑：有时有用，有时起反作用。

当压抑有用的时候，它和否认一样，都是将本我不恰当的冲动和令人不愉悦的想法、感觉、记忆或者潜在的压力源排除在意识和行为之外。

弗洛伊德认为许多被禁止的冲动是很常见的。例如，在你二十岁左右还是个大学生的时候，你会因为经济上依赖父母而心生怨恨。但是，自我发现这种感觉是有问题的，因为直接的表达（骂你的父母，告诉他们你恨他们）可能会危及你的经济来源。另外，超我也发现这种怨恨是有问题的，因为这样忘恩负义令人羞愧，毕竟你的父母付出了那么多。如果这种怨恨上升为意识，甚至明显地表达出来，自我和超我对此的不赞成便会导致焦虑。压抑的防御机制会阻止这种情况的发生。

在这个例子当中，压抑最直接的影响便是不准任何有关父母的消极思想和明显消极的行为进入意识。压抑为了力求万全，可能将任何可能引起你怨恨父母的东西都压抑到意识之下。事实上，怨恨越深，压抑之墙就会变得越宽、越厚。你可能会忘记给他们打电话，而之前你是答应过他们要打的。这是因为给他们打电话可能会提醒你他们的存在，使你更多地意识到你憎恨他们。或者你会忘掉他们的电话号码！另外还有其他的一些方式：你可能会忘记你室友的父母的名字，因为记得他/她的父母会使你想到你的父母，继而会使你想到你的怨恨；或者你会忘记看你喜欢的电视节目，因为那也是你父亲爱看的节目。这些对产生焦虑的刺激的二次防御会引发许多的失误和记忆倒错。忘记什么和最初被压抑的焦虑来源之间的联系是间接的，因此，需要精神分析去挖掘其深层次的原因。例如，你可能需要很长的时间和大量的工作，才能找出忘记室友母亲的电话留言的真正原因。

由此可见，压抑要比否认复杂得多。正因如此，它也更难用经验研究佐证（Baumeister，Dale，& Sommer，1998）。这个复杂的过程也可以用来解释记忆。假定在一个月之前，你做了一些让你焦虑的事情，可能因为它是很危险的（自我的判断）、不道德的（超我的判断），或者两者兼有之，压抑不仅会使你忘记你所做的事情，还会忘记那些可以使你想起你所做事情的其他事情。例如，如果你讨厌回忆起那次开车差点造成一场车祸的情境，那么你可能会发现你忘记把车停在了哪里。

"坦白说，这么长时间压抑自己的性欲后，我已经忘记自己的性取向是什么了。"

如果感觉、记忆或者冲动被成功地压抑并锁在潜意识之中，之后你要对其进行防卫，以免它们以其他的方式出现。但是，这种防御并不是无偿的。自我从本我汲取的心理能量是有限的。[③]每一个被压抑的感觉、记忆或者冲动都有一定的本我心理能量使其朝向意识和外显的行为表达出来。在压抑中，自我用它同等的能量来抵抗这种驱力。如果自我在能量上输给本我，或者同时要防御很多种冲动，它便防御失败，这些被制止的冲动便会以自己的方式表达到意识层面。随着它们浮出表面，你会感到焦虑，却不知道为什么。

你可以想象这种情境的危险性。如果自我的能量因某些原因较弱时，例如生病、压力或者外伤，被压抑的一系列冲动便会突然进入到意识领域中，甚至还会活动。或者它们会突然爆发，因为它们太多或者太强大了，就像一个水坝因为水压成年累月缓慢地积累会突然决堤一样。这种结果是很激烈的，包括情感爆发和一些不合理的行为。

例如，一个谦和的男子可能忍受了数年的侮辱和耻辱。每一次侮辱和耻辱都被压抑下去了，因此他并没有感到焦虑，直到有一天再无法持续下去。防御失败，大坝决堤，他进行了狂暴的杀人行为。第二天的报纸中，登载着被调查的邻居（幸存者）说："他一直都很安静。"（Megargee，1996）

压抑的危险也可能较小。自我的能量容积是有限的：用于压抑的能量越多，那么其他用途的能量就越少。弗洛伊德认为，心理能量的严重不足将会导致压抑。当前对这种现象的解释是心理能量被优先用于将某些思想和记忆排除于意识之外，因此个体便没有多余的能量做其他事情。临床上所指的抑郁不只是持久的悲伤，它的特点是缺乏动机和能量。精神分析的一个目的就是发现压抑点，移除诱发它们的原因，使心理能量得以释放，并重新整合。压抑和否认一样，是一种强有力的防御机制，它在个体和潜在的焦虑来源之间建立起了一个心理大坝。但是，任何一个大坝都有容量和时间的限制，压抑不能被过多使用。幸好，自我还有一些其他的防御机制。

---

③ 正如第10章中所说的，现代精神分析观点认为心理对信息处理的能力是有限的，而不是能量本身是有限的（Westen，1998）。结果是相似的：如果能力被以一种方式运用，便不能用作他途。

反向形成

反向形成（reaction formation）甚至比压抑更复杂。它是将思想、感觉和冲动抑制在意识之外，同时呈现它们相反的情形。如果这些被禁止的冲动非常危险而且力量非常强大，需要额外的防御机制时，自我会倾向于采用这种防御机制。以与这种冲动相反的形式行事（或者思考），相当于建立一个安全的边界线，以确保冲动永远不会到达意识层面或者表现在行动上。这个过程可以保护自尊（Baumeister et al.，1998）。如果个体认为他们有一些不被接受的特质，那么他们会试图通过相反的方式表达出来。例如，如果某些人认为你有攻击性，你可能会非常努力地表现出你是乐群且爱好和平的。在这里，潜意识的同性恋冲动也是个很好的例子。按照弗洛伊德的观点，这些冲动很常见，但是自我和超我都认为它们有问题。一般情况下，它们会被压抑下去。但是，如果同性恋的冲动特别强烈，或者如果超我已经对其产生了强有力的制止（即在极其严格环境下形成的超我），那么，为了确保冲动不会被感觉或者表现出来，反向形成的防御机制便显得非常必要。

反向形成一个最明显的例子便是所谓的"打击同性恋"。这些人可能会大声地谴责同性恋，在澡堂的墙壁上写"基佬去死"，大声地谈论一些同性恋的笑话，甚至还有一些人会对那些同性恋者做出身体上的攻击。

这些行为都是反向形成的标志，它们是一些不均衡、不合理的行为方式。类似"同性恋的一些生活方式会导致严重的艾滋病"这样的说法不是反向形成，这种说法表达了一种真诚和合理的态度。然而，侮辱、藐视甚至攻击他人就不是合理的态度了，这些行为都是由不合理的态度导致的。因此，我们需要探讨这些行为背后较深层的心理来源。

让我们再看一个例子。我在中西部一个宁静的、田园式的大学城里住过几年。一天晚上，当地的电视新闻报道一名传教士在小镇（明显是）唯一一个色情书店进行抵制。书店在这么隐蔽的地点，这么小的一个小镇里，直到我看电视才知道这个地点，否则我不会知道它的存在。这个传教士大声喊着这些肮脏的东西的危害性。他脸红脖子粗，声音嘶哑地喊道："这个店是有罪的，是危险的！"

再一次声明，我并不是指那些平静地表达"绝大部分色情作品中对女性和性的描绘都是我不希望孩子们看到的"的人。这种说法，无论你是赞同还是不赞同，都是合理的。我是在说这个传教士对这个小店荒谬的、夸张的反应。这个店究竟有多危险呢？如果许多镇里的人甚至都不知道这个店，它又会造成什么危害呢？这个传教士强烈的反应表明他的情绪并不是来自于这个店本身的危险性，而是他自己想冲进去，将店里东西买空的欲望。当然，他通过一些形式阻止了这种做法：手拿扩音器和警戒哨。其实这才是他反向形成的目的和机制。

激发和反应之间缺乏均衡的比例导致了这些情形的出现。谈论同性恋、色情主义以及其他一些潜在的带有威胁性的话题是合情合理的。然而，当情绪积聚太多，便会引起人们的猜疑："这个世界上有很多问题存在，你为什么只关注这个问题？"向这类正派人士询问这个问题是可以给我们提供一些信息的，然而同时需要勇气（我不推荐此做法）。他们对于这个问题的反应通常是不合理的：愤怒、焦虑和自卫。

弗洛伊德认为，几乎每个家庭中都会发生反向形成最普遍的例子。当一个新生儿从医院回到家里，哥哥姐姐一个很自然的反应便是憎恨，这被称作是同胞竞争，这可能是基于生物学基础的。但是，后来年长的孩子们发现他/她的父母保护这个小婴儿，任何伤害弟妹的行为都会遭到父母的反对或者惩罚，他们感到了威胁。于是年长的孩子便学会压抑他们对弟妹的憎恨。如果威胁感十分强烈（或者伤害的冲动足够强大），他们可能还会表达出对弟妹的喜爱。"我爱我的小弟弟！"他/她可能会这样说，并狠狠地亲一下弟弟。通过这种方式，他/她避免了掐死弟弟的冲动。父母可能会承认他/她的这种喜爱，同时也会意识到有一点不正常。由反向形成所驱使的行为通常使人感到不是那么正常。

研究反向形成是很棘手的，然而一些实验室研究却发现了非常类似的结果。在一个研究中，女性参与者完成了一份关于"性罪感"的问卷。之后给这些参与者呈现一些引起她们性欲的图片，然后问她们的感觉。"性罪感"问卷得分高的女性和那些得分低的女性相比，报告对于这些色情形象有较低水平的唤醒。但是，根据一些心理学方法，可以测得前面的女性（得分高的）有更多的性唤起。自我报告（S 数据）和生理数据（B数据）之间的差异表明了生理唤起比较高的女性感觉受到威胁，于是通过反向作用机制，报告了较少的心理唤起（Morokoff，1985）。

> "我爱我的小弟弟！"他/她可能会这样说，并狠狠地亲一下弟弟。通过这种方式，他/她避免了掐死弟弟的冲动。

表11.1 一些常见的防御机制

防御机制	功能	例子
否认	防止察觉焦虑的来源	"不！那不可能！"
压抑	防止回忆起任何让人想到焦虑来源的事物	"我忘记了。"
反向形成	通过对立的言行来保护自己不受被禁止的想法或冲动困扰	"我周围都是蠢货！"
投射	将自己身上不想要的冲动或品性归给其他人	"我周围都是笨蛋！"
合理化	想出一个看似符合逻辑的理由去做某件令人羞愧的事	"为了成为好人，你必须变得残忍。"
理智化	用冷漠、理性的术语来描述威胁性的情境	"经历长期痛苦之后，病人断气了。"
置换	被禁止的冲动转向一个更安全的目标	贴着教授照片的飞镖盘
升华	将低级冲动转变为一个高尚的动机	高等艺术及其他职业选择

显然，与弗洛伊德早期提出的假设一致，在那些有潜在同性恋倾向的人身上也会发生类似的事情。在一项研究中，一群男性做了一个测量其"对于同性恋的恐惧"的问卷（害怕同性恋者，又害怕自己成为同性恋者）；之后，研究者向他们呈现一些同性恋行为的录像。问卷得分较高的男性报告对录像有较低的性唤醒，但同时也显示他们的生理唤醒是很高的（Adams，Wright，& Lohr，1996）。这些害怕同性恋的男性所报告的意识体验和他们的生理反应（被抑制的）是相反的。这个结论支持了弗洛伊德的观点：恐惧同性恋是对同性恋冲动的一个反向形成，恐惧同性恋的参与者比

不恐惧同性恋的参与者产生了更多的唤醒，然而他们却更倾向于否认这种唤醒。

哈姆雷特（Hamlet）的母亲说过："我觉得那女人表白心迹的时候，说话过火了些。"她说的就是反向形成。

投射

和反向形成相似，**投射（projection）**是这样一种防御机制：它通过产生"相反"的行为来抵制有害的冲动，它将使自己感到担忧的一些东西归于他人。你会对自己和其他人声称："那不是我想的（或做的），那是他想的（做的）。"

在这里，同性恋仍然是个很好的例子。弗洛伊德认为，一些人通过将同性恋意图投射给每一个人来处理对自己有威胁的潜在的同性恋冲动。"同性恋打击者"会很快声称又发现了一个同性恋，甚至会告诉你他们一眼就能发现谁是同性恋。他们当然是错误的，但是这表明了他们相信这一点。

其他形式的自我怀疑也会导致投射。那些怀疑自己智商的人会说自己周围全是笨蛋，通过这种方式减少他们对自己能力不足的焦虑。这似乎会使他们好受一些，并且在短期内，指出他人的愚蠢会让他们显得更聪明（Amabile & Glazebrook，1982）。

当代对投射的研究表明，心理动力学的经典观点是近乎正确的，但并不是完全正确的。在最近的一项研究中，参与者们接受了一项人格测验，之后被告知他们的分数（假的）代表了一些好的特质和一些不好的特质（Newman，Duff，& Baumeister，1997）。之后，研究者告诉他们不要想他们（被假定的）某个不好的特质。接着，给他们看录像，让他们对录像中的人进行同样特质的评定。结果显示，参与者更倾向于认为别人在自己那个不好的特质方面比自己更糟，而在其他特质方面则没有什么差异。该研究表明，投射——在别人身上看到自己不好的方面——源于试图抑制关于自己不好的想法。正如弗洛伊德认为的那样，这种投射是否能够减少人们对自身特质关注的倾向还不是很明确，但这确实是人们拒绝不喜欢的事实的一个副产品。

当然，并不是你对他人所有不好的评价都是由于投射。但是，你应该问自己：你是否经常以特定的方式来描述别人？你是否经常发现"性情古怪的人""笨蛋""懒惰的寄生虫"或类似的人？如果是的话，那就很可能是投射在起作用。你在其他人身上所发现的消极的方面可能就是真正困扰你的，尽管是在潜意识层面的。

合理化

合理化（Rationalization）可能是所有防御机制中应用最广泛的。它通过编造一个看起来很合理的理由来解释你为什么去做那件事情，借此减少因做了某些令人羞愧的事情而产生的焦虑感。

几十年前的一首讽刺的歌曲中有这样一句歌词，"为了成为好人，你必须变得残忍"，这句话所指的就是合理化。

合理化无处不在，有些人经常使用它（Von Hipel, Lakin, & Shakarchi, 2005）：父母严厉地惩罚孩子，并声称是为了孩子好；富人减免自己的赋税，却增加了穷人的负担，还说这是为了大家好；人们会欺骗、撒谎，之后声称那是无害甚至是必要的。

合理化有两个显著的特征：（1）它们都是明显的合理化；（2）使用合理化的人看起来绝对真诚。如果这些理由不是错漏百出的话，你可能会倾向于认为这些人真的相信他们所说的。合理化的一个特点就是一种让聪明人去相信那些不合情理的事情的能力甚至渴望。这些人在内心深处是羞愧的。如果他们意识到他们的羞愧，他们就会感到焦虑，合理化可以保护他们免受这种焦虑的困扰。

平常化（trivialization）是合理化的一种，指使自己相信自己的缺点或憾事没什么大不了。人们可能会将自己的各种行为平常化。一些人偷窃雇主的东西，并说服自己这没什么大不了的，因为他们所偷窃的东西没人在乎。另一些人可能伤害了熟人的感情，然后宽慰自己说"他/她总会恢复的"。在极端的情况下，有反社会人格障碍（见第18章）的个体有时会将他们给其他人造成的情感甚至身体伤害平常化，因为他们将受害者视为低等者，甚至不把对方当人看。平常化的过程还可以更加复杂。根据一项社会心理学研究，当实验者引诱人们表达并非他们自己真正持有的观点时，他们会感到一种被称为**认知失调（cognitive dissonance）**的负面情绪。常见的结果是，人们会改变他们的信念，使之与他们说过的话相符（Festinger & Carlsmith, 1959）。一个更新的研究（Simon, Greenberg, & Brehm, 1995）让人们写出和自己信念相悖的短文，但是实验者允许参与者把这些态度相悖的短文看作无意义的不重要的练习抛诸脑后。这种平常化防止了本应发生的态度转变，显然是因为它可以使参与者免于认知失调的焦虑。

理智化

另一种应对威胁性情绪的方法就是将感觉转化为思想，这就是**理智化（intellectualization）**的防御机制。理智化可以将那些令人愤怒和焦虑的问题转化为冷静的、理智的和分析性的思考。使用这个机制需要开发一个术语表，从而避免使用带有情绪唤醒的语言讨论那些可怕的事情。在现代战争中你可以看到很多理智化的例子。无论何时，一旦战争开始，电视屏幕前就围满了退役的上校们，他们谈论着军事策略和战争。他们可能谈论很长时间，但不会提及"杀""死亡"等这些被认为是战争特征的字眼。他们会使用诸如"遭受""流血"等词语，甚至是其他不常使用的词汇。相反，他们会展开地图和图纸进行精心的讲解，颇像是一场精彩的象棋游戏。但是如果真想欣赏这场表演（甚至也可能只是设计战略），观察者必须忘记正在发生的是什么事。医药行业也会经常发生这种事情。外科医生之间谈论"这个胆囊"，而不是"这个人"，而且还使用艰深的专业词汇。内科医师不愿意谈论疼痛（他们倾向于说"不舒服"）和死亡（他们会说只是"断气"）。

在这里，我并不是要贬低军队或者医药行业。当这些掩饰性的术语被去掉，他们每天都面临那些令人恐惧的情境。可想而知，如果没有这些合理化的防御机制，他们便不能正常工作。如果外科医生一直在思考手术台上的小男孩的生命，那么我们就很怀疑他/她做的这次手术能否成功。如果一位将军一直思考他的工作所造成的死亡，那么他的谋略很可能失败。未经修饰的现实可能过于残酷，使人不能有效地应对。理智化（以及其他的防御机制）在你和现实之间建立了有用的屏障，使你继续做那些该做的事。最近一项相关研究的摘要指出，"在一些受到威胁性的认知和其他一些思想和感觉之间建立心理鸿沟和屏障"是减少焦虑的有效策略（Baumeister，Dale，& Sommer，1998）。然而，所有的防御机制都要付出代价，理智化也不例外。只有忘记自己在杀人的将军才能成为有效的战略家，但是也有可能导致一些无谓的牺牲，他甚至可能发现战争如此有趣而故意延长战争时间。一位热爱工作的手术医师可能会忘记他/她是在切割人体，忽略了病人的情感需要，而这对治疗来说很重要。

理智化对于心理学家来说很有挑战性。我猜测，这个领域需要通过一个抽象的理论框架来解释关于情感和经验的潜在问题。这是非常有用的，弗洛伊德的理论是理智化的一种体现，心理学理论在某种程度上将个体和现实分离出来，心理学本身也是一个防御机制。

置换

有一种理智化程度较低的防御机制以本我的初级思维的某个特点为基础。具体来讲，本我似乎有一种**置换（displacement）**的能力，就像第10章中提到的，将一个情绪对象替换为另一个：你对家庭的感情会被对房子的感觉所替换；或者你对父母的感觉也会转化为你对上司的感觉，反过来也是一样。这种防御机制或是对你情绪的反应对象进行重新部署，或是将它由一个不安全的对象转向一个安全的对象。一个简单的例子便是，成年人吸吮自己大拇指的冲动是基于口唇期的固着。[④]当然，这在商业场合是不被接受的，于是，便转向另一种不丢面子的方式——咬笔或者烟斗。

置换的方向取决于两件事情。一般来讲，本我的冲动将转向那些可得到的、可满足欲望的同时也被社会所接受的对象。对于吸吮拇指的行为来说，脚趾和香烟都是不错的替代物。但是，只有吸烟是公众所接受的（但那也不是随意的），因此，香烟成了冲动重新定位的对象。[⑤]

通常情况下，攻击性行为就是通过这种方式得到置换的。假如你对你的老板特别生气，但是因为害怕丢掉工作，你又不能和他对抗。所以回家后，你可能会踢家里的狗，尤其是当它看起来很像你的老板时。许多学生宿舍里都有贴着教授照片的飞镖盘。向这些贴有自己讨厌的教授照片的飞镖盘扔飞镖是比较安全的，而且也不触犯法律，同时投掷飞镖还可以使攻击性的冲动得到部分满足。然而，如果向教授本人扔飞镖，那后果就大不一样了，这就是此类行为需要置换的原因。

---

④ 弗洛伊德可能将这一冲动本身视为对母乳喂养的置换。
⑤ 据传说，弗洛伊德有一次被问到为什么这么喜欢抽雪茄，他回答道："有时候雪茄只是雪茄。"

　　和所有的防御机制一样，置换有它的优点，也有它的缺点。它的优点在于它可以将那些被禁止的甚至是有害的冲动转向安全的对象。但是，如果置换替代了必要的直接行为，或者说转向无辜的对象，那么就会出现问题。如果你的老板是个混蛋，使你受气，那么你并不应该回去虐待宠物狗，对狗的残忍并不能解决工作上的问题。另外，一般来讲，置换都是无效的。在弗洛伊德之后的实验研究都表明，如果个体表达了替代的攻击性，那么攻击性会增加而不是减少，个体会变得更有攻击性（Berkowitz，1962；Bushman，2002）。这表明了置换更多的是本我的初级思维的原始功能，而不是自我的防御机制。当某人因为生气去踢球时，并不是出于某种功能性的原因，而是因为他们不能控制自己。坏情绪和攻击性的冲动由原来的对象转移，然而，却不能证实这是否可以减少焦虑（Baumeister et al.，1998）。

升华

　　升华就是变得崇高和高尚。**升华（sublimation）**是一种将被压抑的冲动转化为建设性的行为的防御机制。升华是置换的一种形式，它也是对冲动对象进行重新定位，其结果是达到一种较高的文化现实。例如，弗洛伊德认为一些人，诸如莱昂纳多·达·芬奇（Leonardo da Vinci）和米开朗琪罗（Michelangelo），他们所创作的伟大的艺术作品都是受童年早期经历的心理创伤的影响。另外，弗洛伊德还认为达·芬奇多产的科学研究作品是他受挫性爱的升华。[6]

　　职业选择是使用升华较多的地方。将一个人不被接受的冲动转为毕生的建设性工作，从心理角度来讲是有用的。如果你潜意识中想要用刀切或者用针戳某人，抑或想看他们不穿衣服的样子，你会发现自己更倾向于从事医药行业，特别是外科医生；如果你有强烈的欲望想要表现你的攻击性和愤怒，那么你应该成为一名律师；如果你想把毕生精力用于获得控制他人的权力上，那么从政对于你来说有很大的吸引力；如果你有一种基于肛门期的想要涂抹粪便的冲动，并且这种冲动通过置换变成了绘画，那么你可能会成为一个画家；另外，如果你试图探查别人的心理，然后询问很多与你不相干的问题，那么你应该考虑从事临床心理学。

　　这听起来荒诞，但它可能就是事实。每个人都有儿童时期遗留的特定的固着形式，最终导致独特的愿望与兴趣。那些明智的人会选择那些可以将这些愿望和兴趣通过建设性的方式表达出来的职业。正如在第8章中谈到的，你只有充满热情才能把工作做到最好。认识到弗洛伊德将升华看作积极的过程，这是很重要的。升华是正常机能的一部分，是将原始欲望转化为建设性结果的一种有效方式。和其他防御机制不同的是，升华并没有一个下降的方面。它可以将心理能量以一种有效的方式释放，诸如社会的发展、文化、文明以及各种类型的成就。我们需要更多的升华，为此，我们可能需要更好地了解自己。

---

⑥　弗洛伊德的这种说法出现在了一本简短的书中——《达·芬奇及其童年回忆》，并被盖所讨论（Gay，1998）。最近的一篇综述指出，没有实验研究支持升华，另外没有哪个人可以找到对其进行实验研究的方法（Baumeister，Dale，& Sommer，1998）。现在我们只能看看弗洛伊德写的关于达·芬奇的逸闻趣事，而你可能觉得他说的有道理，也可能觉得他说的没道理。

动作倒错和幽默

防御机制阻止那些被禁止的冲动转化为行动甚至想法，然而，有时候自我和超我试图抑制的感觉和思想可能会暴露出来。这种泄露可能是无法控制的和偶然的，或者是可以被小心疏导的。

动作倒错

动作倒错（parapraxis）也称"弗洛伊德失误"，它是指潜意识的泄露，主要表现为错误、意外、遗漏或者记忆缺失等。不要忘了弗洛伊德是个决定论者，他认为任何事件都有原因。这种信念在考虑到意外和其他失误的原因时也是适用的。弗洛伊德从不相信它们是随机发生的。

遗忘

按照弗洛伊德的观点，有时候遗忘是揭示潜意识冲突的行为体现。失误或者动作倒错是指由于回忆不起来你需要记住的东西所导致的很尴尬或更糟糕的结果。这个结果使失误成为动作倒错；如果你原本抑制住某些潜意识想法，这些失误却可能将事情搞砸。遗忘经常是压抑的结果。为了不想那些令人痛苦或者焦虑的东西，你会不记得它们。你原本有一个约会，但考虑再三之后改变了想法，那么你可能会忘记那个约会。虽然你不会即刻感到焦虑，但当你下周在那个餐厅偶遇之前答应约会的对象时，你会感到严重的社交焦虑。许多大学生忘记了他们的期末考试或者是期末论文提交的时间。从短时期来看，暂时忘记可以使学生减少焦虑，但是从长远来看，会产生严重的问题。有时候，学生和我约好时间讨论他/她遇到的学习问题。但是，在约定的时间出现的学生不会超过50%，解释的原因都是相同的："我忘了。"

这些例子都是非常明显的。但是，弗洛伊德坚持认为任何失误都隐含了潜意识冲突。现在事情变得更加尖锐了：当你毫无理由地忘记一些事情，结果会怎样？弗洛伊德会说，"不会出现这种情况"。精神分析的信念是指只要通过充分的心理治疗，治疗师最终（可能要付出很大的代价）会找出任何失误的原因。事件的根源可能是非常复杂的：你忘记一些事情，因为那使你想起了其他一些让你感到焦虑的事情。这个过程是通过初级过程思维实现的。在一个案例中，精神分析师指出，这个病人忘记了一个熟人的名字，这个名字和他的一个仇人是同名的。另外，这个熟人有生理上的残疾，这使他想起他想要对仇人进行的伤害。为了防卫由这种愿望引发的内疚感，他忘记了这个相当无辜的熟人的名字（Brenner，1974）。

失误

失误（slips）是被抑制的冲动泄露所导致的潜意识行为。许多失误发生在谈话过程中，简单地说就是没有很好地抑制那些本来想要私下里说的话。我上大学的时候，在一次初级精神分析的课程中，教授谈到几个在办公时间拜访他的学生。"当婴儿们来看我的时候"，他说，之后他停了下来，结结巴巴，脸也变得非常红。他的学生都已经明白了他是怎样看待他们的。

另一个很常见的失误便是，当你想叫一个人的名字时却叫成了另一个人的名字。在一个很重要的、很浪漫的时刻，和现在的男朋友或者女朋友在一起，却叫成了前男友或者前女友的名字。多数情况下会被问到原因："你为什么会叫他/她的名字？""我只是叫错了！那并不能说明任何问题！"弗洛伊德最不相信这个答复。

除了谈话，失误也会发生在行为当中。意外地打碎某些东西，其实是你对这个物体的主人、给你这个物体的人或者这个物体象征的人（从某种原因来看）的敌意的泄露。另外，一个令人感到愉快的例子便是，某个人在拜访你之后，把物品落在了你们家，这说明物品的主人还想再回来。

正如我们已经注意到的那样，那些在谈话或者行为中犯这些错误的人否认这些失误有任何意义。精神分析学家不相信这种否认，这些犯错误的人越否认，弗洛伊德越是怀疑这个冲动的强大和重要。

那么，这些意外的发生会不会仅仅是因为个体劳累、不注意、匆忙或者太兴奋呢？弗洛伊德认为这不可能。劳累、不注意或者兴奋会使失误变得更容易，但是它们不能产生失误。弗洛伊德把这些因素的作用比做黑暗的街道对强盗的有利作用。黑暗的街道可能会使抢劫更易发生，然而黑暗的街道并不是造成抢劫的原因；抢劫是始终存在着的。相似的，劳累、不注意以及其他一些因素可能会有助于那些被压抑的冲动泄露在行动当中，但是，它们不是产生这种冲动的原因。

这是不是就意味着意外是不存在的？弗洛伊德认为是这样的。按照弗洛伊德的观点，任何你平常可以做到却失败的事情（例如安全驾驶）一定是因为被压抑的冲动的泄露。这方面有一些很出名的例子。在几年前的冬季奥林匹克运动会上，一名滑冰选手在一个很重要的滑降比赛中撞到了冰场的巡逻，并摔断了腿。当然这是个意外，然而一个能参加冬奥会的滑冰选手，她撞到别人的概率有多大呢？这是个很合理的问题。任意一个滑冰者撞到冰场巡逻的概率有多大呢？这个问题使我们猜想，是不是因为这个滑冰者不想参加比赛呢？那又是为什么呢？

另外一个更生动的例子便是1988年的奥林匹克运动会。丹·詹森（Dan Jansch）是参赛的一名速滑选手。在他被安排参加500米比赛之前的五个小时，他的妹妹因白血病去世了。詹森很有希望摘得金牌，他妹妹坚持让他去参加奥运会，其实家人都知道她已经时日不多了。在比赛开始后的10秒钟，詹森摔倒了。四天之后，在他的第二次比赛（1000米）中，他又摔倒了。依照精神分析的观点，问题在于詹森在为这个时候是否要带着金牌回家而感到矛盾。如果他全心全意想要获得胜利，在生命中如此重要的两次比赛中摔倒似乎是不可能的。[⑦]

大学心理学系中并没有很多弗洛伊德的信奉者，而在体育训练部门却有很多。教练们可能并不认为自己是弗洛伊德派。但是，他们却常常践行着弗洛伊德的观点。他们给运动员灌输"一定会赢"这个正确的心态。一个篮球运动员在一场重要比赛的罚篮时丢了一个球，而在平时的练习

---

⑦ 1994年，体育界终于长舒了一口气，在此届奥林匹克运动会上，詹森获得了1000米的金牌，并打破了世界纪录。

中，他可以一口气投进20个。好的教练知道，解决办法不是加强平时练习，而在于改变该运动员的态度。如果这个运动员想要进球，那么球就肯定会进。如果要问教练哪一个队会赢得比赛，那么教练会说，"更想赢的那个球队"。弗洛伊德会说，"完全正确！"

• • • • • • • • • • • • • • • • • • • •
教练们可能并不认为自己是弗洛伊德派。但是，他们却常常践行着弗洛伊德的观点。

下一次，如果你在你的体育比赛、专业考试、工作中或者其他任何一个地方输了，花一些时间问问自己：你是真的全心全意地想要赢吗？为什么不是呢？

幽默

动作倒错是防御失败，结果是有害的。但是，用幽默的方式可以使被禁止的冲动以一种可控的方式表达出来。弗洛伊德将幽默看作升华的一种形式：将那些引起焦虑或者带来伤害的冲动通过一种大家都乐意接受的方式释放出来。一个现代理论认为，成功的笑话可以将两种通常被视为毫不相干的事物出人意料地并列起来，以一种令人惊讶和愉快的新方式呈现（Martin，2006）。该理论就其本身来说是好的，但注意它并没有解释为什么会有如此多的幽默是关于那些平时被禁止的话题的，例如性、暴力以及身体排泄等。这就是弗洛伊德发挥作用的地方。幽默不仅仅是两种想法的并列，它是对动机性冲动的表达。

好的笑话

幽默可以通过让人吃惊的方式使各种有问题的思想和本我冲动被人们接受。在一个成功的笑话中，冲动一直被隐藏着，直到最后时刻。然后"砰"，在自我和超我有机会阻止之前，冲动被表达出来且被大家所接受。几秒钟后，你会为使你发笑的内容而感到羞愧和内疚，但这已经发生了。冲动被表达出来，并被大家接受了。

在电影《粉红豹》（*The Pink Panther*）中，皮特·赛勒斯（Peter Sellers）看见一只狗在桌子前面，便问店员："你的狗咬人吗？"店员说道，"不，从不。"赛勒斯低下身来去拍那只狗，结果被那只狗狠狠地咬了一口。"你不是说你的狗不咬人吗？！"他跳起来，大声喊叫。"那，"店员答道，"不是我的狗。"一些人看到这个情境时会发笑，他们欣赏一个人被愚弄并受到伤害——毫无防备地被恶狗咬了一下。那有什么好笑的呢？很显然，发生的一切都很可笑。这个情境让大家笑的原因在于真实的场景被很仔细地隐藏着，直到最后时刻。观众观看笑话时，在超我的检察员指出这个真实情境是怎样的之前，突然就笑出来。

喜剧演员艾莫·菲利普斯（Emo Phillips）讲了这样一个笑话："当我还是个孩子的时候，我的父母经常这样说我，'艾莫，无论你做什么，都不要打开地下室的门，绝对不要打开地下室的门！'我很好奇，在几年之后，我鬼鬼祟祟地打开了地下室的门，我所看到的景象令我十分吃惊——我看到了我从没见过的东西：大树、鸟儿和天空。"

这是一个关于虐待儿童的笑话！那么将一个孩子关在地下室好几年有什么好笑的呢？然而，

似乎有种罪恶的冲动很享受这种情境，在意识到这个笑话反映的悲惨事实之前，这种罪恶的冲动泄露了出来，而且使人们发笑。另外，这个笑话比皮特·赛勒斯情境更加有效。主要表现在两方面：第一，虐待儿童比狗咬人更应该受到谴责，因此冲动的释放产生了强烈的情绪反应；其次（而且这是最主要的原因），菲利普斯的笑话对冲动的隐藏要比赛勒斯的笑话隐藏得深。在菲利普斯的笑话的开头，你基本看不出这个笑话会怎样发展。我在课堂上讲完这个笑话之后，仍然有几个学生不知道为何会

"你看，科依特迅速地恢复了健康，神奇般地康复了。他的潜在创伤被平常化了，他又一次逗乐了我们。"

发笑，直到其他同学给他们解释。笑话使被禁止的冲动以一种不会产生焦虑的方式得以释放。为此，大多数（几乎全部的）笑话如果被仔细检察的话，会发现都是"恶心"的，是基于性或者攻击性冲动的。一些是捉弄人的，另外一些则披着伪装的外衣来表达淫秽。

坏的笑话

并不是所有的笑话都起作用。如果个体一开始没有相应的被禁止的冲动，那么他/她就不会对该笑话发笑。例如，一些人比其他人更喜欢攻击性的笑话，推测起来，大概是因为这些人有较强的攻击冲动。这个理由同样也适用于性方面的笑话。在与种族和性有关的笑话上，存在着明显的个体差异。是否喜爱这方面的笑话取决于个体对少数民族和性别的潜在敌意。没有潜在敌意的人会发现这些笑话是令人费解的，甚至是令人讨厌的，而不是好笑的。例如，没有性别歧视态度的男性和女性在观看轻视妇女的卡通片时并不觉得可笑（Moore，Griffiths & Payne，1987）。

个体潜在的态度可以通过幽默感以其他方式表现出来。我知道一些人很保守，总是受到规则的约束——真正的"肛门期"性格。那么他/她最喜欢什么形式的笑话呢？厕所笑话。年龄刚过肛门期的儿童同样喜欢厕所笑话。但是当力比多进入到下一个阶段的时候，大多数成人会发现厕所笑话没什么好笑。

政治笑话是另一个有问题的笑话。你会感到那些你反对的政客的笑话更好笑，而不是你支持的政客。因此，一个政治幽默家，应该明确地选择派别，随之这个笑话的听众群也就确定了；或者创造那些能够涉及所有竞选者的笑话，这是一项高难度的艺术，因为你不管说什么都会冒得罪某人的风险。

笑话太直接也是失败的。如果一个笑话不能将冲动隐藏，就不能使听众感到意外，这样表达冲动会造成不舒服的感觉，而不是喜爱。这就是为什么，一个笑话你听的次数越多，就越来越不好笑。去掉使人吃惊和意外的那些成分，那么冲动也变得不再被人接受。有些笑话最开始听就知道结果是什么，如果你意识到了故事中的妙处，那就不可笑了。

还有一些"笑话"甚至根本就不隐藏它们所表达的冲动。它们仅仅通过色情词语或者用描述性行为的图表来呈现。一些人觉得这很可笑，但大多数人不会。还有一些不隐藏攻击性冲动的笑话。诸如此类的笑话只会使人感到局促不安，而不是发笑，这也同样违背了笑话的本意。

在我看来，长期上演的电视节目《美国最可笑的家庭录像》就是一个这样的例子。这个节目中的大多数录像描述的是儿童，他们摔倒、弄坏或者弄乱东西等。一些人（包括我在内）感到很不舒服而不是欢乐。这个节目所描述的事件太接近幽默事件和那些带有羞辱性的、烦扰性的、伤害性的事件之间的分界线。

举完这么多例子，我要从精神分析的角度再重申一遍，幽默是好的。它可以使那些被禁止的冲动通过毫无伤害的方式进行有力的表达，而不是对其进行压抑或者防卫。但是，幽默是件很精巧的工作。冲动的表达必须是可以共享的，而且要很好地隐藏冲动。能够符合这两个标准的幽默是一门精美和困难的艺术。[8]

对精神分析理论的批评

在过去的两章里，我一直在吹捧弗洛伊德。精神分析理论确实可以解释我们日常生活中的重要部分。该理论是生动的、有洞察力的、应用广泛的，而且它还有一种典雅的美感。说了这么多，我还是要提醒你一句，不要把弗洛伊德理论看得太认真了。一次一个同学问我，"如果一个小孩在一个单亲家庭里长大，那么他的性心理发展又会怎样呢？"（见第10章）。我的回答是，"嗨，不要把这东西看得太认真了！弗洛伊德的理论是比较系统的，但是到处用它是很可笑的，记住不要用它来分析你的生活。"精神分析的许多理论还没有被人们接受和证明。因此在赞许了弗洛伊德之后，我要开始批评他。精神分析理论有以下五个方面的缺陷。

过于复杂

首先，弗洛伊德的理论过于复杂（应该适度）。有一个基本的科学原则被称作"奥卡姆剃刀"（Occam's razor）：在其他条件一定的情况下，最简单的解释才是最好的。假如你想要解释为什么男孩会和父亲的价值观或态度相似，一种可能的解释便是他们要在周围世界中寻找向导，而且要试图寻找最显著的和突出的向导。然而，根据弗洛伊德的理论，男孩对他们的母亲有性方面的渴望，他们怕父亲嫉妒、阉割他们，于是开始认同父亲，以便取悦母亲，同时减少来自父亲的

---

[8] 传说中，伟大的演员唐纳德·沃尔菲特（Donald Wolfit）爵士在临终时被问到他是否有任何困难，他回答说，"死很容易。喜剧很难。"

威胁。这个说法是很吸引人的，可能也是对的，但它是最简单的解释吗？不是。就连现在赞成精神分析理论的精神分析学家也已经开始不采用这种说法了（Westen，1998）。

个案研究方法

科学研究第二个原则就是公开性。一个研究者的结论必须可以公开展示，其他的科学研究者才能验证。经典的精神分析理论做不到这点，新弗洛伊德主义者和客体关系心理学（见第12章）也同样做不到。他们的理论基于分析师（包括弗洛伊德在内）对单个治疗案例的内省和洞察，过程（在法律上要求）是保密的。弗洛伊德也曾说过，他的理论是需要对个案进行细致的分析，但是为了保护病人的隐私，他不能泄露。这种个案研究的方法是未经检验的，存在偏见的。这种偏见源于精神分析师和他们的病人（例如，百年不遇的"弗洛伊德"，以及维也纳的歇斯底里病人）是怎样的。这些理论家的推理也可能扭曲了病人的真实体验，因为数据是保密的，没有人能确定。精神分析理论对经验证据的要求的轻视可以用这个口号来概括——"带走或者留下"。直到最近，研究者们才通过不断地努力验证了精神分析理论的一些核心概念。

模糊的概念

另外一个传统的科学标准是操作化定义。一个科学概念应该以一种可操作化或者程序化的方式定义，这样这个概念才可以被识别和测量。精神分析理论做不到。想想心理能量的概念，我曾经提到一个学生问我，心理能量是以什么单位进行测量的。当然，这里没有哪个单位可以测量心理能量。弗洛伊德关于心理能量的说法也不是很明确：心理能量是字面上的意义还是一种隐喻？究竟在口唇期留下多少能量（多少比例）就会形成口唇性格呢？随着压抑的不断积累，人们什么时候会用尽日常生活的心理能量？另外，否认和压抑之间究竟存在着怎样的不同？精神分析理论并没有提供很好的解释。

未经证实

弗洛伊德的理论也是未经证实的。科学理论应该是能够证伪的。也就是说，一个理论应该能够找到一系列的观察资料和结论来证明它是错误的。这可能就是宗教和科学的区别。没有观察资料和结果能够证明上帝是不存在的，他总是隐藏的。因此，上帝的存在不是一个科学问题。同样，没有任何被观察到的东西是精神分析所不能解释的——在事实之后。因为没有实验可以证明

这个理论是错误的，因此它也不是科学的。一些人认为精神分析应该被看作宗教！^⑨

尽管如此，单一的实验不足以证明或者证伪任何一个复杂的理论。例如，进化论（见第9章）是无法用这种方式来证实的。因此，真正的问题并不是精神分析在严格意义上是否可证实，而是由这个理论所产生的一系列假设是否能够分别被检测。在精神分析的案例中，最好的答案是"有时候能，有时候不能"。

性别歧视

精神分析理论是带有性别歧视的，甚至高度信奉精神分析的当代作家也这样认为（例如，Gay，1988）。在精神分析的作品中，我们可以明显地看出，弗洛伊德将男性作为标准，他的理论也是建立在男性的心理基础之上。当谈到女性的时候，他认为她们是异常的男性，是对男性模型的背离。例如，他关于认同同性父母的恋母情结理论更适合男性，女性的恋父情结是后来思考之后才做的补充。

> 按照弗洛伊德的观点，女人的大部分生命都是在忍受她不是男性的悲剧。如果这还不是性别歧视，那我就不知道什么才是了。

弗洛伊德将女性看作被阉割的男性，而不是以自身方式存在的完整个体。在弗洛伊德的观点中，女性在很长时间内因没有阴茎感到痛苦。弗洛伊德认为女性的附属品还包括低自尊、低创造力、低道德感等。按照弗洛伊德的观点，女人的大部分生命都是在忍受她不是男性的悲剧。如果这还不是性别歧视，那我就不知道什么才是了。

为什么要学习弗洛伊德理论？

既然存在着这么多问题，那么我们为什么还要学习弗洛伊德理论呢？有几个原因。一是弗洛伊德以及他所创立的传统承认并且真正关注那些在其他地方被轻视甚至忽略的概念。关于人们具有矛盾的动机，并且区分整理这些动机可能是人们困惑或焦虑的一个来源，弗洛伊德是正确的。关于童年经验在重要的方面塑造了成人的人格和行为，儿童与父母的关系尤其会形成一个模板，并成为其整个生命中的关系的基础，他也是正确的。我希望在阅读本章和前一章时你已经注意到，精神分析理论充满了或深或浅的洞察，而心理学的其他领域即使不至于完全无视也会倾向于忽视这些洞察。

此外，精神分析持续地影响着心理学和现代的思想观念，即使很少有当代心理学的研究

---

⑨ 弗洛伊德早期经常强调精神分析理论应该被看作科学。随着他年龄的增长，这个标准对他来说变得不那么重要（Bettelheim，1982）。但是，如果他知道有人把他的精神分析看作宗教的话，他会非常愤怒。

者（包括教人格心理学的人）认为自己是"弗洛伊德的信奉者"。弗洛伊德的影响体现在很多方面。

最显著的是，弗洛伊德一直在影响着心理治疗的实践。一项调查表明，有75%的心理治疗的实践在某种程度上依赖于精神分析的观点（Pope，Tabachnick，& Keith-Spiegel，1987）。例如，即使那些认为他们是"非弗洛伊德主义者"的心理治疗师都在采用"谈话疗法"（谈论问题会有帮助的观点）、自由联想（鼓励来访者说出任何出现在头脑中的东西）和移情（为了促进问题解决，和来访者建立情感上的联系）的方法。据说，弗洛伊德还最先为来访者的失约开账单！

第二，许多弗洛伊德的观点已经进入到流行文化中，并为人们思考和谈论彼此的方式提供了一个准则，虽然人们并不总能够意识到自己相信弗洛伊德。例如，假设你给了某人一个很贵重的礼物，而下一次你去拜访他的时候却没有看见那个礼物。"发生什么了？"你问道。"噢，"你朋友冷冷地回答道，"它坏了，我把它扔了。"听到他的回答，你是怎样的反应呢？如果那使你感到很不好（那是肯定的），一个可能的原因是你对你朋友的行为做了一个弗洛伊德式的解释（他在潜意识中对你有敌意），并且你没有意识到自己已经这样做了。

有时，日常生活中的一些想法带有更加明显的弗洛伊德主义痕迹。你可能曾经听到过一些人这样猜测："她和那个老家伙一块出去，只是因为他像她的父亲""他之所以像现在这样，是他小时候父母的教养方式造成的""他从不约会，因为他的整个灵魂都已经献给了电脑编程"，或者是"她的整个心都给了那个男的，她是否走出来了呢？"这些都是弗洛伊德式的解释。

因此，你在阅读这两章之前，可能就已经懂得了精神分析的大量知识，而且还可能每天都在应用这些知识。所以，弗洛伊德的观点并不是他原创的。有一个笑话是这样的：有一天，一个人第一次去看莎士比亚的话剧，但是中途退出了。"都是陈词滥调的东西。"他抱怨道。当然，莎士比亚的许多作品是陈词滥调的，因为他许多剧本中的语言（如"生存还是毁灭"）已经融入了日常生活。同样，许多弗洛伊德原创的概念在多年之后再听到就会觉得司空见惯。

第三个考虑是弗洛伊德的思想在心理学研究中经历了复苏（见第12章），2006年弗洛伊德的照片出现在《新闻周刊》的封面上（见图11.1）。心理学家们研究并发表了大量关于防御机制（Cramer & Davidson，1998）、移情（Andersen& Berk，1998）、潜意识思想（Kihlstrom，1990；Bornstein，1999b）以及其他一些经典的弗洛伊德话题的论文（Westen，1998；Westen，Gabbard，& Ortigo，2008）。尽管一些研究主题似乎属于精神分析，其研究者却说自己不是弗洛伊德主义者。他们是不是反对得太多了？

第四，可能也是弗洛伊德具有不衰影响力的最重要的原因：他的理论是以往的人格理论中最全面的一个理论。弗洛伊德很清楚他所要解释的东西：攻击性、性、发展、能量、冲突、神经症、梦、幽默和意外事件等。他的理论也全部涉及这些主题。无论他是否在每一个方面上的解释都正确，他的理论确实为人格心理学提供了重要的研究问题。在科学研究中，最重要的也就是要

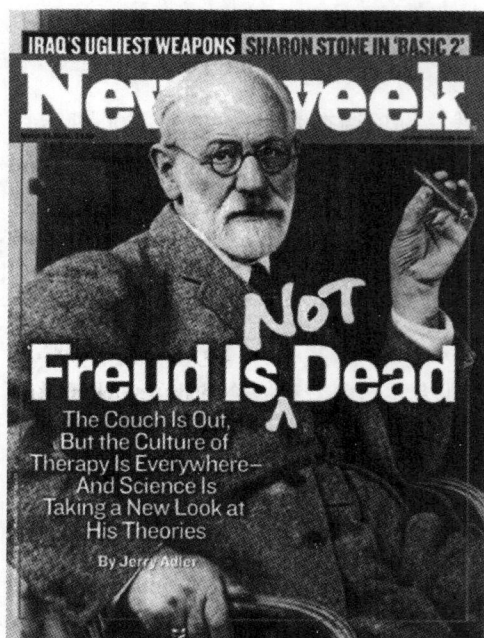

图 11.1　弗洛伊德仍旧影响着流行文化

这一期《新闻周刊》是2006年出版的。

提出问题，而不是回答问题。从这个角度来看，弗洛伊德的人格理论永远都是成功的。

在其他主题中，弗洛伊德理论广泛地谈到了个体的早期经历是如何影响成年时期的人格的；在第9章中，我们可以看出，这个话题也促进了许多研究，引发了不少争论。另外，弗洛伊德还提出了诸如梦的含义、性吸引的缘由等问题，这些都是至今为止心理学家还没有认真研究的问题。德鲁·韦斯滕指出，"一个人读了1000页的社会认知理论（今天在社会心理学中占主导地位的范式），却不知道人有生殖器，或者就这一点来说，甚至不知道他们有身体，就更不用说幻想了"（Westen，1990）。弗洛伊德在维多利亚时代的贡献（正如在今天一样）是提出了许多别人听起来不舒服的问题。

由于以上这些原因，如果心理学教育中——尤其是人格心理学——没有精神分析，就不能称之为完整。

总　结

焦虑

- 焦虑可由现实生活或者内部心理冲突所产生，例如由自我和超我试图抑制的本我冲动产生。

防御机制

- 自我使用多种防御机制以防止过度焦虑及相关的一些情绪体验，如羞愧和内疚。这些防御机制包括否认、压抑、反向形成、投射、合理化、理智化，置换和升华。

- 从短期来看，使用这些防御机制可以减少焦虑，但是从长远来看，可能会影响人们理解和处理现实问题。

动作倒错和幽默

- 本我被禁止的冲动可以通过两种途径在思想和行为上得以表达：一种是动作倒错，包括言语和行为中的意外失误，被称作"弗洛伊德失误"；另一种是诙谐或者幽默，被禁止的冲动通过被隐藏，以不使人感到焦虑的方式被人们所接受。

- 当隐藏的、被禁止的冲动不是人们所共有的或者隐藏得不够好时，笑话就不会使人发笑。

对精神分析理论的批评

• 精神分析理论由于过度复杂，是个案研究而不是实验研究，一些概念定义存在问题，以及它的不可证实性和性别歧视而受到批评。

为什么要学习弗洛伊德？

• 无论如何，精神分析还是很重要的。这既是因为精神分析对心理治疗的贡献（如"谈话治疗"）、对流行文化的影响，以及近年来精神分析方面的研究数量的持续增长，也因为它是一个完整的人格理论，并且提出了心理学其他领域未曾涉及的问题。

思 考 题 ••

1. 你有过对某件事情感到很焦虑，但不知道原因的经历吗？或者你有过一些荒谬的想法吗？

2. 在你自己的行为或者其他人的行为当中有什么关于防御机制的例子吗？你能列举一些吗？

3. 如果你是或者曾经是一个体育队队员，你的教练曾激励过你吗？他/她都说了什么？这些谈话中有哪些是弗洛伊德主义的？对你有帮助吗？

4. 你最近听过最好笑的笑话是什么？能否从精神分析的角度解释一下，是什么使它好笑的？你最近听过让你感到并不好笑的笑话吗？你能解释一下为什么吗？

5. 你认为弗洛伊德的精神分析是科学的吗？

6. 你认为弗洛伊德的精神分析应该作为大学心理学的一门课程吗？

推 荐 读 物 >>>>>

Hornry, K.（1942）. *Self-analysis*. New York: Norton.

Hornry, K.（1950）. *Neurosis and human growth*. New York: Norton.

这两本书由一位举足轻重的新弗洛伊德学派的学者所著，书中对于人类本质，尤其是对于自己及其目标的不切实际的幻想进行了精彩的剖析。这两本书是自助书籍，但在学术上它们比当前的同类作品丰富得多。

电 子 媒 体 >>>>>

登陆学习空间*wwnorton.com/studyspace*，获得更多的复习提高资料。

12

继弗洛伊德之后的精神分析：
新弗洛伊德主义、客体关系和当前研究

西格蒙德·弗洛伊德于1939年去世。但是，他提出的有关人类心理的理论、建构理论的风格以及有关心理动力学的观点并没有随着他的离去而消亡。心理学的学术研究——大学里的心理学教授所进行的那种——在很大程度上忽视了弗洛伊德的理论或者是精神分析理论，但仍有不少当代心理学家保持着弗洛伊德遗留下来的思想。有的学者重新解读了他的理论或者将其拓展到新的领域中，有的学者用实证研究检验他的理论，还有的学者则是通过不断地反驳弗洛伊德来保持理论的活力。

事实上，在他去世70多年后，相当一部分心理咨询师、心理学家、英文教授和梵语学者都将毕生的精力投入到了永不休止地揭露弗洛伊德谬误的工作中。他们的目的就是要证明弗洛伊德所有的观点都是错误的（例如，Crews，1996）。数年前，一本由声名显赫的精神分析学家（同时也是梵语学者）杰弗里·曼森（Jeffrey Masson）于1984年撰写的书，通过挖掘弗洛伊德的那些问题朋友（病人）的资料来攻击弗洛伊德的整个理论，在大众传媒中引起了一次轰动。[①]类似的作品层出不穷。[②]正如一个记者写的那样，"仅仅把弗洛伊德的名字输入一个搜索引擎就会发现谴责之声多如滔滔洪流……仅仅否认它们的正确性——即使是弗洛伊德的信徒也不得不承认他的确和许多东西有关——似乎不足以解释他所引发的诽谤和中伤"（J. Alder，2006）。

事实上，大多数类似的言论和批判最值得注意的一方面是它们带有强烈的情绪性和个人口吻。他们并没有冷静地提出一些当代的研究证据去证明弗洛伊德的某些观点站不住脚，而是直接指责弗洛伊德是谎言家、骗子和欺诈犯。例如说他对于自己的家庭很吝啬，也从来没有任何原创的观点。他们就差没说关于弗洛伊德的书都应该从图书馆的书架上撤下来并在广场上烧掉。回

---

① 还有一次，曼森也引起了公众的广泛注意。他起诉《纽约客》杂志，宣称杂志对他进行了人格侮辱。但他最终败诉了。
② 例如，萨洛威（Sulloway，1979）和克鲁斯（Crews，1996，1998）也出版过这样的作品。最后列出的一篇参考文献是一本抨击弗洛伊德的书，这本书封面上打出的噱头是："坚决锻造反对弗洛伊德及其观点的铜墙铁壁……揭露那些精神分析所谓的发现不过是诡计和拙劣的伎俩。"争论的另一方罗宾逊（Robinson，1993）总结了所有对弗洛伊德的批评并进行了反击。

顾第11章中有关反向形成及其特征的讨论，这类攻击是一种适度的反应还是具有更深层次的解释呢？正如心理咨询师格林·戈巴德（Glenn Gabbard）所言，"潜意识是极具威胁性的，它暗示着我们自身被无法看到或控制的力量所驱使，而这对于我们的自我中心主义将是一次极其严重的创伤"（摘自Alder，2006）。精神分析取向的心理学家德鲁·韦斯滕补充说，"任何让人讨论起来没有任何不适的理论都可能在生而为人的意义方面缺失了一些非常重要的东西"（Westen et al.，2008）。

自弗洛伊德去世后，一个具有建设性意义的发展是，一大批临床实践者和理论家延续了精神分析的思想，提出了很多修正和改进，虽然他们对于"大人物"（弗洛伊德）赞同或反对的程度各异。有些小调整是在总结弗洛伊德的工作和在当代背景下对它进行理解的过程中发生的。另有一些修正则改动较大。例如，卡尔·荣格就建立了自己的一套有关精神分析的理论，其中有很多具有神秘主义色彩的观点和弗洛伊德的思想大相径庭。然而，荣格的灵性角度（spiritual angle）尽管极具影响力，但在精神分析中是很罕见的。

大多数后弗洛伊德时代的精神分析学家的主旨都不再是他所强调的性和攻击的天性，他们转而关注生活中的人际过程。早期依恋关系是一个特别的关注点，尤其是个体和父母的关系是如何影响个体的知觉及其和他人之间的关系的。他们从弗洛伊德那里继承的一个十分重要的观点，即人际关系中，在我们和他人之间发挥中介作用的是我们对他人的心理表象，而它们往往并不那么符合他人的实际情况。这种关于个体的部分准确的心理表象被称为客体（object）。探讨这些心理表象的起源和启示的现代精神分析学派称为客体关系理论（object relations theory）。客体关系理论的一个"近亲"就是依恋理论（attachment theory），该理论尤其重视我们对重要他人的依恋，即我们对依恋对象的依恋，以及我们心中对这种依恋的印象如何在承受压力的时候作为缓冲（Bowlby，1988；Shaver & Mikulincer，2005）。

通过总结弗洛伊德去世后其理论被重新解读和修改的一些版本，这一章试图以此将弗洛伊德引入现代视野。我们将会聚焦于一些著名的新弗洛伊德主义学者（neo-Freudian theorists）和有关客体关系（object relations）的著作。之后，我们会总结一些近期检验精神分析观点的实证研究。最后，我们会全面地考察精神分析，总结其成就和不足。

> 在我们和他人之间发挥中介作用的是我们对他人的心理表象，而它们往往并不那么符合他人的实际情况。

解读弗洛伊德

那些试图解读弗洛伊德的现代作家通常会采用各种各样的方式在其总结中保留弗洛伊德理论的精神，而不是其原话。这就如同我在第10章中描述一个不确定其性别角色的孩子是如何试图去参照一个性别模型——例如同性别的父母——以寻求指导的情况一样。尽管这个动态过程和弗洛伊德预想的并不一样，但其结果都是男孩子通常会认同自己的父亲，女孩子通常会认同自己的母亲。

解读一个理论和修订一个理论的界限是十分模糊的。弗洛伊德在六十多年间写出了上百篇文章和大量著作，还曾不止一次地更改过自己对一些重要问题的看法。因此，解读弗洛伊德的语录，或者说确定其著作的整体含义，尝试对其进行最好的总结，绝不是简单或无意义的工作。在解读过程中，一个较大的挑战就是如何让弗洛伊德的理论在今天看起来是合理的，因为这需要一些改变。毕竟最初的理论距今已经将近一百年了。

许多心理学家和历史学家担当了这个重任，也得出了观点各异的结论。彼得·盖（Gay，1988）在一本具有里程碑意义的弗洛伊德传记中全面、深入地研究了弗洛伊德理论的发展，并坚定地捍卫了它。查尔斯·布瑞那（Brenner，1974）对精神分析概念的概述颇有助益，他在弗洛伊德理论的基础上结合了自己的观点及新近研究。本书的前面两章更多地使用了一种赞成弗洛伊德观点的口吻来解读，而不是对弗洛伊德的观点进行字面上的复述。我融合了弗洛伊德的原话和我认为他试图或者应该表达的东西，以及后续一些弗洛伊德流派的学者的看法。

例如，正如我提到的那样，我修改了传统的俄狄浦斯情结危机的故事，因为根据近期有关社会化的研究，原来版本的故事显得不太合理。因此，我的这个版本更改了（有人可能会认为是扭曲）弗洛伊德的说法。与此同时，我还通过把力比多形容成"生命驱力"重新解读了它，而不是把它的概念仅仅局限在性上。同样，这改变了（事实上是直接地反驳了）弗洛伊德的一些著述，但我仍倾向于以今天看起来更合理的方式去解读弗洛伊德的观点。我也改变了弗洛伊德对于人格发展阶段的描述，正如新弗洛伊德理论学家爱利克·埃里克森（Erikson，1963）所强调的那样，每一个人格阶段不仅仅和不同的身体感觉相联系，同时也和不同的社会任务有关。

通过在解读弗洛伊德的过程中综合其他学者的观点，你会越来越多地融入自己对弗洛伊德理论的见解，你也就越能成为精神分析理论的主动的发展者。是安娜·弗洛伊德（Anna Freud）而不是她的父亲明确地总结出了各种防御机制，我们在第11章中对其中的一部分进行了总结。我们可以肯定地说弗洛伊德自己也会赞成安娜的这种做法（很显然，他几乎赞成他最喜欢的女儿做的每一件事情），因为安娜并没有偏离弗洛伊德理论的核心。许多学者仍在继续写有关精神分析方面的东西，他们尝试着在不违背弗洛伊德原意的同时不断地拓展它。

近期研究主题及相关理论家

在弗洛伊德之后，仍有相当一批学者继续研究着新弗洛伊德心理学（neo-Freudian psychology）。他们包括：安娜·弗洛伊德、布鲁诺·贝特海姆（Bruno Bettelheim）、爱利克·埃里克森、卡尔·荣格、阿尔弗雷德·阿德勒（Alfred Adler）、卡伦·霍妮（Karen Honey）、哈利·斯达克·苏立文（Harry Stack Sullivan）、梅兰妮·克莱茵（Melanie Klein）、温尼科特（Winnicott）和亨利·莫瑞（Herry Murray）。你可能听说过他们中的一些人，埃里克森、荣格、阿德勒，他们都是20世纪思想界的重要人物。然而，值得注意的是，他们每个人都不再那么显赫。尽管新弗洛伊德主义在当代仍旧继续进行着实践和工作，但他们的"黄金年代"似乎已经过去了。

大多数新弗洛伊德学家（包括上述那些）使用的是和弗洛伊德一样的研究方法。他们出诊，自我剖析，阅读大量的文史作品，最终得出结论。对于弗洛伊德的那些强硬的批评者，如早期的反对者荣格和近期的反对者杰弗里·曼森莱，还有他的赞成派如布鲁诺·贝特海姆和安娜·弗洛伊德来说，采用这种研究方法也是经常的事。

这一方法使各路精神分析学家积累了大量理论背景。同时它所采用的辩论风格被传统的自然科学流派的心理学家认为是徒劳无效的。例如，当荣格和弗洛伊德辩论时，他基本上说的是他的案例和自我内省表明结论是A，而弗洛伊德则予以否定，并称自己的案例和自我内省得出了结论B，但是荣格会说结论A明明就是显而易见的，等等。任何人试图在其中发现某个最终解决问题的实验，其结果都只能是徒劳的。即使有人足够聪明想出了一个实验，弗洛伊德、荣格或者是任何其他新弗洛伊德主义学者都绝不愿意接受仅仅用一个实验去解决这类深刻的问题。

新弗洛伊德思想的普遍主题

大多数新弗洛伊德主义学者都在三方面和弗洛伊德的见地不同。第一，他们不像弗洛伊德那样重视性。大多数学者都不再强调力比多是一种带有性色彩的思想和行为的原动力，而是把它重新解读为一种指向生命和创造的一般动机。在前面几章中，你已经看到了类似的重新解读。我认为这种重心的改变在现代的重新解读中是无可厚非的，但其他一些学者则简单地将它看作弗洛伊德犯错的例证。

弗洛伊德对于性的强调（甚至是在孩子身上）是他理论中至今没有解决且极具争议的一个方面。因此，后来的学者一直倾向于摒弃这种观点，使精神分析不再有类似的困扰。弗洛伊德坚信那些不承认性的心理学作用的人都是因为其自身的焦虑。他们的防御使他们无法直视性的重要性，并不得不从别的地方寻找行为的重要基础。或许弗洛伊德是正确的，但这一类争论无法轻松地解决。如果我说你之所以反对我是因为你在性方面存在障碍，你该如何反驳我呢？除非你也对我说出相同的话。

第二个不同于原理论的点是，有些新弗洛伊德主义学者不再强调心理的无意识过程，转而关注有意识的思维。现代的自我心理学家们对驱动知觉以及在意识层面理解现实的过程十分感兴趣（例如，Hartmann, 1964; Loevinger, 1976; Rapator, 1960; Klein, 1970）。**自我心理学（Ego Psychology）**有别于经典的精神分析，但更接近当代的主流心理学（尤其是第16章介绍的认知取向）。因为自我心理学家不再关注性、心理冲突和无意识，取而代之的是强调知觉、记忆、学习和（理性）思考。根据简·洛文杰（Jane Loevinger）的一个极具影响力的观点，自我的功能在于使个体的每一个经历都变得有意义（Loevinger，1987）。并且，洛文杰的理论实质就是自我本身的发展历程。在生命的早期，自我努力理解个体如何和外部世界及其母亲分离，随后自我挣扎于一系列问题，例如如何和社会联系在一起，获得个人自主性，以及尊重他人的自主性。根据洛文杰对于"自我发展（ego development）"的检验，绝大多数人在学会了社会的基本规则和认识到有些规则存在例外后，就止步了（Holt，1980）。极少数人既能真正独立，又能尊重和支持他人的独立。

第三点不同之处是大多数新弗洛伊德主义学者都不再强调本能的驱力和心理活动是心理不适的来源，而更关注人际关系。根据现代心理学的标准，弗洛伊德对于病人的日常生活可谓是漠不关心。现代的治疗师会希望了解病人和配偶之间的互动，弗洛伊德则更关注个体在童年期和其异性父母之间的关系。阿德勒和埃里克森都强调个体的心理问题源于个体在日常生活中和其他人及社会之间的关系出现了问题，客体关系学家则坚信个体毕生都不断重演着某种关键的关系模式。

自卑和补偿：阿德勒

阿尔弗雷德·阿德勒（1870—1937）是弗洛伊德的第一个门徒，却最终和这位大师分道扬镳。像很多和他同时代以及后继的理论家一样，阿德勒也认为弗洛伊德太过强调性是最根本的动机，又是思想及行为的组织者。阿德勒提出，和性相比，同样重要甚至更重要的应该是社会兴趣（social interest），或者说是对和他人维持积极的、具有创造力的关系的期望（Adler，1939）。

阿德勒说个体在努力维持和他人的平等，甚至是相较于他人的优越感，并且他们试图通过达到这个目标来弥补他们在童年阶段处于弱势的方面。这个观点被称为**器官自卑感（organ inferiority）**，它导致童年期体弱的个体在成年后会努力使身体变得强壮，童年期觉得自己愚笨的个体在成年后会强迫性地去证明自己比别人聪明，等等。该个体在童年期是否真的体弱或者相对愚笨并不重要，关键是个体自己的感觉。

由于童年期感觉自卑和不适，因此个体在成年后的一种特殊补偿方式是期望自己的行动和自身富于力量和权威。阿德勒把这种过度补偿的行为称作**男性钦羡（masculine protest）**。他把这一术语同时用于男性和女性身上，但认为这一现象在男性身上更为明显。年轻的男孩从社会中了解到男性是更具权威性和优势的性别，然而，在他们的生活中谁是那个最权威的人呢？显然是母亲。阿德勒认为，这一早期经历使很多年轻男性发展出了一种证明自己优势、权力和阳刚之气的强烈渴望。在现代社会达到这一目的的途径之一就是买一辆皮卡，这种车只能搭梯子才能进去，引擎呜呜作响，开着它在高速公路上颠簸，吓唬遇到的每一个人。然而，这类行为总会有些出格，我觉得大多数人都会本能地认为那些有着阳刚之气的人并不需要通过选择这种汽车、这种驾驶方法或其他任何肤浅的方式来证明自己。男性钦羡是一种补偿，因此，也是一种自卑情结的表现。

阿德勒的观点是每个人在童年期都觉得自卑，并且这种自卑可能是多方面的，试图克服这种

"亲爱的，你不觉得你已经变得对自己的男子气概过于安之若素了吗？"

感觉的需求会影响成年后的行为。这种需求可以解释那些从别的角度看没有多大意义但又非常重要的行为——例如开着大得不合情理的车子去超市，但是还有很多其他的。对权力感、爱和成就的需求都扎根于童年经验之中。个体对于其知觉到的童年期自卑的补偿会与一种特殊的行为模式相结合，阿德勒将其命名为"生活风格"。在阿德勒的理论中，两个最常用的术语分别是自卑情结（inferiority complex）和生活风格（lifestyle）。

集体无意识、人格面具和人格：荣格

下一个精神分析的主要背叛者就是卡尔·荣格（1875—1961）（参见荣格1971年的作品集）。和阿德勒相比，他和弗洛伊德之间的长期不和更加富于戏剧性且更加痛苦，因为弗洛伊德对荣格寄予了很高的期望，而荣格也是他最早的弟子之一。事实上，荣格和弗洛伊德曾在数年间都保持着亲密的关系，他们频繁通信，甚至一起去美国旅行。弗洛伊德把荣格称为他的"王位继承人"，并钦点他为国际心理学会的第一任主席。

然而，随着时间的流逝，荣格的理论越来越背离弗洛伊德的观点，逐渐发展到了完全不可调和的地步。或许荣格的理论中最激怒弗洛伊德的是他日益增长的对探索神秘物质和精神事物的兴趣。作为一个虔诚的无神论者，弗洛伊德认为荣格有关宇宙的内部节奏（共时性原则）、先验经历和集体无意识的观点都是无法理解的。然而，这些观点对于荣格来说尤为重要，也是它们为荣格赢得了荣誉。

荣格的一个最有名的观点是**集体无意识（collective unconscious）**。荣格坚信作为人类历史的结果，每个人都具有一些与生俱来（他称之为物种特异）的记忆和观念，大多数都潜藏在潜意识中。其中有一些是基本的意象，被称为**原型（archetype）**。在荣格的观点中，它们被看作人类有意识和无意识地理解世界的核心，它们包括大地母亲、英雄、魔鬼、上帝。这些原型具有不同的版本，它们有时被冠以不同的符号，反复出现在梦、思想、世界各国的神话甚至现代文学中。（事实上，当下活跃的文艺评论家在许多小说、戏剧、电影中都发现了荣格所谓的原型。）这看起来是个十分怪异的观点，但可能包含着一定的内容。蛇频繁地出现在各种文化的基本故事中（如圣经），而且蛇几乎都是以险恶的角色出现的，并且有证据表示人类对蛇的恐惧是与生俱来的（Öham & Mineka，2003）。

荣格的另一个具有持久影响的观点是**人格面具（persona）**，我们戴着人格面具表现着我们在社会中的角色。他指出，在一定程度上，每个人的人格面具都是虚伪的，因为每个人都把真实自我的某一方面视为隐私，至少不会等同地展现每一部分的自我。这一观点也出现在现代社会心理学和社会学之中（例如，Goffman，1959），并影响了客体关系理论，本章随后会介绍到。依据荣格的观点，危险是个体会更多地认同自己的人格面具，而不是真实自我。个体会强迫式地展现某个特定的人格面具而非真实的自我和真实的感受，由此浅薄地局限于某种社会性的成功之中，而没有更深层次的追求。这些人变成了社会的产品，而不是他们真实的自我。

荣格另一个有影响的概念是阿尼玛和阿尼姆斯。**阿尼玛（anima）**是女性心中关于理想男性的一种原型或观念。**阿尼姆斯（animus）**则是男性心中对于理想女性的意象。这两种意象使每个人的心理结构都有一部分是带有异性色彩的：男性的阿尼玛就是他的"女性面"的根源，女性的阿尼姆斯就是她的"男性面"的基础。这些概念同样也影响了他们对于异性的反应：男性通过他的阿尼玛的心理镜头正确或错误地理解女性，女性则根据她的阿尼姆斯理解男性。如果一个男性或者女性在现实生活中碰到的异性和他/她脑海中的原型匹配得不好，就会导致现实的问题。荣格认为这是一个常见的问题，并且日常经验似乎支持了他的这个观点。

荣格另一个关键的理论是他有关内倾型个体（内向性）和外倾型个体（外向性）之间的区别。正如我们在特质那一章看到的，内向性—外向性这一维度是大五人格特质之一，并且在心理测量研究中比比皆是。

荣格另一个有用的观点是他对于人类四种基本思维方式的分类：理性思维、情感、感觉和直觉。正如荣格所写：

> 感觉建构了实际呈现之物，（理性）思维使我们能了解它的含义，情感告诉我们它的价值，直觉指出了它可能从哪来又最终到哪去。（Jung，1971b，1931）

荣格相信每个人都使用这四种思维方式，但是不同的人有不同的主导方式。例如，工程师会强调理性思维，艺术家会强调情感，侦探会强调感觉，宗教人士则强调直觉。一项现代的人格测验，米尔斯-布立格斯个性类型测试（Myers-Briggs Type Indicator，MBTI；Myers，1962）有时候会用于考察个体较多地使用哪种思维方式。咨询师和人力资源部门常常会使用这个测试。

荣格相信理想状态下这四种思维方式能够达到平衡，尽管他也承认这种平衡是很罕见的。用荣格的话来说，他和弗洛伊德的区别就在于弗洛伊德强调理性思维，而他强调直觉。

女性心理学和基本焦虑：霍妮

直到弗洛伊德职业生涯的晚期，卡伦·霍妮（1885—1952）才开始出版有关精神分析的作品。不同于阿德勒和荣格的是，她从未与弗洛伊德结怨。她是历史上最具影响力的三位女性精神分析学家之一（另外两位分别是弗洛伊德深爱的聪明的女儿安娜·弗洛伊德和客体关系理论学家梅兰妮·克莱茵）。她的一些著作是精神分析思想的最好导论之一（见Horney，1937，1950）。她也写了有关自我分析的内容（《自我分析》，简体中文版已由世界图书出版公司出版），她认为这可以在个体无法接受专业精神分析的情况下帮助自身渡过心理危机（Horney，1942）。

霍妮不同于弗洛伊德的观点也正是很多人（尤其是女人）认为他的观点中最值得反驳的地方。她不同意弗洛伊德对于女性沉浸在"阴茎嫉妒"中并且希望成为男人的描述。正如第11章所提到的，在弗洛伊德的一些作品中，他将女性描绘成了残缺的生物：女性是缺少阴茎的男性，而不是享有自身权利的完整个体。和其他人一样，霍妮认为这个观点是不合情理的，需要反对的。她认为，如果有的女性希望成为男性，这有可能是因为她们觉得男性在追求自己的兴趣和理想上更为自由。尽管女性可能缺少自信且过分强调自己和男性的恋爱关系是实现自我的重要来源，但这是由社会结构决定的，而不是女性的身体结构所决定的。[③]

霍妮的其他理论贡献很符合传统的弗洛伊德式的理论模式。她强调成年行为通常是为了克服童年期产生的基本焦虑：在这个充满敌意的世界中变得孤独和无助的恐惧。尝试回避这种焦虑可能会导致她所谓的神经症的需要。个体感觉到这种需要，但它既不真实也不是真正值得追求的。这些需要包括想找到一个可以解决自己所有个人问题（与爱情相关或其他）的人生伴侣，被每一个人喜爱，控制每一个人，独立于其他任何人。这些需求不但是不切实际的，还是相互矛盾的。但是个体心里总会无意识地以各种方式追求它们，这就导致了自我挫败行为和关系问题。

心理发展：埃里克森

爱利克·埃里克森一直声称自己是一个虔诚的、正统的弗洛伊德学派的心理学家，但是他对精神分析的创新可能使他成为弗洛伊德最重要的修正者（参见Erikson，1963，1968）。例如，他极具说服力地指出并非所有的冲突都发生在潜意识层面上——许多冲突是有意识的。一个人可能需要从两个（甚至更多）活动、事业甚或恋人中做出选择。这些矛盾冲突可能是相当痛苦和重要的，同时也是完全发生在意识层面的。

埃里克森相信，在不同的生命阶段会产生一些特定的冲突。这种观点使埃里克森针对弗洛伊德的理论发展出了自己的一套心理发展理论，该理论不再关注各个阶段力比多投注的身体中心，而是关注各个阶段个体经历的冲突和可能的结果。由于这个原因，他的发展理论是社会心理层面上的，而弗洛伊德的理论则是性心理取向的（见表12.1）。埃里克森的社会心理理论极大地影响了精神分析关于发展的观点（见第10章）。其涵盖的不仅是童年期，而是毕生发展。

---

③ 作为对这一观察的反驳，韦斯滕（Westen）最近指出，儿童倾向于形象思维，因此可能尤其容易将男性和女性相对的社会优势以这种字面上的、物理的方式符号化。在韦斯滕成为心理学家之前，一位对弗洛伊德理论一无所知的同事告诉他，她6岁的女儿晚上在进澡盆之前哭，因为跟她一起洗澡的弟弟有一个她没有的东西。母亲回答说："别担心，你有一天也会有的。"作者（韦斯滕）一直想弄清楚这位母亲糊弄人的回答所造成的影响（Westen et al.，2008）。

表12.1 弗洛伊德和埃里克森的人格发展顺序的比较		
大概年龄	弗洛伊德阶段	埃里克森问题
0—2岁	口唇期	信任对不信任
3—4岁	肛门期	自主对羞怯和疑虑
4—7岁	性器期	主动对内疚
8—12岁	潜伏期	勤奋对自卑
13岁以上	生殖期（整个成年阶段）	亲密对孤独
		繁殖对停滞
		完善感对失望

第一个阶段，埃里克森称之为基本信任对基本不信任。这对应着弗洛伊德对儿童早期口唇期的描述，此时具有依赖性的儿童会最终了解到他/她的需求和意愿是否能得到满足，被忽略还是被过度放纵。给儿童适当比例的满足和暂时的挫败，他们就能发展出对于基本需要会得到满足的希望（在埃里克森的术语中被称为对待生活积极的但不自大的态度）和自信，但并非自负。

下一个阶段，对应着弗洛伊德的肛门期，称为自主对羞怯和疑虑，随着儿童试图控制排泄和其他身体功能，学习语言，接收来自成年权威者的命令，一个不可避免的冲突产生了：究竟应该听谁的？一方面，成人向儿童施压，让其遵守他们的指令；另一方面，儿童期望控制他/她自己的生活。理想状态下两者会达到一种平衡，但有可能一者会胜出，从而造成了第10章中叙述的肛门性格。

埃里克森的第三阶段，对应着弗洛伊德的性器期，称为主动对内疚。儿童开始像成年人一样对未来的生活充满期待和憧憬。这些憧憬不可避免地带有性色彩的幻想，以及在生活中不断前进的方法和计划。埃里克森认为这些憧憬对于儿童来说是有益的，但是如果成人不对它们做出适宜的反应，这些想法就会使儿童感到内疚，并在向成年阶段发展的过程中不再具有主动性。理想的状态是，儿童在社会学习中发展出一套不违背自我真实发展感受的、关于对错的认识。如此一来，便会产生一种成人行为道德，其中对道德规范的应用有一定的灵活性和变通性，而非恪守陈规的伪道德，即道德教条被盲目地遵守不允许有任何例外。你可能也注意到了这一阶段是不考虑俄狄浦斯情结的，它重新解读了弗洛伊德的性器期（参见第10章）。

第四阶段被称作勤奋对自卑。在这一阶段，个体要发展出有助于在今后的工作中取得成功或对社会做出贡献的技能和态度。此时儿童必须学会控制自己旺盛的想象力和分散的精力以发展技能、手艺以及组织生活任务的方法。这一阶段大致对应着弗洛伊德的潜伏期。

在第五阶段，发展任务越来越背离弗洛伊德提出的发展路径。弗洛伊德学派的理论在发展到生殖期就基本停止了，具体的时间应该是在青春期后的某个时间。但埃里克森的观点是发展是贯穿生命全程的。下一个阶段的危机是同一性对角色混乱，此时青少年努力弄清自己是谁以及什么是重要的、什么是不重要的。在这一阶段，个体会选择具有个人意义的、有用的、一致的价值观和目标。在认同危机后，紧接着出现的是亲密对孤独的冲突。在这一阶段，年轻的成年个体的任务是找到一个亲密的终身伴侣共同分享重要的经历并进一步发展，而不是变得孤独和寂寞。

埃里克森认为，当个体进入中年，下一冲突就是繁殖对停滞。随着个体在生活中的角色被设定，他/她是会安于享受一种消极的舒适，还是转而关注下一代？此时面临的挑战是回避尽情消费和悠闲钓鱼的诱惑，转而将时间和金钱投入到繁殖和养育下一代上，并基本上尽个人所能确保下一代的发展。这让我想起了一些富有的美国退休人士强烈反对把纳税用于教育。在较年轻的人群中，有一些雅皮士（城市里年轻的专业人士）要么为了事业不要小孩，要么因为没有时间而聘请他人照顾自己的小孩。在你看来，他们在繁殖和停滞中选择了什么呢？

生命全程的最后一个冲突发生在晚年，即当个体开始面对死亡的时候，此时的冲突是完善感对失望。个体会对他们早年的过错感到沮丧吗？他们会认为自己是咎由自取吗？又或者个体是否从早年经历中发展出了智慧？在此可以检验一下：在70岁、80岁甚至90岁之后，他/她拥有任何可以告诉下一代的有趣味、有价值的东西吗？还是说根本就没有？

正如我们看到的那样，在埃里克森的理论中，个体从一个冲突过渡到另一个冲突并不是由于其身体或生殖器上的成熟，而是由社会结构规定的不同生命阶段的不同发展任务所决定的。这一结论和近期有关大五人格在生命全程中的变化是一致的，参见第7章（Roberts et al., 2006）。这

> 在70岁、80岁甚至90岁之后，他/她拥有任何可以告诉下一代的有趣味、有价值的东西吗？还是说根本就没有？

个关于心理发展的社会基础的观点是埃里克森的心理发展理论两个最主要的理论贡献之一。他的另一个贡献就是率先探讨了现在被称为"毕生发展"的概念。这一观点认为发展不仅仅局限于孩童时代，而是一个从儿童到老年，贯穿整个生命的、不断进行着的任务和机遇。这极大地影响了现代发展心理学。

客体关系理论：克莱茵和温尼科特

我们生活的最重要的方面，大多数欢乐和痛苦的来源，可能就是关系了。在精神分析的术语中，我们情感中很重要的个体被称为**客体（objects）**，而对于人际关系的分析被称为**客体关系理论（object relations theory）**（Greenberg & Mitchell, 1983；Klein, 1964；Winnicott, 1958, 1965）。客体关系理论的一个关键观点是我们只能通过我们头脑中的意象才能和其他人联系起来，并且这些意象不一定符合实情。理所当然的，这种和实情的不符必然会引发问题。

客体关系理论是目前精神分析最活跃的一个领域，并产生了大量的作品。在心理资讯（Psycho Info）数据库输入"客体关系"，可搜索出8000篇以上的论文。其核心观念（自然地）可以追溯到弗洛伊德，他认为超我是在童年期通过和重要他人建立认同而获得的，并且他还提出个体通过移情在新的关系中不断地重演着某种重要的心理模式。安娜·弗洛伊德通过考察儿童和父母的关系推进了这个观点。另一些重要的客体关系理论学家包括梅兰妮·克莱茵和温尼科特。还有一些理论学者，包括前面提到的新弗洛伊德主义学者，他们的作品在一定程度上探讨了人际关系方面的问题，可以说也都和客体关系有关（Greenberg & Mitchell, 1983）。

　　客体关系理论以许多不同的形式呈现，但是基本上每一个版本都包括四个主要的主题。第一个是发现了所有的关系都是由满意和受挫或者开心和痛苦这样的元素组成的。梅兰妮·克莱茵称婴儿第一个重要的客体是母亲的乳房。婴儿会迅速发现这个客体是快乐的来源，能提供营养、温暖和安慰。因此，婴儿喜爱它。同时，母亲的乳房也是令人挫败的——因为它并不总是可以得到的，且并不总是充满着乳汁。因此，婴儿憎恶它。婴儿的要求是无理的，回忆一下第10章对本我的原始思考加工的介绍。婴儿现在就想要一切东西，一旦母亲的乳房不能供给，婴儿便会生气了。

　　这种二分法引出了客体关系的第二个主题：爱恨交织。正如原初的客体——母亲的乳房一样，重要他人同时是欢乐和挫败的来源。他们会给予我们爱、支持甚至性生活的满足。因此，我们爱他们。与此同时，他们也会表达对我们的不满，批评我们，打击我们。因此，我们恨他们。在客体关系理论看来，这种可悲的境地是无法避免的。你不可能在让某人满意的同时，从不带给他/她挫败感。所有的爱会不可避免地混杂着挫败感和憎恨。

　　客体关系的第三个主题是你所爱的那部分客体和整个人之间的区别。对于婴儿来说，至少在最开始，母亲就是乳房。因为吸引婴儿，引起他/她的兴趣的并不是母亲这个真实的人，而是乳房。学会把母亲当作一个完整的人看待，而非仅仅在乎她所能提供的好处，对于婴儿而言是一个复杂且困难的过程，甚至可能一直都不能完成。同样，在我们的生活中，他人既是部分的，也是完整的。我们可能很享受伴侣的幽默感、才智、身体和金钱，但这在多大程度上和爱这个人本身是一样的？根据客体关系理论，这大不相同。喜欢对方的某些特质不代表喜欢这个人的整体。在此，客体关系理论与常识有重叠。喜欢一个人的身体和金钱不代表爱这个人，从欣赏这个人的某些表面特质到将他们作为一个完整的人去爱，是艰巨且很少能实现的壮举。

　　客体关系理论的第四个主题是，在某种程度上，婴儿的（及成人的）内心意识到了这些矛盾，因此变得焦虑不安。根据克莱茵的观点，婴儿崇拜母亲的乳房，但同时他们也觉得愤怒（因为乳汁从来不够）、嫉妒（因为婴儿希望只有自己能得到乳房）、害怕（婴儿害怕失去乳房）和内疚（如果婴儿伤害了乳房，他们就有可能失去它）。把这么多复杂的反应归结在一个婴儿身上，肯定有些是似是而非的，但是这个主题确实能引起共鸣。假设你确实足够幸运地和一位极具魅力的让你心仪已久的人相恋了，那很棒，但是，不好的一面是克莱茵提到的一系列有意识或者无意识的反应。在此人的陪伴给你带来快乐的同时，可能也会因为他/她并非总有空陪你，你会感到受挫和生气。你可能会因为他/她的吸引力而嫉妒他/她凌驾于你之上的魅力。你可能会害怕失去他/她，并且他/她越是显得有吸引力，这种害怕就越强烈。最后，你可能因为所有这些消极的反应而感到内疚，因为如果你表现出来，你很有可能会失去他/她。关系可以变得如此复杂，这并不奇怪。

　　梅兰妮·克莱茵的理论主要是建立在她丰富的儿童工作经验之上。她是最早（和安娜·弗洛伊德一起）使用精神分析来治疗儿童的治疗师之一。弗洛伊德自己几乎只处理成人的童年记忆。克莱茵在儿童治疗方面的一个创新至今仍广为使用，那就是在游戏中和儿童沟通并进行诊断（Klein，1955，1986）。她通常会给儿童各种各样的玩具，并观察儿童会选择哪一个玩具以及如何玩耍；她相信游戏为儿童的情绪（如憎恨、生气、爱和恐惧）的象征性表达提供了机会。例如，通过观察儿童假扮自己的父母，她发现儿童会把他们喜欢的重要客体划分或分裂成两部分，一部分是好的，一部分是坏的。客体好的部分取悦他们，客体坏的部分让他们受挫。儿童希望消灭那些坏的客体以防止被它们毁灭（克莱茵将其称为偏执心理位置），喜爱并且保护那些好的部分以防止失去它们（克莱茵将其称为抑郁心理位置）。

"我真希望我在你这个年纪就开始治疗了。"

自然，这种分裂的现象在他们喜欢的其他客体上同样适用。当然，问题在于一个人不能分成好的部分和坏的部分，他们是不可分割的整体。这两种期望——毁灭和喜爱——是矛盾且非理性的。这种情况会导致神经性的防御。例如，为了抵制自己毁灭父母（坏的部分）的期望（多多少少被掩饰），儿童会将父母理想化。你有没有听过有人把自己的父母形容得太好以至于难以置信？克莱茵相信，在传统的弗洛伊德范式中，理想化是一种不惜一切代价地防御潜在攻击欲望的症状。他/她可能不承认他/她的父亲有缺点，因为一旦承认了可能就意味着会引发他/她的愤怒并威胁到父亲对他/她的爱，或者是记忆中对他/她的爱。此外，一旦他/她认同了他/她的父亲，这就意味着父亲成为他/她的一部分，因此，批评他/她的父亲就意味着批评自己。所以他/她想象他/她的父亲是完美的。人们常常会这样形容他们的父母、男朋友和女朋友，甚至他们的孩子。这种对事实的扭曲，除了本人意识不到之外，对其他所有人来说都是显而易见的。

儿科医生温尼科特的精神分析研究开始于儿童心理学，且深受克莱茵的影响，但他迅速地发展出了客体关系以外的重要理论。他的一个至今仍广为使用的观点就是对所谓的嗅嗅（niffle）的描述（1996）。这个术语来自他的一个名叫汤姆的年轻病人，他五岁时必须远离他的家庭，一直住院，每晚睡觉时从他的"嗅嗅"那里寻求安慰。"嗅嗅"是让汤姆建立了情感依恋的小布条。不幸的是，在汤姆回家的路上，他的"嗅嗅"丢了。这使汤姆变得充满敌意、固执、恼人，以至于他的父母不得不带他到温尼科特那里接受治疗。从他的经历中，温尼科特形成了"过渡客体"的概念，它们通常是一条特别的毯子、毛绒动物玩偶或者是其他类似的"嗅嗅"，儿童通过它们建立了幻想和现实之间的桥梁。儿童给予这个客体某种特殊的具有魔力的情感含义，当家长无法陪伴时，这个客体能陪伴和慰藉儿童（正如克莱茵提出的乳房）。随着儿童逐渐适应，即使在没有这种支持的情况下也能掌控这个世界，这种客体身上的特殊意义也就逐渐消失。

这样的客体具有两层过渡含义：第一，这个客体帮助儿童从受到父母无微不至的关注过渡到自己必须独立面对这个世界；第二，它存在于幻想和现实之间的过渡状态。这个客体通常是真实的，它们是实实在在的一只泰迪熊、一条毯子或其他任何东西（对于我女儿来说，嗅嗅是一条玩具恐龙）。但是，儿童却赋予了它无与伦比的魔力，重要的是，任何家庭成员都不会质疑。一旦儿童要找他们丢失的嗅嗅，房子就会一次次被弄得乱七八糟，而且理由完全正当。这样的客体是十分重要的，并且不仅仅限于儿童。成年人对代表其生活中重要他人的事物也有情感依恋。最典型的一个例子就是许多人放在桌上或钱包里的全家福照片。这些照片或者其他纪念品的目的是稍微弥补我们所爱的人不能时刻或者永远陪在我们身边的事实。[④]

温尼科特在客体关系中加入的另一个概念是"虚假自我"（false self）——儿童（之后是成年人）用于取悦他人的东西。温尼科特相信这在某种程度上是正常的且必要的：一些常规的社交礼仪和礼貌在某种意义上是虚假的，但在维持人际关系方面却十分有用。他担心的是一些很可爱的孩子戴着虚伪的面具，牺牲自己的身心，不顾一切地尝试取悦他们忧虑的母亲。在这个继承了荣格对人格面具思考的理论中，温尼科特提出虚假自我的作用是通过让真实自我不可见，从而保护它。没有人能够利用、伤害甚至触碰到强大的虚假外衣后的真实自我。自杀是虚假自我最后的伎俩。如果浮出水面的真实自我不成功，并且不可能被接受，那么虚假自我只能永远地保护其不被暴露。

> 一旦儿童要找他们丢失的嗅嗅，房子就会一次次被弄得乱七八糟，而且理由完全正当。

根据客体关系理论，心理治疗的目的在于最小化虚假自我和真实自我之间的差异。在经典的弗洛伊德理论中，就是帮助理性资源在非理性防御时发挥作用。其目的在于使病人看到生命中的重要他人究竟是怎样的，而不是他们希望的那样。同样，来访者或许需要帮助，从而学会把对方看成完整的个人，包括美德、恶行以及其中所有的东西，而不是像双胞胎杰克伊尔和海德那样把好的方面和坏的方面完全分裂开来。克服这些幻想并非易事。在某种程度上，每个人都更希望他们的重要他人是完美和忠实的，但我们生活中最喜欢的人有时也会因不够完美而令我们不满意甚至发怒。信仰客体关系理论就如同信仰弗洛伊德本人一样：理性可以战胜一切。如果我们能清楚地思考，并去除足够多的神经质的羁绊，我们便可以做一些有意义的事情，并把他人当作真实的个体与其建立联系。

新弗洛伊德学派的理论家都去哪了？

正如我之前提到的那样，他们看起来都消亡了。人格教科书里纵览介绍弗洛伊德和新弗洛伊德学派的章节被讽刺为"墓地之游"。当然，今天没有人因积极发展精神分析理论而使自己的声望达到和荣格、阿德勒、霍妮、埃里克森或甚至克莱茵、温尼科特一样的高度。尽管这些思想家贡献了重要的观点，但他们通常的做法是基于非正式的观察、临床经验和个人见解之上的，而这些都已经过时了。未来的研究趋势是使用实验研究和相关研究，用心理学通常采用的科学证据进行科学的证明、证伪或修正精神分析理论。

---

④　当询问人们如果房子着火了，他们会最先抓住什么东西时，全家福在名单上的位置非常靠前。

当前的精神分析研究

　　大学里的心理学研究者和研究机构进行的几乎都是常规的心理学研究——使用公开数据进行的实验研究和相关研究。这些心理学家和那些在临床领域实践精神分析的同行之间的关系轻则不和，重则彻头彻尾的敌对。不过，这种情况多年来已经有所转变。在20世纪50年代，弗洛伊德思想统治了整个心理学界，但是由于一系列趋势的影响，它逐渐淡出了人们的视野。这包括行为学派的兴起（参见第15章）；学院派心理学和临床实践的进一步分离；以及相对于艰深复杂的理论工作来说，人们倾向求助于能够快速解决问题的实验室研究（Shaver & Mikulincer，2005）。结果是，现在负责训练研究者的大多数大学的心理学院没有设置精神分析方向，这使许多实验心理学者不懂精神分析。他们能在哪里了解精神分析呢？正如心理学家菲利普·谢弗和马里奥·米库利茨所观察到的："很多人格心理学专业的学生都不知道弗洛伊德是谁，绝大部分人从未读过他的著作"（Shaver & Mikulincer，2005）。甚至，即使这些心理学者发现精神分析研究的结果符合他们的实证研究标准，他们也不愿意相信这些证明精神分析思想有价值的证据。

　　在这部分人看来，精神分析学者都是同样有罪的（Bachrache et al.，1991；Western，1998）。他们几乎都对常规科研毫无兴趣，而更倾向于交流轶事证据："我曾经有一个病人，他……"弗洛伊德自己认为心理动力过程只能通过临床案例研究进行观察；绝大多数现代精神分析学者同样认为根据实验研究和相关研究得出的结论是不恰当的。例如，一名现代精神分析学者如此描述实验研究：

　　　　如果不是蔑视的话，我一直对任何摆弄数字的人说的话极其不感兴趣……"有意义的统计数据"这个短语对于我来说简直是可笑又矛盾的修辞手法。（Tansey，1992）

　　双方互不了解的结果是精神分析的心理学者和非精神分析的心理学者经常忽视对方；而当有机会接触时，他们经常攻击对方或向对方说教，而不是听取对方的观点。

　　然而，这种遗憾可能会有所改观。一小部分勇敢的心理学者继续进行与精神分析有关的研究，而更多的学者虽然也这么做，但未认识到他们的工作和新弗洛伊德学派观点之间的联系。韦斯滕（Westen，1998）是最重要的现代研究者之一，他指出尽管没有什么心理学者研究弗洛伊德或是直接进行精神分析研究，但他们中许多人进行的工作都和精神分析的主题有关。韦斯滕注意到，不论研究者是否知情，任何研究只要包含以下内容，则至少带有"一点点"精神分析的性质：

　　1. 检查处于同一心理中彼此冲突的、独立的心理过程；

　　2. 潜意识心理过程；

　　3. 意识之外的心理过程之间的协调和妥协；

4. 自我防御思维和自欺欺人；

5. 过去对于当前机能的影响，尤其是延续到成年的童年模式；

6. 影响思考、感觉和行为的性欲或攻击欲望。

尽管几乎没有什么实验研究或相关研究涵盖以上所有内容，许多研究却包含了其中的一个到两个内容。韦斯滕主张，如果某项研究强调了其中任意一个内容，它至少是带有一定精神分析色彩的。研究包含的这类问题越多，则研究就越有浓厚的精神分析色彩——不论研究者知道或不知道。韦斯滕的观察是极为重要的，因为它暗示了常规的实验研究和相关研究，可能并非像这两个阵营中的心理学者长期假定的那样和精神分析毫无关系。

检验精神分析假说

依据韦斯滕的定义，似乎大量心理学文献都探讨了精神分析的假设。这类研究中的大多数研究并非明确地指向检验精神分析的假设，有时文章中甚至根本没有提到精神分析。但是，大量的研究证明并支持了弗洛伊德及其他精神分析学家的观点。我们已经在探讨精神分析的过程中总结了一些这方面的证据（参见第11章中关于防御机制的讨论），但可能再多了解一些实例会更有帮助。

例如，大量的研究表明内心中潜意识的部分能够察觉到某些事物，而意识层面上却毫无察觉（Erdelyi，1974；Bornstein，1999b；也见第16章）。这样看来，潜意识可阻止某些知觉进入意识层面，以防止焦虑——经典的否认防御机制（参见第11章）。在一项研究中，参与者观察屏幕上闪现的"脏话"（你知道我的意思），它可能会扰乱超我的价值观。参与者反映说不能辨认出这个词。接着，另一个与前者长度相同但无伤大雅的词在屏幕上闪烁。这位参与者立即辨认出来。这一发现暗示了心理的某部分在它进入意识层面前就认识到前一个词是猥琐下流的，而且将这一认识保持在意识层面之外。此外，那些回避报告知觉到这些易产生焦虑的词的参与者，并非只想表现得高尚一些，而是主动地将他们负面的经历推到知觉意识之外（Erdelyi，1974，1985；Weinberger & Davidson，1994）。

许多现代认知心理学家已经总结出：大多数脑部活动是潜意识的（尽管他们避免承认弗洛伊德）。一个长期占据主导地位的，被称为平行分布式加工（parallel distributed processing，PDP）的模型指出，心理在意识之外能够同时处理很多事务，只有这些事务之间相互妥协才能进入意识层面（Rumelhalt et al.，1986）。

行为也是由一个类似的折中过程产生的。正如认知心理学家斯蒂芬·平克（Stephen Pinker）总结的，"行为是许多心理模块之间内部矛盾的结果"（Pinker，1997）。这一发现让人不免想到弗洛伊德的观点，即意识仅仅是心理冰山的一角，而大多数的原因隐藏在视线之外（Sohlberg & Birgegard，2003；在第16章阅读更多有关潜意识心理活动的研究）。

现代研究也支持精神分析的其他观点。例如，新技术能够评估人们的语言可以在多大程度上揭示他们使用精神分析的防御机制（Feldman-Barrett，Williams，& Fong，2002）。正如弗洛伊德所说，肛门期人格的特点——吝啬、有序、刻板等——彼此相关，而口唇期的性格特点之间也存在交互作用，尽管较弱（Westen，1990）。被弗洛伊德称为**宣泄（catharsis）**的过程包括自由地表达自己的心理困扰，这已经被证实是对心理健康和生理健康都有帮助的（Erdelyi，1994；Hughes，Uhlmann，& Pennebaker，1994）。[⑤]

然而，并非弗洛伊德学派的所有观点都这么成功。正如我之前提到的，研究结果并未支持弗洛伊德提出的性器期（阴茎崇拜期）的俄狄浦斯情结危机（Kihlstrom，1994；Sears，1947）。显然，弗洛伊德理论的这部分内容是错误的，这就是为什么我在第10章中描述孩子们开始意识到男孩和女孩之间区别的时候，提出了一个不同的观点。一些心理学家称一些得到实验支持的精神分析理念（如潜意识），即使没有弗洛伊德也会被想到，而其他大多数弗洛伊德的独特想法（比如俄狄浦斯情结危机）已经被证实是错误的。这些心理学家得出的结论是弗洛伊德对现代人类心理学未做出半点贡献（Kihlstrom，1994）。

在我看来，这种看法好像过分苛刻了。弗洛伊德构筑的理论大厦已经在很多方面影响了现代的思想和心理学。的确，人们难以想象没有弗洛伊德的现代心理学会是什么样子。而且，最初的弗洛伊德学派关于人性解释的完整性和说服力，以及某些新弗洛伊德学派的修订和一些现代的解释，使我确信弗洛伊德理论为观察自己和他人的复杂本质提供了大量的启示。

依恋理论

正如我们在第10章中看到的，移情是弗洛伊德的一个基本概念，指将过去的行为和情感模式应用于新的关系。这个基本概念在依恋理论的研究中变得兴盛起来。这类研究关注在整个生命历程中，在与不同伴侣建立关系时不断重复的模式。依恋模式的一致性得到了几个实验研究的证实（Andersen & Baum，1994；Andersen & Berk，1998）。此外，由心理学家菲利普·谢弗和马里奥·米库利茨领导的大范围研究项目使用了依恋的基本概念来整合现代心理学研究与精神分析的基本概念。

从弗洛伊德的移情到更广泛的依恋概念的转变始于英国精神分析学家约翰·鲍尔比（John Bowlby）（见Bowlby，1969，1982；Waters，Kondo-Ikemura，Posada，& Richters，1991；Shaver & Mikulincer，2005）。鲍尔比深受弗洛伊德理论的影响，但对精神分析的同事在解释爱情本质时所使用的推测性的方法感到挫败。看到他们不能理解一个人早期爱的经历（那些在婴儿期，尤其是和母亲之间的经历）如何影响个人未来的情感依恋形态，他更加沮丧。基于这个原因，鲍尔比有时会被归为一位客体关系理论家，就像本章前面讨论过的那些人一样，但是他的工

---

⑤ 宣泄的其他方面，尤其是对这种表达攻击性的方式可以减少攻击驱力的预测，并没有得到实证研究的支持（Bushman，2002）。

作和受其影响的其他研究已经远远超越了这些最初的理论家所关心的问题，并且其经验研究基础也要牢固得多。

鲍尔比认为依恋是爱情的基础。他的描述类似于第9章中进化生物学家描述的理论。鲍尔比假定人类在危机环境中发展了数千年，人类（以及所有的灵长类动物）进化出关于孤独的强烈畏惧感，尤其是在非正常情况下、黑暗中或危险的地方，尤其是疲惫、受伤或生病的时候。这种畏惧激发我们去寻求他人的保护，最好是那些关心我们生存和幸福的人。换句话说，我们希望有人爱我们。这种愿望在婴儿时期和童年早期尤为强烈，但是它从未真正消失；它构成了我们许多重要的人际关系的基础（Bowlby，1969，1982）。

对保护的渴望使我们发展出鲍尔比所谓的依恋。孩子对自己的主要照顾者（通常是母亲）形成了最早的依恋。"主要"这一词意味着孩子通常还有其他的照顾者，而且所有这些关系都是重要的。如果一切正常，这个照顾者会为孩子提供远离危险的避难所和进行探索的安全基地。这一描述类似于弗洛伊德关于口唇期成功发展的解释。

不幸的是，并不是所有事情都能顺利进行。孩子通过与主要照顾者及其他照顾者接触，并受到其基本需求被满足的程度的影响，发展出对依恋关系和被依恋者应该提供的东西的期望。这些期望——预期其他人如何反应（关于他人的工作模型），以及他/她自己如何感受和行动（孩子关于自己的工作模型）——是以生动而清晰的形象呈现在脑海中的。

鲍尔比指出，一个孩子会从这些早期经历中吸取两个经验：第一，孩子形成关于自己依恋的人是否可靠的信念；第二，可能也是更重要的一点，孩子形成关于自己是否属于依恋者会做出积极反应的类型的信念。换言之，如果孩子没有得到必要的爱和照顾，他/她就会认为自己不可爱或不值得关心。这个推论当然不符合逻辑：仅仅因为一个粗心的照顾者没有给予孩子爱和照顾，并不意味着这个孩子就是不可爱的。

美国心理学家玛丽·安斯沃思（Mary Ainsworth）曾尝试将这些从过往经历中形成的期望和结论所造成的结果具体化、可见化。她发明了一个被称为**陌生情境（strange situation）**的实验过程，在实验中孩子先是短暂地和他/她的母亲分开，然后又回到母亲身边。安斯沃思认为，孩子在与母亲分开和与母亲相聚时的反应能够提供很多信息。具体而言，这些反应可以确定孩子形成的依恋关系的类型（Ainsworth et al.，1978）。通过她的实验，安斯沃思根据孩子们对主要照顾者的期望类型和他们在陌生情境下的反应，将他们分成三类。

焦虑-矛盾型（anxious-ambivalent）的孩子来自于主要照顾者是"矛盾的、无计划的、混乱的"家庭（Sroufe，Carlson，& Shulman，1993）。在陌生情境实验中，这些孩子对母亲的存在保持警惕，甚至在母亲只离开几分钟时就变得心烦意乱。在学校里，他们经常受到其他孩子的欺负，不能成功依赖老师或同伴，他们所采取的方式往往令这些人远离他们，而这将导致更深的伤害，让他们感到气愤和不安全。

回避型（avoidant）的孩子来自于在他们尝试享受人与人的联系和宽慰时却多次碰壁的家庭。一项研究表明，这些孩子的母亲不喜欢拥抱，也不喜欢其他的肢体接触（Main，1990）。在陌生情境实验中，这类孩子没有表现出忧伤，但通过测量心率可以发现他们有一些紧张和焦虑的迹象（Sroufe & Waters，1977）。当母亲在短暂的分离后重新来到他们身边时，这类孩子只是对她视而不见。在学校里，这类孩子经常是充满敌意和挑衅的，而且疏远老师和他人。当他们长大后，会形成一种愤怒的自我依赖感和对他人冷漠、疏远的态度。

较幸运的是**安全型（secure）**的孩子，他们对自己和照顾者都表现出一种信任的信念。在一段分离后，当母亲重新来到身边时，他们高兴地张开双臂表示对母亲的问候。他们伤心时很容易被抚慰，而且他们积极地探索周围的环境，频繁地回到主要照顾者身边寻求舒适和鼓励。这类孩子信任照顾者的支持，而且从不担心。这种积极的态度也体现在他们其他的关系中。

这些依恋类型中一个重要的方面是他们的自我实现本质（Shaver & Clark，1994）。焦虑的、黏人的孩子使他人远离；回避反应的孩子使人愤怒；安全型的孩子被照顾者和朋友们喜欢，能吸引他人。因此，一个孩子所形成的依恋类型能影响他/她今后的生活。

进一步的研究考察当这些具有不同依恋类型的孩子进入成年期，并试图发展令人满意的浪漫关系和其他成年后的生活要素时，他们身上会发生些什么。至少有21种不同的方法来评估个体的成年依恋类型，即之前描述的童年模式的成年人版本。其中最简单的方法如下：

下面的这些描述中，哪一个最能准确描述你的感觉？

1. 我是那种接近别人就会感到不适的人；我发现自己难以完全信任他人，难以依靠他人；当任何一个人接近我时，我都会感到紧张；经常的情况是，恋人希望我能更加亲密些，但这会使我觉得超过限度而感到不适。

2. 我发现别人只能勉强接受我希望的亲密程度；我经常担心我的恋人是否真的爱我或者是不想和我在一起；我希望能和我的恋人亲密无间，但这有时会把人家吓跑。

3. 我觉得与他人接近相对容易，而我也感到愿意依靠他们；我并不担心被抛弃或是某人与我走得过近。（Hazan & Shaver，1987）

根据这个标准，如果你选择第一条，那么你是回避型；如果你选择第二条，那么你是焦虑-矛盾型；如果你选择第三条，那么你是安全型。当这个调查被刊登在丹佛的一家报纸上时，有55%的反馈者把自己描述为安全型，25%的反馈者为回避型，20%的反馈者则属于焦虑-矛盾型，这个结果与安斯沃思在陌生情境实验中对幼儿研究的结果相同（Campos，Barrett，Lamb，Goldsmith，& Stenberg，1983）。

更详细的依恋风格研究发现，回避型的人对浪漫关系的兴趣不如安全型的人那么浓，而且也比后者更容易使这种关系破裂，他们也不会因此而感到悲伤，即使他们承认这会使自己感到孤独（Shaver & Clark，1994）。他们喜欢一个人工作，并且有时会把自己的工作作为远离情感关系的借口。他们将父母描绘为拒绝和冷漠的，或者用某种含糊的褒义词描绘父母（例如"很好"），却无法举出特别的例子来。例如，当被问及"当你的母亲做什么事情的时候是显得特别好的？"他们都会哑口无言。回避型的人在压力下会回避他们的恋人，转而用无视压力或否定其存在的方式来处理。例如，童年时曾遭受性虐待的回避型个体在14年后倾向于不记得此事（Edelstein et al.，2005）。他们不经常与人分享个人信息，也不喜欢别人这么做。

焦虑-矛盾型的成年人正好相反，他们对恋人感到痴迷——每时每刻都想着自己的恋人，而且很难允许对方拥有自己的生活。他们被极端的嫉妒所困扰，报告说关系告吹的比例较高（并不让人吃惊），并且有时会呈现与自己的恋人决裂又复合的周期过程。焦虑-矛盾型的成年人拥有较低的、不稳定的自尊，他们喜欢与其他人一起工作，但又感到自己不被同事们欣赏。他们在压力下十分情绪化，必须花费很大的努力控制自己的感情。他们把自己的父母描绘成侵扰的、不公平的和矛盾的。

你了解到安全型的成年人时将会松一口气，因为他们趋于享受长期稳定的浪漫关系，其特点是深厚的信任感和友情。他们有很强的自尊心，同时也对他人十分尊重。在压力之下，他们寻求他人（尤其是自己恋人）的情感支持。当恋人处于压力下时，他们同样也会提供衷心的支持。他们用正面却很实际的词语来描绘父母，而且也能举出具体的实例来证明自己的看法。总之，他们是很容易相处的人（Shaver & Clark，1994）。

安全型的人能直面现实，因为他们的依恋经验是积极可靠的。他们总是有一个安全的避难所和一个探索世界的安全基地。这个理想化的描述并不意味着这类人从不哭泣、生气，或是担心被抛弃。但他们不需要歪曲现实来处理他们的悲伤、愤怒和不安全感。

根据依恋理论，这些依恋的类型在童年早期形成，并在青年时期以不断增长的自我实现方式得到加强。这种移情的模式会持续一生，影响个体在工作和各种关系中的处理方式（Hazan & Shaver，1990）。如果一个人形成了回避型或者焦虑-矛盾型的依恋方式，想要改变是十分困难的，但并非完全不可能。运用依恋理论的心理治疗师尝试教授这些人关系类型的起源，这些类型导致自我挫败后果的形式，以及和其他人建立联系的、建设性的方法（Shaver & Clark，1994）。

依恋研究近年来呈现爆炸性的增长，它已经从精神分析研究的一个具体领域转变为一个可能将广泛的社会和人格心理学、精神分析思想和心理健康研究整合起来的项目（Dozier，Stovall，& Albus，1999；Shaver & Mikulincer，2005）。一些研究有了技术上的进展。例如，研究者已经超越了将依恋分为三种类型的分类方式，该方式仅仅描述了一个二维模型，其中人们因关系焦虑程度和关系回避程度而有所不同。只有在两个维度上得分都低的个体会被认为是安全依恋型的。依恋焦虑程度高的个体担心情感上的重要他人在需要的时候不在场，并通过保持极端警觉，寻找拒绝的信号，几乎达到偏执的程度。依恋回避程度高的个体学到了不信任其他人，因此努力保持独立和情感疏远，并试图说服自己亲密的情感关系是不重要的。[6]根据最近的一项实验，回避和焦虑程度都高的个体倾向于避免注意来自另一个人的任何情绪信号，例如生气或快乐的面部表情（Dewitte & De Houwer，2008）。

其他研究使用更加绝妙的方法来展示依恋风格是如何被潜意识借用的。在一个研究中，参

---

⑥ 保罗·西蒙（Paul Simon）写了一首歌，其副歌部分有一句是"我是一块岩石，我是一座岛"。如果你知道这首歌，这正是你对自己哼唱它的好时机。

与者观看电脑屏幕，屏幕上以下意识的形式呈现一个中性词（帽子）或一个威胁性的词（失败），下意识的意思是呈现速度过快以至于个体不能有意识地将之读出来（Mikulincer，Gillath，& Shaver，2002）。[7]然后他们被要求尽可能快地用键盘指出，一系列字母串中的每个字母串是由词还是非词组成的；他们也被告知，正常的名字也算作词。呈现给他们的其中一些词是参与者在情感上依恋的人的名字（根据他们之前填写的一份问卷），而其他的名字则属于他们认识但没有情感依恋的人。结果显示，人们在威胁条件下比在中性条件下能够更快地识别出依恋对象的名字；而对于其他的熟人则不是如此。该研究的结论是，当人们感到受威胁时，甚至只是具有令人不快含义的词的下意识呈现，他们也会以想到他们在情感上依恋的人作为反应。换句话说，在感受到威胁时，我们会去找我们的依恋对象，如果他们不在场，那我们就会在头脑中找他们。

依恋理论是由一个认为自己是新弗洛伊德学派的精神分析学者（鲍尔比）创立的，这一理论已经远远背离了它的精神分析学根源。诚然，可以说它已不再是弗洛伊德学派的观点（Kihlstrom，1994），尽管依恋理论家们自己并不同意这一点（Shaver & Mikulincer，2005）。依恋理论提供了一个很好的例子，即一群富有创造力的心理学者能将弗洛伊德的基本法则发展得多远。在这个例子中，弗洛伊德的基本法则是一个人与父母的早期关系形成了未来重要情感关系的模板，并贯穿这个人的一生。同样要注意的是，依恋理论如何为弗洛伊德的物极必反原则提供了另一个例子。有两种情感依恋方式是错误的——过于重视或者过于轻视。理想的情况一如既往，是处在中间的。

精神分析的前景

要对精神分析思想进行全面的评估绝非易事。弗洛伊德的理论被发展和修正了数十年，已经足够复杂了。加上荣格、阿德勒这些新弗洛伊德学派的学者，以及八千余篇关于客体关系的文章，很明显没有一个简单的答案能回答精神分析的观点是否可靠。我会建议你仔细思考你在本章和前两章中所学的内容，并做一些额外的阅读，从而你可以自己判断哪些精神分析的思想是有意义的。

很明显没有一个简单的答案能回答精神分析的观点是否可靠。

几年前，分析家和心理学家德鲁·韦斯滕（1998）为精神分析融入当代心理学做出了极有价值的贡献。在本章前面的内容中，我们提到过他的一些观点，即一系列的研究主题都有那么"一点"精神分析的味道，即使这些调查研究不承认与弗洛伊德有任何瓜葛。在回顾了大量的这类研究后，他总结出至少五个已经牢固建立的新弗洛伊德学派的命题：

[7] 该研究在以色列进行，词语为希伯来文。

1. 许多心理活动，包括思想、感觉、动机，都是潜意识的，这就是为什么人们有时候会做出连自己都无法理解的行为。

2. 头脑同时完成很多事情，所以会产生自我冲突。例如，同一时刻想要得到两件相互矛盾的事物并不少见，而相互争竞的愿望也不一定是有意识的。

3. 童年时期的重大事件会影响成年后的人格，尤其是涉及社会关系的类型（例如依恋）。

4. 在人的一生中，与重要他人（例如父母）形成的关系模式会在和其他新认识的人的关系中重复上演。

5. 心理发展包括从不规律的、不成熟的、以自我为中心的状态过渡到有规律的、成熟的状态的转变过程，期间人际关系会变得越来越重要。

并不是心理学界的所有人都相信这五个结论，或认为这些结论是与精神分析相关的。诚如弗洛伊德预见的那样，精神分析是注定会引发争议的，这就意味着某些人总会认为它不仅是错误的，而且是绝对错误的。

当你获得自己的结论时，我会建议你谨记一点：评估精神分析取向（以及所有其他取向）的标准不是它的对错与否，甚至它是否是科学的，因为所有的理论最终都是错误的。取而代之的是，通过以下问题来评估它：这个取向是否引发了你对从未考虑过的问题的思考？是否为你以前不明白的事物提供了启示？就这些问题而言，我猜想，精神分析理论至少可以得到一个及格的分数。

总　结 ··

- 距弗洛伊德逝世已经有半个多世纪，但他的理论依然存在并继续引发争议和讨论。

解读弗洛伊德

- 许多现代作家已经通过他们的总结和解读在不同程度上改变了弗洛伊德的观点。

近期研究主题及相关理论家

- 另外，新弗洛伊德学派的理论家们提出了他们自己关于精神分析的理解。大多数这类修订理论弱化了对性的强调，且更关注自我机能和人际关系。

- 阿尔弗雷德·阿德勒提出了成年人力争克服幼年自卑感的观点。

- 卡尔·荣格提出了集体潜意识的观点、自我的外在社交层面（称为人格面具）、内向和外向的区别以及四个基本的思维方式。

- 卡伦·霍妮发展了新弗洛伊德学派理论的女性心理学，而且描绘了基本焦虑的本质和相关神经质的需求。

• 爱利克·埃里克森详细描述了心理发展阶段，其中儿童和成人都必须不断适应变化的生活境遇。不同于弗洛伊德，埃里克森将他对发展的说明扩展到了成年期和老年期。

• 客体关系理论学家，尤其是梅兰妮·克莱茵和温尼科特，描述了人们和重要的情感客体间复杂的关系，他们还观察到这些关系往往混合着高兴和痛苦，爱与恨。个体很难把他人当作一个整体的、复杂的个体，从而与其建立关系。人们经常因为自己复杂的情感而感到内疚，并且需要抵御它们。

当前的精神分析研究

• 对精神分析感兴趣的现代心理学家引入了严谨的研究方法来考察从精神分析的理论中派生出的上百个假设。证据支持其中一些假设，例如，潜意识心理过程和压抑、移情等现象的存在。

• 有关童年期的依恋模式和成年期的浪漫爱情关系及其他关系的研究领域取得了丰硕成果。

• 三种依恋风格——焦虑–矛盾型、回避型和安全型——对人际关系、情感体验和心理健康都有重要意义。

• 实验研究显示，当感受到威胁时，人们会去找他们的依恋对象，如果这些人不在场，那人们就会在头脑中找到他们。

精神分析的前景

• 研究证实了与精神分析思想一致的五个基本原则。但是，最终对精神分析的价值进行评估时不应该依照它提供的答案，而是它不断引发的问题。

思 考 题

1. 为何弗洛伊德的理论使有些人感到如此愤怒？这种反应合理吗？例如，弗洛伊德的理论毫无疑问是带有性色彩的，那么这是一个引发愤怒的合理理由吗？

2. 精神分析学家是否高估了性的重要性？性对于人类的生活究竟有多大的作用？

3. 为何有的人要买悍马这样的车？是否有可能买主并不知道自己购买这样一辆车的所有原因？你曾经见过那种针对潜藏购买动机的广告吗？

4. 你是否注意到了书、电影、电视节目中会出现相同的性格类型？有些什么例子呢？荣格的集体潜意识与此有关吗？

5. 那些和你父母（或教授）同样年纪的人仍在成长和变化吗？他们的变化是以怎样的方式进行的？你能看到你父母一代和祖父母一代的心理差异吗？

6. 爱总是和受挫、怨恨交织在一起吗（正如客体关系声称的那样）？

7. 你认识那些把过渡客体带入大学的人吗？（你是那样的吗？）它有什么作用呢？如果这

个东西不见了，那个人会伤心吗？为什么？

　　8. 用实验的方法能证明精神分析观点的对错吗？

　　9. 你能（匿名）举出一两个符合那三种依恋类型的人吗？

推荐读物 >>>>>

Bettelheim, B.（1988）. *A good enough parent*. New York: Vintage.

本书由一位在20世纪下半叶极富声望的心理分析学家撰写。从精神分析的角度探讨了儿童养育的问题，它绝对不是盲目的说教，而是充满着智慧的、能引起家长兴趣的一本书。

Block, J.（2002）. *Personality as an affect-processing system: Toward an integrative theory*. Mahwah, NJ: Erlbaum.

本书出色地总结了一个人格模型。该模型整合了精神分析思想的基本原则和这门艺术在现代人格研究中的状况。

Shaver, P. R., & Mikulincer, M.（2005）. Attachment theory and research: Resurrection of the psychodynamic approach to personality. *Journal of Research in Personality*, 39, 22-45.

本文简短但非常全面地总结了一个论点，即依恋理论可以整合精神分析与认知、社会、发展和人格心理学方面广泛的现代研究。文章对重要的最新实验做出了清晰的总结，这些实验开始让精神分析概念越来越为经验调查所接受。

Westen D.（1998）. The scientific legacy of Sigmund Freud: Toward a psycho-dynamically informed psychological science. *Psychological Bulletin*, 124, 333-371.

这是一份全面且值得反复阅读的总结，提供了大量现代研究的证据以支持弗洛伊德的许多关键概念。

电子媒体 >>>>>

登陆学习空间*wwnorton.com/studyspace*，获得更多的复习提高资料。

第五部分

经验和意识：人本主义和跨文化心理学

个体看问题时会采用截然不同的视角。即使观看同一场比赛，对立的参赛队的拥趸也会对哪边犯规、裁判员偏向哪边持有不同的观点（Hastorf & Cantril，1954）。与之类似，关于堕胎的说法，一个人可能认为那位女性在考虑自己的境况是否适合要孩子的问题上做出选择，然而，看到同样行为的另一个人，可能认为这是对一个未出生孩子的谋杀。

人本主义心理学（humanistic psychology）是第13章的主题，它基于这样的前提假设：要了解一个人，必须了解他/她对现实的独有观点。人本主义心理学聚焦于现象学，现象学包含个体的所闻、所感和所想的全部内容，并且位于他/她人性的核心，甚至是自由意志的基础。人格的另一个基本取向倾向于认为：人们（至少在内隐层面）几乎都喜欢那些可以在心理显微镜下被冷静检验的事物。人本主义心理学强调心理学的研究对象是那些能够对自身进行自省，并且据此形成自己见解的人。

因为人本主义心理学家强调心理学中独特的人性部分，他们特别关注其他心理学家普遍忽视的一个问题：生命的意义。一个观点是，人们在本质上是自私的，生命本来就是无意义的。一个更乐观的观点提出，人基本上是善的，人们通过超越自私的想法、服务他人、把世界变成更好的地方来获得意义。

多年来，人本主义心理学越来越重视后一种乐观的观点——以至于它的很多现代支持者打着"积极心理学"的旗帜前进。其要点之一是现象学的一个重要方面：快乐。积极心理学的领悟之一是，处于同样客观环境中的两个人的快乐程度可能有很大的不同，从而回到了基本的现象学原则，即现实是你所创造的。

现象学的思考提出了这样一个有趣的问题：如果人们的世界观互不相同，那么哪一个是正确的？或者，在变化的各种知觉当中，现实在哪里？这个问题似乎无法回答，但又很关键。提出这个问题就是承认了我们不知道终极答案，即使是那些看起来很不同的、不相干的或者陌生的观点也一样有可能是正确的。

后一种观点是第14章的主题，也是人格的**跨文化（cross-cultural）**研究的基础。不仅不同的个体对现实有不同的观点，不同的文化也是如此。在日本人眼中的礼貌行为在北美人看来可能是低效率的表现。对于同一种行为，美国人认为很平常，但是印度人可能会认为那是很不道德的。近年来，心理学家越来越关注基于西方文化的人格理论在多大程度上适用于全球范围。从人格的现象学取向出发，跨文化心理学家也提出一个关键问题：如果不同的文化有不同的世界观，那么价值观会发生什么变化？谁来判断对与错？

　　因此，下面两章提出了同样的现象学前提：你感知世界的方式就是你最重要的心理事实。第13章在个体水平上检验这个前提，第14章在文化水平上检验。但是，两种取向在试图用别人——无论是一个亲密的朋友还是一个不同文化的成员——的方式去看待世界时都面临着挑战。从人本主义的现象学视角出发，这是了解一个人的唯一途径。

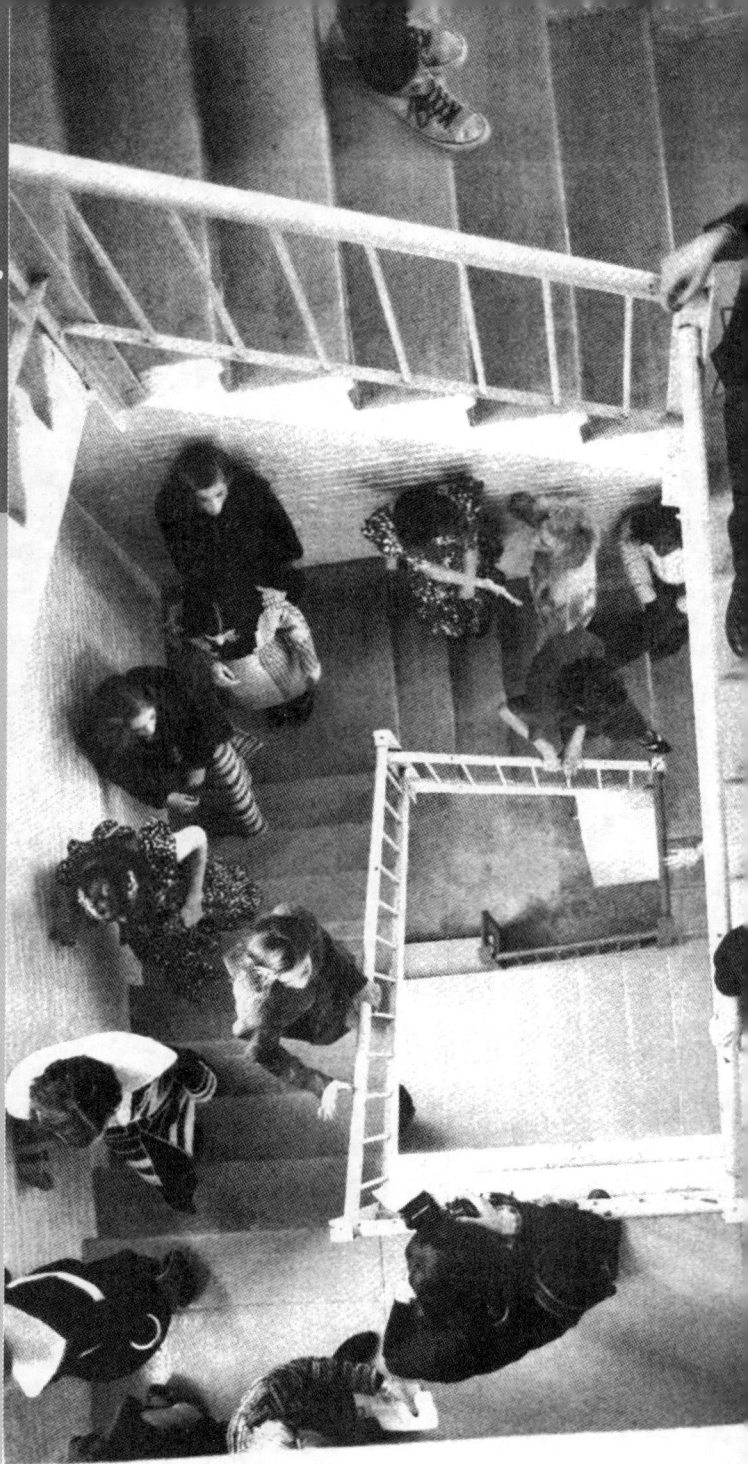

13

经验、存在和生命的意义：人本主义心理学

有这样一个故事，讲的是"水门事件"的主谋G．戈登·利迪（G. Gordon Liddy）如何给别人留下深刻的印象：他把自己的手稳稳地放在燃烧的蜡烛上，像是肉被烧着了。有人问他："你怎么办到的？不会感到疼吗？"他回答道："当然疼了，诀窍就是不要去在意。"[①]

心理学是一门很有意思的科学，因为审查的对象也就是审查者自己。心理学家通常会竭尽全力去忽略这一因素。相反，他们试图把人和人的心理看作一种有趣的现象，并且可以保持一定距离，在冷静、客观和精确的条件下进行检验，就像检查岩石、软体动物或者分子一样。心理学家渴望拥有"真正的"科学家的声望，但有时却被指责"嫉妒物理学"，就像我在第3章中提到的那样。不是所有的心理学家都嫉妒物理学家，但是很多心理学家相信：了解人类心理的最好办法是模仿物理学和生物学以及它们的原理，比如公开的数据、客观的分析、可重复性等。

人本主义心理学家乔治·凯利（George Kelly）这样描述了这种取向产生的矛盾：

> 我，作为一个心理学家，也是一个科学家，正在进行这个实验，目的是提高对某些人类现象的预测能力和控制能力；但是我的被试，仅仅作为一个人类有机体，他的行为显然是由他内部上涌的、不可抗拒的驱力驱使的，否则他会沉溺于对食物和住所的追求中。（Kelly, 1995）

人本主义心理学的目的是通过承认和指出心理学的独特之处来克服这个悖论。人本主义心理

---

① 我是从电影《寻找宇宙中智慧生命的迹象》（*The Search for Signs of Intelligent Life in the Universe*）中听到的这个故事，电影女主角莉莉·汤姆林（Lily Tomlin）在影片中讲了这个故事。简·瓦格纳（Jane Wagner）是这部电影的编剧。片中的其他故事都是可信的，所以这个故事可能也是真实的。

学家强烈反对那些"心理学仅仅是另一门自然科学"或者"心理学可以或应该类似于物理或者化学"的看法和主张。他们认为，作为研究的对象，心理与分子、原子等事物的区别并不仅仅在于它们是什么，而是存在根本的不同。

之所以存在根本的不同，是因为人类心理是能够觉察的。它知道自己被研究，并且产生一些关于自己的观点，这些观点又会对研究方法产生影响。这包括两层含义：首先，心理学需要指出意识这一独特现象，而不是忽视它；其次，也是更重要的，自我觉察能引起很多人类特有的现象，而当研究对象是岩石、分子甚至其他动物时，这些现象都不会出现。这些现象包括意志力、概念思维、想象、内省、自我批评、志趣、创造力，还有最重要的自由意志，自我觉察使这些成为可能。有趣的是，这些现象正是其他心理学研究方法所忽略的问题（Maddi & Costa，1972；Seligman & Csikszentmihalyi，2000）。这也恰恰是人本主义心理学家所关心的问题。他们的工作是试图了解觉察、自由意志以及很多与人类独特的心理和生命意义有关的方面（见表13.1）。但是，什么是自我觉察？什么是自由意志？还有最难的问题，生命的意义是什么？这些人本主义心理学中的重要问题是本章的主题。

"生命的意义就是猫。"

表13.1　人本主义心理学的八个成分	
成分	**定义**
人性的	关于人的研究，而不是动物的
整体的	人类系统大于其各部分之和
历史的	整个人从生到死
现象学的	关注人格内在的、经验的和存在的方面
真实的生活	处在自然、社会和文化中的人，不是实验室中的
积极	喜悦、富有成效的活动、道德的行为和品性
意愿	选择、决定、主动行为
价值观	一种生命哲学，描述了什么是值得向往的

注意： 这个表格总结了人本主义心理学的八个基本要素，来自于亨利·莫瑞（Herry Murray）1964年的演讲，2000年由泰勒（Taylor）重新整理。

现象学：意识就是一切

人本主义心理学的核心观点是：在心理学中，一个人关于世界的意识经验——即一个人的**现象学（phenomenology）**——比世界本身更重要。并且这种总结可能是一种比较保守的看法。持有心理学的现象学取向的学者有时假定直接的意识经验即是相关事物的全部。你过去的全部经历、现在正在经历的事实以及将来可能发生的任何事情仅仅通过影响你当时的思想和感受就能够影响你。事实上，从现象学的角度出发，你存在的唯一地点和时间存在于你的意识中，就在此地、此刻。过去、现在、其他人和地方不过是一些观念，从某种意义上来说就是幻觉。其意义是这样的：更广泛的现实可能是存在的，但是只有被你意识到或者说虚构的部分才会对你起作用。你的手可能放在火上，但是正像G.戈登·利迪所说的，诀窍就是不要去在意它。更重要的是，与你现在的经验相关的现实是自由意志的基础。过去已经逝去，未来还没有降临，此时你就在此地，选择你所思考的、感受的和要做的。

这些听上去可能很新鲜，但是现象学分析却并不是一种新的思想。《犹太法典》（*The Talmud*）中说："我们看到的不是事物本来的样子，而是我们眼中事物的样子。"两千多年前，希腊斯多葛学派哲学家爱比克泰德（Epictetus）曾说过："困扰我

> 过去、现在、其他人和地方不过是一些观念，从某种意义上来说就是幻觉。

们的是我们对于事物的看法，而不是事物本身。"同样的，被认为是G.戈登·利迪的角色原型之一的罗马皇帝和将军马可·奥里利乌斯（Marcus Aurelius）曾这样写道："如果你为任何外界的事物感到困扰，那么痛苦不是来自事物本身，而是来自你对它的评价，这也使你能够在任何时间从痛苦中走出来。"半个多世纪前，卡尔·罗杰斯（1951）曾写道："我不对绝对的现实做出反应，而是对我关于它们的知觉做出反应。对于我来说，我知觉到的就是现实"（见McAdams，1990）。

你对世界的特定经验称为你的**构念（construal）**。你的构念和其他人的都不同，它们构成了你生活的基础，包括你追求的目标。一次旅行可能是令人兴奋的，也可能导致巨大的风险。一段新关系的发展可能是幸福生活的第一步，也可能通向拒绝和绝望。积极的观点和消极的观点各持一个真理的元素，做出选择的是你。所以，通过选择构念（决定如何去解释你的经验），你可以达成自由意志（Boss，1963）。把这种选择的机会交给别人或者社会，你就失去了主动权（后面会做更多的介绍）。

这就意味着心理学有一个特殊的责任，即研究人们如何感知、理解和体验现实。19世纪，威廉·冯特（Wilhelm Wundt）在德国莱比锡建立了最早的心理学实验室。他遵循的主要方法就是**内省（introspection）**，其间，他的研究助手试图观察他们自己的知觉和思维过程（Wund，1894）。不过心理学对现象学感兴趣的根源比这还要早，可以追溯到存在主义哲学运动。

存在主义

存在主义（existentialism）是一场大规模哲学运动，始于19世纪中期的欧洲。丹麦神学家瑟伦·克尔凯郭尔（Soren Kierkegaard）就是早期的拥护者之一，还有弗里德里希·尼采（Friedrich Nietzsche）、马丁·海德格尔（Martin Heidegger）以及更近一些的路德维希·宾斯万格（Ludwig Binswanger）、梅塔·波斯（Medard Boss）和让-保罗·萨特（Jean-Paul Sartre）。

存在主义是在欧洲理性主义、自然科学和工业革命的背景下应运而生的。存在主义者认为，在19世纪后期，理性主义在试图解释事物时过于极端，特别是自然科学技术和理论哲学脱离了人类经验。二战后，这种观点开始在欧洲哲学界流行。存在主义哲学的目的就是恢复与存在以及觉察的经验之间的联系。

存在主义以人类在特定时间和空间的具体的和特定的经验为初始的分析材料，比如说"现在"的你。（当你回头去看"现在"这个词，它已经过去了，也许我们应该把注意力放在现在，但是太迟了。）问题是你的存在经验只在一瞬间发生，然后很快过去，被另一个经验赶上。

存在主义的关键问题是：存在的本质是什么？它的感觉是怎样的？又意味着什么？

经验的三个成分

根据存在主义心理学家路德维希·宾斯万格的说法，如果你深入探索自己的心理，你会发现存在的意识经验有三个成分（Binswanger，1958）。

第一个成分是生物经验，或称**生物世界（Umwelt）**，由作为生物有机体所产生的感受构成。包括高兴、疼痛、冷、热和所有的身体感觉。用针扎你的手指，这种经验就是生物世界。

第二个成分是社会经验，或称**人间世界（Mitwelt）**，由作为社会人的所思所感构成。你关于他人的情绪和思想与直接指向自己的情绪和思想组成了人间世界。想着心爱的人、恐惧或者崇拜，这种经验就是人间世界。

第三个成分是内部的，心理上的经验，或称**自我世界（Eigenwelt）**。从某种意义上说，这是对经验本身的体验。当你试图了解自己时的所思所感，你自己的心理和你自己的存在，这些构成了自体觉知。自我世界包括内省的经验（我们假定宾斯万格在指出经验的成分时，他自己是能够强烈地感受到的）。观察你自己的心理产生烦恼的经验、爱的经验，甚至是阅读这段文字的经验。这让人有点摸不着头脑，不是吗？当你用这种方式去探索自己的心理和感受时，这种（令人困惑的）经验就是自我世界。

"被抛状态"和焦虑

经验的一个很重要的基础是**被抛状态（thrown-ness）**——海德格尔用德语中的单词"Geworfenheit"来形容。这一术语代表你出生时恰好所处的时间、地点和环境（Heidegger，1927，1962）。很明显，经验依赖于一个人是被"抛"到中世纪奴隶社会、17世纪的美洲社会，还是21世纪早期的北美社会。

从存在主义的视角来看，你的最后一种被抛状态是最困难的。存在于现代社会是很困难的，这是因为这个世界缺乏总体的意义或者目标。和过去扮演的角色相比，宗教在提供存在的意义方面扮演了相对较小的角色。而其现代社会的替代品——自然科学、人文科学和哲学都不能提供新的世界观。通过世界观，我们可以知道我们最需要知道的事情：

1. 为什么我在这里？

2. 我应该做什么？

事实上，根据存在主义哲学，只有你自己才能给出这两个问题最好的答案。

不能回答这些问题会导致个体对生活意义产生焦虑。毕竟，生命短暂，而且只有一次，浪费生命就浪费了一切。由考虑这些问题所导致的不愉快感受被称作**存在性焦虑（existential anxiety）**，或者**焦虑（Angst）**。按照萨特（Sartre，1965）的观点，这种焦虑可以被分解为三种独立感受：苦恼、孤独和绝望。

人类意识到，苦恼是因为选择永远是不完美的，尽管这似乎是必然的。对一方面有益的选择往往导致其他方面的不良后果。比如，决定帮助一个人可能会使其他人遭受痛苦。按照萨特的观点，这种交易是不可避免的，因此导致的焦虑也是不可避免的。

除此之外，没有任何事情、任何人（没有上帝，没有不存在问题的规则或价值观）可以指导你去选择或者摆脱曾经做出的决定带来的困境。选择是你自己的。（萨特也说，即使存在上帝告诉你怎么做，你也必须决定是否按照上帝告诉你的方式去做，所以，做决定的仍然是你自己。）另外，没有一个人可以避免这种存在性的孤独：只要你在，孤独就会伴随着你的存在性选择。

最后，每个具有觉察能力的人都认识到，很多结果超出了自己的能力范围，包括生活中一些最重要的方面。比如，你无法改变你和你爱的人的命运。如果你承认这个重要并且令人遗憾的事实，你会因为无力改变世界的重要方面而感到绝望。按照萨特的观点，这种无能感会使你的责任感加倍，去改变那些你能改变的方面。

萨利的假期指南

#1：为长途开车旅行准备一个GPS定位器。

你迷路了。你已经拒绝了所有的哲学和信仰，因此你现在孤立无援地漂泊在一个你独自定义却无法理解的世界中。

我们的定位器又卡在"存在模式"了。

坏信念

面对焦虑和其他不愉快经验时，你应该怎么做？根据萨特等存在主义者的观点，你必须直接面对它们。他们认为，面对自己的死亡和生命的无意义感，寻求自己存在的意义，都是心理上的必需。这是你的存在性责任，它需要存在性勇气，或者是萨特（1965）所谓的**乐观韧性**（**optimistic toughness**）。

当然，有一种情况例外，至少存在暂时性的例外，既不需要勇气，也不需要韧性，即完全回避问题。你放弃对生命意义的担忧，而去找一份好工作，买车和提高社会地位。你试图不加思考地按照社会要求、习俗、你的同龄人、政治宣传、宗教教义和广告中说的去做，过着没有经过审视的人生。存在主义者称这种逃避现实的取向为抱有坏信念。尽管忽视存在性问题这种策略很平常，但存在主义者指出这存在三个问题。

第一个问题是：忽略这些存在性问题就得怯懦虚伪地活着，这是不道德的，相当于为了安逸而出卖自己的灵魂。你只有一次短暂的人生，如果你拒绝审视经验的本质和意义，你就是放弃了人生。从存在主义角度来说，你就相当于岩石，也是没有生命的。

库尔特·冯内古特（Kurt Vonnegut, 1963）在他的小说《猫的摇篮》（*Cat's Cradle*）中提出：人类其实不过是一团幸运的泥巴。毕竟，人体在化学构成上与脚下的泥土再加上水（人体中水占70%）没有多大区别。冯内古特说，唯一不同的是，这团泥巴是直立的，并且能够四处走动。更重要的是，它有知觉，所以可以环顾世界和体验世界。而脚下的其他泥巴不能这么做，它只是躺在那里，对于上面发生的趣事一无所知。

这是来自冯内古特的好消息，坏消息就是这种幸运并未一直持续下去。迟早（死亡的时候），这些构成人体的化学元素会分解并重回大地。圣经上说，人类来自大地并回归大地，这也是冯内古特的观点。

因此，不要浪费这段有幸获得的短暂的意识，这是一种责任。只要你还活着，并且是有意识的而非一般的泥巴，你必须尽可能生动地体验世界。特别是，你需要意识到你的幸运，并且清楚它不会一直持续下去，这是你唯一的机会。从存在主义的观点来看，可悲的是，人们几乎不这样做。他们过着没经过审视的生活，从来没有意识到他们活着，也没有意识到他们是多么幸运，最终他们永远地失去了意识，再也意识不到这有多特别。

抱有坏信念的第二个问题，也是更实际的问题：即使你成功忽略了令人困扰的存在性问题，你仍然不会快乐。存在主义者认为，即使是那些最自命不凡和没有思想的人有时也能认识到：自己不久后会死去，而生前没有做过任何重要的或者有意义的事。事实上，研究显示，多数人认为有意义的人生比财富更有价值（King & Napa, 1998），并且生活经历对人们快乐程度的影响大于财产的影响（Van Boven, 2005）。

因此，那些选择了物质享受的人，当他们看到做出其他选择可能会获得更满意的生活时，他们会感到羡慕和遗憾。这些笼罩灵魂的黑暗时刻可能很快就会过去，但是这种时刻在你最不希望它出现的时候也会持续潜伏着，直到一个人承认存在性责任并认真思考什么是真正重要的那一刻。

这种"逃避存在性问题"取向的第三个问题是：逃避是不可能的。因为即使不去担忧人生的意义，并且将选择权交给外界权威，这也仍然是一个选择。正如萨特（Sartre，1965）所说的，"不去选择是不可能的……如果我不选择，我仍然是在做选择。"因此，这种存在性困境是没有出口的，尽管你可以自欺欺人地认为出口是存在的。

真实的存在

存在主义者认为，克服坏信念首先要做的是接受存在，要面对如下现实：你是凡人，你的生命是短暂的，你是自己命运的主宰者（在上面提到的有限条件下），这种取向被称作**真实的存在**（**authentic existence**）（Binswanger，1963），具体为诚实的、有洞察力的和合乎道德的。

真实的存在不能缓解你的孤单和不快，勇敢地审视意识经验会揭露出糟糕的事实：每个人都是孤独的，并且这是命中注定的。人生的意义不会超出你所赋予它的范围，这就意味着人生拥有的任何表面上的意义可能都是假象。人类经验的本质是，人类是唯一知道自己会死的动物。

这是不可动摇的事实。心理学家指出，对死亡预期所产生的恐惧会使人们在多方面歪曲现实来使自己感觉好一些（Pyszczynski et al.，1997），并且，这种恐惧可能是"人类意识到死亡的不可避免性，所以必须去平衡人生中的这种倾向"这种文化的基础（Matsumoto，2006）。换句话说，存在主义不是为弱者准备的（McAdams，1990）。它需要道德上的勇气去消除防御机制和文化的掩饰，看到死亡带来的虚无和无意义。当存在主义哲学家弗里德里希·尼采（Friedrich Nietzsche）这么做的时候，他得出的结论是，对此最值得称道的反应是超越它，并且成为一个超人。尼采所说的超人并不是电影中穿斗篷和紧身衣的现代超人，相反，这个理想化的人物试图通过了解基本的信念去战胜表面上的人生无意义，这些信念在某种程度上提供了确定性和存在性的力量，使我们面对那些必须去面对的。说起来容易做起来难，尼采没有成为超人，而是患了精神病，并且死在了精神病院。

让-保罗·萨特试图变得更现实、更积极乐观。尽管人们会怀疑，既然存在是由苦恼、孤独和绝望组成的，那么人生还期待什么？萨特有时也会向那些认为存在主义没有前途的人表达他的苦闷。但他主张，只有通过存在性分析，人们才能重新觉察到他们的自由。这种说法令他略感轻松。他写到，存在主义理论是"唯一赋予人类尊严的，唯一不使人类还原为物体的"理论（Sartre，1965）。他相信，存在性挑战就是用一切办法改善人类的条件，甚至是面对人生的不确定性。

存在主义哲学家维克托·弗兰克尔（Viktor Frankl，1959，1992）提供了类似的一课。他建议在面对困难时，不是问"我想从生活中获得什么"，而是问"生活想从我这里获得什么"，那么你会变得更加坚强。弗兰克尔的建议有一些经验支持。一项研究发现，赞同这样的说法（如"我努力让世界变得更好"和"我接受我的极限"）的人在接下来的两个月里会感到更多的希望和更少的抑郁（Mascaro & Rosen，2005）。他们也更可能报告"发现了引领我的生活的真正重要的意义"。这一发现提供了一个哲学、心理学以及很多宗教传统的教导汇聚到一起的地方：有时你能为自己做得最好的事就是为别人做件事。

东方的相应理论

鉴于欧洲存在主义学者在孤独、死亡以及寻找生命意义的困难上的喋喋不休，本章到现在为止对其核心观点的总结似乎相当悲观。不管你对这一哲学是如何考虑的，你或许已经注意到它基本上是欧洲的、西方的，关注个人的。在第14章我们将思考东西方观念的文化差异，不过现在只要注意存在主义始于单一个体的转瞬即逝的经验即可。它声称其他全部是幻觉，根本的现实就是你自己在这一刻的经验，过去、未来以及其他人的经验都是被永远隔绝的。

从东方宗教的观念来看，这个分析在本质上是错误的。东方宗教影响了地球上（例如中国、印度和日本）绝大部分人，并且常常被与集体主义文化联系起来。思考一下禅宗（见Rahula，1974；Mosig，1989，1999）。佛教的核心概念是无我（anatta，或"nonself"），即你在内心感觉到的独立的、单一的自我只是一个幻觉。法国哲学家勒内·笛卡儿（René Descartes）认为他自己单一的自我是他能够确定的一个东西，佛教则教导说他过于自信了。感觉像是你的"自我"仅仅是很多事物的暂时性的混合物，包括你的哲学、自然环境、社会环境以及社交，所有这些都在不断地变化当中。位于所有这些的中心并保持不变的灵魂是不存在的，某一刻所有这些影响都汇聚到一起，下一刻又离开，被另一个事物替代。格特鲁德·斯泰因（Gertrude Stein）有一次说加利福尼亚的奥克兰，"这里不存在。"佛陀对于自我也是这样的说法。

此外，佛教也教导说，拥有单一、独立的自我，这样的幻觉是有害的。这一幻觉导致孤立感——诸如折磨着存在主义者的孤立感——以及过分担忧"我"和什么是"我的"。现实的真正属性是，每样事物、每个人现在都是相互连接的，并且不只这一刻，而是随着时间推移仍然如此。根据佛教教义，你现在所拥有的就是你自己的经验，这是错的。相反，你的经验以及被标志为"现在"的这一刻都没有什么特别的。所有的意识和所有的时间都可以对存在做出同等的宣示，并具有同等的重要性，时间流不是从过去到现在到未来，而是从现在到现在到现在（Yozan Mosig，个人通信，2000年11月6日）。类似地，一个单独的人只是很多人当中的一员。你的存在并不比其他任何人更真实、重要，或者更不真实、不重要。更重要的事实是每个人都是相互连接的。

这个观点似乎缩减了自我的重要性，但是它在某种程度上又提高了它的重要性。佛陀的观点暗示着，你并不是永远孤单和无力的，你是宇宙的一部分——必要的、相连的一部分，而它也是你的一部分，就好像现在是由同等的过去和未来的一部分组成的。此外，你是比你自身更大的、永远存在的某个事物的一部分，从这个意义上来说，你是不朽的。

法国哲学家勒内·笛卡儿认为他自己单一的自我是他能够确定的一个东西，佛教则教导说他过于自信了。

如果你开始掌握了这些概念，你关于未来的自私的想法和恐惧就会减退。你将会理解**无常**（**anicca**），即没有任何事物是永恒的，最好的办法是接受这个事实而不是反抗它。当下并不具有特别的重要性，过去和未来的所有时刻都具有同等的地位。其他人的安康和你自己的一样重要，因为你和他们之间的界限是虚幻的。这些概念很难掌握，尤其对于在西方文化中成长的人来说，要达到真正的理解可能是一项毕生的工作。如果你确实做到了，据说你会开悟。开悟的表现是关爱他人如同关爱自己，从而导致一种普遍的慈悲之心；根据佛教教义，这就是智慧的本质，并且会导向一种安详、无私的状态，称为**涅槃（nirvana）**。这肯定打败了痛苦、纠缠和绝望。

积极的人本主义：罗杰斯和马斯洛

美国有个文化大熔炉的名声，这在某种程度上算是名副其实。因此，两个美国心理学家会把欧洲的存在主义哲学、不那么孤立的东方自我观以及典型美国式的积极进取的态度混合起来，形成一种乐观的人生哲学，大概就是自然而然的了。20世纪40年代早期，卡尔·罗杰斯（Carl Rogers）和亚伯拉罕·马斯洛（Abraham Maslow）发展了与人本主义心理学相关的取向。他们以标准的存在主义假设开始，即现象学是核心，人类有自由意志，后来加入了另一关键观点，即人性本善，并且有发展自己和世界的内在需要。记住这个附加的假设很重要，罗杰斯、马斯洛和其他人本主义学者都相信它是正确的，但不能提供证据。什么样的证据才是与其相关的？所有的理论都始于假设，况且这个附加的假设并不是特别极端的。所以，让我们走近人本主义心理学，看一看它通向哪里。

自我实现：罗杰斯

当罗杰斯提出"有机体（指任何人）有一个基本的倾向和努力方向，即实现、维持和提高有机体（自身）的经验"（Rogers，1951）时，他改变了经典存在主义和现象学分析的论调和多数信息。根据罗杰斯的理论，要了解一个人，必须从他/她的现象场的视角出发，即意识经验的全貌，这是一切事物——潜意识冲突、环境影响、记忆和希望等——得以集合之处。这些心理经验在人一生中的每一刻都以不同的方式联合，并且联合后会引起当前的意识经验。就此来说，这类似于我们前面提到的经典的现象学论题。

然而，当罗杰斯假定人们有"实现（actualize），即维持和升华人生"的基本需要时（这种需要和第10章中介绍的弗洛伊德的力比多概念有很多共同之处），他添加了一个新的方面，存在的目的是满足这种需要。传统的存在主义者认为存在没有内在的目的，而罗杰斯的假设则与这种传统思想截然不同。

需要层次：马斯洛

亚伯拉罕·马斯洛与罗杰斯基本属于同一时期，并且他们的影响力相当。马斯洛的人本主义心理学理论始于同样的基本假设：人的终极需要或动机是自我实现。但是，他主张这种动机只有在更基本的需要满足以后才会出现。根据马斯洛的理论，人类动机是由**需要层次（hierarchy of needs）**来描绘的（图13.1）。首先，一个人需要食物、水、安全和其他的生存必需品。当这些都得到以后，人们才开始追求性、有意义的人际关系、名望和金钱。只有当这些欲望都满足的时候，人们才开始寻求自我实现。换句话说，一个快要饿死的人并不会特别关心存在的高级层面。而传统的存在主义者相信即使一个饥饿的人仍然可以自由选择自己要关注什么，马斯洛当然反对这种观点。

马斯洛的理论被实际应用到职业选择和员工激励等领域。仔细考虑一下你自己的抱负，你想追求什么样的事业？我的父母在20世纪30年代的经济大萧条中长大，对失业的危险——无家可归，甚至忍饥挨饿——刻骨铭心，尽管不是每一种遭遇都在他们身上发生，但是他们经历过那样的时代。在那个时代，这样的结果对于绝大多数美国人来说都很有可能发生。结果，像那一代的其他人一样，他们找工作的时候最重视安全稳定。赚大钱并不是最重要的，相反，就像他们反复说的，选择一个"总能找到工作"的领域才是确保生存和稳定的办法。我的父亲曾梦想成为一名建筑师，但是，在他的大部分职业生涯中，他是一名会计师。

你可以想象当他们知道我选择了心理学专业后的反应。但是我觉得自己可以自由地这样做，正是因为父母的成功：那些他们曾面对的无家可归和生存问题看起来永远不会真实地发生在我身上。我想当然地认为马斯洛所说的安全感可以使我自由地向上选择高层次的需要，并且选择有可能彰显个性的领域。

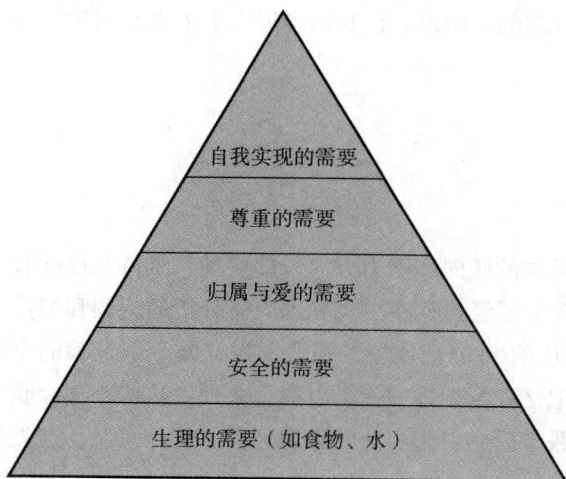

图13.1　马斯洛的需要层次

当一个人低层次的需要（位于金字塔较低的位置的需要）得到满足时，高层次需要会变得重要。

在我任教的大学，很多学生是第一代或第二代移民的孩子，他们大多来自亚洲或者墨西哥。他们处在这个年龄时的状况和我当时差不多：他们的父母冒着风险来到美国寻找机遇和财富，并且像我的父母一样，很多学生的家长也不太理解为什么他们的孩子要选择一个看上去不实用的专业，比如心理学。当移民的孩子因为其自我实现的机会而不是物质保障选择职业时，那再一次证明了其父母的成功。孩子认为这种保障是理所当然会有的，因此希望冒险去实现得更多。

在员工激励的问题中常常会用到马斯洛的理论。在任何组织的预算中，开支最大的部分都是薪酬。所以如何使员工不遗余力地工作并且充分发挥他们的进取心和创造力去实现组织目标，就变得十分关键。聪明的经理人明白两件事情：（1）员工只有在有安全感的时候才会表现出进取心和创造力；（2）有安全感的员工期望得到除钱以外的更多东西，他们想在工作中通过认同组织目标和为组织做贡献来表现自我。写到这里，我们要提到在美国最成功的公司之一西南航空公司（Southwest Airline），它同时也是仅有的几家没有处于破产边缘的航空公司之一。它从不解雇员工。尽管西南航空公司给员工的薪酬不及竞争对手那样多，但是它竭力使每一名员工都感到自己是组织中有价值的一员，公司的大事小情，从平常的公司聚会到管理的公开会议，任何职位的员工都可以给老板提建议。然而，多数公司很少这样做，他们按照常规的做法去做：（a）公司遇到困难，解雇员工；（b）当留下来的员工觉得自己超负荷工作并且价值感降低时，再给他们加薪。

需求层次也可以被用来解释为何不同文化中的人有不同的幸福基础。根据一项跨39个国家（包含54，000多名被调查者）的研究显示，在较贫穷的国家，经济地位更多地与生活满意度相关，而在较富裕的国家，个体的家庭生活则更加重要（Oishi，Diener，Lucas，& Suh，1999）。确切地说，根据一项总结了许多不同研究的元分析，在较贫穷的国家，幸福感和经济地位的平均相关系数是0.28（$r = 0.28$，见第3章），而在较富裕的国家，这个平均相关系数只有0.10（$r = 0.10$）（Howell & Howell，2008）。这些发现证实了马斯洛的一个重要观点：当你拥有的东西很少时，金钱是最重要的；当达到一个特定的点以后，金钱就开始变得与幸福不相干了（尽管我们仍然会寻求金钱），我们的情感需求，尤其是我们与他人的关系变得更加重要。

最近有人试图从进化心理学方面对已有七十余年之久的马斯洛理论进行更新。进化心理学家道格拉斯·肯里克（Douglas Kenrick）及其同事提出了一个经过修订的人类动机层次（Kenrick，Griskevicius，Neuberg，& Schaller，2010；见图13.2）。我希望你回忆一下第9章的内容，包括人

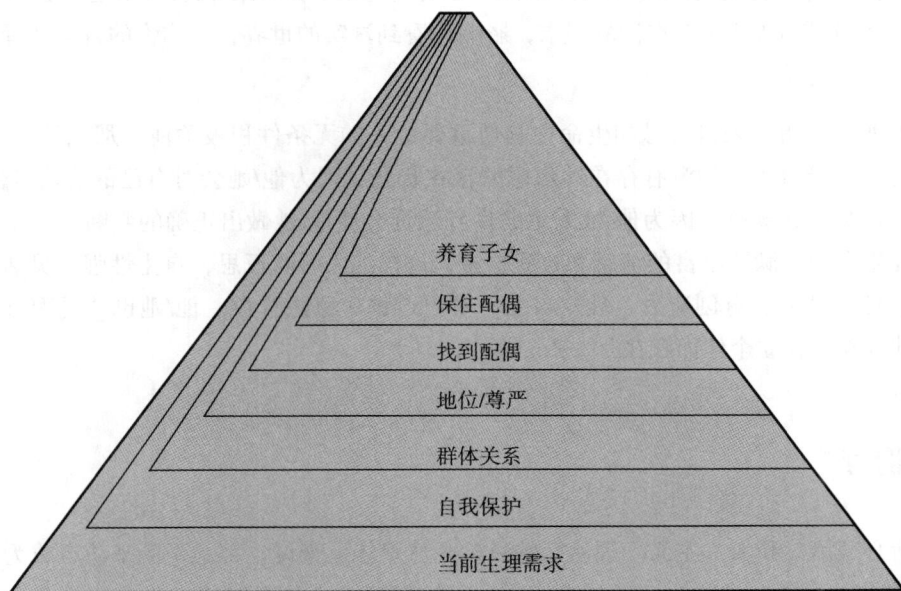

图13.2 基于进化的人类动机层次

这个金字塔显示了最近的进化理论提出的动机发展的顺序。

在内的每个有机体的终极进化规则就是繁殖，让种族延续。在肯里克的金字塔中，这是最终的目标，位于顶端，但是个体必须逐步达到目标，就像马斯洛的需求层次一样。首先，你必须满足当前的生存生理需求，然后保护你自己，找到同盟和朋友，寻求地位，找到配偶，保住配偶。按照这个顺序，所有这些活动会贯穿你的一生，当然，要事仍然排在第一位。从进化的视角来看，升级后的金字塔比原来那个更有意义。不过我很想知道马斯洛会怎么看它。我猜他可能会觉得它完全丢失了人本心理学的要点：人不是动物，必须以一种完全不同的方式来考虑人。

机能充分发挥的人

马斯洛和罗杰斯认为：生存的最好方式是更清醒地意识到现实和你自己。如果你能准确地、不歪曲地感知世界，如果你能为自己的选择负责任，那么你就成为罗杰斯所谓的机能充分发挥的人（fully functioning person）。他们的存在就是存在主义者所说的真实存在——只不过机能充分发挥的人是快乐的。做到这一点的唯一办法就是不带恐惧、自我怀疑和精神防御地面对世界。而这些目标，只有在你经历了生命中特别是童年时代的重要他人给予的无条件积极关注（unconditional positive regard）后，才有可能实现。马斯洛的意见略有不同，他认为来自任何背景的任何人都能成为机能充分发挥的人。但是，如果你感觉你只有够聪明、成功、吸引人或者优秀，别人才会认为你有价值，那么根据罗杰斯的观点，这称为价值条件（conditions of worth）。

价值条件限制了你行动和思考的自由。如果你相信，假如与你有关的特定事物是真实的，你就是有价值的，那么你就会歪曲对现实的认知去相信它们，即使它们不是真实的。如果你认为，只有你的行为符合了特定的规则和期待，你才是有价值的，那么你就会失去选择去做什么的能力。所有这些局限都违背了存在性的要求，影响你看到真实的世界，影响你的自由选择，影响你为你的行为承担责任。

一个人如果经历了来自父母和生命中其他重要他人的无条件积极关注，那么他/她就不会形成价值条件。这导致了一种没有存在性焦虑的存在状态，因为他/她会对自己的价值有信心；他/她不需要去遵从什么规则，因为他/她天生的良好感觉会使他/她做出正确的判断。一个机能充分发挥的人在生命中充满了丰富的情感和自我探索，这样的人喜欢反思，自主性强、灵活、适应性强、自信、信赖别人、有创造力、独立自主、尊重道德、思想开放。他/她也"更理解他人，更愿意接受他人作为独立个体而存在"（Rogers，1951）。

心理治疗

罗杰斯心理治疗和人本主义心理治疗的目标，从整体上来说，都是帮助来访者成为一个机能充分发挥的人。为了达成这一目标，治疗师和来访者建立一种真诚的、关爱的关系，并提供无条件积极关注（Levine，2006）。该技术有时被夸张地表述成下面这个样子：患者说类似这样的话，"我真的很想用刀杀了你"，治疗师（不会强加价值条件给来访者）会回答说，"嗯，你觉得你想用刀杀了我"。

虽然这种描述可能是不公正的，因为罗杰斯就曾经描述他试图阻拦一个杀人犯杀人，但是它抓住了治疗的基本思想，即：（1）治疗师帮助来访者意识到他/她自己的思想和感情，但不会试图去改变他们；（2）使来访者感到被关注，无论他/她怎么想、怎么说、怎么做。这个过程需要洞察力，消除价值条件，理论上说，它可以帮助来访者成为一个机能充分发挥的人。

罗杰斯的心理治疗方法需要大量的时间和治疗师的耐心（甚至是勇气）。这种治疗方法的结果是什么？尽管很难研究它对心理治疗的作用，罗杰斯和他的拥护者还是努力证明了其中的一些研究结果。

在一项经典研究中，要求一组就要开始心理治疗的人和一组对心理治疗没有兴趣的人首先描述自己，再描绘他们理想中的人。（这种描述通常使用第7章中介绍的Q分类技术来进行。）结果显示，那些觉得自己需要治疗的人的两种描述差异更大。当治疗组按照罗杰斯心理治疗方法完成一个阶段的治疗后再重复这个过程时，他们真实的自己和理想中的自己更接近，尽管不如那些不寻求治疗的人那样接近（Butler & Haigh，1954）。

近年来频繁出现这样的结果，罗杰斯心理治疗使人们更接近理想中的自我。但是，持批评意见的人指出两个问题：第一，结果看起来是由来访者自我印象的变化，以及理想自我印象的变化所造成的。也就是说，他们不仅在他们觉得自己是"什么样"的方面有所改变，而且也在希望自己是"什么样"的方面有所改变（Rudikoff，1954）。第二，通过来访者描述的自己与心目中完美形象的差距来看变化，这并不是测量心理调适的好方法。一项研究显示，偏执型的精神分裂症患者认为自己和理想中的自己很接近，该研究推断"把自我和理想自我概念的高相关视为心理调适的唯一标准的做法会将很多人——特别是偏执型精神分裂症患者——诊断为具有心理调适能力的人"（Friedman，1955）。心理健康不仅是相信现在的你就是你最希望的样子（Wylie，1974）。

尽管罗杰斯心理治疗的效果并不明确，但是其有影响力的观点"任何一位心理治疗师的第一项工作就是倾听来访者"对心理治疗做出了巨大贡献。尽管不是每一个治疗师都对前面描述的内容做出"嗯，对，是"的反应，罗杰斯的案例还是影响了很多人，使他们倾听时更有耐心，施加自己的价值观时也更谨慎。

个人建构：凯利

另一位重要的现象心理学家乔治·凯利（George Kelly）也认为，个体对世界的经验是一个人心理中最重要的部分。正如我们所见，个人建构可以是一般性的（例如，鲍勃认为这个世界是邪恶之地）或具体的（玛丽亚认为聚会很无聊，甚至更具体的，玛丽亚认为上周六的聚会很无聊）。凯利的独特贡献在于强调了个体的认知或思维系统如何将个体关于这个世界的多种多样的构念集合起来，形成个体所持有的名为**个人建构（personal constructs）**的理论。这些构念反过来又帮助个体决定如何解释新的经验。因此，凯利的人格理论被称为**个人建构理论（personal constructs theory）**。

构念的来源

凯利把建构看作一个有两极的维度（量表上的范围从一个概念到它的对立概念，比如"好-坏"），人或物体可以沿着这个维度排列。这些建构可以包括所有相互对立的成对概念，比如刚才提到的对好与坏的看法，或者是大与小、强与弱、保守与开放。如果强与弱是你的一个建构，你会倾向于根据事物的强度去看待一切事物和人。每个个体有一套独特的建构。

很多方法可以评估个人建构系统，但是凯利赞成使用角色建构测验（Role Construct Repertory Test，也称Rep测验）。Rep测验要求你确定三个生命中最重要的人或曾经最重要的人，然后描述这三人中的任意两人如何相似，和第三个人有什么不同？然后是写出三种重要的思想、三种你欣赏的特质等，按照上面的程序做比较。每一组的问题都是相同的：这三者中的两个是如何相似的？和第三个有什么不同？

凯利相信，区分这些物体、人和思想的方法显示了你用来看待世界的建构。比如，如果你频繁地描述对象中的两个很强，而第三个很弱（反之亦然），那么强与弱可能就是你的一个建构。因此，这个维度是你如何建构现实的一个很重要的部分，因为你使用它来联系世界的不同方面。

凯利以后，一些研究显示，某些个体更容易产生一些特殊的建构，这些建构曾被称作长期可获得的建构（Bargh，Lombardi，& Higgins，1988）。例如，对于一个人来说，如果彻底失败的看法是长期可获得的，那么在做任何事情或者想做任何事情的时候，"最后一切都会变糟"的想法会一直在脑海中挥之不去。对于另一个人来说，如果对人际间的权利的看法是长期可获得的，那么在建立一段人际关系时，他/她会提出这样的问题：这里谁是主导？这些长期可获得的看法建构了他/她对关系的看法。

这些建构从何而来？凯利认为他们来自于（但不取决于）过去经验。这是什么意思呢？凯利坚信，在某种程度上，每个人都是科学家。科学家要获取数据，然后建立可以解释这些数据的理论。但是数据并不能决定科学家的理论，任何数据形态都有可能适合至少两种甚至无穷多种可供选择的理论。（这种观察资料来源于自然科学的基本宗旨。）因此，科学家们总是选择某些理论去解释数据。可以肯定的是，科学发展出了准则，比如简约性原则（也被称为"奥卡姆剃刀"）：当其他条件等同时，最简单的理论就是最好的。但是这些信条并不能保证使人做出正确选择，有时更复杂的理论才是准确的。科学家需要通过主观判断来从所有与数据相符的理论中做出选择。

凯利认为经验和知觉的总和提供了一些信息，你用这些信息来发展关于世界的解释或者理论。这个理论是个人建构系统，它成为你对世界的知觉和思想的构架。因此，这个系统不是由过去的经验决定的，而是由对过去经验的自由选择的解释决定的。不管曾经发生过什么，你本可以选择从中得出不一样的结论。事实上，你仍然能够这样做。

比如，假定你有一个悲惨的童年，甚至可能遭受虐待。你可能从这段经历中得出个人建构系统，这个系统告诉你世界的邪恶是不可改变的，是罪恶的。这个结论符合你的经验数据。但是，你也有可能得出这样的结论：无论世界怎么伤害你，你都能够活下来。既然你还活着，那么这个结论也符合你得到的信息。因此，个体得出的结论和世界观取决于个体本身。再举个例子，假设你马上要参加一个求职面试。你可以用几种不同的方式来看待这个情境，并且它们在某种程度上都是正确的：一次展示你才能的机会，一次正常的交谈，一场令人筋疲力尽的考验，或者一场彻底的羞辱和毁坏事业的可怕冒险。你会选择哪一种构念？它可能决定了你在面试中的表现。

> 不管曾经发生过什么，你本可以选择从中得出不一样的结论。事实上，你仍然能够这样做。

个人建构理论的推论，凯利称其为**社会性推论（sociality corollary）**，该理论认为，了解他人意味着了解他/她的个人建构系统，必须能够透过他人的眼睛看世界。凯利认为，对于那些看起来莫名其妙甚至邪恶的行为，如果你能够从选择它们的人的视角看待这些行为，也是有意义的。另外，凯利认为，心理治疗师的主要职责是帮助来访者了解自我，并且他还设计了Rep测验作为工具来帮助心理治疗师达到这样的目的。

构念和现实

凯利理论的基础是：基于个体的个人建构，任何经验模式都能够导致多种——甚至是无限的——构念。那意味着你自己选择了使用的构念，这并不是强加给你的，因为其他构念也有同等被选择的可能性。凯利称这种观点为构建替换论（constructive alternativism），它意味着你的个人现实不能独立于你而存在，你在你的头脑中建构了它。此外，你可以选择用不同的方式去建构现实。

这一点具有深远的含义。凯利的理论借鉴了科学家自己有时都会忘记的科学哲学的一部分。

建构数据的意义时，不同的科学范式具有不同的构架。在这一意义上，这本书中考虑的人格的基本取向——特质、精神分析和现象学等——都是范式。我相信，每一种都是明智的，并且都与该范式中很重要的数据相符合，但是，每一种都反映了一种选择，聚焦于人类心理学中的一些方面而忽略了其他方面。这个事实反映了科学范式的两个特点：（1）在它们当中做选择并不是哪种对哪种错的问题，而是哪一种范式可以解决你感兴趣的问题；（2）人格心理学需要它们全部，因为每一种都会忽略一些重要的东西。[②]

还有很多其他的建构系统或范式采用了以上两个理念。几乎每个人——科学家和外行人——都建立了一套信念系统，它影响他们对政治、道德、经济和很多其他问题的理解。这些信念系统是有用的，并且是必要的。但是过于狭隘地钟情于一种范式会使你忘记（更糟糕的，会否认）其他的现实构念（其他的信念系统）也同样有可能是正确的。

我最喜欢举的例子是关于机会成本的经济学概念，在我看来（基于我的个人信念系统），它是被创造出来的最有害的思想之一。这个概念和事物成本的问题有关。外行人认为，事物的成本就是它所需资源的数量。然而，在商学院是这么算的：预计它能有何产出，如果把资源放在其他事物上能收获多少，两者的不同就是其成本。这两个数字之差不是普通的成本，而是机会成本。

这两个成本的概念来自有着不同经济生活目标的构念。第一个建构的目标为：只要能承担得起，你可以做你想做的，这就是有时人们所说的"满意"目标。第二个目标主张收益必须最大化，除非把能赚来的钱都赚到了，否则就是失败了。这是一种"优化"目标。这两种目标都是合理的，没有哪一种从本质上讲是正确的或者错误的。但是商学院经常教育学生第二个目标是高级并且正确的，第一个是没希望的、幼稚的。

这样的构念的结果是真实的、具体的。几年前，《波士顿环球》（*Boston Globe*）发表了一篇文章，讲的是位于笔架山（后来这里逐渐发展成为时尚地区）一栋大楼一层的一家经营了几十年的夫妻杂货店被驱逐出去了，因为大楼的业主发现可以从时装店收取更高的租金。当邻里们反对的时候，业主摆出一本正经的样子回答他们说："房地产价格这么高，我不能再继续让这个杂货店留在这里了。"

他可能会相信自己所说的，但是从另一个角度看，这个人的说法是荒谬的：只要他能负担起这栋大楼，他就能够负担起这家杂货店。他没有说杂货商付给他的钱少于这栋大楼所需要的，或者少于他自己生活所需要的。相反，他关注这个事实：把杂货商赶走，他可以赚更多的钱。他关注他现在正在赚多少钱和他能赚多少钱的区别，并把这个区别作为"成本"，而这个成本是他不能"承担的"。

几年前，电视上放映过一则可笑的汽车商业广告，它的主题与这种观点刚好相反。那个商业广告的主题是这样的，"（买我们的轿车能省下一笔钱）你打算用省下的钱做什么？"在一则广告中，一位女性高兴地说她要用省下来的钱"去夏威夷"！我想告诉这个人，从来没有人想用买

[②] 这并不意味着它们能够或者应该被同时使用，这样会产生混乱。相反，你需要针对问题选用合适的范式，其他的范式备用，来应付可能产生的兴趣变化的问题。

车"省下"的钱去夏威夷；我想告诉波士顿的房东，没有人会因为机会成本破产。你可以选择用这种方式去考虑问题，但是如果你认为花钱可以让你变得富有，或者没有尽可能多地赚钱可以让你变得贫穷，那你就是在自欺欺人。

波士顿的房东和广告中的汽车卖家把注意力放在了关于钱的特定建构上，并且认为这种建构是真实的。结果就是，从其他建构系统的视角看，房东的行为是不道德的，而汽车买家的主张则是荒谬的。[③]如何思考这类问题的选择具有深远的心理影响。一个研究比较了最大化者（认为应该总是寻求获得所有能够获得的东西的人）和满足者（认为一些没能达到"最大化"的结果已经"足够好了"的人）。与最大化者相比，满足者更加快乐、乐观，生活满意度更高，而最大化者则倾向于完美主义、抑郁和后悔（Schwartz et al., 2002）。

这个故事的寓意是，你可能应该质疑那些在商学院、自然科学课堂或者任何其他地方（包括这本书中）所讲的对现实的构念。其他可能的构念总是存在的，并且你有这个能力、权利甚至是责任去选择属于你自己的。你所选择的看待世界的方式将会影响你生活的方方面面。

在职业生涯早期，凯利学习了一些关于构念的其他知识，那些知识很吸引人。他开始成为一名精神分析师，在堪萨斯实习。那个时候，他就有些怀疑他在治疗中所应用的某些弗洛伊德的解释。他做了一个小实验，在治疗中对患者的表现用随意或者奇怪的方式去解释，然后看患者怎么反应。让他震惊的是，他发现就连那些很奇怪的解释看起来也是很有用的！他推断，心理治疗的重要方面不是干预的内容，而是患者用一种不同的方式去建构现实的过程中治疗师所扮演的角色（Kelly，1969）。一旦患者能够这么做，他/她就可以选择哪种构念最有效、最有意义，这样他们就可以恢复。

心流：奇克森特米哈伊

现象学取向的核心是在生存的时时刻刻都在进行着的意识经验。米哈伊·奇克森特米哈伊（Mihalyi Csikszentmihalyi）[④]的研究延续了对这个基本问题的关注（Csikszentmihalyi & Csikszentmihalyi，1988）。作为一个现象主义者，奇克森特米哈伊相信此时此地的存在经验是生命中最重要的，他关心如何能最有效地利用它。他的工作关注最优经验（optimal experience）——了解并达到最优经验。

奇克森特米哈伊研究了艺术家、运动员和作家等人的经验，问他们最喜欢做什么。他得出

---

③ 我已经收到了很多邮件，来自不同意我的解释并为机会成本辩护的读者。谢谢你们的关心！不过我的观点是，我的建构不一定是正确的，但不同的建构是可能的。
④ 这个名字的发音是"chick-sent-me-high"，第二个音节是重音。

的结论是，一个人打发时间的最好方式是从事以活动本身为目的的活动，或者是自己觉得有乐趣的活动。以活动本身为目的的活动的主观经验——乐趣本身——就是奇克森特米哈伊所说的**心流（flow）**。

心流和欢乐、愉快或者其他用来表达主观积极情绪的术语是不一样的。相反，心流的经验有以下特征：非常专注，注意力没有丝毫分散，只考虑手头上的活动。这样，个体的心境略有改善（尽管没有达到欣喜若狂的程度），时间也好像过得更快。这是在一切顺利的条件下，作家写作时，油漆工喷漆时，园丁从事园艺时或者是棒球运动员在等待下一次投球时所经验到的。外科医生、舞蹈家以及在激烈比赛中的象棋手都曾报告过心流。电脑可以引发很多人的心流。例如也许你曾看到某人玩电子游戏玩到深夜，他/她看起来注意力完全不受外界的干扰或者忘了时间的流逝，这个人很可能正在体验心流。我经常在给学生讲课或写作时体验到心流。对于我来说，一节50分钟的课感觉像是开始后刚过了1.5分钟的时间就结束了（我知道学生们的感觉不是这样的）。失去对时间流逝的觉知是体验心流的一个标志。

根据奇克森特米哈伊的观点，当你进行的活动需要你的能力和挑战的比例达到平衡时，此时引发的专注的、有条理的意识状态就是心流。如果一项活动太难或者太令人困惑，你会体验到焦虑、担忧和沮丧。如果活动太简单，你会经验到无聊、（仍然有）焦虑。但是，当能力和挑战平衡时，你会体验到心流。要实现心流就要远离电视。奇克森特米哈伊发现，看电视会使心流长时间混乱，并阻碍其形成。一些人发现上网可以引发心流，不过要看你在网上做什么。就像上面提到的，特定的拟真游戏可以让人进入心流，但是像网上购物这样的经验则不会。网上购物的挑战性不足以引发心流，这意味着如果网络商家足够聪明到把购物经验转变为一个拟真游戏，他们的销售将会大大增加（Hoffman & Novak，2009）。

奇克森特米哈伊认为，提高生活质量的秘密就是有尽可能多的时间处于心流状态。实现心流需要你在自己认为有价值和有乐趣的事情上变得擅长。这是寻找快乐的合情合理的要求，无论你是不是一个现象学家，都应该想到这一点。

另一方面，心流并非对每个人都有效。根据一项研究，只有那些心理控制点高的人，即相信他们可以控制自己生活事件的人，能够从提升心流的活动中受益（J. Keller & Blomann，2008）。即使在最佳的环境中，心流似乎也只是描绘了一种独自的快乐。从这个方面来说，奇克森特米哈伊是一个真正的存在主义者，也许不像萨特那样总停留在孤独上，但是仍然认为经验是单独发生的。（奇克森特米哈伊描述心流可以在性行为时出现，但是这里他强调是一个人的个体经验。）心流的不足之处是：外人很难与正在体验心流的人发生互动，他/她可能听不到你的声音，可能看起来对你不耐烦，并且算不上是一个好的伙伴。打扰一个在全神贯注看小说或者打电子游戏的人，你就会明白我的意思了。

坚韧：马迪

压力已经成为一个不好的词。很多人，包括心理学家，都谈到一个糟糕的事实：现代世界充满了压力，人们评估压力给身体和心理健康带来的损害，并寻求回避压力的办法。根据现代人本主义心理学家萨瓦托雷·马迪（Maddi，2003）的观点，这些都是错误的。马迪认为，没有压力，人生就会枯燥，没有意义。更糟糕的是，很多人都采用由他人和社会的期待所驱动的墨守成规的生活方式，并通过其回避压力（Maddi，1985）：找一份简单的、收入高（尽管枯燥）的工作，和像你一样的人居住在一起，并只和观点相同的人交谈。

马迪认为，尽管这种生活方式看起来安全舒适，但是很容易导致一种存在性的心理病变，这种病变和本章中前面提到的萨特描述的坏信念类似。另一位人本主义心理学家莱恩（Laing，1959）认为，墨守成规的生活方式会形成虚假自我，"个体的行为都不再是自我表达了"。根据马迪的观点，最严重的一种存在性病变是麻木（vegetativeness），感觉什么都没有意义，变得无精打采、漫无目的。症状稍微轻微一点的，也更普遍的是**虚无**（nihilism），愤怒、厌恶和讥讽成为经验的主导。你是不是认识这种人——对任何一个怀有乐观期待或者积极想法的人，他们总是不断地寻求否定的回答，并且回应时带着蔑视和讽刺？如果这样，你的那个长期抱有消极想法的熟人，很有可能正遭遇着存在性虚无。（无论你做什么，最好别告诉他这个。）

墨守成规的生活方式的另一个潜在的副作用是冒险。只有极大的兴奋才能获得一个人的全部注意力，使人从深层次的人生无意义中转移出来。这种"冒险"（可能是一个过于积极的词汇）会导致混乱的性关系、药物使用和其他危险的活动。无论这些活动采取什么样的形式，目的就是一个——掩饰人生中的空虚。

马迪对于医治这种坏信念的处方是形成他所说的**坚韧**（hardiness），即一种接受而不是回避潜在压力源的生活方式。如果处理妥当，压力和挑战的经验可以带来学识、成长和智慧，成功地处理这些压力和挑战是赋予人生意义的重要部分（King，2001）。马迪的研究团队开发了自我报告量表来测量这种坚韧性特质，结果显示：坚韧的人一般来说更健康，甚至是在压力情境下，也能更好地进行心理调适（Maddi et al.，2002）。马迪甚至帮忙建立了坚韧性研究所（在纽波特海滩），教人们如何应对压力。但是他最重要的贡献是提醒我们人生的目的不是回避压力或者沮丧不安，而是培养兴致勃勃地应对挑战和从那些经验中学习的能力，通过这种方式，他将萨特的"坏信念"和"真正的存在"观念带入了21世纪。

自我决定论：德西和赖恩

至少要回溯到亚里士多德时代，那时的哲学家们认为幸福可以通过两条途径来追寻。一条途径是将愉悦最大化而将痛苦最小化，这看起来是一种相当简单且直观的快乐法。第二条途径更加复杂，它需要通过追求重要的目标、建立关系和有意识地为自己在人生中的选择承担责任来寻求更深层的人生意义。第一条途径称为享乐论（hedonia），第二条途径称为完善论（eudaimonia），两者的区别则是理查德·赖恩（Richard Ryan）和爱德华·德西（Edward Deci）的自我决定论（self-determination theory，SDT）的基础（见Ryan & Deci，2000；Ryan，Huta，& Deci，2008）。

自我决定论者认为享乐是危险的。个体越是排斥其他的目标而单纯地追求愉悦最大化和痛苦最小化，就越可能冒风险，即过着"失去深度、意义和社群团体"，基于"自私、物质主义、被客体化的性和生态破坏"的生活（Ryan et al.，2008）。相反，幸福包括追寻和找到自身本就具有价值的目标（内在目标），而不是达到目的的一种手段（外在目标）。

最常见的为人所追寻的外在目标就是金钱。根据自我决定论，相应的有三个重要的内在目标。自主（autonomy）指找到你自己的生活道路并做出自己的决定。能力（competence）包括找到你擅长的事情，并且让它变得更好。联系（relatedness）指与其他人建立有意义和令人满意的联结。根据自我决定论，不论你是否知道，你都有这些需求，并且除非你满足了这些需求，否则你永远不能成为一个机能充分发挥的人（借用罗杰斯的一个术语）。

追随内在目标的人们境况好于围绕外在目标组织其生活的人们，德西、赖恩以及他们的合作者已经积累了不少这方面的证据。例如，一项早期研究发现，重视赚钱甚于人际关系、个人成长和社群团体的人们整体幸福程度偏低（Kasser & Ryan，1993）。一个更细致的研究检验了七个人生目标，其中三个——财富、名声和吸引力——被视为外在目标，另外四个——个人成长、亲密关系、社群团体和身体健康——被视为内在目标。重视内在目标甚于外在目标的人们在生命力和积极情绪方面得分较高，而抑郁、消极情绪、焦虑和身体疾病的得分都较低（Kasser & Ryan，1996）。这些人对其他人以及所属社群团体的幸福也有更大的贡献（Ryan et al.，2008）。

自我决定论认为自主、能力、联系这些目标对世界上的每个人而言都是基本的，与环境或文化背景无关。无论它们是否确实如同该理论所说的那样普遍，发出这样的质疑也是十分合理的。它们当然听起来都很棒，但是我们怎么知道它们的吸引力是来自人类内在的、本质的源头，而不是文化熏陶造成的呢？现阶段唯一可能的答案是，我们不知道。这就是研究的目标。如果某个理论做出了一个强有力的论断，而这个论断可能是错误的，这是件好事，因为这意味着这个理论并不具备显而易见的正确性。这也让该理论变得可以检验。未来几年我们可以期待，围绕着这三个目标是否确实适用于每个人的问题，会产生一些有趣的研究。

积极心理学

常常有人引用亚伯拉罕·马斯洛曾经说过的一句话：健康并不仅仅是没有疾病（Simonton & Baumeister，2005）。近年来，随着人本主义心理学中传统上对成长、发展和潜能实现（Levine，2006）的强调，这一观点也随着积极心理学运动（positive psychology movement）（Gable & Hadit，2005）的到来而复苏了。我们刚刚审视过的自我决定理论就是该运动的一个重要部分。这个正在发展的领域的目标是，纠正人们对精神病理学和机能失常的长期的过分强调。相反，为了"改善生活质量、避免当人生单调和无意义出现时发生病变"，这个领域关注"积极的主观经验、积极的个人特质和积极的制度等"现象（Seligman & Csikszentmihalyi，2000）。这听起来熟悉吗？应该是的，它是到现在为止本章中审视过的所有人本主义理论的主题。

这个主题的重现是心理学历史上一个重要的转折点。在长达几十年的时间里——从大约20世纪70年代直到20世纪与21世纪之交——人本主义心理学似乎销声匿迹了，尽管还存在一些赞成它的重要性的微弱声音（例如，Rychlak，1988）。他们的祈求最终得到了回应，尽管并非以他们期待的方式。

积极心理学是人本主义心理学的再生。正像我们在这一章中看到的，人本主义者一贯认为，传统心理学几乎把人类看作没有生命的物体去对待，所以它倾向于忽视人类的特点，比如创造性、爱、智慧和自由意志。也许最关键的是，传统心理学忽视了人生的意义这个问题。积极心理学把这个问题放在前面和核心的位置上（Baumeister & Vohs，2002），主张让人满意和有意义的人生需要快乐，但是真正的快乐是通过征服重要的挑战获得的（Ryff & Singer，2003）。这种观点不同于萨特的乐观韧性概念、马迪的坚韧概念以及德西和赖恩的快乐实现论。

然而，积极心理学的研究不只限于对老式人本主义的再现或者在存在哲学中加入积极的诠释。相反，它研究特质、过程，还有对快乐、有意义人生有推动作用的社会制度。例如，很多研究检验了提升和降低快乐或主观幸福感的因素（Diener，Lucas，& Oishi，2002）。正如前面提到的，这一研究显示，当超过了特定的基线水平，金钱对快乐就不再重要了，征服挑战变得更重要，这是马斯洛理论的一个证明。除此之外，一些人常用提升幸福感的方式思考问题，比如避免对消极事件徒劳的思考，体会人生中幸福的事（Lyubomirsky，2001；Lyubomirsky，Sheldon，& Schkade，2005）。快乐是幸福的一个极其重要的成分，而积极心理学研究者在促进我们对快乐的理解上所起的作用越来越重要。我将在第16章中更详细地介绍他们对快乐的研究。

积极心理学似乎在本质上就是乐观的（注意它的名字），这引发了一个有趣的问题：我们是否应该尝试总是期待最好的事情？一系列特定的研究调查了用积极的视角去解释和预期事件的优势（Peterson & Steen，2002）。结果可能并不意外，乐观的个体较少体会到恐惧，更愿意冒险，并且通常有较高的幸福感。另一方面，乐观主义者偶尔也会出现下面的情况，比如盲目冒险、在问题出现之前没有预期等。出于这样的原因，心理学家朱莉·诺伦（Julie Norem）提出，悲观主义也对积极心理学有贡献（Norem & Chang，2002）。

　　积极心理学同其他学派最大的区别在于它关注人类的优点而不是缺点。回忆西格蒙德·弗洛伊德和精神分析的观点，他们强调心理冲突和它所导致的神经症。更概括地说，心理学更多地关注预防或者消除不良的后果，比如心理疾病，而不是促成更好的结果，比如最大限度的成就感和健康，这种说法可能是公正的。积极心理学的目标是通过确认和发挥性格优势来确定这一点。事实上，美国心理学会出版了一本厚书，里面有一个"美德"的一览表及其分析（Peterson & Seligman，2004）。

　　这个主题带来了一个很麻烦的问题：什么是美德？毕竟，一个人眼中的美德在另一个人看来可能是缺点。判断人们应该怎样做是一个超越了自然科学的价值判断。研究者为解决这个问题所使用的方法是：识别出那些在任何文化、任何时间都被认为是美德的特征。最近，有一个特别吸引人的项目，调查了在儒家、道家、佛教、印度教、古希腊哲学、基督教、犹太教和伊斯兰教的主要著作中提倡的美德（Dahlsgaard，Peterson，& Seligman，2005）。[5]从这项调查中，作者确定了六种核心美德：勇气（courage）、正义（justice）、人性/同情心（humanity/compassion）、节制（temperance）、智慧（wisdom）和超越（transcendance）（见表13.2）。在它们中间，最明显普遍出现的是正义和人性，因为这些价值观的重要性是在考察的所有八种文化传统中被明确提到的（见表13.3）。节制、智慧和超越在这些文化的著作中被暗示是好的品质，但是并没有明确地被确认为美德。一致性水平较低的唯一美德是勇气，儒家、道家和佛教认为其并不是特别重要。

表13.2　积极心理学确定的核心美德	
美德	**描述**
勇气	情感上的一种特点，需要在面对阻力时借助意志力去达成目标，它的例子包括勇敢、坚韧和诚实等。
正义	位于和谐社会生活的基础地位的一种力量，它的例子包括公平、领导和协作等。
人性	涉及保护和照顾他人的一种特点，它的例子包括爱和善良等。
节制	防止人们过度放纵的一种特点，它的例子包括宽恕、谦逊、审慎和自我控制等。
智慧	需要获取和运用知识的一种特点，它的例子包括创造力、好奇心、辨别力和洞察力等。
超越	通过和更广阔的世界相联系而赋予人生意义的一种特点，它的例子包括感恩、希望和精神。

来源：改编自（Dahlsgaard，Peterson，& Seligman，2005）。

　　这些特征是怎样成为美德的？这项研究的作者推测说，它们存在的普遍性显示它们是进化的基础（见第9章），因为"每一个都需要解决一个重要的生存问题"（Dshlsgaard et al.，2005）。特别的是，每一种美德都会抵消那些对个体和文化的生存有威胁的倾向。正义避免了无序和混乱，人性避免了残忍，智慧避免了愚蠢。正像作者所写的，"如果人们不会（有时）在做正确的事情时因害怕而动摇，我们就不需要勇气这种美德；如果人们不会偶尔做出鲁莽的行为，我们就不需要节制这种美德"（Dshlsgaard et al.，2005）。这一点很重要，因为它回答了这个问题：如

---

⑤　显然，科学教没有被包括进去。

果这些美德对于生存至关重要，为什么并非每个人都拥有它们？如果每个人都拥有这些美德，那么就不需要教授它们，甚至标记它们了。最核心的美德确定了人们尝试让他们自己变得更好的六种方式。有些人成功地变得比其他人更好，不过没有人做到完美地获得这六种美德。

传统	勇气	正义	人性	节制	智慧	超越
儒家		E	E	T	E	T
道家		E	E	E	E	T
佛教		E	E	E	T	E
印度教	E	E	E	E	E	E
雅典哲学	E	E	E	E	E	T
基督教	E	E	E	E	E	E
犹太教	E	E	E	E	E	E
伊斯兰教	E	E	E	E	E	E

表13.3 跨文化传统的美德的一致性

注意：明确认可某一美德的传统标记为E，暗示认可某一美德的传统标记为T。
来源：改编自（Dahlsgaard, Peterson, & Seligman, 2005）。

尽管近期有一些研究，但是人本主义的复苏仍然是不完全的。例如，积极心理学既没有对存在焦虑进行过多探讨，也没有解决产生于自由意志的困境。它以"主观幸福感"的形式来称呼经验，即一个人感觉良好的程度，与存在主义和人本主义心理学家的早期工作相比，这只是有限的现象学分析；并且它才开始关注享乐论和完善论作为幸福感来源的差异。

但是公平起见，积极心理学从名字上来讲它仍然是新兴的，它最重要的著作和书都是在2000年以后出现的。正如萨特所观察到的，自由意志和死亡必然性的困境是无法摆脱的。所以积极心理学很有可能在不久后要面对这些问题。同时，积极心理学强有力地矫正了"心理学的重点放在精神生活的消极面上"这一点。通过寻求确定和发挥人类的优势，积极心理学为心理学提供了一个重要的方向，这个方向确切来说并不是新的，但的确使它重获新生。

现象学的意义

心理学的存在主义和人本主义取向的根源是现象学，是每一个有意识的人的此时此地的经验。这种对现象学的强调使人本主义分析做出了两大独特的贡献：它指出经验之谜，教育我们真正了解另一个人的唯一办法是了解其对于现实的独特观点。

经验之谜

自冯特以来，现象学家一直抓住的，而所有其他基本研究范式忽略的基本事实是：意识经验既是一个显而易见的事实，也是一个基本的未解之谜。它不能由自然科学来解释，甚至不能很好地被科学描述或用语言来形容。虽然我们不能准确描述什么是觉察和意识（尽管有了冯特的努力），但是我们每个人都知道它是什么。

....
意识经验既是一个显而易见的事实，
也是一个基本的未解之谜。

自然科学和心理学通常会选择不去解释为什么如此熟悉的事物理解起来那么难，他们只是忽略它。在某一点上，这很好。当自然科学和心理学假定有意识的觉察不重要，甚至它发生了还当它不存在的时候，这一点就实现了。糟糕的是，心理学家有时把意识经验简单地当作信息加工的一种有趣的形式来对待，和计算机所做的加工没什么不同（Rychlak，1988）。比如，认知心理学家提出的一些理论主张意识是组织思维、提供复杂决策的高级认知过程。这些理论认为，除了这些功能以外，意识只是一种感觉（Dennett，1994；Dennett & Weiner，1991；Ornstein，1977）。

当然，说意识"只是一种感觉"，这提出了一个问题：能够有意识地经验这种感觉意味着什么？事实上，有意识的觉察与计算机执行的信息加工之间有相似之处，但是又不完全相同。意识是人类经验，自然科学既不能绝对地否认它的存在，也不能解释它是什么以及如何产生的。因此，现象学分析有时会扩展到哲学的、宗教的和超自然的推测上去也是很自然的。

了解他人

位于人本主义心理学核心的现象学观点的一个推论是：要了解另一个人，你必须了解他/她的构念（Kelly，1955）。当你达到了可以从他/她的角度去想象人生的程度，你才能了解其心理。谚语"不要轻易评价一个人，除非你经历过他的人生（Do not judge me until you have walked a mile in my shoes）"就是这个意思。

这个原则不鼓励以审判的眼光看待他人。这意味着如果你透过他们的眼睛看世界，你就会意识到他们的行为和态度是他们对现实理解的自然结果。另外，没有办法可以证明你对现实的看法是对的，而别人的是错误的。因此，"别人应该用和你一样的方式解释世界"或者"只有一种正确观点"的假定都是错误的。他人的意见，无论多么奇怪，都要把它看作和自己的一样令人信服。[6]

这种现象学原则的一个直接后果就是影响深远的文化甚至是道德上的相对论。你不能用自己的道德规则去判断他人的行为和信念，因为归根到底客观事实是不存在的，或者即使存在，任何

---

[6] 像托马斯·萨斯（Thomas Szasz）这样的极端主义者有时会认为：这种现象在那些被认为有心理疾病的人当中是真实存在的，他们只是对现实有一种替代的和同样有效的构念而已。但是，这是一种极端的态度（Szasz，1960，1974）。

人也都没有办法知道。另外，从你自己文化的视角出发去判断其他文化中的价值观和行为一般都会产生误解。尽管在一些核心美德上达成了广泛的共识，不同的文化看待世界仍然是不同的，并且要了解其他文化，就像了解其他个体一样，我们必须试着从另一个角度去了解世界。在不同的文化中应用人格心理学的尝试将是下一章的主题。

总 结

• 研究人类不同于研究物体或者动物，人本主义心理学就侧重这个方面，包括经验、意识和自由意志等。

现象学：意识就是一切

• 现象学观点也认为当下的经验就是全部，它意味着个体有自由意志，并且了解一个人的唯一方法是了解这个人的构念或对这个世界的经验。

存在主义

• 被称为存在主义的哲学流派将经验分成三部分：外部世界的经验、社会经验和对经验的内省经验。存在主义也主张存在不具有超出个人所赋予它的意义之外的任何意义。

• 像萨特这样的存在主义哲学家推断，那些不能面对人生缺乏内在意义这个现实的人在生活中抱有坏信念。

积极的人本主义：罗杰斯和马斯洛

• 现代人本主义心理学家在存在性分析中加入了"人性本善"的假设，并且认为人有自我实现的内部驱力。

• 罗杰斯和马斯洛主张，直接面对经验的人能成长为机能充分发挥的人。罗杰斯认为，只有当个体得到了来自生命中重要他人的无条件积极关注，这一点才能实现。马斯洛认为，只有与生存和安全相关的基本需要得到满足，像自我实现这样的高级需要才会出现。从进化论产生了马斯洛需要层次的一个新版本，它将养育子女放在了最顶端的位置。

个人建构：凯利

• 凯利的个人建构理论认为，每个人对世界的经验都是由一套独特的个人建构组织起来的。这些个人建构既源于个体经验的构念，也有助于决定这些构念，并且与自然科学范式也有许多共同之处。

心流：奇克森特米哈伊

• 奇克森特米哈伊的心流理论认为，经验的最好状态是挑战和能力达到平衡、注意力集中、时间快速流逝的状态。

坚韧：马迪

- 马迪的坚韧理论主张人们应该接受人生中的挑战，而不是回避压力。

自我决定论：德西和赖恩

- 德西和赖恩的自我决定论认为，可以通过两种途径来寻求幸福：享乐论的方法（追求愉悦和舒适）或完善论的方法（追求实现个人潜能）。

- 纯粹的享乐论的途径最终会弄巧成拙，因为人们对自主、能力和联系有着普遍的、本质的需求。通过追寻内在目标（自身具有意义）而非外在目标（达到目的的一种手段），这些需求可以得到最好的满足。

积极心理学

- 积极心理学代表了人本主义心理学的再生，它关注提升幸福感和赋予生活意义的特质和心理过程。

- 积极心理学很重要的一个贡献是它试图建立普遍的人类美德的一览表，研究结果表明其包括正义、人性、节制、智慧和超越，而第六个核心美德——勇气——似乎不那么普遍。

现象学的意义

- 人本主义心理学的现象学取向的两个主要贡献是：试图解释人类经验之谜，强调对个人和文化的无偏见的理解。

思 考 题

1. 人们有自由意志吗？或者，人们是由过去经验、无意识动机和人格特质驱动的吗？如果自由意志存在，那么它的含义是什么？又是怎么实现的？

2. 意识和觉察是什么样的感觉？意识能够用语言描述吗？你怎么判断电脑是否有这种感觉？心理学能够促进我们对这些经验的理解吗？怎么样促进？

3. 一个人怎么样从对和错之间做出判断？是否有专家来帮助你选择？你怎样知道是否要听从专家的意见？

4. 萨特认为上帝不存在，即使存在也不要紧。萨特这样说是什么意思？

5. 你怎么看待罗杰斯和马斯洛始于存在主义的观点，并且发展了有积极含义的心理学？

6. 肯里克及其同事基于进化论的需求层次将"养育子女"置于金字塔的顶端。养育子女是人类生存的终极目标吗？你能在肯里克的金字塔中发现任何类似"自我实现"的东西吗？

7. 如果心理治疗师在接待一个杀人犯或者虐待儿童的人，你认为治疗师应该给来访者无条件的积极关注吗？为什么？

8. 每个人都需要自主、能力和联系（来自自我决定论）吗？在没有它们的情况下，生活美满是可能实现的吗？它们当中的一个会比其他两个更重要或更不重要吗？

9. 如果可以，你会让自己的全部人生处于一种心流状态吗？

10. 你为什么上大学？你的目标是欢乐型的还是幸福型的？你认为大部分学生上大学的原因是什么？

11. 悲观主义有用处吗？还是说我们应该时刻努力保持乐观？

12. 压力对你有好处吗？还是说我们应当尽可能地避免压力？

13. 心理学不仅强调人类的长处也强调弱点，这样很重要吗？有什么好处？

14. 关于美德的跨文化一致性最强的似乎是正义和人性，这是否意味着它们是最重要的美德？勇气似乎取得略小的一致性，这是否意味它不够重要？我们怎样确定哪些美德是最重要的？

15. 在尝试识别核心价值或阐释人生意义的时候，心理学中断而宗教或其他文化熏陶开始发挥作用的地方是哪里？

16. 我们每个人都知道我们能够觉察并且有意识地经验世界，但是心理学却发现这一事实很难研究，为什么？什么样的调查会带来对人类意识有帮助的或可信的解释？

推荐读物 >>>>>

Keyes, C. L. M., & Haidt, J. (Eds.) (2003). *Flourishing: Positive psychology and the life well-lived.* Washington, DC: American Psychological Association.

Peterson, C., & Seligman, M. E. P. (Eds.) (2004). *Character strengths and virtues: A handbook and classification.* Washington, DC: American Psychological Association.

这两本书的作者是现代积极心理学运动中的主要人物。

Maslow, A. H. (1987). *Motivation and personality* (3rd ed.). New York: Harper & Row.

最易理解、最简明的著作之一，它彻底体现了美国的人本主义心理学。由这一领域最著名的两位学者之一——马斯洛（另一位是卡尔·罗杰斯）执笔。他的作品总是充满激情、循循善诱。

Sartre, J. P. (1965). The humanism of existentialism. In W. Baskin (Ed.), *Essays in existentialism* (pp. 31-62). Secaucus, NJ: Citadel.

本书由存在主义哲学领域的一位杰出哲学家所著，是一部易读的、有趣的存在主义作品。

电子媒体 >>>>>

登陆学习空间*wwnorton.com/studyspace*，获得更多的复习提高资料。

14

经验、行为和人格中的文化差异

个体对世界的看法和解释可能比世界真正包括什么更重要。因此，要了解一个人，唯一的途径就是深入到他/她对现实的独特看法中去。在第13章中，我们看到现象学家对此做了精湛论述。最近几年，心理学家不仅关注个体之间对现实解释的差异，还越来越关注不同文化之间解释的差异。在一种文化背景下表示礼貌的行为，在另一种文化中可能被看作粗鲁的表现。根据不同的文化背景，同一种观念可能呈现完全不同的意义。或许最为重要的是，不同文化的一些基本价值观是不同的。

心理学领域中很少有比跨文化研究更有挑战性的领域，因为跨文化研究需要掌握一些既新奇又很深奥的概念。例如，精神病学家土居健郎（Takeo Doi）报告说娇宠（amae）是理解日本文化中人格结构的核心概念。从字面上讲，娇宠的含义和"可爱"有些相似，但在家庭背景下，这个词暗含亲子之间的纵容、依赖之类的关系。在相互依赖的同时，人们期待这种充满慈爱的依恋模式延续到成人期，以保证彼此为对方考虑、互相体谅（Doi，1973；Tseng，2003）。但是，我们很难翻译"amae"这个词，总是无法完全理解它的含义。这个概念脱离了日语语境是否还有意义？如果你不是日本人，被问到你和父母的关系"是否足够娇宠"这样的问题时你是否能够理解？另外，这个概念如此深入日本人看待事物的方式，是否不宜应用到其他文化中？类似这样的问题可能无法回答，但是**跨文化心理学（cross-cultural psychology）**[①]却致力于解决这类问题。本章将介绍人格心理学中有关文化多样性的新近研究。

---

① 术语注释。"跨文化"心理学指比较不同文化的研究。有一种变体有时被称作"文化"心理学，试图用他们自己的术语去理解各种个体文化，但并不对此进行比较。在本章后面的内容中将有所论述。

文化和心理学

人格心理学的关注点在于个体之间的心理差异。文化在其中起作用的原因有两个。第一，个体不同的原因一定程度上是由于他们处于不同的文化群体。例如，一项研究显示，中国人比美国人在情绪上更内敛、含蓄，更喜欢安静和体谅（Cheung & Song，1989）。第二，一些群体中的成员与其他群体中的成员相比可能彼此间差异更为明显。土居健郎描述了一位日本母亲，她抱怨儿子不够"娇宠"，而美国的父母绝对不会有这样的抱怨。人格心理学的一个重大挑战是理解不同文化间特定的人格差异，即不同文化中个体的区别。

跨文化中的一般性和特殊性

不同文化下的个体在心理上有多大程度的差异性和相似性？他们的差异只是某一个方面的不同，还是他们是完全不同的个体？进一步说，人类的天性是否存在一个共同核心？或者，来自不同文化的人们是否在本质上的差异太大以至于无法进行有意义的比较？人类学家与这些问题纠缠了很多年，相对来说，心理学家是这场争论的新参与者。然而，这两个领域都有很多对"一般人类天性"观点和"文化特异性"观点的支持者。这只是那些没完没了的争论之一，像天性—教养问题（第9章），或是一致性争论（第4章），似乎注定永远不能被彻底解决。

来自不同文化的人们是否在本质上的差异太大以至于无法进行有意义的比较？

在下文中，我们将看到大量关于文化影响使跨文化个体间和本文化个体间不同的证据，以及人类天性具有共同核心的证据。尽管跨文化心理学传统上强调不同文化中的人如何不同，但是在过去的几年里，越来越多的研究开始强调人们的心理相似性。未来研究的重大挑战是推测普遍的心理过程（比如情绪和人格）在不同文化背景是下如何发挥作用的（例如，Tsai，Knutson，& Fung，2006）。我们会在本章结尾处再对此进行论述。

什么是文化

文化这个词指群体的心理品质。正如一位作者所指出的，文化包括"塑造情绪、行为和生活方式的习俗、习惯、信念和价值观"（Tseng，2003）。文化还包括语言、思维模式，甚至包括人对现实的基本看法。文化群体是一个难以确定的概念。任何一个群体只要确认其在心理上与其他群体不同，那么这个群体就可以称作文化群体。传统上讲，文化群体具有该种族的语言与风俗习惯，但是种族内也存在重要的文化差异，同样有语言障碍。有研究比较了北美人和亚洲人，日本人和中国人，讲西班牙语的人和讲英语的人，甚至曼哈顿街区和皇后街区的人（Kusserow，

1999）。

文化群体之间的差异几乎都是后天习得的，不是先天的。孩子出生在某种文化中并学习该文化［这一过程被称作**文化适应（enculturation）**］，从一个国家到另一个国家的人可能会逐渐地学习新环境下的文化［这一过程被称作**文化互渗（acculturation）**］。遗传学不是跨文化差异的主要依据，因为根据DNA分析，来自同一种族的个体之间与不同种族的个体之间一样具有基因差异（美国人类学协会，1999）。基因不能成为文化差异的主要基础的另一个原因是文化群体并不只是基于种族或语言的，也可以在历史、地理、宗教、哲学甚至政治的基础上进行定义。

心理学家也是文化中的成员。每一位心理学家使用的语言和生活的环境都不可避免地影响他/她的见解，做一名心理学家甚至也可能使自己成为某一种"文化"的成员。

跨文化差异的重要性

心理学家都或多或少地忽视了跨文化问题，直到不久前很多人仍然如此。这种忽视大多是善意的。尤其是在缺少大量相关证据的情况下，大多数心理学家只是尝试在自身文化背景下描述和解释身边现象，而不是在踏出每一步时都顾虑着跨文化差异。弗洛伊德不太担心跨文化问题，他发现维也纳的女性已经够复杂了。类似的，欧洲和北美的心理学家也主要是在西方文化背景下测量个体差异并探索知觉、认知及行为改变的准则的。包含这些局限的研究已经被证明是足够有趣和困难的，大多数研究者并未尝试进行跨文化研究。

随着研究范围的扩展和研究速度的加快，这种良性的忽视态度变得越来越站不住脚。甚至美国卫生部长也发表官方声明说，"文化"对于了解心理障碍、心理干预和心理健康风险因素是"有价值的"。心理学家对跨文化差异感兴趣有三个很好的理由：了解文化差异对于促进超越国界的理解、评估心理学应用于全世界人们的程度以及评估人类经验可能的变异都很重要。

跨文化理解

不同的文化态度、价值观和行为风格常会引起误解。由这些误解引发的后果也有轻有重。

先从小的方面说起，跨文化心理学家哈利·特兰狄斯（Harry Triandis）描述了一个由美国和印度对标记"×"的不同用法而引发的误解。在美国标记"×"意味着可用，在印度则意味着不可用。他收到了宾馆寄来的一张标着"×"的卡片，旁边写着"没有空房"，在他看来这意味着他没有定上房间，但事实恰恰相反（Triandis，1994）。这个小插曲的确带来了不便，但没有造成大的灾难。[②]

还有更重要的差异，例如，泰国商人在商业谈判中喜欢维持每一个人的尊严，日本人在签合同之前会和潜在的商业伙伴进行密切的个人交往，并会私下解决谈判中的争议（L. Miller，1999）。当这些谈判风格与美国人相对性急、直接、甚至有点感觉迟钝的谈判方式相遇时，其结果会比相互理解的情况下产生更多冲突，并且达成的利益可能也要少得多。

1994年，一位与父母一起在新加坡生活的美国少年领教了跨文化差异，并为此付出了沉重代价。他被指控在停放的车辆上涂鸦，这在美国被认为是一种小的破坏行为（尽管非常令人恼火）。但是新加坡对这种错误行为的处罚更加严厉。他被判了几个月监禁，赔偿损失，并且最让美国人吃惊的是被施以鞭刑，几鞭子就可能把人打得皮开肉绽，并留下永远的伤疤。这一判罚引起了国际争议。[③]

同样，在其他文化中被认为是正常的行为在美国也会引发暴风骤雨。1997年，一位丹麦母亲去纽约观光，在一家餐馆吃饭时把她14个月大的熟睡中的女儿放在餐馆外的婴儿车里。见到此举，惊慌的纽约人报了警。警察逮捕了这位母亲，婴儿暂时由临时看护照顾。然而，在丹麦，这种行为完全是正常的（见图14.1）。正如一位丹麦作家提到的：

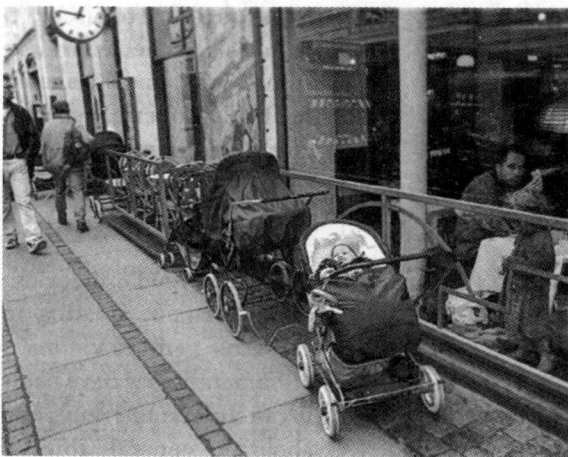

图14.1　不必感到忧虑

丹麦母亲在纽约因把婴儿留在便道上而被捕后的几天，有人在哥本哈根的一家咖啡馆外拍摄了这张照片。

在丹麦，人们有一种虔诚的信念，认为新鲜空气，尤其是冷空气，对婴儿有利。所以，所有的丹麦婴儿都在户外小睡，即便是很冷的天气——他们会被包裹在温暖的鹅绒围巾里……在丹麦，（这位母亲的）这种行为会被看作完全正常的（Dyssegaard，1997，2004）。

跨文化误解在国内也一样会发生。北美的一些城市中有种关于暴力和恐惧的亚文化，在这种文化的倡导下产生了接受适当的"尊重"的极端价值观。任何威胁到这种自尊的事物都会威胁到这个人的生命，此类自尊的象征物——比如时髦的衣服、令人恐惧的外表甚至公开的杀人意愿——都被认为是有价值观的（E. Anderson，1994）。非言语的表达也有附加意义。例如，盯着人看一秒钟左右，在这种亚文化中是不尊重人的表现，可能引发暴力反应。相似的，有研究显示美国南部有它特有的"尊敬文化"，包括精心展示互相尊重的行为（例如称呼"先生"和"女士"）以及面对侮辱时必需的强烈

---

② 另一个稍严重的例子：某次去波兰，我曾经见到两扇洗手间的门，一扇门上有一个圆圈标志，另一扇门上则是三角形标志。哪个是男士的呢？我猜错了。

③ 尽管如此，我猜测他再也不会在停放的车辆上涂鸦了。

回应（Cohen，Nisbett，Bowdle，& Schwartz，1996）。稍后我们将在本章中更详细地探讨尊敬文化。

理论和研究的概化

弗洛伊德的理论在很大程度上依赖于他的内省和他对19世纪末20世纪初的维也纳贵族女性的治疗经历。我们能看出他的人性观因受到跨文化心理学这方面的资料限制而被曲解，这并不奇怪。④当然，这个问题并不只有弗洛伊德遇到过。正如我们在第3章中提到的，对研究结果概化的担心主要是对现代实证研究应用于全人类的担心。心理学研究中大约80%的参与者来自教育水平和工业化程度高的西方富裕民主国家（简称WEIRD），而这些国家的人口只占世界总人口的12%（Henrich et al.，2010）。

这同样是人格心理学亟待解决的问题，因为大量证据显示了文化影响人格和情绪的表达方式。解决心理学研究中这一现状的唯一途径就是不仅对大学生进行研究，还要对世界各地的人进行研究。

近年来情况有所改善。主流心理学期刊更多地报告来自很多不同国家的心理学家的研究，包括澳大利亚、新西兰、很多欧洲国家——德国和荷兰在人格心理学领域尤其活跃——以及数量正在增长中的亚洲国家，包括日本、中国、韩国、印度和新加坡。随着心理学变得越来越国际化，它将成为一门更具推广性的、更好的科学。

人类经历的多样性

人类经历的多样性是心理学家对跨文化心理学感兴趣的第三个原因，也是一个比较理论化的问题。这个问题是现象学的，来源于人们对人类可能经历的多样性的好奇，以及人们在多大程度上意识到不同文化中人类生活和意识的差异。只要瞬间的反思就足够了解到人们看待世界和建构世界的方式在很大程度上是经历和文化背景的产物。我们可以做一个有趣的设想，假如你来自其他的文化背景，你会如何看待这个世界？现在看得到并认为理所当然的事情可能会无法看到，现在无法看到的事物可能变得很清楚。你甚至可能成为真正意义上的不同的人。

例如，一位南美洲热带雨林的土著居民可能看到一棵树就会想到它的树皮和树液的用途，但是当他/她看到汽车或计算机时可能无法想象它用起来怎么样，而西方文化的本地人则会看到汽车和计算机在运输和信息方面的便利，但是几乎觉察不到柚木的潜能。开车绕街区一圈后，这位来自热带雨林的游客就会明白汽车的价值，但是向他/她表达我们对计算机的理解可能有一些难度。如果跟随这名游客去他/她在热带雨林的住所看看，也可能会发现一些他/她无法解释得清的

---

④　跨文化心理学的早期传统包括试图用心理分析的术语来解释不同的文化。例如，戈洛（Gorer，1943）认为日本人肛门冲动的原因在于他们使孩子屈服于早期严格的厕所训练。现代文化心理学家的理论化各不相同，弗洛伊德主义者很少。

物品。同样，一位美国人看房子可能从来都不会注意门的朝向，对于一位在风水传统下长大的中国人来说，他/她很可能最先注意门的朝向，还可能立即得出一些关于这所房子的潜在危险性的结论。⑤

类似于以上这些跨文化的现象引出了一个深远的存在主义的问题：不同文化中人类的生活经历在本质上是不同的吗？人们生于不同的文化和环境，成长于不同的文化和环境，人们是否以可比较的方式看同样的颜色、感受同样的情绪、设计同样的目标以及组织相同的看法？文化人类学家和心理学家理查德·施瓦德（Richard Shweder）把心理学的这些方面称为**近经历建构（experience-near construct）**，并认为这些是最适合文化心理学的问题（Shweder & Sullivan，1993）。用更容易理解的话来讲，特兰狄斯认为，"文化施加了一系列看世界的视角"（Triandis，1994）。如果这种描述是有效的——它可能是有效的——那么这自然引出了下一个问题：这些文化视角有多大的不同？是这些视角导致人们对世界的看法有本质的不同或有可比性的吗？

最终，这个问题可能仍旧无法解答。正如我们在第13章中看到的，我们肯定无法以自己的文化了解其他文化中的个体，无法完全走进不同文化中个体的经历，但是尝试总是有用的。最新证据表明，在国外生活的经历可以让你成为一个更有创造性的人，尤其如果你做出努力去真正适应这种陌生的文化，而不只是参观游览（Maddux & Galinsky，2009）。更有创造性是什么意思？这个研究测量洞察力、概念之间的联系，以及新概念的产生。一个任务是让参与者画来自另一星系的外星人（见图14.2）。曾经在国外生活的人们画出了更富创造性的外星人！

（a）   （b）

图14.2　国外生活的经历提升创造力

在一项研究中，与那些待在家中或者最多到国外短期参观游览的人们相比，曾经在国外生活并适应了新的文化的人们具有更多的创造性。创造力的测量方法之一是让参与者画一个如果他们去到另一个星球可能会见到的外星人。（a）栏的画被判定为比（b）栏的画更具创造性。

⑤　如果这个美国人生活在加利福尼亚，这种感知差异可能不会那么大。因为近几年，洛杉矶时报的房地产版出现了一个风水专栏，告诉人们如何将家与宇宙中无法看到的力量结合起来。

文化的特征

随着心理学家对文化的注意，他们提出的第一个问题就充满了争议：一种文化如何与另一种文化进行比较？ 文化可以在与人格有关的许多方面进行比较，包括文化塑造其成员的行为、情绪体验、想法和与外界建立联结感的方式和程度。

文化普遍性和文化特殊性

文化比较的潜在基本假设是任何思想或概念都有跨文化的相同之处，也有各自文化的独特之处（Berry，1969）。思想中通用的部分叫作**文化普遍性（etics）**，独特的部分叫作**文化特殊性（emics）**。[⑥]例如，所有文化都有"责任"这个概念，指人们应该对他/她所做的事情负责。但是除了这种文化普遍性，不同文化对一个人责任的实际解释有其各自的附加意义。来自新德里的忠实之人的行为表现和来自纽约同样忠实之人的行为表现是不同的（McCrae & Costa，1995）。同样的，新德里和纽约的反叛者都会触犯法规，但是他们打破的是不同的规则。

有些概念可能太特殊了，以至于难以被跨文化比较。香港心理学家张妙清（Fanny Cheung）和她的同事提出，这些概念包括印度佛教中的"无我"（selfless-self），台湾的"人情"和"人民币"，韩国的"社交面孔"（chemyon，social face），以及你已经读到过的日本的概念"娇宠"（amae）。这些概念在其他文化中有什么含义吗？这个问题仍悬而未决。

一种更常见也更老式的做法是寻找可以进行跨文化比较的普遍性概念。人们研究了很多这样的概念，让我们看看其中一些比较有趣、比较重要的。

艰苦和安逸

半个多世纪前的一项先驱性研究的结论是：有些文化很"艰苦"（tough），有些文化则相对"安逸"（easy）（Arsenian & Arsenian，1948）。在安逸文化中，个体可以追求很多不同的目标，并且至少其中一些目标是相对容易达到的；在艰苦文化中，只有少量的目标被视为是有价值的，并且达到这些目标的途径也很少。另一个早期系统提出，某一文化所特有的自杀、他杀、酒后冲突的程度，以及将重要事件视为受到巫术影响的倾向，可以作为该文化整体压力大小的指标（Naroll，1959）。根据这种区分法，伊法利克（Ifalik）文化的压力远远小于图皮南巴（Tupinamba）文化。[⑦]

---

⑥ emic和etic这两个词是由音素学（语言的通用语音）和语音学（特定语言的声音）衍生出的概念（Tseng，2003）。
⑦ 为了回答你的下一个问题，伊法利克人生活在太平洋上的密克罗尼西亚群岛，而图皮南巴人生活在巴西临近大西洋的海岸的地方。

成就和联系

大卫·麦克里兰（McClelland，1961）认为，文化对成就需求的重视程度是其核心的部分，他通过考察人们传统上讲给孩子听的故事来对其进行评估。有些文化，例如在美国，人们经常给孩子讲关于"小火车头成大事"的故事，这反映了文化中的高成就需求。其他文化中讲述的故事更多反映了爱的需要，用麦克里兰的术语来讲叫作联系（affiliation）。根据他的观点，在故事中展现高成就需要的文化比显示低成就需要的文化表现出更迅速的工业增长，相关数据包括对诸如电器产品的测量，已经证实了麦克里兰的观点。当然，这些数据的相关特性使因果关系的方向变得不清楚：是给儿童讲成就导向的故事导致了他们长大建立成功的、工业化的、使用电器产品的文化？还是成功的文化令儿童故事作者想到关于成就故事的情境？

复杂性

一些文化会比另一些文化更加复杂吗？特兰狄斯写到了"现代的、工业化的富裕文化"与"诸如狩猎和修道士这样的简单文化"之间在复杂性上的差别（Triandis，1997）。这些差异似乎很合理，但是一定要注意。我们如何知道现代的工业社会比狩猎文化更复杂？尽管这些文化以外的人看不出，但是这种所谓的简单文化也有他们自己复杂的人际关系和政治斗争的模式。比如选择新首领的时候，事情可能变得非常复杂。同样，修道院的生活是否如表面上看起来那样简单，这也是一个合乎情理的疑问。有些文化可能比其他文化更复杂，但是确定哪些文化是复杂文化并不容易。

严格和宽松

特兰狄斯也提出了严格—宽松维度，将难以容忍不适当行为的文化（严格的文化）和在很大程度上允许偏离文化准则的文化（宽松的文化）进行对比。特兰狄斯假设人种均一且人口密集的社会在文化上倾向于严格，种族多元或者人口稀少社会的文化更倾向于宽松。这是由于为了严格实施准则，人们必须足够相似，以保证对那些准则达成一致，并且当人们居住得密集时，严格的行为准则更加必要。例如，像中国香港这类地区发展起来的文化就会比澳大利亚这类地区的文化更加严格。

美国在历史上是一个多民族社会，地理上人口分布稀少，它是宽松文化的典型代表。但是也不尽然。虽然加利福尼亚和伊利诺伊都隶属于美国，但是在两地居住后，我能够证明伊利诺伊中东部的文化比伯克利（加利福尼亚西部城市）更严格。伯克利的人口比伊利诺伊南部更密集，但是它的人种也更多样，这说明在严格—宽松维度上，人种的多样性比人口密集程度更具有决定性。

波士顿（我也在那居住过）是一个更有趣的例子。严格—宽松维度会根据地区不同而变化。在波士顿，单一人种的意大利和爱尔兰的邻近地区（分别是波士顿的北角和波士顿南部），其文化相当严格；人种多样地区（例如后湾区）的文化标准更宽松。这再一次验证了多样性是非常关键的。以上提到的所有地区的人口密度大致相同。然而，波士顿南部和北角的居民多是土生土长的本地人，都以单一人种为主，而我在后湾区遇到的人几乎都来自另一个州——加利福尼亚！

那么，在决定一种文化是严格还是宽松时，人口密度的重要性不如种族多样性吗？不要这么快下结论。考虑一下新加坡，如果你回想起涂鸦少年的事件，可见新加坡拥有相当严格的文化。它的种族多样性达到了惊人的程度——远远超过波士顿甚至加利福尼亚。然而，它的人口密度非常大，其严格的组织结构似乎对于这个国家的日常良好运作十分重要。

一种有趣的判断文化严格程度的方式是考察左利手和右利手。世界范围内，大约有10%的人是左利手。但是，这个数字可能低估了人们真正的倾向，因为几乎所有文化（包括美国和欧洲文化）都更喜欢人们是右利手，使用各种方法强制使用右手。使用右手的压力大小各有不同。一项跨文化研究发现大约10%—12%的爱斯基摩人和澳大利亚土著是左利手，可以看出在这两种相对宽松的文化中，人们较少被强制使用右手。在西欧，这个比例大约为6%，中国香港则不到1%，意味着这两种文化更严格。有趣的是，香港大学录取的女大学生中没有"左撇子"，这更凸显出她们屈从于严格的文化压力（Dawson，1974）。

头脑还是心灵

正如之前提到的，有很多方式可以决定文化的边界，其中甚至包括你所居住的城市。周游过全美国的人都知道，它的很多城市之间完全不同。根据心理学家南苏克·帕克和克里斯托弗·彼得森（Park & Peterson，2010）所说，一个重要的差异就是一些城市强调"心灵的力量"，如公平、仁慈、感恩、希望、爱和虔诚；另一些城市则强调"头脑的力量"，如卓越的艺术、创造力、好奇心、理性思维和学习。

帕克和彼得森在网上用自我报告的方式对六万多名美国人进行调查，并计算了大量美国城市的头脑和心灵得分。其中一些结果是符合预期的，但另一些结果有点出人意料。"头脑"得分最高的城市是旧金山、洛杉矶、奥克兰（加利福尼亚州）和阿尔伯克基（新墨西哥州）。这些城市让你感到吃惊吗？"心灵"得分最高的城市是埃尔帕索（得克萨斯州）、梅萨（亚利桑那州）、迈阿密和弗吉尼亚比奇（弗吉尼亚州）（见图14.3）。"心灵"得分最低的美国城市是波士顿。我之前说过，我在那里住了几年。这个判定看起来有点严厉，但是我能看出它是怎么来的。[8]

类似这样的发现使人立刻产生了两个疑问。第一个疑问是，为什么它具有重要性？在整个城市的层面上，类似这些美德具有任何更加广泛的意义吗？答案似乎是肯定的。研究者评估了图

---

[8] 举个例子，你有没有在波士顿开过车？那里完全没有同情心。

"心灵"的力量

3.7　3.8　3.9

阿灵顿	埃尔帕索
俄克拉荷马	梅萨
奥马哈	迈阿密
哥伦布	弗吉尼亚比奇
拉斯维加斯	弗雷斯诺
科罗拉多泉	杰克逊维尔
沃思堡	奥马哈
杰克逊维尔	凤凰城
弗吉尼亚比奇	长滩
达拉斯	纳什维尔
孟菲斯	火奴鲁鲁
休斯敦	沃思堡
圣何塞	底特律
弗雷斯诺	拉斯维加斯
路易斯维尔	圣何塞
夏洛特	阿灵顿
印第安纳波利斯	丹佛
梅萨	达拉斯
亚特兰大	圣安东尼奥
密尔沃基	克里夫兰
萨克拉门托	堪萨斯斯
华盛顿特区	哥伦布
丹佛	芝加哥
费城	圣地亚哥
明尼阿波利斯	萨克拉门托
克里夫兰	夏洛特
巴尔的摩	休斯敦
波士顿	图尔萨
芝加哥	巴尔的摩
图尔萨	路易斯维尔
纳什维尔	亚特兰大
圣安东尼奥	印第安纳波利斯
底特律	俄克拉荷马
新奥尔良	费城
波特兰	阿尔伯克基
图森	科罗拉多泉
迈阿密	奥斯汀
凤凰城	洛杉矶
长滩	波特兰
埃尔帕索	明尼阿波利斯
纽约	孟菲斯
圣地亚哥	密尔沃基
奥斯汀	华盛顿特区
西雅图	纽约
火奴鲁鲁	旧金山
阿尔伯克基	西雅图
奥克兰	波士顿
洛杉矶	
旧金山	

3.7　3.8　3.9

← "心灵"的力量

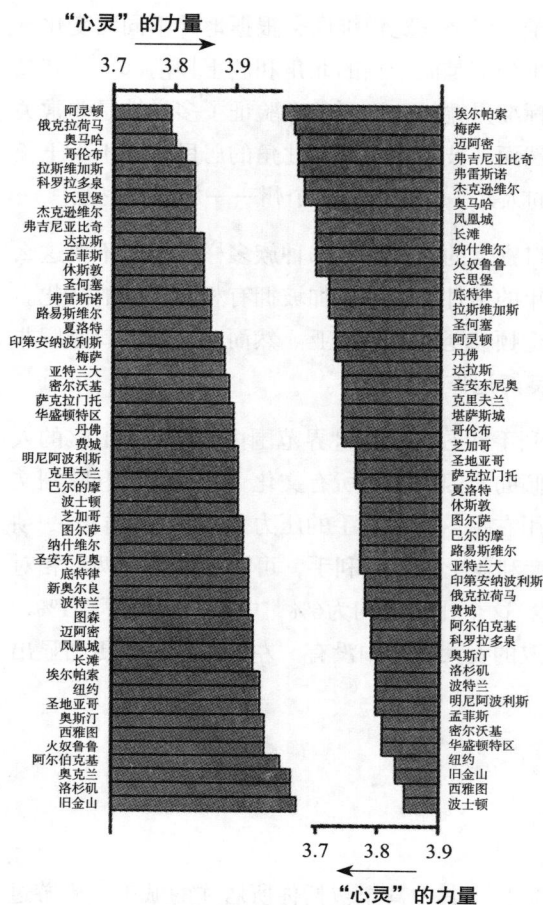

图14.3　美国城市的头脑和心灵力量

评分基于在网上对超过六万名美国人施测的自我报告。
来源：（Park & Peterson, 2010）。

14.3中几乎所有城市的"创造力"，都是基于这样一个标准：居住在那里的科学家、工程师、教授和艺术家的人数，人均获得专利的数量，高科技产业的存在与否，还有城市整体的开放性和容忍度水平（Florida, 2002）。以这种方式定义，创造力得分高的城市倾向于有更高的就业增长、更低的失业率和更多样化的移民模式。同样还是这些城市倾向于有更高的头脑力量得分和更低的心灵力量得分。在2008年的大选中，它们也更倾向于选择民主党的总统候选人。因此这些城市的特点确实具有一些重要的意义。

第二个疑问是，为什么各个城市在像这样的维度上得分不同？心理学家彼得·伦弗罗（Renfrow, 2011）给出了三个可能的答案。首先，不同类型的人们被不同的城市所吸引，导致出现被称为"选择性迁移（selective migration）"的现象。例如，艺术家和科学家更喜欢住在波士顿或洛杉矶而不是俄克拉荷马或奥马哈。其次，社会影响能够改变一个人的价值观。例如，如果你身边的人大多强烈支持（或反对）同性婚姻，那么随着时间流逝，这些观念会对你自己的信念产生影响。最后，生态因素会影响城市（或地区）之间的文化差异。例如，伦弗罗指出，冬天缺少阳光能够导致抑郁（Kasper, Wehr, Bartko, Gaist, & Rosenthal, 1989），而高温则与暴力事件的高发率有关（Anderson, 1989）。这两个因素有助于解释图14.3中的美国城市差异吗？在这个具体的案例中，我不认为它们起了作用，但是我必须承认，当住在冷酷无情的波士顿时，冬天我确实相当抑郁。

集体主义与个人主义

不同文化之间最深刻的差异体现在这些文化看待个人和社会的方式。本节已经根据个人主义—集体主义维度对不同文化进行了划分，将西方个人价值观（这本书的大多数读者可能都已经很熟悉了）与第13章中总结的佛教哲学一致的观点进行比较。

自我和他人

研究这一维度的心理学家指出，在集体主义文化中（日本可以作为一个典型的例子），集体的需要比个人的权利重要得多（Markus & Kitayama，1991）。事实上，个体与某一群体的界限相对模糊。例如，日语中表示"自我"的词指"共享的生活空间中属于某人的一部分"。日本人普遍会展示一种融入群体、不被注意的愿望，正如一句日本谚语所说"冒尖的钉子要被敲下去"（Markus & Kitayama，1991）。[9]

在个人主义文化中（例如美国），个人更重要。人们被看作彼此独立的个体，独立和个人能力的突显被视为重要优点。个人权利高于集体利益，人们有权利（甚至是义务）独立地做出道德判断，而非决定于文化传统。拥护个人权利的意愿是最重要的，如同美国谚语所说"吱吱作响的轮子才能得到润滑油"（Markus & Kitayama，1991）。正如我们在第13章中看到的，个人主义观点会导致诸如有关存在的焦虑，人们担心自己的生活是否正常。由于个人主义哲学使人们相互隔绝，这种文化中的人们在面对孤独、沮丧等问题时会特别脆弱（Tseng，2003）。

日本、中国和印度是集体主义文化中经常被讨论的例子，美国则似乎是最明显（或者最耀眼）的个人主义文化的代表。一项IBM（其员工遍布世界）员工调查发现，秘鲁、巴基斯坦、哥伦比亚、委内瑞拉，以及中国台湾地区更倾向于集体主义，相对的，澳大利亚、英国、加拿大、荷兰和美国的人更倾向于个人主义（Hofstede，1984）。在美国，拉丁美洲裔、亚裔和非裔比英国人更倾向于集体主义（Triandis，1994）。美国女性比男性更具备集体主义特质（Lykes，1985）。

人格和集体主义

研究者们研究了一系列个人主义和集体主义文化中的行为和态度差异。影响最深远的观点是，在集体主义社会中，尤其是亚洲社会中，人格本身可能具有不同的意义——或者根本没有意义（Markus & Kitayama，1998）。一个标志就是东方语言和西方语言中表示特征的词的数量。英语的日常用语中大约有2800个表示特征的词（Norman，1967）[10]，而中文只有大约557个（Yang & Lee，1971）。这是一个明显较少的数字，导致一些心理学家怀疑西方意义上的人格特质在东方的语境下不具有什么意义（Shweder & Bourne，1982，1984）。话说回来，557个也不算少了，并且迄今为止每一种被研究的语言至少都有一些特征词。此外，最新研究已经证实，人格特质能够预测行为，并且行为在集体主义文化和个人主义文化中具有跨情境的一致性。因此差不多可以确定，人格特质在集体主义文化中没有意义这种说法有点过火了，并且声称集体主义文化的成员"没有人格"也是错误的（我很快会就这一点进行详细说明）。

不需要做得这么极端，你也能注意到集体主义和个人主义文化之间有很多真实的、有趣的、重要的差异。例如，在个人主义的国家中，人们写更多的自传，而集体主义国家的人们则会写更多群体历史（Triandis，1997）。在集体主义的国家中，生活满意度的基础是与其他人的关系和谐；在个人主义的国家中，自尊更加重要（Kwan，Bond，& Singelis，1997）。集体主义文化中的人们会很小心地遵守社会等级。在印度，一个人尽管只比另一个大一天，但是仍会受到小他

---

⑨ 新西兰也比美国更倾向于集体主义，它有一个类似的谚语——高的罂粟花最先被剪下来。
⑩ 奥尔波特和奥德波特著名的、长得多的清单上（参见第二部分的引言）的大部分特征词在日常交流中极少用到。你上次听到有人用"vulnific"（创伤的）这个词是什么时候？

一天的那个人的尊重（Triandis，1997）。来自个人主义文化的人们则很少留意社会地位。在美国，很多学生都直呼教师的名讳，这在中国、日本或印度不会发生。[⑪]

行为、情绪和动机

集体主义文化更具社交性。例如，墨西哥人比美国人花更多时间在社交上（Ramírez-Esparza，Mehl，Álvarez-Bermúdez，& Pennebaker，2008）。集体滑雪和洗浴在集体主义文化中很常见；而个人主义文化中的成员更喜欢单独做这些事情（Brandt，1974）。通常，个人主义文化中的成员与很多人一起相处的时间比较少；集体主义文化中的成员会与较少的几个人有更长时间的接触（Wheeler，Reise，& Bond，1989）。鸡尾酒会是西方的发明专利，在那儿人们可以尽可能多地遇到不同的人。而东方人在这种场合会显得比较冷漠和害羞，但是他们会有几位密友，这种关系很难形成，因此要比西方的友谊更亲密。

个人主义文化和集体主义文化的情绪体验不同。个人主义文化的成员会报告更多自我关注的情绪（例如气愤），而集体主义文化的成员则更多报告关注他人的情绪（如同情）（Markus & Kitayama，1991）。另外，日本学生在感觉到很适应他们的群体时会报告愉快情绪；对于美国学生来说，对于个人的关注与这种"相互独立"同样重要（Mesquita & Karasawa，2002）。包办婚姻在集体主义文化中更常见，个人主义文化中的人们期待因爱而结婚。这种浪漫的个人主义取向的劣势在于：爱情消失了，夫妻会离婚，导致家庭分裂。在集体主义文化中，这种情况发生的可能性比较小（Tseng，2003）。总的来说，集体主义文化中的情绪体验根植于社会价值观的评价，更能反映社会现实的本质，并非只是隐私的、内在的体验，最重要的是能够彼此依赖，而非孤身一人（Mesquita，2001）。

集体主义文化和个人主义文化中的人们也拥有不同的基本动机。根据一个理论，集体主义文化中的一个主要危险是"丢面子"，或失去所属社会群体的尊重。尽管失去他人的尊重很快，但提高或者重获这种尊重却很慢，因此留心注意失去的可能性，并且不愿意冒这个风险是合情合理的。在个人主义文化中，关注的焦点是脱离集体的个人成就，因此自己做得更好比丢面子的风险更加重要。在试图对该理论的一部分进行检验时，一个近期研究发现，美洲人（加拿大人）对于是否存在获得愉悦或奖励的可能性的信息更加敏感，而亚洲人（在这个案例中是日本人）对与风险或损失有关的信息更加敏感（Hamamura，Meijer，Heine，Kamaya，& Hori，2009）。例如，当被要求记忆一张长长的生活事件清单时，美国人更可能记住"远足的好天气"（代表积极事件的存在），而日本人更可能记住"在考试中的表现好过预期"（消极事件的不存在）。类似的，美国人更可能记住"喜欢的课被取消了"（积极事件的不存在），而日本人更可能记住"遇到了交通堵塞"（消极事件的存在）（Hamamura et al.，2009）。

这种动机的差异有其优点。因为有脱颖而出的需求，个人主义文化的成员可能会自我美化（将他们自己描述得比实际更好），而集体主义文化的成员因为没有这个需求，则会更准确地描

---

⑪ 这种情况在50年前的美国也不会发生。这是否意味着美国变得越来越个人主义了呢？

述自己。一项研究检验了假仁假义现象（holier-than-thou phenomenon），即人们将自己描述得比实际上更可能做出捐款或避免粗鲁的行为（Balcetis，Dunning，& Miller，2008）。与集体主义文化的成员（西班牙裔和中国裔的美国参与者）相比，个人主义文化的成员（英国和德国参与者）更倾向于把自己描述得比实际上更圣洁（holier）。有趣的是，这种偏见只出现在自我知觉上，在预测其熟人未来的道德行为时，集体主义者和个人主义者都相当准确。

甚至广告也存在跨文化差异。集体主义文化中的广告——例如在韩国——可能会说"我们的人参饮料源自500年前的传统工艺"，或者"10个人当中就有7个在使用我们的产品"；美国的广告可能会这样说，"选择你自己的观点""互联网并不适合所有人，但是同时，你不是任何人"，或者更简单地说，"个性化！"（Kim & Markus，1999）

垂直性和同情

个人主义—集体主义维度已经成为跨文化心理学的主要部分。然而，越来越多的研究显示，文化之间的差异远比个体主义和集体主义复杂。其复杂性之一，哈利·特兰狄斯认为个人主义或集体主义社会都可以进一步按照垂直的或水平的方式进行分类（Triandis & Gelfand，1998；见表14.1）。垂直的社会指个体之间完全不同，而水平的社会是指人与人在本质上是相同的。因此，集体主义—垂直社会可能将权威强加于成员身上（如中国），而集体主义—水平社会则没有那么强的权威性，但从伦理道德上更强调平等和共享（如以色列）。个人主义—垂直社会有很强的权威感，同样也有很大的自由（和义务）支持市场经济中的个体（如法国），而个人主义—水平社会重视个人自由，认为公平地满足每个人的需要是所有人共同的义务（如挪威）。

表 14.1　集体主义和个人主义的垂直与水平类型

维度	集体主义	个人主义
垂直的	自我与他人不同 共同分享 权威等级 低自由 低平等 （如中国）	自我与他人不同 市场经济 权威等级 高自由 低平等 （如法国）
水平的	自我同他人一样 共同分享 低自由 高平等 （如以色列）	自我同他人一样 市场经济 高自由 高平等 （如挪威）

来源：表中的国家例子由特兰狄斯（Triandis）和盖尔芬德（Gelfand）挑选。表格引自（Triandis & Gelfand，1998）。

文化也在其他方面有所不同，而这种差异并不符合集体主义—个人主义的区分。一项研究比较了美国、泰国和中国台湾的文化之后，将自我同情（self-compassion）定义为"关心和友善的感觉被扩展到自我，同时正念觉知中抱持着痛苦的情感"（Neff，Pisitsungkagarn，& Hsieh，2008）。尽管像个典型的集体主义概念，但是该研究发现，泰国人的自我同情水平最高，中国台湾人最低，尽管两国表面上都是集体主义社会，而个人主义社会的美国位于中间。研究者推测这一差异的基础可能是泰国信奉佛教哲学而中国台湾信奉儒家哲学。这个发现也是一个提醒，亚洲——地球上最大的大陆——太大了，不能作为一种单一的文化来考虑，它包含了许多彼此间有重要差异的文化。

关于集体主义/个人主义的告诫：日本的案例

就像你看到的那样，集体主义—个人主义的区分被用于很多文化的比较，不过最常见的是日本和美国的比较（Markus & Kitayama，1991）。在这个案例中，有大量的证据对传统观点提出质疑，这一点可能是出人意料的。根据日本心理学家高野善后太郎（Yohataro Takano）的说法，经常被引用的霍夫斯塔德（Hofstede，1984）的研究对一个因素分析做出了错误的解释，因此它对个人主义的测量是不正确的（Takano & Osaka，1999；Heine，Lehman，Peng，& Greenholtz，2002）。更令人吃惊的是，对16项其他研究的总结发现，其中11项研究报告日本人和美国人在该维度上是一样的，而剩下5项研究实际上发现日本人在个人主义方面的得分高于美国人（Takano & Osaka，1999）！进一步的研究重复了经典的阿希服从实验（Asch，1956），检验了个人主义—集体主义理论的含义，即日本人会更加服从集体的判断。[12]日本人的服从程度与美国人相同，都是25%（Takano & Sogon，2008）。

那么将日本看作集体主义社会的观点是从哪里来的？高野和大阪认为它可能是一个文化神话。他们写道：

> 从1854年日本对外开放到太平洋战争开始这段时期，不少西方观察家注意到日本人缺乏个性……尤其是帕西瓦尔·罗威尔（Percival Lowell）——以将火星表面的图案解释为运河而著称——贡献了大量的材料……支持日本人"没有人情味"的观点。这些观察家为这种普遍的看法打下了基础。（Takano & Osaka，1999）

他们指出，轶事和有偏见的文化叙述——而非坚实的实证研究——使得人们形成了"日本人是集体主义者"的普遍看法。其他类型的偏见也会起作用。

在第二次世界大战期间，美国人强调"日本的集体主义"，日本人则强调"美国的个人主义"。在20世纪80年代日美贸易冲突时期的"排日风潮"中，"日本的集体主义"（具体地说，"日本的集体主义经济"）再次被强调（Takano，2012）。

高野的论断具有清醒的意义。他强调了集体主义—个人主义理论的核心部分导致集体主义文

---

[12]　在这个著名的研究中，几个实验者的同谋先做出明显错误的判断，然后要求参与者判断线段的长度。很多参与者服从了错误的判断。

化的成员被视为基本上"都一样",甚至完全缺少人格,后者近乎令人不适的非人化。日本人的案例提醒我们,并不是所有最初的文化比较都会随着时间逐渐积累证据支持,我们应该小心文化间的比较,让我们不至于忘记大量不同的个体,这些个体生活在地球上的每一种文化当中。

不论整体的平均差异如何,日本、中国和其他亚洲文化中都有大量的个人主义者,他们为自己的个人成就而努力,也有很多美国人和西欧人是与他人建立紧密的联结并且关注他人的需求的集体主义者(Oyserman,Coon,& Kemmelmeir,2002;Oishi,2004)。总的来说,人们很容易夸大不同文化之间的差异,本章随后对此仍有论述,那些被贴上标签的个人主义者或集体主义者之间的差异对于其文化中所有成员来说并不像讨论的那样鲜明或一致。

荣誉、面子和尊严

集体主义—个人主义理论基本上将世界分为两个部分,而一种新方法则将它分为三个部分。心理学家安吉拉·梁和多弗·科恩(Angela Leung & Dov Cohen,2011)提出,文化在三个维度上存在差异,他们称之为荣誉、面子和尊严。

| 尊严 | 荣誉 | 面子 |

一般来说,西方文化尤其是美国文化是一种尊严文化。这种文化的核心概念是个人本身具有价值,并且这个价值与其他人如何看待他/她无关。这一态度产生了"棍棒和石头可以打断我的骨头,但是言语从来不能伤害我"这样的警句,以及勉励人们"不同凡响"的广告语。内在的强大和坚定让一个人能够真诚地面对自己,意味着遵循自己的价值观而不是其他任何人的。这种文化非常适合市场经济,也倾向于在市场经济中出现。市场经济建立在自由个体之间的物资和服务平等交换的基础上。

荣誉文化被认为是出现在文明的力量——如法律和警察——很弱或不存在的环境中,人们必须保护他们自己、他们的家庭和他们的财产。例子包括历史上的美国南方——仍然影响着美国南部各州的现代文化——和拉丁美洲。在这样的文化中,侮辱是重大事件,因为对侮辱的容忍是软弱无力的信号,会危及某人的人身和财产安全。有一种强烈的伦理标准,要求对任何侮辱或伤害都必须加以反击,不论代价如何。"另一边脸也由人打"是不行的。相反,个体需要表现出做好了在必要的时候使用暴力的准备，例如通过拥有枪支或展示枪支。荣誉文化的成员对于荣誉或名声的威胁非常敏感，这可能是为什么作为该文化一部分的美国有更高的自杀率，以及赞同"荣誉"的价值的个体更可能陷入抑郁（Osterman & Brown，2011）。

最后，面子文化出现在基于合作的稳定的社会结构中，如日本和中国。在这种文化中的人们，为了保护彼此的社会形象，他们小心地不去公开侮辱、批评他人，甚至是在公共场合下反对他人的意见。他们尊重和服从权威人物，避免争议。这样的行为保护着重要的核心"3H"：层级（hierarchy）、谦卑（humility）、和谐（harmony）。

当然，所有文化都含有这三种价值观，并且文化中的个体接纳主流文化观点的程度也各不相同。梁和科恩（Leung & Cohen，2011）报告了一系列实验，其中与这三种文化相关的有：报答恩惠（一种尊严行为），用宽宏大量回报侮辱（一种荣誉行为），或者克制自己不去欺骗（一种面子行为）。像预期的一样，这三种文化的成员在这些行为方面是不同的，不仅如此，每个组内更认同文化准则的个体也更可能以该文化典型的方式去行动。这些发现再次强调了一个在文化差异研究中显得日益重要的主题：社会内部的个体差异，即使不是更重要，至少也和文化之间的差异同样重要。

文化评估与人格评估

用于评估文化间差异的很多概念也可以用于评估个体间的差异。我们刚刚看到的尊严、荣誉和面子的概念就是如此。特兰狄斯用来描述文化的三个维度也可以用于描述个体。文化维度的复杂性与人格特质的认知复杂性相似；文化的严格性与特质中的尽责性和确定性类似；个人主义—集体主义类似于自我中心—他人中心，"自我中心"这一人格维度评价个体是否认为个人比集体更重要，"他人中心"刚刚好相反。心理学家们已经使用更多的类似的人格特质概念去了解跨文化差异。

正如我们在第4章至第7章中所看到的，人格特质是心理学的核心概念。很明显，所有的语言都有描绘特质的术语，例如健谈的、胆小的和勤奋的，不同之处在于词典中术语的数量。因此，跨文化心理学试图确定某些特质在不同文化中的应用程度不足为奇。研究者采用以下两种方法进行这项工作。第一，试图通过评定特定特质在不同文化下的平均水平的变化来刻画文化差异。第二，通过评定两种不同文化中同一特质对个体的刻画程度来深入地了解所要比较的文化。

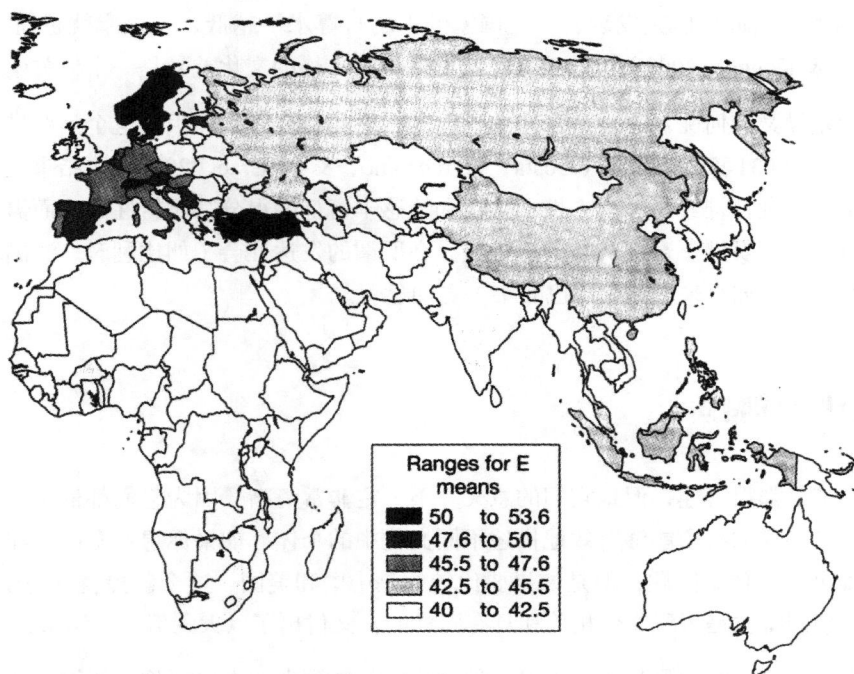

图14.4 旧世界国家外向性得分情况

颜色越深，则外向性的平均得分（E）越高。无阴影的部分代表这个国家没有可用的数据。
来源：（McCrae，2004）。

对相同特质的跨文化比较

作为应用第一种方法的例子，心理学家将MMPI（见第5章）翻译成中文并发现，和美国人比较，中国人在情绪保留、内向、体贴、社交谨慎和自我抑制等项目的得分较高（Chueng & Song，1989）。目前最常用的比较不同文化人格的方法是大五人格（见第7章）。有一项研究采用五因素人格问卷（见第5章）的翻译版评估了大量旧世界国家的外向性数据，结果如图14.4所示。另一项研究使用同样的量表对在加拿大和中国香港生活的中国人进行了比较，结果发现，在加拿大生活的中国人将自己描述为（S数据）更开放的、更愉快的、更容易令人感到愉快的，这些与在中国香港的中国人之间的差异会随着在加拿大居住时间的增加而变大，这说明这些差异可能是由文化环境导致的（McCrae，Yik，Trapnell，Bond，& Paulhus，1998）。在国家内部，人格也各有不同。如第7章提到的，对超过500,000名美国人的调查发现（除了一些例外），外向性、尽责性和宜人性在中西部和东南部是最高的，神经质水平在东北部是最高的，开放性在两边海岸是最高的（Rentfrow，Gosling，& Potter，2008；回忆第7章的讨论及图7.2）。

人格的文化差异不只是有趣而已，它们也可以很重要。不同国家的人有不同的自尊水平。根据一项研究，加拿大人拥有全世界最高的自尊水平，然后依次是以色列、爱沙尼亚和塞尔维亚。日本人的自尊水平最低，中国香港人和孟加拉人的自尊水平稍高，但不多。这个事实可能值得注意，因为一项近期研究发现，一个国家的平均自尊水平越低，自杀率就越高（Chatard，Selimbegovic，& Konan，2009）。从这个意义上来说，人格的文化差异是一个攸关生死的问题。

那么性别差异又如何呢？心理学家使用五因素人格问卷或其翻译版对这个问题进行了考察，对26种文化中的23,031名个体施测（Costa，Terracciano，& McCrae，2001）。结果发现，几乎在所有的文化中，女性在神经质、宜人性、热情和情感丰富上的得分都比男性高，而男性在独断性和思辨上的得分高于女性。奇怪的是，这种差异在所谓的发达社会（如比利时、法国和美国）比在发展稍差的地区（如马来群岛和津巴布韦）更加显著。

不同文化不同特质？

这些研究结果都很有趣，但是它们的意义并不一定非常清晰，因为它们都依赖于一个较为明显的前提：假设同样的特质能够有效地描述不同文化中的个体。如果你想对密西根和纽约进行比较，这个前提可能没什么问题，但是如果要比较的是中国和美国，这个前提就变得牵强了。[13]心理学家为考察相同特质是否跨文化相关并具有同样的含义付出了巨大的努力，结果并不一致。

一个有影响力的研究项目显示，通过各种文化中的观测者的人格评价，能够在50种以上的文化中找到大五人格特质（McCrae，Terracciano，& 78 members of the Personality Profiles of Cultures Project，2005）。即便如此，文化之间还是存在很多差异的。一项研究发现，大五人格问卷在被译成西班牙语后可以有效使用，但是翻译的过程丢失了很多西班牙人人格的独特之处，例如幽默、善良和突破常规（Benet-Martínez & John，1998，2000）。另一个研究发现，对经验的开放性在中国人人格评估中并不是一个重要特质（Cheung，Cheung，Zhang，Leung，Leong，& Yeh，2008）。基于类似的研究，一些研究者提出大五人格特质中只有三个——尽责性、外向性和宜人性可以被认为是真正通用的（DeRaad & Peabody，2005）。

将人格特质术语从一种语言翻译成另一种语言是有风险的，因为译文通常至少有一点点不准确。一些擅长量化的心理学家试图通过使用被称为项目反应理论（item response theory，IRT）的统计工具来提高人格测验在不同文化和语言之间的可比较程度。IRT分析不仅察看平均分，还会察看参与者对特定项目的反应模式，以此对人格量表进行深入研究。这类研究之一发现，在一个用于测量生活满意度的量表中，五个项目中有四个引发了中国参与者和美国参与者完全不同的反应模式（Oishi，2006）。另一项研究发现，德国人在攻击性和专注性上的得分高于明尼苏达州人，而明尼苏达州人在身心健康、控制和传统主义上得分更高，这些发现可能只是项目反应模式的差异造成的（Johnson，Spinath，Krueger，Angleitner，& Riemann，2008）。还有一个研究发现，被广泛用于跨文化比较的NEO人格量表在美国、菲律宾和墨西哥有不同的反应模式（Church et al.，2011）。这些近期发现是一个警告，对平均特质分数进行跨文化比较时，其结果可能比呈

---

⑬ 不是吗？

现在你眼前的更多（或更少）。

为了解决这些问题，全世界越来越多的心理学家正在建立**内生**（endogenously，即从内在出发的）特质量表，考察一种文化中的人格建构是否也会在另一种文化中出现。这种方法不容易实施，因为这种研究的性质要求心理学家是所要研究的文化中的本地人，而世界上的许多国家并没有这种训练或支持本土心理学家的传统或方法。虽然如此，人们还是在快速取得进展。

一项研究考察了中国人的一些人格特质。研究列出从汉语词典中找到的特质词汇，然后要求751名中国参与者用这些特质来评估自身或彼此。研究者发现，这些特质可以被总结为7个因素，分别为"外向性""尽责性""无私性""有害性"⑭"温和的脾性""智力""依赖性/脆弱性"（Zhou，Saucier，Gao，& Liu，2009）。正如你能看到的，其中只有三到四个因素与大五类似：外向性、尽责性和智力（类似于开放性），可能还包括有害性（作为宜人性的反面）。在西班牙进行的一项对照研究中，在卡斯蒂利亚西班牙人中也发现了7个因素（Benet-Martínez & Waller，1997）。西班牙人格因素被命名为"积极信息价（positive valence）""消极信息价（negative valence）""尽责性""开放性""宜人性""愉悦（指情绪体验）"以及"契约"（或"激情"）。中国人和西班牙人可能都有7种基本的人格因素，但是通过阅读人格词汇列表可以看到，各自的7种因素是不一样的。

一些中国的心理学家走上了不同的途径，他们编制了本土的中国人格评估问卷（Chinese Personality Assessment Inventory；没错，它被称为CPAI）。研究者抽取出神经质、尽责性、宜人性和外向性这些因子，研究方法与广泛应用的英文量表描述这些特质的方法类似（Cheung et al.，1996）。但是，他们还发现一个被解释为反映个体人际关系的因素，这一因素取代了西方样本中常出现的"经验开放性"因素。他们还发现了中国情境下的独特因子，例如和谐、面子（类似于尊严）、节俭与奢侈以及被他们称作"人情"（人际互利）的特质。

思维

跨文化心理学中最有趣、最具挑战性的问题之一是不同文化中个体的思维有多么不同。一方面，正如我们在上文中看到的，因为行为特质在不同的文化中会发生变化，那么与行为有关的思维在不同的文化中一定也不相同。这种假设似乎很合理。另一方面，很难确定一种文化中的思维过程与另一种文化中的思维过程不同，但是有研究试图致力于此，并带给心理学一些重要的、有争议的启示，同时打开了研究的新局面。

整体知觉和自我

例如，研究显示东亚人的思维方式比美国人更趋于整体，解释某件事时会结合背景，而不是孤立地解释，还会寻求完整发散的观点，而不是片面之谈（Nisbett Peng，Choi，& Norenzayan，

---

⑭　他们也使用"恶意侵犯性"，这个说法听起来很可怕。

2001）。这种差异尤其体现在他们对自我的认识上。根据一项研究，日本人和中国人比美国人更愿意用矛盾的词语来描述自己（如友善但羞怯），并且也使用更多的整体性的说法，如"我是这世界上微不足道的一个人"或"我是一种生命的形式"（Spencer-Rogers，Boucher，Mori，Wang，& Peng，2009）。神经学（在第8章中讨论过）方法也开始被用于研究跨文化差异（Kitayama & Park，2010）。一项近期研究显示，当人们进行关于他们自身的思考时通常会激活某些前额叶皮层区域，中国人在进行关于他们母亲的思考时会激活同样的前额叶皮层区域，而美国人则不会！对这一发现的解释是，中国人的自我是一个更加宽泛的概念，因为它包括了重要他人（Zhu，Zhang，Fan，& Han，2007）。

这一差异可能与前面讨论过的集体主义—个人主义的差异有关，集体主义者比个人主义者更多地将自己视为社会环境的一部分。这种差异可能达到了知觉层面。在一项研究中，研究者请日本参与者和美国参与者或是观看生气勃勃的水下场景，或是观看野生动物的照片。在这两种条件下，日本参与者比美国参与者记住了更多关于广阔背景的信息，而且在原场景的特定物体再认中获得了更好的成绩（Masuda & Nisbett，2001）。这些结果显示，美国参与者看到一个场景时，可能更多地关注特定物体或人物，而日本参与者更可能关注（或者记住）更大的背景。

独立思考

思维的跨文化研究中有一个备受争议的领域：亚洲人和美国人形成和表达独立、创新观点的程度之间的比较。不同的心理学家和教育家都通过观察认为亚洲学生更喜欢死记硬背和记忆式的学习，不喜欢独立思考，和欧洲裔美国人相比，不愿在课堂上发言讨论（Mahbubani，2002）。一位越南裔美国作家哀叹这种现象的产生是因为：

> 亚洲的大部分地区不鼓励表达自我……亚洲大体上是这样一块大陆，在这里自我是被压抑的。自我依存于家庭和宗族……（同时）美国依然重视那些标新立异的人、发明家、课堂上高谈阔论的人和有想象力的人。（Lam，2003）

其他观察者提供了不同的解释。一项研究显示，亚裔美国人如果在思考的同时试图说话，思考可能被打断，然而在欧裔美国人身上却没有发现这种效应（Kim，2002）。因此，一个安静的亚裔学生很沉默可能是因为他/她正在思考！心理学家指出，儒家思想认为学生首先要做的是了解某一领域的基础方面，然后分析，最后创新。因此，在学生的学业早期，不要期望他/她形成独立见解；独立见解应该是在他/她拥有充足的知识以后产生的（Tweed & Lehman，2002）。另一位作家指出：

> 亚洲人对人恭敬并非因为他们害怕老师或因为他们没有问题，只是因为他们从小就被灌输"虚心使人进步"的观念。人们要求他们仔细听讲、只有在理解他人之后才能提问。（Li，2003）

价值观

跨文化心理学最难的问题是有关价值观的。人们总是很关注事情的对与错，当他们发现别人的观点与自己不同时，不只感到惊奇，还会为此烦恼和生气。有时，战争就是这样爆发的。因此，试图理解那些看上去明显而又普遍的价值观为何随着不同文化而变化，以及如何正确对那些差异做出反应的确是一项挑战。

寻找普遍适用的价值观

价值观的跨文化研究主要遵循两种途径。一种途径试图寻找适用于所有文化的价值观。这类似于第13章提到的试图确定在所有文化中都是美德的特质。寻找普遍适用的价值观有两点寓意：第一，我们可以推断出所有文化都适用的价值观在某种程度上是不受文化评价影响的，我们可以自信地对它做出评价（对此，你是否同意？）；第二，如果我们找到了一系列共用的价值观，那么，我们可以基于这些共有领域来折中解决不同文化之间的争论。

跨文化心理学家莎隆·施瓦兹（Shalom Schwartz）和莱拉克·沙纪夫（Lilach Sagiv）在1995年的一项重要研究中识别出了十种价值观。这十种可能通用的价值观是：权力、成就、快乐主义、鼓舞、自我导向、理解、仁爱、传统、顺从和安全。这些价值观还可以看成是人人都想达到的目标。施瓦兹和沙纪夫还提出可以按照两个维度划分这些价值观。一个维度是求变—保守、另一个维度是卓越自我—自我提升。例如，刺激在求变维度上高而在保守维度上低，而顺从、传统和安全则与之相反（见图14.5）。按照这两个维度在以色列、日本和澳大利亚对这些价值观进行评价。这项正在进行的研究目的不仅仅是得出通用的价值观，更重要的是了解为什么这些价值观彼此相关，能够优先应用于各种决定、行为和文化中。

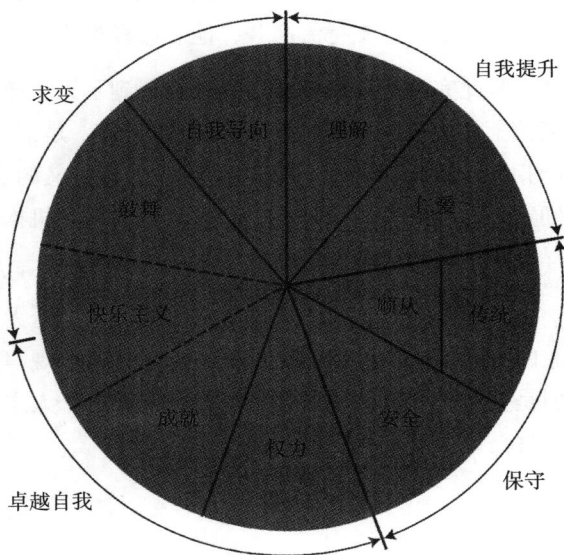

图14.5 通用价值观的理论建构

图中的十个术语是该理论认为所有文化中的人都会作为生活准则的价值观。它们在这里是按照各自与两个维度的相关程度来放置的：求变—保守，卓越自我—自我提升。
来源：（Schwartz & Sagiv，1995）。

文化价值观差异

施瓦兹和沙纪夫的研究试图鉴别出价值观的普遍结构，同时，他们承认文化差异仍然很重要，尚需进一步了解。价值观的跨文化心理学研究的第二个途径就是努力阐明这些差异。长期以来，许多心理学家对集体主义和个人主义的道德推理风格方面的差异有很浓厚的兴趣（Miller，Bersoff，& Harwood，1990）。一些理论家认为，个人主义文化的民族精神强调自由、自由选择、权利和个人需要；集体主义文化的民族精神则强调义务、互惠以及对群体的职责（Iyengar & Lepper，1999；Miller & Bersoff，1992）。集体主义者的道德推理风格强调群体规范；个人主义者的风格强调独立和个人选择。

在北美文化中也存在这种差异。例如，尽管个人主义经常被看作西方文化取向，罗马天主教——西方的公共机构（如果存在的话）——的观点是集体主义的。个人主义是新教，是欧洲西北部的思想，而集体主义更倾向于天主教，是欧洲东南部的思想（Sabini，1995）。由于马丁·卢瑟（Martin Luther）从个人权利的角度解释了新教教义，导致了与天主教的决裂。天主教的观点一直主张任何解释必须出于教会本身。

至今，我们仍可以在现代关于堕胎的众多声音中听到这场古老争论的（也是关于个人主义和集体主义之间的差别的）回音。许多（尽管不是所有）新教徒和犹太人认可个人主义观点，认为堕胎是个人的道德责任和选择。人们可能会对流产表示悲痛，认为那是一个令人悲伤的事件，但仍然认为怀孕的母亲才是当事人，她有权最终自由做出决定。那些认可安全、合法流产的人们不喜欢被说成是"支持流产"，他们更喜欢"支持选择"这个词。

与此完全不同的集体主义观点得到了天主教和一些保守新教徒的强烈支持，他们认为流产在道德上是错误的，未出生的胎儿也是人，是集体的一员（如果你愿意这样想的话）。将胎儿流产相当于杀掉集体中的一名成员，个人主义的成员（甚至是胎儿的母亲）都没有权利这样做。确实，这是集体的职责，教会或国家的专门机构会禁止这种行为。这种事根本无法归结为个人选择。这完全是一个由集体决定对与错的问题。

毫无疑问，这是一场不分胜负的争论；毫无疑问，这场争论没有互相妥协的余地。在关于堕胎的争论中，我们看到两种截然不同的道德观，直接相撞。在北美文化中，两种观点很难共存，但是任何一方都无法取代另一方。不管从个人主义角度还是集体主义角度看这场争论，对方的观点总是错误的。

文化差异的起源

通常，不同文化中的人的人格是不同的，人们因文化差异而产生差异（例如同样的特质并不一定在所有文化中都会出现），以及文化能够容纳有明显分歧的基本价值观，关于这些我们现在已经看到了丰富的证据。因此这可能是一个好的时机来后退一步并提出两个问题。它们虽然并不是我们经常需要处理的问题，却是一直潜伏于背景中：为什么文化有如此的差异？特定文化所形成的具体的、独特的心理学是由什么因素决定的？

回避问题

文化心理学的一个流派认为这些问题在本质上无法回答。这个流派直到最近还很有影响力。**解构主义**（deconstructionism）认为，脱离人类的创造或"建构"的现实是没有意义的。该哲学是现代文学研究的重要组成部分，并且渗透到人类学的一些领域中（例如，Shweder & Sullivan，1990）。放到文化心理学中，解构主义意味着，关于某种文化为什么会是那样，答案建立在另一文化的假设之上（Miller，1999）。这是答案没有意义的另一种表达方式。如果你回想起范德第三定律——有三分之二的可能性是有总比没有好——你就不会奇怪于发现我对用解构主义者的方法进行文化比较很有耐心。不同文化的差异是真实的，而提出为什么会存在差异是个好问题。

生态学流派

最合理的解释似乎是，在很长一段时期内，不同的文化在不同的环境中发展，并且需要处理不同的问题。特兰狄斯（Triandis，1994）提出了一个直截了当的模型，图解如下：

$$生态 → 文化 → 社会化 → 人格 → 行为$$

在这个模型中，行为源自人格，人格是教养过程中内隐和外显的教育方式（社会化，在这个背景中也叫文化适应）的结果，社会化是文化的结果。这些过程我已经讨论过了。特兰狄斯模型中的第一个术语是生态，指自然状况和文化产生的土壤，以及文化所面临的独特的任务和挑战。

最近大石和格瑞艾姆（Oishi & Graham，2010）提出了一个有所不同的生态学模型，图解如下：

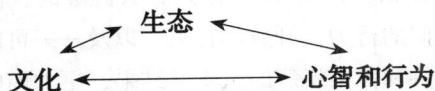

在这个模型中，每一项事物都受到其他事物的影响。生态改变文化，文化也可以改变生态。生态改变心智，心智也会改变生态。最重要的可能是，文化和生活在该文化中的人们的心智也是随着时间彼此影响的。

例如，中国文化中集体主义的部分本质可以追溯到几千年前，人们发展复杂的农业计划和水利系统的需求，这需要许多人的共同合作。为了完成这些任务，文化不得不朝着这个方向发展——该文化中的人们愿意为了共同利益而在某种程度上牺牲自己的利益。根据上面的图解，生态既改变了人与人之间的关系，也改变了整体的文化。同时，这一改变的成功容许了水利系统和梯田的建立，从而显著地改变了整体的生态。

在同一历史时期，狩猎社会或群居社会中的成员并没有形成像中国人那样的集体主义观或复杂的社会系统。建设一个水利系统需要成千上万的人，一个狩猎群体如果变得太大，却不会收获

"我也不知道是什么时候开始的。我只知道它是我们公司文化的一部分。"

任何猎物。我们可以考虑（诚实地说，这就是我们正在做的），这个差异可能就是中国发展出集体主义文化而德国发展出个人主义文化的原因之一。一个相关的推断解释了为何美国人比欧洲人（英国人和德国人）更重视独立和个人成就，因为在美国定居的人大部分是自愿的移民，他们面临着建设一个全新的、（几乎是）空的大陆的任务。完成这个文化任务的需求导致独特的美国文化从它的欧洲根源上浮现出来（Kitayma，Park，Sevincer，Karasawa，& Uskul，2009）。

考虑到更大的范围，生物学家扎德·戴蒙德（Jared Diamond）争辩说，欧洲文化成为主导世界的殖民力量是因为一个地理上的意外。古代欧洲的本土植物容易转变为可靠的可以提供食物的庄稼，而古代欧洲也拥有容易驯化并提供食物和劳力的动物。另一个具有讽刺性的"优势"是，欧洲人开始环游世界的同时，他们在家乡常常挤住在肮脏的城市里。那些存活下来的人对疾病有广泛的免疫性，这些疾病对于其他人——如生活在更加清洁的环境中的印第安人——来说却是致命的（Diamond，1999）。欧洲人到达这样一个环境常常标志着一场灾难性的流行病的开始。

疾病还能够在其他方面影响文化发展。一项最新研究检验了文化在外向性、开放性和社会群体内性关系（在第6章中有解释，即没有建立长期关系而发生性行为的意愿）的平均水平的差异程度（Schaller & Murray，2008）。结果发现，在历史上传染病高发的国家，这些特质的平均水平倾向于较低。（这些国家中的很多位于赤道[15]附近，其温暖的气候显然有利于疾病传播。）为什么？该研究的作者推断，外向的行为、开放的行为，以及——可能最重要的是——"社会群体内性"行为，都会增加人际接触和传染疾病的风险。结果，更加内向、不太开放、社会群体内性关系较少的人更可能存活下来，使得他们这样的类型随着时间的推移在该文化成员中变得更加常见。在一个相关的发现中，来自历史上病原体水平较高的地区的文化也倾向于提高服从性，推测是因为这有助于导向避免疾病扩散的行为，如清洁和秩序（Murray，Trudeau，& Schaller，2011）。这类文化中的左撇子也较少！这并不意味着左撇子会传播疾病，而是像之前提到的，它的含义是，对天生左撇子的抑制是某种文化对于其规则的坚持程度的标志。

即使是生态中一个很小的差异也会导致很大的文化差异，进而影响人格的塑造。特鲁克岛和塔希提岛是南太平洋上两个以渔业为主的小岛，但是二者存在不同的性别角色和攻击行为（Gilmore，1990）。在特鲁克，人们需要出海捕鱼，这相当危险。在这种文化中，男性必须捕

---

⑮ 当然，赤道穿过好几个大陆。历史上传染病高发的国家包括尼日利亚、赞比亚、希腊、意大利、印度、中国、印度尼西亚、委内瑞拉和巴西。历史上发病水平较低的一些国家有南非、瑞典、挪威和德国（Gangestad & Buss，1993）。

鱼，结果他们都很勇敢、暴力、身体强壮、支配女性。在塔希提，在家中的礁湖就能很轻松地捕到鱼，毫无危险可言。这种文化中的男性比较温柔、避免冲突、打架慢吞吞、尊重女性。很明显，这只是由"鱼在哪儿"导致的！

将亚文化的发展作为大文化中的群体所经历的特定情形的因变量来解释也是可能的。正如我在前面提到的，极度贫穷和十几年的种族歧视导致美国的一些种族亚文化形成了自我展示（年轻男性表现得强硬、具有危险性）和自我定义（通过与群体和其他社会支持、身体保护的来源实现认同）的不同风格（Anderson，1994）。美国南部荣誉文化的根源可能和这一地区的农耕历史有关，那里的土地和财产必须由个人亲自保护，否则就会丧失（Cohen et al.，1996）。北美少数民族亚文化的其他方面的来源应该是扎根在亚洲、非洲、拉丁美洲和欧洲的种族遗传，它们或多或少被引进了北美洲。

文化差异源于基因？

几乎所有研究文化差异的心理学家都假定这些差异是习得的，而非天生的。并且就像之前提到的，少数民族文化成员彼此之间的基因差异几乎跟他们与其他文化成员之间的一样，只是差异没那么大。在第9章我们看到一些证据，表明日本人和白种人样本的情绪控制相关基因出现频率不同。一个独立的研究提出，就诸如抑郁、焦虑、乐观和自尊这样的结果而言，日本和美国的差异可能是这些文化中的人格差异造成的（Matsumoto，Nakagawa，& Estrada，2009）。类似的发现使得少数心理学家——如罗伯特·麦克雷（Robert McCrae）和大卫·松本（David Matsumoto）——提出，"文化→人格"可能并不是全部（McCrae，2004；Matsumoto et al.，2009）。也许，在某种程度上，我们也应该考虑"人格→文化"的可能性。

甚至该理念的支持者也很快承认了它的危害。麦克雷（2004）指出，关于文化群体间基因差异的任何讨论都应该确保强调以下几条：

1. 最多是很小的差异。

2. 在文化水平上，特质对行为的预测可能比在个体水平上更弱。

3. 文化中的人们彼此间有很大的差异。

4. 目前为止获得的数据可以用几种不同的方式加以解释。

正如前面提到的，或许一个更加重要的考虑是，文化自身并没有明确的分类，并且很多人属于两种或更多的文化。既然文化成员的基础如此复杂，很难想象基因差异可以成为文化差异的一个主要贡献者。

此外，文化决定人格还是人格决定文化，两者之间的区别并不明晰。例如，假设社会必须进行需要很多人参与的大规模工程——如古代中国，由此倾向于发展集体主义文化。将文化推往集体主义方向的压力也可以将个体推往同一方向：集体主义者兴盛起来，有更多的孩子，以及他们一代又一代的基因（例如，一个导致个体避免人际冲突的基因）在基因库里变得具有更加广泛的代表性。这种基因上的逐渐变化可能转而有助于甚至更深刻地确立文化差异。出生在这样文化中的孩子，或迁居到此的某个人，可能拥有或没有相关的基因，但是会吸收相关的文化教导。因此，是文化产生了人格还是人格决定了文化？最终，这个问题可能就像经典的鸡和蛋问题。回答谁在先不仅很难，也没多大意义。

跨文化研究的挑战和新方向

跨文化心理学提出了一些使研究具有挑战性的问题，这些问题在未来可能引起更多的关注。我们如何不受本文化背景的影响，客观地看待其他文化？专门关注跨文化差异会导致夸大这种差异吗？如何协调不同的文化价值观？除去文化因素，如何正确地看待世界的各个区域，甚至个体？现在，我们几乎介绍完了新近研究，接下来应该好好考虑这些问题。

民族中心主义

任何观察者对其他文化的观察都会受到自身文化的影响，无论他/她如何努力试图避免。我们很难获得真正客观的、不受任何文化偏见影响的观点，一些人类学家甚至认为这根本就是不可能获得的。正如特兰狄斯（1994）指出的，当事情的"真实"状况很明显时，研究者正受到民族中心主义的威胁（根据你自己的观点评价其他文化）。

例如，特兰狄斯看重两个关于"你所在社区的一位寡妇每周吃两次或三次鱼"的访谈（Shweder，Mahapatra，& Miller，1990）。首先访谈的是一位信仰印度教的印度人：

> Q：这位寡妇的行为是错误的吗？
> A：是错的。寡妇不能吃鱼、肉、洋葱或大蒜，或任何辛辣的食物……
> Q：这种违背行为有多严重？
> A：非常严重……
> Q：这是罪吗？
> A：是的，是"大"罪。
> Q：如果别人不知道呢？这一切都是秘密进行的。这种行为还是错误的吗？
> A：这与别人知道不知道有关系吗？它是错的。寡妇应该花时间寻求拯救，寻求她与丈夫灵魂的再结合。辛辣的食物会让她分心，会刺激她的性欲……她会渴望性，会行为出轨。

接下来是一位美国人的访谈记录：

Q：这位寡妇的行为是错误的吗？
A：没有错。她想吃就吃。
Q：这种违背行为有多严重？
A：这不算是违背。
Q：这是罪吗？
A：不。
Q：如果别人不知道呢？这一切都是秘密进行的。这种行为还是错误的吗？
A：不管是秘密的还是公开的，都没有错。

（Shweder et al.，1990；Triandis，1994）

特兰狄斯指出，那位印度被访者的反应似乎荒诞可笑，而那位美国被访者的回答显而易见，甚至有点不耐烦。要把那个印度人的想法看得和美国人一样合理的确要花费一些功夫，实际上二者只是文化假设不同。在交谈中，印度人有一个潜在的假设——夫妻关系是永存的（在这个印度人的访谈中还包括一些有关鱼类和某些食物可以引起性欲的假设），而美国人则假设寡妇是自由、独立的个体。美国人的观点对于大部分读者来说都很熟悉，但是那个印度人的观点也是真实的。

举这个例子并不是说我们应该担心吃大蒜的寡妇，而是要说明人们很难（或许也不可能）不戴着有色眼镜看待这个世界。跨文化心理学会全力以赴克服这一点。

夸大文化差异

有时跨文化研究会夸大差异，因为某些结果似乎表示这种文化中的成员都是一样的（Gjerde，2004）。研究者经常暗示印度、日本或中国所有人的行为或思维方式都是相同的（有些甚至说印度人、日本人和中国人都有相同的"东方"世界观）。考虑到这些国家人口的数量和多样性，就知道这种概化的描述不可能是正确的（Matsumoto，2004；Oishi，2004）。正如一位作家所说：

例如，我们说日本的文化很平静（但是很多日本人并不平静，看看我的妹妹们就知道），还说美国文化是快节奏的（但是很多美国人也很懒散，看看我人格心理学课的学生就知道）。（Oishi，2004）

文化差异被夸大至少有三个原因。第一，跨文化心理学一直以来的目的就是寻找差异。毕竟，如果文化之间都很相似，那么跨文化心理学能做的事情可能不会很多。另外，跨文化心理学家也有刻板印象，这也可能导致夸大他们所看到的差异（Oishi，2004；Oyserman et al.，2002；Takano，出版中）。

第二个原因是统计学方面的，和第3章中提到的一些问题有关。许多文化差异研究只用显著性检验，而不检验效应值。如果所研究的文化群体很大，有代表性，就很容易得到显著的结果，差异不可能是偶然出现的。一旦发现结果显著，他们就可以发表文章，并将差异描述得很重要。然而，这种差异的实际效力可能非常小。结果很多文化研究只是寻找平均或一般水平的差异，只检验了大文化背景下的平均水平。例如，在本章前面提到的一项研究发现广告具有跨文化差异（Han & Shavitt，1994）。但是广告只是一次性地考虑最大可能的人数，反映的是一般的文化观点而不是个体的。在个体水平上，跨文化差异可能更小（Oyserman et al.，2002；Oishi，2004）。

第三个原因是一种心理现象，社会心理学家称之为**外群体同质性偏见（outgroup homogeneity bias）**（例如，Linville & Jones，1980；Lorenzi-Cioldi，1993；Park & Rothbart，1982）。内群体会很自然地包容彼此差异很大的个体。但是他们在群体外的人看来似乎"都一样"。例如，一所大学的学生常常对另一所临近大学的学生持有刻板印象。但是他们都非常清楚，自己学校的学生彼此间差异很大。我们当中很多人都可以轻易地描述集邮者、加利福尼亚人和国家步枪协会会员，但是如果我们恰好属于这些团体之一，我们就会觉得他们过于多样化，很难简单地描述其特征。甚至跨文化心理学家和人类学家——对此的了解应该在所有人之上——有时候也会陷入这种偏见之中。我们应该记得西方文化中既包括个人主义也包括集体主义，中国、印度或其他任何地方也是同样的。有人说"在印度，没有人认为自我是独立的"，这就表明他/她与假定世界上所有人都感到自我是独立的人犯了同样的错误。

有趣的是，强调同一文化中个体之间的差异属于个人主义观点。强调不同文化之间的差异属于集体主义观点。你持哪种观点呢？

文化和价值观

除非研究者很细心，否则跨文化心理学很容易导致**文化相对主义（cultural relativism）**。正如我们在第13章中谈到的，相对主义是一种基于现象学的思想，认为所有有关现实的文化观点都是正确的，评价任何一种文化的好与坏都是专横的、民族中心主义的体现。

这种观点一直都很被看好，但是直到我们考虑到这个例子，情况就变得不一样了。在非洲和亚洲的一些地区，作为一种文化传统，女性的生殖器要被毁伤以保证纯洁，提高婚配的机会。村落里年长的妇女一般用刀片或玻璃片，在不卫生、没有麻醉的条件下切下年轻女性的阴蒂或者阴蒂和阴唇。每年约有两百万名四至十五岁的女孩被施行这一程序。世界卫生组织和一些国际人权组织对此表示反对，但是这一举动被指责为民族中心主义的体现（Associated Press，1994）。再举一个例子，在阿富汗，遭到强奸的妇女被认为是通奸者，在某些情况下，她们只有同意嫁给强奸犯才能够出狱（King，2011）！不同的文化视角真的意味着我们没有理由谴责像这样的传统吗？

斯蒂芬·斯皮尔伯格（Steven Spielberg）的电影《辛德勒的名单》（*Schindler's List*）描述了奥斯卡·辛德勒（Oskar Schindler）的一生。在他所处年代的主导文化（纳粹文化）标准下，他是不合时代的人，是个反叛者。电影的吸引人之处在于显示出辛德勒在心理上并没有完全适应那个时代。他没有条理、狡诈、冲动并且不擅长计算风险。然而，正是这些特质使他可以从事一项复杂、危险、历时数年的解救数千名犹太人的计划，这在今天被视为英雄事迹。和文化不相称不见得就是件坏事。

心理学家杰克·布洛克（Jack Block）和让内·布洛克（Jeanne Block）详尽地描述了文化相对主义的危害：

> 如果心理评价和对与错的绝对定义有狭隘、傲慢的嫌疑，那么相对的定义可能在宣扬一种微不足道的价值观……相对主义认为一种文化和另一种文化一样好……它为容忍和永存提供了基本原理，而没有解释事实是什么。（Block，Block，Siegelman，& von der Lippe，1971）

这个问题使前面讨论过的"寻找普遍适用的价值观"变得如此重要。每个文化都有它自己的价值观，但是我们能达成共识的可能性很小。

亚文化和多元文化主义

在本章的开头提到，我们很难对"文化"这个词进行精准的限定。有些文化的分组很明显且过于简单，如东、西方差异（把地球整齐地分成两半）或者（几乎是一回事）集体主义与个人主义。另一种分组方式根据语言或地理，如政治边界或者居住的洲。这些分组方式作为心理比较的基础，已被证实是有效的，但是同样要知道这些划分方式不够精确而且有点武断。在这个定义中可能还是同一文化中的成员，在另一定义中可能就属于不同的文化群体。另外，文化群体还包含一些不同的重要亚群体。例如，本章总结的很多研究把北美看作一个单一的文化群体，这样才可以和韩国、日本、中国、印度等亚洲国家比较。但是加拿大的读者可能已经想到北美国家之间的一些细微却真实存在的差异，同样，对于亚洲读者来说所有的亚洲群体也不都是相同的。

美国存在重要的亚文化。我已经提到过荣誉文化使美国南北的居住者有所不同。最近的研究显示在欧裔美国人中发现了种族差异。一项吸引人的研究比较了在美国出生的斯堪的纳维亚移民第二代或后代和大概同样的爱尔兰移民后代，研究用录像机记录了这些人感到幸福或爱的时刻，结果发现爱尔兰裔美国人笑的时间显著多于斯堪的纳维亚裔，这与祖先的文化传统差异一致（Tsai & Chentsova-Dutton，2003）。这个结果显示欧裔美国文化存在比预期更多的种族差异，这为未来的研究打开了一扇门。

文化分组的复杂性——尤其在移民国家（如美国和加拿大）的多元文化中体现出的——是个体可能属于不止一种文化。例如，在加利福尼亚强大的墨西哥家庭文化背景下，有很多年轻人在说西班牙语的家庭中长大，上说英语的学校，看美国电视，参加其他彻底"美国化"的活动。许多亚裔美国人和来自其他国家的移民的第一代孩子也是如此，无论这些孩子的父母来自哪个种族或文化群体。面对典型的大学表格，要求"填写你的种族"，他们应当填写什么呢？

根据最近一项研究，或许他们中的一些人会填写"以上所有"（或至少会勾选其中的两种）。一项研究显示，二元文化的美国华裔可以在中、美世界观之间迅速转换，有时甚至意识不到这种转换。根据一项出色的研究表明，只需要注视中国龙或美国自由女神像的图片，就足以激发中式的或美国式的知觉。就像我们前面描述的，中国风格更具整体性而美国风格更注重具体细节（Benet-Martínez et al.，2002）。

另一项研究表明，双语者在某种意义上具有"两种人格"（Ramírez-Esparza，Gosling，Benet- Martínez，Potter，& Pennebaker，2006）。这项研究分两个阶段。第一，用大五人格问卷对只说英语的美国人和只说西班牙语的墨西哥人施测。第二，同样的问卷用这两种语言呈现，对两个国家中两种语言都会说的人分别进行施测。结果显示，只会说英语的美国人以及两种语言都会说、用英语答卷的人，其外向性、宜人性、尽责性分数更高；只会说西班牙语的墨西哥人以及两种语言都会说、用西班牙语答卷的人，神经质的得分更高；开放性的结果不显著。这些结果显示，双语者在某种程度上具有两种人格，用英语自评时，外向性、宜人性、尽责性的得分高，用西班牙语自评时，神经质的得分高。还需要进一步的研究以了解：如果直接测量行为，是否也会出现自我报告中的这些差异？例如，双语者在用英语交流时是否比在用西班牙语交流时更宜人？但是这些初步的结果已经很令人激动了（对汉语/英语双语者的研究，参见Chen & Bond，2010）。

通过估计，世界上大约有一半的人口能说两种语言（Grosjean，1982），从某种意义上讲，有这么多的人都有两种人格。但是，这种二元文化主义却来之不易。有些人能够整合多种文化身份，从每种文化中都获得最大收益，但是有些人却感受到冲突甚至压力（Haritatos & Benet-Martínez，2002）。研究者用**二元文化身份整合（bicultural identity integration，BII）**这个概念来测量和解释这一差异（Benet-Martínez et al.，2002）。那些BII得分高的个体把自己看作文化组合中的一员，整合了两种文化来源的各个方面。例如，他们认为自己既不是墨西哥人，又不是美国人的"墨西哥裔"，在两种文化和传统之间找到了融洽的结合点。相对地，那些BII得分低的个体经历了两种文化的冲突，不确定自己属于哪种文化，进而感受到压力。有研究对这个问题进行了细化，认为BII包括两方面，即二元文化个体认为他们的两种文化之间远离（与重叠相反）的程度和认为两种文化之间冲突（与和谐相反）的程度（Benet-Martínez & Haritatos，2005）。

多元文化个体研究在理论层面和实践层面都很重要。从理论层面上看，一个人拥有两种人格的确很引人注意。一句古老的捷克谚语说"学习一门新语言，得到一个新灵魂"（引自Ramírez-Esparza et al.，2006），心理学正在探究这句谚语可能是正确的。从实践层面上看，世界上的许多地区包括美国、加拿大和欧洲的很多国家有越来越多的移民，帮助多元文化的民众在更大的社会中实现压力最小化、人与人之间的冲突最小化成为一个巨大挑战。人格心理学可能是实现这一目的的有力工具。

普遍的人类状况

根据存在主义哲学家萨特所说，有一个事实适用于所有个体和文化（在第13章讨论过）。这一事实包括"描述人类在宇宙中基本位置的预先限制"。萨特写道：

> 历史状况不断改变：一个人可能出生于异教社会的奴隶家庭，也可能出身贵族或无产阶级。不变的只有他存在于世上的可能，存活着，和众人一样，终有一天会死去……从这个角度讲，我们可以说这才是人的普遍性。（Sartre，1965）

尽管跨文化心理学传统上强调文化差异，但是钟摆已经开始摆动，越来越多的心理学家强调世界各地的人们在心理上的相似度（例如，Matsumoto，2004；McCrae，2004；Oishi，2004）。

首先，合理行为的文化规则之间的差异可能掩盖了相似的动机。例如，很容易观察出中国人没有美国人那么外向。他们很少讲话，讲话也很少大声。无论如何，中国文化强调抑制感情，认为在公共场合那样做是不合适的。因此，可能当一个外向的美国人笑的次数是中国人的两倍时，我们才能说二者一样外向——潜在内心相同时，外部表现不同（McCrae et al.，1996）。同样，对于相同的感觉，美国人喜欢报告情绪经历，而其他文化的成员更喜欢用生理上的方式进行解释。美国人可能说"觉得沮丧"，中国人可能说"觉得心里不舒服"（Zheng，Xu，& Shen，1986）。一项新近研究显示，文化可能更多地影响一个人想要感觉怎么样而不是确实感觉怎么样。例如，亚洲人喜欢低唤起、积极情感，如平静；而欧裔喜欢高唤起、积极情感，如热情。然而，他们实际感觉到的体验可能是相同的（Tsai et al.，2006）。似乎所有人都希望使父母开心。在一项研究中，欧裔和亚裔大学生都报告说人生比较满意的事情是他们实现了父母的期望，尽管期望的内容（和强度）不尽相同（Oishi & Sullivan，2005）。

行为方面看起来很明显的跨文化差异可能并不如它们表现得那样有说服力。心理学家劳拉·米勒这样评论：

> 在面对公众、自我以外的陌生人或者外群体成员时，日本人会倾向于展现恭敬的、分等级的和不出风头的行为。私底下，他们可能是自信的、果断的、率真的，这会体现在他们与同事、朋友和家人的交流中。大多数美国人遇到的只是日本人的公众我，却把这些解释为"真正

的”人格（Miller，1999）。[16]

有一个类似的状况，我曾听心理学家布赖恩·利特尔（Brian Little）讲述一个跨文化研究项目中未发表的结果。他对个人追求的目标或“个人规划”以及它们随文化可能改变的程度很感兴趣（见第16章）。利特尔在加拿大的一所大学里教书，因此他很容易看到学生们现阶段的人生计划。克服了大量的困难后，他对那些在中国的中国人进行了调查，调查的问题大致相同。研究者费尽周折地把问题翻译成中文，然后“回译”[17]成英文，以保证其在不同的文化下的正确性。他们同样花费了很多精力翻译学生的答案。答案几乎相同，这个结果令那些期待差异的人们很失望。这些目标——得到好分数、买今晚的晚饭、找个新女友——似乎看起来更普遍，而不是文化独特性。但是，让利特尔兴奋的是他看到了一个特别的中国学生的回答：她的近期计划之一是“减少我的内疚（guilt）感”。

利特尔讲述了他的第一反应：喔，好大的差异啊，非西方的目标。“减少我的内疚感”这样有趣的目标出现在集体主义的中国价值观里。这个结果若是发表会有怎样的影响啊！然后，作为一位称职的科学家，他做了核查工作，结果证实是笔误。那名中国学生喜欢做自制的毯子，所以她要抽空做她的被子（quilt）。

有的时候，当你觉得已经找到人格的跨文化差异时，刚好它正在消失。

总　结

• 如现象学家所说，如果个人对世界的解释非常重要，那么关于不同文化对现实建构的差异问题则应运而生。

文化和心理学

• 来自不同文化的个体可能具有心理差异，而同一特定文化群体的成员可能有各自独特的差异。

• 孩子出生在某种文化中并学习该文化，这个过程被称为文化适应。移居到另一个文化中的人学习该文化，这个过程被称为文化互渗。

跨文化差异的重要性

• 了解源于某种文化的心理学研究和理论是否能够应用于其他文化是十分重要的，因为不同

---

[16]　让我奉送一个作为美国人的个人观察可以吗？我刚去过日本，见到了很多坚定、自信且富于表现力的人，尽管每个人都极其有礼貌。

[17]　在回译过程中，研究者在一种语言中需要取出一个短语，然后把它翻译成第二种语言，然后再由一个独立的人将翻译的结果翻译回到第一种语言。然后再由说第一种语言的本地人判断第一次和第二次的翻译结果的意义是否相同（如果翻译的正确，那么应该一致）。

文化之间的误解可能导致冲突甚至战争，还因为了解到其他人如何看待现实可以拓宽我们对世界的理解。

文化的特征

• 大多数现代的跨文化心理学家遵循比较取向，将文化普遍性（所有文化中相同的元素）和文化特殊性（导致文化不同的元素）进行对比。

• 不同的文化在文化特殊性维度上进行比较。文化的特殊性维度包括艰苦（相对于安逸而言）、成就和联系、复杂性、严格—宽松、重视头脑—重视心灵、集体主义—个人主义，或人们对尊严、荣誉和面子的重视程度。

• 集体主义文化中的成员被认为比个人主义文化中的成员更重视社会以及与他人的关系，而不是个体的经验和获益。通常的假设是亚洲文化比欧美文化更加集体主义，但也有例外（例如，墨西哥文化比北美文化更加集体主义）。

• 大量的研究在行为、价值观和自我观方面对集体主义和个人主义文化进行了比较。

• 尊严文化强调个人的重要性，荣誉文化强调自我保护和对仪式的尊重，面子文化强调和谐和维持稳定的等级。

文化评估与人格评估

• 特质分析评估了不同独立文化群体成员的各种人格特质的平均差异，还评估了刻画一种文化中成员的特质在另一种文化中能够刻画其成员的准确程度。

• 对思维风格的分析研究类似下面的假设：集体主义文化的成员思考更全面，相比个人主义文化的成员而言，较少自我表露。

• 有一些价值观可能是普遍适用的：一项研究显示存在10个潜在的通用的价值观，可以按照两个维度进行划分，即求变—保守和卓越—自我提高。

• 尽管普遍适用的价值观的存在已经被证实，文化差异仍然很重要。集体主义文化将群体价值观（如和谐）置于个人价值观（如自由）之上，个人主义文化则恰好相反。

文化差异的起源

• 解构主义者逃避文化差异来源的问题，生态学比较流派认为文化差异来源于全世界的群体都必须适应的、多样化的生态。这种生态上的差异可能也产生了小而重要的基因差异。

跨文化研究的挑战和新方向

• 在跨文化研究中，民族中心主义一直是一种危害，因为一个人的文化背景不可避免地会影响他/她的观点。另一个极端——文化相对主义——同样有害。避免民族中心主义，寻找进行基本道德评估的方式既困难又重要。

- 在某些情况下，文化差异可能被夸大了，因为文化心理学家以解释文化差异为己任，也因为研究者们更容易陷入刻板印象之中，还因为统计显著性检验夸大了差异的显著性。

- 特别是外群体同质性偏见可能导致夸大的观点：在另一种文化中的人"都是一样的"。文化内的个体和文化间的个体一样，都是有差异的。

- 文化通常包括亚文化。很多个体都是多元文化的，从某种意义上讲，多元文化的个体可能拥有不止一种人格。他们的挑战是如何成功地将不同的文化整合到自身，而不感到文化冲突。

普遍的人类状况

- 尽管跨文化心理学在传统上总是强调文化之间的差异，然而，最近有研究强调所有人的心理过程都是相似的。并且，在文化差异之下是萨特所说的存在主义的、普遍的人类状况：任何人在任何地点都必须存在、运转、与其他人发生联系，最终死去。

思 考 题

1. 你是否在异国文化中生活过或者认识其他文化中的个体？他们看待事物的方式与你不同吗？这些差异在多大程度上是根本性的？

2. 如果你想了解另一种文化，例如南太平洋上的一个小岛，你需要怎么做？如何保证对那种文化的理解是正确的？

3. 你所居住的城市是"头脑的城市"还是"心灵的城市"？你更喜欢哪一种？

4. 生活在个人主义文化或集体主义文化中，有什么好处和坏处？你喜欢哪种？你的喜好是文化氛围影响的结果吗？

5. 你觉得文化间的差异更重要还是同一文化内个体间的差异更重要？

6. 你是否认识与你有不同文化的一些成员？他们在哪些方面相似，有多相似？他们彼此之间有什么不同？

7. 如果某个特质在所有文化中都是一种美德，这是否意味着我们可以确信这种特质是真正高尚的？有什么其他的标准可以让我们确定某个特质的好坏？

8. 想一下文章中呈现的那个损毁女性生殖器的例子。我们是否能够评价这种行为是错误的？要有怎样的理由，我们才能评价其他文化中的行为是道德的或是不道德的？

9. 一个人可以同时成为两种或两种以上文化的成员吗？换一种提问题的方式：基于本章的定义，一个人可能只属于一种"文化"吗？

10. 你属于多少种文化？其中某一种文化对你来说比其他的文化更重要吗？

推荐读物 >>>>>

Lee, Y - T., McCauley, C. R., & Draguns, J. G. (Eds.) (1999). *Personality and person perception across cultures*. Mahwah，NJ: Erlbaum.

这本书是由世界各地心理学家关于跨文化心理学的文章组成的。

Triandis, H. C. (1994). *Culture and social behavior*. New York: McGraw-Hill.

本书全面介绍了比较跨文化心理学，可读性很强，现在有些过时。

Tseng, W - S. (2003). *Clinician's guide to cultural psychiatry*. San Diego: Academic Press.

本书是全面的跨文化精神病学调查，其中包括一些具体的个案研究，写得很好。尽管这本书因为精神障碍的跨文化差异而关注精神障碍，但是它涵盖了对特定的文化心理学和跨文化比较艰难之处的洞察。

电子媒体 >>>>>

登陆学习空间*wwnorton.com/studyspace*，获得更多的复习提高资料。

第六部分

人格的作用：学习、思考、感觉和认知

在我上过的第一堂心理课上，教授就让我见识到了"奖赏"的力量。他制作了一篮子纸条，每张纸条上都印着"让你在下次测验中加一分"。我们都很渴望得到这些纸条。接着，他开始与我们一起讨论，我们如何才能得到额外的一两分？如何利用我们想要获得好成绩的渴望来控制我们的行为？在讨论的过程中，他会突然间把其中的一张小纸条送给某一位学生，但是我们完全不清楚他为什么送出纸条。他可能会对某个意见大叫"错了"，然后却给那个学生一张小纸条。他也可能会说"对了"，但是什么也不给。慢慢地，我们开始注意到，每当有人说"强化"这个词的时候，他就会发给那个人额外的一分。霎时间，全班都形成了这种关键性的意识，我们都尖叫："强化！强化！强化！"游戏到此结束。

这个小小的例子说明了以下几个意思。第一，得到奖赏——行为主义的术语叫作强化——能够增加行为出现的频次。其实在我们意识到真相之前，我们就已经开始频繁地说"强化"了。第二，这个例子使我们知道，奖赏是影响人们行为的一种有效手段。老师的小纸条就足以让满屋子的人不断尖叫着一个相同的词语——这是多么不可思议的行为。第三个意思更加微妙。其中有一个明显的时刻，就是全班所有人都突然意识到得到奖励的原因，因此全班齐声叫喊"强化"。这就意味着意识在影响人们行为的过程中是很重要的。人们不仅会对奖赏本身做出反应，也会对他们期望能够得到奖赏的行为做出反应，二者不能混为一谈。

人们以自己的期望指导行为，这包含一些重要的含义。首先，它表示行为可以迅速改变。人们只要"达到了期望"，或者认为自己达到了，那么他们的行为就可能迅速而彻底地改变。其次，它表示人们有时会因为错误的原因而改变他们的行为。我们对自己预期能够得到奖赏的行为做出反应，而事实上，期望和现实之间是有差距的。再次，它意味着我们的行为可能不仅因为自己被奖赏而改变，也会因为我们看见别人被奖赏而发生改变。当我的同学们意识到那些得到纸条的人是因为说了"强化"这个词语时，他们开始立即做同样的事。最后，要理解人类的行为，仅仅罗列出奖赏和惩罚的方法是不够的，我们也必须试着去理解人们思维的方式。

在一节五十分钟的示范课上，我的第一任心理学教授回顾了人格在行为主义、社会学习理论和认知理论方面的发展。20世纪早期，过度自信的行为主义者认定行为的基本原则很简单，只要通过奖赏和惩罚就可以使每个人做任何事或者成为任何人。然而，后来的心理学家证明，人们也会通过观察别人得到的奖励和惩罚而进行学习，而且对奖赏和惩罚的期望与现实并不总是一致的，早期行为主义已经无法解释这种现象。这些认识促使了社会学习理论的发展。最终，在20世纪末，心理学家朱利安·罗特（Julian Rotter）、艾伯特·班杜拉（Albert Bandura）和沃尔特·米歇尔（Walter Mischel）等人发展了社会学习理论，他们关注内心的或认知的现象，例如感知、思维、目标、计划和自我。

这些研究的主题都是人们在学习如何成为想要成为的人。成为一个人的心理过程包括学习、感觉、思考以及情感。通过奖励和惩罚，世界教会了我们，而且我们自身也教会了我们：如何成为我们自己。以下三章的主题阐述了这些是如何实现的。

第15章回顾了行为主义的历史以及行为主义是如何发展出几个越来越重视认知因素的社会学习理论的。第16章介绍了感觉、思维、动机以及情绪等人格过程，也对快乐的起因和结果展开了讨论。第17章关注"自我"，自我是指个体对于自己是什么样的人的所有认识和想法。

15

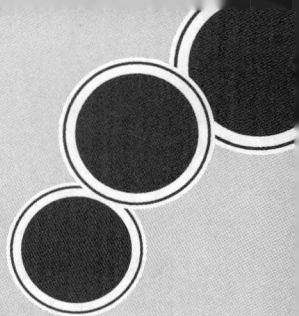

学习做人：行为主义和社会学习理论

给我一打健康而又没有缺陷的婴儿，把他们放在我所设计的特殊环境里培养，我可以担保，我能够把他们中间的任何一个人训练成我所选择的任何一类专家——医生、律师、艺术家、商界首领，甚至是乞丐或窃贼，而无论他的才能、爱好、倾向、能力，或他祖先的职业和种族是什么。

——华生[1]

我们考虑两个简单的观念。第一，两个刺激（事件、事物或者人）多次同时呈现后，将会使接受刺激的对象产生相同的反应。举个例子来说，假如有人在摇铃的同时，冲着你的眼睛一阵阵吹气，那么用不了多久，你一听到铃声就会眨眼了。第二，产生愉快结果的行为倾向于重复出现，相反，导致不愉快结果的行为倾向于停止。再举一个例子，如果你努力工作得到了回报，你可能会更努力地工作；如果你努力工作却得不到赞赏，你就会觉得我何必这样拼命工作呢？

这两个观念可以简化为一个更简单的观念：经验可以改变行为。无论你是否在听到铃声时眨眼，是否努力工作，或者做其他任何事，这些都取决于你过去的经验。这种经验产生行为改变的过程被称为**学习（learning）**。基于学习取向的人格理论试图解释本书中出现的所有学习过程。

基于学习取向的人格理论包含两种理论：行为主义和社会学习理论。这两个领域的心理学研究者们谨慎地将学习过程应用于越来越复杂的环境当中，并建立了人格基础和行为的理论，以及有效改变行为的技术方法。他们同样建立起了一套高度重视客观性、理性、寻求数据支持的心理学研究方法。

这种看似纯科学的心理学研究方法吸引了很多心理学研究者。他们相信，心理学不是也不应

---

[1] J.B. Watson（1930）.

该是一种艺术或者文学，它是一门科学。心理学只有根植于具体的事实而不是个人观点，只有确保它的客观性，才能显示出其科学性。这种科学的世界观与本书第13章中人类学家们所描述的心理学方法是完全相悖的。事实上，正是因为很多事情不能用威廉·冯特所倡导的关注于内心自省的理论去解释，才促使了行为主义的产生。

期望超越内省并获得更多客观的数据，使行为主义者开始关注心理学中可以直接观察的部分。这种研究方法注重行为的起因，而忽视人的内在想法，而且也不是针对单独的个体。行为主义者研究人们所在的环境是如何直接影响其行为的，尤其是环境中所包含的奖励以及惩罚。这就意味着任何人在同样的环境中将会产生相同的行为。你可以回忆一下，第4章中人—情境之争的主要争论：哪个是更重要的行为决定因素——人还是情境。行为主义者肯定会选情境。

虽然早期行为主义取得了很大的成功，但是一些研究者们渐渐对这种僵硬的、忽视其他因素的理论产生了不满。比较有影响的人物有约翰·多拉德（John Dollard）、朱利安·罗特和艾伯特·班杜拉，这些人推动了行为主义向社会学习理论的过渡。这些理论逐渐扩充，形成了沃尔特·米歇尔等人倡导的"认知社会学习理论"。正如我们将要看到的，尽管学习理论有所进化和扩展，但是它仍然保留了行为主义的一些基本原则。

行为主义

心理学一直被认为是试图"进入人们心灵内部"的学科。本书中人格心理学的研究者们，包括精神分析学者、人类学学者甚至是特质理论以及生理心理学研究者们都花费了大量的精力研究一些不可见的心理过程。然而，行为主义者，如华生以及斯金纳（Skinner）相信，从外部研究一个人是最好的途径。因为他们假定行为的所有原因都能够被找出来。他们对于任何暗示"有重要的东西存在于心灵之中，存在于你不能看见的地方"的理论都很警觉。这个主题继续影响了现代继承者如沃尔特·米歇尔，他最近写下，"如果说我从作为心理科学家的生涯中学到了什么东西，那就是不管选择什么方式来定义'人格'，它肯定不是一个脱离背景的头脑内的实体"（2009）。

行为主义者从来没有自己的口号，不过我愿意为他们提出一句口号，那就是"我们只能知晓我们能见到的，而且我们能看见我们需要知晓的任何事物"。让我们从两个方面考虑这句口号。首先，行为主义者认为，所有值得拥有的知识都来源于直接、公开的观察。像威廉·冯特所倡导的个人内省（见第13章）是不可靠的，这是因为没有人能够证实它。试图探究别人的想法——例如通过精神分析——同样是不可信的。根据某种我们看不到的事物（任何存在于头脑中的实体）来创建理论，这充其量也就是一种不可靠的想法。唯一有效的了解他人的方法就是观察他/她所做的，也就是人们的行为。这就是该研究方法被称为**行为主义**

"我们只能知晓我们能见到的，而且我们能看见我们需要知晓的任何事物"。

（behaviorism）的原因。

行为主义认为，人格就是个体所做的每一件事情的总和。人格不包括特质，不包括潜意识的冲突，也没有心理动力的过程、意识体验或者其他任何不能被直接观测到的事物。即使这些不可观测的结构及过程是存在的（当然，行为主义者一直质疑它们的存在），它们也并不重要。人格理论的行为主义取向是基于行为数据（B数据）之上的，我们曾在第2章中谈到过。

观察行为是很重要的，这也促使我们产生了进一步的想法，其实行为的起因和行为本身一样是可以直接观察到的，因为这些起因并不是隐藏在人们的头脑中，而是在个体周围的环境中。在这一背景下，环境并不是自然界中的草木河流，而是物理及社会世界中存在的奖赏与惩罚。行为主义的目标就是**功能性分析（functional analysis）**，也就是要明确地勾勒出行为是如何成为个体所在环境的结果的。

行为主义的哲学基础

行为主义可以看成是美国20世纪一些哲学思想的科学化的体现。尤其是以下三种哲学思想：经验主义、联结主义和享乐主义。

经验主义

所有的知识都来源于经验，这样的想法被称为**经验主义（empiricism）**。这里所说的经验并不像现象学研究者们所描述的那样（见第13章）与现实相互独立，而是现实本身的直接产物。我们所生活的世界及其提供给我们的冲击，产生了我们所看见的、听见的以及感觉到的一切。如此说来，外在现实的结构决定了人格、头脑的结构，并扩展到行为。

与此相反的观点是，理性主义坚持认为头脑的结构决定了我们对于现实的经验。我们在第13章中介绍现象学观点以及第14章中介绍解构主义时也曾经讨论过这一问题。而事实上，经验主义既不同于现象学观点，也不同于解构主义的观点。

推论而言，经验主义暗指，人们在出生时，头脑中实质上是空白的。19世纪的哲学家约翰·洛克（John Loche）把新生儿的头脑比喻为一张白板，等待着经验在上面勾勒出线条。20世纪的心理学者以及行为主义的创始人华生也持有相同的观点。人们只有经历了现实，才开始积累经验并渐渐建立起特有的行为方式，也就是人格。

联结主义

第二个解释学习是如何产生的主要哲学观点是**联结主义（associationism）**。联结主义主张，任何两件事情，包括观点，只要被同时重复地经历，它们就会建立起联系。这二者建立的关系经常会是起因—结果的关系。在日常生活中，我们先看到闪电，然后听到打雷。在我们的头脑中，闪电和雷声就建立起了一种联系。其他的联结比较偏重于心理方面，比如说一个吻之后的微笑。

也有一些联系是人为造成的：铃声之后，给你一些食物（在这个例子中试着把自己想象成一只狗）。在这些例子中，两个事物其实已经成为一件了。人们想起一个事物就可以联想起另一个，而且当个体对一个事物做出反应时也会倾向于对另一个事物做出相同的反应。

享乐主义及实用主义

经验主义和联结主义的理论内容形成了行为主义对于人格来源及其组成的核心解释：人格来源于经验，并且由观念之间的联结组成。第三种哲学观点，享乐主义，它揭示了人格谜题中剩下的部分，即动机。享乐主义回答了人们做事的原因。

以行为主义为背景，**享乐主义（hedonism）** 主张人类（及有机体）因为两种原因而学习：寻找快乐和避免痛苦。这些基础的动机解释了为什么奖励和惩罚能够塑造个体的行为。这两种原因也是引导行为发生改变的价值体系的基础，这是行为主义最引以为豪的成就。

享乐主义并不是一个新的观点。古希腊杰出的哲学家伊壁鸠鲁（Epicurus，公元前341—270年）认为，生活的目的就是远离痛苦，追求"温柔的快乐"，或者是美的享受以及心灵的平和。很久之后，但相对于现在来说依然是很久以前（1781年），哲学家杰里米·边沁（Jeremy Bentham）写道：

> 大自然使人类一直处于两种事物的统治之下，也就是痛苦与快乐。它们可以指出我们应该做什么，也能够决定我们应该做什么。（Bentham，1781，1988）

这种享乐主义的哲学理念就形成了一种与道德相悖的奇怪原则：能为人们提供最大快乐的就是好的，相反就是不好的。在这种观念的庇护下，很多不道德的行为也被视为是很平常的了。举例来说，偷窃的行为有利于盗贼，却会损害受害人的利益。尽管这两种结果是可以互相抵消的，但是也会危害到我们的社会秩序。权衡所有利弊之后，应该说，偷窃这种行为是有害的。在另一个例子中，出轨可能会产生短暂的快乐，但是它会损害更重要的婚姻关系（对个体产生长期的不利），而且可能会破坏一个家庭。撒谎、欺骗以及一些复杂的行为，如污染环境，这些能提供短期利益的行为或者是那些关注于眼前权力以及金钱的行为，都满足了少数人的利益而牺牲了多数人的利益。用实用的标准衡量的话，这些行为都是不道德的。享乐主义的观点促进了被称为**实用主义（utilitarianism）** 的社会哲学的产生。实用主义认为，最好的社会能够为最大数量的人创造最多的快乐。

实用主义的观点听起来是无可置疑的，而且用这样的标准衡量的话，之前我们所举的例子也都显得很牵强。但实际上，实用主义并不是没有问题的。实用主义把为最多的人提供最大的快乐的目标凌驾于其他目标之上，包括真理、自由以及尊严。行为主义学家斯金纳写了一本名为《桃源二村》（*Walden Two*）的书，书中介绍了一种虚构的乌托邦社会（Skinner，1948）。在他的桃源中，每个人都很快乐，但没有人是自由的，而且尊严和真理也被认为是无关紧要的。

你会为了快乐而放弃自由吗？实用主义者会（而且认为自由只是一种虚幻的东西）。相反，存在主义者肯定不会。回忆一下第13章，对于存在主义者来说，人生最终的目的是理解并面对真理。缺少真理、自由、意义感的"快乐"是没有任何价值的。第13章的现代积极心理学家也会同意这个观点。积极心理学家重新使用了那一章里介绍的两个术语，实现论的幸福来自追求真实的、有意义的生活，积极心理学家一般会强调实现论的幸福，而不是简单地通过寻欢作乐的经验追求享乐论的幸福。

三种学习

经验主义坚信所有的知识都来源于经验。行为主义中学习的观点也与这个观点类似，只是相比而言，行为主义更关注行为而不是知识。行为主义有三种学习类型：习惯化、经典（反应性）条件反射以及操作性条件反射。

习惯化

在一个人背后偷偷地摇铃，他/她可能会跳起来，而且跳得很高。然后再摇一次铃，第二次跳起的高度不如第一次。再摇铃。第三次（假设此人还没有把铃铛从你那里拿开）跳起的高度还会下降。最后，铃声基本上不会引起任何反应了。

这种学习类型叫作**习惯化（habituation）**，是由经验引起行为改变的最简单的方法。只有少量神经元的龙虾都可以产生这样的学习过程。习惯化甚至可以发生在单个神经元和变形虫这样的单细胞生物体上。如果你重复针刺一只龙虾或者电击一个神经元，每重复一次，反应就会削弱一些，直到渐渐消失。

虽然这一过程很简单，但它是促使行为改变的很重要的机制。我和我的妻子移居到波士顿后，住在后湾区的新公寓里。某一天，我们突然听到外面传来震耳欲聋的声响。我走到窗边，发现一辆新的奔驰车停靠在街边，它的警报声非常吵闹。没有人愿意待在它的附近。后来，警报声停止了。几分钟之后，它又再次响起。我又走到窗边去看看是怎么回事。但是这一次，警报声的速度慢了一些。声音停止。接着，过了几分钟，又响了起来。这样重复很多次。几个星期之后，只有从家里客人痛苦的表情中，我才能意识到外面有吵人的警报声。

习惯化的实验研究表明，只有当刺激在每次重复时发生改变或者增加，才能使个体出现并维持与原始反应一样强度的反应。在一项研究中，实验者让每个人都能听到轿车的警报声，开始是震耳欲聋的声响，然后变成嘟嘟的声音，接着声音变弱，再变成刚开始的巨大声响。这里，声音的变化并不是要骚扰别人（虽然它足以影响别人），而是为了避免发生习惯化。

除了扰人之外，习惯化的结果还可能是危险的。在世界流行文化中所投射的影像似乎越来越暴力。视频游戏以身体爆裂和鲜血飞溅为特征。电影中所展示的暴力伤害和血腥，一度被认为是无法想象的。反复接触这样的影像对人们有何影响？根据最近的研究，这可能让他们以一种不好的方式"轻松地麻木"（Bushman & Anderson，2009）。在一项研究中，参与者玩一个暴力视频游戏，然后听到外面过道里发生了严重的肢体冲突，并且有人受伤。在第二项研究中，参与者观看一个暴力电影《恐怖废墟》（*The Ruins*），然后在走出影院的路上遇到一个脚踝受伤的女人正挣扎着去够她的拐杖。在两种情况下，参与者都比玩不太暴力的游戏或看一个非暴力的电影《尼姆岛》（*Nim's island*）的人更不愿意伸出援手。研究者推测，看到受苦和暴力的影像，让人变得习惯于他人的痛苦，结果就是当其他人需要帮助的时候，个体变得不愿提供帮助。事实上，根据一个总结了300多项研究的大型综述显示，反复暴露于暴力视频游戏会使个体的人格更具攻击性而同情心更少（Anderson et al.，2010）。

甚至是一些重要的生活事件的影响也会随着时间的流逝而慢慢减弱（Brickman，Coates，& Janoff-Bulman，1978）。举例来说，有人中了百万美元的乐透大奖，那天他/她会异常兴奋，但是时间长了，他/她就不会像之前那么高兴了。他/她已经习惯了百万富翁的身份状态。当然，与此相反的情况也会发生。比如说，一个人因为事故下肢瘫痪了。刚开始，他/她很悲痛。渐渐地，他/她习惯了这种重大的创伤，会告诉自己，情况并没有自己想象的那么糟糕。他/她会慢慢地重新快乐起来。习惯化可以解释为什么人们会高估未来事件对自己情绪的影响，无论是好事还是坏事。时间长了，即使是获得一个比较大的升迁也不会让你像你预期的那么快乐，而没有通过考试也不会让你像你预期的那样痛苦（T. D. Wilson & Gilbert，2005）。看来，人们可以适应任何事情。

经典条件反射

假设你十年前搬离了一个地方，然后再也没有回去过，但是某一天，当你发现你过去的邻居在你身边时，你可能就会陷入对过去居住地的回忆当中了。仿佛你就走在你从前每天都会走的街道上，长期被遗忘的影像以及感觉充斥着你的大脑。这是一种奇怪的感觉，有点像故地重游。你可能会体验到一种不可名状的情感，但是，你知道这是你这些年都没有感受过的；你可能会奇怪自己怎么会对相似的信箱或者古老的门产生这么强烈的反应；甚至你可能会有年轻了十岁的难以形容的感觉！为什么会这样呢？其实，这种经历正是**经典条件反射（classical conditioning）**的结果。

经典条件反射是如何运作的　经典条件反射的实验经常以狗作为研究对象。经典条件反射的创始人伊凡·巴甫洛夫（Ivan Pavlov）最初的兴趣是研究生物的消化过程。（巴甫洛夫于1904年依靠他在这一方面的成果获得了诺贝尔奖。）他所选择的被试是狗，他把狗固定在一个仪器上，观察它在进食时唾液的分泌情况。

他发现了一些出乎意料的结果。他本来想研究狗在进食时唾液分泌的情况，但是却发现狗在进食前就已经开始分泌唾液。它们在听到负责喂食物的助手的脚步声或者听到它们平时进食时外面出现的车声时就开始分泌唾液。这一发现使得巴甫洛夫的研究不再停留于纯粹的生理学，而是开始了对心理的研究。巴甫洛夫没有接受同事们的建议，而是认为心理学研究是更有意思的，并且开始专注于研究心理刺激能够产生唾液分泌以及其他生理反应的情形。

他的第一个成果使联结主义的原则发生了重大的改变。它证明，在喂食前较短的时间里响铃——而不是在喂食的同时响铃——才可以快速并可靠地建立起唾液分泌的反应模式（但是如果响得太早了，也会失去它的效果）。联结主义认为两个一起经历的事物可以在头脑中建立起联系。然而，巴甫洛夫发现，条件反射并不是简单的刺激配对的过程，它会卷入对动物的训练过程，也就是说教给动物一个刺激（铃声）是另一个刺激（食物）的信号。经典条件反射以及联结主义之间的差别虽然很细微，却是非常根本的，因为它意味着联结主义的基本原理其实是错误的。概念之间建立联结并不仅仅是因为它们一起发生，而是因为一个概念的意义改变了另一个概念的意义。过去，铃声仅仅是一种声音，而在这里它意味着"食物来了"。

经典条件反射在消极事件方面一样适用。如果你在一个令人不愉快的环境中进食，比如说当你病了的时候，或者如果食物本身比较脏，你之后可能都不会再吃这种食物了（Rozin & Zellner，1985）。或者，如果你认为吸烟或吃肉是不道德的，那么香烟或者肉可能会令你作呕（Rozin，1999；Rozin，Markwith，& Stoess，1997）。你也有可能从此把肉叫作"令人发胖的食物"，把香烟叫作"癌症棒"。

经典条件反射以及生理学　经典条件反射能够影响情绪反应以及低级的行为反应，比如唾液分泌。一些研究也表明，人体的很多平时不受心理控制的器官会受到经典条件反射的影响。研究者所报告的受经典条件反射影响的"行为"包括胰腺分泌胰岛素，肝脏产生肝糖，心跳的速度以及胃、胆囊、内分泌腺中液体的流动（Bykov，1957；Bower & Hilgard，1981）。

这些发现使人们对生理健康越发关注（Dworkin，1993；King & Husban，1991）。举例来说，癌症病人在接受化疗时经常会出现恶心的反应，之后，病人只要进入有化学药物的房间就可能产生恶心的反应。无意识的经典条件反射同样可以改变药物的效果。把海洛因注射到血液里会引起一种生物对抗过程，这种过程能够降低海洛因的作用，这就是为什么吸毒成瘾者吸食的时间越长，所需要的剂量就越大。通过条件反射过程，吸毒者只要看见注射的针管或者进入吸食毒品的房间就能够产生生物对抗过程。那么，如果吸毒者在一个他过去不曾到过的地方吸食毒品的话，会发生什么呢？因为这个地点并不是条件反射的环境，因此，在注射之前是不会产生生物反抗过程的，这样的话，吸毒者注射的剂量很可能是严重过量的（Siegel，1984；Siegel & Ellsworth，1986）。除此以外，我们还可以通过经典条件反射过程教人们如何控制他们的免疫系统（Ader & Cohen，1993）。

习得性无助　到目前为止，我们考察了当个体学习一个刺激与另一个刺激建立联结时会发生什么情况。那么，当一个刺激并没有与另一个建立联系时会发生什么呢？听起来，这简直不用回答，在这样的情况中什么也学习不到。但是，事实上，这样的环境可以教会我们重要的一课：世界是不可预期的。如果你经历的偶然事件没有任何预兆，比如说痛苦的打击，你会学习到：你永远都是不安全的（Gleitman，1995）。

不可预期的感觉不仅会让人感觉不愉快，而且会对人们产生重要的影响。如果给一群老鼠施加可以预期的电击，也就是在每次电击之前给予灯光警告，而另一群老鼠在同样的时间给予电击，却不给予任何警告，结果，没有警告的那群老鼠更容易患上胃溃疡（Seligman，1968；Weiss，1970，1977）。这一发现说明了害怕和焦虑之间的差异。当一个人知道危险是什么的时候，他/她会感觉到害怕，而且会觉得危险即将到来；当危险的来源并不明晰的时候，或者人们不知道危险到底什么时候到来时，人们会感到焦虑。也许一个长期焦虑的人经历的"重大打击"的数量和常人一样，但是他们却永远无法学会预期灾难何时发生。

这种由不可预期引起的焦虑感能够导致**习得性无助**（learned helplessness）的行为（Maier & Seligman，1976；Peterson，Maier，& Seligman，1993）。关于老鼠和狗，以及后来的人类研究都表明，获得独立于个体所做事情的随机的奖励及惩罚，能够使个体产生"所做的任何事情都没有用"的观念。这样的观念又会导致个体产生沮丧的情绪（W. R. Miller & Seligman，1975）。沮丧的一个比较典型的特征就是人们会反复质问"为什么这么烦"，一旦出现这种征兆，人们就会觉得很多事情看起来都过于麻烦，甚至是起床。习得性无助的理论假设是：不可预期的奖励和惩罚最终会导致个体觉得他/她所做的任何事情都是没有用处的，并表现出相应的行为。

人格中的S-R概念　经典条件反射的原理为人格理论开辟了一个新的方向。早期的美国行为主义者，如华生，他们对人格的理解直接来源于巴甫洛夫的观点。他们假设，生活中必要的活动就是学会大量的针对特定环境刺激所产生的反应，而且人格是由一系列习得的S-R（刺激—反应）联结所组成的。因为每个人都有不同的学习历史，所以每个人风格都是不同的，而且S-R的类型也并不是结构化的或者是一致的。它只取决于个体恰巧学习到了什么，举例来说，如果一个人在家里很强势而在工作时很谦和，那么，办公的环境会使他/她产生恭顺的反应，而家里的环境会使他/她变得强硬。目前，这种人格概念已经过时了，就像我们在本章末尾将要看到的那样，但是，它是行为主义解释人格的一个比较早期的版本。斯金纳引入了操作性条件反射的概念，极大地丰富并扩展了基础的行为主义。

操作性条件反射

一个好的厨师总是喜欢不断地尝试。他/她很少使用相同的配料、烹饪时间或者方法。然而，有一点是一致的，就是好厨师都会不断地通过实验提高自己的水平。实验时，对于提高烹饪有效的事件得到了重复，而不起作用的行为则会被抛弃。厨师每建立一种新的烹饪风格，他/她的创造行为就会得到改变和提高。

效果律（The Law of Effect）：桑代克　这种来自于经验的学习类型所适用的对象并不仅限于厨师，甚至是整个人类。其实，在很早之前，研究者就曾把猫作为研究对象进行此类研究。在巴甫洛夫开始以狗为研究对象开展工作之前，美国心理学家爱德华·桑代克（Edward Thorndike）就把饥饿的猫放入一个他称之为迷箱的装置中（图15.1）。猫只有做出特定的行为才能逃出箱子，比如说推动电线或者按压杠杆。这样的行为能够使箱子突然弹开，猫就可以跳出箱子并找到一些食物（Thorndike，1911）。

桑代克发现，随着逃离次数的增多，猫逃离的速度越来越快。一开始，猫需要花费3分钟离开箱子，在25次练习之后，它只需要不到15秒钟就可以逃出迷箱。

操作性条件反射技术：斯金纳　斯金纳（1938）指出，对于巴甫洛夫所研究的狗，虽然它们自身发生了改变，分泌了大量的唾液，但是它们并没有影响到周围的环境。这只是狗在经过训练之后出现的一种反应。即使狗并没有分泌唾液，肉也一样会出现。但是，桑代克所研究的猫则是通过推动杠杆打开了箱子，这个时候，环境已经发生了变化，原来关闭的门弹开了，使它们可以逃离出去。

图15.1　桑代克的迷箱

先驱心理学家爱德华·桑代克把猫放到这只箱子里，并观察它用多长时间能从箱中出来。旁边有食物作为奖励。猫学得很快。

斯金纳把第一种类型的学习称为**反应性条件反射**（respondent conditioning），意味着由环境所引起的反应是消极的，并不能使环境本身发生改变。第二种类型的学习称为**操作性条件反射**（operant conditioning），这是斯金纳更感兴趣的。这种学习意味着动物利用自身的优势学着"操作"它周围的环境。

为了得出操作性条件反射的法则，斯金纳发明了一个后来被称为"斯金纳箱"的设备。这个装置和桑代克所使用的迷箱大体上是一样的，只是斯金纳箱更简单，而且通常用于老鼠以及鸽子等动物。斯金纳箱里只有一个杠杆以及一个传送食物丸的斜道。在斯金纳的实验中，他把一只鸽子放在斯金纳箱里，鸽子开始到处乱撞。之后鸽子走动了几步，并用嘴巴梳理自己的羽毛，最终推动了杠杆。食物丸立即沿着斜槽滚了下来，鸽子获得了食物。但是，鸽子并不是非常聪明，接着，它又开始重复之前的动作。它到处跳，梳理羽毛，最终再一次撞到了杠杆，食物丸又一次滚落下来。鸽子渐渐开始理解其中的联系，它撞击杠杆的比率稳步增长，有时它甚至不再做其他多余的动作，而是直接按压杠杆（取决于强化的频次）。

这里的鸽子和厨师在行为主义者看来并没有多大的区别。它们都是通过操作性条件反射进行的学习。如果动物或者人在出现一个行为之后，随之出现了一个好的结果，即**强化**（reinforcement），行为就更可能再次出现；如果动物或者人在出现一个行为之后，给予惩罚，行为出现的频次就会变少（我们接下来会在本章详细讲述惩罚）。

无论斯金纳如何强调强化来自环境对有机体的作用，操作性条件反射的结果都不是很合乎逻辑的。因为，按照斯金纳的逻辑，不管行为与结果之间的真实联系是什么，强化会对任何行为产生作用。就像一个小笑话，我曾经在一个同事的项目申请书上贴了10美元以示"好运"，那个项目获批了。几个月后，每个同事在递交申请书之前，都让我给贴上钱。

　　斯金纳致力于开发改变人类以及动物行为的技术，也就是行为的塑造。雕刻家通过雕刻一块一块泥土，最终塑造了人类或者动物的形状。雕刻的过程是一小步一小步的，结果却是令人吃惊的。行为的塑造也一样可以通过这种方式。奖励鸽子去撞击杠杆，然后提高奖励的标准。如果鸽子想要得到奖励，它就必须向前走一步，向后走一步，然后再撞击杠杆。（因为鸽子会持续做出很多不同的行为，所以它最终是会做出这个行为的。）这一行为也会逐渐变得频繁。然后再提高奖励标准。不需要多久，鸽子就可以跳出完整的探戈，并准备好参加《与星共舞》（*Dancing With the Stars*）了。[②]

图15.2　斯金纳箱

心理学家斯金纳将鸽子放置在这个箱子里，进行了一些著名的学习实验。

　　有这么一个故事，别人告诉我的时候说是真的，但有可能是虚构的——斯金纳在哈佛大学的学生想在他们尊敬的老师身上试验操作性条件反射的原理。他们想让斯金纳不再在讲台上演讲，而是在靠近门口的某个地方讲课，而且是一只脚在走廊上，一只脚在教室里。一天，当斯金纳开始讲课时，学生们显得很烦躁，而且到处走动。当他恰巧离讲台有一步之遥的时候，学生们抬起头认真听课。斯金纳一回到讲台，学生们又恢复到慵懒的状态。当斯金纳学会在离讲台一步远的地方讲课之后，学生们又提高了标准——只有当斯金纳离讲台两步远的时候，学生们才会认真听课。学期末时，斯金纳已经在门口讲课了，而且一只脚在走廊上。他偶尔还会跑回讲台看看自

---

② 不见得。

己的笔记，然后回到门口继续讲课。更幽默的是，一天，一位同事恰巧看到了斯金纳讲课的过程。他问斯金纳为什么在门口讲课，而不是在讲台上。斯金纳回答："你不知道吗，门口的光线更好。"

下面这个例子是关于我大学室友瑞克（Rick）的，这是真实的，因为是我亲眼所见的。瑞克在我主修心理学之前就修习了心理学（他现在是爱达荷州一名成功的消防员——谁说心理学学士找不到好工作？）。一次，瑞克需要完成一个在真实生活中塑造行为的作业。他选择了宿舍中的休闲室，大家每天晚上六点都会聚在这里观看《星际迷航》（Star Trek）③。瑞克除了主修心理学之外，也会一些电器修理的活儿。他把一根电线接到电视机里，再将电线穿过地毯通入他的房间，并用一个按钮连接电线。只要他一按按钮，电视的画面就会变得不清晰。

一切就绪。夜晚到来，随着人群渐渐聚集，他悄悄地选好了他的试验品，他将要让这个人站在电视机前，一只手放在头顶，另一只手直指向天，一只脚离地。随着电视内容越来越精彩，瑞克按下了按钮，画面立即变得不清晰了。很多人为了看清楚，都跳了起来，但是只有当瑞克选中的人站起来时，画面才会变清楚。只要她一坐下，画面就变得模糊。在她开始站着看电影之后，瑞克又提高了标准。现在，她不得不站在电视机前才能使图像清晰。在七点钟以前，瑞克选中的人已经站在电视机前，一只手放在头顶，另一只手直指向天，一只脚离地。

电影结束后，瑞克走到女孩面前，假装无辜地问她为什么一直保持这种站姿。女孩答道："噢，你不知道吗，这样，身体就会像天然的天线一样了。"

行为的起因 从一些故事中我们能够得出许多道德准则，或许也包括心理学家和他们的学生都不相信的道德准则（参见第3章对道德的讨论）。更深一层的道德准则是，人们可能会因为很简单但自己并不清楚的理由去做某些事。人们甚至会为他们的行为虚构出各种各样的理由，而事实上，这些理由与他们真实的行为起因毫不相关（Nisbett & Wilson，1977）。

"嘿，这很不错。每次灯一亮，我就会按压杠杆，然后，他们就会给我写一张支票。你那儿怎么样？"

但是不要想得太远了。人类的思维有很多过程，虽然偶尔产生错误，但经常会通向正确的结果（Funder，1987）。你可以愚弄一些人——就像斯金纳或者那个室友——让他们做一些不知道具体原因的事。但是，在大多数情况下，我们知道为什么去做确定的事，这是因为奖励并不都是隐蔽的。薪水可以让很多人工作，就是一个有效且明显的强化。

---

③ 即便那时候，它也在重播。

"我们用唯一的激励机制奖励那些优秀的执行者。那就是金钱。"

惩罚

不忍杖打儿子的，是恨恶他。（He that spareth the rod hateth his own son。）

——《旧约·箴言篇》

惩罚，是人们每天都在使用的一种控制行为的行为主义方法。虽然很多人使用这种方法，但它是有危险的。或者，更确切地说，只有当它被正确使用时，才会起作用。可是，问题是惩罚很少被正确使用。

惩罚是在行为之后出现的一种令人厌恶的结果，目的是为了阻止行为并避免行为的重复。三种人经常使用惩罚：家长、老师以及老板。这也许是因为这三种角色有一些相同的目标：

1. 开始一些行为

2. 维持一些行为

3. 避免一些行为

通常，达到目标1和目标2的策略是奖励。老师使用金灿灿的星星以及加分的方式达到目标，家长使用零用钱以及大餐的形式，老板用加薪以及奖金的形式。这些策略都是在使用奖励。（奖励是极好的行为矫正工具，因为它是有效的，而且是不受限制的。）但是，如何实现目标3呢？

很多人认为阻止或者避免人们做某事的唯一方法就是惩罚。

这是错误的！你同样可以用奖励的方式达到这一目的。你应该做的就是找到一个与你想要避免的行为相矛盾的行为反应，然后奖励这种行为反应。不要在小孩看电视时惩罚他，而要在他/她看书时给予奖励。或者，如果你想阻止药物滥用，你可以提供一些与毒品无关的奖励，为那些药物滥用者提供娱乐、教育以及一些有用的工作。尽可能将这些其他的活动作为奖励，那么，吸食毒品将会变得越来越没有吸引力。

让我们看看著名的禁毒运动——"说不（Just Say No）"。拒绝毒品是很难的，除非在拒绝的同时接受其他的事情。然而，我们的社会更喜欢惩罚那些吸毒者，而不是为他们提供他们可供选择的奖励。原因并不是为了节省钱，关押囚犯一年需要的纳税人的钱是为一名加利福尼亚大学学生提供一年的住宿及教育的经费的1.5倍。所以，我觉得真正的原因是人们对待惩罚的态度以及想象力的缺乏，也就是缺少心理方面的教育。尽管我并不能改变人们对待惩罚的态度，但是我会尽我所能做一些心理教育方面的事情（比如说，写这本书）。

奖励在工厂里也很少被采用。我的一个朋友现在是商业方面的心理咨询师。他的第一个客户是一家木材厂。工厂的管理者沿用着非常老旧的管理方法。监督人员坐在高处的玻璃棚中，透过玻璃监督着整个生产线。他用望远镜监控着，每当他发现有人犯错就走下来，大声责骂应该负责的工人，有时会降职或者开除工人。工人们无疑很害怕监工的这种方式。同时，工人们也会尽量遮掩他们的活动。工人们的积极性很低，经常出现旷工的情形，甚至偶尔会出现一些破坏行为。

我的朋友所采取的第一步就是把所有的监工聚集起来，给予他们一些指导（我的朋友所收取的费用是很高的，所以公司要求所有人都要听从他的建议）。他告诉监工们，调动员工积极性的立竿见影的方法就是不再惩罚工人。取而代之的方法是，他们坐在玻璃棚中监工，有工人做得非常好时，他们走下来表扬那名工人。如果工人所做的工作确实值得其他人模仿的话，他们要给这名工人发一些奖金。

对于这一看似疯狂的计划，监工们都很困惑，也很抵触。但是，他们不得不遵守。当然，你肯定能猜到结果。一开始，工人们都很害怕。但是，渐渐地，工人们开始希望监工能够走到自己身边。接着，工人们甚至开始向监工展示他们所做的事情，因为这样做也许可以使他们获得奖金或者赞赏。工人们开始喜欢监工，而且开始喜欢他们的工作。旷工的现象消失了，工厂的生产力猛涨。我的朋友自然获得了他的咨询费用。

如何惩罚

考察惩罚是否起作用的一个途径就是检验使用惩罚时的规则是否正确。行为主义者们认为，以下五条原则是非常重要的（Azrin & Holz，1966）。

1. 其他方法的可用性　在惩罚某一行为时，必须提供可供选择的其他反应。这种可供选择的反应一定不是惩罚性的，而应该是奖励性的。如果你想用万圣节的恶作剧惩罚孩子的话，你就应该提供另一种非惩罚性的选择，甚至是一种奖励，比如万圣节的晚会。

2. 行为及情境的明确性　一定要非常明确你正施与惩罚的行为以及受到惩罚的情境。这一原则是给一般家长提供建议的基础，建议家长永远不要笼统地把孩子当成"坏孩子"来惩罚（这同宗教里的教义是一致的，"憎恨罪恶，但疼爱罪人"），而是要有针对性地惩罚"晚归"或者"对长辈不尊"这样具体的行为。不确定自己为什么受到惩罚的孩子，为了安全起见，会变得拘谨而且害怕，因为他/她不知道自己做什么是对的，而做什么是错的。

3. 及时性和一致性　有效的惩罚需要在你想要避免的行为出现后立即施予，每次行为一发生就进行惩罚。否则，受到惩罚的人类（或动物）可能不理解到底哪个行为是被禁止的。如果人类（或动物）受到了惩罚，但并不理解为什么，那么结果可能只是一种泛化的禁止，而不是针对具体行为的改变。

你曾经犯过这样的错误吗？繁忙的工作之后，你疲倦地回到家里，却发现你的狗把厨房的垃圾弄得到处都是。狗看到你回来就向你问好，而你看到之前的一幕，则狠狠地打了你的狗。你的惩罚本来是针对狗乱丢垃圾的行为，但是，从狗的角度来看呢？把垃圾到处乱丢已经是几个小时之前的事情了，而它在受到惩罚之前所做的则是向你问好。这会导致行为发生怎样的变化呢？这种类型的错误很常见，这也说明其实生气时所使用的惩罚是很危险的。惩罚虽然使你的情绪得以发泄，却无法达到预期的效果。

4. 惩罚的替代刺激　通过为惩罚生成替代的刺激，能够弱化真实的惩罚。我曾经对我的猫用过这样的方法。我的猫经常乱抓家具。我买了一个塑料喷水瓶，里面灌满了水，然后把它放在身边。当我的猫开始抓沙发时，我先发出嘶嘶的声音，然后立即用水喷猫。不久后，我不需要喷猫，"嘶嘶"的声音就足以让猫立即停止它的行为。人们也经常会用一些言语的警告来达到类似的目的。很多家长都使用这种方法，"我数到3，如果你还不停下来，你就要遭殃了。1，2……"

5. 避免加入其他的信息　这尤其要警告家长们。很多时候，惩罚孩子之后，家长们会内疚地抱起孩子。这是错误的。最坏的结果是，有些孩子为了获得惩罚之后的拥抱开始做坏事。在你觉得你必须惩罚时再惩罚，但是不要混入你自己的情感。和这个问题类似的一种变形就是家长之间在教育孩子时行为不统一。爸爸惩罚孩子，孩子就跑到妈妈那里诉苦获取同情，反之亦然。这都会产生反作用。

惩罚的威胁

如果没有遵从上述规则，惩罚会产生不良的后果。惩罚者必须非常小心，这是由于以下几个原因：

1. 惩罚会产生情绪唤起　惩罚会产生的首要威胁就是它能引发情绪反应。对于惩罚者而言，它会产生兴奋、满意，甚至是攻击性的冲动。惩罚者可能会失控。几年前，洛杉矶警察让违规驾驶者罗德尼·金（Rodney King）靠边停车。他们把他从车里拽出来，让他躺在地上，然后开始殴打他。这一行为恰好被附近一个手边有摄影机的居民拍了下来。该视频被多次播放，提供了一个惩罚失控的活例子。殴打金所唤起的情绪已经使警察们失去了自我控制的能力。

受罚者也会产生情绪唤起。在定义中我们就提到过，惩罚是令人厌恶的，会使受罚者感到痛苦、不舒服或者羞耻。它同样能唤醒受罚者对惩罚者的恐惧、憎恨，以及想要逃离的想法，甚至是自卑。这些强大的情绪反应会影响人们正常、清晰的思考。结果，受罚者是不可能"学习到任何事情"的。当你很害怕，处于痛苦、矛盾以及羞耻感中时，你能很好地学到什么？惩罚者经常觉得他/她的惩罚是在教别人不要再出现某种行为，但是，受罚者是如此的痛苦，以至于他们除了想"让我离开这里"之外，不再思考其他事情。

"对我而言，什么是合适的惩罚呢？我觉得，恰当的惩罚会使我一直活在内疚当中。"

2. 惩罚很难保持一致　假设有一天，你失去了一个大客户，受到了老板的责骂，溢出来的番茄汁洒到了你的裤子上，而且你发现你的轿车莫名出现了一个新凹痕。当你回到家中，你的孩子把棒球从卧室的窗户扔了出去。你会怎么做？

再想象另一天，你获得了一个大客户，受到了老板的嘉奖，而且比你预期的少花了5000美元买到了一辆漂亮的新轿车。当你回到家中，同样看到棒球从窗户飞了出去。现在，你会怎么做？

在两种环境中，很少有人对孩子的行为产生一致的反应。（那些能够做到的人简直就是圣人。）然而，孩子们的行为是相同的。惩罚会随着惩罚者心情的不同而改变，这就是为什么惩罚很难保持一致的原因。

3. 很难测量惩罚的严重性　在一些虐待儿童的案件中，家长们以为只是轻微的拍打，却很可能使孩子受伤。家长们很少考虑他们比孩子高大，尤其在愤怒的时候，这就可能会造成家长很难控制惩罚孩子的力度。另外，言语一样可以伤人。家长、老师或者老板的责骂能引起强烈的羞耻感，会使受罚者产生比惩罚者所想象的更严重的心理悲痛，而且能唤醒使情形变得更糟的逃离或者报复的想法。

4. 惩罚使人学会滥用权力 惩罚意味着强壮的、有权力的人会伤害弱小的、低权力的人。结果，受罚者会觉得，只要等到我长大了、有权力了，我就可以惩罚别人了！因此，很多童年时受到虐待的人，长大后也会虐待自己的孩子。孩子受到的惩罚会对他们的个性有着持久的影响（Hemenway, Solnick, & Carter, 1994; Widom, 1989; Raymund, Garcia, Restuog, & Denson, 2010）。

5. 惩罚会激隐瞒行为 受罚者有很好的理由去隐瞒那些可能会受到惩罚的行为。你有没有在老板靠惩罚建立规则的公司中工作过？没有人和其他人说话，人们更不会跟老板说话。如果员工们不说话，老板就注意不到公司里所发生的事情。奖励则能产生相反的效果。当员工们因为努力工作预期得到奖励，而不是因为糟糕的工作预期受到惩罚的时候，员工们自然会用他们能做的所有事情去吸引老板的注意，因为这可能会得到奖赏。他们没有任何理由去隐瞒，这样，老板就能够密切地关注到员工们正在进行的一切操作。（这是我们之前介绍过的木材厂的例子。）

这在家庭中一样奏效。如果孩子预期会从父母那里得到惩罚，那么他们会尽可能地切断一切与父母的联系。如果预期得到奖励，自然会产生相反的结果。

惩罚的底线

正确使用惩罚是行为控制的有效途径。但是，正确使用是几乎不可能的事情。正确的惩罚要求惩罚者理解并应用之前阐述的所有原则。同样要求惩罚者的情绪以及个人的需求不会影响到他/她的行为，这也是非常困难的。因此，惩罚的底线是：如果你正确使用惩罚，它将会非常有用，但恐怕也只有天才和圣人才能很好地使用惩罚。

社会学习理论

行为主义自认为非常符合科学标准，也有很多实践性的应用，例如我们刚刚看过的关于惩罚的窍门。然而，在行为主义早期，一些心理学家便怀疑它并没有阐明事情的全貌。研究黑猩猩的德国心理学家沃尔夫冈·苛勒（Wolfgang Köhler）就是其中之一。他给黑猩猩设置谜题，例如把香蕉悬挂在他的黑猩猩够不到的地方，然后观察它们会怎么做。有一些解决方法十分聪明，例如将几个箱子堆叠起来或用一根棍子以撑竿跳的方式去够香蕉（见图15.3）。苛勒认为黑猩猩所做的不仅仅是从奖励中学习，它们实际上理解了周围的环境，形成了顿悟（insight）。证据是，一旦黑猩猩学会了获得香蕉的行为，它们就会立即采用这一方法，而不是循序渐进（Köhler, 1925; Gleitman, 1995）。多年前，我的同学们意识到只要提到"强化"就能获得分数，黑猩猩这种迅速的改变就如同他们当时的改变一样。

　　几年后，顿悟的观点被应用到行为主义，进而为社会学习理论以及后续一些认知方向的研究开辟了道路。此后，研究开始陆续展开。社会学习理论的兴起改正了经典行为主义的一些缺点。

　　行为主义最明显的缺点是忽视了动机、思想和认识。斯金纳和其追随者的著作就明确地拒绝承认思想是很重要的，甚至拒绝承认思想的存在。行为主义者当然不会对思想进行研究。相比之下，社会学习理论者主张人们思考、计划、感知和信念都是学习中重要的部分，并且对于思想的研究必须基于这些过程。

　　其次，令人吃惊的是，经典行为主义在很大程度上是以动物为基础的。斯金纳的大部分研究采用小白鼠和鸽子，桑代克偏向于用猫，巴甫洛夫则用狗。行为主义者之所以经常研究动物，是因为他们希望用公式表示与所有物种都相关的学习法则。这是一个值得赞赏的目标，但是社会学习理论者认为，行为主义过分地关注对于动物而言重要的学习元素，比如强化，但对于人类特有的研究则远远不够，比如通过思考去解决问题。

图15.3　苛勒的聪明黑猩猩

德国心理学家沃尔夫冈·苛勒所研究的黑猩猩想出了很多方法去够到悬挂的香蕉，包括堆叠箱子和用棍子做撑竿跳。

　　经典行为主义的第三个不足之处就是忽视了学习的社会维度。斯金纳箱中的老鼠或者鸽子都只是单独待在里面，它不能与其他动物进行交流、学习或者相互影响。然而，人类的学习通常具有社会倾向。我们通过观察别人而学习，这是被隔离起来的鸽子无法做到的事情，这也是社会学习理论者非常关注的一点。

经典行为主义的第四个不足之处是它把有机体看成是消极的。老鼠或者鸽子是如何进入斯金纳箱的？很简单，它就被放在那里。一旦进入箱子后，伴随的各种情况就是固定的，甚至可能是自动化的。鸽子不会试图离开箱子，如果它们没推动杠杆就得不到食物，它们就永远不会从箱子里走出去。但是对于人类来说，情况就不同了。一个重要的标志是（如果没有限制的话），我们不仅选择自己的环境，而且能够改变我们周围的环境。

设想如果老鼠可以在几个斯金纳箱中进行选择，那么它们就能够改变箱中强化伴随的各种情况。对于人类来说，真实的生活就与此类似。晚宴上的你可能会做出在其他场合中都不会做的行为，但是，你可以选择是否参加这个晚宴。同时，一旦你出现在宴会中，宴会就会因为你的出现而发生改变。这些事实使分析环境对行为的影响变得非常复杂。与经典行为主义者不同，这些复杂的因素正是现代社会学习理论者所愿意研究的。

三个主要的人格理论弥补了行为主义的不足。尽管这三种理论彼此存在着很大差异，但它们都被称为社会学习理论。这三种理论的创始人分别是约翰·多拉德（John Dollard）和尼尔·米勒（Neal Miller），朱利安·罗特，以及艾伯特·班杜拉。

多拉德和米勒的社会学习理论

约翰·多拉德和尼尔·米勒是20世纪40至50年代耶鲁大学的心理学家。在他们的社会学习理论中，最关键的概念就是**习惯层级（habit hierarchy）**。在某一段特定时期，你最可能出现的行为表现位于你的习惯层级的最高点，出现可能性最小的行为表现位于最低点。举例来说，在某段时间内，处于你的习惯层级最高点的行为是读书，那么，读书就是你正在做的事情。如果在习惯层级底端是的行为是跳舞，尽管并不是不可能发生的，但是你在房间中跳舞的可能性则会非常小。如果吃东西所处的层级稍微高点的话，你很可能放下书本去找些食物吃。多拉德和米勒认为，奖励、惩罚以及学习的效果就是使习惯层级再排序。如果你在跳舞的时候得到奖励，这个行为以后就更可能会出现；如果你在读书时受到惩罚，那么读书的行为再次出现的可能性就会降低。

注意，多拉德和米勒的理论已经在很大程度上偏离了经典行为主义。斯金纳认为，学习改变了行为。多拉德和米勒则认为，学习改变了一个不可观察的心理实体的排序，也就是习惯层级。这种习惯层级实际上就是人格。个体的学习使他/她形成了一个独有的行为排序——在他/她更可能做或不太可能做的行为之间。多拉德和米勒认为，了解这个排序是了解一个人的最佳方式。

动机及内驱力

你想得到什么，你又为什么想要得到呢？这都是有关动机的问题。根据多拉德和米勒的观点，这些问题得从需要的角度解释，需要会产生心理内驱力。**内驱力（drive）**是一种心理紧张状态，只有当它被减弱的时候，人们才会感觉好。快乐源于产生内驱力的需要得以满足。

人们有两种很重要的内驱力。**基本驱力（primary drive）**包括食物、水、生理舒适、避免生理疼痛、性满足等需要所引起的驱力。**衍生驱力（secondary drive）**包括爱情、繁殖、金钱以及权力，也包括一些避免恐惧和耻辱的消极驱力。多拉德和米勒认为，在发展的过程中，衍生驱力是后来形成的。他们这样说道：

> 无助的、赤裸裸的婴儿刚一出生就具有如饥饿、口渴以及对疼痛和寒冷做出反应的基本驱力。然而，他并不具有任何以部落、种族、社会阶级，或者职业区分的成年人的动机。对金钱的憧憬，成为艺术家或者学者的理想，恐惧及羞愧感这些重要的内驱力是在社会化的过程中逐渐习得的。（Dollard & Miller，1950）

多拉德和米勒认为，无论是基本驱力还是衍生驱力，没有驱力的降低就不存在所谓的强化（也因此没有行为改变）。根据他们的驱力降低理论，如果一个奖励能够激发目标行为，那么这个奖励必须能够满足某种需要（见图15.4）。

驱力（基本的或衍生的）　→　需要　→　行为　→　满足　→　强化

图15.4　驱力理论

驱力可能是基本的（基于生理的）或衍生的（习得的）。驱力创造需要，需要又产生满足驱力的行为。这种满足会形成强化，强化使得行为在未来更可能发生。

这个原则并不像听起来那么简单，因为它带来一个很重要的问题：是否所有行为（以至生命）的目标仅仅是为了满足欲望，并最终达到一种"零需要"的状态？目前的一些分析表明，在理想状态下，所有的需要都得到了满足。到那个时候，人们没有任何动机，就像毫无生命的肉团一样呆坐着。这显然很有问题，因为人们并不向往这种状态，而且，为了避免所有的需要得到满足，人们也经常会放弃自己惯用的方法来提高需求水平。

举个例子，假如你今晚将在一个要花费120美元的四星级宾馆用餐，就算你已经很饿了，也不会在晚上六点的时候吃一袋薯条。为什么不吃呢？因为就像你妈妈经常说的那样，它会"破坏你的胃口"。如果你已经吃饱了，那么这顿饭的乐趣将会减少，而且很难使你感觉物有所值。但是，假如目标就是很单纯的获得一种零饥饿的状态，那么吃薯条还会有影响吗？

> 举个例子，假如你今晚将在一个要花费120美元的四星级宾馆用餐，就算你已经很饿了，也不会在晚上六点的时候吃一袋薯条。

再比如说性欲的唤起和满足。人们寻找新奇的方式以达到性唤醒，而不是仅仅为了性满足。看起来，性唤醒以及性需求的程度越高，为了满足需求所需要的努力就越多。衍生驱力也是以这种方式运作的。很多人并不仅仅试图完成他们接到的任务，还积极地寻找新的工作内容。人们在完成了前一项任务之后，会开始一项新的工作，产生新的需求。寻求新挑战可能是完善论幸福感的一个基础，后者在第13章中有所讨论。

这些事例需要我们对驱力降低理论做出一些修正。也许，真实的强化并不是零需要的状态，而是从高需要状态转入较低的需要状态的变化。按照这个命题来说，最重要的事情是，最初和最终的需要状态之间的距离。这一原则解释了为什么人们在得到满足之前会有意地提高现有的需要水平或者提出新的需要。

挫败感及攻击性

如果你的室友有一次挫败的经历，比如说没有通过考试或者约会遭到了拒绝，那么你要注意了。无论什么事，都可能会使他/她生气。一不小心，你就很可能惹怒他/她。假如你把袜子放在了沙发上，你将会受到责骂。要是你没有激怒他/她，那么他/她就可能会去砸墙发泄，或者冲那些引发问题的人大喊大叫。

虽然并非每个人都这样，但这种反应是很常见的。一旦这种反应出现，有趣的心理问题就是，他/她为什么生气？特别是，人们为什么把愤怒发泄到与问题无关的人身上，比如无辜的室友或者墙壁？多拉德和米勒认为，可以用**心理挫折—攻击假说（frustration-aggression hypothesis）**来解释其行为：任何人在目标受阻或者受到挫折之后很自然的反应就是出现猛烈的击打以及伤害行为。受到阻碍的目标越重要，产生的挫败感以及攻击的冲动就越大。

攻击的目标应该指向产生挫败感的源头。但是多拉德和米勒借用了弗洛伊德关于置换的观点，描述了攻击冲动是如何被转向其他方面的。如果你的老板很不公正地拒绝让你升职，这会使你产生挫败感以及愤怒的情绪，但是，如果你还想保住工作的话，你就不能把怨气向你的老板发泄。于是，你可能回到家中，猛踢墙壁或者指责你的配偶。

心理冲突

有趣的事情也能引发恐惧。大家可能有这样的经历，我们对一直期望的事情也会产生一种恐惧。这里以蹦极为例。我的一个学生报名参加了周日的蹦极。他花了钱，而且是自愿报名的，这样，他本应该认为那是很有趣的事情。随着蹦极的日子越来越近，他变得越来越紧张（即使他的同伴也报名参加蹦极，对他而言也毫无帮助）。他就好像在去与不去之间做着生死徘徊。在这个事例中，他去了（而且，我应该补充一下，他并有没死）。

多拉德和米勒关于**趋向—回避冲突（approach-avoidance conflict）**的理论，对这种在期望和恐惧之间的冲突以及它是如何随时间而发生变化的进行了详细的阐述。这一理论有以下五个关键的假设：

1. 驱力强度的提高可以增加接近或回避某一目标的趋势。
2. 当存在两个相互竞争的反应时，强度较大的反应（在其背后有更大的内驱力驱使着）最终会胜出。
3. 离目标越近时，接近一个积极目标的趋势会有所增加。
4. 离目标越近时，回避一个消极目标的趋势也会有所增加。
5. 最重要的是，趋势4比趋势3更显著。这是因为随着一个消极的目标越来越近，远离它的趋势变得越来越强，而且它比接近一个积极目标的趋势变化得更快。用术语来说，回避的倾斜程度要大于接近的倾斜程度（见图15.5）。

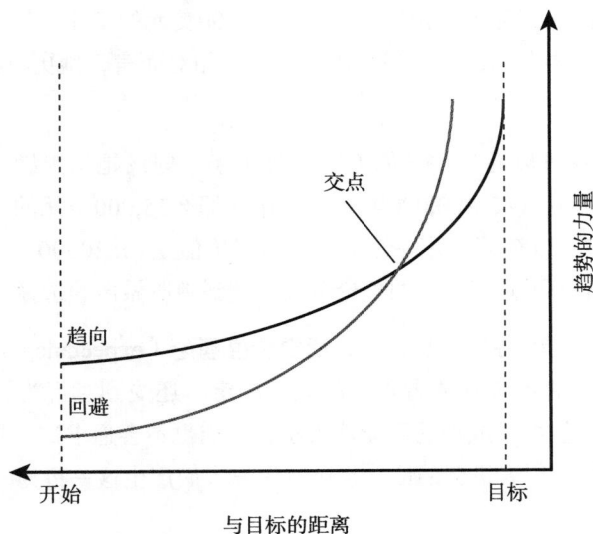

图15.5　趋向—回避冲突

接近或者回避一个既吸引人又令人害怕的目标（如蹦极）的趋势会随着时间的推进而改变。根据多拉德和米勒所说，随着目标的接近，两种趋势都在增加，但是回避趋势的变化比接近趋势要快。在两条趋势线的交点处之后，人们将会停止行动。蹦极的活动很可能在最后一分钟被取消。

这些原则产生了一些有趣的预测，尤其是当卷入的目标存在积极与消极因素的冲突的时候。比如说蹦极、飞机旅行这些令你既期待又很害怕（因为你恐高）的目标，或者是你自愿报名的演讲也会让你很担忧。多拉德和米勒的理论做出以下预测：当距离目标的时间还比较远的时候，人们很愿意接受这些行为；但是随着时间的接近，人们就开始拒绝这些行为。即使像蹦极、飞机旅行、演讲等在上个星期看起来非常好的事情，其消极部分还是会变得比积极部分更加显著。最后，你可能就会放弃这件事情了。

这也是一条很有用的原则。举例来说，如果你负责安排一些人做演讲，那么你应该尽早安排演讲者并让他们做出承诺。在提前六个月的时候，很多人会做出承诺，但如果你在事情的前一天才通知的话，他/她很有可能会拒绝。多拉德和米勒的理论很好地解释了为什么牙医提前很久就预约病人，为什么退机票如此之难。

罗特的社会学习理论

朱利安·罗特的社会学习理论主要关注决策的制定以及期望所扮演的角色（Rotter，1954，1982）。

期望价值理论

一个即将大学毕业的女生仔细地审视着校园招聘的公司清单。她只能参加一个公司的面试，她把目标锁定在两个公司上。其中一家公司每年的薪水是35,000美元，另一家是20,000美元。她应该参加哪个面试呢？经典行为主义预期她会选择35,000美元的工作。但是，根据罗特的社会学习理论，还有一个因素需要考虑，即得到工作的机会。相对而言，她更有机会获得20,000美元的工作。

罗特认为，她的选择可以通过数学的方式计算出来。假设她认为她获得35,000美元的工作的机会是50%，而她肯定可以获得20,000美元的工作。那么35,000美元的工作的期望价值就变为0.50×35000，也就是17,500美元。另一份工作的期望价值是1×20000，也就是20,000美元。显然，第二份工作的期望价值更高，罗特的理论可以预期到她所做出的选择。

这个虚构的例子展示了罗特的核心方法，**期望价值理论（expectancy value theory）**。该理论假设，行为决策不仅由是否有强化或者强化的大小决定，还受到对行为结果可能性的预期的影响。即使强化很吸引人，但如果成功的可能性很小，人们也不会追求这一目标。相反，即使某事并不那么吸引人，但如果有很大机会的话，也还有激发人们产生这一行为的可能。

期望以及控制点

对某一行为的**期望（expectancy）**是个体对于这一行为能够达到目标的可能性或者客观概率的认识。如果你邀请某人，他/她同意的可能性多大？如果你应聘一项工作（而放弃其他的工作），你能获得它吗？如果你去上课，它会影响到你期末考试的分数吗？期望就是你对于某一行为是否能够起作用的信念。

由于期望就是一种信念，所以它可能是正确的，也可能是错误的。罗特认为某一行为实际上是否会成功并不重要，如果你认为它会成功，那么你就去尝试。只要努力，付出的行为是有可能带来成功的。但如果你认为它不可能成功，你连试都不会试。

罗特的理论与经典行为主义之间的关键区别在于：经典理论的视角关注实际的奖励与惩罚，罗特的理论则关注对奖励与惩罚的预期。罗特认为，这些预期形成了其后的行为。在这一点上，罗特的社会学习理论同现象学的观点有些类似，即人们对现实的印象比现实本身更重要（见第13章）。

罗特强调，人们实际上有两种期望：明确的和概化的。明确的期望是对某一确定行为在某一确定的时间及地点产生确定结果的信念。比如说，如果在星期二的午后，你邀请玛丽星期五与你约会，她会答应吗？对这一答案的预期取决于以下所有的因素：你什么时候问的，你问了谁，以及约会的时间安排等。在另一个例子中，如果你星期一去上课，当天课上的知识对考试会有什么帮助呢？通过课程提纲，你有理由相信星期一的课程是很重要的，但是你仍然可以不上这天的课。

在相反的一端，人们有一种概化的期望。这是对你所做的事情是否可能会引起改变的一般性信念。有些人认为他们几乎无法控制发生在他们身上的事情，他们的概化期望是很低的。另外，有些人相信他们正受到的强化是产生他们行为的直接原因，这些人具有很高的概化期望。有高概化期望的人看起来更加精力充沛而且有很高的动机，而那些低概化期望的人更容易无精打采以及沮丧。概化的期待是一种广义上的人格变量，它实际上可以被当作一种人格特质，正如第4到第7章中所讨论过的。

罗特有时也将概化期望称为控制点（locus of control）。内控者有较高的概化期望，他们将事件的原因和控制归于自己的力量。外控者有较低的概化期望，他们将事件的原因和控制归于外部的环境，个人不能预测也无能为力。后来的学者们则强调，控制点（概化期望）在人生的不同方面是不同的。比如说，有些人在学术成绩方面是内控型的（他们相信自己能够控制学术成绩的结果），而在其他方面则是外控的。也有一些心理学家研究内部健康控制点，他们研究两类人之间的差异，即那些相信自己的行为会影响自身健康的人们以及认为自己无法控制自身健康的人们（Rosolack & Hampson，1991；Lau，1988）。甚至，人们对于约会的控制点也是不同的。也许，并不是每个人都愿意赴你的约会，但是，你应该认识到，在某个地方一定有某个人渴望和你约会。

班杜拉的社会学习理论

第三类社会学习理论来自斯坦福的心理学家班杜拉。班杜拉的社会学习是直接建立在罗特的基础之上的（Bandura，1971，1977）。虽然两人的理论有很多相似之处，但也有很多重要的差异。罗特关于概化期以及控制点的概念阐述了个体之间的差异。而班杜拉的理论很少强调个体之间稳定的差异，事实上，班杜拉忽视了人们之间的不同之处。班杜拉超越了罗特，他强调学习的社会本质以及人们与其环境的相互作用。

效能预期

班杜拉将罗特的期望重新解释为**效能预期**（efficacy expectations）。这两个概念都认为，预期是个人能够成功完成某事的信念，而且个人对现实的解释比现实本身更有价值。然而，它们并不完全相同。罗特对于期望的界定是，人们做某事时达到目标的可能性。班杜拉的预期则是指人们首先做某事的可能性。

回忆一下之前那个女大学生选择工作的例子。罗特假设她可以应聘任何工作，关键是她对于自己是否能够得到工作的想法，即她对于行为结果的可能性预期决定了她的行为。

班杜拉典型的例子是对蛇的恐惧。来访者想要克服对蛇的恐惧，改变以前不相信自己能够靠近蛇的观点。如果这一信念能得到改变，他/她就能够靠近蛇，并克服恐惧。关键并不是他/她触摸蛇之后会发生什么，而是他/她是否能做到先靠近蛇。

班杜拉和罗特的理论都来自经典行为主义，但前者走得更远。罗特的期望是一种关于强化的信念，并被看作行为改变的关键。而班杜拉的效能预期，或**自我效能**（self-efficacy），是对自身做某事的能力的一种信念。比如说，你会有这样一种效能预期，就是某天你一定能够读完这本书。对我而言，我也有我能够写完这本书的预期。我们对于自己能力的预期会影响到我们是否会坚持下去。既然你正在读这本书，那么我们就可以认为，我的效能预期成立了。你的呢？

效能预期也会受到自我判断的影响（见第17章）。举例来说，如果你认为自己很有魅力，你更可能会去邀请你感兴趣的人与你约会。换句话说，你的自我概念（self-concept）影响了你对自身的效能预期。当然，无论是自我概念还是对自己的效能预期，这些与你是否真的有魅力是没有关系的。一个人实际的吸引力也许并没有他/她认为的那样有影响力，但是，那些相信自己很有魅力的人经常会做得格外好。

班杜拉强调，效能预期是干预治疗中的关键目标。班杜拉认为，如果你在你能完成的事情和自己实际完成的事情之间达到了平衡，那么你的生活就会非常理性、和谐。同时，效能感也能够创造真实的能力。不管通过什么办法，只要说服蛇恐惧症患者他/她能够触摸蛇，最终他/她就会获得这样做的能力。因此，治疗真正的目标不是行为，而是信念。

研究表明，增强自我效能感不仅能提高动机，而且能提高行为表现。一项研究比较了两性的腿部力量及耐力（Weiberg, Gould, & Jackson, 1979）。在一种实验环境下，研究者告知参与者，正在与他/她进行比赛的竞争者膝盖受过伤，以此来提高参与者的自我效能感。在另一种实验环境下，参与者被告知，正在与他/她进行比赛的竞争者是大学田径队的队员，以此来降低他的自我效能感。即使在实验之前我们测得两组参与者的真实腿力是一样的，但是，在高效能感条件下的参与者比低效能感条件下的参与者表现得好很多，而且效果非常显著。一般来说，男性的腿部比女性更有力量。但是，在这个研究中，相比于低效能感条件下的男性来说，高效能感条件中女性的腿部耐力更强。

因此，提高效能预期是一种很有效的方式。在班杜拉的心理治疗模型中，他采用了很多策略以实现这个目标，包括一些言语的鼓励（"你能做到！"），以及榜样作用（modeling）。所谓榜样作用，就是指让人们通过观察榜样如何完成某一行为而习得新的反应。对蛇恐惧症患者的治疗可能包括让其看到其他人兴高采烈地触摸一条蛇。最强有力的技术则是让来访者实际施行这一行为。因此，治疗的目标就是要逐渐增强到来访者敢于触摸蛇的那个点。要让来访者相信这种事情是可能的，这是最有效的方法。

班杜拉对于自我改变的看法与自我效能类似。其理念就是，如果你害怕做某事，那么就强迫你去做。当你再做这件事的时候，就不会那么困难了。一个小例子：假设你知道你应该锻炼，但你也知道你并不是那种能每天坚持锻炼的人，那么你该怎么做呢？控制你的作息，无论如何都要锻炼。如果你能坚持下来，你就会改变自己最初的看法，锻炼自然而然就会成为你日常生活的一部分，而不是必须强迫自己才会去做。麦迪逊大街（美国广告中心，Madison Avenue）为某一运动品牌的鞋子做广告时，创作了这样的广告语："尽管去做吧！（JUST DO IT.）"

观察学习

班杜拉的理论中最有影响的部分就是**观察学习（observational learning）**，也就是个体通过观察他人的行为而学习某一新的行为。这种学习和斯金纳箱中的学习完全不同。心理学家们曾经认为，只有人类才能进行观察，但是近期的研究则否定了这一论点。鸣禽可以通过观察的方式进行学习。有些鸟类只是通过听成鸟的歌声就学会了歌唱，却没有任何的奖励或惩罚。在《国家地理》节目中，我想大家都看到过，幼狮就是通过观察母狮来学习猎食的。很明显，很多动物都可以进行观察学习。研究表明，鸽子也可以通过观察其他的鸽子进行学习（Zentall，Sutton，& Sherburne，1996），但是猿（猩猩）有时则不能进行观察学习（Call & Tomasllo，1995）。人类与它们不同的地方就是，我们几乎通过观察来学习每一件事情。

班杜拉用"充气娃娃"的经典研究证实了观察是如何起作用的（见图15.6）。充气娃娃是塑料的，其底部是半圆形的，在其受到撞击之后会反弹回来。班杜拉通过一系列的研究证明，观看过成人攻击充气娃娃的录像的孩子稍后更可能出现攻击行为，尤其是当孩子看到成人们因为攻击行为而受到奖励时（Bandura，Ross，& Ross，1963）。由此，我们可想而知，电视对人的影响是显而易见的。如果一个人——尤其是孩子——每天都看到因为暴力受到奖励的影片，日后很可能也会出现这样的行为。

观察学习也可以起到积极的作用。一个积极的榜样能够提供有用的、合适的行为供青年人模仿。如前所述，班杜拉介绍了一种说服蛇恐惧症患者去触摸他/她所害怕的爬行动物的方法，就是先让他/她观看研究助理触摸蛇。如果一个学生想取得更好的成绩，或一个雇员想在工作上取得进步，那么观看成功的学生和雇员做了什么，然后模仿他们的行为，是一种明智的做法。

大人攻击充气娃娃　　　　　　　　　　儿童攻击充气娃娃

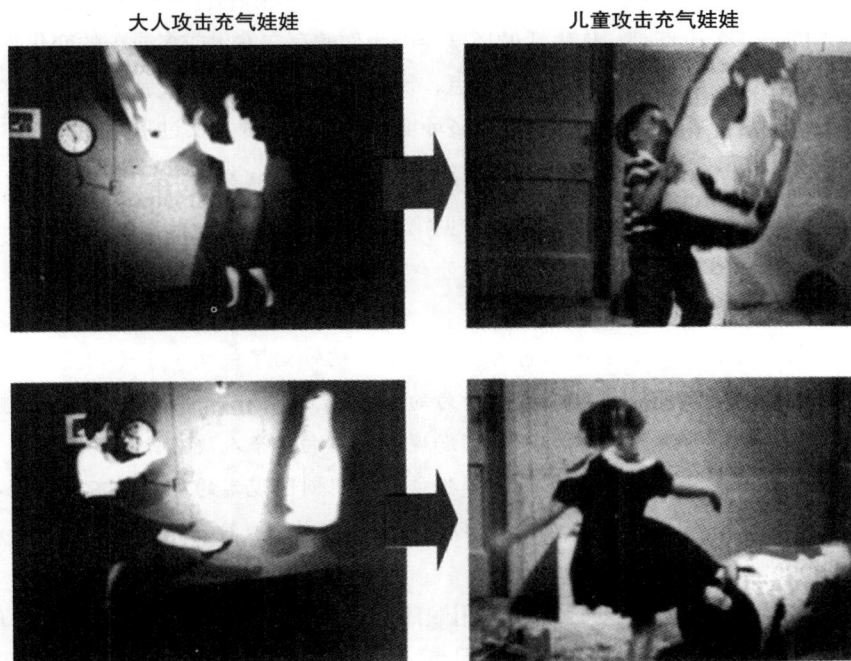

图15.6 充气娃娃的研究

在这个经典的研究中，看到大人攻击充气娃娃的儿童更可能出现攻击充气娃娃的行为。

交互决定论

班杜拉社会学习理论的第三个创新点就是**交互决定论（reciprocal determinism）**，它阐述了人们是如何塑造其周围环境的（Bandura，1978，1989）。经典行为主义的观点，甚至罗特的理论，都把强化以及环境视为作用于人的影响因素，而人本身却是很被动的。班杜拉则指出，这样的观点过于简单（见图15.7）。人并不是仅仅被放置于环境当中，就像老鼠被放在斯金纳箱中一样。很多情形下，人都在主动选择影响他们的环境。假设你进入了大学，所有的强化都可能成为你上课、读书以及其他你不太可能做的事情的起因。但是如果你不是主动地进入校园（并且负担自己的学费），所有这些因素都起不了作用。类似地，如果你主动参加了一个群体或者军队，环境因素立即开始重塑你的生活。不要低估它的能力，要重视你所选择的社会环境对你的影响。

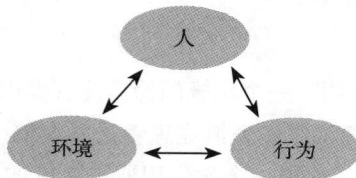

图15.7 班杜拉的交互决定论模型

人、他们的环境和他们的行为都会在一系列持续不断的互动中彼此影响。

交互决定论的第二个论点是，你生活的环境会因为你的存在发生或多或少的变化。宴会因你的出现会变得活跃（或者静下来）。因为你的观点，班级的讨论转向了一个新的话题。你可以决定你家里的家具布局。在这种意义上，你控制了很多环境因素，这些因素反过来又影响着你的行为。

交互决定论的第三个论点是最重要的。班杜拉与行为主义最大的不同就是，他强调自我系统的发展对个体的行为产生影响时独立于环境（见第17章）。以下是班杜拉所发表的介于现象学与行为主义之间的观点：

单向的环境决定论以一种激进的行为主义的形式被带向了极端……（但是）人类学家以及存在主义学者重视人类的意识判断能力及行为的意图性，他们认为，个体能够通过他们的自主选择决定他们做什么。越来越多的心理学家发现，用单向的个人决定论解释人类行为，就如同单向的环境决定论一样不能让人们信服。那些主张思想创造现实的观点并不完全正确，它否认了环境因素可以部分决定人们的注意、感知以及思考等行为。（Bandura，1978）

在交互决定论中，自我系统与环境的作用顺序就如同鸡生蛋、蛋生鸡的问题。环境影响自我，自我又影响环境，环境再影响自我……但是，哪个过程是先产生的呢？班杜拉的回答非常明确，也带有明显的行为主义色彩，那就是——环境。社会学习理论不仅没有脱离行为主义对于环境作用的强调，其观点——尤其是班杜拉的观点——还极大地促进了行为主义理论的发展。华生和斯金纳强调环境是如何塑造行为的，班杜拉阐述了行为是如何塑造环境的。即使你做的事情对自己的影响很小，但还是会有。因此，你所做的事情的起因并不仅仅存在于客观世界中

（就像行为主义者认为的那样）或者是主观思想中（就像人类学者认为的那样），而是源于这两者的交互作用。

认知情感人格系统

在班杜拉的基础上，认知社会学习理论学者沃尔特·米歇尔注意到，人们并不只是行动、观察或者思考。米歇尔的人格理论来源于乔治·凯利（George Kelly）的个人建构理论。这在第13章中描述过。建构主义认为，世界建构着每个人的观点及思想。凯利的理论是认知取向的，他认为个人建构影响着信息被注意、组织以及记忆的方式，我们将在第16章对此进行重点阐述。凯利的工作是20世纪60年代激增的认知研究的先导。然而，他从未将自己的构念观点与认知心理学紧密地联系起来。

尽管如此，凯利的学生受到了其建构主义理论的影响，并发展了认知取向的社会学习理论。这个人就是沃尔特·米歇尔，他引发了"人—情境之争"，他主张在决定个人的行为时，情境因素比人格特质更重要（见第4章）。米歇尔的理论整合了两个重要的观点。第一，就是现象学的观点，尤其是凯利的，个人对于世界的解释或者建构是最重要的。如果从现象学的角度出发，理解一个人的思想就可以理解这个人的全部。第二，是认知系统的观点，也就是把思想看成多个同时进行但偶尔会发生交叉的轨迹。这两种观点的结合就是米歇尔的理论——认知情感人格系统（cognitive-affective personality system，CAPS；Mischel，1999）。

系统间的交互作用

米歇尔的理论认为，人格以及认知系统中最重要的部分就是系统之间的交互作用。人格是"调解个体如何进行选择、解释以及加工社会信息并生成社会行为的稳定的系统"（Mischel & Shoda，1995）。他提供了下面的例子：

请大家想象这样一个例子，在等待体检结果的时候，个体会四处搜索并聚焦于情境中那些对自身健康存在威胁的具体特征，这些特征被编辑成不利于自身健康的编码，同时引发个体焦虑。焦虑进而促使个体继续搜索那些信息，并同时反馈形成不利于自身健康的编码。个体感知到的威胁使个体相信目前的情形已经无法控制，这样的想法引发了进一步的焦虑以及对消极结果的预期。消极的预期和焦虑同时激活了防御系统，使个体产生了一种由强度不同的一系列行为组成的反应模式。这些事件同时发生，在系统中平行活动。个体最终形成的行为既取决于情境特征，也取决于个体认知网络的组织以及所卷入的情感。（Mischel & Shoda，1995）

换句话说，许多加工过程同时进行，会产生很多不同的结果。由这一系列的加工过程所输出的结果并不仅仅是一种。个体如何感受，想到了些什么以及他/她最终会做什么，是很多不同的加工过程互相影响的结果。西格蒙德·弗洛伊德以及沃尔特·米歇尔都是这样认为的。

认知的个人变量

米歇尔的理论最早提出于1973年（当时被称为"认知社会学习理论"），他认为人格的差异来源于四种个人变量。

1. 认知及行为的建构能力 这种能力是由个体的脑力以及行为技巧组成的，具体包括智力、创造力、社会技巧以及职业能力等。

2. 编码策略及个人建构 人格的这些部分包括个体头脑中关于社会是如何被建构的观念（凯利的个人建构系统）以及效能感预期，也就是个体对自身能力的预期（班杜拉所描述的）。也包括对自身的一些看法，比如"我是一个害羞的人"。

3. 主观价值取向 这一观点与罗特社会学习理论中关于期望的观点很相似，就是指个体对于达到某一目标的可能性的想法。它也包括个体对于不同奖励的看重程度。比如说，对于某些人来说，金钱是比声望更重要的，但是对于另一些人则不然。

4. 自我调节系统及计划性 这与班杜拉理论中自我系统的概念密切相关，就是指控制行为的一系列过程，包括自我强化、情境的选择以及有目的地改变所选择的情境。但是，米歇尔更关注人们是如何控制自己思想的。

米歇尔的研究中比较经典的例子就是儿童的延迟满足。在他的研究中，给予儿童两种奖励，棉花糖和饼干。告诉儿童，他/她可以立即得到两者中他/她不是那么喜欢的食物，但是如果他们能够再等几分钟的话，就可以得到更好的奖励。米歇尔感兴趣的是儿童在等待的期间会采取什么样的策略。

米歇尔给予正在等待的儿童的一个建议就是，把头脑中非常渴望的物体想象成其他的。也就是说，假设儿童更喜欢棉花糖，他/她在等待的时候想象"有嚼头的、甜甜的、软软的口感"一定很难忍受。但是，如果儿童把棉花糖想象成乌云，那就很容易再等待一段时间了。如果儿童更喜欢饼干，让他/她想着饼干"脆脆的、咸咸的口感"，孩子很快就忍耐不住了。但是如果把饼干想成一块棕色的木头，孩子就会更愿意等待。

通过这一研究，米歇尔不仅明白了如何帮助儿童延迟满足，并且也证实了一些现象学的观点：

研究结果清楚地表明，孩子头脑中的意象——不是他们面前的物理实体——决定了他们延迟的能力。（Mischel，1973）

米歇尔不仅在认知心理学领域做出了极大的贡献，而且在建立认知与人格的联系方面也做出了巨大的努力。22年之后，米歇尔及他的学生更新了他们的理论。他把原来的四种个人变量变成了五种，新加入的变量是情感或者说情绪。根据米歇尔所说，他们之所以加入新变量是源于1995年的研究，这个研究说明了"情绪能够显著地影响社会信息的加工以及行为处理过程"（Mischel & Shoda，1995；也见Mischel，1999）。

"如果……那么……"

对米歇尔的人格理论最重要的补充就是他所谓的"如果……那么……"的观点。在不同的刺激情境中，人格变量导致个体出现不同的行为反应。比如说，受到辱骂的人，他/她可能只是走开。但是，在不同的"如果……那么……"的模式下，可能出现暴力的反击（Shoda，1999）。每个人的模式都是不同的，是由他/她的行为信号所组成（Mischel，1999）。在对该理论的一项应用研究中，心理学家苏姗·安德森（Susan Andersen）认为精神分析中移情的观点就可以解释为"如果……那么……"的模式。如果一个人见到另一个能够使他/她回忆起自己父亲的人，那么他/她就会像对待父亲一样对待这个人（Andersen & Chen，2002；Andersen & Thorpe，2009）。另一项研究发现，对于比赛胜利、比赛失败、比分相同或接近等情境，青年棒球教练拥有稳定的"如果……那么……"反应模式（Smith，Shoda，Cumming，& Smoll，2009）。

米歇尔想用"如果……那么……"模式代替人格特质作为理解人格差异的重要元素。"如果……那么……"模式最主要的优势就在于它的明确性。某一种特质，比如强势，只能大致地预测一个强势的人会做些什么。把特质用"如果……那么……"的模式重新定义的话，就可以具体地预测如果一个人参加一次商业会议，那么他/她将会迅速地主导整个会议。"如果……那么……"的观点能够很好地描述人们随着情境改变他们行为的方式。也许，同样一个在会议上很强势的人，在家里就完全不一样。相反，按照特质论来说，强势的人会在所有情境中都展示自己的特点。研究表明，特质论的观点大体上是正确的（见第4章），但是"如果……那么……"理论则是一种例外，它强调某种具体的情境会使强势的行为更可能发生。

米歇尔的"如果……那么……"模式将特质重新界定为明确的行为模式，进而实现了人格特质与社会学习和认知概念的整合。举例来说，如果一个友善的人见到陌生人，那么他/她可能会主动发起谈话。如果一个害羞的人在社交场合，那么他/她可能对于任何拒绝的信号都很敏感。人格特质在提供有效的方式思考行为时显得过于宽泛和模糊。而将"如果……那么……"模式与特质整合起来，则能使二者互相补充、互相丰富。

人格的学习理论：贡献和局限

人格的学习理论有三个主要的成就。

第一，从华生、斯金纳到班杜拉、米歇尔，每一位学习理论研究者都为将心理学建立成一门客观的科学而努力。他们的工作，尤其是早期行为主义者，以理性的理论、严密的实验设计以及用数据说话而著称。在这一点上，学习理论学者们值得其他流派的心理学家借鉴学习。

第二，学习理论的学者们比任何一个理论的拥护者更认同一点，那就是他们关注人们的行为是如何受环境影响的。特质理论强调，行为具有跨时间和情境的稳定性；生物学者们检验人体内的生理、遗传过程；心理分析以及人类学者们研究人们头脑中的事物对其行为的影响。学习理论者，甚至是较晚期的班杜拉和米歇尔，他们都很关注情境，他们认为我们的行为取决于受到的奖励和惩罚。

每一种人格取向都有其独特之处，都具有其他理论不可替代的方面。特质理论提醒我们个体差异的重要性，生物学理论重视生理及遗传，精神分析理论强调无意识，人类学提醒我们意识的重要性。学习理论者的任务，就是让我们知道，生理、社会环境以及具体的情境同样会影响我们，会塑造我们的行为以及我们自身。

第三，学习理论为我们提供了一个有效的行为改变技术。学习的过程就是行为改变的过程，因此，只要我们一小步一小步地应用学习的概念，就可以治疗恐惧以及其他情绪和行为上的失调。目前，已经有很多证据证明这些技术至少在短期治疗方面是很有效果的。

但是从长期来讲，效果又如何呢？这使我们认识到学习的人格理论存在两个重要的局限。首先，用学习理论治疗恐惧的长期效果并不明显，会出现其他的问题（Eysenck & Beech，1971；Bootzin，1972）。请大家看下面这个例子。我的一个朋友曾经担任加利福尼亚州药物治疗机构的主管。他用戒酒硫（Antabuse，用于治疗慢性醇中毒）这种药治疗酗酒者。戒酒硫能够使服用者在饮用酒精时产生恶心、眩晕等反应。用经典条件反射的原理，我们可以想象，经过一段时间之后，酗酒者就不再喝酒了，他们一看到酒就会产生一种厌恶的感觉。

之后又会发生什么呢？病人离开病床之后，他/她会在第一个路口停车，然后把戒酒硫扔进垃圾箱。随后，病人开车到最近的酒吧。这说明，人们比经典条件反射理论中的知识要复杂得多。酗酒者很聪明，他们知道戒酒硫会使他们喝酒的时候感到不舒服，但只要停止服用戒酒硫，他们就可以继续喝酒了（直到他们再一次被送入监狱或者医院）。

学习理论的第二个也是更重要的一个局限就是，尽管社会学习理论承认人们的思考，但是它们并没有正确地评价人类思考对行为的影响程度。思考方式不同，个体对相同的情境做出的反应就不同。[④]社会学习者们明白，对奖励的认知评估比奖励本身更重要。但是，认知的力量远不止

---

④ 罗特的社会学习理论比较关注个体控制点的差异，是学习理论中的一个例外。

于此。想象比真实的经验更重要，记忆能够影响甚至决定感觉，复杂的比较、评估以及决策过程在行为和环境之间占有重要的地位。但是学习理论者却高估了环境的作用，他们假定环境能够影响我们所做的一切。结果，人们的真实行为要比学习理论所阐述的更难改变。即使面对环境中强大的压力，人们还是习惯性地甚至顽固地维持着原来的样子。

行为主义和人格

工程师们有一条原则"成功源于简单"（Keep it simple, stupid.），简称"KISS"。他们用这句话提醒自己，在设计中增加任何一个多余的元素都会造成整个系统的瘫痪。在心理学中，早期的行为主义是将这一原则奉行得最为彻底的一门理论。华生和斯金纳开创了心理学中的这样一条原则，即在心理学中所需要的就是刺激和反应、强化和惩罚。这一原则简单明了地阐明了学习的核心过程，但是，人们也渐渐认识到，这一朴素的原则过于简单了。据说艾尔伯特·爱因斯坦说过，"让一切尽可能地简单，但不要过度简化。"要想很好地解释人类甚至动物的全部行为，有必要引入感知、思维以及策略等概念。近期的认知派社会学习理论学者米歇尔，将行为的起因以及人们是如何思考的整合到他的"如果……那么……"的人格模型中，我们之前已经读到过。

但是，讽刺的是，米歇尔的理论在华生的S-R联结中就已经初见端倪。让我们回忆一下华生的S-R联结理论。对于每个人（或"有机体"）来说，个体的S-R联结是其特殊的学习历史的反映，因此，每个人的S-R联结都是唯一的。除此以外，个体所学到的某一个S-R联结与其他的联结是没有任何关系的，比如说，某人学会了在会议上很强势的S-R联结，但并不意味着他/她在家里也要表现出来。换句话说，跟米歇尔一样，华生并不认同在第4章"人—情境之争"中讨论过的人格的跨情境一致性。

沃尔特·米歇尔并不是一个信奉华生的行为学家。他在数十年的理论研究中构想出的认知社会学习变量清单足以将他与坚定的行为主义学家的团体区分开来。然而，他对人格重新定义，将其视为彼此间缺少必需的联结的、习得的"如果……那么……"模式的怪异集合，在某些方面类似华生在百年前提出的S-R概念模型。"如果……那么……"模式遇见了"刺激—反应"模型，沃尔特·米歇尔遇见了约翰·华生。基本的行为主义原则继续影响着现代人格心理学。

总　结

行为主义

• 行为主义关键的原则就是所有的行为都来源于环境中的奖励和惩罚。

- 行为主义的哲学根源包括：经验主义，所有的知识都来源于经验；联结主义，配合在一起出现的刺激，呈现其中的任何一个都能引起相同的反应；享乐主义，生命的目标就是追求"快乐"；实用主义，最好的社会能够为最多的人提供最大限度的快乐。在行为主义中，学习就是由经验引起的任何行为改变。

- 学习的基本原则包括习惯化、经典条件反射以及操作性条件反射。经典条件反射影响情绪、情感以及生理反应；操作性条件反射则影响行为以及个体是如何"操作"其所处的环境的。

- 惩罚只有被正确应用时，才能称得上是操作性条件反射中的有效技术，然而，惩罚很难被正确使用。

社会学习理论

- 多拉德和米勒的社会学习理论认为，动机是基本驱力及衍生驱力的结果，攻击行为是经受挫折的结果，心理冲突是接近和避免某一目标的动机相互作用的结果。

- 罗特的社会学习理论强调，对奖励的期望比奖励本身对行为的作用更大。

- 班杜拉的社会学习理论关注个体对自身行为能力的期望是如何影响他们所采取的行为的。他也对观察学习和交互决定论进行了阐述。所谓观察学习就是指个体通过观察他人的行为及结果进行学习。交互决定论就是指个体的行为是由起源于环境的自我系统所决定的，个体的行为又会改变环境，环境反过来影响自我系统。

认知情感人格系统

- 米歇尔的社会学习理论阐述了个体差异变量，包括建构能力以及编码策略等。他整合的"如果……那么……"的人格模式讲述了个体是如何对其所面对的环境做出不同反应的。

人格的学习理论：贡献和局限

- 人格的学习理论使人们认识到环境对于行为的重要影响，并产生了一些有用的行为改变技术。但是，它们却低估了个体差异的重要性。

行为主义和人格

- 有趣的是，在学习理论的历史中，出现了一次讽刺的循环，华生的S-R联结在米歇尔的"如果……那么……"模式中再度出现。

思考题

1. 你的行为取决于奖励和惩罚吗？它还受到什么的影响？

2. 你会为了快乐而放弃自由吗？就像文章中所讨论的，实用主义的答案是肯定的，而存在主义的答案则是否定的。那么，思考另一个问题：你会为了安全放弃自由吗？这个问题与第一个问题有什么异同？第一个问题的答案是否暗示着政府的政策？那么第二个问题呢？

3. 惩罚是指导儿童行为的有效工具吗？它在何种情形下是最有效的？在何种情形下不应使用惩罚，如果存在这样的情形的话？

4. 多拉德和米勒、罗特、班杜拉、米歇尔的理论都被称为社会学习理论。它们之间的相似程度足以让它们被归为同一类型吗？这些理论的共同点和差异又是什么？

5. 米歇尔的"如果……那么……"人格模式是对华生S-R人格理论的再创造吗？还是说它是独特的？它的创新在哪里？

6. 如果行为主义没有出现，心理学现在会是什么样子呢？

推荐读物 >>>>>

Bandura, A. (1977). *Social learning theory*. Englewood Cliffs，NJ: Prentice-Hill.

Miller, N. E., & Dollard, J. (1947). *Social learning and imitation*. New Haven, CT: Yale University Press.

Rotter, J. B. (1954). *Social learning and clinical psychology*. Englewood Cliffs, NJ: Prentice-Hill.

尽管很多人认为班杜拉是社会学习理论的始祖，但事实上，他的版本只是上面几本书中概括的三个主要版本中的第三个版本。在三者当中，罗特的书可能读起来最有趣，因为它介绍了理论的直接应用和临床案例。

Skinner, B. F. (1938). *The behavior of organisms: An experimental analysis*. New York: Macmillan.

差不多每一所大学图书馆都有这本书（1938年的初版或者再版）。它值得作为第一手资料阅读。这本书是对杰出行为主义者的观点的最好的综合性审视，条理清楚并且富有智慧的见解，阅读之后你就知道为什么斯金纳会出名了。

电子媒体 >>>>>

登陆学习空间*wwnorton.com/studyspace*，获得更多的复习提高资料。

16

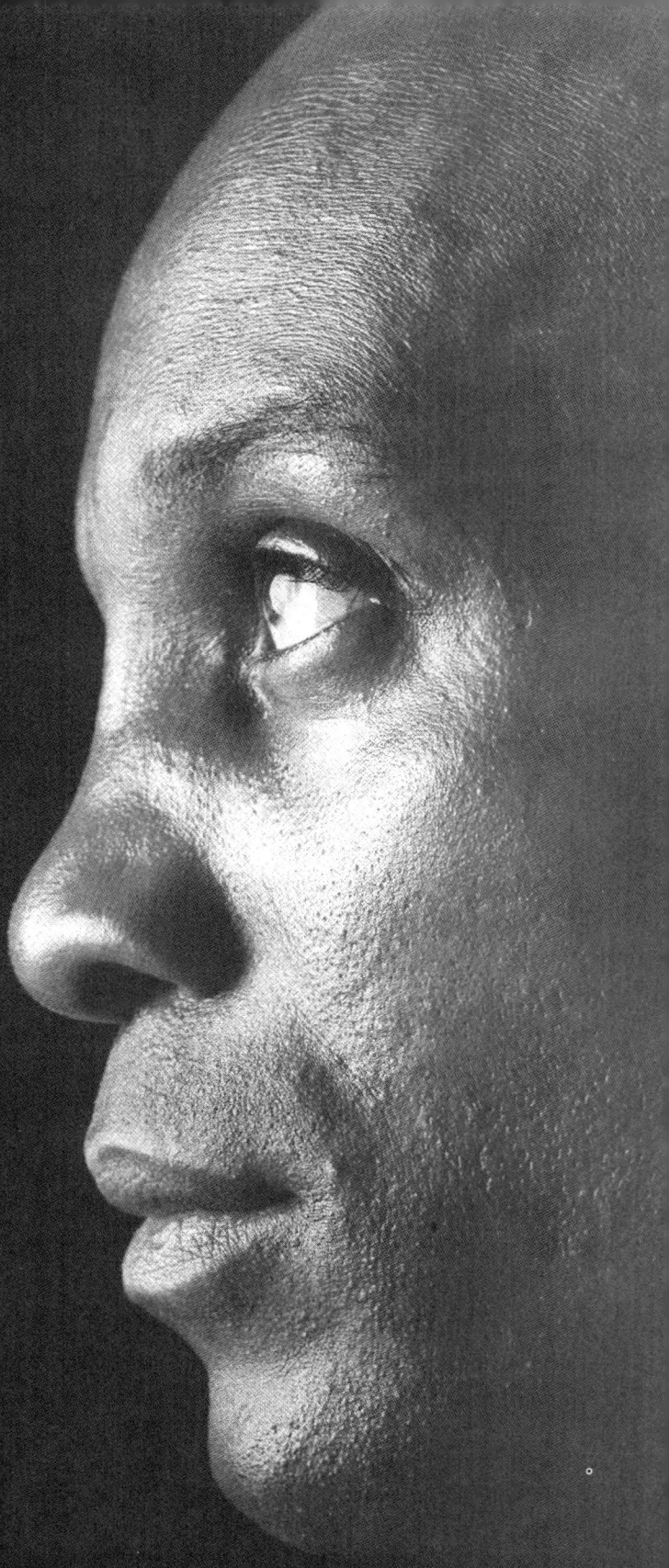

人格过程：知觉、思维、动机和情绪

1995年6月27日，著名演员休·格兰特（Hugh Grant）与应召女郎戴维妮·布朗（Divine Brown）正在进行性交易时被洛杉矶警方当场抓获。这事成为媒体追逐的热门。休·格兰特躲避了几周。当他最终在《今夜脱口秀》（*The Tonight Show*）出现时，主持人杰伊·莱诺（Jay Leno）不失时机地提了一个问题："你那时到底是怎么想的？"

如果你想了解格兰特为什么那样做，这是个很好的导入问题。但是在这个例子中（可能对于很多人的大部分行动而言也是如此），"思维"只是问题的一部分。我们同样需要去了解他的需求、他的感受和他对事件的看法。换句话说，期望、情感和感知也是非常重要的。心理学家莎拉·汉普森（Sarah Hampson，2012）认为，**人格过程**（personality process）是"随时间流逝而逐渐显露的，让人格特质起作用的机制"。人格过程包括知觉、想法、动机和情绪，了解这些对我们理解个体的人格大有帮助。

人格过程研究的历史根源

当前关于人格过程的大量研究直接起源于上一章中讲到的基于学习的研究取向。正如我们所知，20世纪早期，学习理论家们登上了历史舞台，并大肆宣称头脑中的事件不存在或者无关紧要，心理学最好忽略这些事件。但几十年以后，心理学家逐渐意识到这种取向实在太狭隘了。这为著名的社会学习理论学者罗特、班杜拉和后来的米歇尔等打开了大门。他们主要关注诸如解释、评价和决策等认知过程。你可以回忆一下，罗特强调关于环境的信念是如何决定人们对不同行为结果的期待，这些期待反过来决定个体的选择。大同小异，班杜拉的理论略有不同，他强调自我信念决定了个体对自己能力的期待，而这些期待又会影响个体的努力方向。米歇尔引入了一系列的变量，这些变量与决定人们对不同情境反应的"如果……那么……"模式的认知过程相关。

另外，第13章中讲到的现象学取向，特别是乔治·凯利的观点（1955）对于当前人格过程的研究产生了历史性的影响。和人格过程论学者一样，凯利强调个体思考世界的方法，他认为个人建构塑造着人格和行为。然而，另一个可能令人吃惊的联系是人格过程理论和精神分析理论的联系（第10至12章）。当代关于人格过程的一些理论能在弗洛伊德的概念中找到对应观点，例如，关于意识水平的观点，特别是前意识和潜意识的概念，以及有关在竞争性的心理亚系统中的妥协概念等。生物学研究的发展不断推动了人格过程的研究。比如，关于脑损伤个体的研究揭示了大脑中有关个体的表征是怎么组织的（见第17章）。最后，特质理论（第4章至第7章）很早就开始提出人格过程。每个人都与别人不同，他们在不同特质上的差异程度不同，确切地说因为他们的思考、感觉和需求不同。正如多年前奥尔波特所观察到的：

> 对于某些人来说，世界是一个充满敌意的地方，人们都邪恶而又危险；对于另一些人来说世界是个充满开心和欢乐的大舞台。它似乎既是一个做坏事的地方，也是一个培养友谊与爱的地方。（Allport，1961）

这个观察指向了汉普森（Hampsen，2012）对人格过程的定义：它是一系列步骤，人格特质通过这些步骤产生一个结果。具有不同人格特质的人看到的世界是不同的。这一知觉差异会让他们对生活事件产生不同的反应，然后又反过来影响他们的行为。例如，神经质水平高的人对消极事件有更强的感受，这导致他们对灾难有更强烈的愤怒或抑郁体验，从而做出让事情变得更加糟糕的应对行为。了解这个过程是有用的，因为如果可以中断这个过程，就可以避免不好的结果。对于神经质这种情况，正念者——高度觉察和专注于当下发生的事情的人——能够避免对生活中的坏事做出过激反应，从而避免过度愤怒或抑郁（Feltman，Robinson，& Ode，2009；见自测16.1）。

自测16.1 你是正念者吗？

说明： 下面是关于你日常生活体验的陈述。请用下面1—6的等级指出你现在拥有每一种体验的频率。请根据你的真实体验而不是你认为自己应该有的体验来回答。

1. 我可以体验到一些情绪，并且一段时间之后才会意识到它。

1	2	3	4	5
几乎总是	经常	有时	不经常	几乎从不

2. 我因为粗心、没有留意或想别的事情而打破或弄洒东西。

1	2	3	4	5
几乎总是	经常	有时	不经常	几乎从不

3. 我发现很难把注意力集中在正在发生的事情上。

1	2	3	4	5
几乎总是	经常	有时	不经常	几乎从不

自测16.1　你是正念者吗？（续）

4. 我总是快速走到目的地，不关心在路上有什么体验。

1	2	3	4	5
几乎总是	经常	有时	不经常	几乎从不

5. 我总是不在意身体的紧张或不适，直到它们攫取了我的注意力。

1	2	3	4	5
几乎总是	经常	有时	不经常	几乎从不

6. 几乎在别人告诉我他名字的同时我就忘记了。

1	2	3	4	5
几乎总是	经常	有时	不经常	几乎从不

7. 我似乎是"自动运作"的，对自己正在做的事情没什么意识。

1	2	3	4	5
几乎总是	经常	有时	不经常	几乎从不

8. 我匆匆忙忙地进行各种活动，并不真正关注它们。

1	2	3	4	5
几乎总是	经常	有时	不经常	几乎从不

9. 我如此专注于自己想要达到的目标，以至于对自己为了达到目标而正在做的事情缺少关心。

1	2	3	4	5
几乎总是	经常	有时	不经常	几乎从不

10. 我自动地完成工作或任务，对自己正在做的事情没有意识。

1	2	3	4	5
几乎总是	经常	有时	不经常	几乎从不

11. 我发现自己一边听别人说话，一边做其他事情。

1	2	3	4	5
几乎总是	经常	有时	不经常	几乎从不

12. 我开车时使用自动驾驶仪，然后发现不知道自己为何会去到某个地方。

1	2	3	4	5
几乎总是	经常	有时	不经常	几乎从不

13. 我发现自己总是被未来或过去所困扰。

1	2	3	4	5
几乎总是	经常	有时	不经常	几乎从不

14. 我发现自己对正在做的事情心不在焉。

1	2	3	4	5
几乎总是	经常	有时	不经常	几乎从不

15. 我吃快餐的时候都没有意识到自己正在吃东西。

1	2	3	4	5
几乎总是	经常	有时	不经常	几乎从不

计分：把所有等级的数字相加，然后除以15。分数高意味着你的"正念"程度较高。在罗切斯特大学313名学生组成的样本中，平均分数是3.72。

来源：（Brown & Ryan, 2003）。

知觉

人们看待世界的不同方式甚至会扩展到他们的感知。一个研究指出，支配型个体常常从优势等级（例如，"上层"和"下层"阶级）的角度来思考（Moeller，Robinson，& Zabelina，2008）。令人吃惊的是——至少对我而言——研究者发现，相比水平的、从一边到另一边的维度，支配型的人对于垂直的、从上至下的维度的视觉展示更加敏感！显然，与支配—服从有关的上—下象征参与了被试对物理世界的知觉。这种世界观是支配型人格的结果还是原因？现在还没有人知道。但是就人格是如何在基本的甚至是躯体的水平上与知觉的个体差异相关联的，研究结果提供了一个生动的展示。

人格在基本的甚至是躯体的水平上与知觉的个体差异相关联。

启动和长期可通达性

知觉的差异性可以用**启动（priming）**的认知机制部分解释。有些概念最近被激活，可能就是今天发生的某些事情所导致的；或者持续被激活，可能是由于某个人格特征引发的。即使是很微小的刺激也能触发这些概念迅速出现在头脑中。一个害羞的人的认知系统包括很多与社会拒绝和羞辱有关的记忆和感觉，以至于很少的暗示就会唤醒那些回忆。启动也可以来自外部。一个最近遭遇经济困难的人可能会突然觉得商品的价格非常醒目。大众媒体经常在整个人群中启动某些概念。2001年初，佛罗里达州的鲨鱼袭人事件被报道后，全国人都害怕下水，甚至害怕到湖里。同年的9月11日之后，鲨鱼恐慌才慢慢平静下来，人们转而提防恐怖分子，不仅在飞机上，在公园和超市里也警惕性十足。那些留着胡子、肤色黝黑的人发现自己正在被别人用一种极度怀疑的眼光注视着。随着时间的推移，这种情境性的启动会逐渐消退，但是由于人们认知系统中的**长期可通达性（chronic accessibility）**，那些长期启动和重复启动的概念会成为我们人格的一部分。

由于进化的原因，某些启动模式是由基因决定的（见第9章）。比如，我们很容易拥有性别启动的概念；很多人都能很快地知觉到他人是男性还是女性，以及按照男性化或女性化的方式去思考某些概念[①]。人类学家认为人们对蛇的恐惧启动也是由基因决定的（Öhman & Mineka，2003），还可能遗传了我们猿人祖先害怕从树上掉下来的倾向。

其他知觉对于不同的人来说也是不同的。例如，个体典型地以始终如一的方式看待其他人，社会心理学家称这种现象为"知觉者效应"（Kenny，1994）。正如我们在第6章中看到的，对他人持较积极的看法的人一般来说对人的知觉更加准确（Letzring & Funder，2006）。他们更加友善，攻击性较低，更讨人喜欢，对生活的满意度更高（Wood，Harms，& Vazire，2010）。

---

① 在包括法语和西班牙语（没有英语）在内的很多语言中，几乎每个名词都体现了男性化或女性化。

　　像这样的个体差异都是如何产生的呢？一个可能的来源是个体气质的天生模式（见第8章）。比如，对于一个常常体验到积极情绪的人来说，快乐情绪作为模式的一部分很容易进入意识层面，而烦恼的事件则较慢。这个人能很快地在任何人和任何事中看到好的方面，总体上对未来持有乐观态度（Carver & Scheier，1995）。同样，一个在气质上有消极情绪倾向的人很快能意识到其他人不讨人喜欢的特质，并对未来持有消极观点。第一个人可能会这样评价一个新认识的人，"他很友善"；第二个人可能会说"我觉得他看起来很假"。

　　有趣且重要的事实是以上两种知觉是基于对同一行为的观察得出的。但是不同的气质和与之相关的不同启动模式导致两人以不同的方式理解和解释相同的事实。这两种相反的知觉各有千秋。第一个人可能会有更多的朋友。第二个人可能不容易被骗。孰优孰劣？你自己选择。

　　虽然启动模式可能植根于进化过程中，或者在生理上由气质决定，但是当前的很多理论学家认为这些模式大多数可能是由过去经历导致的。过去经历对启动产生的效应可以用实验证明。实验要求参与者在头脑中记忆"顽固"和"坚持"两个单词中的一个，同时大声朗读一段材料（Higgins，1999），然后要求他们完成一项看似不相关的阅读理解任务，该任务包括如下段落：

　　　　一旦唐纳德决定要做什么，无论这件事有多难、耗时多久都不重要。他很少改变决定，即使改变之后结果会更好。（Higgins，1999）

　　实验要求被试在阅读这段文章之后对唐纳德的行为进行归类——是"顽固"还是"坚持"。那些用单词"顽固"启动的被试更倾向于用"顽固"来形容唐纳德，虽然他们没有意识到这是为什么（Hight，Rholes，& Jones，1997）。这类现象已经多次被重复验证。当你可以从一种以上的方面来形容某个你遇到的人的性格时，你会更倾向于对他形成一种与最近启动相关的印象（Bargh et al.，1986；Smith & Branscombe，1987；Srull & WyEr，1980）。

　　在日常生活中，在孩子的发展过程中，某些概念被重复启动。比如，一个孩子的父母非常看重某些品质，这个孩子在成长过程中很可能常常听到这些概念。每一天，这个孩子可能都会听到某个人被描述为"诚实的"或"不诚实的"。另外一个父母持有不同观念的孩子，可能常常听到的描述是"勇敢的"或"怯懦的"。结果，这两种不同的长期可获得观念使这两个孩子形成了不同的建构（Bargh et al.，1988）。第一个孩子长大后对他/她遇到的人是否诚实更加警觉，而第二个人会更快地判断他人勇敢与否。

　　在第14章中，我们知道有些人具有双重文化的背景，比如，他们可能是出生于一种文化而生活在另一文化中的移民。如果这两种文化有不同的思维方式，他们将如何选择？一项最近的研究表明：答案取决于最近什么被启动了！你可以回忆第14章中的一个研究，该研究首先将这些双重文化背景的亚裔美国人参与者分为两组，分别向他们呈现一张图片：亚洲人的龙的图案或者美国人的自由女神像，接着让他们观看一段鱼儿相互追逐的动画，并要求他们解释自己所看到的。那些被龙图案所启动的被试更倾向于以亚洲人的方式解释动画，比如在这个例子中，他们将其解释为一条鱼正在被其他鱼追逐。而被自由女神像启动的人更可能像美国人一样反应，他们把同样的一条鱼看成是正在领导鱼群（Hong，Benet-Martínez，Chiu，& Morris，2000，2003）。这个研究揭示，双重文化的个体能够很快地转化参照系，而且这一过程是不知不觉或者不知理由的。

从短期来看，只要有相关刺激的丝毫提示，被启动的任何事物都会进入脑海之中。如果一个人最近经历了一次严重的惊恐，接下来他即使进入并不十分危险的情境也能引起恐惧反应。如果一个人最近有好事，那么对于他/她来说，每个人看起来都是很友好的，天气很好，世界也很美好。从长远来看，不同的人总倾向于启动不同的概念。个体的积极气质可能在某种程度上是基于脑的结构或者激素反应水平，因此具有积极气质的个体的积极概念更加容易被激活；相反的过程对于消极气质的人来说也适用（Moeller，Robinson，& Bresin，2010）。具有积极和消极气质的人有不同的长期可获得观念，导致他们不同的世界观和行为。

拒绝敏感性

根据分析，长期可通达性会导致拒绝敏感性的人格倾向（Downey & Feldman，1996；Downey et al.，1997）。当一个有这种症状的人与他/她的伴侣讨论恋爱关系中存在的问题时，焦虑期待会刺激他/她审视任何与即将发生的拒绝有关的暗示。这个人很可能把任何模棱两可的信息解释成他/她的伴侣即将离开。

"你真的已经开始烦我了。"

你可以想象到事情的结果。轻微的不满和冷漠会让这个人得出自己将被拒绝的结论，继而导致焦虑甚至惊慌失措的反应。通常，他/她的伴侣最终会拒绝他/她（难道你不会吗？）。这样，拒绝敏感性这一特征就会给这个人带来他/她最害怕的结果[②]。

拒绝敏感性和其他形式的长期可通达性只有在相关刺激存在的情况下才能发生作用。比如，拒绝敏感性能被任何可能包含拒绝的暗示所激发——即使是模棱两可的。但是，在没有这些暗示时（可能在早年的人际关系中，父母都非常好），同样一个人可能是特别能够照顾人的，能给别人提供支持的。在不同的环境下，同一个人可能是"坏心肠的或好心的，冷漠的或有同情心的，满嘴脏话的或温文尔雅的"（Mischel，1995）。

以上观察带来这样一个问题：哪个人是"真实的"？是伴侣在关系开始时看到的那个善良的、有同情心的、温文尔雅的人，还是随后呈现的坏心肠的、冷漠的、满嘴脏话的那个人？根据

---

② 注意这一模式与我们在第12章讨论依恋时描述的焦虑–矛盾型个体是多么相似。焦虑–矛盾型依恋个体对于被拒绝的预期和长期可通达性有着相同的机制（见Zhang & Hazan，2002）。

米歇尔的认知情绪人格系统（cognitive-affective personality system，CAPS）理论（见第15章），两者都是真实的，因为这些行为模式起源于同一个潜在的系统。他们虽然看起来不一致，但在意义上是相通的。另一个例子是第7章中描述的权威主义特质。该特质得分高的人倾向于尊敬地位比自己高的人，而鄙视地位比自己低的人。尽管这些尊敬和鄙视的行为看起来是矛盾的，但它们形成了一个具有一致性的模式，因为二者来自同一个潜在特质和世界观。在拒绝敏感性、权威主义和更多人格特质的例子中，表面上看起来不一致的行为模式，经过深入分析，可能会被证实存在一个单一的、有意义的潜在模式。

攻击性

攻击性是另一种与长期可通达性有关的行为模式（Zelli，Cervone，& Huesmann，1996）。敌对性相关概念的可通达性会导致个体把模棱两可的情境知觉为有威胁性的（Dodge，1993）。在一个研究中，有攻击性的和无攻击性的男孩被告知同一个故事，故事中的两个孩子意见不一致。有攻击性的男孩相信故事中的孩子有攻击愿望，而没有攻击性的孩子做出的是一个温和的解释（Dodge & Frame，1982）。

另一研究揭示，有攻击性的人的记忆可能是围绕敌意主题组织的。在一个成对研究中，大学生参与者被要求记忆几句可能潜在的涉及敌意情境但实质上是一些模棱两可的句子（比如，"警察把戴维带走了"）。结果发现，

"事实上他没有威胁我，但是我把他知觉为一个威胁。"

当研究呈现诸如有敌意的单词或者武器图片等带敌意的回忆线索时，那些具有攻击性的学生（经常拳打、脚踢或者威胁别人的参与者）更容易记住这些模棱两可的句子。然而，没有敌意的参与者不认为这些线索能帮助他们回忆句子。这些结论可以解释为攻击性的个体倾向于以敌意的形式组织记忆，而没有攻击性的个体则用其他方式组织他们的记忆（Zelli，Huesmann，& Cervone，1995；Zelli et al.，1996）。

以敌意主题组织的思维和记忆进而会引导个体的知觉和行动。比如，在压力情境下，有攻击性的孩子倾向于以一种使情况变得更糟糕的方式做出反应，比如夸大一个小问题。然而，假如给他们时间让他们在行动前想一想，他们可能表现出更具建设性的反应（Rabiner，Lenhart，& Lochman，1990）。

这一研究在最后的结论中展示出了希望。它暗示即使某种想法很快在头脑中出现，仍可能不会以既定的方式对情境做出反应。当被提醒放慢步伐、三思而后行时，那些具有拒绝敏感性和过度敌意的人仍有机会克服他/她的习惯性反应。正如我们在本章前面提到的，正念可能会有用。

知觉防御

长期可通达性的另一面是**知觉防御（perceptual defense）**。知觉系统似乎有一种能力，这种能力可以监视可能引起个体焦虑或不舒服的信息。你可以回忆第11章中讨论的防御机制。精神分析理论认为，自我能防止那些进入意识之后会极度地威胁超我的刺激。心理学家已经试图检验这一假设。

早期的实验通过视速仪将单词打在屏幕上，并快速地闪现。其中一些单词是中性的，比如苹果、孩子和跳舞。另一些是与性有关的，比如阴茎、强奸和妓女。两组词的呈现时间随着实验的进行而增加，从一开始没有人能知觉到，到最后所有参与者都能知觉到。研究者用两种方法考察参与者的察觉情况。第一种是在每次单词呈现之后简单地问他"你能看到单词吗？"。记录参与者报告看到单词时的最短呈现时间。第二种方法是测量参与者的汗腺活动，当他们看到像"强奸"这类单词开始出汗时，研究者认为参与者察觉到了单词。

有趣的是，两种测量知觉的方法得出的结论并不一致。特别是，当非常短暂地呈现有情绪效价的单词时，参与者可能会说"我没有看到单词"，而与此同时，他们的汗腺已经有反应了。显然，在同一时刻，尽管他们头脑的意识部分不能阅读这些单词，但无意识部分却可以（McGinnies，1949）。

类似这样的结果显示，某些与第11章中描述的自我防御机制类似的东西，能够阻断一些尴尬的刺激进入意识层面，而此时心理的其他层面能够意识到，并对这些刺激做出反应。同样，这些结果表明，即使某些威胁性的刺激存在于我们面前，我们仍能回避自己对这些刺激的知觉。

虽然很多研究者都获得了与以上描述类似的结果，但是他们的解释却存在争议。一种解释是参与者在研究中能够看到单词，例如阴茎，但由于尴尬而没有报告。这很难确定，也不可能百分之百确定。但是，总体来说，这些证据说明，人脑不仅可以有选择性地注意某些刺激，还能够遮蔽可能引起焦虑的刺激（Erdelyi，1974，1985；Weinberger & Davidson，1994）。

警戒和防御

以上探讨的例子引出了一个令人困惑的问题。一方面，人格的一个重要特点似乎是不同特质的个体在觉察不同的刺激时有一种准备状态，比如害羞的人对能引起拒绝的线索特别警戒。另一方面，大脑好像能够过滤掉那些会造成烦恼或威胁的刺激。那么，为什么一个害羞的人或者有拒绝敏感性的人倾向于看到他最害怕的呢？

其中一个可能的答案可以用第11章所探讨的防御机制进行解释。虽然这些防御机制可能被过度使用，但是总体来说，它们是自我的一个适应功能，可以保护个体免受过度焦虑的威胁（Block，2002）。这可能是害羞者的防御机制没有很好地发挥作用。也许避免害羞的最好方法是忽略甚至不去注意微小的社会线索，也就是临床心理学家所说的"好的防御"。

另一个可能的答案是人们在知觉警觉性和防御性上的程度不同。很多年以前，心理学家伯恩

（Byrne）编制了《抑制—敏感量表》（*repression-sensitization scale*）去测量人们在知觉潜在威胁刺激时的防御和敏感的程度，此后，该量表被用到了许多研究之中（Byrne，1961）。最近的一项研究编制了一个测量"感情需求"的量表，用以测量一个人会在多大程度上试图夸大或缩小情绪经历的结构（Maio & Esses，2001）。这种需求高的参与者更容易持极端的观点，喜欢看情感电影，甚至对戴安娜王妃的死反应极端！按照这种观点，有高情感需求的人会在很大程度上夸大他们对于拒绝的情绪反应，以至于稍不留神就成了一个害羞的人。相对于一般人来说，拒绝给这些个体带来的不适要大得多。因此，他们中的某些人会形成一种回避所有社会接触的风格。

思维

正如威廉·詹姆斯观察到的，"思考是为了行动"（1890）。通过个体的思维过程所做的决策，决定了个体大部分的行动——虽然不是全部的行动（Morsella，2005）。人格心理学家认为，思维领域当中的某些方面还不是很清晰、很明朗。第一，并非所有的思维都在意识层面，很可能存在你意识不到的思维。第二，可能存在着两种完全不同的思维方式。

意识

意识包含个体当前脑海中的所有东西。它包括第13章中现象学派所认为的对现实的重要建构，以及一些很重要的行为决策。认知心理学家对此有一个相对通俗的叫法——**短时记忆**（**short-term memory，STM**），而且他们发现了一些有趣的东西。

首先，短时记忆的容量（可被意识到的）是非常有限的。为了证明这一点，我有时会在课堂上念一列数字给学生听，让他们把所有的数字记在脑中，并告诉他们如果感到大脑饱和就举起手来。（可以给你的朋友试试：慢慢念数字4、6、2、3、7、5、2、8、7……）这类实验的结果基本一致。在5个之后有人开始举手，7个之后大部分人举了手，9个之后全部都举起手了。

实验证明短时记忆的容量是"7±2"（Miller，1956）。当然，接下来的问题是"7"个什么？答案是，短时记忆的容量是7个**组块（chunks）**。所有能组成一个单元的信息都可以是1个组块。组块随着学习和经验的不同而变化。7个随机的数字也能组成7个组块。但是你7位数的电话号码是1个组块。在短时记忆中，记住7个熟悉的电话号码（或者总共49个数字）就像记住7个随机的数字一样容易。

短时记忆和思维

思维的过程也离不开组块。如果你知道"水压""存在主义哲学""短时记忆"是什么，那么这3个复杂的概念就可以构成简单的组块。这非常重要，因为短时记忆容量的限制使你只能同时思考7个东西，你所有的想法必须来自每次不多于7个东西的交互作用。因此，每个想法包含的内容越丰富、越复杂，你的思维也越丰富、越复杂。

对于教育事业来说，这是我所知道的最佳结论。你在学复杂的观点和概念时，每次学一点，过程既缓慢又痛苦。但是当你掌握了它们，信息和思维的复杂模式就会变成简单的组块。你可以运用它们，并在大脑中与其他这样的组块进行类比。一旦你掌握了很多关于"保守主义"和"自由主义"的思想，你就能比较这两种哲学。现在你能说出精神分析和行为主义的一些基本区别，但是在学会这些思想之前，你每次只能比较它们的一个方面。直到你真正理解什么是水压，并能够将其作为一个单独的概念使用，否则你永远不会修理水管。

这就是**范德第五定律（Funder's Fifth Law）**背后的逻辑：教育的目的是形成新的组块，这是提高思维能力的唯一方法。

意识和心理健康

意识的有限容量被错误的事物占据是危险的。还拿刚才的例子来说，一个害羞的人可能试着和一个有吸引力的异性交往，但同时又想"我像一个白痴吗？""我希望她最好在别的地

- -
意识的有限容量被错误的事物占据是危险的。

方。""为什么没有人喜欢我？""啊！"——这使得他只能留下几个组块去执行谈话。结果，这个害羞的个体可能看起来心烦意乱，语无伦次甚至说不出话来。

不开心的人往往沉溺于自己和他人的比较，以及对已经错误或者可能出错的事情的反思之中（Lyubomirsky，2001）。这些人会为其他人是否比自己有更多的钱、有更大的办公室、开更好的车而困扰，无意义地激活不愉快的记忆和担心。更具适应性的做法是不要让这些想法占据自己的意识，而是用一些组块去发现生活中的美好事物，将其余的组块用于制定建设性计划。比如，研究表明，较年长的（和聪明的）人更多关注环境的积极方面，因此可以在面对生活的不幸时保持积极的心态（Carstensen & Mikels，2005）。

结构、组块和意识

你的思维是独一无二的，因为你的思维由一系列信息和观点组块的比较和对比组成，而这些组块是你从经验和教育中学到的。这个结论与凯利的个人建构主义理论相符合（第13章）。凯利认为思维的重要方面是构造（可能是组块的另一个名称），这些构造构成了个体独特的世界观。这些组块或者构造很大程度上是由文化决定的（第14章）。一个很娇宠（amae）自己孩子的日本父母可能拥有那些英国父母无法想象的、不同的家庭生活经历（Tseng，2003）。

有趣的是，把短时记忆看作意识这一想法与其他关于人格的理论相符合。弗洛伊德认为意识是心理结构中最小的部分。同样，在认知心理学家所提出的心理模型中，短时记忆也只是最小的、唯一具有容量限度的部分。现象学家认为重要的是你此刻所知觉到的事物。相关研究显示，短时记忆不可能包含7个以上的事物，这正好符合人类意识的容量上限。

潜意识思维

我们在第12章看到，受精神动力学影响的当代研究证实，思维的重要方面存在于意识之外。本章前几部分概括的关于知觉防御的研究是个很好的例子。但是心理学家没有必要像精神分析师一样去做有时被称为认知无意识的研究（Kihlstrom，1990）。很多实验表明，个体会做一些自己不知道原因的事情，拥有一些自己不知道的知识。比如人们倾向于偏爱某些物体——包括无意义的单词、图片和中文字符——即使这些物体只是在视速仪上以意识很难捕捉的速度投射出来，人们也能看到它们（Zajonc，1980）。

有一个特别生动的例子，它同时也是一度存在争议的研究，是精神分析学派心理学家劳埃德·斯尔弗曼（Silverman，1976）所做的一系列研究，它能够证实潜意识中阈下刺激的作用（Hardaway，1999）。首先，斯尔弗曼以快到几乎看不到的速度闪现一些单词，接着向参与者呈现一些从精神分析的角度看来表示舒适和安心的信息。比如，其中一个句子（以大写字母呈现）是"MOMMY AND I ARE ONE"（妈妈和我心连心），另一个为了启动恋母情结的句子是"BEATING DAD IS OK"（打爸爸是对的），而控制组的参与者看到的是诸如"PEOPLE ARE WALKING"（人们在走路）之类的中性句子。实验的结果令人吃惊，与控制组相比，实验组报告自己有更好的感受但不知道为什么。虽然这个结论不是对所有人都适用，但它至今已经多次被证实。而看到"MOMMY AND I ARE ONE"（妈妈和我心连心）所产生的效应可能取决于他和母亲的关系（Sohlberg & Bigegard，2003）。

最后的三个观察结果强调了潜意识心理的重要性。第一，很明显的是，我们做的很多事情——诸如消化食物，瞳孔在强光下的收缩和听到很大声响之后跳起来——不需要我们思考，或者说我们甚至想不到（Morsella，2005）。第二，我们应该注意到意识的容量是多么小：仅仅7个组块？生活要比这复杂得多。即使一些小的信息能够被合并，依然有很多东西必须在意识限制之外活动。第三，记住弗洛伊德关于潜意识存在的基本论断（第10章）：我们不知道为什么会做一些事情，有一些自己也不理解的想法和感觉。很明显，我们的头脑在做一些我们不知道的事情。

两种思维方式

解决意识与潜意识过程同时存在这一悖论的一种方法是把思维的重要成分分成两个单独的系统。在心理学界，特别是认知心理学中，理论学家提出了**双加工模型（dual process models）**，该模型对比了意识思维和潜意识思维（Claiken & Trope，1999；Smith & Coster，2002）。这些模型最主要的不同之处在于意识思维比潜意识思维慢。

人格心理学多年来见证了不少双加工模型的发展过程，包括弗洛伊德的理论。在其最基本的层面上，该理论就是关于理性思维和非理性思维的差异。另一个更新的模型由德国心理学家弗里茨·斯特拉克（Fritz Strack）和罗兰·德奇（Roland Deutsch）建立，比较了他们所说的决定行为的深思熟虑的因素和冲动的因素（Strack & Deutsch，2004）。深思熟虑的决定因素比较慢，在很大程度上是理性的，而冲动的决定因素比较快，几乎是自动化的，有时是非理性的。

大部分重要的区别已经被理论化，以区分西摩·艾波思坦（Seymour Epstein）的认知—经验自我理论（Cognitive-Experience Self Theory，CEST）所体现的两种人格系统。这一理论试图解释潜意识加工和大脑中看似不理智的、情绪驱动的部分（Epstein，2003）。根据认知—经验自我理论，人们主要利用两大心理系统来适应世界（Epstein，1973，1994）。理性系统是最新进化的产物，包括语言、逻辑和系统化的事实性知识。这与弗洛伊德说的次级过程思维概念类似（第10章）。经验系统在进化过程中出现得更早，与情绪紧密相连，被看作动物的思维方式（我们遥远的人类祖先也是那么思考的）。这与弗洛伊德的初级过程思维概念很相似。

这两个系统在很多方面存在不同，表16.1呈现了其中的一些区别。理性系统是分析性的，它把情境分成连续的片段以便于仔细分析；经验系统是整体性的，倾向于一次对整个情境进行反应。理性思维很慢但精确；经验思维很快——有些时候甚至是瞬间的。理性思维需要努力，就像工作；经验思维无须努力。事实上，有时候我们是情不自禁地，比如当我们"情不自禁地想……"时。

理性系统包括所有我们能意识到的和谈论的东西。相反，经验系统在意识之外活动，而且有时我们无法直接地谈论它——从进化论的角度讲，它比我们的语言更加古老。当杰伊·莱诺要求休·格兰特解释他与戴维妮·布朗的行为时，他回答道：

> 我想你知道在生活中什么是该做的，什么是不该做的。我做了不该做的，现在你知道了。

换句话说，没有人能理解他的动机，同样地，他也不知道。用艾波思坦的话说，格兰特的理性系统决定他在电视上说什么，但是不能控制当遇到布朗小姐时经验系统的活动（或者，他能，但他不说）。

当你的情绪在波动时，经验系统很可能占主导。当你冷静下来后，理性系统会占主导。这就是为什么有事时人们会建议你"控制自己，你太感情用事了。冷静一下，你会觉得事情有所不同的"（Epstein，1994）。两个系统会产生不同的决策。正如第1章中提到的，强烈地着迷于一个你刚认识的人很可能不是件好事。这就好像你思维中的一部分基于情绪的经验系统有一个选择，而另一部分更具逻辑性的理性系统有另一个选择。哪个能赢呢？正如我们知道的，结果是不确定的。休·格兰特可能知道他的行为不理智，但他还是做了。

然而，经验系统绝不仅仅是麻烦的来源。根据艾波思坦的观点，经验系统可以产生直觉、洞察力和智慧。经验系统和理性系统的区别就像《星际迷航》系列中船长吉尔和斯波克先生在风格上的区别。吉尔是经验系统占主导，他是情绪性的、直觉丰富的，并拥有令人惊讶的创造力；而斯波克先生看起来更聪明，他拥有一个更加发达的理性系统，但是演了很多集之后，他就比不上船长吉尔的足智多谋了。

艾波思坦认为理性系统和经验系统是相互影响的。回忆第8章中菲尼亚斯·盖奇和埃里奥特的例子。当他们失去情绪经验后，他们的决策能力消失了。根据艾波思坦的观点，他们失去了经验系统或者说是与经验系统联系的能力之后，损害的不仅是他们的情绪经验，还有他们做出合理决定的能力。

表16.1 艾波思坦的双加工系统

理性系统	经验系统
分析性的	综合的
类似于弗洛伊德的次级过程思维	类似于弗洛伊德的初级过程思维
有逻辑的：被理智驱动	情绪性的：被感觉驱动
行为受到对事件有意识评价的影响	行为被来自过去经历的"感受（vibes）"驱动
以抽象的符号、单词和数字思考问题	以栩栩如生的图画、比喻和故事思考问题
速度较慢，适合深思熟虑的行动	速度较快，适合即时行动
能以逻辑思维的速度快速变化	变化很慢，需要重复的、强烈的经历改变
需要努力的，深思熟虑的（比如，坐下来仔细想想）	无须努力的，自动的（被情感控制）
需要通过逻辑和证据来证明	自我证明："经历的就是可信的"
产生知识	产生智慧

来源：改编自艾波思坦等（Epstein，1994）。

艾波思坦做的一项有趣实验揭示了两个系统是怎样同时活动的。这一实验沿用以前的实验范式，要求参与者想象以下场景：两个人在去机场的路上遇到堵车，在他们赶到机场的大门时，已经比预定时间晚了30分钟。A被告知："对不起，你的航班已经准时起飞了。"B被告知："对不起，你的航班晚点29分钟，但是现在已经起飞了。"谁更沮丧，A还是B？参与者往往报告B更加沮丧，即使A和B两人由于同样的原因经历了同样的结果。这一研究得出的结论是：人们基本上是不理智的（Tversky & Kahneman，1993）。

艾波思坦在本研究中的巧妙之处是，他问了两个问题。第一个问题与原先实验中的一样：A和B的感觉怎样？第二个问题是：如果他们是理性的，他们会有怎样的反应？每个人都同意B比A更加沮丧，但每个人都觉得这个反应是不理智的——他们对第二个问题的回答是两个人的反应会一样（Epstein，1992）。这一结果揭示出人类的认知系统并不像先前的研究者所认为的那么不理智。人们有两个认知系统，其中一个会做出情绪性的反应，但同时，另一个系统会得出符合逻辑的结论。个体很可能在拥有一个疯狂的想法的同时，又知道那个想法是疯狂的。

动机

你想要什么？你打算如何得到你想要的东西？这是一些关于动机的核心问题，是心理学中最古老的话题之一。很多早期的人格理论将强大的、普遍的动机描述为人的显著特征。弗洛伊德最初的心理动力学理论基于性动机，后来加入了攻击性动机（第10章）。马斯洛和罗杰斯等人本主义心理学家（第13章）认为人类思想和行为的驱动力是自我实现。甚至行为主义心理学家（第15章）也认为有机体需要某些东西，这些东西会强化他们的行为。

当代的研究者通过研究目标和策略确定动机。**目标（goals）**是个体渴望得到的结果，**策略（strategies）**是个体实现目标所采取的方法，也就是目标怎样影响行动。目标能影响你的注意力、思考和行动（Grant & Dweck，1999）。如果你饿了（有想吃东西的目标和饥饿这个动机），你将会非常留意食物的味道，思考哪里会有食物，寻找杂货店。如果你想在职场上获得成功，你将会注意那些能提高自己的机会，思考如何超过别人和努力工作（正如第5章中介绍的，动机对知觉和情绪产生的效应有时能够用投射测验来测量）。反过来，如果一个人不注意那些机会，不思考如何超越他人和努力工作，那么人们有理由怀疑他是否真的想要在职场上获得成功。

人们总是知道他们想要什么吗？根据一些研究，答案也许是否定的。心理学家已经区分了外显目标和内隐目标。外显目标是指那些人们能够谈论和乐意描述的目标。内隐目标是指那些尽管很重要，但是人们可能还没有意识到的目标。外显目标可以用简单的问卷来测量。内隐目标通常要用更加间接的方式测量，其中一个方法是投射测试——请测试者看图讲故事。布朗斯坦等人的研究（Brunstein, Schultheiss, & Grässmann, 1998）使用问卷来测量外显目标，并用投射测试来测量内隐目标。结果显示，在其内隐目标方面取得进步的人们是快乐的，而只在外显目标方面取得进步、内隐目标没有进展的人，仍然是不满足的。

受人尊敬的临床心理学家戴维·夏皮罗（Shapiro，1965，2000）对某类人有过很多著述。他们大声宣传自己有某些目标，并且这些目标非常重要，却几乎或完全没有采取任何行动去达成这些目标。他描述了一个女子，她总是在抱怨一段令人不满的关系，却从未真正去终止它；一个男子坚决声称自己"不想喝酒"，却一直在酗酒；另一个女子称自己"真的想"搬到一个新的城市，但是从未去找过房子或工作，也从未给搬家公司打过电话（Shapiro，2000）。

"你认为，我们是否应该开始进行那个动机研究？"

类似的自我矛盾其实出乎意料地普遍。很多人表示要考出好成绩、得到晋升、改善生活甚至离开自己的伴侣，但从未迈出第一步。因此，夏皮罗认为，想要了解一个人，不是听他说了什么，而是看他做了什么。

目标

生活的很大部分（也可能是全部）是由追求目标的努力所组成的。目标有很多不同的形式。它可能是一些具体的任务：我想要在周四之前写完论文；我想要修剪草坪。目标也可能更概括：我想要成为一个好人；我要保护环境；我要为世界和平做出贡献。具体的目标通常是——尽管并不总是——直接的，它们代表了一些人们想要尽快完成的事情。概括的目标则多半是长期的，因为成为一个更好的人、保护环境或者为世界和平做出贡献需要很长的时间。

短期目标与长期目标

目标可能是多层次的。你可能想给你的邻居留下深刻的印象，为了实现这个目标，你想要有一个漂亮的院子；为了达到拥有漂亮的院子这个目标，你得修剪草坪。或者，你想要变得富有；为了这个目标，你必须获得一份好工作；为了获得好工作，你必须大学毕业；为了大学毕业，你必须通过考试；为了通过考试，你必须看完这本书；为了看完这本书，你必须读完这一页。

关注概括的长期目标有利于合理选择和组织短期目标。你可能听过这样一个古老的故事：询问两个中世纪的工人正在做什么，其中一个回答"我在砌砖"，另一个人回答"我在建教堂"，当然他们做的是同样的事。第一个人关注具体的任务，而第二个人关注的是工作的最终目标。当一个人很好地组织自己的生活目标时，生活会变得非常顺利，并且目标明确。假如你知道你的总目标，那么每天做一点，可以帮助你去实现它。

然而，很多人并不那么幸运。当一个人没有总目标或者将大量的时间耗费在那些不能实现目标的活动上，他的生活将是混乱的、没有组织和一无所获的。而且，如果你没有总目标或者你的日常活动与总目标之间缺少清晰的联系，你的生活将没有意义或者你的总目标将不能实现。事实上，你还可能变得沮丧。

但是，总目标与具体目标不要过于接近。一个"修建大教堂"型的总目标的潜在危险是你可能过于死板而不能实现诸如修理你家屋顶之类的重要的短期目标。如果你的总目标是促进世界和平，你可能忘记关心朋友。因此，在长期目标与短期目标之间灵活转换是很重要的（Vallacher & Wegner，1987）。

意识到实现长期目标的唯一方法是聚焦于你每天的短期目标，这一点很重要。肯尼迪总统喜欢讲法国人马歇尔·利奥泰（Marshall Lyautey）的故事，后者让他的园丁种一棵树以提供一些树荫。园丁回答说，树长得很慢，至少要一百年后才能有树荫。马歇尔回

来自低目标家庭的礼物

答："在这种情况下，没有时间可以浪费，今天下午就种上它！"（United Nations Environment Programme，2009）。

独特的目标

独特的目标对于追求者而言是独一无二的。研究者以各自不同的方式定义这些目标。

当前关注　心理学家埃里克·克林格（Klinger，1987）认为日常生活是以所谓的**当前关注（current concerns）**为特征的。个体的当前关注是正在活动的动机，该动机会持续出现在大脑中，直到个体实现或者放弃目标。任何时候，个体都能够罗列出五六个这段时间常常出现在脑海中的困扰，比如拜访朋友、看牙医、减肥、攒钱或者找工作等（Klinger，1977）。其中一些困扰在进入意识时会唤起你的情绪，而且其中很多信息会进入你的白日梦（Gold & Reilly，1985；Nikula，Klinger，& Larson-Gutman，1993）。有研究认为，当前关注的东西越重要、联系越紧密、越可能受到威胁，你就越频繁地想它（Klinger，Barta，& Maxeiner，1981）。而且，如果那些与你当前关注相关的词很快地呈现在电脑屏幕上，你的思维过程会暂时地被打断（Young，1988）。一些当前关注的范围比较狭小，另一些则比较宽泛；其持续的时间从几秒钟到一生都有可能。当你的关注结束时——比如你的朋友把你叫回来或者问题解决之后——你常常会马上忘记它。

个人规划　另一种类型的独特目标是心理学家布赖恩·利特尔（Brian Little）提出的**个人规划（personal projects）**。当前关注是你思考的东西，而个人规划是你在做的事情。它是由很多人们为了实现诸如"和布兰德参加舞会""寻找兼职""假期购物"等目标而做出的努力所组成的。这一概念有点像南希·康托（Nancy Cantor）提出的**生活任务（life tasks）**——个体在人生的特定时间内追求的组织目标。比如说，一个最近刚刚从家里搬出来的大学生追求的生活任务可能是获得独立（Cantor & Kihlstrom，1987）。之后的生活中，这一任务的重要性将会下降，而其他任务将会成为核心。

个人奋斗　一种更宽泛的独特目标是罗伯特·埃蒙斯（Emmons，1996）提出的**个人奋斗（personal striving）**。它是一种长期的目标，能把你的大部分生活组织起来，比如"试图变得对异性更加有吸引力""试着去成为一个好听众""试着比别人更优秀"等。

每个人的个人奋斗都有利于我们了解他是怎样的一个人。在埃蒙斯的研究中，一位自称"鳄鱼邓迪"[3]的参与者报告她的个人奋斗是"总是显得很酷""总是能逗乐大家""总是身体健康"和"穿着时尚"（Emmons，1989）。另一位自称"0372"的参与者认为自己的个人奋斗是"取悦别人""说真话"和"高效率工作"。在接下来的自恋人格特质测试——该测试测的是个体自我中心并且有时自信到傲慢程度的倾向（第7章）——中，"鳄鱼邓迪"得了高分。那个叫"0372"的被试，正如他那中庸的绰号一样，会在同样的维度上得低分。

当人们有两个或两个以上彼此不一致的个人奋斗时，个人奋斗可能会成为困惑的来源。我在

---

[3]　埃蒙斯要求参与者取个假名，以便在随后的研究中能够用假名确定个体。

第7章中提到过，"领先别人"的目标和"与别人和睦相处"的目标常常是冲突的。如果你力争上游，你很难使每个人（比如那些被你超越的人）继续喜欢你。另一方面，如果你仅仅想让别人喜欢你，你不太可能出类拔萃。一项研究显示，那些有奋斗冲突的个体比那些奋斗相容的个体更容易遭受心理痛苦，甚至生理疾病（Emmons & King，1988）。

独特目标的特征和不足　所有的概念——当前关注、个人规划、生活任务和个人奋斗都存在一些共同点。第一，独特目标至少在某些时候是能被人们意识到的。事实上，它们都是通过要求个体列出他们的关注、计划、任务和努力来测量的。第二，它们描述了一些指向具体目标的想法和行为。第三，它们随时间而变化——某一天的重要个人规划可能在几周后被遗忘，变得无关紧要。最后，个体的不同概念、计划、任务、目标被认为是独立发挥作用的。假如你有一个看起来更好的目标，并不意味着你就没有其他目标。

这些独立目标的不足之处也是非常重要的（Grant & Dweck，1999）。关注、计划、任务和目标能够组织想法和行为，但是在理论上它们却是无序的。比如，人们常常简单、无序地列出他们的奋斗（例如Emmons，1989）。一些研究者并不满足于此。那么，能不能对人们所追求的不同目标加以分类，以便改进对生活中追求的事物的理解呢？

常规目标

为了回答上述问题，研究者想要找出**常规目标（nomothetic goals）**—— 一些数量较少，但是几乎所有人都要追求的动机。在这个研究中，研究者希望能将杂乱的目标变得有序，就像用大五人格将上千种人格特质组织起来一样（见第7章）。

大三、大五或大二　心理学家大卫·麦克利兰（David McClelland）和他的同事认为，驱动人类行为的动机主要有三个，分别是：成就动机、归属（或者亲密）动机和权力动机。相关研究通常采用主题统觉测试（TAT；见第5章）来考察这些动机是否以主题的形式出现在个体就图片所编的故事中。

成就动机（achievement motivation）是一种引导个体的思想和行为去追求卓越的倾向。高成就动机的个体为自己设定目标，然后努力实现它们。**归属动机（affiliation motivation）**是一种引导思想和行为去获得和维持亲密、温暖的人际关系的倾向。高归属动机的人纯粹只想找亲密关系，而不是为了其他目的（McAdams，1980）。**权力动机（power motivation）**是一种引导思想和行为朝向更有力量和更能影响他人的倾向。高权力动机的人努力追求名誉和地位，喜欢结交那些低成就动机的人（他们认为自己能领导这些人），并且

"此刻，我对隐私的需要正在干扰我的亲密目标。"

性行为相对混乱（Winter & Stewart，1978）。

在人们追求的那些目标中，有多少可以被归为成就动机、归属动机和权力动机呢？到目前为止，研究还只能提供一个笼统的答案。很多目标，但不是所有目标都可以归为这些分类当中的其中一类。比如，一项调查表明，五个而不是三个分类目标在一系列研究中重复出现（Emmons，1997）。这五个目标是：（1）享乐；（2）自作主张（self-assertion）；（3）自尊；（4）人际成功；（5）回避消极情绪。你可以自己看一下，这个分类和麦克利兰的分类有哪些重复。另一个研究表明，大学生的很多目标可以被归为两类：与工作相关的目标（在这个例子中是学业）和与社交相关的目标（比如交友和恋爱）（Kaiser & Ozer，1999）。这一结论特别有意思，因为它让人联想到弗洛伊德对完满人生的构想——"爱和工作"（见第10章）。

目标环（the goals circumplex）另一种表征目标的方法是将它们按照圆形或是环状模型来安置。一项研究要求来自15个国家的参与者——包括富人和穷人——列出他们的目标（Grouzet et al.，2005）。结果显示，不同文化的人的反应是十分一致的。列出的目标大部分可以归结为两个维度。研究者把第一个维度命名为"超然自我对物质自我"。高超然自我的目标包括精神追求和为自己的社区做贡献。指向物质自我的目标包括享乐主义（自我娱乐）和安全。另一个维度叫作"外在对内在"。变得受人欢迎和有钱是外在目标，而自我接受和归属（交友）是内在目标。这一结论的环状表征如图16.1所示。这个图表的价值在于，它以视图的方式展示了目标的异同点。

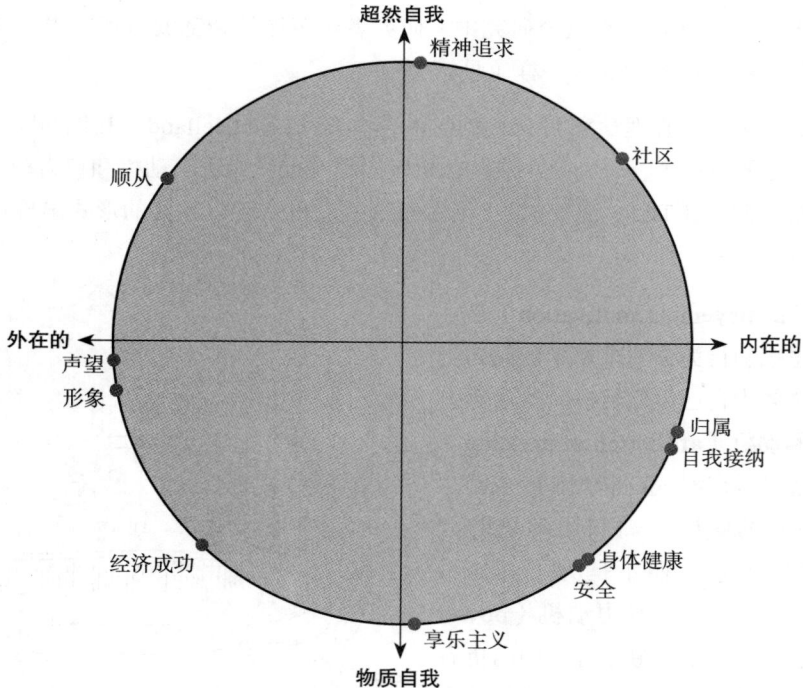

图16.1　目标环

这个环状图显示了在15种文化中，人们认为目标之间是怎么相互关联的。
来源：（Grouzet et al.，2005）。

判断目标与发展目标　卡罗尔·德威克（Carol Dweck）和她的同事认为另外两种动机同样重要（见 Grant & Dweck，1999）。其中一个被她命名为**判断目标（judgment goals）**。在这里，判断指的是试图判定和确认自己的某一品质。比如，你可能想使自己相信自己是聪明的、漂亮的、受欢迎的。另一种是**发展目标（development goals）**，指如何提高自己，使自己变得聪明、漂亮和受欢迎的愿望。

乍一看，这些目标是非常相似的。难道有人不想认为自己是聪明的或者变得聪明吗？事实上，德威克认为两种目标在日常生活中都很常见，且非常重要（Grant & Dweck，1999），但是两者之间的平衡存在个体差异，并且随时间和情境而变化。仔细想想就不难发现，在一些情境中，两种目标导致了不同的结果。

比如，想象一位老师正在纠正一个学生所犯错误的情境。你曾经经历过吗？假如你正在辅导一名高中生学习代数，你检查他的作业时发现了一个错误并指了出来。你拿起一张纸试图讲解解决问题的正确方法。当学生打断你的时候，他的话足以令你吃惊。"这个问题太不公平，而且太难了，"他说，"代数很乏味。但是，什么使你这么聪明？"

学生反应如此消极的原因是什么？按照德威克的观点，他追求的是判断目标，而不是发展目标。他很希望证实自己是聪明的、有能力的。他是如此渴望，以至于当他犯错误后，就会鄙视那个测试、他的老师甚至是整个学科。当然，这种态度有一定功能。假如这能使他相信这个测试是不公平的，老师不比他聪明，或者这门课没有意义，那么代数成绩差，他或许感觉还会好一点。但是如果一直持有这种态度，他的代数成绩就会一直很差，可能会不及格。

相反，有些学生会认真听讲，非常急切地想尝试你所教的新方法，迫切要求你检查他的新作业。根据德威克的观点，这些学生追求的是发展目标。他此时更关注的是怎样变得更聪明，而不是证明他是否聪明。因此，他利用这次失败使自己学会下次怎么做得更好。这个学生本来的数学能力可能不比第一个学生强，但是他成功的可能性更大。

让我们更接近生活。想想最近一次分数低于预期的考试，你的反应是什么？你是认为测验不公平、老师教得不好或者题目很无聊？还是试图寻找怎样做才能在下次测验中取得更好的成绩？你的反应将表明你追求的是判断目标还是发展目标，以及预测你能在多大程度上取得成功。[④]

> 想想最近一次分数低于预期的考试，你的反应是什么？

根据德威克的理论，这两种目标在日常生活中非常重要，因为它们使你对失败做出不同的反应，而每个人都会经历失败。具有发展目标的人在面对失败时会表现出德威克所说的**掌握模式（mastery-oriented pattern）**，即他下次会更加努力。这些学生的论文得了一个较低的分数，但是他们急切地想要学习如何写好论文。相反，一个具有判断目标的个体在面对失败时会表现出德威克所说的**无助模式（helplessness pattern）**，而不是更加努力，这些个体简单地得出"我做不了这个"的结论并且马上放弃。当然这样只能带来更多的失败。

---

④　有时候可能真的是测试不公平、老师教得不好或者内容很无聊。但是同样，只有你关注如何做得更好，才能期待下次有所改进。

实体论和增长论 这些目标和行为的显著差异来自哪里呢？德威克认为它们源自个体对于世界看法的内隐理论（见第13章）。一些人支持德威克的**实体论（entity theories）**，认为个体特征——诸如智力、能力等——是固定不变的，这导致他们面对困难时很无助。另一些人持**增长论**（**incremental theories**）的观点，相信能力和智力能够随时间和经验变化。因此，他们的目标不仅包括证明自己的能力，而且还要提高自己的能力。在德威克的研究中，当一个小男孩试图解决一个实验性的字谜失败之后，他"撩了一下头发，搓了搓手，咂了咂嘴，大声喊道，'我爱挑战！'"（Dweck & Leggett，1988）。

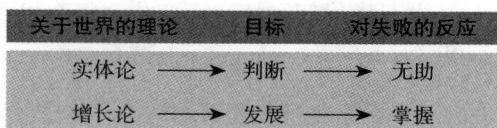

关于世界的理论	目标	对失败的反应
实体论 ⟶	判断 ⟶	无助
增长论 ⟶	发展 ⟶	掌握

图16.2 德威克动机理论

德威克的理论描述了个体的世界观、目标和行为反应之间的关系。

研究和测量 很多关于德威克理论的研究关注的是学业目标以及相关刺激。比如，很多研究考察了孩子在失败之后的反应。德威克和她的学生一致认为那些持增长论观点的孩子比那些持实体论观点的孩子在面对失败时做得更好（Diener & Dweck，1978；Goetz & Dweck，1980）。

如何鉴别这两类人呢？在传统的特质心理学中，他们只要完成一张自我报告问卷就行了（S数据）。比如，要求被试在以下项目中选择：

1. 只要你愿意付出努力，智慧是可以增长的。

2. 你能学到新的东西，但你的聪明程度是不会变的。

如果你选的是第一个选项，你持的是增长论；如果你选的是后者，你持的是实体论（Dweck & Leggett，1988）。另一种方法是给参与者一份描述一系列假想的被拒绝的社会情境的问卷。比如询问参与者"假设搬来一个邻居，而这个新邻居不怎么喜欢你，你认为他为什么不喜欢你？"。如果他回答这是由于自己的社交能力不行，那么这个被试就被认为是实体论者（Goetz & Dewck，1980）。

我们也可以用实验操纵孩子追求的目标。一项研究要求四、五年级的学生参加一项"笔友测验"（Erdley et al.，1997），每一个孩子给潜在的笔友写一封信。孩子们被告知，谁能够参加笔友俱乐部将由他们所写的信决定。之后孩子们又被告知"评信的人不确定你能否参加俱乐部"，而后要求他们再写一封信。最后，所有的人都被通知可以参加笔友俱乐部。

实验操纵是在孩子写第一封信之前实施的：一半学生被告知"我们将要测查你的交友技巧"，目的是设置判断目标；另一半学生被告知"这是一个训练和提高你交友技巧的机会"，目的是设置发展目标。第二封信——写于最初的失败之后——由独立的编码者评定。他们发现第一组被试（判断条件下）写的信明显比第二组被试（发展条件下）写的信更短，质量更差。很明显，第一组被试认为自己的社交能力不足而放弃了，第二组被试则认为得到了一次改进的机会。

这项研究得出了三个结论。第一，追求不同的目标（判断目标或发展目标）对于人们在面对困难时会采取什么反应有重要意义。判断目标会使人无助和退缩，发展目标会使人更加努力。第二，这一效应不仅出现在学业中（很可能与工作相关），还会出现在社交领域。如果一个人没有通过某项测验、没有完成一笔交易或者没有得到期待已久的约会，他将有两种选择：一种可能是，假如他追求的是判断目标，那么他将认为自己是无能的、没有吸引力的，从而放弃；另一种可能是，假如他追求的是发展目标，他将试着从失败中汲取教训，并能知道下次该怎么做。第三，一个人追求的目标类型是会改变的。德威克的很多研究都认为，一个人要么是实体论者，要么是增长论者。但是艾德利（Erdley）和他的同事们做的笔友实验以及其他研究表明，有时一个人追求的目标会随着别人设置的任务不同而发生改变。这一点对于教学有着显著的重要意义：老师必须要让学生相信课堂是一个学习和提高的地方，而不仅仅是一个展示成功或失败的地方。

毕生目标

人生的每个阶段都会有最主要的目标（Carstensen & Milkels，2005）。当一个人年轻时，生命似乎还很漫长，目标集中于为未来做准备：概括地讲，包括学习新东西、探索未知和开阔视野；具体地说，包括完成教育、寻找伴侣和开创事业。随着年龄的增长，一个人的首要关注点会发生变化。进入老年之后，建立新的人际关系和赚更多的钱似乎变得不再重要。相反，一些关于七十岁左右及七十岁以上老人的研究发现，老年人的目标主要与他们认为在感情上有意义的事物相关，特别是与家庭成员和老朋友的关系。他们通过多想生活中的好事，少想烦恼的事情来调节自己的情绪体验。老年人的一个好处就是不再需要在工作场所或者社交情境中与自己不喜欢的人联系。老年医学家萝拉·卡丝坦森（Laura Carstensen）和她的同事的研究表明，老人很善于回避那些经常与他们吵架的人（Carstensen，Isaacowitz，& Charles，1999）。

实际上，主要目标的转变并非年龄增长所产生的效应，而是来源于关于时间的更广泛的看法。身患绝症的年轻人也会把他们的主要目标从探索世界转化到情绪幸福上（Carstensen & Frederickson，1998）。同样，当要求老年人想象他们至少能比预期健康地多活二十年时，他们除了呈现一种注重感情的方式以外，还会表现出年轻人的方式（Fung & Carstensen，2003）。卡丝坦森和其同事的研究表明，一个人设置的人生目标取决于他对生命还剩下多少的认识。

策略

你如何得到你想要的东西？试想，假如你很饿，想去麦当劳吃汉堡。⑤一到那里，你将会遵

---

⑤ 我不打算评论这一决定的营养学价值。

循认知心理学家所谓的麦当劳"脚本"（Schank，1996）。你关于进了麦当劳要做些什么的知识并非基于某次特殊的经历，它是从你的日常模式中提取出来的。你会不加思考地遵循这个脚本：你不会坐下来等服务员上菜单，而是去排队。"如何在麦当劳获得食物"的脚本可以被看作一种策略。它包括一系列接近目标的活动，在这个例子中是获得食物。但是，这并不是一个有趣的策略。按照人格心理学家的观点，重要的策略内容很丰富，他们追求人生中的重要目标，并能组织一系列活动。

我们前面已经谈到了许多关于这种策略的例子。让我们回想一下关于拒绝敏感性的讨论，它可以被看作一种适应不良的策略，当重要他人表现出不感兴趣时，即使最微小的迹象也会造成害怕和敌意的自动反应。这种策略被应用在多种场合：如果此人对于拒绝很敏感，且对方对他来说是重要的人，那么最小的拒绝威胁就会将其激活。同样，权威型人格在那些包括权力关系的情境中将采取一系列媚上欺下的行为。在另一个例子中，一部分人被引导到评价的方向，即他们关注自己做得有多好以及其他人评价（或能够评价）他们的方式。另一部分人则关注行动，即他们倾向于避免分心，专注于完成工作。毫不意外，评价者比行动者更加拖拉（Pierro et al.，2011）。

策略和特质

很多人格特质能够用策略的形式解释。比如特质论学者罗伯特·麦克雷（Robert McCrae）和保罗·科斯塔（Paul Costa）在1995年提出了一个理论，该理论论述了第7章中所描述的大五人格特质是如何产生特征性的适应或概括性的脚本的。比如，高宜人性的个体往往遵循以下脚本：热心、友善、容易接近和不易生气。这一概念有点像第15章中米歇尔提出的"如果……那么……"模式。如果一个人的宜人性很高，那么他在面对轻度冒犯时不太容易生气。然而，到现在为止，很少有研究以策略的形式来考察特质或者"如果……那么……"模式。整合两种理论将为将来的研究开辟一个令人激动的、广阔的领域（Moeller，Robinson，& Brein，2010；Yang，Zhang，Denson，Xu，& Peterson，2011）。

然而，这一整合也将是复杂的。一个原因是，单一的策略就能产生大量的行为模式（正如我们在拒绝敏感性和权威型人格中看到的），而不同的策略和目标可能会产生相同的行为。比如，一个人可能想通过打造有用的商业网络来交朋友，另一个人则可能为了追求开心的社交生活而做同样的事情。两个人可能看起来都善于社交，但是这种行为模式上的相似性在潜在目标和策略上存在不同。

防御性悲观

最有趣的人格策略之一就是悲观策略和乐观策略之间的不同。总体上说，乐观策略指的是假设最好的结果会发生。这一假设能产生一种积极的看法，并激发追求目标的行为，这些行为是由"如果你做好自己的事，一切都会很好"的假设来支撑的。悲观策略则相反——最坏的结果可能会降临。这一假设将产生一个关于生活的消极看法，并驱动追求目标的行为，这些行为是为了回避某些坏结果。

心理学家朱莉·诺伦（Julie Norem）探讨了人们在使用这两种相反策略时的不同（Norem，

1989，2002）。早期的一项研究是关于学生在处理学业问题时所使用的策略。乐观的学生通过期待取得最好的成就来应对考试焦虑，悲观的学生则会预期最差的结果。因此，当结果不是最差时，他们会很吃惊（诺伦称其为"防御性悲观"）。后来，诺伦发现，无论在成功处理焦虑方面还是考试成绩上，这两类学生的表现都差不多（虽然乐观者被认为能更多地享受生活的乐趣）。两种不同的策略反映了达到目标的两种不同方法。事实上，如果你只检查事情的结果，而不检查为取得结果所采取的策略，那么这两类人之间的不同之处将会被忽略。

乐观和悲观的策略在学业活动以外同样适用。几年前，我的一位朋友特别渴望他的妻子生一个孩子。孕期很不容易，分娩也不是一件简单的事情。很多人通过期待最好的结果来应对这种情况，他们会鼓励妻子说"你是一个很坚强的人，医生会照料好一切"，等等。我的朋友则刚好相反。他是一个极度的防御性悲观主义者，一开始就预期会发生最差的结果。在孩子出生的前一天晚上，他问医生"最差的结果可能是什么？"医生先是避而不答。但是追问之下，我的朋友最终意识到最坏的结果可能是母子都不保。奇怪的是，我的朋友对此回答很满意。

第二天，事情不是很顺利，但也不是最差。我的朋友通过坚持事情可能会更糟糕来保持心理平衡。最后，母子平安。他度过了这场风波，没有当初想得那么困难。很明显，他坚持的消极观点只是防御性悲观者追求策略的极端形式。他通过事先想象最坏的可能来减少坏事带来的焦虑。当坏事降临时，他把事情与最坏的想象做比较，从而使紧张得到缓解。我不确定这是否是一种聪明的策略，但是对于某些人来说，这可能很实用。

对于这两种策略还有两个问题。第一个问题是：乐观和悲观策略是普遍存在的吗？一个在学习上运用乐观策略的人在社交上同样乐观吗？有证据显示答案是肯定的。一个人运用乐观或悲观策略的跨情境一致性系数在0.30到0.40之间（Norem & Chang，2001）。这表明人们在运用这些策略时总体上是一致的（见第3章和第4章中的相关解释）。比如我刚才描述过的那位朋友，他除了对妻子的分娩有如此反应，也倾向于对生活中的所有方面（不只是真实的困难）持阴暗和悲观的态度。但是跨情境一致性系数仅在0.30到0.40之间，又说明在某种情况下使用乐观策略的人在另一种情况下可能使用悲观策略。比如，有些人对自己的人际关系持有乐观态度，但是对于自己的学术生涯持有悲观态度。

第二个问题是：乐观与悲观，哪个更有利？美国文化认为乐观好。如果将本章末尾处的所有研究总结起来，你会得出这样的结论：乐观会带来很多好结果，但是悲观也有好处。乐观是一种自我鼓励的风格，会激发个体的成功，同时也会干扰情感亲密性和人际敏感性。在强调集体主义价值观的文化中，悲观被证实比乐观更具有适应性（Norem，2002；见第14章）。而且，过于乐观会带来危险，导致粗心和不必要的风险（Norem & Chang，2002）。最后一个事实是，乐观者比悲观者开心，并不意味着让悲观者采取乐观的策略会使悲观者更开心。不论乐观者还是防御性悲观者都有很多策略，试图改变他们不一定是一个好主意。事实上，诺伦的研究表明，如果让某些悲观者乐观地想问题，他们会表现得更差，因为这些人善于用悲观的想法控制焦虑。

情绪

情绪是生命存在的核心体验，还有很多其他的原因使得它很重要。正如一个最新的研究认为："当情绪加工受损时，社交上的大部分东西都会出错"；被扰乱的情绪能"使人失去社会支持，导致团体的瓦解，以及使经济失去活力"（Niedenthal & Brauer，2012）。按照认知心理学家的观点，情绪是一种**程序性知识（procedural knowledge）**⑥，就如同骑车、唱歌、投篮之类的技能。它不能习得也不能完全用语言描述，只能通过行动和体验感知。与很多内部经验一样（见第13章），你不可能通过阅读完全理解情绪，也不可能真正用文字描述情绪。但每个人都知道它是什么。

想象一下生气。在经历生气时，个体的心跳加速，血压升高，也可能面红耳赤。他的脑海中满是使他生气或者对他产生威胁的事物，他不加思考甚至是鲁莽地采取行动。他可能意识不到他现在的所有表现都是情绪的一部分。也就是说，他不需要说"我现在很生气"，他身体的其他活动已经说明了这一点。

因此，情绪是一系列心理和生理过程。它是你做的事情，而不仅仅是一系列概念和消极体验（Ekman & Davidson，1994）。因此，它也是一种人格过程。人格心理学家试图描述情绪体验（虽然这很难），强调不同情绪体验之间的关系，探索个体情绪上的差异及研究快乐这一情绪体验的含义。

情绪体验

通常情况下，情绪体验在心理学中被描述为一系列阶段（Miller，1999）。上文中，我描述了经历愤怒时的一些阶段。高兴也遵循相同的步骤。最开始，一个人察觉到有重要的事情发生了——她努力撰写的学期论文得了A+！她可能微笑、大笑，并且高兴得简直要跳起来。然后她会考虑如何与别人分享快乐。一旦一个刺激被判断为是与情绪有关的，情绪的基本阶段就开始评估；接下来是身体反应，诸如脉搏、血压、身体紧张度等生理变化；面部表情，比如微笑或怒吼，并伴随着像跳或紧握拳头等非语言动作；最后，产生分享快乐或是伤害他人的动机。

这一模式是合理的，而且可以用来描述很多情绪体验，但是也存在一定的误导性：阶段与阶段之间不是完全分开的，或者不是完全按照某一特定顺序来进行的。心理学家罗伯特·扎荣茨（Robert Zajonc）认为评估不一定在最前面；与情绪相关的生理甚至行为的变化可能在个体意识到为什么之前就发生了（Zajonc，1980）。比如，一个人可能在认出对方之前就已经被其漂亮的外表吸引。正如扎荣茨所说，这是因为"爱好不需要推理"。这一结论引起了争议（见Lazarus，

---

⑥ 另一种知识为陈述性知识，是由一些能够谈论或者"陈述"的事实组成的。

1984）。几年里，心理学家激烈地争论着情绪是否会在个体感知到情绪刺激之前产生。争议仍在继续，但可以确定的是情绪体验不可能是相互独立的阶段。情绪的不同方面也不一定按次序出现，它们可能同时出现，或者各部分在时间上非常接近，以至于顺序显得不那么重要。情绪是一种观念、身体感觉和动机的复杂混合物。

另一个复杂的问题是情绪至少有三个来源。第一，也是最明显的一点是情绪可以被刺激所激发。某人做了令人讨厌的事情之后，你会感到崩溃；某人做了善事后，你会感动。第二，正如第15章中讨论的，情绪体验可以与任何东西建立经典条件反射。只要进入一间曾经给你留下很多美好回忆的房子，即使没人，你也会很高兴。进入一间给你留下很多争吵记忆的办公室，即使没人，你也不会感到快乐。在一定的条件下，诸如铃声之类的中性刺激也会使一个人或一条狗感到紧张、高兴或者饥饿。第三个来源是个体自己的记忆或者思想。一个叫诺贝尔·道斯（Nobel Doss）的足球运动员在1943年一场很重要的比赛中射丢了一个很容易得分的球，在60年之后他仍然感到羞愧（Lerry，2006）。人类在想象过去和未来的事件时可以体会任何情绪。[7]

情绪类型

据我所知，没人尝试过去统计一下字典里描述情绪的单词。即使最后结果像人格特质那样多达17,953个，我也不会感到吃惊。正如特质和动机那样，值得怀疑的是所有描述情绪的词语都是必要的吗？同样，我们还质疑同一个描述情绪的词语在不同文化下是否有不同含义（第14章）。心理学家保罗·埃克曼（Ekman，1992）认为，一些基本情绪在不同文化中的含义和表达方式基本相同，这些情绪是高兴、悲伤、生气、害怕、惊讶和厌恶。比如，无论哪里的人在高兴时（换句话说，他们笑的时候）一般都把嘴角向上翘，并皱起眼睛周围的皮肤。埃克曼和他的同事的一项研究表明：一群来自与世隔绝的地区的土著居民能够正确地辨认出照片中美国人脸部的表情（Ekman，Sorenson，& Friesen，1969）。

进化论认为（第9章）某些情绪可能是普遍存在的，因为它们是生存必需的。正确地传递和知觉这些情绪很重要。比如，愤怒可能是一种对那些入侵我们领土、抢夺我们食物和配偶的人做出的保护性反应。愤怒可以驱使一个人对这些侵犯行为采取某些行动，但更好的结果是，传递愤怒可能会在第一时间阻止这些事情的发生。另外，意识到自己的行为使别人愤怒同样具有生存价值。

另一种情绪分类方法可能是试着找一些描述情绪的基本词汇，就如同成千上万的人格特质词汇最后可以浓缩为大五（第7章）那样。有一项研究在开始时首先列出了590个描述情绪的词汇（相对特质的词汇数而言不算很多，不过也已经不少了），接着要求一组人评估词汇之间的相

---

[7] 情绪体验的这个方面可能是人类独有的，尽管很难确定这一点。（谁会真的知道自己的狗在想什么或者有什么感觉呢？）

似和重复程度。由此得到了情绪"大三": 几乎所有的词都可以被划分为积极的、消极的和中性的。分析过程中同样产生了一系列次级类别: 坏的、可怕的情绪包括痛苦和悲伤, 好的、令人愉快的情绪包括快乐和高兴(Storm & Storm, 1987; Averill, 1997)。

但是, 实际上, 不同情绪之间的区别可能不像分类模式揭示得那么显著。高兴和快乐之间的区别可能只是程度上的不同。高兴和悲伤之间的区别也只是程度上的不同吗? 如果那样, 那么可能所有的情绪都能落到像图16.3那样的一个环状模型中进行比较。这一模型认为所有情绪都有两个维度: 唤醒—非唤醒, 积极—消极(Averill, 1997; Russell, 1983)。因此, "挑衅"是高唤醒的、略带消极的, 而"嫉妒"更加消极但是唤醒不高。这一模型同样可以旋转45度, 那样既不会改变情绪之间的关系, 又可以以兴奋—无聊、警觉—平静两个维度重构模型(Watson & Tellegen, 1985)。

诸如图16.3之类的环状模型适用于各类情绪之间的比较, 而非解释特定的情绪。因此, 每次只解释一种情绪并详细描述其基础和意义很有必要。表16.2是一项针对五种基本情绪的功能性分析。对于每一种情绪, 它介绍了引起该情绪的典型刺激, 与这种情绪相联系的反应, 以及这种情绪可能存在的适应性功能(该情绪对什么有利)。比如, 如果某人以一种违背道德准则的方式伤害了另一个人, 这个人可能感到内疚, 他可能会通过道歉来获取受害人的原谅以及被公众重新接受(Keltner, 1995)。2005年12月, 被判有谋杀罪的斯坦利·威廉姆斯(Stanley "Tookie" Williams)向加州提出上诉, 要求从宽处理, 但最后他还是被判了死刑。因为州长认为威廉姆斯显示出的悔改之意并不能使人信服。

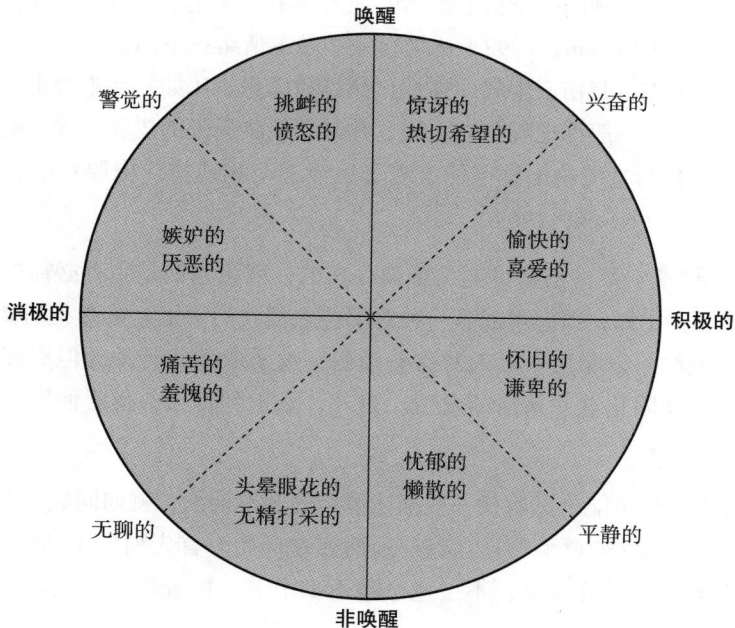

图16.3 情绪环

这个模型根据情绪的积极—消极维度和唤醒—非唤醒维度来排列情绪。
来源: (Averill, 1997)。

表16.2　某些基本情绪的刺激、反应和功能			
情绪	典型刺激	典型反应	适应性功能
愤怒	威胁、入侵	恐吓、攻击	保护领地、资源和配偶
内疚	违背道德准则伤害他人	道歉、改正	获得被冒犯者的原谅并重新融入社会团体
焦虑	伤害和威胁的可能性	忧虑、逃跑	预见危险，避免受到伤害
悲伤	丧失	伤心的面部表情、哭	获得来自别人的帮助，摆脱丧失之痛
希望	未来获得的可能性	继续努力、坚持、承担义务	克服困难

来源：（Smith & Lazarus，1990）。

情绪生活方面的个体差异

　　对各类情绪的概括性描述很有趣，也很有用，但情绪体验终究是个人的。没有两个人会有完全相同的情绪体验，在情绪上的个体差异是人格的核心部分。个体经历的情绪种类、强度、变化频率以及他们对情绪的解释和控制都是不同的。

情绪体验，强度和变化

　　外倾性是大五人格中第一个也是内容最丰富的一个特质，它是一种强烈地、持续并稳定地体验积极和充满活力的情绪的倾向（Watson & Clark，1997；Eaton & Funder，2001）。外倾性的人感觉良好，充满活力，这就是他们为什么按那样的方式行事的原因。与之相反，一项研究表明，脾气不好的男孩在长大后也会很暴躁，这些人往往由于频繁被解雇而做着低级的工作，妻子也和他们离婚了（Caspi，Elder，& Bem，1987）。长期持续的消极情绪甚至与个体患肺癌的风险相关（Augustine，Larsen，Walker，& Fisher，2008）！因此，在积极和消极情绪上的个体差异会影响个体的行为并产生不同的后果。

　　人们对于他们想要或避免体验的情绪的态度也有所不同（Harmon-Jones，Amodio，& Gable，2011）。外向者希望感到快乐和充满活力，因此他们会寻找让他们有这种感受的社交场合。另一些人实际上认为感到愤怒是一件好事[8]，因此他们会寻找或创造表达愤怒的机会。还有一些人不喜欢害怕的感觉，因此他们会试图远离包含任何这类威胁的场合，并且据我猜测，他们也会避免乘坐过山车。

　　无论积极情绪还是消极情绪，有些人的情绪体验比其他人更强烈。高情绪强度（Larsen & Diener，1987）的人能体验到更加强烈的高兴和悲伤。在某些时候，他们的反应有些过度。我曾经听心理学家爱德华·迪纳尔（Ed Diener）——情绪强度概念的提出者——描述他课上的一个女

---

[8]　避开这类人。

孩，这个女孩在情绪强度量表（affect intensity measure，AIM）上的得分很高（Larsen & Diener，1987）。她最后错过了课程的期末考试。当他问她为什么时，她说那天早上看到报纸说芝加哥一家商店在搞促销，她开车去购物，没有意识到芝加哥远在130千米之外，并且考试将在2小时后开始。

并非所有高强度的情绪都是消极的，但是总体来说，它们中的大多数会带来不好的结果。女性的情绪强度比男性高，这可能是女人容易抑郁的原因（Fujita，Diener，& Sandvick，1991）。高强度的情绪是要付出代价的，即使是积极情绪（Diener，Colvin，Pavot，& Allman，1991）。比如个体在经历了某个极其积极的事件后，其他事件对他来说就不那么积极了。如果昨天晚上的宴会是最好的，那么明天的宴会又会怎么样呢？辩证地说，另一个代价是：有些人常常把某些事件知觉为积极的，是因为他们正在从消极事件中恢复。在一项研究中，一个年轻的女孩写到她生命中最快乐的时间是她遇到男朋友的那一晚。在那以前，她写道："在他走后，情况很糟糕，一切都不好，包括和我约会的他"（Diener et al.，1991）。正如迪纳尔和他的合作者所说，总体而言，一个高强度的积极体验的代价很可能是相同程度的痛苦。研究表明，虽然积极情绪总体上对健康有好处，但是过度积极的情绪会导致过度的生理唤起而危害心脏和免疫系统（Pressman & Cohen，2005）。

情绪变化得太快会产生其他问题。在一项研究中，个体连续八天、每天四次记录自己的情绪。自我和他人报告法揭示：那些情绪变化快的人往往是可怕和充满敌意的（Eaton & Funder，2001）。也许这些人的情绪体验不深刻，以至于会随着日常生活情境的变化而迅速变化。又或者，经常性的情绪波动会使经历这些情绪的个体和与他们交往的人感到压力。可能两者都有。

情绪智力

本部分一开始时就提到，情绪可能是一种程序性知识。越来越多的研究表明，个体在拥有和使用这种知识方面存在着差异，而且这些差异很重要。**情绪智力（emotional intelligence）**包括正确知觉自己和他人的情绪以及控制和调节自己的情绪（Salovey，Hsee，& Myer，1993）。情绪智力量表中得分最低的个体特征是述情障碍，这类人情绪意识匮乏以至于他们实际上不能谈论和思考他们的感觉（Haviland & ReIse，1996；Taylor & Bagby，2000）。情绪智力高的人善于表达情绪，拥有更好的人际关系并且更加乐观（Goleman，1995）。

情绪智力高的人同样会通过各种策略调整自己的情绪。这些策略包括关注事物的积极方面，事先计划然后做出努力，深呼吸和通过数数来避免对某些人大声尖叫。情绪控制与脑结构关系的研究才刚刚起步（Ochsner & Gross，2005）。由于一些脑区（如前额叶）的不同，个体在情绪控制能力上存在着差异。

幸福

除了极端的存在主义者以外，所有人都想要得到幸福。第13章中总结的积极心理学运动的一个主要目标就是达到这个令人向往的状态。

第一步是弄清楚幸福是什么。一些杰出的研究者认为，它有三个成分：（1）对整体的生活感到满意；（2）对特定生活领域中事情的进行感到满意；（3）一般情况下积极情绪较高而消极情绪较低（Kesebir & Diener，2008）。尽管这三个成分看似直截了当，但幸福的意义可能随着年龄而变化。对一千二百多万人的网上博客进行研究，结果发现较年轻的博客作者——青少年和二十多岁的人——倾向于在报告感到幸福时，将其与表达兴奋情绪的词语联系在一起，如"心花怒放"或"欣喜若狂"。年龄较长的四、五十岁的博客作者在报告感到幸福时，则更可能使用表达平静、安宁等情绪的词语，如"满足""满意"和"放松"（Mogilner，Kamvar，& Aaker，2011）。

幸福的定义的另一种变化方式来自享乐论的幸福（寻求快乐）与完善论的幸福（寻求有意义的生活）之间的差异。正如你回想起来的，这个区分对于第13章中讨论过的人本主义倾向的心理学家来说非常重要。不过也可能，幸福就只是幸福。一个研究专门寻找享乐程度高的人和完善程度高的人之间的差异。研究者几乎没有发现任何差异，这可能是因为享乐程度高的人倾向于完善程度也较高，而完善程度高的人倾向于享乐程度也较高（Nave，Sherman，& Funder，2008）。经过反复考虑，这个结论并不十分令人意外。在所有条件平等的情况下，过有意义的生活难道不应该让人有更好的感受吗？

幸福的来源

当前的研究提出，整体的幸福有三个主要来源（见图16.4）。在相当大、大得令人吃惊的程度上，一个人幸福与否取决于个体的设定点，并且这个设定点一般是随时间流逝保持稳定的（Fujita & Diener，2005）。这个设定点受到基因的影响（Lykken & Tellegen），并部分取决于外倾性（有利于幸福）和神经质（不利于幸福）的遗传特质（Diener & Lucas，1999）。当好事或坏事发生时，个体会感觉很好或者很差，但随着时间的流逝，个体会回到自身固有的幸福水平。其中的部分原因可能是第15章中习惯化的学习机制。对某事物的好感会随着该事物重复次数的增加而有所下降；同样，对于一些事物的不好的印象也是如此（Brickman et al.，1978）。

另一个影响相对较小的因素是个体的客观生活环境。其中之一是年龄。根据一项网上博客研究（与之前提到的那个研究不同），幸福的表达（推测是感觉）在13岁以后稳步增长，在50—60岁之间达到峰值，此后则较快速地下降（Dodds & Danforth，2010；见图16.5）。此外，更高的受教育水平、已婚的身份、更高的收入都与幸福有关。人们可能会猜想，我们的幸福与我们的健康水平以及在家庭生活和学业上的成功程度有关（Schneider & Schimmack，2010），这个猜想是对的。但是我们在解释这些发现时要多加小心。一项研究发现，与其说富有的人通常更幸福，不如说是因为与财富有关的那些稳定的人格特质也与幸福有关（Luhman，Schimmack，& Eid，2011）。教育、婚姻及其他与幸福有关的因素也符合这一点——它们可能彼此伴随，但未必是一个引起了另一个。

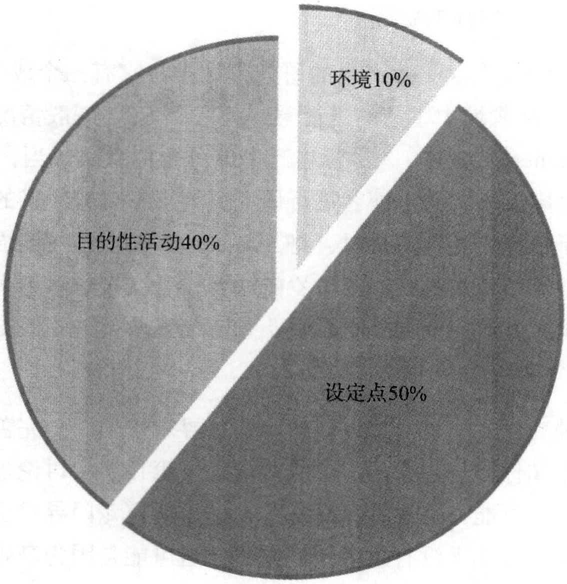

图16.4　幸福的来源

根据当前研究得出的幸福的三个主要来源。
来源：改编自（Lyubomirsky，Sheldon，& Schkade，2005）。

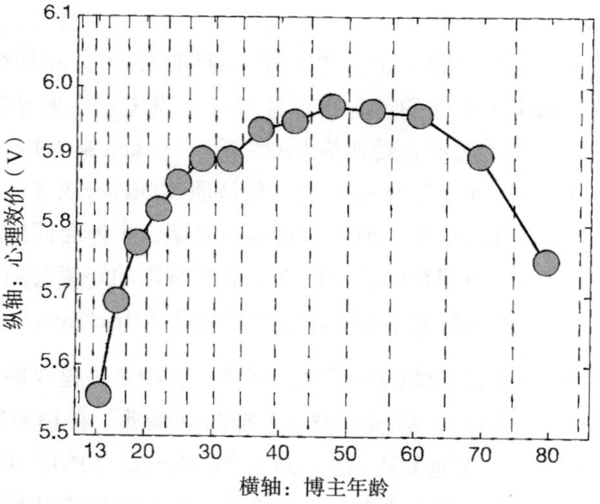

图16.5　网上博客中的年龄和幸福感

人们在网上博客中使用的词语的平均幸福感（积极的心理效
价）随年龄增长，在50—60岁之间达到峰值，随后下降。
来源：（Dodds & Danforth，2010）。

　　无论在何种情况下，即使把这两个影响因素（基因和生活环境）加在一起，幸福感方面的
个体差异仍然有一半无法解释（Lykken & Tellegen，1996；Lyubomirsky，Sheldon，& Schkade，
2005）。这一发现暗示个体的幸福感在很大程度上受到他/她的行为的影响，比如"看事物的
积极面""花时间做重要的事"和"朝着重要的生活目标努力"（Lyubomirsky，Sheldon，&

Schkade，2005；Carstensen & Mikels，2005）。将生活视为"漫长而舒适的"，而不是"短暂而艰难的"也是有帮助的。毫不意外地，持后一种生活态度的人不是很幸福（Norton，Anik，Aknin，& Dunn，2011）。但是也存在令人忧心的研究：一项研究检视了儿童幸福感与他们所享用的快餐和碳酸饮料数量的关系（Chang & Nayga，2010）。结果发现，享用快餐和碳酸饮料让儿童感觉更幸福，尽管它们也会让儿童变得更肥胖！[⑨]怪不得那些怀着良好意愿让儿童吃健康食物的项目难以取得效果。

增加幸福感的另一种途径是将钱花在体验而不是物质上（Howell & Hill，2009）。体验——例如与爱人一起度假或与朋友一起看电影——不仅会提升你个人的幸福感，也会提升参与活动的其他人的幸福感，以及你与他们的长期关系的质量。另一方面，物质只是物质。根据研究，从长期来看，体验是更好的投资。

另一个令人惊奇的方式是通过政治思想来追求幸福。根据一项研究，像政治保守主义者一样思考能够让个人体验到更少的消极情绪，而像自由主义者一样思考能使个人体验到更多的积极情绪（Choma，Busseri，& Sadava，2009）。我不需要在这里显露任何偏好，因为你可以自己挑选——显然，两种方法最终都会让你更幸福。人们也通过保持身体健康、为事业成功而努力工作和建立良好的人际关系来追求幸福。

幸福的结果

但是，最后一个发现可能有点落后了。根据最近一项有趣的研究，幸福不仅是身体健康、职业成功和良好人际关系的结果，也是它们的原因（Lyubomirsky，King，& Diener，2005）。积极的情感（如幸福）的适应性功能是能暗示个体"生活很好，个人目标正在实现，资源是充足的"。心理学家索尼娅·吕波密斯基（Sonja Lyubomirsky）和她的同事们认为，这样想的结果是使个体变得更自信、乐观、可爱、善于社交和充满活力。还有证据表明，不过分强烈的幸福感会改善免疫系统的功能和整体的身体健康（Pressman & Cohen，2005；Howell，Kern，& Lybomirsky，2007）。

> 幸福不仅是一种结果，还是一种机会。

幸福会过度吗？心理学家琼·格鲁伯（June Gruber）及其同事提出了幸福的四个潜在黑暗面（Gruber，Mauss，& Tamir，2011）。第一，过于强烈的幸福会导致个体不能意识到风险或将精力过多地投入到无益的追求中。第二，在错误的时间感觉到的幸福——例如当事情实际上正在变糟的时候——会使个体不再为改善处境做出努力。第三，直接"试图去幸福"会产生反效果，个体此后可能会对自己不能变得足够幸福而感到失望。但是这些作者争辩说，从长远来看，寻找可以让你感到幸福的活动或成就是更好的做法，即便现在没有这样做的必要。最后，给个体或其身边的人带来问题的幸福类型也是存在的，如自恋者所感受到的傲慢或自大的幸福（第7章）。这种幸福可能会使人现在感觉很好，但是对其他人有害，并最终会导致个体的失败。

然而，除去极端情况，幸福在一个广泛的范围内是与效率相关的。幸福的人能做出更好的决

---

⑨ 看起来，它们被称为"开心乐园餐"并不是没有理由的。

定，有更高的职业成就水平，甚至在字谜游戏中也表现得更好（Kesebir & Diener，2008）。那些拥有更多积极情绪的社区咨询员提出的建议往往被居民评为更有效（Deluga & Mason，2000）。幸福的棒球运动员的平均击中数更高（Totterdell，2000）。幸福的雇员为客户提供的服务更好（George，1995）。在马来西亚，幸福的农民收入更高（Howell，& Schwade，2006）。幸福的人拥有更多可以信赖的朋友（Lee & Ishii-Kuntz，1987），并且获得更多的社会支持（Pinquart & Sorenson，2000）。当然，幸福的人更健康，更富有合作性，更乐于助人和更富有创造性。

"道格拉斯，你只想要幸福。而我想要财富、权力、名望，还有幸福。"

对于这些结果的分析是复杂的，因为它们可能互为因果。比如，拥有很多朋友往往使你感到幸福，而幸福会让你吸引很多朋友。总体来说，索尼娅·吕波密斯基与其同事们的结论很有说服力：幸福能够改善行为，提高解决问题的技能，而且这能导致好的结果，这就意味着幸福是一个自我促进的循环过程。以上分析同样暗示（Fredrickson，2001）：对于不幸福的人来说，有些事情似乎总是错的，所以他们常常回避伤害，保护自己。相反，幸福的人把自己的幸福作为创造和维持更好的生活环境的基础。在这个意义上，幸福不仅是一种结果，还是一种机会。

作为动词的人格

哲学家和建筑学家理查德·巴克明斯特·富勒（R. Buckminster Fuller）以前写道：

……我不知道我是什么。我知道我不是一个类别，我不是一样东西——一个名词。我像一个动词，一个进化的过程——宇宙不可或缺的一个功能。（Fuller，1970）

富勒提到"动词"，但是他所讨论的内部世界包括几个不同的动词：知觉、思维和感觉。活着的所有人都会有这些活动。本章主要讨论的是知觉、思维、动机和情绪等人格过程，这些人格过程也是心理学家南希·康托（Nacy Cantor）所提到的人格：不仅是个人所"拥有"的，也是个人所"做"的（Cantor，1990）。在这个意义上，人格是一个动词。

总　结

- 主要的人格过程包括知觉、思维、动机和情绪。

人格过程研究的历史根源

- 当代的人格研究根源于学习和现象学理论，同样还含有精神分析和特质理论的成分。

知觉

- 概念能很快地进入意识，因为它们已经被经验或个体的气质、人格和生物特征所启动。

- 启动模式与诸如拒绝敏感性和攻击性之类的行为模式相联系，并且还与二元文化个体的可变通的世界观相联系。

- 知觉防御的实验结果说明，人们可以把可能的尴尬和烦恼刺激排除在意识之外。

- 由于一些人——比如那些害羞的人——的知觉防御系统不能很好地发挥作用，他们可能会在生活中的某些方面过度警觉。

思维

- 意识可以等同于短时记忆（STM），容量为7±2个组块。

- 意识的容量限制意味着：丰富的组块可以提高思考能力；有意识地关注结构性的想法很重要；很多思考发生在意识之外。

- 艾波思坦的认知经验自我理论（CEST）是双过程理论，包含缓慢的、谨慎的、理性的有意识思维和快速的、不可控制的、意识之外的直觉思维。两个系统各有优缺点，最完美的情况是它们相互合作。

动机

- 可以通过检查目标和策略来研究动机。

- 目标可以是具体的、短期的或者概括的、长期的，它们能分层组织。理想的情况是，个体能在两类目标之间灵活转化。

- 独特目标对于个体来说是独有的。它可能包括当前关注、个人规划和个人奋斗。

- 常规目标对于每个人来说都一样。目前这方面的研究得出的结论有所不同：一些研究认为有三大目标（成就目标、归属目标和权力目标）；一些研究认为有五大主要目标；另一些研究则支持弗洛伊德的两大目标（爱和工作）。

- 常规目标可以在一些环状模型中相互比较，比如其中一个环状模型包含外在对内在、超然自我对物质自我两个维度。

- 德威克的动机理论认为所有人都是对智力和能力的可变性持不同观点的理论家。实体论理论家将能力视为不变的，而增长论理论家认为能力可以改进。结果，实体论理论家追求判断目标，对失败的反应是无助。增长论理论家追求发展目标，对失败的反应是掌握。

- 很多或者几乎所有的人格特质都可以理解为人们采取的策略，比如具有宜人性的人往往采取回避争论和对别人友好的策略。

- 根据诺伦的观点，防御性悲观者采取的动机策略是：想象最坏的结果，然后试图回避它们。

情绪

- 情绪是一种程序性知识，每个人都知道情绪是什么，但是难以用语言表达，只能通过行动和体验来完整地学习和表达。

- 情绪经历包括评估、生理反应、非语言行为和动机几个阶段。这些阶段几乎同时发生，也可以变换次序。

- 情绪的一个环状模型包含唤醒—非唤醒、消极—积极两个维度；另一个环状模型包含兴奋—无聊、警觉—平静两个维度。

- 个体在特定情绪的易感性、情绪经历的强度、情绪变化的频率、理解和控制自己情绪的能力上存在差异（情绪智力）。

- 幸福取决于基因、生活环境和目标性活动，并对健康、职场成功、支持性的人际关系产生积极影响。存在过度幸福的可能性。

作为动词的人格

- 人格更像是个体"做"什么，而不是个体"拥有"什么，在这个意义上，人格是一个动词。

思 考 题 ••

1. 人格过程的这些概念组成了一个类似于前面几章中提到的特质、心理动力、人本主义和学习理论的基本取向吗？它是以上理论的融合，还是一个完整的新理论？

2. 如果你最近遭遇了欺骗——因此启动了被欺骗的想法——这会使你怀疑别人吗？如果是那样，是好事还是坏事？总体上说，扭曲的消息是何时被启动的？什么时候启动它是有裨益的？

3. 如果阈下呈现"MOM AND I ARE ONE"（妈妈和我心连心）和"BEATING DAD IS OK"（打爸爸是对的）会使人们感觉良好，那么其他哪些句子也会产生同样的作用？

4. 如果你不得不选择，你会选择艾波思坦提出的理性系统还是经验系统？为什么？

5. 你的行为主要是实现长期目标的策略的一部分吗？如果你的大部分行为都是实现长期目

标的一部分是不是会更好？

　　6. 你认为大部分学生持有的是德威克提出的发展目标还是判断目标？

　　7. 你能真正理解另一个人的情绪吗？你曾经发现你自己的情绪很难理解吗？

　　8.（a）为迷路的陌生人指路，帮助他及时赴一个重要约会；（b）在街上捡到10美元；哪种情况会让你感到更幸福？如果选项（b）是100美元呢？

　　9. 当你感到低落时，你会做什么来让自己打起精神起来？它有效吗？你能想到其他帮助改善情绪的方法吗？

　　10. 你同意有关过度幸福的研究结果吗？在你或你认识的人身上曾发生过这样的情况吗？

　　11. 一些研究揭示了幸福有很多有益的结果，但另一些研究描述了防御性悲观的好处。这两类研究是相互矛盾的，还是都是正确的？

推荐读物 >>>>>

Lyubomirsky, S. (2008). *The how of happiness: A scientific approach to getting the life you want.* New York: Peguin Press.

本书对最近的研究进行了清晰且简洁的总结，介绍如何成为一个快乐的人。

Norem, J. (2001). *The positive power of negative thinking: Using defensive pessimism to manage anxiety and perform at your peak.* New York: Basic Books.

本书可读性很强，介绍了朱莉·诺伦提出的、由对人生的负面思考而产生的、有意义的防御。书中总结了近期的研究，并且良策颇多。

电子媒体 >>>>>

登陆学习空间*wwnorton.com/studyspace*，获得更多的复习提高资料。

17

你对自己的了解：自我

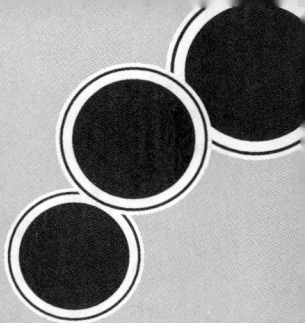

"请介绍一下你自己。"

——面试问题

几年前，我做过一项研究，收集了大约二百名大学生参与者的大量信息。这些信息包括与生活史有关的访谈，以及对这些访谈进行的录像。第一个问题就是开篇问到的那个，并且是由访谈者不期然地直接地提出来的。你会怎样回答？一些参与者只告诉我们他们的名字、家乡和专业。一些参与者描述了他们最喜欢的活动或者人生目标。但是，最常见的是一瞬间的惊慌失措，回答的时候也是"嗯……啊……那个……"。你可能会认为我们对"自我"的了解胜过对任何其他人或物的了解，但是对于多数人来说，这个最基本的问题却是最难以回答的。

主体我和客体我

多年前，威廉·詹姆斯（William James，1890）这样说过，"自我"（the self）有两层不同的含义，他称之为**"主体我"**（I）和**"客体我"**（me）。客体我是一种可以被观察和描绘的对象。主体我是执行观察和描述的某种神秘实体。〔一些哲学家和心理学家将主体我称为本体论的自我（ontological self），将客体我称为认识论的自我（epistemological self）。〕如果你描述自己是"友好的"，那么你在描述你的客体我。但是如果你试图描述你的内心深处是如何知晓你是友好的，那么你是在描述主体我，这并不容易做到。换言之，客体我是对自己描述的一个集合，比如，"我很友好"① "我身高180厘米"。主体我更像是头脑中的一个小人（有时被称作小矮人）或者灵魂，它经验你的人生，并为你做决定（Klein，2012）。尽管主体我和客体我在理论上的区分很重要，但是在实践中却很容易被混淆。正像著名心理学家欧内斯特·希尔加德（Ernest Hilgard）曾经说的：

> 事实上，自我意识这种显而易见的特点是很让人迷惑的。你会觉得自己现在就好像处在理发店的两面镜子之间，是多个映象在看彼此，就好像你在看镜中的自己，而镜中的自己也在看着你。很快，观察的自我和被观察的自我就会被混淆了。（Hilgard，1949）

正如希尔加德所说，在做"看"这个动作的我是主体我，而被看的我则是客体我。在第13章中，我们讨论过存在主义心理学家和现象学心理学家想要解释主体我的经验的本质和秘密。主体我与人格有关，因为人们会在自我觉察中展现出个体差异（Robins，Tracy，& Trzesniewski，2008）。每个人都能够觉察自己，但是有些人的觉察程度更高。在这一发现之外，心理学家对主体我就没有什么有用或有趣的见解了。实际上，心理学家斯坦·克莱茵（Stan Klein，2012）提出，主体我可能是传统的科学调查手段无法触及的。在这一章的结论部分我还会回过头来谈一谈主体我的含义，但近期的研究对客体我做了更多的探讨。它是我们和认识我们的人可以讨论、描述并付诸实施的自我的一部分。认识论的自我——你对你自己了解多少，我对我自己了解多少——是本章的主题。

跨文化的自我

正像我们在第14章中看到的，个人主义文化假定自我是独立的、单独的存在，而集体主义文化假定自我根植于一个与权利义务和社会关系有关的大社会背景。这个论题对现代研究的两个方面产生了影响。其中一种取向根植于人类学分析，它推测自我是西方文化的产物，对其他文化没有意义。第二种取向不那么极端，它提出自我和其含义在不同文化情境中是不同的。

自我是文化的产物吗？

通过对信奉印度教的印度文化的研究，人类学家理查德·史威利和莱尔·布恩（Richard Shweder & Lyle Bourne，1982，1984）认为，印度文化的整体观使印度人思考自身的方式与西方

---

① 英语语法混淆了这个问题，因为按照詹姆斯的术语，我们应该说"客体我（me）很友好"（听上去像是人猿泰山会使用的说法）。

文化成员的方式截然不同。（他们的一些工作在第14章中有所描述。）研究者做了一个很简单的实验：他们要求信奉印度教的印度人和美国本土人分别描述他们认识的人，两个群体的答案有显著的差异。美国人可能会说"她很友好"，而印度人会说"过节的时候她会给我的家人带蛋糕"；美国人会说"他很小气"，而印度人会说"他没办法给家人带东西"；美国人会说"他很忠诚"，而印度人会说"无论谁成为他的朋友，他都会一直记着他，并且帮助他摆脱困境"（Schweder & Bourne，1984）。从总体上看，美国人用来描述的词汇中约有50%是人格特质，比如友好、小气和忠诚，而印度人使用的词汇中仅有20%是这样的。史威利和布恩推断，美国人描述人的特征时会频繁使用与特质有关的词汇，甚至美国人对自我的看法也与印度人不同。

如果这些研究者是正确的，那么长久以来被当作理所当然的诸多观点就应该被丢弃或者修改。人格心理学假定个体具有一些特征，而这些特征属于或者塑造了每一个人，无论它们是否是特质、学习类型或者心理结构。如果不是这样的，那么我们需要从根本上重新审视诸如人格发展、利己主义、道德和个人责任等概念，并重新命名一些新概念。但是需要注意如下几点。

首先，重新审视一下那个印度人和美国人描述熟人的实验。实验中，美国人经常使用特质来回答，而印度人更经常使用复杂的、情境化的短语。社会心理学家约翰·沙宾尼（John Sabini，1995）指出，仅仅基于这些证据就将结果归因于自我概念的差异太轻率了。首先，印度人描述的词汇中有20%是人格特质词汇，这表示特质的观念对他们来说并不完全陌生——如果计算时不考虑双关词语的话。此外，印度人所使用的那些生动的描绘是否与美国人有根本上的不同，这一点也不是很清楚。它们可能是在表达相同的意思时使用的一种更具体、更生动的方式。

沙宾尼回忆了得克萨斯州的前州长安·理查兹（Ann Richards）对前总统乔治·布什（George Bush）的描述，"可怜的布什，他也没办法啊……他出生时嘴里就有了一只银脚"[②]。理查兹处于西方文化中，她的评论当然是一种描述，并且是生动的描述，是她对布什人格的一个方面的描述。[③]这个描述不涉及东方的文化，或者是与布什的"自我"特征相反的内容。

现在看印度人对忠诚的熟人的描述——"一直记着他的朋友，并且帮助他摆脱困境"。与理查兹不同的是，这个描述是积极的，但它同样对信息提供者所了解的某个人的行为类型——在这个案例中是忠诚的特质——提供了生动的描述。

然而，在使用特质词汇方面，印度人的"20%"和美国人的"50%"这两个比例的差距还是

---

② 译者注："He was born with a silver foot in his mouth"，这句话由"silver spoon in his mouth"（出生于富贵之家）和"put one's feet in one's mouth"（讲话很不得体）合成，她以这种方式使人们想到布什的家庭背景和讲话时经常出笑话。

③ 如果一定要转化成特质的话，那么理查兹称布什是拙于言辞的、搞特权的失败者。

足够引起重视的。同北美和欧洲相比，在印度和其他一些东方文化中，特质词汇使用得比较少（Bond & Cheung，1983；Cousins，1989）。就像前面提到的，英语中包含的特质词汇比汉语中的多好几倍。不同文化群体的成员在描述人时使用的方法各不相同。西方和亚洲哲学的传统似乎与这些差异有关。但是印度人和其他亚洲人是否都缺乏对自我甚至是个人特质的意识？关于这个问题的答案尚不明确。

个人主义和集体主义的自我

和排斥与自我有关的观念相比，一种不那么极端的方式就是研究自我的特征及其含义在不同文化中的区别。在过去的几年里，心理学家基于个人主义和集体主义的概念对此进行了大量的研究。这些研究大多假定西方文化中的自我是一个相对独立的存在，而东方文化中的自我倾向于融合到社会和文化情境中。这种观点有几种含义，其中一些已经在第14章讨论过了，比如自我表达，它在东方文化中被理解的可能性比在西方文化中有限得多。

自我肯定

另一层含义是：在集体主义文化中，社会成员的积极自我肯定的需要可能不那么强烈（Heine et al.，1999）。特别是，一些研究发现，日本人并没有高度评价自己的普遍需要，而这正是北美人的特征。并且这一理论将其解释为：他们将个人幸福感和更大群体的幸福感联系在一起。与这个理论相一致的是，日本学生和美国学生对成功、失败和与自己相关的消极信息的反应不同。比如，听说自己的创造力测验不及格的加拿大大学生会很快想办法记起自己在其他情境中成功的经验，而日本学生没有做出这种反应的迹象（Heine，Kitayama，& Lehman，2001）。在另一项研究中，实验任务失败的加拿大参与者在第二项任务中不那么执着了，并且把它看得不怎么重要。而日本参与者做出了相反的反应，他们更加刻苦努力并且认为这项任务很重要，他们应该尽力做好（Heine，Kitayama，Lehman，& Takata，2001）。显然，这是因为他们受到儒家思想的影响：失败总是带来学习的机会。

一致性

另一个基本的跨文化问题是自我决定（self-determination）。个人主义者对于自我的假设是，行为的原因源于个人内部。结果，个人的行为在不同的情境中是一致的。事实上，在美国文化中，行为一致性与心理健康是有联系的（Donahue，Robins，Roberts，& John，1993；Sherman et al.，2010）。与之相比，更多地融入社会的集体主义文化群体中的成员，会根据当前特定的情境来改变自己的行为（Markus，Mullally，& Kitayama，1997）。结果，集体主义文化中的个体在行为一致性方面的压力较小，较少因为不一致的行为而感到冲突。这种区别似乎是一些研究发现的基础，如韩国人与美国人不同，他们的行为一致性与心理健康的测量结果直接相关（Suh，2002）。

越来越多的研究证明了这一点：与个人主义文化中的成员相比，集体主义文化中个体的行为和经验在不同情境中有较低的一致性。比如，韩国人描述自己的行为一致性不及美国人，并且不同的人对同一个韩国人的人格特征的描述的一致性低于不同的人对同一个美国人的描述（Suh，2002；Albright et al.，1997）。日本人在不同情境中的情感体验的差异大于美国人（Oishi et al.，2004）。

这个研究加入了一个重要的限定条件：一致性可以从两方面进行概念化和分析。一方面聚焦于个体的行为和经验在不同情境中的差异程度——绝对一致性。另一方面聚焦于在不同情境中，个体同他人相比的差异程度——相对一致性。比如，即使一个很勇敢自信的人，在着了火的房子中也会比在普通教室中更紧张——低绝对一致性；但是在两种情境中，他都可能是房间中最勇敢的人——高相对一致性（范德和科尔文在1991年的研究中也证实了相同的情境）。大石等人的研究发现：在绝对意义上，日本人情感体验的一致性不及美国人，在不同的情境中是变化的；但是，在相对意义上，他们的情感体验一致性是相同的。因为一个日本人如果在一种情境下比别人快乐，那么，在其他情境下也倾向于比多数人更快乐。这个发现表明：在绝对意义上，集体主义文化中的成员的一致性低于个人主义文化中的成员；两种文化中的个体差异和相关人格特质的重要性不分伯仲。我甚至要更强调这一点，人格在世界上的任何地方都是非常重要的。

自我的内容和用途

威廉·詹姆斯认为，客体我包括我们所拥有的、珍爱的一切，所以，不仅包括我们的人格特质，也包括我们的身体、家庭、财产，甚至是家庭成员。他认为，如果有人伤害这其中的一个，都会让我们伤心、愤怒。别人打了你的孩子，就像是打在你的脸上，你的感受与挨打的孩子是相同的。对于那些破坏甚至是批评我们的家庭或者集体的人，我们也不会友善地对待他们。然而，自我的核心方面是心理上的自我：能力，特别是人格。如果你认为自己是善良的，那么这很重要，原因是这种自我意象和维持该自我意象的需要会影响你的行为，并且组织关于你自己的大量记忆，以及你对他人的印象和判断，比如面对一个无家可归的人向你讨零钱时你会如何反应。

对知识的组织似乎是自我的一个重要功能。事实上，心理学家理查德·罗宾斯（Richard Robins）及其同事（2008）提出，自我有四个重要功能。第一个功能是自我调节，它具有抑制冲动和保持专注于长期目标的能力。自我的第二个功能是作为信息加工的过滤器，引导我们全神贯注于对我们重要的信息并记住它们，将它们组织起来，就像我刚说过的。在某种程度上，这项工作包括收集关于我们的特质和能力的准确信息，但它有时也会对自我了解有所扭曲，这是为了在其他人面前呈现一个更好的面貌并让自己感觉更好。如果我们能够把自己看得比实际上至少好一点点，那么这种扭曲就可以帮助我们在跟其他人打交道时变得更加自信和高效（von Hippel & Trivers，2011）。自我的第三个功能是帮助我们了解其他人。我们通过自身经验来了解其他人，如通过想象我们会有怎样的感受来理解某人的悲痛之情。自我的最后一个用途是，提醒我们与其

图17.1 自我的延伸

家庭成员连同家庭成员的家庭和财产一起，可能是自我的一部分，特别是在集体主义文化中。

他人的关系。每种文明都包含家庭、群体和社会层级，我们各自在其中占据独特的位置。自我了解提供了一个地图上的内在标记，表明"你在这里"。

自我知识（self-knowledge）可以分成两种类型，两者都为刚刚总结的四个用途服务。关于**自我的陈述性知识（declarative knowledge）**包括我们有意识地了解和描绘的事实和印象。这是我们可以"陈述的"自我知识。比如，一个人知道自己很友好，她可以很容易地说出这一点，因此，"友好"是她有关自我的陈述性知识的一部分。在上一章描述的**程序性知识（procedural knowledge）**，是通过行为而不是语言来表达的知识。比如，一个害羞的人习惯性地尽量回避其他人和社交活动，这种习惯根深蒂固，以至于他可能意识不到他的这种行为有多么典型。然而，就像我们将在本章后面看到的，有趣的是，这个害羞的人可能会在深层次的潜意识水平上意识到这种倾向。在这两个案例中，害羞的无意识的方面可能会被看作程序性自我的一部分。程序性知识包括社会技能、关系自我（relational self）中与他人有关的知识，以及内隐自我（implicit self）中无意识的自我知识。

陈述性自我

陈述性自我（declarative self）包含所有（意识到的）关于自己人格特质的认识或者观点。这些观点可以分成两种。第一种观点是关于自己是好还是坏、是否有价值或者处于中间某处的总体看法。这种观点被称为**自尊（self-esteem）**。第二种观点更加详细，包含个体所知道的或者认为自己知道的关于自身特质和能力的全部。这种自我认识有时是正确的，有时是错误的。

自尊

1987年，加利福尼亚州议会成立了特别工作小组执行一项著名的法案——提高该州居民的自尊水平。可能这个法案不像听起来那么古怪（尽管几十年过去了，加州居民的自尊水平并没有显著提高）。大量的研究显示，低自尊——觉得自己不够好或者无价值——与这样的结果相关：如对生活的不满、绝望和抑郁（Crocker & Wolfe，2001；Orth，Robins，& Roberts，2008），还有孤独（Cutrona，1982）和懈怠（Donnellan，Trzesniewski，Robins，Moffitt，& Caspi，2005；Trzesniewski et al.，2006）。如我们在第14章看到的，如果人民的平均自尊水平较低，则这个国家的自杀率也更高（Chatard et al.，2009）。这个发现在某种程度上是讽刺性的，因为研究也显示低自尊的人群更加恐惧死亡（Schmeichel et al.，2009）。心理学一贯认为低自尊是坏事，并且有很好的理由。

事实上，因为低自尊可能是危险的征兆。根据第9章中介绍的心理学家马克·利里（Mark Leary）关于自尊的社会计量理论，我们倾向于保持高自尊可能是存在进化根源的。当你在社会群体的眼中看起来失败时，你的自尊可能会受到影响（Leary，1999；Denissen，Penke，Schmitt，& van Aken，2008）。如果他人不尊重或者不喜欢你，你的自我感觉不会良好。这种自尊的降低会提醒你一些可能存在的拒绝甚至是社会的排斥——对于那些离我们久远的祖先来说，这可能是毁灭性的——并且驱使你重建声誉。相比之下，高自尊可能暗示着成功和被社会群体的接纳。

"亲爱的日记，不好意思又打扰你了。"

低自尊

试图加强自尊可能适得其反。很多自助书籍都极力主张人们反复对自己说一些诸如"我是个讨人喜欢的人""我是强大的，我是强壮的，这个世界上没有任何东西可以阻挡我"以及其他自我"肯定"的话语。20世纪早期的法国药剂师艾米尔·库埃（Émile Coué）让他的病人重复说"每一天，在每个方面，我正在变得越来越好"。[④]心理学家乔安妮·伍德（Joanne Wood）及其同事认为，这类陈述具有潜在的危险性，因为如果说这些话的人发现它们太极端以至于不合情理，造成的反效果会让他感觉更糟糕（Wood，Perunovic，& Lee，2009）。如果你说"我是个讨人喜欢的人"，但你实际上并不相信这一点，那么重复这句话可能会让你更加显著地感受到（可感知到的）你的不讨喜。

---

④ 或者你更喜欢最初的法语版，"tous les jours à tous points de vue je vais de mieux en mieux"。这句话很有名，不过我是在维基百科（还能在哪里呢？）上找到准确的引用的。

此外，自尊水平太高也不好。如果一个人不能成功地认识到其他人不喜欢或者不尊重他/她，他/她可能感觉良好，但是仍然面临被社会排斥的风险。自我提升的人——认为自己比其他熟人所认为的自己更好——在人际关系、心理健康和调整方面都会遇到问题（Kurt & Paulhus，2008；Kwan，John，Robins，& Kuang，2008）。[5]用社会计量学类比的话，如果你的汽油表坏掉了，你可能会很高兴地想你不需要加油了，但是晚些时候你会发现自己停在公路上，走不了了。

另一方面，太爱自己也是可能的（Funder，2011）。过高的自尊会导致傲慢的、侮辱性的甚至是犯罪的行为（Clovin，Block，& Funder，1995；Baumeister，Smart，& Boden，1996）。第7章中描述过的自恋特质，如果在一些人身上发展到极端，就会变成一种人格障碍（见第18章），伤害个体自身以及和他接触的人。一系列巧妙的实验显示，当自恋者被激怒时，他们会对冒犯者吼叫或给冒犯者的评分比其应得的分数低，以此作为报复（Bushman et al.，2009）。自恋和敏感脆弱的高自尊相关，因为它不切实际（Vazire & Funder，2006；Zeigler-Hill，2006）。不稳定的自尊可能比低自尊更糟糕（Kernis，Lakey，& Heppner，2008）。

底线是，促进心理健康不仅仅是让每一个人的自我感觉良好，而是要复杂得多（Swann，Chang，Schneider，& McClarty，2007）。提高自尊的最好办法是获得一些可以合理地提高自尊的成就（DuBois & Flay，2004；Haney & Durlak，1998）。你对自己的看法最重要的不是好或者不好，而是它的准确程度。用苏格拉底（Socrates）的话来说，"认识你自己"。我们会在本章后面探讨自我知识的准确性问题。

自我图式

一些心理学家认为陈述性自我存在于一种叫作**自我图式（self-schema）**的认知结构中（Markus，1977），它包含了一个人关于自我的所有观念，并组织成一个连贯的系统。当被要求完成一份人格问卷时，参与者可能会通过寻找记忆系统中的相关信息来回答这些问题。这个记忆系统就是自我图式，并且回答问卷的问题就相当于报告自我图式所包含的内容。这就是为什么这种问卷被称作收集S数据（第2章）。希望你能记起"S"代表的是**自我报告（self-report）**。但是，发现自我图式的方法远不止一种。

自我图式可以通过使用S数据、B数据或者兼用这两种数据（见第2章）来确定。例如，在一项早期的研究中，要求大学生在一系列量表中对自己做出评价，通过这种方法对那些具有"图式化的"（与自我图式有关的）依赖和社交性特质的参与者进行确认（Markus，1977）。如果这

---

⑤　这句话是有意使用这样绕口的措辞的。把自己描述得比别人更好的人并不一定是适应不良的；有时——实际上是经常，他们在某些方面确实比其他人强。造成问题的是认为你自己比其他熟识你的人所认为的你更好。另一方面，心理学家维吉尼亚·关（Virginia Kwan）及其同事坚持，对自己的看法和其他人对你的看法一致，这显示了你的自我洞察（进一步讨论可见Kwan et al.，2008；Kurt & Paulhus，2008）。

自测17.1　你是图式化的吗？

说明：在量表中圈出最符合你的那个级别。

独立	1　2　3　4　5　6　7　8　9　10　11	依赖
上述描述对你的重要程度如何？		
不重要	1　2　3　4　5　6　7　8　9　10　11	重要
特立独行的人	1　2　3　4　5　6　7　8　9　10　11	循规蹈矩的人
上述描述对你的重要程度如何？		
不重要	1　2　3　4　5　6　7　8　9　10　11	重要
领导者	1　2　3　4　5　6　7　8　9　10　11	追随者
上述描述对你的重要程度如何？		
不重要	1　2　3　4　5　6　7　8　9　10　11	重要

解释得分：

• 如果你对自己的评分在三个量表中至少两个都是1—4分，并且在同一特质的重要程度量表中的评分是8—11分，那么你具有独立特质的图式。

• 如果你对自己的评分在三个量表中至少两个都是8—11分，并且在同一特质的重要程度量表中的评分是8—11分，那么你具有依赖特质的图式。

来源：（Markus，1977）。

些S数据显示一个女生认为自己很喜欢社交并且认为社交很重要，那么就认为她具有该特质的图式。否则，就认为她不具有该特质的图式。后来的一项研究广泛使用了加州人格问卷（California Psychological Inventory，CPI）（Gough，1968）来收集参与者在责任感和社交性特质上的自我评定数据（Fuhrman & Funder，1995）。当S数据在责任感上的得分很高时，则认为具有该特质的图式。

这些研究也收集了B数据。在该案例中，B数据为反应时。参与者阅读计算机屏幕上呈现的词，如友好的、有责任心的，然后尽快按键反应，选择"我是这样的"或者"我不是这样的"。与参与者不具有的图式相比，参与者对那些他们具有的图式相关的特质反应更快，而无论他们是否经过马库斯（Markus）的评定量表或是CPI的确认（Markus，1977；Fuhrman & Funder，1995）。

这项研究给我们两点重要的启示。第一个是方法学的启示：在本章和上一章讨论的认知取向的人格心理学家进行的现象学研究，与第4章到第7章讨论的特质心理学家进行的研究，可能并不像有时假定的那样差异巨大。被评定为具有某种特质的图式并且在CPI等传统人格测验中该特质得分较高的参与者，他们在反应时和其他认知过程的指标中也显示了该特质的特点，这两种过程可能解释的是同一件事情。

第二个启示是：一个人的自我观（定义为图式或者特质，你自己选）对个体如何加工信息有非常重要的影响。正像认知人格心理学家南希·康托（Nany Cantor，1990）所指出的，具有如社交性、责任感或害羞等某一种人格特质的图式就相当于这种特质的"专家"。认知心理学的其他研究显示，任何一个领域的专家——如国际象棋或者机械工程——很容易记起和该领域相关的信息，倾向于根据他们的专业知识看待世界，并且具有现成的甚至是自动化的行动计划，这些计划可以在相关的情境下被唤起（Chase & Simon，1973；Larkin，McDermott，Simon，& Simon，1980）。这种专业知识有明显的优势，可以帮助人们成为更好的象棋手或工程师；但是也制约了人们的世界观，可能会使一个专家看待世界过于死板或者不能进行其专业知识之外的可能性尝试。同样，你关于自己的经验可以帮你记起关于自己的信息，并且更快地加工这些信息，但是这也不能使你超出自我意象的范围看待自己。

自我图式包含了基于过去经验的知识，但是不侧重于某一特定的过去经验。比如，你可能在大多时候和很多场合表现得很善良，结果你就觉得自己是一个善良的人。如果你忘记了你表现善良的所有场景，它们逐渐从你的记忆中消失，又会发生什么？你的自我观会发生变化吗？

这个问题似乎无法回答，但是两个著名的个案研究则给出了很好的解释。在一个案例中，一个大学生的头部受伤了，这导致她暂时性地忘记了过去一年里自己曾做过的所有事情（Klein，Loftus，& Kihlstrom，1996）。但是，她能近乎完美地描述自己的人格，并且与其父母和男朋友对她的看法几乎一致。她甚至能在没有那一年任何记忆的前提下，描述自己在过去的一年里是如何变化的（她大学一年级发生了什么）。[⑥]第二个案例更突出。心脏病导致的大脑供氧不足，使一位78岁的老人几乎失去了他生命中所有具体事件的记忆，但是他仍然对自己有一个总体的认识（比如"我经常做好事"），并且和那些很了解他的人对他的印象一致（Klein，Rozendal，& Cosmides，2002）。这些个案显示，我们的自我观念并不会发生变化。你对自己的印象一旦形成，就不会依赖于你对具体事件的记忆而变化，并且这两个自我知识的基础可能相互独立地存在于大脑的不同部分（Lieberman et al.，2004）。在这一意义上，"自我"有自己的生命。

自我参照和记忆

另一个体现自我根源的标志与记忆相关。旧有的理论认为，如果你的脑海中不停地重复一些事物，这种复述就会使这些信息存储到永久记忆中去。后来的研究显示这种观点并不是完全正确的。使信息变为**长时记忆（long-term memory，LTM）**的唯一办法并不仅仅是简单地复述，还有认真地思考（被称作理解后重组的过程）。信息经过的加工过程越长越复杂，越容易变为长时记忆（Craik & Watkins，1973；Craik & Tulving，1975）。

认知心理学的这个原理给我们提供了一些如何学习的建议。一个常见的策略是机械重复。每个人都见过这样的场景：大学生坐在图书馆，手里拿着黄色荧光笔，在课本中与考试有关的段落

---

⑥ 这个案例有一个圆满的结局。事故发生的三个星期后，这名学生就恢复了她所有的记忆，除了她刚出事故后的那一小段时间的记忆。

上做上记号。为了记住,他们会对那些突出强调的部分重读一遍,并且,如果他们有时间,他们会一遍又一遍地重复。一个更好的办法是理解每一个突出强调的段落,停下来,考虑几个问题:我同意这种说法吗?为什么?这种说法是否使我想起了我生活中的一些事情?它有用吗?它与我过去经验中获得的或者我从这门课中学到的知识矛盾吗?回答这些问题将会使学生更容易记住他读过什么。除此之外,它也不像死记硬背那么枯燥。

研究显示,记忆的一种特别好的方法是想出一些和个体的自我相联系的具体方面(Symons & Johnson,1997)。例如,如果你必须记住一长串形容词,那么问一下自己"它们是否能够描述我"是一种有效的方法。原因是个体的自我知识的心理结构(即心理图式)内容很丰富,发展得很充分,并且经常被使用。在记忆中任何与这个图式相联系的信息都会在很长一段时间内变得容易获得。因此,记住事物的一种很好的办法就是问,"它与我有什么关系?"答案并不重要,重要的是思考这些信息可能如何与自己联系起来(即使联系并不存在)。思考信息如何与自己相联系从而提高长时记忆被称为**自我参照效应(self-reference effect)**,并且,近来的一些证据表明,大脑额叶皮层的某个特定区域可能专门从事这种信息的加工(Heatherton,Macrae,& Kelly,2004)。

自我参照效应解释了为什么你最有意义的私人记忆伴随你的时间最为长久。这可能包含不幸的事情(比如爱人的死亡)、重要的里程碑事件(比如你毕业的日子,你结婚的日子,你的孩子——特别是你的第一个孩子——出生的日子),以及其他对你有特别意义的事件。现在试着这样做——想想你童年早期的记忆。为什么这些事件这些年来一直存在于你的头脑中?它必定对你有特别的意义,是什么意义?

在这一章的前面部分我们可以看到,自我的概念在中国这样的集体主义文化中和在美国这样的个人主义文化中有着不同的含义。因此,我们有理由认为,自我参照效应也会产生不同的作用。一项近期的研究显示事实确实如此(Qi & Zhu,2002)。在中国文化背景下,与自我有关的信息记忆效果良好,但是跟父母有关的信息的记忆效果也出现了相同的效果。这些结果使研究者得出结论:中国人的自我概念中可能包含了父母的概念,这支持了东方文化中独立/依赖的自我概念模型(Qi & Zhu,2002)。

自我效能感

因为(能意识到的)自我图式包含关于人对自己性格和能力的信念(Markus & Nurius,1986),所以能够影响我们的行为。如果我们认为自己具有较高的社会性,我们就很可能会寻求认识更多的人。如果我们认为自己的学术能力较强,我们更有可能去读大学。回忆一下我们在第15章中提到的班杜拉的自我效能感的观点。我们对自己能力的看法限制了我们可能做的尝试。例如,你可能在高中有一个朋友,他和你同样聪明、刻苦。但是因为某种原因,你的朋友认为自己在大学里不能成功。你可能试图据理力争:"你当然能行!如果我行,你也行!"但是,面对消极的自我态度,这样的争辩通常是无效的。然后,你去读大学,你的朋友没有。一两年后,你要毕业了，而你的朋友仍然在加油站工作或烙牛肉饼。⑦区别并不在于能力或驱力，而在于自我。你认为自己能做到，但是你的朋友却没有这样积极的自我意象。

这个例子表明，一个人的自我概念非常重要，有时甚至是压倒性的重要。这也表现出了告诉某人他/她不能做成某事的危险性。比如，很多年轻女孩从社会获得这样的信息：女孩不能或者不应该擅长数学（Hilton & Berglund，1974；Stipek & Gralinski，1991）。结果呢？这里举一个本人的例子，我曾经在一所有名的工程大学教书，其中超过90%的学生是男生——这绝不是巧合。同样的，某一种族群体和经济阶层的成员被媒体或以其他形式告知，"他们这类人"上不了大学，或者上了大学也不会使他们变得更好。这种影响虽然是内隐的，但是力量非常强大。所以其中一些人就放弃了，或者寻找其他路径（尽管不见得是建设性的），使自己觉得好像是成功了。这就是为什么人们对于媒体上出现的某一群体被认定为懒惰的、不成功的甚至是犯罪的刻板印象通常表现得很敏感，甚至生出反抗之心；这也能解释，为什么几年以前，说着"数学非常难学"的芭比娃娃会引起人们如此大的愤怒。这种描述会产生非常重要的影响，特别是对孩子。

事实上，卡罗尔·德威克认为个体的自我信念构成了人格的基础（Dweck，2008）。德威克的实体论和增长论的自我意象在第16章有所探讨。我们已经看到她的理论如何描述两种人的差异，其中一种人认为能力是自我内在的一部分，不能被改变，另一种人认为它是可以发展和成长的。类似的，德威克理论认为一些人的自我意象导致他们预期会被其他人拒绝，另一些人的自我意象则让他们预期会被接纳。这些信念极大地影响着这些人的生活方式。就像在逆境面前会放弃的实体论者一样，"拒绝论者"在社交中的行为会像他们预期的那样被拒绝——预期常常会自我实现。

德威克理论的乐观方面是这些信念可以被改变。她报告通过增强学习动机，有一些实验成功地将学龄期的实体论者变为增长论者（在一个被称为"脑科学"的计划中）。未来的研究应在大学生中进行，因为研究显示从大学一年级到高年级，增长论者的自尊提高了，而实体论者的自尊下降了（Robins & Pals，2002）。后续的计划目标为将一年级大学生的预期从拒绝变为接纳，从而改善他们的社会生活（Walton & Cohen，2007）。人格的其他方面也基于可改变的信念吗？德威克是这样认为的，但是这一点还需要未来的研究来证实。

可能的自我

现在的这个你是你唯一能成为的那个人吗？也许不是。基于这个原因，一些心理学家研究了可能的自我——我们以其他方式已经建立或能够建立的形象。你为自己的未来所想象出来的可能的自我，会影响你生活中的目标。

例如，大卫·巴斯（David Buss，1989）提出，女性比男性更偏好年纪大于自己、有能力供养自己的配偶。正如我们在第9章中看到的，巴斯解释说，这个结果显示了进化让女性寻找能够保护

---

⑦ 我们假设凭借你的大学教育，你可以找到一份比这些更好的工作。

和供养她们及孩子的配偶，而男性有其他优先考虑的事。近期研究以一种有趣的方式质疑了这个解释（Eagly，Eastwick，& Johannesen-Schmidt，2009）。女性和男性被要求想象他们自己——一个可能的未来自我——作为"一个已婚有孩的人，并且是一个家庭主妇（主夫）或家庭生计维持者"。然后询问他们何种配偶最适合自己。不论男性还是女性，相比想象自己是家庭生计维持者的人，想象自己是家庭主妇（主夫）的人都会偏好年纪大且能够供

"事实上，只有你才能让自己跑起来。"

养他们的人！这个发现意味着，女性和男性选择配偶的不同偏好，可能在某种程度上源于他们所预期的未来自我，其自身就是社会的一项功能——而未必是内在的生物学倾向。

关于可能的自我，很多工作都集中在我们想要成为的人的形象上。人们报告他们想要成为的未来自我能够满足他们在自尊、能力和人生意义方面的需求。但是他们并不希望未来自我改变得太多。另一个人们想要的未来自我的品质是持续性，即身份不随时间发生变化（Vignoles，Manzi，Regalia，Scabini，& Jemmolo，2008）。

自我差异理论

根据自我差异理论，你有两种想要的自我，这两者以及你的真实自我之间的相互作用决定了个体对人生的看法（Higgins，Bond，Klein，& Strauman，1986；Higgins，Roney，Crowe，& Hymes，1994）。一种想要的自我是理想自我（ideal self），即你所认为的当自己做到最好时的样子。第二种想要的自我是应该自我（ought self），即你认为自己应该是什么样的——相对于自己想成为什么样的。尽管理想自我和应该自我都代表了一种假设，但是二者是不同的。比如，你的理想自我可能包含这样一种自我意象：你长得很漂亮，当你走过时，人们会停下来，目不转睛地看着你。那么，你的应该自我可能包含这样一种自我意象：你从不说谎。

这两个非现实的自我可能都是不切实际的。让我们看一下实际情况：你可能既不是非常漂亮也不是完全诚实。但是根据自我差异理论，真实自我和这两种潜在自我的差异会产生不同的结果。当距离你的理想自我比较远时，你会变得抑郁；当与你的应该自我差距较大时，你会变得焦虑。[8]

为什么会有不同的反应呢？根据理论家托里·希金斯（Tory Higgins，1997）的观点，这两种非现实的自我分别代表了人生的不同焦点。理想自我是基于奖励的，类似于杰弗里·格雷假设

---

[8]　新弗洛伊德学说理论家凯伦·霍妮（见第12章）也提到试图实现那个不切实际的"理想的"自我意象所带来的神经质后果（见Horney，1950）。

的 "启动" 系统（见第8章）。在一定程度上，你的生活会聚焦于追求快乐和奖励。你的理想自我代表了生活焦点的目标状态——你最终获得了你寻求的所有奖励的状态。另一个焦点是基于惩罚的，类似于杰弗里·格雷的 "终止" 系统，它强调回避惩罚和其他坏结果。应该自我代表了基于该焦点的目标状态——没有惩罚，也没有坏事情发生的状态。

当然，每个人都有这两种目标，正像格雷理论中所说的：每个人都有一个启动系统和终止系统。没有人可以达到理想自我或应该自我的终极状态。但是，希金斯的观点是个体在平衡这些目标方面有所不同。如果你主要追求奖励——聚焦于理想自我，当不能够实现目标时，会倾向于抑郁。如果你主要做的是回避惩罚——聚集于应该自我，当不能够实现目标时，会倾向于焦虑。换句话说，抑郁的根源在于失望，焦虑的根源在于恐惧。

> 抑郁的根源在于失望，焦虑的根源在于恐惧。

准确的自我知识

正像前面提到的，和其他任何一种陈述性知识一样，自我知识可能是对的，也可能是错的。你可能认为自己很慷慨，但是那些对你很了解的人可能真切地感受到了你的小气。或者，在别人眼中，你可能比自己认为得更聪明、善良、有吸引力。曾经在很长的一段时间内，准确的自我知识被看作心理健康的标志（Jahoda，1958；Rogers，1961）。原因有两个。第一，那些足够健康、有安全感和聪明的人会按照世界本来的样子去看待世界，不需要歪曲任何事物，他们也倾向于更准确地看待自己。第二，如果一个人有准确的自我知识，那么他/她就会有一个较好的状态来决定一些重要的事情，比如从事什么职业，和谁结婚（Vogt & Colvin，2005）。选择正确的专业和职业需要对自己的兴趣和能力有准确的知识；要选择合适的伴侣，你至少要像了解对方一样了解自己。

现实准确性模型（RAM）概述了获得准确自我知识的过程（Funder，1995，2003）。回忆第6章，根据现实准确性模型，一个人可以通过一个四阶段的过程获得关于任何人人格的准确知识。第一，一个人必须做出与所评价的特质相关的事情；第二，用于判断的信息必须是有效的；第三，必须能觉察到这些信息；第四，必须正确利用这些信息。建立这个模型的目的是解释对他人判断的准确性，但是在某种重要意义上，自我就像是你要认识的人中的一个人，并且在一定程度上，你认识自己所使用的方法和认识他人的方式相同。你观察自己做了什么，并给出恰当的结论（Bem，1972）。因此，如果你充分意识

"这很有趣，每一次被定罪，我都能对自己更了解一点。"

到你做了什么，并恰当地解释了自己的行为，那么你就能准确地认识你自己。但是，这并不一定简单，并且会随时间发生变化。从成年早期到中期，随着经验的积累，人们学到更多关于自己的知识，自我概念变得更加清晰。然而步入老年时，自我概念再次变得不那么清晰。显然，原因在于身体和心理上的变化，以及最重要的，个体参与群体生活的能力减弱所带来的社会角色的变化（Lodi-Smith & Roberts，2010）。然而重要的是，对于保持健康并参与群体生活的老年人来说，他们过去的自我认识的清晰度不会受损。

自我知识与对他人的知识

从某些方面来讲，了解自己可能比了解他人更困难。研究显示，我们对自己的情绪经验的洞察力比他人要强（Spain et al.，2000），但是，当涉及现实的外部行为时，情况就不同了。在一项研究中，要求参与者的熟人和参与者本人对参与者的人格特点做出判断。结果，几乎在每一组中，熟人的判断都比参与者的自我判断更能准确地预测他的行为（Kolar et al.，1996）。比如，熟人对参与者武断特质的判断与在实验中观察到的参与者武断行为的一致性，高于参与者自我判断的一致性。这在健谈性、幽默、感觉被生活欺骗等其他几种人格和行为特征方面也表现了相同的特点。当自己和其他人的判断被用于预测实验室以外的日常生活行为时，一项近期研究发现了类似的结果。亲密熟人的判断跟自己一样准确，而两三个熟人的平均评分有时甚至更加准确（Vazire & Mehl，2008）。

这样的结果似乎出乎意料，原因之一是留意自己确实是相当困难的。你在内心里做出计划，面对当前情境应该采取什么行动。而你所看到的全部会决定你要做什么，而不是处于同样情境中的其他人会做什么。这样，根据现实准确性模型，在相关和觉察阶段都出现了问题。但是，当你从外部看别人时，你处于一个较好的位置，来比较他/她的行为和别人的行为，这样就能更好地评价他/她的人格特质，这就是第4章提到的相对建构。它们的核心需要将一个人与另一个人进行对比。如果你看到两个人需要对相同的情境做出反应，那么这是一个判断他们人格差异的最好机会。

想象一下，你正站在航空公司柜台前的长队中，终于轮到你了，工作人员很忙，并且对你的态度有点差。你竭力忽视这个工作人员的行为，拿了登机牌，然后离开。无论你从这一事件中对自己了解了多少，这都是很有限的。现在想象，你有一个机会可以观察队伍中排在你前面的两个人。第一个人跟工作人员谈话，耸了耸肩，拿了登机牌，离开了。第二个人开始和工作人员讲话，并且很快就生气了。他的脸涨得通红，说话也提高了嗓门，直到最后离开。现在，你处于一个很不错的位置，通过观察他们对相同的刺激的不同反应来比较这两个人的人格。

很多人对自己的行为有种误解，认为那是对情境自然的反应，每一个人都会那么做（Ross，Greene，& House，1977）。你可能经常听到人们这样问："我还能怎么做？"这样的解释就像是一个嗜酒者在经历了一场充满压力的争吵之后去喝酒。这个嗜酒者可能会说"压力迫使我去喝酒"，当然，他/她忘记了，那些不嗜酒的人会找到其他办法应对压力。你可能会认识一些人，他们心怀敌意，满口胡言或者行为令人讨厌，同样的，他们会认为他们只是对情境做出了正常的反应。那些有人格障碍的人也倾向于如此，他们对自己症状的看法与他们身边人的看法相差甚远（Thomas，Turkheimer，& Oltmanns，2003；见第18章）。作为一个外部观察者，你观察到的是他人长期的行为模式，而不是暂时面临的压力，并且你也可以看到，对于相似的情境，有些人的应对方式更具有建设性（Kolar et al.，1996）。

尽管没有研究记录下这种效应的积极效果，但是这种现象可能并不局限于消极的行为。你可能认识这样的人，他们一直都很随和、善良、勤奋或勇敢。当问到他们的行为时，就像刚才描述的那个嗜酒者或者怀有敌意的人一样，他们会回答："我还能怎么做？"对他们来讲，表现得随和、善良、勤奋或善良仅仅是他们对情境平淡无奇的反应，并且很难想象还有其他表达方式。只有从旁观者的视角，才能看清这种行为是具有跨情境一致性的、独特的、令人惊叹的。人们一般会高估情境对嗜酒或人格障碍等消极特质的影响。但是，个体对自己的好品质也同样视而不见。⑨

1982年1月，一架被冰覆盖的客机坠入华盛顿的波托马克河，靠近行人来往频繁的第十四街大桥。很多在场的目击者和数以千计的电视观众看到了少量的幸存者紧紧抓住冰块中漂浮的残骸不放。一个幸存者开始失去力气并滑入水中，这时，一个名叫莱尼·斯库尼克（Lenny Skutnik）的政府职员恰好下班途经这里，看到眼前情景，立即扯下外套跳入水中，把那个妇女拖到安全的地方。他很快成为英雄，并且不久后，里根总统在当月的美国国情咨文中将他介绍给了全国。但是斯库尼克不愿意居功，他说他只是在看到有人需要帮助时没有经过考虑就行动了。⑩显然，除了他，每一个人都意识到的关键事实是：当时有很多人在岸边，只有他的表现是不同的。

作家詹姆斯·布莱狄（James Brady）的书常以战争历史为题材。他写过二战期间士兵将旗插在硫磺岛的事件，还有一些其他历史事件。他这样评论道：

> 看到英雄的是旁观者……我曾经和荣誉勋章获得者交谈过，他们每个人都有着相同的说法："我没有做任何其他人不会做的事。"一个在炮火中救出同伴的士兵并没有看到子弹，他只是看到了一个需要帮助的人。是旁观的人看到了这种英勇的行为。这都取决于你站在什么样的角度。（Fisher，2004）

有时，站在旁观者的角度看待自己的行为也是可能的。比如说，你可能会凭记忆审视过去的行为，并且回顾你当时的每一个行为适合哪种模式，而这些行为可能是当时的你没有发现的；或者你会回忆在相同情境下你的选择是如何有别于他人的选择的。也许莱尼·斯库尼克后来会意识

---

⑨ 社会心理学在对虚假的一致性效应的研究中详细探讨了一种倾向，即人们倾向于认为自己的行为很常见，而事实上这种认知超出了实际生活中该行为的常见程度（见Ross et al.，1977）。这里的讨论可以对比当事人—旁观者效应的研究（例如Jones & Nisbett，1971），即人们往往认为他们的行为是对暂时性的情境压力的反应，而他人的行为则具有一致性，是他们人格特征的产物。这里的讨论与早期的当事人—旁观者效应的不同之处在于它没有采用传统的假设：当事人考虑"自己的行为是由情境引起的"这一点是正确的，而旁观者是错误的。我猜测人们更倾向于经常难以察觉自己行为的一致性，而从外部视角就能更好地观察到这一点（见Funder，1982；Kolar et al.，1996）。

⑩ 那时候还有一个不那么出名的英雄就是乘客阿兰德·威廉姆斯（Arland Williams），他数次拒绝救生绳索并将其传给了其他人。他在自己攀附着的那块残骸沉没时淹死了。我们不知道他会怎样评述自己的行为，但我猜测应该差不多。

到自己的行为有多么不同寻常，但在当时他过于关注有需要的人，而没有考虑自己的行为是不是典型的，或是将自己的行为和周围的其他人做对比。举一个不一样的例子，当一个嗜酒的人解释近期的一次酒瘾复发时，他/她更容易归因于工作压力、和配偶吵架等。但是，时间久了以后，他/她更容易将这种复发看作酗酒的长期模式的一部分（McKay，O'Farrell，Maisto，Connors，& Funder，1989）。时间会赋予人们新的视角。

心理治疗的目的常常是试图获得一个人对自己行为更全面的观点，从而探索他的强项和弱点。治疗师们常常会引导来访者回忆过去的行为并确认长期的模式，而不是继续将这种适应不良的行为仅仅看作对暂时性压力的反应。例如，嗜酒者必须将酗酒看作长期和典型的行为模式，而不仅是对情境性压力的正常和不可避免的反应。并且，他们必须认识到有助于克服这个问题的内在力量。

提高自我知识

你可以用什么方式更好地认识自己？有三条基本的途径。第一，可能也是最明显的，你可以自省，审视你的内心，了解你是谁。第二，你可以从其他人那里寻求反馈。如果这些人是诚实的，并且相信你不会受到冒犯，那么他们会是一个重要的信息源——关于你实际上是什么样子，包括你自己的某些方面——这些方面可能对除你之外的每个人都显而易见。第三，你可以观察自己的行为，尝试从这些观察中得出结果，就跟观察到了同样行为的其他人会做的事情差不多（Bem，1972）。

就现实准确性模型（RAM）而言，第四阶段——最后一个阶段——所利用的信息就包含了自省。利用信息阶段强调对你的行为的准确记忆和诚实评估的重要性，就像刚刚提到的，这可能会随着时间的推移而变得比较容易。第二和第三阶段，有效性和觉察阶段，强调你能够从其他人那里获得的信息——关于你是什么样的人的信息。他们可能简单地告诉你，这样一来信息就唾手可得。不过你也可能需要看懂有关其他人如何看待你的微妙的非言语信号，这就让探察信息成了一个问题。

对于自我知识而言，现实准确性模型的一些最重要的内涵存在于第一阶段——相关。就像去了解另外一个人，你可以仅仅基于你看到的自己的行为去评估自己，但是这受到你所经历的情境甚至你允许自己做什么的限制。例如，一些人通过蹦极或爬山来考验自己，以此证明他们本身具有一些自己并不知道的特征。我并不是推荐你去蹦极，但是"考虑如何通过新的场合、接触陌生人和尝试新鲜事物来了解自己"这一点是有价值的。

这在某些情境下可能难以实现。如果你一生都生活在一个小城镇里，而且身边的人也没有什么变化，那么你可能不知道在一个更宽广或不同的环境中你将做什么，会出现什么特质，会掌握什么技能。我在新西兰的时候，生活在南太平洋中的小岛屿上的一个田园村庄里，对那里的大学生愿意冒险旅行很感兴趣。他们生活的地方犹如天堂，但是仍然愿意去欧洲或北美的更广阔、更繁杂和更危险的地方挑战自己。

自我知识还受一些家庭或文化因素的制约，而不是地理因素的制约。比如，一些家庭（以及一些文化传统）会不让年轻人的自我表达过于明显（见第14章）。一个人的教育背景、职业甚至是配偶，都有可能是由他人选择的。更常见的是，家庭会给孩子施加很大的压力，使他们追求特定的教育目标和职业道路。我所在的大学正像很多其他大学一样，医学预科班一年级有很多学生，奇怪的是，到大四的时候，学生就少了很多。一种极端的情况是，一个学生曾经迫于家庭期望的压力读医学预科，但是在大三时，她发现自己缺乏这方面的技能、兴趣或者两者都缺乏。这个学生可能会有这样的感觉，就像她只有五分钟的时间来考虑并决定选择一种新的专业、新的职业和新的生命道路，如果她不尝试新的选择，那么形势可能会变得更加艰难——以后她可能更没有机会来了解自己真正的天分和兴趣了，因为从来没有人鼓励她这样做。

所以，关于职业选择、关系形成和很多其他问题，获得自我知识的最好建议可能就是做自己。回避欲望以及朋友、熟人和家庭成员的期待是不可能的，但是你可以通过发现自己的兴趣和检验自己的能力来找到自我。基于自我知识，你会在教育、职业、婚恋和重要的一切事情上做出明智的选择。

程序性自我

在前面的章节中，我们可以看到人格不仅仅是你所拥有的，也包含你所做的。你所做的事情中的独特方面构成了**程序性自我（procedural self）**，并且这方面关于自我的知识通常以程序性知识的形式出现。

就像我在第16章中所写的那样，程序性知识包含做事情的方式或程序，所以也被称作"知道如何做"。它是一种很特别的知识，这些知识本身不容易被意识到，并且，如果被问到，通常也不好解释（一些情况下，你可能会回答"我给你示范一下"）。这类例子包括读书、骑自行车、完成商业交易、分析数据、与别人约会。在此类行为或技能中，可能有98%都是通过做或者观察学会的。

骑自行车可谓是这类的经典案例。我可以告诉你怎么骑自行车：坐在车座上，握住车把，一圈一圈地踩踏板，保持平衡，这样你就不会摔倒。我可以告诉你更多，但是这永远不足以教会你怎么骑自行车，甚至不足以让你知道骑自行车是什么样的。你只有通过自己去做，并且获得练习和反馈，才能学会骑自行车。社会技能与此类似，尽管名为"万能推销法"或者甚至是"如何追女孩"的书随处可见，但是社会技能必须通过实践才能获得。

尽管名为"万能推销法"或者甚至是"如何追女孩"的书随处可见，但是社会技能必须通过实践才能获得。

程序性自我由行为组成，你通过这些行为来表达你认为自己是谁，但通常并未意识到自己正在这样做（Cantor，1990；Langer，1992，1994）。就像骑自行车一样，程序性自我的工作是自动化的，意识很难触及。

关系自我

　　程序性自我的一个方面尤其为研究者所关注，那就是关系自我图式。它基于过往经验并指导我们如何与生命中每一个重要的人发生联系（Baldwin，1999）。

　　正像第2章提到的，你可能会与父母建立一些独特的互动模式，甚至会忘记这些模式的存在，直到很长时间后回家探望，你又陷入了童年惯例之中。假如那不是一段美好的经历，你会尽可能地建立起另一种模式来对抗已有的模式（Andersen & Chen，2002）。这可能表现为：古怪的衣服、文身、身体穿孔、不合适的男朋友或女朋友，或者可能只是很坏的态度。所有这些行为都在宣告"我不再是原来的那个孩子了"。这对孩子来说很自然，也会使困惑、惊愕的父母仔细思量一番。

　　尽管举了这个例子，但多数人与他人的相处模式根深蒂固，很难改变。即使身上穿了很多孔的少年，他/她在生病时或被戳到脚趾的时候仍然会找妈妈。这些模式存在的原因是根深蒂固的依恋理论对人的影响（比如Shaver & Clark，1994；Sroufe et al.，1993；见第12章），后来的关系自我理论（Andersen & Chen，2002）也认为很多与他人有关的脚本是在人生早期形成的。以后，通过移情（见第10章和第12章），我们可能会发现自己应对新认识的人就像应对过去和他类似的人一样（Andersen & Baum，1994；Zhang & Hazen，2002）。例如，如果你害怕父亲吼你，并且竭力避免使他生气，那么你可能会用同样的方式对待你的老板。或者，如果你早期的浪漫关系没有得到一个好的结果，那么出于自我连续性的考虑，你可能会不自觉地认为，新的关系也一样会出现背叛，结果令人失望。

内隐自我

很多情况下这些与自我相关的行为模式并不容易达到意识层面。自我图式通常假定其在意识层面是容易接近的，并且可以通过直接测量的问卷来测定（S数据，见第12章），而关系自我和自我概念的内隐方面则不然，它可能在无意识条件下起作用，并且作用巨大（Greenwald et al., 2002）。但是，如何测量呢？心理学家安东尼·格林沃德（Anthony Greenwald）和他的同事们发明了一种巧妙的方法——内隐联想测验（Implicit Association Test，简称IAT），我们在第5章曾经提到过（Greenwald et al., 1998）。

内隐联想测验是对反应时的测量，参与者的任务是对计算机屏幕上自动呈现的刺激（词或图像）通过按键迅速分类，而这些刺激分别属于四类概念。为了了解这个是怎么操作的，想象自己是一个参与者，呈现给你一系列扑克牌，要求你在看到红心或方块时按A键，看到黑桃或梅花时按B键。这应该很简单，因为红心和方块都是红色的，黑桃和梅花都是黑色的，你可以根据任何一种特征来进行正确的判断。但是想象一下，现在要求你在呈现红心或黑桃时按A键，呈现梅花或方块时按B键。对于多数人来说，这可能会变得比较困难，因为颜色不再起辅助作用了。[11]意思是当密切关联的两个范畴（比如红心和方块同属红色）使用同一个键时，反应比较简单，而且比较快。如果关联不紧密或者彼此冲突的两个范畴使用同一个键（比如红心和黑桃），那么反应会比较困难，而且比较慢。格林沃德创造性地使用了这个原理来测量个体的认知系统中可能没有被意识到的联想强度（Greenwald & Farnham, 2000）。

自尊

在一项对内隐自尊的研究中，4个概念是"好""坏""我""非我"。在研究开始之前，实验者从每一个参与者那里获得了18个描述自我的词汇（"我"）和18个参与者认为不是描述自我的词汇（"非我"）。实验者还单独收集了令人感到愉快的词汇（比如钻石、健康、日出）和令人感到不愉快的词汇（比如苦恼、肮脏、毒药）。现在研究可以开始了。在第一部分，实验者要求参与者在呈现"我"的词汇或令人愉快的词汇时按A键，呈现"非我"的词汇或令人不愉快的词汇时按B键。在第二部分，配对是经过调换的：现在要求参与者在呈现"我"的词汇或者令人不愉快的词汇时按A键，呈现"非我"的词汇或者令人愉快的词汇时按B键。[12]

逻辑是这样的，对于高自尊的人来说，第一部分的反应应该比第二部分简单，并且更快：看到好的或与自我相关的事物就按A键，这很简单。但是第二部分应该会比较困难，比较慢：看到坏的或与自我相关的事物就按B键，这需要一个人放慢速度并且思考一下。原因就是，对于那些高自尊的人来说，"好"和"我"在无意识认知当中是内隐相关的，"坏"和"非我"也是一样的。那么低自尊的人是怎样的呢？对于他们来说，"好"和"我"、"坏"和"非我"的关联比较弱，甚至是相反的。如果这是真的，那么根据参与者在实验两个部分的反应时差就能测出参与

---

[11] 格林沃德和他的同事指出，对于一个有经验的桥牌高手来说这也可能是容易的，因为红心和黑桃是更高级的一套牌。

[12] 为了确定实验效果，实验程序还包括其他种类的配对进行平衡，比如，A键和B键在多种可能的刺激结合中均等使用。

者的"内隐"自尊——相对于第二部分，高自尊的人应该在第一部分反应更快，低自尊的人反应时差应该较小，甚至表现出相反的效应。

结果确实是这样的。内隐自尊以及其他自我的内隐特征（比如刻板印象和态度）都可以用这种方法来测量。这种测量是可信的，能够预测人对成功和失败的反应，最有趣的是它与传统的与陈述性自尊S型测量数据的相关十分微弱。进一步的研究显示，当一个人的内隐自尊和陈述性自尊相冲突时，就足以让人见识到与自恋相关的自我观念是多么脆弱（Zeigler-Hill，2006）。

害羞

在意识层面上，一个人说出"我害羞"或者"我不害羞"这样的话，具有一定的效度。在不自觉甚至潜意识的层面上，一个害羞的人可能会自动地产生各种各样的想法，而这些想法完全不同于不害羞的人所产生的想法，这些想法是个体对自己的害羞的一种内隐知识形式。一个研究用传统的自我报告以及IAT评估个体的害羞程度，结果显示这两种方式所展示出的自我知识并不等同（Asendorpf et al.，2002）。第一次测量评估了参与者能够在多大程度上外显地、有意识地知道和说出他们害羞。第二次测量被设计来评估他们在多大程度上内隐地、无意识地知道他们害羞。两种测量有所关联，但预测的行为不同。测量害羞的S数据预测被作者称为"受控制的"行为，如言语和手势，而IAT测量能更好地预测"害羞的自发表达"，如面部表情、身体动作和紧张的身体姿势（Asendorpf et al.，2002）。研究者的结论是，有一些与自我相关的行为处于意识的控制之下，另一些则不是。测量S数据足以预测第一种行为，但是B数据对于预测第二种行为而言是必要的。

后续研究将这些发现扩展到大五人格特质（在第7章中进行了总结）。正如研究者所预料的，关于全部五种特质的传统自我报告（S数据）预测了外在行为。有趣的是，对于五种特质中的其中两种特质——神经质和外倾性——进行IAT测量，同样预测了行为，并且IAT的预测能力超过了自我报告（Back，Schmukle，& Egloff，2009）。显然，个体的神经质甚至是外倾性的某些方面在意识层面是未知的。但并非每种特质都是如此。对尽责性、宜人性和开放性的内隐测量并不能预测外在行为。

总的来说，这些发现表明我们对很多事物抱有态度和感情，包括我们自己。虽然它们并不能完全被意识到，但是确实影响了我们的感情和行为，甚至我们都不知道原因。这在一定程度上——或者在很大程度上——是事实，指导我们行为的认知模式实际上是深植于脑海的。

意识和潜意识的自我意识

自我对行为的影响并不总能被意识到，这一点看起来似乎有些神秘。

传统观点认为，自我意识是个体对自己是谁及自己在做什么的自我觉知。正像我们在第16章中见到的，在社会交往当中，一个自我意识强的人可能会花太多的认知能量去顾虑自己给别人留下的印象，以至于不能专心和他人交谈。但也有积极的观点出现。有结果显示（并且经实验证明），在对自己更了解的情况下，有自我意识的人的行为更具有自我指导性（Carver，1975）。也就是说，他们的行为更有可能是被一般的态度或者价值所引导，而不是暂时性的情境压力。

自我意识不能完全被意识到的另一个方面是一些人在加工信息时会自动化地倾向于将其当作与自我有关的信息，即使这些信息并不是这样的。第2章中提到的一项近期的著名研究证明了这种可能性（Hull et al.，2002）。首先，研究者使用个人自我意识量表测量了大学生参与者的自我意识水平（Fenigstein，Scheier，& Buss，1975）；然后，要求他们在紧急的条件下整理一些句子，这些句子包含跟老年人的刻板印象有关的词汇，包括白头发、智慧、宾果游戏、健忘的、孤独的、退休、皱纹和（我最喜欢的）佛罗里达州；在这之后，允许参与者离开并且暗中记下他们走过实验室大厅需要的时间（Hull et al.，2002）。结果显示，在这些程序以后，高自我意识的参与者走得更慢，他们走15.9米的路程多花了2.2秒，自我意识低的参与者的行走速度并未受和老年人相关的词汇的影响。调查者指出整理句子的任务和参与者自己并没有关系，但是高自我意识的个体在加工这些信息时显然把它当作和自己有关的信息，结果就是接下来他们走得更慢。相比之下，低自我意识的个体在加工这些词汇时并不将其看作与自我有关的信息，所以这些词汇对他们的行为没有影响。[13]这个故事的寓意是：高自我意识的人在对任何事物做出反应时，都倾向于将其看作与自我有关的信息，并且这种自我意识对行为倾向的影响可能是个体意识不到的。

获得和改变程序性知识

这种程序性自我（或我们）能被改变吗？答案是肯定的，但是内隐知识和相关的行为模式是由程序性知识而不是陈述性知识组成的，所以改变它们需要的不仅仅是劝告、授课或者提出改变的想法。正像前面提到的，只有亲身去做，特别是参与实践和反馈，个体才能获得程序性知识或者发生改变。

想一想一个人如何学会思考（假定某人会这样做）。现在，一些大学设置了"如何思考"的课程，导师解释逻辑规则、描述组织思维的策略、传授头脑风暴的方法等。我不是很支持这种课程，因为我觉得大学应该这样教授学生如何去思考——通过给你一些事情去思考。[14]然后你形成自己的思想并且得到反馈（比如导师或者同学的评价——"很好"或者"很有趣"）。通过实践和反馈学习如何思考，并且用这种方法学习做任何事情。

同样，一个体育教练激励学生去实践，并且提供有用的反馈。唱歌、跳舞、小提琴演奏和其他形式的程序性知识的老师和体育教练扮演的角色是一样的。并且，在某些情况下，一些心理治疗师在试图改变你的行为模式时，也使用了同样的办法。首先，治疗师鼓励来访者去实践他们想要的行为改变。（每一次，当你不同意你母亲所说的话时，你都不能反对她；尽可能经常练习克

---

⑬　实验还包括一个控制组，参与者接触的词汇与刻板印象无关。在这种条件下，高低自我意识的参与者的行走速度并没有显著差异。

⑭　这正是每一章结束时的"思考题"的目的。

制自己。）其次，治疗师必须对来访者所做的行为给予反馈。

这种教学方法显示了陈述性知识和程序性知识的巨大差异。前者可以通过阅读或听报告来获得，而后者只能通过实践和反馈才能获得。前者需要一个擅长所教课程的好老师，你当然不能从一个不懂俄罗斯历史的老师那里学到俄罗斯历史。但是你可以从一个声音粗哑的老师那里学会唱歌，或者从一个反应慢、有啤酒肚的中年教练那里学会打棒球。你甚至可能从一个还没有完全解决他自己的个人问题的治疗师那里获得帮助，从而形成自己的人格。

是什么使我们想起个体如何获得或改变和社会行为及自我有关的程序性知识呢？回答权威人物的问题时心存畏惧，或者期待和记住了（记错）再一次的社会排斥，这种行为类型根植于过去的心酸经历，并不是一天形成的。正所谓"冰冻三尺，非一日之寒"。取消这种学习实践并不容易，因此，口头上的规劝甚至是意志力都是不够的。一个人，可能在一些帮助下（专业的或是其他帮助）鼓起改变相关行为的勇气，而且还要逐渐而又（满怀希望地）坚定地开始积累对抗的经验，最终产生一种新的行为类型和对生活的看法。

我们不要忘了，并不是所有移情或者典型的知觉和行为类型都是适应不良的表现。一个成长于有着支持和鼓励的环境中的幸运孩子可能会形成一种容易振作的态度，这种态度可以帮助他/她从挫折、排斥或其他生命中可能遇到的不如意之处中恢复过来。无论是外显的还是内隐的，持有一个不容易改变的强烈并且持久的自我概念不一定是件坏事。

有多少个自我？

根据一些理论家的观点，个体不是拥有一个陈述性自我或程序性自我，而是拥有很多个自我。例如，一种理论认为，活跃于工作记忆并且在任何时间都有意识或无意识地影响行为的自我的特定子集，依赖于你在哪里以及和什么人在一起（Markus & Kunda，1986）。这样，处于不断变化的情境和人群中，自我的经验会不停地发生变化。你会感到自己是一个学生并且像学生似的做事，然后成为一位家长，后来是努力工作的人。

这种持续变化的自我观念被称为工作自我概念（working self-concept）（Markus & Kunda，1986）。在特定时刻与你共处的人会对你的工作自我概念产生重要影响（Ogilvie & Ashmore，1991；Andersen & Chen，2002）。当你和父母在一起时，相比和男朋友或女朋友共处时，你的形象不同并且表现也会不同。你可能还会发现，和一些人在一起时，你会变得紧张易怒，并且变成自己不喜欢的样子；和另一些人在一起时，你会发现自己变得轻松有魅力，并且变成了你一直以来都想变成的样子。（你应该尽可能多地把时间放在和第二类人相处上。）支持工作自我概念的理论认为，一个人不是由一个自我所描绘的，而是由多个自我所描绘的。处在不同的情境中，和不同的人共处，会有不同的自我起作用。

这种观点看上去很有道理，但是存在问题。一个主要的问题是关于自我的一元和协调的观念通常被看作心理健康的标志。而不知道自己是谁，觉得自己的身份不断变化，是心理疾病的症状，如精神障碍（划分界限见第18章），并且可能源于创伤性的经验，如性虐待（Westen，1992）。人们在经历青春期或类似的重大转变时会觉得痛苦，一部分原因是他们开始失去那种在所有情境中都感到真实的、独立的自我感觉。相比之下，正像第6章提到的，有判断力的人不仅倾向于在各种情境中表现出相同的自我，而且他们也被别人评价为稳重的、有条理的、心理调适良好的（Colvin，1993b）。

多重自我的观点在哲学领域内也遭到了批评。我们在第15章中提到的著名的认知社会学习人格理论学家艾伯特·班杜拉（Bandura，1999）认为，心理学家应该拒绝"将人分流为多重自我"，这有两个原因。第一，他认为，"根据多重自我建立的人格模型会使个体深陷哲学的困境"。看来似乎需要一个自我来决定哪个自我更适合给定的情境，并且可能还需要一个超越它的自我来决定哪个自我应该决定哪个自我是与目前情境最相关的。多重自我观点的另一个困难是，它带来了下面这个可能无法回答的问题：

"我知道我在10分钟之前说了什么。那是过去的我说的。"

一旦一个人开始分流自我，应该在何处停下来？例如，一个运动的自我可以分成一个想象出来的网球自我和一个高尔夫球自我。依次地，这些分离的自我会有子自我。因此，一个高尔夫球自我又可以分解为运动能力的不同方面，包括一个击球自我、一个球道自我、一个沙障自我和一个进球自我。一个人如何决定在何处停止自我分裂呢？（Bandura，1999）

班杜拉的观点是：没有办法来决定这件事。尽管我们在不同的情境下或者不同的群体中可能会看起来像是不同的人，但是，我们每一个人最终仍然是一个人。他认为，由一个自我来解释经验和决定接下来的事的假设更简约，在哲学上更有条理。

实际的真实自我

正像班杜拉所注意到的，深处于真实的、理想的、应该的和相关的自我之下，看起来必然存在一个独立的自我操控全局。但这是如何做到的呢？生活中的每一天，我们都从一种情境进入另一种情境，从一个关系对象转向另一个对象，并经历着不同的学习和成长阶段。这些变化使我们不可避免地成为不同的人，而这一事实正是人们有不同自我甚至是多重自我的基础。那么，不变的又是什么呢？

很多年以前，祖母在八十多岁的时候给我讲了一个小故事，我一直记着这个故事。她回忆起在十九、二十世纪之交，还是少女的她在芝加哥乘坐高架列车。一天，她看到了一位"老妇人"（很可能比祖母给我讲故事时的年纪小得多）在车上拖着脚走。她说："我记得当时我在想，如果变得那么老，会是什么样的感觉？"

她很高兴地接着说："现在我知道了，感觉是一样的，只是你更老了。"

我的祖母并没有读过威廉·詹姆斯的书，她甚至没有上过高中，但是我相信她和詹姆斯对核心的、不可变的自我有着相同的观点。外部表现、态度和行为会随着情境和时间而改变，但是经历过的人仍会在某处观察（并且可能引导着）这一切（Klein，2012）。正像威廉·詹姆斯（1890）写到的，"随着客体我的变化，主体我是未曾改变的"。

在这个意义上，"主体我"仅仅是一个被动的旁观者吗？正如哲学家所说的"副现象论"，它看上去存在但并不能真正影响任何事情吗？或者，内在的、隐藏的、不曾改变的观察者是真实的自我，甚至可能是"灵魂"和自由意志的基础？对于一本心理学书籍来说，这个问题可能太深奥、太不科学了。但是，这是值得深思的。

总　结

主体我和客体我

• 根据威廉·詹姆斯的观点，自我包括客体我（自我认识的对象）和主体我（进行认识的神秘实体）。心理学对客体我的了解远远多于主体我。

跨文化的自我

• 一些跨文化的分析推断，"自我"的观点是西方文化的产物；另一些研究对比了不同文化定义自我的方式，例如自我尊重和自我决定。

自我的内容和用途

• 就客体我而言，自我构成了我们知道的或者认为我们知道的关于我们是什么样的一切，包括陈述性自我知识和程序性自我知识。

• 心理学家提出自我有四个用途：自我调节、信息过滤、了解他人和维持自我认同。

陈述性自我

• 陈述性自我包含自尊，即一个人对于自己价值的看法。自尊过低或过高都会引发问题，这是因为根据利里（Leary）的社会计量理论，它可以作为一个人社会地位的有效标志。

- 心理学家的一些理论认为，一个人对自己心理特征的广泛认识存在于被称为自我图式的结构中。自我图式可以通过S数据（问卷测量，包括传统的人格问卷，比如CPI）或者B数据（反应时研究）来评定。

- 关于脑损伤个体的案例研究显示，一个人对自我和人格的知觉仍然可以完好无损，即使是创造它的特定记忆都消失。

- 记忆的一种好方法就是考虑所记内容和自己有什么关系，记忆的这种效应被称作自我关联效应。

- 你对自己能力的看法——你的自我效能感——会影响你将要做的事情。

- 心理学家卡罗尔·德威克提出，自我信念是人格的主要基础，它们影响个体在生活中的行为，并且可以被改变。

- 一个人的真实自我和理想自我的差异会导致抑郁，真实自我和应该自我的差异会导致焦虑。

- 第6章描述的现实准确性模型（RAM）——特别是相关、觉察和利用阶段——可以用来解释自我知识的基础。

程序性自我

- 程序性自我的各方面并不总是能够被意识到的，但是它们仍会通过固有的思维、感觉以及和他人相联系的方式驱动行为。

- 一个关于程序性自我的理论是关系自我的概念，即一个人和不同种类的人互动的习惯方式。

- 内隐自我是关于"我是什么样"的概念，它影响着我们的行为，但我们可能意识不到。它可以用被称为内隐联想测验（IAT）的工具来测量。在害羞、外倾性、神经质（可能还有其他特质）方面，IAT能够比自我报告更好地预测行为。

- 有时自我意识也可能在潜意识层面作用，一些高自我意识的人特别容易受到一些信息的影响，这些信息潜在地与自我有关，但是我们意识不到它的影响。内隐的害羞比我们能意识得到的害羞对行为产生的影响更大。

- 像其他程序性知识一样，程序性自我（或者是我们）只有通过实践和反馈才能慢慢地发生改变。

有多少个自我？

- 尽管很多理论家认为个体拥有变化的甚至是多重的自我，但是对自我稳定不变的知觉是心理健康的标志。社会学习理论学家艾伯特·班杜拉指出，多重自我的观点会引发哲学问题。

实际的真实自我

- 内部观察者，即威廉·詹姆斯所说的主体我，似乎是跨情境并贯穿一生都保持不变的自我的一部分。

思 考 题 ••

1. 心理学家可以研究威廉·詹姆斯所说的主体我吗？我们怎么知道它是否存在？

2. 你是否认识自尊过高或者过低的人？你觉得这是怎么产生的？这是否和这个人的成长经历、社会以及一些其他因素有关？

3. 你觉得多数人有多了解自己？一个人自我的哪一部分是最不容易被了解的？

4. 你的自我信念会影响你的行为吗？这些信念能够被改变吗？怎么改变？

5. 内隐自我的作用可根据关系自我、自尊、害羞和自我意识描绘。你认为内隐自我会在哪些其他领域起重要作用？

6. 自我的陈述性部分或者程序性部分能够改变吗？你对自己的看法改变过吗？它是怎样发生的？什么样的经验可以改变一个人的自我意象？

7. 一位79岁的老人曾经对他的儿子说，他总是感觉自己像是12岁一样（Klein，2012）。你认为他是什么意思？这种说法在你看来是真的吗？

8. 威廉·詹姆斯关于主体我的观点和心理学家现在所说的程序性自我相同吗？或者主体我是更深层次的部分吗？

推荐读物 >>>>>

Klein, S.B. (2012). The two selves: The self of conscious experience and its brain. In M.R. Leary & J.P. Tagney (Eds.). *The Handbook of Self and Identity* (2nd ed.). New York: Guilford.

非传统的甚至是激进的心理自我观，由多产且有影响力的研究者撰写。包括几个引人入胜的对脑损伤病人的案例研究。如果你对"实际的真实自我"这一章节感兴趣，那么这篇文章值得一读。

Wilson, T. D. (2002). *Strangers to ourselves: Discovering the adaptive unconscious.* Cambridge, MA: Harvard University Press.

相关研究的生动纵览，解释了为什么了解自己比想象中更困难，也会指导你如何更好地了解自己。

电子媒体 >>>>>

登陆学习空间*wwnorton.com/studyspace*，获得更多的复习提高资料。

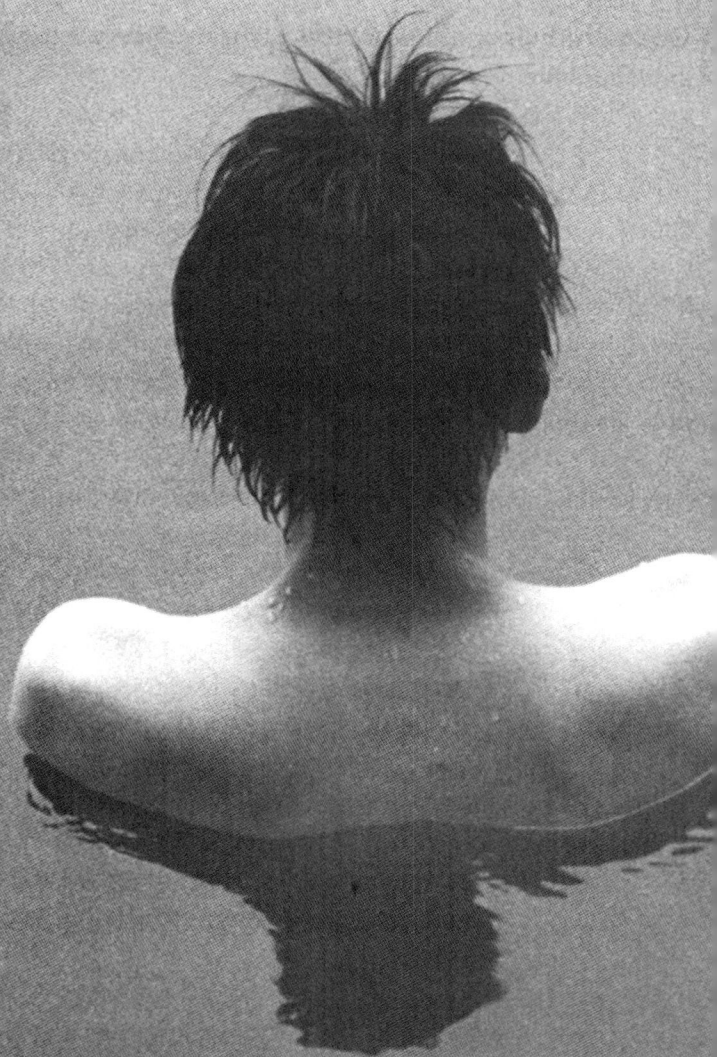

人格障碍

神经症只是过分强调某些人格特征，使某些人格特征过度突出。

——卡尔·荣格

如果这本书有一个独立统一的基调的话，那就是人是不同的。每个个体都按照各具特色的方式思考、感觉和行动。人格心理学整个领域的研究目的就是致力于描述这种差异，并解释差异产生的原因。特质取向（第4章至第7章）比其他任何取向更能明显地体现出个体差异，但是正如你已经看到的那样，生物研究（第8章至第9章）、心理动力学取向（第10章至第12章）、人本主义取向（第13章）、文化心理学（第14章），甚至是学习理论和认知取向（第15章至第17章）都在寻求能描述人类差异的方法，并解释造成差异的原因。

我们很庆幸每个人都是不同的。如果每个人思考、感觉和行动的方式一样，那么生活就会变得无聊且毫无意义。但有时候，我们所描述的个体人格方面的差异实在是太大了。对于一些人来说，他们的人格特质变得如此极端，甚至可能会给他本人或者他身边的人带来严重问题。由于这种情况的出现，心理学家们开始讨论那些心理变量超出正常范围的思维、感觉及行为模式，这些模式被称为**人格障碍（personality disorders）**。

一般来说，人格障碍被认为是"社会厌恶性（socially undesirable）"的特质结构，当然，大部分人不喜欢这些特质。比如，不雅社交、怀疑、自大、抱怨和冷漠等行为模式，当这些达到极端的时候，就开始慢慢进入障碍的范畴。但是，很难用一个临界点来界定一种人格特质：它可能令人烦恼或对自己不利，但在多大程度上算是正常的，多大程度上就成为心理病症了？事实上，几乎不可能找到这个精确的点。但这并不意味着人格障碍就不真实、不重要。有一些人格障碍会给本人或身边的人带来严重后果，你应该很容易举出一些有人格障碍的人为例。事实上，有一项调查估计，大约15%的美国成年人有至少一种人格障碍（Grant et al., 2004），并且没有理由认为世界其他地方的人格障碍普遍程度会低于美国。

诊断和统计手册

　　早在19世纪早期，法国精神病学的领军人物菲利普·皮内尔（Philippe Pinel）就提出他对"manie sans delire"（法文，意为"没有扭曲现实的疯子"）的理解。此后许多年，精神病学家和心理学家展开了讨论，他们有时候尝试治疗一些人——确切地说这些人不是疯子，但却有着特殊的人格特质组合，这类特质组合使他们陷入困境。1952年，美国精神病协会出版了《诊断和统计手册》（*Diagnostic and Statistical Manua*，DSM）第一版，对一些主要人格障碍进行了描述，并制定了规则。最新版本的《诊断和统计手册》第四修订版（DSM-Ⅳ-TR；American Psychiatric Association，2000），被认为是一个标准模板。[①]它列举了每种人格障碍的主要指标，并且明确了需要做诊断的指标数量。例如，对于边缘型人格障碍，DSM-Ⅳ列出了九个主要指标或者特征，并指出如果个体出现任意五种症状，则需要接受正式诊治。新版即《诊断和统计手册（第五版）》（DSM-Ⅴ）目前正在编写中（DSM-Ⅴ已经于2013年5月正式发布——译者注）。本章接下来将对新版中预期要做的改变进行总结。

　　修订DSM有两个目的。其一就是努力使心理诊断变得更加客观。两个临床心理学家或者精神病学家甚至不能讨论同一个病人，他们无法相互理解，除非他们有共同的词表。DSM的期望就是，通过一个诊断标准的精确列表使讨论和理解变得更加清晰有效。这个客观性的要求甚至比研究更重要。如果一个科学家相信他/她已经发现了一种治疗人格障碍的有效方法，却没有办法检验这种治疗方法，那是因为首先没有一个明确的方法确定谁有人格障碍。

　　修订DSM的另一个目的可能听起来微不足道，但事实并非如此。它给精神病学家或临床心理学家提供了一些可以写在保险账单上的内容。这听起来是不是很好笑？但这并不是在开玩笑。保险公司不会赔偿内容不明确的事件。你的主治医师不可能在你的病历上只写"生病"两个字来作为就医的原因，而应该有更详细的描述。因此，如果心理治疗要被赔付，也就是它需要明码标价的话，心理障碍的种类必须被界定。DSM在许多方面备受争议，但是不能否认它的全面性。它为一切能想到的个体障碍提供了心理学角度的标签和数字代码。

　　DSM围绕五个基本组，或者说是五个轴进行组织（见图18.1）。轴Ⅰ包含严重的精神疾病，比

[①]　DSM-Ⅳ-TR（TR代表"文本修订"）在1994版DSM-Ⅳ的基础上稍作更新，于2000年出版。此后，我统称这两本书为DSM-Ⅳ，称不同版本的手册为DSM。

如精神分裂症、抑郁症和其他主要的精神疾病，这些疾病在某种程度上需要住院治疗。手册用了很多章节来讨论这些障碍。轴Ⅱ包括各种人格障碍。轴Ⅲ列举了可能和患者心理健康有关的生理状况，从身体受伤或中毒到阿尔茨海默氏症（Alzheimer's disease，AD）这种削弱了心理功能的大脑疾病。轴Ⅳ包含患者社会生活的压力源，比如失业、丧亲或者近期离婚。轴Ⅴ用来评估患者目前的行为能力，包括他/她是否能胜任一项工作或维持一种关系。依据DSM，对精神病患者所做的一个完整诊断要包含这五个轴的评定。

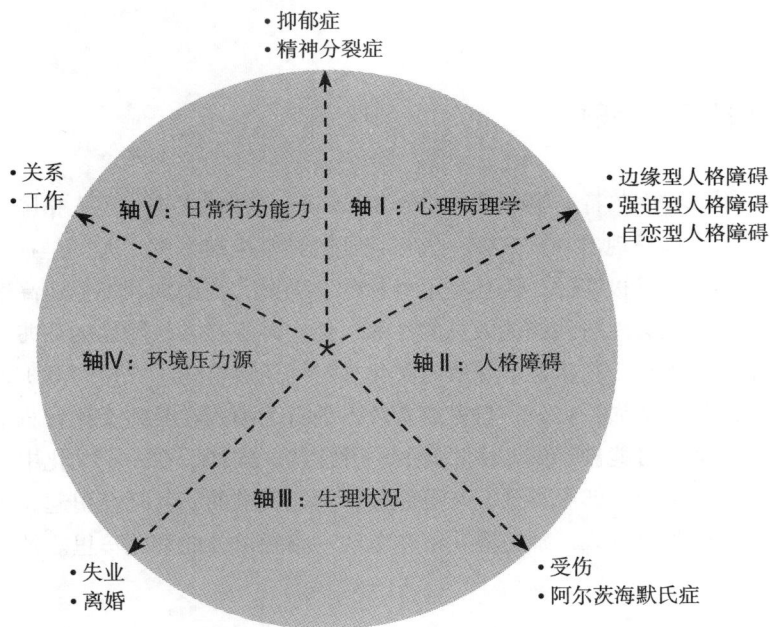

图18.1 用《诊断和统计手册》进行心理评估

对来访者心理状态的一个完整评估包括五个维度（或轴）：心理病理学、人格障碍、生理状况、环境压力源和日常行为能力。

　　总体来说，DSM描述了思维、感觉和行为模式的惊人变异。这些模式包括药物成瘾、肉体虐待、性偏离和一些特殊的（坦白地讲，古怪的）种类，比如摩擦癖（通过在拥挤公车上与人群摩擦而寻求性刺激的一种变态欲望）、记忆丧失状态（在一种假想的身份中神游）甚至咖啡神经症（正式名称是"咖啡因中毒"）。DSM上的一些症状种类很容易被拿来开玩笑，一些作者已经抵制不了这种诱惑了。如戴维斯写了一篇有趣的文章，就是嘲笑我刚才引用的那些症状诊断的（Davis，1997）。像这样的例子可能就是让这个诊断手册更全面的代价。即便如此，这张长长的列表显然还没能囊括所有的人格障碍。在临床上最常见的诊断之一是"PDNDS"，即其他未注明的人格障碍（personality disorder not otherwise specified），意思是位于列表上的人格障碍之间的分界上（Verheul，Bartak，& Widiger，2007）。尽管有缺点，但DSM依然是精神病理学和临床心理学实践中不可或缺的参考。

人格障碍的定义

人格障碍有五个一般的特征：所有的人格障碍都是不同寻常的；从定义上来讲，人格障碍都倾向于制造麻烦；而且，多数（并非全部）人格障碍都会影响社会关系；它们还会随时间流逝保持稳定；最后，在某些情况下，人格障碍患者并不认为他们患有某类障碍，觉得那是他们本身的一部分。

异常极端的和有问题的

精神病学的领军人物库尔特·施耐德（Kurt Schneider，1923）描述了人格障碍的两个定义特征。第一个标准是，个体呈现出一个或多个人格特征的异常极端程度。尤其是在考虑到个体的文化背景时，这种变异不仅是极端的，而且是不寻常的。因此，在南加利福尼亚高速公路上切断他人的通行是极端行为，这会威胁到相关人员的性命，但它并不是人格障碍的征兆，因为在那里，堵车和事故太平常了。另外，临床实践开始与文化多样性达成合作（见第14章），从文化的角度更好地理解变态心理学。例如，害羞、自卑或者攻击的行为模式在某些文化背景下可能是很典型的行为，但是在其他地方可能被看作人格障碍的一种症状。同样，在一个文化中普通的亲子育养行为，如果被不同文化背景的邻居看到，有可能被认为是残酷的，甚至会引起儿童保护组织的注意。回忆第14章描述的丹麦母亲，她把婴儿留在纽约一家餐馆外的婴儿车里。她需要接受心理治疗吗？

就像我们在第10章中看到的，弗洛伊德坚信在任何维度上，极端情况都是病态的，理性总是处于某个中间的位置。这种观念提供了一种方式，将病态的极端和仅仅与特定文化的实践有关的极端区分开来。极端主义要求否认现实。我们经常在政治领域看到这种情况，为了站在极端的立场上，你必须否认那些反对你的人存在任何正确的可能性。类似的，极端的行为风格可能源于否认现实，否认有些人值得信任，有些人值得尊敬，甚至否认自己实际上有讨人喜欢的潜力。因此我们也许能够对第一个标准稍做修正，认为如果极端行为在某种程度上源于否认现实，那么它就是人格障碍的信号。

人格障碍的第二个基本标准是，相关的极端行为模式会给自己或他人带来严重的问题。人格障碍典型地——并不总是——给患者带来了一定程度的痛苦，包括焦虑、抑郁和混乱。但是，从人格障碍的案例来看，大部分相关问题不是由患者承受的，而是由必须要面对这些结果的人承担，比如配偶、雇主和（前）朋友（Heim & Westen，2005；Yudofsky，2005）。例如，一个熟人有反社会型人格障碍，他毫不顾忌地从你房间里偷钱，这对于你是一个严重的问题，但对他来说却不是一个问题，除非他被抓住。

社会性、稳定性和自我和谐

人格障碍还有其他三个特征，虽然它们不如上面讨论的两个标准那么基本，但一般也被看作这个模式的一部分。第一，人格障碍是社会性的，它们在与人交往的社会活动中出现。孤独地身处在沙漠中，是很难表现出人格障碍的症状的，毕竟，你如何能在和棕榈树的相处中表现得很顽固？你如何误解一个椰子的意图？他人的存在是很多心理症状充分表现的必要条件。

第二，从通常的定义来看，人格障碍是稳定的。它们在青春期甚至孩提时代就能表现出来，并且持续一生。改变可以发生，但是时间通常是以年而非周或月为单位（Zanarini，2008），如果有任何改善，那么一般都跟心理成熟度的增加有关（Wright，Pincus，& Lenzenweger，2011）。人格障碍和人格本身一样稳定（Durbin & Klein，2006；Ferguson，2010）。与这种稳定性相比，更严重的轴Ⅰ障碍则会经历急性期和好转期，就像医学上的情形一样。一些暂时性的极端不适应的思想、感觉和行为模式一般不被看作人格障碍，比如，在青春期很容易出现焦虑和敌意的混合感，但过了青春期就平静了。因为人格障碍是稳定的，所以它们很难通过治疗来干预或者通过其他方法来改变（Ferguson，2010）。

第三，相对而言，人格障碍有时候是**自我和谐的**（ego syntonic），也就是说人格障碍患者往往认为自己做的事情都是正确的。遭受轴Ⅰ障碍困扰的患者一般有混乱、抑郁或者焦虑的症状，他们把这些症状看作可以治愈的**自我不和谐**（ego-dystonic）的痛苦。至少有一部分轴Ⅱ人格障碍患者也是如此，他们可能因为障碍带来的一些感受而沮丧，或对自己的行为感到陌生——他们可能会说自己的行为方式"不是我"。轴Ⅱ障碍患者的人数多得惊人，相对地，他们的症状像是其人格中正常甚至是值得尊重的方面。例如，妄想的、表演人格的、反社会的或者自恋的人格障碍患者认为他们没有问题。他们更可能觉得那些与他们相处不好的人有问题。并且他们给别人造成的麻烦可能和给自己造成的麻烦一样严重，甚至更加严重（Yudofsky，2005）。

此外，最后这个特征表明治疗人格障碍的治疗师们还有很长的路要走。我所在的大学承办过一个援助项目，该计划的目的之一是帮助被心理问题干扰工作的公司员工。我去听了这个项目负责人的讲演，他请公司主管推荐几个有问题的员工，并指明推荐的原因。但是他遇到了麻烦，因为"被心理问题干扰的员工"是在主管的建议下到了他的办公室。但当研究者问他们有什么问题时，他们回答说："我不知道，一切都好，他们因为一些原因让我到这里来。"人格障碍患者经常说出类似的令人吃惊的话，甚至是在给本身或周围的人制造了麻烦的时候也是如此。

> 治疗人格障碍的治疗师们还有很长的路要走。

诊断基础

人格障碍的诊断可能要建立在几种信息的基础上，包括临床医师的整体印象自陈量表、结构化访谈或者知情者报告等。如果你回忆起范德第一定律（第1章），你就会意识到每种诊断方法都有它的优缺点。

临床印象

诊断最普遍的基础是临床医师简单的（或者不那么简单的）整体印象，这点基于临床会诊。临床医师经常会与患者有一个非结构化的访谈或者系列访谈，从而得出整体诊断。这个诊断可能参考DSM指定的特征和标准，但最终是基于临床医师与患者的交谈，以及他们的临床直觉和经验。这种方法常为下一步的诊断打下基础。因为它是开放的、灵活的，临床医师可以调整正式的标准，使它适合当前的案例，并且补充一些常识。但是这种灵活性也有一些缺点，并不是所有临床医师都技术过硬、诊断准确，即便是两个专业医师，也可能会以不同的方式组织访谈、使用标准及诊断病人，人格障碍的诊断看起来不那么可靠。因此，研究的永恒目标就是找到除了临床判断之外的其他诊断方法。

自陈量表

另一个方法是自陈人格量表，此类方法在第5章被讨论过。许多量表已经用于诊断人格障碍。三个最流行的量表是《明尼苏达多项人格问卷》（MMPI；Morey，Waugh，& Blashfield，1985），《米尔多轴人格问卷（第二版）》（MCMI–Ⅱ；Millon，1987），《人格诊断问卷（修订版）》（PDQ–R；Hyler & Rieder，1987）。这些量表大部分会询问人们是否表现出各种障碍的特征。例如，为了评估自恋型人格障碍，MMPI的问题描述是"我喜欢参加热闹的聚会"；MCMI–Ⅱ的描述是"我曾经和许多人发生性关系"；PDQ–R的描述则是"我认为我是一个很伟大的人"。[②]

通过自我报告测量人格障碍的优缺点和我们第2章详细讨论的S数据一样。这个数据成本较低，相对容易获得，并且能得出便于与其他信息相比较的数值。当然，已有证据表明这些量表有相当的信效度水平。弊端就是人们可能无法洞察自身的心理特征，或者不愿意报告出自己的心理特征。DSM–Ⅳ明确提出反社会型人格障碍很可能就不能通过自我报告诊断，因为欺骗本身就是这种障碍的主要特征。但是，同样的原则也适用于其他大部分人格障碍——那些定义的特征中存在对现实的不解和自我概念的混乱的人格障碍。

---

② 有趣的是，列表上的每个项目在某种意义上来说都是有偏差的，回答"是"的男性比女性要多，这一点可能导致自恋型人格障碍在男性身上得到过多诊断，或在女性身上得到过少诊断（Lindsay & Widiger，1995）。

结构化访谈

诊断的第三个方法试着结合临床会谈的优点和自陈量表的客观性（至少是可以进行数据分析的）。一些为主要的人格障碍而设计的结构化访谈（Structured Interview for DSM-IV Personality，又称SIDP-IV）已经发表（Pfohl，Blum，& Zimmerman，1997）。这些访谈包含的一系列问题主要针对障碍的相关特征，并且保持了客观性。访谈紧紧围绕访谈提纲，因此访谈每个人的方式几乎相同。例如，在对边缘型人格障碍的诊断中有如下问题："你的情绪常常发生变化吗？——觉得不像平时的自己，感到莫名的生气、压抑或者焦虑？""你是否多数时间都感到空虚？"（Pfohl et al.，1997）。如果你对这些问题回答"是"，那么你离边缘型人格障碍的确诊就不远了。

结构化访谈有一些优点。如果两个人的诊断是基于相同的结构化访谈，而不是根据个人的喜好并结合临床印象进行的访谈，那么这两个访谈者更可能对他们的诊断达成一致。正因为如此，结构化访谈常常被认为是心理诊断的黄金标准。而且，相比精神病医师和临床心理医生，访谈者仅仅需要很少的培训。SIDP-IV的作者认为，社会科学的本科学历加上一些相关经验就足以胜任这种访谈。[3]我们可以推断，比起训练有素的精神病医师或者临床心理医生，培养这样的访谈者经济得多。

结构化访谈也有两个缺点。第一个缺点是，严格的结构可能限制了来访者谈论真正问题的可能性。问题被确诊之后，当然可以被以后的观察所弥补，但是结构化访谈很难不被看作奇怪的、做作的谈话。第二个缺点是，从形式上看，结构化访谈提纲和前面提到的自陈量表出奇地相似。这意味着如果回答者没有洞察到自己的情形，或者不愿意诚实坦率地回答访谈者的问题，那么我们将又回到（甚至更廉价的）S数据所面临的缺点上去。

知情者报告

诊断人格障碍的另一个途径是询问知情者——比如熟人、同事或者亲戚——这个人的特点。换句话说，就是第2章谈到的分类数据收集中的I类数据。研究显示，仅需30秒，人们即使不能识别人格障碍本身，也能够识别出与之相关的特质（Friedman，Oltmanns，& Turkheimer，2007）。例如，人们观看一段短短的录像，将具有与类精神分裂型人格障碍相关特质的个体评价为内向的，表演型人格障碍个体为外向的，而自恋型人格障碍个体为傲慢的。

DSM-IV的人格结构化访谈部分包含了适合知情者报告的问题（在访谈提纲中用星号标记），尽管它们的用处相当有限。一般来讲，知情者报告数据具有I类数据的所有优缺点（回忆第2章）。知情者对要描述的个体可能所知有限，给出带有偏见性的描述。另一方面，最近的研究表明，最

---

③ 因此，他们看起来是说政治学或经济学的学位和心理学的学士学位一样有用。你同意吗？

亲近的熟人关于个体是否表现出DSM-IV中的心理特征的看法基本一致（South，Oltmanns，& Turkheimer，2005；也见De Los Reyes & Kazdin，2005）。毫不意外，这些判断与个体的自我报告可能很不相符（Thomas，Turkheimer，& Oltmanns，2003；Oltmanns & Turkheimer，2009）。

想一想，这么多人格障碍研究都基于自我报告，这的确令人吃惊（Oltmanns & Turkheimer，2009）。我们有理由认为当人格障碍发展到最严重时，自我报告就不可靠了。在一项研究中，病态越严重，参与者的自我评估与其他熟悉他们的人的评估就越不一致（Furr，Dougherty，Marsh，& Mathias，2007）。之前我讲到过，DSM-IV中关于反社会型人格障碍的表现吸收了知情者的各种观点，对于其他人格障碍来说，这种方法也是个好主意。

主要人格障碍

DSM-IV列出了十种主要的障碍，描述了过于极端以至于产生了严重问题的人格模式。它们被整合为三个主要类型，分别被命名为A群、B群和C群。A群障碍的特征为古怪、异常的思维模式，包括精神分裂型人格障碍、类精神分裂型人格障碍和妄想型人格障碍。B群的特征为冲动、反复无常的行为模式，包括表演型人格障碍、自恋型人格障碍、反社会型人格障碍、边缘型人格障碍。这些障碍都是随时间变化最小、最稳定的（Durbin & Klein，2006）。最后，C群的特征为焦虑和回避的情绪风格，包括依赖型人格障碍、回避型人格障碍和强迫型人格障碍。

还有一种描述它们的方式，注意A群包含思考障碍，B群包含行为障碍，C群包含情绪障碍。当然，这是过度简化的，因为所有障碍都包含这三种特征。

在接下来的部分，我将对这十种障碍的描述和诊断进行总结，并从三个组中各取一种障碍详细讨论：A群的精神分裂型人格障碍、B群的边缘型人格障碍和C群的强迫型人格障碍。本章将解释怎样根据人格障碍的原型来对它们进行思考，总结它们是如何根据相关人格特质组织起来的，并描述DSM-V即将发生的一些变化。最后，以讨论给人们贴上人格障碍标签的意义作为结束。

A群：古怪/异常型障碍

以奇怪、异常或妄想的思维方式为特征的三种人格障碍。

精神分裂型人格障碍

有些人是特殊的，他们有古怪的思想、奇异的想法，并且行为乖张。例如，他们可能迷信，主动远离黑猫，甚至相信自己有第六感或预知未来的能力。他们可能穿着古怪破烂的衣服，支持独一无二的思想体系，或者认为"万物至理"。他们也可能在与别人的交往中感到不适，并且很难建立亲密关系。他们的古怪行为在某种程度上确实令人不悦。这些特征都是很常见的，偶尔出现一次可能还不至于引起严重问题。但是当这种行为模式发展到极端，就可能形成**精神分裂型人格障碍**（schizotypal personality disorder）。

DSM-Ⅳ专门列出了它的九个基本特征：

1. "牵连观念"，意思是个体将无关的或无害的事件视为尤其与自己相关；他/她会认为总统的演说中含有专门给他/她的信息，或报纸上的某篇文章是专门为了激怒他/她的。

2. 魔幻性想法、离奇的幻想，或相信异常的现象如心灵感应、超感官知觉或其他极端的迷信观念。

3. 古怪的感知体验，如感觉到自己多长了一条腿或有一道没有人能看到的伤疤。

4. 古怪的言语或想法。

5. 多疑或妄想。

6. 不合适的或缺少起伏的情绪；在错误的时间感觉到错误的情绪（为坏消息欢喜或为好消息难过），或完全没有感觉。

7. 奇特、怪异、不同寻常的行为或外表。

8. 交不上朋友，缺乏直系亲属之外的社会关系。

9. 在其他人周围感到焦虑，在长时间的熟悉后无法离开的人。

表现出任何五个或更多以上特征的人可以被诊断为精神分裂型人格障碍。在极端情况下，这种障碍可能很危险地演化为精神分裂症——一种严重的轴Ⅰ疾病，主要特征是现实扭曲、思维混乱甚至出现幻觉。事实上，一些心理学家认为精神分裂型人格障碍应该跟精神分裂症分为一组，而不是划分到人格障碍。④一些精神病学家认为，这种人格障碍使个体处于恶化为极端的、精神错乱的精神分裂症的边缘。根据DSM-Ⅳ，精神分裂型人格障碍在一般人群中的发病率约为3%，在

---

④ 电影《美丽心灵》（*A Beautiful Mind*），主演罗素·克劳（Russell Crowe）。电影采用写实手法讲述了关于著名数学家约翰·纳什（John Nash）的真实故事：他患有典型的轴Ⅰ精神分裂症，他有一系列复杂的幻觉，包括虚构的好朋友、顶级机密的间谍组织等。

男性群体中更普遍一些，并且终身稳定。

类精神分裂型人格障碍

有些人对人际交往的兴趣比其他人小，当然，成为一个孤独者也没有什么大问题。但是极端的社会无趣可能显示了**类精神分裂型人格障碍（schizoid personality disorder）**的趋向。这种障碍的人不能从任何社会交往中感到快乐，包括从有趣的谈话到性行为。同时，他/她对别人的观点漠不关心，很少体验到强烈的感觉，一般对世界表现出冷冰冰的面孔。一个重要的事件，比如失业，甚至亲人死亡都可能使他们对于如何反应感到很困惑，他/她甚至可能看起来一点反应也没有。这类障碍者生活在孤独的世界里，比如他们不可能结婚，但是有时候可能在那些不需要与人打交道的工作中表现得令人满意。他们不太可能寻求专业的帮助。尽管DSM-Ⅳ将这种障碍描述为罕见的，但后来的一项调查估计其发病率超过了3%（Grant et al., 2004），并且在两性中的普遍程度差不多。

妄想型人格障碍

没有人想被利用，每个人都需要提防那些可能威胁他们财产、亲人或者事业成功的人。但当这种警觉上升到困扰正常人际关系的程度时，就可能被诊断为**妄想型人格障碍（paranoid personality disorder）**。这种障碍患者的典型特征就是总往最坏的方向设想，并且很善于揣测别人的行为事件模式，他们总是"证明"自己正被密谋陷害。他们严密地监视着每个人，警戒着最轻微的背叛。如果他们察觉到不忠或者无礼，他们会对此仇恨很长时间。因此，他们不愿相信任何人一点也不奇怪。有时他们也会表现得冷静、理性并且善于分析，但是更容易生气、固执甚至怀恨在心。对于他们来说，打官司是常事！他们也具有物理意义上的危险性。一位有经验的治疗师说，在治疗这类障碍患者时，最优先的事应该是保证你自己的安全（Yudofsky, 2005）。

妄想型人格障碍出乎意料地常见，一项大型调查估计它困扰着人群中大约5%的人（Grant et al., 2004），并且看起来在女性当中比在男性当中更普遍。

B群：冲动/不稳定型障碍

B群障碍的特征为在控制行为和想法方面有问题，导致冲动和反复无常的行为。

表演型人格障碍

有些人天生就喜欢通过表演性的演讲或行为、艳丽的穿着，甚至性感的诱惑行为来吸引别人的目光。作为人性的最复杂的混合体，这些人使生活变得妙趣横生。但是当这些行为发展到极致的时候，就可能形成表演型人格障碍（histrionic personality disorder）。这类障碍患者的目标总是成为关注的焦点，并通过行为、外表或衣着来达到目的，例如穿着暴露的泳装游行或炫耀粗俗的刺青。这些个体可能激烈且强硬地表达某种莫名的观点，但当要他们证实这些观点的时候，发现他们缺乏对自己真正想法的认识，并且给人留下一种只是做样子来表达观点的印象。同样地，他们可能强烈地表达喜悦、哀伤、喜欢或者厌恶的情绪，但这些情绪又会突然改变或者消失。他们可能把萍水相逢的人称为"我最亲爱的朋友"，总是喜欢把他们的关系想象得比实际上更加亲密。

毫不意外，这类人难以被认真对待，也难以与人和睦相处。他们经受着人际交往和职业生活的严重困难，但他们自己却不知道为什么。他们也会给其他人造成麻烦，尤其是那些认真与之建立关系的人。例如，为了让其他人注意自己，这类人会通过非常直接的调情引诱某个人，与之恋爱甚至结婚，在"赢了"以后就抛弃对方。

DSM-IV估计这种障碍的比例占了普通人群的2%至3%。一项近期调查的数据有所降低，不到2%（Grant et al.，2004）。性别的影响有些出乎意料：这种模式可能在许多方面看起来都是典型的（过于）女性化模式，然而有证据显示它在两性当中一样常见，尽管表现不同。例如，女性可能通过性感的衣着引人注意，而男性可能通过"男子气的"肌肉和吹嘘自己的运动天赋引人注意。

自恋型人格障碍

自恋是一种不寻常的人格特质，能够直接变成一种人格障碍。在第7章中我们看到，尽管高自恋的人长期来看是令人讨厌的，但他们常常能够在他人心中建立非常好的第一印象，给人外向、自信甚至魅力超凡的印象。事实上，当他们夸张的自尊还处在界限内时是有用的（von Hippel & Trivers，2011）。这种人格障碍则打破了这些界限，变得更加黑暗，它不仅与剥削和破坏行为有关，还跟不稳定的情绪和不愉快的情感生活有关（Miller & Campbell，2008）。

自恋型人格障碍（narcissistic personality disorder，NPD）患者相信（有时无视所有证据）自己是高人一等的，并认为这是所有人的共识。他/她满脑子都是对极大财富、绝对权力、毫无瑕疵的美貌或者完美爱情的幻想，整天带着这些幻想飘来飘去。他/她不仅期望得到其他人的赞扬，更需要这份赞扬，因此他/她可能会使用花招来诱发别人的赞扬。这些花招并不一定高明。他/她可能会说"你不喜欢我的裙子吗"或者"我的新车怎么样"，或者只是简单地吹嘘自己的成就、财富、朋友或者外表。他/她看起来对自己暗示的明显性并没有清晰的认识，而且还乐于接受更多明显的奉承。告诉自恋者他/她的服饰、车子、成就或者发型都是你见过最棒的，她会同意，并且不会认为你是虚伪的。

自恋型人格障碍患者期盼着被特殊对待。他/她认为规则是应用在其他人身上的，比如排队等待轮到自己，或者被以一个一致的标准所衡量。因为感觉有这种资格，他/她认为利用他人是合情合理的。毕竟，目的只是得到他/她无论如何应当得到的东西。他/她可能无忧无虑地撒谎、欺骗，或者轻描淡写地就把脏活留给别人去做。如果一个自恋型人格障碍患者是你的室友，他/她希望你会去洗脏盘子，因为他/她觉得他/她有更重要的事情去做，而你没有。

这种剥削伴随着同情心的缺乏，因为他/她是这个世上唯一真正重要的人物。自恋型人格障碍患者认为关于他/她的每件事都很有趣，并有必要把他/她的所作所思做一个冗长且不合时宜的详尽独白。同时，自恋型人格障碍患者可能不会顾及别人的感受，比如他/她可能会很高兴地告诉伤透了心的前爱人"我现在已经定下终身了！"或者在病人面前吹嘘自己有多健康。

自恋型人格障碍患者一般不难被发现。他们的傲慢很容易暴露自己。他们轻视他人，吹嘘自己。他们粗鲁地对待服务人员，看起来喜欢在侍者和出纳员面前展示他们小小的（和暂时的）社会优越感。他们吹嘘小小的（或者不存在的）成功，并且对别人的美德或者成功嗤之以鼻。

自恋型人格障碍患者有时候看起来很可怜，但是他们可能又非常危险。那些最初让他们富有吸引力的特点正是那些随着时间流逝造成最多问题的特点（Back，Schmukle，& Egloff，2010）。正如一位有经验的治疗师所写下的：

> 不幸的是，对于自恋型人格障碍患者，燃烧的雄心和扭曲真相的愿望合起来，能够使他们获得巨大的权力和很高的地位。在这些人扩充个人权势的道路上，他们伤害了很多无辜的人。（Yudofsky，2005）

近期公开的一项关于阿道夫·希特勒的有趣研究是人格心理学家亨利·莫瑞（在第4章和第7章中提到过）"二战"期间受战略军事机构办公室（OSS，中央情报局CIA的前身）的委托所进行的。这项研究把希特勒描述为自恋型人格障碍的典型案例（Murray，1943）。（有意思的是，这份研究报告写在第一版DSM对这种障碍正式定义之前。）显然，自恋并不是追求权力的障碍。并且其他声名狼藉的人物——比如墨索里尼和斯大林——也有这样的症状。自我中心意识和缺失同情心，再加上杰出的政治才能，让这些人在追求权力的过程中变得彻底无情——和成功。对于他们身边的每一个人，这样的代价都是惨重的（在希特勒和墨索里尼的例子中，他们最终也自食其果）。⑤

自恋型人格障碍因为难以治疗而在临床心理学家当中臭名远扬。因为与其他人格障碍不同，它是自我和谐的。自恋型人格障碍患者给人留下傲慢的印象，并且时间一长人们就变得不那么喜欢他们。他们实际上对此有所觉察（Carlson，Vazire，& Oltmanns，2011）；但他们仍然选择保持原状。别人可能希望他们改变，他们却不想这样做。

DSM-Ⅳ估计人群中有这种人格障碍的人不到1%。在你看来这是不是低估了呢？DSM-Ⅳ也声称这些人中有50%到75%是男性。

反社会型人格障碍

有些人比其他人诚实，但是当欺骗和操纵成为个体对待世界的核心方式的时候，他/她可能就被诊断为**反社会型人格障碍（antisocial personality）**。这种危险的行为模式包括恶意破坏、折磨虐待、偷窃和各种非法行为，比如入室行窃和毒品交易。它与第9章提到的心理病态的特质紧密相关（Mealey，1995）。这种人易冲动，并且喜欢从事冒险行为，比如疯狂飙车、吸毒和危险性行为。他们的典型表现为易怒、好斗且不负责任。他们对自己给别人造成的伤害一点也不内疚。他们将生活不公平的想法合理化了（见第11章）：人们都是笨蛋；如果不随时享受想要的东

---

⑤ 这三个人都造成了成千上万人的死亡。最终，希特勒自杀，墨索里尼被绞死。

西，你也是笨蛋。他们给人的第一印象可能是善于表达的、迷人的，但是要当心他们。如果小孩不幸落入这种人的照看之下，很可能会遭到忽视或者虐待。这种人格障碍可能导致各种消极后果，比如失业、离婚、吸毒成瘾、坐牢、谋杀或自杀。

事实上，反社会型人格障碍患者具有很高的危险性。连环杀手泰德·邦迪（Ted Bundy）利用他轮廓鲜明的好相貌、良好的社交技能以及手臂上伪装骨折的固定石膏，在大学校园附近说服年轻女性帮助他将沙发抬到货车里面。当受害者爬到车里后，他就关上门，把车开到一个安全的地点，虐待、折磨甚至杀害她。一般来说，这类人擅长识别那些"不多疑、善良、大方"的人（Yudofsky，2005），并冷酷无情地利用他们。人们很难从反社会型人格障碍患者那里保护自己。但是一位有经验的治疗师说，你要"注意自己的感觉"，特别是像"一开始我感到不太舒服，但是我搞不太清楚原因"这样的感觉（Yudofsky，2005）。换句话说，听从你的内心。

图18.2 泰德·邦迪

这个虐待狂杀手是反社会型人格障碍的一个极端例子。他的"正常"、无威胁性的外表有助于他引诱受害者。

DSM-IV的总结包含了一个有趣的暗示，认为反社会型人格障碍很可能和低的经济地位及不良的城市环境有关。换句话说，它主要（但不完全）是穷人和犯人的障碍症状。这份观察报告引出了几个问题：反社会型人格障碍是否有可能描述了在某种背景下产生的适应性甚至必然的行为类型？如果是，它还能被认为是一种心理障碍吗？患有这种障碍的人犯了罪，他应该被认为是个犯人还是个病人？本章末尾将讨论这个话题，但是，最好现在就开始认真考虑对每一种社会厌恶行为贴上心理学标签的好处和不足。

反社会型人格障碍的发病率约为3.5%，在男性当中比在女性当中要常见得多（Grant et al.，2004）。许多临床心理学家认为，这种症状会随着年龄增长逐渐减弱。那些曾经表现出危险和犯罪行为的人，在30岁之后，可能开始变得稳健成熟，易于相处。这可能是因为睾丸激素（我们在第8章中了解到，它有时候与好斗行为有关）的水平随着年龄增长而逐渐下降。

边缘型人格障碍

我们每天遇到不同的人，还与一些相同的人长期打交道，大部分人的感觉和行为表现具有相当的一致性。我们曾在第4章中详细讨论过（某种程度上说，是辩论过）这个基本的事实。这个前提使我们知晓应该对认识的人采取怎样合理的对待方式，并且使我们可以依据自己的行为产生自我同一性。但是有些人就不太一致，他们有不断变化、不可预测的想法、情绪和行为，甚至对待他们自己也是如此。当这种模式变得极端时，这个人就可能被诊断为**边缘型人格障碍**（**borderline personality disorder，BPD**），这可能是列表中最严重的一种。它的特征是：不稳定的混乱行为，很差的同一性（这些人可能真不知道他们是谁），还有自残倾向，可能产生自伤行为甚至自杀行为。这些人混乱的想法、情绪和行为让其他人难以"解读"——他们被认为在第6章的判断能力维度上水平极低（Flury, Ickes, & Schweinle, 2008）。

一般认为DSM-IV中轴Ⅱ的人格障碍不如轴Ⅰ的主要精神病症状严重，但也有一些研究者对这一区分提出了质疑（Skodol et al., 2002）。边缘型人格障碍使患有此症的人伴随着如此多的问题，以至于它几乎处在了严重精神病症的"边缘"。[6]这种障碍患者的特点是情绪不稳定、瞬息万变，他/她可能已经处在崩溃的边缘了（Gunderson, 1984）。根据一些研究者所言，这种障碍的基础是一种"情绪血友病"，这种反应一旦被刺激起来就很难稳定下来——个体的情绪"流血不止而亡"（Kriesman & Straus, 1989）。另一个著名的研究者写道，这种障碍的个体"心理上等同于三级烧伤的病人……没有一块完好的情绪皮肤，甚至是很小的接触或者移动都会给他带来无尽的痛苦"（Linehan, 1993）。

DSM-IV列出了边缘型人格障碍的九个特征，个体表现出任意五个就被确诊为边缘型人格障碍。

1. 迅速的情绪转变。因为他们的情绪弱点，患有边缘型人格障碍的人经历着频繁的情绪转变，频繁到每几个小时甚至更短的时间一次（Trull et al., 2008）。他们看起来没来由地经历从高兴到悲伤、从生气到慈爱的情绪变化。一个非常小的事件——比如有人说"谢谢"，或者忘了说"谢谢"——都可能会使他们陷入狂喜或者"末日来临"的感觉。但是此后，这种感觉马上过去，就像什么事都没发生一样。

2. 不可控的愤怒。他们可能很频繁地感到不恰当的、强烈的或者是失控的愤怒，但实际上并没有什么刺激。就像其他情绪一样，这种愤怒很快就会过去。

3. 自残行为。边缘型人格障碍和很多危险的自残行为有关，比如自杀和自毁。根据DSM-IV，边缘型人格障碍的人普遍有自杀企图，最终会有8%到10%的人实施自杀行为。如果这个统计是正确的，那么即使与最严重的生理疾病相比，边缘型人格障碍也算得上是极其危险了。甚至在那些没有自杀的人中间，自残也是很普遍的，可能包括强迫性"切割"[7]（用指甲或者小

---

[6] 一些作者认为这就是为什么叫"边缘型"的原因，但是这个术语的真实来源并不确定。

[7] 我把这个词用引号引起来，是因为它几乎是一个术语；告诉临床心理医生说某人正在"切割"（或者是个"切割者"），他/她立刻就明白你说的意思。

刀）身体的一部分，比如手、胳膊甚至生殖器。其中的原因还远远没有弄清楚。有心理分析解释说，可能因为个体感觉罪恶，纵容自己进行自我惩罚；也可能患有边缘型人格障碍的人情绪分离严重，以至于必须通过伤害自己才能让自己有活着的感觉。最合理的解释可能来自对患者内心世界的描述，其特征为"情绪倾泻"，即导致极度痛苦的"强烈的沉思和负面效应的恶性循环"（Selby，Anestis，Bender，& Joiner，2009）。用指甲剪一片片撕下皮肤这样的行为（Cloud，2008）可能会干扰这个过程。⑧思考一下这意味着什么：如果不这样做，他们体验到的情绪会产生更严重的伤害。

4. 自伤行为。边缘型人格障碍者其他的自伤行为可能不是直接针对身体的，但仍旧是伤害性的。这些行为可能包括药物成瘾、强迫性赌博、饮食障碍、偷窃、疯狂驾驶，等等。一个明显的特征就是在成功的时刻（或者之前）对自我的伤害。边缘型人格障碍者可能在即将毕业之时退学，在一段关系开始成功发展之时断绝关系，或者在项目即将完成之际停止工作甚至破坏其中的主要项目（比如写书、绘画、建筑等工作）。一些"逃跑的新娘/新郎"的事例可能符合这样的行为模式——每一件事情在成功之前看起来都很好，一旦快成功时，就开始惊恐。

5. 同一性混乱。许多边缘型人格障碍患者真的不知道他们自己是谁。他们可能很难理解自己在他人面前的形象，对自己的价值观、职业目标，甚至是性别角色都有困惑。他们不理解自己的行为，例如，切割自己的人对于自己为什么这么做可能都说不出道理来。边缘型人格障碍患者可能尝试着成为社会变色龙，逃避行为选择，通过做一些其他人也在做的事情把自己隐藏起来。回忆第17章，自我的用途之一就是在内心地图上提供一个"你在这里"的标记。边缘型人格障碍患者已经丢失了这张地图。

6. 慢性空虚。边缘型人格障碍者可能一直抱怨感到"空虚"和无趣。引用一个已经被用滥的说法，他们迫切需要"重生"。他们看起来不能找到令人满意和舒适的活动，或者不能建立起可能带给他们生命目标和意义的人际关系。

7. 不稳定的关系。边缘型人格障碍者的人际关系是混乱的、嘈杂的、不可预测的、不稳定的。部分原因是他们倾向于分裂，你可能在客体关系理论（见第12章）中回忆到这个术语，它指的是个体倾向于把其他人全部看作好的或者坏的。因此，一段新关系最初可能被认为是完美的，迄今为止最好的；然而，一次失望就会使个体得出新结论——这个新搭档完全是无情残暴的。正如弗洛伊德所讲，这两种极端的观点有相同的潜在心理动力。在这两种情境中，边缘型人格障碍者面对"人们有优点和缺点"这样一个复杂的事实，不能做出处理，因此，他/她通过陷入极端的评价过分简化一些事情。

8. 害怕被抛弃。对于许多边缘型人格障碍者的人际关系而言，一个更大的问题是他们投入巨大的努力，拼命想让自己不被抛弃。有时候，这些对抛弃的恐惧是现实的；但大多数时候是不现实的。对于他们来说，与重要他人分离片刻，在任何情况下都是困难的。当某些人迟到几分钟时，当一个约会被取消时，甚至当心理医生告知时间快到时，他们都可能产生恐慌。前面提到的

---

⑧ 这些作者建议，认真地教给这些病人其他转移注意力的办法——如数独游戏——可能会有帮助。

自伤行为，从某种程度上讲，可能就是企图引起关注，并且可以使他人与自己待在一起（比如，"如果你离开我，我就自杀！"）。

9. 混乱和不真实感。对被抛弃的恐惧有时会导致混乱的思维和脱离现实的感觉。这可能包含突然的、不真实的、妄想的恐惧，甚至不能记住自己的名字。一般而言，个体变得如此忐忑不安，以至于他/她真的不能实际地思考。DSM认为，当重要他人回来的时候，这些症状可能会消失，患者可能会稍微回归现实（相对而言）。

所有的人格障碍都是很多症状的复合体，边缘型人格障碍可能是这里面混合最为复杂的一种。在这九个特征中，你很难找到一致的线索，这也就是为什么"边缘型"标签的描述好像没什么实际用处。一些心理学家已经提出，这个分类太含糊，应该丢掉。另一方面，边缘型人格障碍混乱复杂的本质可能就是关键所在。这种障碍者的情绪和行为没有固定的模式。他们的人格本身就是混乱无组织的，并且后果极其严重，甚至是致命的。

近年来，研究者对边缘型人格障碍投入了大量关注，并取得了一些进展。切割及其他自伤行为逐渐被理解为一种避开无法阻遏的焦虑和其他负面情绪堆积的方式（Selby et al., 2009）。对于该障碍的起源也提出了新的理论。一个理论是，边缘型人格障碍是基因风险因素与不能教孩子如何理解和调节其情绪的早期家庭环境共同造成的。当儿童的"情绪表达被家庭所否定，并且生活中的问题被过度简化"时，儿童就被置于风险之中（Crowell，Beauchaine，& Linehan，2009）。另一个有希望的建议是该障碍源于内源性阿片系统的问题，该系统调节体内的天然镇痛物质（第8章中描述过的内啡肽）。"为避免被抛弃的狂乱努力、频繁而危险的性接触以及寻求注意的行为"——全部是边缘型人格障碍的标志——可能是一种尝试，为了刺激这个系统从而让感觉变得好一点（Bandelow，Schmahl，Falkai，& Wedekind，2010）。

最鼓舞人心的进展来自真正起作用的疗法。一项被称为辩证行为疗法（Linehan，1993）的技术教授情绪自我控制的技巧。在个体和团体课程中，治疗师和来访者认真审视过去不恰当的情绪反应场景，并分析下次如何更好地应对类似的场合。某种意义上来讲，它是关于如何处理情绪的基本训练，是这类障碍患者可能从未学过的东西。

DSM-IV估计有2%的人患此种人格障碍，更近期的调查认为发病率接近6%，并且它在两性当中的常见程度一样（Grant et al., 2008）。考虑到该障碍的常见程度以及它所造成的痛苦，未来的研究显然应该把它放在优先位置。

C群：焦虑/回避型障碍

C群障碍的特征为过度焦虑，回避社交接触和人际关系，以及受焦虑驱使的行为模式。

依赖型人格障碍

独立和有主见一般是大家都期望拥有的性格，但并不是每个人都能达到的。一些人倾向于让别人照顾他们的需要，甚至有些人让别人帮他们做出人生的重大（或微小）抉择，从接受什么样的工作到穿什么样的T恤。当这个模式变得极端而产生问题的时候，它可能会被诊断为**依赖型人格障碍（dependent personality disorder）**。这种障碍的典型特征就是过度地依赖父母、兄弟姐妹或者配偶去照顾他们的一切，并且这种依赖超越了年龄、疾病或者身体障碍等合理原因。因为彻底的依赖，他们在人际交往中往往表现得很顺从。他们害怕在任何事情上和任何人发生分歧，因为他们害怕独立思考甚至生存。同时，你可能在这种表象下察觉到痛苦怨恨的情绪、行为，毕竟他们不是真心地同意你。他们只是害怕告诉你他们不同意，因为这样的话，他们就可能会失去你的照顾。梅兰妮·克莱茵和客体关系理论家（第12章）描述说，这个冲突就像在爱与恨之间的神经质的推拉。

正如DSM-Ⅳ所述，"顺从、有礼貌和恭顺待人"的方式是一些文化的特点，因此，这样的行为必须在文化背景下考虑。如果它们在文化背景下是正常的，那么它们就不是人格障碍的标志。DSM-Ⅳ更进一步地指出，依赖型人格障碍是最频繁被报告的症状之一，但是更新的数据显示它相当少见，只占一般人群的0.5%（Grant et al., 2004）。该障碍在女性当中更常见。

回避型人格障碍

每个人在某些时候都会感觉到自己的不足。有时做了不应该做的事，有时在所有尝试上都失败，有时被他人拒绝。这些经历都是令人不愉快的，每个人都想逃避这些情况。对失败或拒绝的恐惧导致了一些类似于害羞的行为模式。程度适中的话，这些模式就是正常的；如果达到了某种极限，就可能导致**回避型人格障碍（avoidant personality disorder）**。有这种障碍的个体所经历的主要问题就是他们出于对失败、批评或者拒绝的害怕而逃避学校、工作和与他人交往的正常活动。他们认为从别人那里得到的都会是绝对最差的评价：批评、蔑视和拒绝。他们不能参加团体活动，或者只有保证不被批评的时候，他们才能有正常的人际关系。并且他们可能强烈压抑对别人的任何情感表达，因为他们害怕被嘲笑和拒绝。结果，其他人不能接近他们，他们的人际世界是闭塞的。只有待在家里拉上窗帘拔掉电话线才是安全的。

这实在很悲哀，根据研究得知，其实他们深深地渴望情感支持和社会承认，并且他们大部分孤独的时光可能都在幻想和朋友、爱人在一起是多么的快乐。他们在事业上也有同样的麻烦，因为他们极力逃避商业领域最重要的会面和社交。

近期调查估计，有约1%到2.5%的人遭受着这种人格障碍的折磨（"遭受"这个词用在这里看起来很合适），并且它的普遍程度在男性和女性中是相同的（Grant et al., 2004）。在一些人中，这种障碍可能从童年时期的严重羞怯开始，并且随着他们成长到成人后期逐渐增强。

强迫型人格障碍

当世界有序构建、人人遵守规则的时候，一切都是美好的。有些人比其他人更强烈地感受到对秩序和结构的需要（如果你想看一下这种特质有多么广泛的话，只要瞥一眼某些教授的办公室就知道了）。这个问题的极端就是所谓的**强迫型人格障碍（obsessive-compulsive personality** disorder，OCPD）。[⑨]强迫型人格障碍的人被束缚在仪式和规则中，可能变成"工作狂"。他们为了工作而工作，并不是真正想要完成某件事，并且他们通常很吝啬，也很顽固。强迫型人格在许多方面类似于弗洛伊德讲的肛门型人格（第10章）。DSM–Ⅳ列出了这种障碍的八个特征，并且权威的诊断标准是，出现其中任何四个特征即可被诊断为强迫型人格障碍。

1. 过度关注规则和细节。强迫型人格障碍表现为对规则、组织和细节有深深的敬畏，以至于忘记了他/她正在做的事情的真正目的。他/她可能会固执地遵循一个规则以至于做出残忍的决定，比如因为"人们应该自力更生"的规则，他/她就可能拒绝帮助非常需要帮助的人。他/她可

"可爱的小蜘蛛（英文儿歌主角）有强迫型人格障碍吗？"

能结构化到荒谬的程度，就像安·泰勒（Anne Tyler）的小说《意外的旅客》（*The Accidental Tourist*）中的人物。他们在厨房里按照字母顺序来摆放东西，比如橙子（orange）放在牛至（oregano）旁边，等等。（注：牛至，一种多年生唇型科草本植物，长有芳香的、可用于烹调的叶子。）强迫型的人对干净的保持可能超出了整洁卫生的合理程度。他/她可能关注大工程——比如建一幢房子——中的一些小瑕疵，并且感觉一切都被毁了。除此之外，强迫型的人缺乏均衡意识，缺乏大局观，他们不能判断出什么时候某些规则不适合当前形势，或者什么时候某部分细节不那么要紧。

人格障碍——包括强迫型人格障碍——的生物学研究尚需努力。这种障碍特征与神经科学家安东尼奥·达马西欧（Antonio Damasio）描述的艾略特的案例特征（在第8章中有描述）有着非常有趣的相似之处。你可以回忆起艾略特在大脑外科手术中被切断了前额叶和边缘系统动机中心之间的联结。他遭受了判断能力的严重损失，特别是觉察关键问题和非关键问题之间差异的能力。没有直接证据表明强迫型人格障碍患者是脑部受损了，但是艾略特这样的案例给我们提供了将来研究强迫型人格障碍生物机制的一些线索。

2. 完美主义倾向。想把事情尽量做好是没有错的，但是强迫型的人把这种倾向发挥到了极致，以至于出现严重的问题，因为他们认为任何事都不够好。这种性格使他们很难和别人一起工作（你肯定不希望这种强迫型的人成为你的老板），并且这也使他们很难完成一件事。我认识一个聪明的艺术家，他在一幅作品上花费了数周，然而，就在他即将完成之际，他突然停下来，把整幅作品撕碎，然后重新开始，因为他认为还不够完美。还有许多人甚至很难完成一份作业、学

⑨　OCPD属于轴Ⅱ人格障碍。名称相似的强迫症（Obsessive-Compulsive Disorder，OCD）是一种严重的焦虑障碍，特征为强迫性行为，其范围包括反复洗手、怪异的演讲或行为仪式等（例如，个体需要触摸接触到的每个物体11次才能继续后面的行为）。相对的，人格障碍在某种意义上严重程度较低，因为它通常不包括这种具体的强迫行为，但是影响更加深远，因为它可能影响个体生活的方方面面。有趣的是，强迫症实际上可能比强迫型人格障碍更好治疗（Foa，2004）。

期报告，甚至是家庭成长计划，因为他们认为它从来都不够好，总还有一些需要改进的地方。我承认当我写这本书的时候也有一些这样的问题。每一章节我都修订了许多次，但总是还有需要改进的地方（我知道它不够完美），因此很难知道什么时候能结束。但是我有一个审阅规则：当我发现在我最新的草稿中，有两处以上的改动已经改回到前一次草稿的时候，就是我要继续往下写的时候了。

3. **工作狂。**强迫型的人往往是典型的工作狂。他们不能花整个周末甚至一整晚休息，因为他们觉得"还有许多事要做"。然而，奇怪的是，他们看起来并没有做多少事。他们花费在工作上的时间好像和他们完成的事情关系不大，强迫型的人可能工作数小时，却常常没有多少东西可以展示给大家。

4. **僵化。**强迫型的人有固定的思考和行动的方式，并且很难改变。他们不动脑子地应用着价值观、伦理道德和原则，而不是根据情境进行具体评价。他们甚至认为服从规则能让他们更谨慎更严格。DSM-Ⅳ警告说这个标准必须在文化背景下解释，因为一些文化和宗教传统就是相当苛刻的，所以，把所有的服从者都界定为强迫型人格障碍也是不明智的。例如，许多宗教的传统派别对那些稍微偏离教条的人的态度相当严厉。DSM-Ⅳ认为这种刻板僵化不能被诊断为强迫型人格障碍。我认为在文化上太敏感也不是好事，绝对地依附于某个规则或条令不是种好的行为。

5. **林鼠行为（packrat behavior）。**强迫型的人可能强迫性地不想扔掉任何东西，甚至是一些没用的或者完全没有价值的东西。抛弃任何东西都令他们紧张担忧，因为他们总觉得"说不定哪天我又用得着它"，不论这个期望多么荒谬。有知名案例记载，一些强迫型个体收集满屋成堆的报纸，他们甚至不能扔掉11年前的体育版，因为他们还没有机会看它。

强迫型障碍患者的林鼠行为是一个有趣的特征，部分是因为它看起来和其他特征相矛盾，比如，强迫性地追求干净整洁。这时就需要弗洛伊德来解释了，虽然DSM-Ⅳ没有提到过他。我们可以回顾一下（从第10章），弗洛伊德认为性格和行为的对立在潜意识中总是等效的，肛门型人格就是一个好例子。肛门型人格可能是强迫性整洁或者强迫性凌乱，这两种案例的潜在心理动力都是一样的。一些强迫症患者满屋子的垃圾，而另一些强迫症患者的屋里几乎空空荡荡，清洁干净、闪闪发亮，但这可能都是来自共同的潜在心理动力源。

6. **不能对他人委以重任。**强迫型的人只能为他/她自己做事，因为其他人都不可能做好。他们只会用一种方式刷盘子、锄草、刷墙，甚至做决定也是如此。为强迫型的老板工作需要花费大量时间等着最简单行动的授权，因为老板不相信任何人能做好它。

7. **吝啬。**强迫型的人储藏金钱来防备未来假想中的大灾难，整日活在金钱之下。如果你得知某人死在一个又小又冷的山间小屋，并且床垫下藏着100,000美元，那么这个人很可能是一个强迫型的人。

8. **刻板顽固。**强迫型的人喜欢日复一日、一遍遍地做着同样的事情。早餐菜单的改变可能会引起他们的轻微恐慌，日程表上的任何变化都会使他们担忧。尝试着改变他们的习惯或者改变他们对某事的看法都是不可能的——连眼神的变化都会让他们忐忑不安。

强迫型人格障碍很难通过心理疗法治愈。部分原因可能是它的机制是生理上的。前文我提到过大脑结构，特别是前额叶和边缘系统的联结可能和这种人格障碍有关。其他实验性的证据表明，儿童的强迫型人格障碍有时可能是链状球菌感染（链球菌咽喉炎）造成的，虽然还没有人知道为什么（Murphy et al., 2004；O'Connor，2004）。

心理治疗上的一个障碍是，尽管强迫型患者被强制驱动着，当事情没有按照他们的方式发展时，他们就可能遭受到巨大的焦虑，但是在某些情况下，强迫型人格障碍患者是自我和谐的。这类障碍患者——相对来说——日常功能受损不如其他人格障碍患者严重，这是真的（Skodol et al., 2002）。事实上，尽管听起来有点奇怪，但一些强迫型人格障碍患者声称他们就喜欢这样，并且这种强迫型人格特征可能在一定程度上是有用的。一方面，外科医生、会计或者数据分析师会多次核查每件事情，不论是否真的需要这样做。这种特征使他们很少犯某些错误。另一方面，一些和强迫型人格障碍相关的强迫行为是令人不适的。大多数人都想要摆脱这些症状，比如过度担心无关紧要的事情，在离开家之后需要数次回来查看煤气是否关好，习惯性痉挛和诸如强迫性挠头皮的习惯等。

根据一项大型调查，强迫型人格障碍是一种最常见的人格障碍，大约占美国人口的8%（Grant et al., 2004），并且两性罹患该障碍的风险相同。第8章讨论的百优解和5-羟色胺再吸收抑制剂（SSRIs）这样的抗抑郁药物能够有效地治疗强迫型人格障碍（Picinelli, Pini, Bellantuono, & Wilkinson, 1995）。这个发现提示了强迫型人格障碍的本质，以及它从根本上被焦虑、抑郁和一般性的不快所驱使的程度。

障碍的原型

正如我们已经看到的，DSM列出了每一种障碍的特征，以及在正式的诊断中，个体需要符合这些特征中的最小数量。这个系统意味着人格障碍的诊断并没有明确清晰的要求，另外，有两个重要的方面需要说明。

第一，每种障碍都有很多种不同的表现形式。例如，因为一个人仅仅需要显示出九个特征中的五个就会被诊断为边缘型人格障碍，所以256个不同的模式（符合五个或更多的特征）可能会有相同的诊断结果。而得到相同诊断的个体可能彼此之间非常不同。这在一定程度上导致了含糊和混乱。

第二，特定个体很可能同时表现出不同障碍的特征。不难想象有这么一个人，他情绪变化迅速，喜欢独来独往，认为别人都不如自己，然而，这是三种不同障碍的特征！[10]实际上，我们可

---

⑩　分别是边缘型、类精神分裂型、回避型人格障碍。

以认为，对于所有人格障碍患者来说，有一个首要的事实是：这个人在心理上出问题了。任何一种人格障碍患者都没有完全接触现实，并且其思维存在本质性的问题。一项近期研究提出，几乎所有人格障碍患者都不能将思维控制在活跃的、正在工作的记忆中（Coolidge，Segal，& Applequist，2009）。这种能力的缺乏使他们不能参与"内部言语"，而"内部言语"让他们能够找到不同的方式来解决问题。

如果从不同的角度来考虑这些障碍，障碍之间的重叠带来的混乱在某种程度上是可以减轻的。在认知心理学中，研究者认为大部分甚至全部的自然分类最好符合理想模型或者**原型**（**prototypes**）。真正的客体差不多都与原型匹配得很好，即使客体之间彼此不同，甚至不属于同一种类别（Rosch，1973）。典型的例子就是鸟的分类。如果一个人按照鸟的精确分类来看的话，很快就发现这个分类系统存在问题。比如鸟的特征之一是会飞，但是企鹅是鸟，它们却不会飞；鸡也不会飞，它们也是鸟（并且和企鹅非常不同）。知更鸟和麻雀比企鹅或鸡"更像"鸟，从某种意义上来说，它们更加匹配我们关于鸟类的图式。这个理想模型就是鸟类的原型。

同样，我们最好认为每种人格障碍都有一个原型。尽管没有个体能够完美地与任一原型相匹配，有些个体甚至集合了不止一个原型，但是评估他/她跟每一个原型的匹配程度还是有可能并且有意义的。这个观点帮助我们维护人格障碍的分类和诊断，因为它认识到了诊断的复杂性、类别的重叠性和类别中的异质性。[①]另一方面，我们可能要花些时间想一下，精神病医师或临床心理学家在保险单上所填的代码意味着什么。

人格障碍的整合

一些心理学家已经尝试着确定人格障碍背后的基础维度了。从某些方面来讲，他们的目的和心理学家探索人格主要特质（见第7章）的目的是相似的；他们希望确定一套维度来描述人格的全部范畴，包括从正常的行为模式到反常的行为模式。例如，著名临床心理学家西奥多·米伦（Theodore Millon）提出了生物社会学习模型，根据人们关注自己或他人的方式是积极或消极

---

① 身体疾病的诊断有时候描述得比心理诊断更呆板，但也充满着许多不确定性（见Burnum et al.，1993），它得益于根据原型来考虑病情。

的，以及主要是寻求奖励还是逃避痛苦来排列人格障碍（Millon，1996）。这个模型很有意思，但是没有完全得到实验研究的支持（O'Connor & Dyce，1998）。其他理论家已经提出环状模型，像第16章中的目标和情绪的环状模型。在这个模型中，人格障碍和人格的其他特点被排成一个圆圈（例如，Kiesler，1986）。

近期能够将人格障碍有机整合的、被广为接受的理论可能要数人格特质的大五理论（见第7章；Widiger，Trull，Clarkin，Sanderson，& Costa，1994，2002）。所谓的大五特质——我相信你现在已经都知道了——指的是外倾性、神经质、宜人性、尽责性以及对经验的开放性。大五的研究者认为，这五个特质是人格中大多数变化的基础，根据这个观点，英语里17,953个有关特质的术语可以简化为这五大基本特质的组合。

表18.1展示了假想的大五特质与目前得到认可的十种人格障碍之间的关系。注意除两种障碍（类精神分裂型和强迫型）之外，其他所有的障碍都被假设与神经质有关。这是有道理的，但是这种重叠也显示了各种障碍如何在一个非常基础的水平上彼此重复：它们几乎都包含一定的焦虑和不快。例如，除神经质之外，表格也显示精神分裂型人格障碍可以被视为低外倾性和高开放性的结合（Widiger et al.，1994，2002）。该描述得到了一定的经验支持（Connor & Dyce，1998；Wright & Funder，2007）。相对的，反社会型人格障碍的特征是高外倾性、低宜人性和低尽责性。总的来说，表格提供了一种新的角度来进行人格障碍之间的比较，因此，就这个目的而言，表格是有用的。更重要的是，记住，人格障碍的定义是极端的、有问题的人格类型。因此，举例来说，一个人有适度的焦虑（神经质）、内向性或者开放性，他可能没有人格障碍，但是一旦这些特质都发展到极端，他就可能开始出现那些与精神分裂型人格障碍患者一样的问题。

表18.1 人格大五特质理论与十种主要的人格障碍					
人格障碍	神经质	外倾性	宜人性	尽责性	开放性
精神分裂型	高	低			高
类精神分裂型		低			低
妄想型	高		低		
表演型	高	高	高		高
自恋型	高		低	高	高
反社会型	高	高	低	低	
边缘型	高		低	低	
依赖型	高		高		
回避型	高	低			
强迫型			高	低	低

这十种主要的人格障碍都可以说是在五大特质上出现的极端情况。空白表明特质与障碍之间没有相关。
来源：（Widiger et al.，1994）。

即将到来的第五版

本章描述的人格障碍基于《诊断与统计手册（第四版）》，然而巨大的变化即将来临。重要的修订版（第五版）计划于2013年发布。[12]在我撰写这一章的时候，它的内容还没有最终确定，不过很明显，在人格障碍以及心理病理学的其他领域，一次巨大的重新整合正在进行。

第五版的主要目标是让它与现代研究更加协调一致，并改正第四版中被大部分人视为严重缺陷的两个地方。首先，有几个障碍的标准是混乱和令人迷惑的，导致诊断不清晰。例如，就像我之前提到的，可以用256种不同的方式诊断边缘型人格障碍。那么，定义这个障碍有什么意义呢？第五版会列举更少的障碍，并且更好地定义它们。其次，第四版基于一个分类系统，个体或者有某个障碍，或者没有。然而，正常的人格特质与多种心理病态相关联（Markon et al. 2002；Kotov, Gamez, Schmidt, & Watson, 2010），当前的观念是心理适应不良更多的是程度问题而不是种类问题（Clark & Watson，1999a；Krueger, & Eaton，2010）。你可以回忆第7章中提出的基本人格类型的尝试，尽管人们最初对此抱以热情，但结果并不是特别有用。心理病态分类的进展也不会强很多。因此，新的《诊断与统计手册》将包括对各种适应不良的特质所表现出来的程度进行评估，而不只是评估它们是否存在。

人格障碍和适应不良的特质

在本章总结的DSM-Ⅳ中的十种障碍中，有六种在DSM-Ⅴ中予以保留：反社会型、回避型、边缘型、自恋型、强迫型和精神分裂型（American Psychiatric Association，2011），尽管每一种障碍的定义将会更加清晰。此外，临床评估将包括五种心理失调特质的评估。它们是：

1. **消极情绪易感性**：感受到焦虑、抑郁和猜忌等消极情绪的倾向。

2. **冷漠**：离开其他人并回避情感交流的倾向。

---

⑫　DSM-Ⅴ已于2013年按计划发布——编者注。

3. **敌意**：包括虚伪、自大、冷酷和爱摆布人，在这里，你可以认出自恋的几个标志。

4. **去抑制**：缺乏自控，导致冲动的行为（该特质的对立面即强迫性，是一种僵化的过度控制和完美主义，同样是失调的）。

5. **精神质**：有古怪想法或体验的倾向，并表现出不同寻常的行为。

一些专家说，该系统的一个主要优点是：它或多或少地对应了包含正常人格范畴的大五特质（Krueger & Eaton，2010）。消极情绪易感性类似大五中的神经质；冷漠则是外倾性的最低点；敌意是宜人性的最低点；去抑制是尽责性的最低点；精神质则是对经验开放性的最高点。这种对应强调了一个观点，即正常和异常人格之间的差异并不清晰，而是位于一个连续体中。这个观点在临床和人格心理学中正变得越来越普遍（本章后面还会讨论该观点的更深层的含义）。

新的诊断模式

人格障碍的诊断过程也在计划做出改变。临床心理学家或精神病学家将不再计算有多少症状出现或没有出现，然后做一个是或否的诊断决定，而是采取下面的步骤（American Psychiatric Association，2011）：

1. 评估来访者的"人格运作"是否严重受损，如果是，评估机能失调的程度。

2. 评估来访者是否至少出现了六种明确的人格障碍中的一种。

3. 分别评估来访者表现出五种适应不良的人格特质的程度。

这个三步骤的目的是提供有关来访者心理上的困难以及他所体验到的问题的程度的具体描述，但是避免将他划分到某个诊断类别。临床心理学家现在正在激烈地争论这种方法在临床实践当中是否有用[13]，在大规模试用之前，我们都不会知道答案。拭目以待。

人格和障碍

临床心理学、精神病理学以及《诊断与统计手册》的后续版本已经呈现出关于多种心理障碍的观点和设想的增加态势。1952年发行的第一版《诊断与统计手册》包括107个不同的分类，第二版有180个，第三版有226个，而第四版包括了365个不同的心理病理学的类别——相当于一年中每天都有一种（Savodnik，2006），在即将到来的第五版中甚至更多。这个如此详尽的清单也

---

[13] 除了其他的忧虑，临床心理学家还担心这种改变会影响他们为其服务所开出的账单。

带来了许多问题：将这么多的行为描述为病态是否存在缺陷？另外，问题还涉及心理健康的本质、广泛贴标签的得失，以及正常和异常之间的界线等。

病理学

用来描述人格障碍患者的往往不是什么好词。如此看来，这是否就意味着坏人就有人格障碍？例如，一些心理学家最近提出了"病理学偏见"，这种偏见认为极端的种族主义、同性恋恐惧症或者其他的对特定群体的强烈情绪等都应该定义为人格障碍。一位作者曾指出，如果这个提议成功了，"犯罪者都会成为待治疗的病患，而医生将会成为区分'正常偏见'与病理学偏见的仲裁者"（Vendantam，2005）。病理学偏见现在还没有收录到DSM中，但是很多DSM中的人格障碍包括了不受社会欢迎的、违法的或者不道德的行为模式。例如，如果某人撒谎、诈骗、偷窃甚至谋杀，我们能仅仅因为他们患有反社会型人格障碍就不惩罚甚至不评判他们，不让他们对这些行为负责吗？

如果你认为我将要回答这个问题，你可能会失望。这个问题是心理学遇到道德伦理这一"迷雾地带"的永恒难题。它也是哲学、宗教和法律领域里一个长存的两难问题。迄今为止还没有一个解决方案。某些人对这个问题的答案是肯定的，因为惩罚某个患有心理障碍的人是荒谬的、毫无意义的，甚至错误的。其他人则相信问题的答案是否定的，因为某些行为应该受到惩罚，不管是否是由当事人的心理（或生理）问题引起的。一般而言，真理往往存在于两极之间，而且通常拒绝仓促的结论和简单的理解。

病理学行为另一个更深层的缺陷是，将它们泛泛地描述为精神疾病的产物太过简单了。正如本章开头所提到的针对DSM-IV的批评——将所有的东西都贴上了标签，从强迫性赌博到咖啡依赖症（Davis，1997）。它把如此多的行为都描述为病态的，从而有可能出现低估概念整体含义的危险。如果所有行为都是精神疾病，那么任何行为都不是精神疾病。

心理健康

不管DSM列举的障碍有多么全面和详细，它都没有告诉我们心理健康的本质。心理健康当然不仅仅是指没有任何DSM中所列举的症状，即使这是可能的——不过一般而言是不可能的。并且一些批评指出，书中关于心理健康的论述少而又少。这不仅仅是DSM的缺陷，纵观心理学的历史，对定义及治疗心理疾病的关注要远远多于对个体可能渴望达到的理想状态的描述。[14]这种忽视

> ·····················
> 心理健康当然不仅仅是指没有任何DSM中所列举的症状，即使这是可能的——不过一般而言是不可能的。

---

[14] 我和一名同事写了一篇文章，很开放性地讨论这个问题。令人吃惊的是，心理学中关于人类错误、缺点和病理学的许多目录（真的已经发展了许多目录）没有告诉我们人们应该如何思考或者行动。因此，我们需要一种更积极的方法（Krueger & Funder，2004）。

正是推动我们在第13章讨论的积极心理学运动的动力。这个运动的目标是将关注的焦点从界定问题转移到如何促进有意义的快乐生活。更通俗一点说，增强心理健康要求对正常人格的理解，而不仅仅是对人格障碍和心理疾病的理解。⑮

贴标签

DSM–Ⅳ中详细的分类招致众多合理的批评。似乎没有人完全符合任何一个分类标准，又有很多人表现出几个分类的特征，而且DSM–Ⅳ所列出的人格障碍的系统很难被持续可信地运用。因此，DSM–Ⅳ中的标签通常存在或多或少的误导。例如，我们喜欢简单地把不喜欢的人说成是人格障碍，但避免这种倾向却是很重要的。这类描述大多是不公正的，它会阻碍而不是促进深入的理解，因为一旦我们给某个人贴上精神疾病的标签，我们可能就认为无须严肃地考虑他/她的感受、见解甚至权利，而且"某人有人格障碍"这一结论所带来的问题要远远多于它的答案。

另一方面，标签又是有用的。DSM所描述的症状，虽然不像我们喜欢的那样界限分明，但是它描述了临床上关注多年的行为模式。因此，如果你碰巧认识某些人存在某个人格障碍的一个或多个特征，当你考虑他们是否可能同时存在其他症状时，它的作用就大了。例如，如果有人行为举止浮夸而且傲慢自大（自恋型人格障碍的迹象），那么可能就需要多留心，他/她可能会寻求你的赞美。如果某人似乎对规章制度过于关注，并且很难适应在真实生活中的变化（强迫型人格障碍的迹象），我建议你避免让其处于任何事的主导地位或者远离需要听命于他/她的职位。如果你关心的人表现出边缘型人格障碍的情感不稳定性，你可能需要关注一些线索，他们可能会通过吸毒、饮食障碍、自伤甚至自杀来伤害自己。

利用这些迹象来监督自身的人格特征也是可取的（这类归因有时候是有用的，我下面会谈到）。如果你发现自己对待他人骄傲自大，或者遵循章法而不考虑他人目的，甚至不惜伤害自己，这些都可能是阻止你发展到一个更危险境地的警告。因此，不管我们多么反对给人贴标签，知晓主要人格障碍的基本特征还是很值得的（Yudofsky，2005）。

最后，必须承认贴标签是很有用的。我们不可避免地要用到它们。当一位精神病医师或临床心理学家写下对某个病人的印象时，记些内容是有必要的，标签越精确越好。关于精神疾病的研究甚至严肃地讨论，不可能完全没有文字——标签——以表述现存的各种不同的变异。你还记得范德第二定律（第2章）吗？有点儿东西要强于什么都没有。不管它们存在多大缺陷（他们确实存在），在有更好的选择出现之前，DSM中的标签仍将被使用。

---

⑮　这个看起来很明显的观点有时候是政治上争辩的问题。美国国家心理健康学会已经有一些领导者（包括我自己），他们认为应该支持那些关注减轻心理疾病的研究。

正常和异常

尽管这个问题曾被广泛争论，现代关于人格障碍的研究已经倾向于得出一个结论：在心理病理学和正常变异之间并没有一个清楚的界限（Clark & Watson，1999；Furr & Funder，1998；Krueger & Tackett，2003；O'Connor，2002；Trull & Durrett，2005）。正常人格特质与众多心理病态都有关联（Kotov et al.，2010），就其目的而言，一些用于测量异常人格的特定测试不见得会比为正常人格范畴设计的测量工具做得更好，例如第7章中总结的那些工具（Walton，Roberts，Krueger，Blonigen，& Hicks，2008）。

正常和异常之间是连续的。这就暗示我们，你可能发现很多人是符合人格障碍的部分描述的。你认识的人甚至你自己，都可能会在离家之前将壁炉检查两遍，当别人不认可你的成就时感到备受伤害，或者时常感到无聊。但是要牢记，拥有某些适度的特征并不意味着就有人格障碍。

除此之外，正如人们预期《诊断与统计手册》第五版将会认可的，将每个人格障碍视为正常范围中的极端表现是有一些好处的（Oldham & Morris，1995）。例如，某个被认为是异常可爱和敏感的人有独特的、创造性的想法——更一般的说法是有创造力，这些好的倾向与精神分裂型人格障碍的特质是重合的。一个自信骄傲的人的所有特征可能会与自恋型人格障碍的特征重合。表18.2中列出了一些积极的人格特质与某些人格障碍特征可能的重合。

表18.2 适应性特质与人格障碍

积极的人格特质	相关人格障碍
敏感、独特、有创造力	精神分裂型
孤独、独立，不合群者	类精神分裂型
警惕、机警，幸存者	妄想型
生动的、精力旺盛的、风趣的	表演型
自信、自豪	自恋型
坚强、任性、自我依赖	反社会型
机智善变、兴奋、"冰火两重天"	边缘型
忠诚、忠心，可信赖的伴侣	依赖型
敏感、安静、居家男孩	回避型
有责任心的、可信赖的、可靠的	强迫型

注意： 人格障碍可以被看作极端的特质变异，一般情况下，我们把这种特质看作正常的，适应性的。
来源： 根据欧德海姆等人（Oldham & Morris，1995）的建议编制。

个体的人格是一个复杂的整体，不能简单地分为好和坏。事实上，人格障碍中的某些组成要素可能正是你所期盼的！还记得范德第一定律（第1章）吗？一个人的长处通常就是他的短处，反之亦然。或许你的创造性火花和独特的见解是你最重要的东西之一，而这也有可能恰恰就是让你偶尔表现得有点儿奇怪的原因。你或许看重自己的完美主义和对细节的关注力，这种趋势如果

"空虚，自恋，自大狂。我爱你。"

偶尔有些过火，也恰恰是惹人不快的原因。你的缺点可能是你长处的一部分；只有当这些特征为数众多，持续严重并且造成麻烦时，才是我们谈的人格障碍。

有讨人喜欢的怪癖的正常人以及有自我同一性人格障碍的人都可能用表18.2中左边一列词来形容自己。可能我们每个人都有一点——只是一点点的——人格障碍，甚至某些有严重人格障碍的人也会有一些高尚的、有用的、适应性的特质。这又将我们带回到了关于正常行为变异及心理病理学的争论：二者存在区别，但是界线不明且难以确定。

总 结

• 人们彼此不同；当这些差异不断地带来问题时，它们可能会导致人格障碍。

诊断和统计手册

• 美国精神卫生协会编制的《诊断和统计手册（第四版）》描述了众多不同的精神问题，包括人格障碍。本书围绕轴来组织，其中轴Ⅰ包括严重的心理病态，如精神分裂症，轴Ⅱ包括心理障碍。

• 《诊断和统计手册（第四版）》试图让心理诊断更客观，并为研究和开具账单等众多目标提供有效的分类。

人格障碍的定义

• 所有的人格障碍有两个基本的特征，分别是：（1）异乎寻常的极端性，一般表现为对现实的扭曲；（2）给自身及他人带来问题。

• 绝大多数（而非全部的）人格障碍是社会性的、稳定的。此外，一些障碍是自我和谐的，也就是说有人格障碍的人并不认为它是个问题。

诊断基础

• 人格障碍的诊断可以建立在临床印象、自我报告量表、结构化访谈或者知情者报告的基础上。

主要人格障碍

- 《诊断和统计手册（第四版）》列出了十种最主要的人格障碍，并将它们分为三类：A群为古怪/异常型障碍，包括精神分裂型、类精神分裂型和妄想型人格障碍。B群为冲动/不稳定型障碍，包括表演型、自恋型、反社会型和边缘型人格障碍。C群为焦虑/回避型障碍，包括依赖型、回避型和强迫型人格障碍。

- 精神分裂型人格障碍的特征为古怪的信念、异常行为、不适宜的情绪，以及人际关系问题。

- 边缘型人格障碍是有严重痛苦的障碍，其特征包括思维混乱、情感脆弱不稳定、自我同一性混乱和危险的自伤行为模式。

- 强迫型人格障碍是一种极端忠于规则、组织和习惯，不懂得变通或拒绝适应变化的行为模式。

障碍的原型

- 对于每一种障碍，《诊断和统计手册（第四版）》提供了一系列特征以及做出一个正式的诊断所需的最少特征数。这意味着被诊断为相同人格障碍的人可能具有非常不同的症状特征，因此每种障碍都应该被认为是一种人格障碍原型，而不是一个充分必要的特征列表。

人格障碍的整合

- 根据已经提出的关键维度，有几种方式可以整合人格障碍。最有用的可能是我们熟悉的大五主要特质列表，它可以同时被应用于对正常和异常人格的评估。

即将到来的第五版

- 第五版的目标是澄清诊断标准，并从维度（个体沿维度变化）的角度来看待人格障碍，而不是将其看成彼此分离的不同类型。

- 第五版保留了前一版中的六种人格障碍，并规定根据五个适应不良的特质来评估来访者：消极情绪易感性、冷漠、敌意、去抑制和精神质。这五个特质可以被认为是正常人格大五特质的极端。

- 按照第五版来诊断是一个多步骤的过程：先是评估来访者人格运作的整体水平，确定他/她是否符合六种障碍中的任何一种，然后基于五个适应不良的特质对他/她进行评估。

人格和障碍

- 病理学上不被人接受的行为会引发严重的道德问题，同时将如此多的行为模式描述为心理疾病，会产生使疾病的概念失去意义的危险。

- 一系列的病理学障碍并没有给出心理健康的定义。

- 对障碍贴标签有很大的风险，但很有用，也是不可避免的。

• 正常人格变异和人格障碍之间的界线细微而不确定。事实上，有些人格障碍可以被看作某些特质的夸大。如果能够适度的话，这些特质其实是值得拥有的。

思 考 题 ●●

1. 一般而言，容忍个体差异、接受别人现在的样子是很好的。当某些人有人格障碍时，这种想法明智吗？这个问题的答案依赖于有障碍的人是谁吗？答案到底取决于什么？

2. 请按自己的想法回答这个问题（如果要大声讨论或者写出来，请注意保护参与者的隐私）。你认识的人中有人看起来像是有人格障碍的吗？你与这些人接触的最佳方法是什么？

3. 你是否认为即使在心理健康的人群中，也应该对某些人格障碍者的典型特征给予特别的关注，无论是在自己身上还是在他人身上？如果是，哪些特征值得重点关注？

4. 有经验的临床医生常常报告，在治疗人格障碍患者时，他们会直觉地感到有什么东西"不太对"。你曾经对某个人有这样的感觉吗？它是对的吗？

5. 如果某个患有人格障碍的人承认犯罪，社会该做出何种反应？这个问题的答案取决于这个人是否有严重的精神疾病吗？如果是，你如何定义严重的精神疾病？是否有人格障碍符合这一条件？如果有，是哪些？

6. 哪些人格障碍或者人格障碍的哪些部分是值得拥有的？

7. 健康人格的特征是什么？换个方式问，你如何描述你见过的心理最健康的人？他/她是什么样子的呢？

推 荐 读 物 >>>>>

Murray，H. A. (1943). *Analysis of the personality of Adolf Hitler, with predictions of his future behavior and suggestions for dealing with him now and after Germany's surrender.* Washington，D C: Office of Strategic Services.

"二战"期间，美国策略服务部（现在的CIA）委托杰出的人格心理学家亨利·莫瑞对阿道夫·希特勒的人格进行分析。这个报告近期才解密。这是一个令人吃惊的观点和现在被批评者称为"心理呓语"（Carey，2005）的混合物，而且包括了对希特勒战争末期将会撤退至他的碉堡并自杀的成功预测。这个报告可在以下网址获得：*http://library.lawschool.cornell.edu/WhatWeHave/SpecialCollections/Donovan/Hitler/index.cfm.*

Yudofsky，S.C. (2005). *Fatal flaws: Navigating destructive relationships with people with disorders of personality and character.* Washington，DC: American Psychiatric Publishing.

一本写得很好的书，作者是一位富有经验且知识广博的治疗师。本书概括了主要的人格障碍，并就如何应对这类障碍患者提供了明智的并且可能拯救生命的建议。他描述了大量的实际案例，谨慎地解释了治疗能够做什么，不能做什么，还描述了这类障碍患者如何影响其周围的人。这些都有助于打造一本富有吸引力和益处的读物。

电子媒体 >>>>>

登陆学习空间*wwnorton.com/studyspace*，获得更多的复习提高资料。

19

不同的取向

我们学到了哪些？

寻求理解

总结：回顾与展望

人格是我最喜欢的心理学主题，因为它包含了许多让这个学科变得有趣的内容。它让所有的心理学分支融汇到或者应该能够融汇到一个完整的科目里，包括人们在想什么，他们感觉如何以及他们在做什么。这也是我在第1章中提到的心理学三联体，这也可以在之后的17章里看到。随着这些主题研究的展开，一些深奥而复杂的理论应运而生，精细而复杂、有难度的主导性方法随之产生。复杂和精确固然很好，但很容易让人忘记研究的初衷。所以，在某个人经历了浩如烟海的理论推导或者茂密如林的研究结论之后，很有必要回过头问问自己："对于人类，我现在知道了哪些以前我所不知道的。"

心理学家已经尝试用很多方法来了解人格，每种方法都是这本书的主题。在本书的末尾，我将多谈一点人格心理学研究为何有如此多种不同的方法，并比较一些一般的理论，以此作为总结，希望你能记住这些理论。

不同的取向

人格研究是对整个人类的研究，与个人的心理有着重要的关系。本书始于对该领域的观测。然而，问题伴随着目的接踵而至——这个范围太大了，以至于事实上不可能完全研究。我们不能一下子解释所有的东西。我们必须将自己限定在一个特定的领域以及看似重要的问题和变量上，除了这种自我限定之外的另一种选择可能是令人绝望的疑惑。

正因如此，探讨人格的每种取向，都只关注某些核心概念并忽略了其余的很大部分。特质取向（第二部分）关注个体差异，人格特质让每个人都成为心理上独特的个体。生物取向（第三部分）关注神经系统的构造、功能以及行为模式的遗传和进化史。精神分析取向（第四部分）则关注潜意识和动机的复杂作用以及几乎被人们忽略的各种冲突。人本主义取向（第五部分）关注当下有意识的知觉，以及每时每刻对生活的感悟，这些都可能给我们带来自由意志，并决定我们看待现实的能力。这也带来了对文化差异产生的现实建构的不同评价。学习取向关注环境中的奖励和惩罚如何塑造人类行为，以及在不同条件下行为与刺激的函数关系。现代认知取向的人格研究强调基本心理过程，包括知觉、记忆、动机、情绪和被称作"自我"的态度和记忆组块。

哪个是正确的？

任何教过人格心理学课程的人都可能在花一个学期——讲授了这些不同取向后，被一个聪明但是迷茫的学生问道："确实是这样的，但是，哪个是对的呢？"现在，你能够理解为什么教授们在回答这个问题时比较踌躇了。说到哪个是"对"的，人格心理学中不同的取向之间不能进行有意义的比较，因为它们不是对同一个问题的不同答案。不如说，它们是不同的问题。每个取向的存亡并不取决于正确与否，因为最终所有的理论都是错误的，但是它们可以有效解释一些已知事实和现实生活，以及澄清人类本性中的重要方面。[①]

> 每个取向的存亡并不取决于正确与否，因为最终所有的理论都是错误的，但是它们可以有效解释一些已知事实和现实生活，以及澄清人类本性中的重要方面。

一个更好的评价标准是：它是否为你认为值得研究的问题提供了寻求答案的方法？特质取向寻求个体差异；精神分析取向寻求潜意识；生物取向寻求物理机制；人本主义取向寻求意识、自由意志和个体对现实的建构；学习和认知取向寻求行为获得和改变，以及行为一致性背后的思维过程。哪些是你需要或者想了解的？这个问题的答案将告诉你采用哪种取向。正如我们在关于人格障碍的讨论（第18章）中看到的，真实生活中的问题有时需要我们采用所有的取向。其中任何一个都是不够的，全部都需要。

"现在很无趣，但是最后他们砸碎了自己的乐器并放火烧了椅子。"

取向的顺序

任何一本与本书类似的书籍都会遇到一个有趣的抉择——（在一大堆相互冲突的观点中）如何呈现各个章节的顺序。这看起来是一

---

① 统计学家鲍克斯（Box）曾说过，"所有的模型都是错误的，但有些是有用的"（Box，1979）。

个微不足道的决定，但是它能够反映出很多作者对人格这个领域的观点。

一个让人吃惊的常见做法是从作者最不喜欢的取向开始，以描述作者最喜欢的取向收尾。这类书给人留下的印象就是，直到正确的方法出现之前，整个世界仅仅是在标记时间而已。在最后一章，作者就会胜利地宣布，最终真理被发现了！

我已经解释了为什么我不是这种不公平比较的拥护者。即，将一个取向描述为正确的，而其他取向是错误的，忽视了不同取向能够继续存在的原因及它们都很重要这一事实。因此，我没有选择这种章节排序的方法也就不足为怪了。

第二种常见的策略更公平一些。作者将各章按照差不多的历史时间排序。我说"差不多"，因为说清各取向的出现时间并不是件容易的事。行为主义背后的哲学渊源很深，但研究却相对较新；精神分析则相反。但是这种策略存在的一个问题是，严格按照年代顺序（假设能决定）排列缺乏思考上的连贯性。另一个问题是，与前一个策略相似，这类书试图宣扬的"心理学在前进"的偏好，我认为在某种程度上存在误导。

我要提到的最后一种策略（不是巧合，这正是我选择的策略）是按照各个取向最容易讲授的顺序安排的。有人认为，与其他学科不同，心理学不具有沉淀性；它的发现跟物理学不一样，不是严格按照顺序建立在前期工作上的。[②]心理学是以另一种方式积淀的知识。不同的取向在某种程度上相互交叉、相互影响、相互关联，这表明可以用一种顺序来展示它们。

因此，本书以人格心理学的研究数据和研究方法综述开篇，这就奠定了随后各个部分的基础。接着，我首先谈到了特质取向，因为它提出了一个在逻辑上先于其他问题的基本问题——人格存在吗？还因为特质取向反复出现并且实际上在本书其他部分它一直在含蓄地出现。它一次又一次地出现，是因为每种取向都需要解释为什么没有任何两个人的心理是完全相同的，例如，接下来的生物取向直接来源于特质取向。它们考察神经结构、生物化学、基因或者进化史如何产生了被称为人格特质的行为模式。

那时，留心的读者可能会注意到，人类心智中一些更神秘的方面被忽略了，例如非理性行为和潜意识的机理（你可以回忆第五部分的开场白，这是亨利·莫瑞对特质取向的抱怨）。因此，我接着介绍了精神分析取向。精神分析认为行为受到非理性、神秘的冲动的驱使，这一观点与人本主义取向之间存在有趣的差异，这在随后的部分进行了介绍。人本主义者相信人能够（甚至是必须）自主地选择自己对现实的解释。我们也看到精神分析在文化间的差异，本质上是因为不同文化成员建构的现实不一样。

随后的章节介绍了人格的学习取向和认知取向。我首先介绍了经典行为主义，接着论述社会学习理论这一直接从行为主义发展出来的取向，最后介绍了从社会学习理论中衍生出来的现代认知取向。这包括了对知觉、动机、情绪和自我的现代研究的综述。关于这四个主题的研究利用了其他所有取向，包括行为主义、精神分析甚至人本主义。这就是为什么我差不多到最后才介绍

---

② 我认为这种观点片面地低估了心理学的积淀，高估了物理学的积淀，但这是另外一回事。

它。不过，真正的最后一章（这一章）涉及人格障碍，也是前面章节的内容在实际和普遍的心理问题中的应用。我说这些是为了表明不同的理论取向通过巩固各自的知识堡垒来达到知识的一致性，如果你想理解现实生活中一个复杂的心理问题，你就不得不打破这些界限。

没有一种取向能解释一切

我一直论述这一观点，现在我希望你能够理解我的意思。爱因斯坦的相对论统一了物理学，达尔文的进化论统一了生物学，但是心理学界没有爱因斯坦或达尔文，迄今为止还没有。③最复杂的要数弗洛伊德的理论，但是你也已经发现了它存在的问题。弗洛伊德的理论虽然涉及面广，近些年也有了很多改进，但它仍然不能包含所有理论取向的核心观点，如有意识经验、自由意志或者从经验中学习。它也没有很好地得到实证研究的支持。

心理学缺乏一个统一的观点常常让人感到遗憾，这也是众多心理学者不得不忍受心理学被攻击为"自然科学之敌"的重要原因。暂时撇开这点不谈，我认为这反而是一件好事，理由如下：

第一个理由是，如果有个理论能解释当前五大基本取向，那么这个理论必然是笨拙的、令人困惑的、连贯性极差的和不完整的。每个基本取向的观察或理论都有其局限，但局限不是错误，这些局限恰恰是其研究的真正目标。这种自我限制有助于避免其研究体系变得过于庞大、混乱，同时也使每种基本理论取向将关注点放在对有用知识的详尽阐释上，这些知识与该理论最适用的现象有关。

第二个理由是，其他观点的存在可以使我们对那些任何观点中都不包含的现象保持开放态度。思想上的竞争是好的，它能防止教条主义和思想闭塞。不论弗洛伊德主义者、行为主义者或者生物心理学家多么强调自己的理论取向能够解释一切，他都应该认识到多数心理学家坚信这个取向是绝对错误的。这个认识基于综合性的知识和对心理学全面的理解。

有时我甚至幻想，生物学和物理学如果没有那么坚定于一个统一的理论取向或许会更好。哪些现象是因为不符合当代进化理论或相对论而被当今科学家忽视的呢？生物学家和物理学家可能从来没发现他们的理论或者方法有何不足，因为正如我们看到的，坚守一种基本的理论取向会导致研究者对一些事物视而不见，而这些事物对其他取向而言是那么显而易见的。对我而言，我反而享受人格心理学家缺乏一个统一的理论取向。这种缺乏为自由思想和理论留下了巨大的空间。其他学科的状况看起来与此相去甚远。

选择一个基本的取向

我相信，如本书所安排的一样，独立学习人格的各个基本理论取向是很重要的，这样你就能

③ 实际上，第9章中的进化心理学家的确认为心理学有自己的查尔斯·达尔文——他们说，他的名字就是查尔斯·达尔文。他们的话有点道理，不过我个人并不认为进化心理学涵盖了心理学的全部。

在获得全貌的同时了解每个取向的偏好。对于大多数目的——甚至是成为一位人格研究者的目的——来说，可能最有利也最容易的课程是选择一个单一的研究范式，例如特质取向、生物取向、精神分析取向、人本主义取向、行为主义取向或者认知取向。正如认知科学家霍华德·加德纳（Gardner，1987）所言，"即使最终发现所有的事物都相互联系，一个植根于现实的研究项目还是会因为自身的重量而坍塌。"

选择研究哪种取向不能依据取向是否正确，因为所有的取向都是既正确又错误的，而应该根据两个（或三个）基本标准来选择。第一，你想了解什么？自由意志、个体差异、潜意识还是行为的塑造？第二个更加个人化，哪种取向你最感兴趣？如果有一种取向真的令你感兴趣，或许你真的能够成为一名人格心理学家。④如果真的如此，第三个标准随之而来，哪种取向能够最大限度地激发你运用有趣的研究获取知识的潜能呢？

我自己的选择是特质取向，多数是基于第三个标准。例如，我很羡慕精神分析学家，甚至发现它在现实生活中很有用，但是我发现我很难想象出哪种研究能够告诉我们更多关于它的知识，因为我个人并不喜欢个案研究法。相反，特质取向却让我在过去的30年里忙于自己的研究生涯，而且我希望这将在随后的多年里持续下去。

趋向大一统理论

然而，我试图不时地从我喜爱的取向中抽身出去"度假"。这种类似短途旅行的机会使我在教授人格课程或者写这本书的时候，得到了再次从新视角审视心理学世界的机会。我会思考平时忽略的问题（例如，什么是自由意志？），以及接受其他关于现实的解释。我认为这种"假期"有利于我们保持思想开放，而且它也很有趣。

不论你选择哪种取向，保持对其他知识的关注有五个理由。第一个理由仅仅是为了防止自大，以免你觉得自己无所不知。第二个理由是，这是理解和评价其他取向的基础。记住，尽管每一种人格的理论取向都很精辟，但是在其他取向看来也是毫无道理甚至是愚蠢透顶的。第三个理由是你可以不时运用你最爱的取向之外的方法研究一些心理现象。我曾经听心理学家希尔加德（E. R. Hilgard）说道："我们当然不能像某个昆虫学家一样，因为发现一个虫子不能归类，就把它踩死了。"第四个理由是给自己以后改变想法的机会。如果你的兴趣或者目标发生变化，或者你遇到的现象与你喜爱的取向相左，你还有别的路可走。

最后，第五个理由是，人格心理学研究在某种程度上融合不同的范式是合理的，这样你可以理解其中各个范式。在第1章，我提到了一些心理学家所梦想发展的、我称之为大一统理论（one big theory，OBT）的能够解释一切的理论。近些年，通过不断地删减和增加，大一统理论在对传统的不同取向的整合问题上有了长足进步（Moeller et al.，2010；Yang et al.，2011）。

---

④ 其就业市场并不比很多其他领域差。

例如，特质取向和社会认知学习取向看似从不同（且不兼容）的视角研究了很多相同的现象。社会认知学习取向本身与人本主义和行为主义取向有关联（并在历史渊源上植根于两者），它也同样被应用于一些有着悠久精神分析传统的问题，比如自我的潜意识思维的本质。随着时间流逝，生物取向对每个人所起的作用也越来越明显，进化理论越来越多地被用来解答思维的工作机制，遗传、生物化学、神经学知识构成了心理过程如何起作用及它们起源于何处的理论。

因此，最后你可能不需要选择。微弱的迹象表明，关于人格完整一体的理论——最终的大一统理论可能正在遥远的地平线处冉冉升起，因为基本取向的最重要的要素最终都会结合为一个单一的跨越性观点。心理学还在等待它的爱因斯坦或达尔文，成为一名人格心理学家，那么这个人可能就会是你！

我们学到了哪些？

一个同事的办公室门上有一幅漫画，画的是一个学生为了即将到来的考试，仓促而疯狂地准备着。漫画上写着："起决定性作用的不是你知道什么，而是你什么时候知道的。"这个漫画揭示了这样一个现象，我们在大学课程中学到的大多数知识，或者一本750页的书的内容，都会在考试周过后很快忘光。这个观点不是愤世嫉俗，而是事实。那么，你会在学习一门人格课程或者阅读一本书后有什么收获呢？一个最长远的收益就是你变得聪明一点儿了。不管你是否同意我的观点，如果你思考这些内容，尤其是从你的导师和同学那里得到反馈，那么上述结果将更可能发生。最重要的是，我希望你能思索如何使用这些内容来为自己服务，因为正如第17章所解释的，这是最有效的学习方法，也是你运用心理学知识所能做得最有趣的事情。

另一个在选修了一门课程或读了厚厚的一本书，并通过了最终考试之后可能出现的现实可能性是，你记住的并不是特定的理论或实验，而是关于书中重复出现的一些概括性的主题的知识。让我提炼出几个我希望你能记住的重要主题。

跨情境一致性和集合

人们在不同情境中都有一致性。我们已经看到了心理学家在争论"行为一致性"这个问题，但是从各方面得来的证据是很清楚的。在商业会议上起控制作用的人，在聚会上也会发挥类似作用；一个对自己职业悲观的人，也会对自己妻子的生育悲观；一个与自己父亲交往有"问题"的人，也有可能将这些问题带到与其他男性亲属的交往中。这些例子是从不同的取向中获得的。特质取向的研究表明了领导力的一致性，认知取向的研究表明了悲观的一致性，精神分析和认知取向都表明了一致性关系交往模式的迁移。

让我们从另外一个角度思考一致性。如果你被抛弃在一个孤岛上，你就处于一个独特的情境中。在这个情境中，你无法从别人那里习得行为。你将毫无争议地成为你自己，无论你在这个情境中表现出恐惧、足智多谋、孤独或者因为安宁而感到高兴，这都取决于你的人格。人格如随身携带的行李一般伴你左右。

....
人格如随身携带的行李一般伴你左右。

同样，一致性仅限于两个方面。第一，行为一定会随着情境的改变而发生变化。我曾经做过一个两阶段的实验。结果发现被试在第二个阶段比在第一个阶段更放松。这是一种明显的环境熟悉效应（Founder & Colvin，1991）。但是，在第一阶段极其紧张的人在第二阶段也倾向于是最紧张的。再举一个例子，晚会上最活跃的人在葬礼上也一定会变得不那么活跃。他/她的人格一致性只是表明，在葬礼上他/她可能还会表现得比其他人活跃，但不是像在晚会上一样活跃（Oishi et al.，2004）。行为与情绪不时地发生变化，但个体差异仍存在。这种观点很容易被忽视，甚至不是所有心理学家都能把握得很好，但是它很重要。

第二个限制是行为一致性在预测特定情境中的特定行为时，其预测力并不高。回忆一下，人格一致性的系数仅在0.30到0.40之间（第4章），这也就意味着行为预测的准确率仅为五分之二。这是一个很有用的精确水平，但它包含了很多错误。仅仅当你预测平均或者总体行为时，行为一致性才名副其实。当你下周二四点三十分从家中回来时，你的室友会热情欢迎你吗？天知道！但是，如果他/她是一个热情的人，你就能够自信地预测，在你下个月约三十次从家中返校的经历中，她热情欢迎的次数要多于其他脾气暴躁的室友的平均次数。

"他知道什么，他会记得多久？"

人格的生物学基础

正如我们在第8章和第9章看到的，与人格有关的生物学研究正在迅猛发展。正如其他取向（如学习和认知取向）所公开支持的，人们不再试图否定行为模式的一致性。行为模式的一致性已经通过人格研究证明其根源于解剖学的结构，例如大脑前额叶、杏仁核以及化学物质（比如神经递质、激素等），这些都源自进化的人类从远古祖先那里继承而来的DNA。这些实际情况限定了个体发展的可能性。哲学家约翰·洛克（John Locke）认为人类思维在出生时就是一个白板，或者说"纯净无瑕"。这是一个不错的想法，但是他错了。行为主义者约翰·华生（John Watson）认为他能够将任何一个婴儿经过特定的训练就变成"医生、律师、乞丐或者盗贼"。这是另一个不错的想法，但是他也错了。

心理学的生物取向研究在科技上令人印象深刻。那些分析激素水平、DNA结构，以及制作大脑活动中令人惊奇的彩色图片等所需要的昂贵的精密仪器让人眼花缭乱，甚至有点儿恐惧。因此，牢记这一点很重要，那就是这种研究仅仅是接近它的起源而已。我们的未知远远多于我们的已知，而且，在所有成熟的研究领域中知识的增长只说明了一点，那就是万物是多么的复杂。基因结构、神经递质、激素以及不同的脑区都与人类的行为和人格有着重要的联系，但是这些联系并不是简单的联系，因为有的联系会发生交互作用。基因与其他因素发生交互作用，某种神经递质或激素的作用依赖于其他物质的水平，各脑区密集的交互联系一直以一种复杂的方式协同运作。而且，这仅仅是开始。整个神经系统不断地与外界相互联系，包括环境或其他个体的持续性变化。生命机理影响你的感觉和行为，然而，你生活中的事件、你的人际关系以及你的感觉和行为也反过来影响生命机理。事实上，心理学开始懂得，这种复杂性是重要的进步信号。

潜意识

潜意识不再是仅存于弗洛伊德学派的顽固分子头脑中的一个奇异的、难以置信的想法，它已经进入了主流意识。我们看到这本书里有证据表明，潜意识作为思维的一部分，在很多领域都有着重要作用，偶尔还会让我们感到诧异或困惑，虽然我们无法用语言表述或解释它。其实，我们在第16章讲过，意识只能同时加工7±2个组块，因此，如果说所有的思维活动都是意识的产物，这实在是令人难以置信的。

仅仅回忆几个例子。生物研究已经表明，情绪和理性各自对应的脑区存在联系，这种联系可能受损，有时受损严重以至于人们能够失去情绪或者出现他们无法解释的情绪。精神分析理论提供了不少这样的例子，人们发现直接体验某些知觉和想法使他们太难受，以至于抵制这些知觉和想法。人格的认知取向已经表明了知觉、记忆和思维被启动或者它们在潜意识中被启动的方式。其实，在第17章中，我们甚至看到自我知觉都可能有一定的潜意识成分。

自由意志和责任

因为心理学用了99%的努力试图证明自己是一门"真正的"、决定论的科学，它倾向于忽视自由意志和与之有关的一个概念——责任。我们看到从弗洛伊德到斯金纳的理论家们在关于"行为上的自由是一种假象"这个观点的背后，是站在统一战线上的。人本主义心理学（第13章）最大的贡献就是提供了一个合理的方式来思考自由意志。很多选择可以决定行为，但都只能在一定程度上决定。凯利的建构理论揭示了以下结论，甚至一个遭受虐待的儿童都能合理地得出如下几种结论：（1）这个世界是恐怖的地方，充满了不能信任的人；（2）我能够战胜所有一切，甚至是虐待。这两个结论都与儿童的经历是一致的。精神分析的成功可能在于重组了生活中的选择，以及做出这些选择所需要担负的责任。

快乐的本质

人本主义者和相关积极心理学运动的另外一个贡献是，提醒人们来自内在的快乐至少与来自外在的快乐一样多。研究表明，快乐与你是不是百万富翁的关系不大，而是取决于你如何看待自己已经拥有的东西（有助于感恩）。除此之外，生命的目标不是达到一种零压力的状态——完全没有压力的生活将会是无聊的、没有意义的。健康的生活包括寻求困难、合理且有意义的挑战，成功之后再寻求更多的挑战。这种持续增长的寻求是快乐之因，更是快乐之果。正如我在第16章观察到的，快乐的经历比一个被动的结果更好。这将是为你自己和他人巩固并扩展优质生活的大好机会。

行为变化

受到奖励的行为会增多，受到惩罚的行为则会减少。这种说法对从变形虫到人类的生物都适用。行为主义和社会学习理论的大厦都是建立在这个观点的基础上的，但是需要记住的一点是奖励和惩罚并不简单。通常，你可以选择一些你愿意获得的东西。设想一下，一个老鼠选择的是斯金纳箱。现在想象一下有人选择（或者不选择）进入医学院，或者在律师界获得工作机会，或者入伍。这些环境中相应的奖励和惩罚是什么？我刚才提到了选择点。最重要的选择包括要能承担自己选择的环境以及与之相关的奖励和惩罚。这些选择包括读哪所学校、从事什么职业以及嫁给谁。你们中的大多数都要面临这些选择。

更进一步说，一旦你进入环境，因为你的存在而使环境发生变化，你的行为也会随之变化。如果你一旦发现自己处于不舒服的环境中（如一个敌意的工作环境、一段剥削的关系），你会接着问自己，"这个环境中是否有部分是因为我的所作所为导致的？"如果答案是否定的，那么离开。但是，如果答案是肯定的，那么做出相应的改变。

文化与人格

心理学家对不同文化中的心理差异以及相同文化中个体之间不同的思维方式已经有了新的认识。但是，最近的研究仍然不断地关注我们的共性——不仅仅是我们共同的人类命运，正如萨特观察到的，还包括基本的心理过程（例如试图取悦自己的父母）。除此之外，世界上很多地区经常被描述成一个独立的"文化群"——包括亚洲、欧洲和美洲，它们之间有着显著的差异性，个体也可能同时属于多个不同的文化。因此，不要因为对文化差异着迷而回到刻板印象上来，因为那是很讽刺的。

建构性

事物本身并不起到决定作用，起决定作用的是我们看待事物的观点。这种犹太法典（Talmudic）的视角不仅是存在主义哲学和人本主义心理学的主题，也是人格的精神分析取向、跨文化取向和认知取向的核心。精神分析强调对现实的不现实的观点和幻想能导致神经质、自我防御行为。从一名人本主义者的视角来看，选择一个解释是存在主义的核心。理解一个人的唯一方法是试图理解他/她的个人和文化观点。人格的认知取向不经常使用"建构"这个词，但是在这个取向中，几乎所有的研究都试图解释个体对现实的理解差异的起源和结果。

当然，把所有的心理学都浓缩成建构性是有争议的。个体以往的经验、生物进程、需要、进取心和感知等所有的方面综合产生了你现在对现实的解释。然后，决定该做什么。

正常与异常之间的细微而不确定的界线

人格心理学忙于理解甚至赞扬个体差异，但是有时这些差异实在太大了。一个异常并且有问题的人格模式可能会被标定为"人格障碍"，而且这类标签立刻变得有效，并且不可避免地变得危险。术语有利于我们谈论和理解一些现象，诸如边缘型或者回避型人格障碍，以及其他常见的被识别的障碍，而且确实无法避免用标签来描述如此重要的现象。但是，贴标签也是有风险的，如此多的模式被贴上病理学的标签，以至于精神疾病的术语可能有消失的危险。另外，一旦一个人被贴标签了，其他人（甚至心理学家）可能在看这个人时只看标签而不看个体了。另外一个复杂的因素是，每个人可能都有些人格特征，这些特征在正常的范围内是必需的，甚至是个体特征的必备要素，但当某些特征到达极限的时候就会被贴上人格障碍的标签。正如我在第1章中所说的，长处常常是弱点，反之亦然。而且，我不确定它们应该被分离。此外，我的想法并不重要，因为我们的弱点和优势是不能被分开的。人格是一个组合。

寻求理解

还记得S、I、L和B数据吗（第2章）？为了理解一个人，我们除了观察他/她的行为和听他/她说的话之外别无选择。不管方法是特质取向、生物学取向、精神分析取向、行为主义取向、认知取向还是人本取向，最后，这些行为组成了人格结论的基础。同样，如果我们自认为理解了个体的人格，唯一的检验方法就是考察我们在试图解释（有时候是预测）个体的行为和言语时是否正确。再次说明一点，这与我们用哪种方法、取向无关。

我们的思维永远是对他人封闭的。我们不能直接知道另一个人的想法和感受；我们只能观察他的行为或者听他说的话。从这里面，我们能够尝试推测他内在的东西。而且这些推论反过来帮助我们掌握其他人的人格基本要素。因此，最终分析可知，人格心理学是一种对相互理解的寻求。

总　结

不同的取向

● 人格的每一种取向都很好地解释了个体的某些方面，但是不能解释其他方面，甚至完全忽视了其他方面。因此，对取向的选择不是基于正确与否，而是取决于我们想知道什么，而且我们应该试图对其他解释保持开放性。

我们学到了哪些？

● 试图记住一本厚书的所有细节是不可能的，但是一些重复出现的主题应该被记住。它们包括：行为一致性的本质；人格的生物学基础；潜意识的作用；自由意志和责任；行为变化的原因，尤其是选择和改变个体环境的作用；建构的重要性；文化内及文化间心理差异的本质；人格中不易懂的方面（尤其是在极端的情况下）与组成人格的重要因素之间不可避免的联系。

寻求理解

● 最后的分析指出，人格心理学试图通过我们对自己和他人的观察，达到相互理解。

思　考　题

1. 人格心理学真的是门科学吗？你会怎么回答？它的科学地位重要吗？

2. 在本书涉及的人格取向中，你最喜欢哪个？最不喜欢哪个？为什么？

3. 不同的人格取向将来会融合为一个大的、整合的取向吗？那个取向会是什么样子的？

4. 人格心理学与（a）日常生活理解，（b）处理社会问题，（c）理解人性有何关系？

5. 想一想你一年或两年前学过的课程。对于那门课，你还记得什么？如果答案是"没多少"，是不是意味着你并没有在那门课程中受益？

6. 20年后，如果你还能记得本书的内容，那么你觉得自己会记得本书和本门课程的哪些内容？

7. 认识一个人又意味着我们了解他多少呢？

推荐读物 >>>>>

John, O.P., Robins, R.W., & Pervin, L.A. (2008). *Handbook of personality: Theory and research (3rd ed.)*. New York: Guilford Press.

该书共32章，是由活跃的研究者（主要是美国人）撰写的关于人格心理学中多个主题的高品质作品。读者在看完本书《人格心理学》以后如果想对这个领域做一个更加详细和更具技术性的探索，那么它将是很好的进一步阅读材料，它也可以用作研究生教材。

Corr, P.J. & Matthews, G. (2009). *The Cambridge handbook of personality psychology.* Cambridge University Press.

这本书共46章，与约翰等人（John et al.，2008）撰写的手册有相同的基本设计，但章节更短，欧洲作者更多。这两本书的比较提供了人格心理学在美国和欧洲不同取向的有趣的初步知识。

电子媒体 >>>>>

登陆学习空间*wwnorton.com/studyspace*，获得更多的复习提高资料。

术语表

文化互渗（acculturation）：个体通过与异域文化接触或在异域文化中生活，部分获得或全部获得新世界观的社会影响过程。

肾上腺皮质（adrenal cortex）：位于肾的顶部，肾上腺的外层部分，分泌多种对行为有重要影响的激素。

集合（aggregation）：不同测量结果的结合，比如将其平均。

等位基因（allele）：基因的一种特定的变体或形式。大多数基因有两个或多个等位基因。

杏仁核（amygdala）：脑底部的一种结构，被认为在情绪（尤其是负性情绪，如愤怒和恐惧）的产生过程中具有重要作用。

肛门期（anal stage）：在精神分析理论中指性心理发展的阶段之一，从一岁半开始持续到三岁半或者四岁。这个阶段力比多的身体定位是肛门和相关的排泄器官。

无我（anatta）：佛教中的基本思想，认为单独的、孤立的个体只是错觉。

焦虑（Angst）：出自存在主义哲学，由于对生命的意义和目标产生疑问而带来的焦虑。

无常（anicca）：佛教中的思想，认为所有事物都是过眼烟云，因此最好的方法便是避免拘泥于这些事物。

阿尼玛（anima）：在荣格的精神分析理论中，这是指男性心中的典型女性形象。

阿尼姆斯（animus）：在荣格的精神分析理论中，这是指女性心中的典型男性形象。

前扣带回（anterior cingulate）：脑结构的前面部位被称为扣带回，位于胼胝体（corpus callosum）的顶部，从脑的前部一直延伸到后部。结构的前部叫作前扣带回，对正常情绪体验和自我控制有很重要的作用。

反社会型人格障碍（antisocial personality disorder）：是一种具有欺骗性的、操纵性的，甚至有时会产生危险性行为的极端模式。

趋向—回避冲突（approach–avoidance conflict）：在多拉德和米勒的社会学习理论中，对某一刺激既爱又恨，由此所引发的冲突就是趋向—回避冲突。

原型（archetype）：在荣格的精神分析理论中，指存在于集体无意识中的个体的一种最根本的意象，包括大地母亲、英雄和魔鬼等。

上行网状激活系统（ascending reticular activating system，ARAS）：位于脑干的上方，信息和刺激可由此进入脑。

联结主义（associationism）：联结主义认为，所有复杂的观点都是两个或者更多简单观点的联合。

关联法（association method）：在分子行为遗传学中，通过比较那些在人格特质和行为测量得分有差异的个体，尝试建立基因和人格的联系。

依恋理论（attachment theory）：一种理论观点，它利用精神分析的思想来描述人类对情感上的重要他人的依恋的发展和重要性。

真实的存在（authentic existence）：出自存在主义哲学，意识到关于人生意义、死亡和自由意志等难题，并与之同在。

回避型人格障碍（avoidant personality disorder）：是一种患者会产生无力感，并伴随着出现对社会关系的恐惧的极端模式。

轴Ⅰ障碍（Axis Ⅰ disorders）：在DSM-Ⅳ中，这是指严重精神疾病的类型。

轴Ⅱ障碍（Axis Ⅱ disorders）：在DSM-Ⅳ中，这是指人格障碍。

（人格）基本取向［basic approach（to personality）］：一种人格的理论观点，集中关注一些现象而忽视另一些现象。基本取向包括特质、生物学、精神分析、现象学、行为和认知。

B类数据（B data）："行为数据"，或者是将对他人的直接观察转换成数据形式；可以在自然或实验情境中得到。

行为验证（behavioral confirmation）：是一种"自我实现预言"的倾向，指一个人成为其他人所期望的样子。也称为期望效应。

行为预测（behavioral prediction）：评估结果或测量结果对正被讨论的人的行为的预测程度。

行为主义/行为取向［behaviorism（or behavioristic approach）］：这种人格理论关注外显的行为及其是如何受到环境中的奖赏及惩罚所影响的。社会学习的研究取向出现后，行为主义也开始关注于行为是如何受观察、自我评估以及社会交互所影响的。此后的行为主义也被称为学习理论。

双项效应值展示（Binomial Effect Size Display，BESD）：一种显示方法，以便更清楚地理解用相关系数报告的效应大小。

生物学取向（biological approach）：一种人格的理论观点，关注神经解剖学、生物化学、基因或进化影响行为和人格的方式。

边缘型人格障碍（borderline personality disorder）：是一种具有情绪不稳定、情感空虚、同一感混乱，有自残倾向的极端甚至危险的模式。

加利福尼亚Q分类（California Q-set）：一种包含了人格领域的各个方面的100个描述性项目的分类。

个案法（case method）：深入研究一个特定的现象或个体，既可以用来理解这个特定个案，又可以期望发现普遍的教训或科学规律。

中枢神经系统（central nervous system）：包括脑和脊髓。

长期可通达性（chronic accessibility）：对于个体来说，某一概念或想法进入意识的倾向性。

组块（chunks）：能够组合成一个单元的信息。它会随着学习和经验的变化而不同；短时记忆的容量是7±2个组块。

经典条件反射（classical conditioning）：是一种习得的、在条件刺激和无条件刺激之间建立联结的过程，原本由无条件刺激引发的反应通过新的条件刺激也可引发。

认知（cognitive）：用于说明知觉、记忆和思维等基本的心理过程。

认知取向（cognitive approach）：关注基本的知觉过程，认为认知会影响人格和行为。

认知失调（cognitive dissonance）：个体身上同时出现两种冲突的态度而产生的不愉悦感。一些理论学家认为这种感觉是态度改变的重要机制。

群组效应（cohort effects）：研究结果受限于

一个团体或"群组"（比如处于同一时代或同一地点的人群）的倾向性。

集体无意识（collective unconscious）：荣格精神分析理论中的一个命题，认为由于人类的种族历史，所有人都具有一种无意识的观念。

妥协形成（compromise formation）：在精神分析理论中，自我的一个很重要的功能就是在心理的不同结构以及个体在同一时间想要实现的许多事情之间达成妥协，即折中。个体实际所想和所做的就是妥协的结果。

凝结（condensation）：在精神分析理论中，是初级过程思维的一种方式，指将许多观点整合成一个观点。

意识（conscious mind）：个体可以意识到的那部分心理活动。

构念（construal）：个体对世界的特定经验或者解释现实的方式。

结构（construct）：关于一种心理品质的一种观念，认为这种心理品质通过任何特定的评估方法都无法得到评估。

建构主义（constructivism）：一种哲学观点，认为现实并不是作为一个具体的实体存在的，而是作为思想或对现实的"建构"存在的。

结构效度（construct validation）：通过将一个测量与多种其他测量相比较来构建此测量的效度的策略。

内容效度（content validity）：评估工具——如问卷——所包含的内容与打算预测的内容显著相关的程度。

会聚效度（convergent validation）：收集各种能够聚合出普遍结论的信息的过程。

胼胝体（corpus callosum）：联结左右半脑的神经纤维束。

相关法（correlational method）：建立两个变量间关系（不一定是因果关系）的研究技术，传统上将两个变量表示为X和Y，需要从一个参与者样本中测量获得这两个变量。

相关系数（correlation coefficient）：是取值从−1到1的一个数值，反映了一个变量（传统上称为"Y"）是另一个变量（传统上称为"X"）的线性函数的程度。负值表示当X上升时，Y下降；正值表示当X上升时，Y也上升；零相关代表X和Y没有关系。

皮层或皮质（cortex）：器官的外部。在本书中，这是指脑的外层部分。

皮质醇（cortisol）：对糖类皮质激素这类物质的总称。当生理或心理上的压力情境出现时，就会被分泌到血液中。

批判现实主义（critical realism）：一种哲学观点，认为缺乏评判事实的完美、无错的标准并不意味着所有对现实的解释都是同样有效的；但是，人们可以用实验证据来决定哪种有关现实的看法更有效。

跨文化心理学（cross-cultural psychology）：尝试解决不同文化群体间心理差异的研究和理论。

陈述性知识（declarative knowledge）：长时记忆的一部分，包含了能用语言表达的信息；有时被称作"知晓的事物"。

陈述性自我（declarative self）：个体对于自己的人格特质和其他相关特征的有意识的看法。

防御机制（defense mechanisms）：是精神分析理论中自我的一种机制，保护个体免受由于本我、超我和现实之间的冲突而产生的焦虑体验。

否认（denial）：精神分析理论中，对焦虑的来源进行否认的一种防御机制。

依赖型人格障碍（dependent personality disorder）：是一种依赖于别人照顾自己、为自己决策，并且伴随着不得不同意他人的痛苦感的极端模式。

置换（displacement）：精神分析理论中，将冲动由一个危险对象转向一个安全对象的一种防御机制。

对立统一原则（doctrine of opposites）：在精神分析理论中，指的是任何事物都代表或包含了其相对立的一面。

多巴胺（dopamine）：脑部分泌的一种神经递质，在对积极情感和奖赏做出反应的过程中具有重要作用。

内驱力（drive）：在学习理论中，内驱力是一种心理紧张的状态，只有内驱力得以缓解，人们才能感觉良好。

鸭子测验（duck test）：如果长得像鸭子，叫声像鸭子，行动也像鸭子，那它很可能就是只鸭子。

效应值（effect size）：反映一个变量影响另一个变量或与另一个变量关联程度的一个数值。

效能预期（efficacy expectation）：在班杜拉的社会学习理论中，效能预期是个体认为其能够完成给定目标的信念。

自我（ego）：在精神分析理论中，自我指的是心理的相对理性的部分，它在本我、超我和现实之间起到平衡的作用。

自我控制（ego control）：在杰克·布洛克的人格理论中，指的是抑制动机和情绪冲动的行为表现的心理倾向。两个极端是过于自制或者无法自制。

自我不和谐（ego-dystonic）：个体感觉到有"异物"需要清除，比如扰人的思绪、感觉和行为。

自我心理学（ego psychology）：精神分析的现代学派之一，强调心理功能最重要的方面是由自我协调超我和本我的冲动。

自我弹性（ego resiliency）：在杰克·布洛克的人格理论中，指的是改变自己的自我控制水平，从而依据时机和环境做出适当反应的能力。

自我和谐（ego-syntonic）：个体把某特征当作自己本身的一部分，即使很难与他人相处，个体也不想去"治疗"这种行为或信念。

自我世界（Eigenwelt）：出自宾斯万格的现象学分析，即对经验本身的经验，是内省的结果。

脑电技术（electroencephalography，EEG）：一种通过在颅骨外部安置电极来测量脑部电活动的技术。

文化特殊性（emics）：思想中相对独特的部分。在跨文化心理学中，指某一独特文化的特殊现象。

情绪智力（emotional intelligence）：正确知觉自己和他人的情绪以及控制和调节自己情绪的能力。

经验主义（empiricism）：认为个体所有的知识都来源于经验。

文化适应（enculturation）：个体早年获得本国文化的社会化过程。

内啡肽（endorphins）：身体内部产生的具有天然镇痛功能的化学物质，通过阻断痛觉的神经递质传递实现。

实体理论（entity theory）：在德威克的动机理论中，一种认为能力是固定不变的个人信念。

表观遗传学（epigenetics）：非遗传因素对基因表达的影响，比如压力、营养，等等。

肾上腺素（epinephrine）：脑部产生的一种神

经递质，也是肾上腺分泌的一种激素，在身体面对压力情境时做出反应的过程中起作用。

认识论的自我（epistemological self）：关于自己的人格特征、经验及其他属性的认识；也被称为"客体我"，而不是"主体我"或本体论的自我。

核心特质取向（essential-trait approach）：这种研究策略尝试把包含上千种特质的清单精简为只包含少数几种真正重要的特质的简短清单。

雌激素（estrogen）：雌性激素。

文化普遍性（etics）：思想的普遍部分。在跨文化心理学中，指所有文化共有的现象。

幸福（eudaimonia）：通过发展自己的潜能，帮助他人、建立社区来寻求幸福。

存在主义（existentialism）：聚焦于有意识的经验（现象学）、自由意志、生命的意义及存在的其他基本问题的哲学方法。

期望（expectancy）：在罗特的社会学习理论中，指个体对某种行为能达到目标的主观可能性。

期望效应（expectancy effect）：一个人变成别人期待成为那种人的倾向，也叫"自我实现预言"。

期望价值理论（expectancy value theory）：罗特用这一理论阐述了目标的价值和预期实现的可能性是如何结合在一起，进而影响个体的目标追求行为的。

实验方法（experimental method）：一种在自变量（X）和因变量（Y）之间建立因果联系的研究方法，将参与者随机分配到实验群组中，不同群组的X水平不同，然后测量每组中产生的平均行为（Y）。

表面效度（face validity）：一种测验工具（如问卷）实际测量的对象和表面看起来要测量的对象的一致性程度。例如，测量社交性时的表面有效性为询问参加聚会的情况。

因素分析（factor analysis）：一种可以用来发现相关特质、测验或项目的统计技术。

固着（fixation）：在精神分析理论中，将个体不成比例的力比多停留在一个早期的发展阶段。

心流（flow）：在参与一项活动时，因活动本身的价值而产生的完全投入其中的体验。在心流中，情绪略微高昂，时间似乎过得很快。

额叶皮层（frontal cortex）：脑皮层的前端部分。分为左右两个"叶"（额叶）。这部分的功能是负责计划、预期未来和理解。

心理挫折–攻击假说（frustration-aggression hypothesis）：在多拉德和米勒的社会学习理论中存在这样一种假设，挫败感能够自动引发攻击的冲动。

功能性分析（functional analysis）：在行为主义理论中，它是对人类或者动物所在的环境如何影响行为的一种描述。

功能性核磁共振成像术（functional magnetic resonance imagery，fMRI）：一种通过强磁场了解脑部血流量的脑成像技术。

范德第一定律（Funder's First Law）：最大的优点通常也是最大的缺点，令人惊奇的是这句话反之常常也成立。

范德第二定律（Funder's Second Law）：不存在可以完美地记录人格的手段；只有线索，而且这些线索总是模糊的。

范德第三定律（Funder's Third Law）：有三分之二的可能，有总比没有好。

范德第四定律（Funder's Fourth Law）：只存在两种数据：糟糕的数据和无数据。

范德第五定律（Funder's Fifth Law）：伟大的

优点常常就是致命的缺点，令人吃惊的是反过来也成立。

概化（generalizability）：一个测量结果适用于各种各样的情境（比如时间、背景、被试总体等）的程度。在现代的心理测量学中，这个术语涵盖了信度和效度。

性器期（genital stage）：在精神分析理论中，是指性心理发展的最后阶段，这个阶段力比多的身体定位是生殖器，强调异性关系。这个阶段开始于青春期，只有当个体达到心理上的成熟时才可以完全达到这个阶段。

目标（goal）：按人格的认知理论，目标是能引导知觉、思维和行为的一种想要达到的最终状态。

性腺（gonads）：包括两种分泌腺——男性的睾丸（分泌睾酮）和女性的卵巢（分泌雌激素）。

习惯层级（habit hierarchy）：在多拉德和米勒的社会学习理论中，这是指个体所出现的行为会按照从最可能到最不可能的顺序排序。

习惯化（habituation）：随着刺激的重复呈现，反应不断减弱。这是最简单的一种学习。

快感（hedonia）：通过追求快乐和舒适来寻求幸福。

享乐主义（hedonism）：人们试图追求快乐、避免痛苦的观念。

遗传力系数（heritability coefficient）：反映一个特质的变异受遗传因素控制百分比的统计量。

海马（hippocampus）：脑内部深处的一种复杂结构，位于下丘脑的后部，在记忆过程中发挥重要的作用。

表演型人格障碍（histrionic personality disorder）：是一种行为上刻意吸引他人注意，情绪表达浅薄但是夸张的极端模式。

激素（hormone）：体内分泌的一种可以影响远距离身体部位的生物化学物质。

人本主义心理学（humanistic psychology）：人格心理学的一种取向，强调心理学人性的方面，与现象学和存在主义取向密切相关。

下丘脑（hypothalamus）：脑中下部的一个复杂结构，与脑中其他许多部分直接相连，在分泌对心理有重大影响的激素方面发挥重要的作用。

本我（id）：在精神分析理论中，本我是心理的动力源，是心理情绪性的、原始的、无意识的部分，需要及时得到满足。

I数据（I data）："信息提供者"的数据，或者说是由那些对个体的大概人格特征很了解的信息提供者所做出的判断。

认同（identification）：在精神分析理论中，同化他人的价值观和世界观（如父母）。

增长理论（Incremental Theories）：在德威克的动机理论中，一种认为能力是会随着检验和练习而提高的个人信念。

理智化（intellectualization）：精神分析理论中的一种防御机制，将那些产生焦虑的思想转化为冷静的、分析性的、非唤醒的方式。

交互作用论（interactionism）：认为行为是由人格和情境共同决定的；谁也无法单独作用，谁也不比谁更重要。

判断间一致性（inter judge agreement）：两个（或两个以上）评估者对某人人格进行描述的相似程度。

内省（introspection）：观察一个人自己的心理过程的任务。

可评估性（judgeability）：一个人的人格能够被他人准确评估的程度。

判断（judgments）：在对某人根据他/她的常识和观察来评价人格或行为的最后分析中得出的数据。

L数据（L data）："生活数据"，或者某种程度上容易证实的、具体的、真实生活的结果，这些结果里面包含了心理学的重要内涵。

习得性无助（learned helplessness）：习得性无助源于随机的或者不可预期的惩罚或奖励。在这种情形下，个体会认为自己所做的任何事情都是没有用的，并且它是产生沮丧情绪的基础。

学习（learning）：在行为主义中，行为的改变是经验的结果。

学习取向（learning approach）：关注的焦点是解释奖赏和惩罚如何改变行为的理论观点。也被称为行为主义。

词汇学假设（lexical hypothesis）：如果一件事物是重要的，人们必然会为它发明一个词语。因此，最重要的人格特质在不同的语言中拥有更多的同义词。

力比多（libido）：在精神分析理论中，力比多指的是创造、养育和自我增强的动力（包括但不局限于性驱力），或者由这种驱力所产生的能量。

长时记忆（long-term memory，LTM）：信息处理的最后一个阶段，信息以特定的组织方式进行永久性储存，并且数量不限；人们并不总是能够意识到这些信息，它的提取依赖与存储及搜索的方式。

磁电技术（magnetoencephalography，MEG）：一种通过使用安置在颅骨外部的精微磁传感器来探测脑部活动的技术。

多特质取向（many-trait approach）：这种研究策略聚焦于某种特定的行为，并尽可能多地调查与该行为有关的不同的人格特质，从而解释行为的基础以及人格的工作方式。

男性反抗（masculine protest）：在阿德勒的精神分析理论中，指成年期一个特别强烈的需求是补偿童年期体验到的无力感。

择偶（mate selection）：个体在异性中寻我。

求偶策略（mating strategies）：个体如何处理和异性的关系。

测量误差（measurement error）：围绕着平均数真值的一系列测量结果的变异。

心理健康（mental health）：依据弗洛伊德的定义，是指有爱与工作的能力。

明尼苏达多项人格测验（Minnesota Multiphasic Personality Inventory，MMPI）：一项被广泛应用的测验，题目源自实践经验；最初是为病理学诊断而设计的，如今可应用于多种人格特质测量。

人间世界（Mitwelt）：出自宾斯万格的现象学分析，即社会经验。是在社会关系中对于他人和自我的感情和思想。

调节变量（moderator variable）：影响其他两个变量关系的变量。

自恋（narcissism）：在正常范围内，它是一种与高自尊和令人印象深刻的、自信的行为模式有关的人格特质。它能给人良好的第一印象，但从长远来看，会让人感到厌烦。在极端情况下，这种特质可以被描述为一种人格障碍。

自恋型人格障碍（narcissistic personality disorder）：是一种极端模式；傲慢自大，有剥削他人的行为，并伴随着同情心的缺失。

新皮层（neocortex）：人脑特有的皮层。

**新弗洛伊德主义心理学（neo-Freudian

psychology）：一个通用术语，指以精神分析为导向工作的、受弗洛伊德理论影响的理论家和研究者。

神经元（neuron）：神经系统的细胞。

神经递质（neurotransmitters）：负责在神经元之间传递信息，使其相互作用的化学物质。

涅槃（nirvana）：在佛教中指开悟的、好的结果——无我状态。

去甲肾上腺素（norepinephrine）：交感神经系统中的一种主要神经递质，在脑部的作用是应对压力。

客观测验（objective tests）：由一系列要求被试判断对错或量化评分的题目组成的人格问卷。

客体关系理论（object relation theory）：精神分析学派对于人际关系的研究。包括和个体生活中的重要他人有关的潜意识的意象和情绪。

观察学习（observational learning）：个体通过观察他人的行为而学习某一新行为。

强迫型人格障碍（obsessive-compulsive personality disorder, OCPD）：有严格尽责行为的一种极端模式，包括焦虑、固执地坚守规则、仪式，有完美主义倾向，顽固地抗拒改变。

本体论的自我（ontological self）：有些神秘的内在思考、观察和经验，也被称为主体我，而不是客体我或认识论的自我。

操作性条件反射（operant conditioning）：斯金纳所定义的过程，在这一过程中，有机体的行为是由其行为对环境的作用结果所塑造的。

口唇期（oral stage）：在精神分析理论中，它是性心理发展的一个阶段，从出生到18个月，这个阶段力比多的身体定位是口、嘴唇和舌头。

器官自卑感（organ inferiority）：在阿德勒的精神分析理论中，指个体在成年期被驱动以取得成功是为了补偿其在童年期觉得最有缺陷的方面。

外群体同质性偏见（outgroup homogeneity bias）：一种社会心理学现象，认为外群体中的个体比内群体中的个体更相似。

催产素（oxytocin）：一种对女性的情感依恋和镇定起特定作用的激素。

妄想型人格障碍（paranoid personality disorder）：怀疑、敌对、怨恨的一种极端模式。

动作倒错（parapraxis）：由于心理潜意识部分的泄漏而导致的非有意的话语或者行为，被称作"弗洛伊德失误"。

知觉防御（perceptual defense）：个体对尚未察觉的刺激感到不安或威胁的过程。

边缘神经系统（peripheral nervous system）：分布于全身各处的神经系统，不包括脑和脊髓。

人格面具（persona）：在荣格精神分析理论中，指个体在公共场合中所戴的社会面具。

人格（personality）：个体的思维、情绪、行为的特征模式以及其背后的心理机制。

人格发展（personality development）：人格随时间的变化，包括成年人格的发展（起源于婴儿期及童年期），以及毕生人格的变化。

人格障碍（personality disorder）：是一种超出正常范围，并对患者本人和周围的人带来麻烦的思维、感觉和行为模式。

人格过程（personality processes）：人格的心理活动包括知觉、思维、动机和情感。

人格特质（personality trait）：一种在不同时

间、不同情境下相对一致的思维、情绪及行为模式。

阴茎崇拜期（phallic stage）：在精神分析理论中，是一个性心理发展的阶段，从4岁到7岁，在这个阶段，力比多的身体定位是阴茎（对于女孩来说则是因为自己没有而产生阴茎嫉妒）。

现象学取向（phenomenological approach）：重视经验、自由意志和生命意义的人格理论观点。它与人本主义流派和存在主义流派密切相关。

现象学（phenomenology）：对意识经验的研究。通常，意识经验本身就被看作个体的"现象学"。

p水平（p-level）：在统计数据分析中，仅由于偶然得到的实验条件间相关或差异的可能性。

正电子发射断层扫描术（positron emission tomography，PET）：一种脑活动成像技术——通过向脑部血液中注射一种放射性示踪剂，然后扫描以观察脑部进行新陈代谢的位置。

前意识（preconscious）：是指暂时在意识之外的那些思想观点，可以迅速和轻易地进入到意识中来。

预测效度（predictive validity）：测量结果用于预测结果的有效程度。

前额叶皮质（prefrontal cortex）：严格意义上来说，是指额叶的最前端，但是这两种说法经常被混用。

原始内驱力（primary drive）：在学习理论中，指有机体与生俱来的驱力，例如饥饿驱力。

初级过程思维（primary process thinking）：在精神分析理论中，是指一种奇特的原始的潜意识思维方式，本我是其标志之一。

启动（priming）：经反复理解或思考的观念或想法被激活，结果通常是，在新的情境中，这种观念或想法会更快地来到意识中。

程序性知识（procedural knowledge）：一些知道但很难表达出来的东西，有时也叫作"知道自己知道"。

程序性自我（procedural self）：个体的行为模式特征。

投射（projection）：在精神分析理论中，将使自己感到担忧的一些思想或者冲动归于别人的一种防御机制。

投射测验（projective test）：该测验向被试呈现一个模棱两可的刺激，例如一幅画或一片墨迹，然后要求被试描述他看到了什么。之后由心理学家分析答案，揭示出一些被试自身可能并未意识到的内部心理状态或动机。

原型（prototype）：是一个类别的理想化、完美的范例；个体可能是这种类别"较好的"或"较差的"成员，从某种程度上说，它都能与这个范例匹配。

心理冲突（psychic conflict）：心理的一部分和另外一部分有着不同的、相冲突的目的的一种现象。

心理决定理论（psychic determinism）：是一个假设，即每一个心理事件在理论上都有一个可被识别的特定原因。

心理能量（psychic energy）：在精神分析理论中，推动心理机能得以运行的能量被称为心理能量，又称力比多。

精神分析取向（psychoanalytic approach）：人格的一种理论观点，基于西格蒙德·弗洛伊德的著作，强调无意识心理过程。

心理三联体（psychological triad）：心理学的三个主题要素——人们如何思考、感受和行动。

心理测量学（psychometrics）：心理测量的技术。

惩罚（punishment）：行为之后呈现的一种令人厌恶的结果，用来阻止或防止行为再次发生。

合理化（rationalization）：在精神分析理论中，对产生焦虑的冲动或者思想采用似乎合理的方式的一种防御机制。

反向形成（reaction formation）：精神分析理论中的一种防御机制，即抑制引发焦虑的冲动或想法，呈现与之相反的内容。

交互决定论（reciprocal determinism）：班杜拉认为，在环境影响个体的同时，个体也影响着环境。

退行（regression）：在精神分析理论中，退回到性心理发展的早期阶段的表现。

强化（reinforcement）：在操作性条件反射中，在行为之后给予奖励可以增加行为出现的频率。在经典条件反射中，这就相当于条件刺激与无条件刺激建立起来的配对。

信度（reliability）：在测量中，一个工具能在重复施测的情况下提供相同信息的倾向性。

压抑（repression）：在精神分析理论中，将过去从当前意识中排除出去的一种防御机制。

研究（research）：对未知的探索；发现那些之前没有人知道的事情。

反应型条件作用（respondent conditioning）：斯金纳对于经典条件反射所做的定义。

反应（response）：人或动物对刺激做出的行为或表现。

罗夏克墨迹测验（rorschach test）：投射测验的一种，要求参与者解释墨迹的含义。

散点图（scatter plot）：散点图是两个随机变量的每一对观测值用直角坐标平面上的一个点表示所成的图形。

类精神分裂型人格障碍（schizoid personality disorder）：看起来对别人漠不关心，行为冷漠、无动于衷的一种极端模式。

精神分裂型人格障碍（schizotypal personality disorder）：有着古怪的信念和行为，很难与人交往的一种极端模式。

S数据（S data）："自我判断"，或人们提供的关于自己人格特征或行为的评估。

衍生驱力（secondary drive）：在学习理论中，一种通过与原始内驱力的关联而习得的驱力。包括爱的驱力、声誉的驱力、金钱的驱力、权力的驱力，以及回避恐惧和羞耻的驱力。

次级过程思维（secondary process thinking）：在精神分析理论中，是指合理的、有意识的思维。

自我概念（self-concept）：个体关于自身的知识或观点。

自我效能感（self-efficacy）：个体认为自己能够完成预定目标多少的信念。

自尊（self-esteem）：个体认为自己是好的还是坏的，以及认为自己有价值的程度。

自我监控（self-monitoring）：一种人格特质，以对社会环境的敏感性和适应能力为特征。

自我参照效应（self-reference effect）：通过使正在记忆的信息与自我相关，从而提高长时记忆的效果。

自我图示（self-schema）：假设的一种认知结构，它包含个体对于自己的知识，并且指导与自我相关的思想。

自我验证（self-verification）：人们试图引导他人以一种强化其原有自我概念的方式对

待自己。

5-羟色胺（serotonin）：脑部分泌的一种神经递质，在调节情绪和动机的过程中具有重要作用。

短时记忆（short-term memory，STM）：在信息加工的第二阶段，大量信息会同时进入脑中，但是个体只能意识到少量信息（大约七个组块）。

单一特质取向（single-trait approach）：这种研究策略关注于某种感兴趣的特质，并尽可能多地了解与该特质相关的行为、发展中的早期重要事件以及生活中的后果。

情境决定论（situationism）：一些心理学家坚持的信念，认为行为主要由直接的情境来决定，人格特质不是很重要。

社会性推论（sociality corollary）：出自凯利的个人建构理论，即"为了了解他人，需要了解他/她对世界的独特看法"的原则。

躯体标记假说（somatic marker hypothesis）：神经科学家安东尼奥·达马西欧认为，思维中的情绪成分是问题解决和决策的必要部分。

斯皮尔曼-布朗公式（Spearman-Brown formula）：在心理测量学中，用于预测增加题目数量后，测验信度提高程度的数学公式。

状态（state）：暂时的心理事件，例如情绪、思维或知觉。

刺激（stimulus）：环境中任何能够影响神经系统的东西；复数形式是stimuli。

策略（strategy）：指向目标的一系列活动。

结构化访谈（structured interview）：一种事先确定的、有固定问题的临床访谈，设计的这些问题是用来进行人格障碍或者其他心理品质的客观评价的。

升华（sublimation）：精神分析理论中，将危险或者产生焦虑的冲动转向建设性方式的一种防御机制。

超我（superego）：在精神分析理论中，代表了人们的良心、行动的内部原则、道德感。

象征（symbolization）：在精神分析理论中，是初级过程思维的一种方式，指一个物体代表另一个物体。

突触（synapse）：神经元之间的空间，神经冲动由此进行传递。

睾酮（testosterone）：男性激素。

死本能（Thanatos）：在精神分析理论中，另一个指向死亡、毁灭和衰败的本能。

主题统觉测验（Thematic Apperception Test，TAT）：投射测验的一种，要求参与者根据图片编故事。

被抛状态（thrown-ness）：出自海德格尔的现象学分析，指一个人出生时所处的时间、地点和情境。

特质（trait）：个体相对稳定和持久的特征。

特质取向（trait approach）：一种人格的理论观点，关注人格和行为的个体差异，以及隐藏其中的心理过程。

经颅磁刺激（transcranial magnetic stimulation，TMS）：一种脑研究技术，它利用快速变化的磁场使某一大脑活动区域临时中断，制造一种虚拟损伤，以调查这一脑区对某一心理任务来说是否是必需的。

移情（transference）：在精神分析理论中，这是指个体把自己和重要他人建立起来的思维、感觉和行为方式带到后来和另外一个人的关系当中去。

I类错误（Type I error）：研究中，认为一个变量对另一个变量有影响或与之有关系，而实际这种影响或关系并不存在时所犯的错误。

Ⅱ类错误（Type Ⅱ error）：研究中，认为一个变量对另一个变量没有影响或与之没有关系，而这种影响或关系实际存在时所犯的错误。

类型学取向（typological approach）：这种研究策略关注于区分个体的不同类型。每种类型都有其独特的特质模式。

生物世界（Umwelt）：出自宾斯万格的现象学分析，即生物经验，是一个人作为活着的动物所拥有的感觉。

潜意识（unconscious）：是指人们意识不到的那部分心理活动。

实用主义（utilitarianism）：这种观点认为最好的社会能够为最大数量的人创造最多的快乐。

效度（validity）：测量中，一个测量结果真实反映了它本想测量的东西的程度。

世界图书出版公司北京公司

世界图书出版公司北京公司成立于1986年，是中宣部直属中国出版集团的成员单位。公司定位于专业出版与专业教育出版，以科技书语言学原版影印、心理学、影视文化、外语学习、动漫绘本、人文社科为主要图书产品线。

成立以来，北京世图已累计从欧、美、日、韩以及港澳台等国家和地区引进出版图书10000余种，专业期刊近2000种，与国际各大出版公司数十年的合作经验，使北京世图在国内出版社中有着独一无二的版权优势。

北京世图与全国各类书店、学校、图书馆等机构有着深厚的联系，良好的发行和营销渠道为读者提供着优质且便利的服务，图书市场占有率一直名列前茅。同时，公司致力于打造年轻能干的编辑团队，扩大"世图"品牌影响力，凝聚了各领域最权威的作者力量。

北京世图将继续秉承"把世界介绍给中国，把中国介绍给世界"的出版理念，不断创新合作模式，专注于出版精细化，为国际先进的文化科技在中国的传播和中华文化在世界的推广而不懈努力。

"世图心理"冰山书系

"世图心理"大师彩虹书系

Beijing World Publishing Corporation

Beijing World Publishing Corporation, founded in 1986, is a member company of China Publishing Group. It has targeted "professional publication and professional education publication" as its core business and formed five complete product lines, including authorized reprint of linguistic and sci-tech books, series of psychotherapy, film books, series of foreign language learning, comic books and series of humanities and social science.

Ever since its establishment, BWPC has already introduced a total of more than 10,000 books and 2,000 professional journals from the Europe, America, Japan, Korea, Hong Kong and other countries and regions. Years of sound cooperation with the world class publishing corporations provides BWPC with a unique copyright advantage over the other domestic presses.

BWPC maintains a deep connection with bookstores, universities and libraries around the country. Advanced distribution and marketing strategy help to offer excellent reading experience and convenient service to the readers. A top market share has been kept. Meanwhile, the company is devoted to cultivating young editing talents, expanding the brand influence and drawing the most authoritative writers in different fields.

BWPC will still hold "introducing China to the world, introducing the world to China" as its publishing principle, trying to innovate cooperation mode and being committed to refined publication, to make significant contribution to the spread of advanced international cultur and technology in China and the promotion of outstanding Chine culture in the world.

把世界介绍给中国
把中国介绍给世界

世图心理

『世图心理』重点图书

《心灵的激情》
The Passions of the Mind

《偏执狂》*Paranoia*

《父性》*The Father*

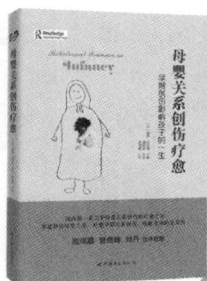

"世图心理"亲附系列

《情感依附》*Lives Across Time / Growing Up*
《我的童年受伤了》*Beginning to grow*
《母婴关系创伤疗愈》*Relational Trauma in Infancy*

"世图心理"萨提亚系列

《新家庭如何塑造人》*The New Peoplemaking*
《萨提亚治疗实录》*Satir Step by Step*
《萨提亚家庭治疗模式》*The Satir Model Fa*
《掌握家庭治疗》*Mastering Family Therapy*

"世图心理" NLP 系列

《神奇的结构》*The Structure of Magic* Ⅰ *and* Ⅱ
《语言的魔力》*Sleight of Mouth*

世图心理 / 重点图书

《幸福的流失》

《脊椎告诉你的健康秘密》

《隐藏在家庭中的五行系统动力》

《发展与罪恶》
Growth and Guilt

《自我的智慧》
The Wisdom of the Ego

《空间诗学》
The poetics of space

《儿童精神分析》
The Psycho- Analysis of Children

《嫉羡与感恩》
Emvy and Gratitude and Other Works 1946~1963

《穿越孤独》
Encounters with Loneliness: Only the Lonely